2006年国家社科基金资助项目成果

编写委员会

主 编：

秦树理　陈思坤　王　晶

编 委：

秦树理　陈思坤　王　晶

王俊飞　徐金超　高　猛

李心记　郑　慧　王欣欣

杨素云　曹天梅

公民教育研究丛书
Gongmin jiaoyu yanjiu congshu

XIFANG GONGMIN XUESHUOSHI

西方公民学说史

秦树理 陈思坤 王 晶 等著

人民出版社

contents 目　录

绪　论

公民，是一个神圣的称呼。在希腊古语中，公民被理解为受过良好教育的人。公民与人类政治共同体一样历史悠久，虽然在不同的历史阶段和社会环境下，公民的身份、地位各不相同，内涵也各不相同，但公民的概念始终与权利和义务观念密切相关。在漫长的历史演进中，随着社会的发展和人类的进步，公民和国家之间的关系不断发生着变化，公民这一概念的内涵也处于不断演变与扩充之中，这种演变既体现出公民对国家从依附、独立到逐渐融入的过程，也展现着公民的权利意识和义务意识不断增强的趋势。

公民是一个社会的优秀群体，早在 2 000 多年前的欧洲城邦里，就已生活着这样的公民群体，他们享有一般自由人、奴隶、城邦人以及妇女儿童所不具有的经济政治地位，执掌有参与城邦事务和公共事务的特权，并乐于献身于城邦事务。那时的公民群体主要由城邦各氏族首领和一部分自由男性组成，根据城邦事务的需要，经常集合在一起，表决处理与其他城邦交往的事务，讨论战事，裁决邦内纠纷等。

在现代社会里，公民被视为有知识、有道德，智慧、善良，忠于国家，奉行正义的人。做与时代发展相适应的好公民是西方思想家千年一贯的社会主张，也是人们终身追求的人格理想。罗马帝国开国皇帝盖乌斯·屋大维（Gaius Julius Caesar Octavianus，公元前 63—公元 14 年）就自称为"第一公民"。

公民学作为一种学说最早由古希腊的苏格拉底提出，之后经过西方公民思想家的不断充实、完善、丰富和发展，逐渐成为一门完整的、系统化的理论体系。公民学说的产生，是社会进步的产物。

一、西方公民学说创立的历史条件

西方公民学说形成于古希腊城邦特定的社会、经济、政治、文化背景和历史条件下，对维护公民参与政治生活、促进城邦民主政体的发展产生了深刻影响。

（一）奴隶制的经济繁荣为公民学说的创立提供了物质条件

公民学说的形成与古希腊时期的经济发展状况有关。希腊半岛处于地中海中央，希腊人通过航海与周围地区的人们相互联系，这不仅促进了多种文化的交汇，而且还促进了希腊经济的发展。希腊城邦的商业在公元前5世纪已很繁荣，希腊各城邦之间以及希腊各城邦与外界各地区之间的贸易迅速增长；当时雅典在商业贸易和商品经济发展方面已达到古代城邦经济的高峰。[①] 这不仅为公民学说的萌发奠定了坚实的经济基础，也为公民学说的的创立提供了丰富的物质条件。

（二）民主政治生活的发达为公民学说的产生营造了宽松环境

古希腊的民主制政体为公民学说的起始发展提供了良好的社会环境。古希腊时期，民主政治生活相当繁荣，公民大会、议事大会比较盛行。为了积极有效地参与政治生活，实现公民自身利益，越来越多的人需要获取参与政治生活的经验和技巧，这在客观上有力地促进了公民学说的形成。也正是有了稳定宽松的社会政治秩序和民主政治环境，古希腊公民学说才得以发展和传播。当时的古希腊虽然是奴隶社会，但城邦社会的民主政治发展良好。在保证整个城邦利益置于首位的同时，最大限度地保证了绝大多数公民享有广泛的民主政治权利。公民可以通过公民大会，讨论城邦的重大事情；城邦尊重公民的人格和选择，保护公民的权利，允许公民的个性发展。宽松的民主政治环境为公民学说的产生提供了必要的条件。例如，伯利克利时期[②]，实现了公民各阶层较广泛的联盟，实行扩大民主

---

① 参见周一良、吴于廑主编：《世界通史》（上古部分），北京：人民出版社1973年版，第212页。

② 伯利克利（Pericles，约公元前495—前429年），古希腊奴隶主民主政治的杰出代表者，最著名的政治家之一。伯利克利执政期间进行了一系列改革，推动了城邦的繁荣与发展，史称"伯利克利时期"。

的政策。从这时起，执政官不仅由抽签产生，而且向所有等级的公民开放。[①]

（三）文化交流的日益频繁为公民学说的传播创造了有利条件

文化是人类自身活动的一种精神体现，是人类文明进步的积淀。公民学说的形成得益于古希腊开放型的海洋经济所形成的开放式的海洋文化。希腊文化在公元前 6 世纪已有相当发展，至公元前 5—4 世纪臻于极盛。当时沿地中海的一些地区，如位于地中海东岸的波斯，位于地中海南岸的巴比伦，它们的地理位置有利于航海业的发展，从而带动了贸易的繁荣，进而促进了这一地区政治与经济发展和社会交往，促使了亚洲文化、欧洲文化和非洲文化这几种不同的文化在环地中海沿岸地区的相互交融。不同文化的交融引起了人们思想观念上的变化，开阔了人们的视野，解放了人们的思想，为古希腊文化的萌发和成型奠定了丰富的思想基础，也为公民学说的传播创造了良好的条件。

（四）智者群体的知识启蒙为公民学说的萌芽奠定了思想基础

"智者"（sophists）一词与希腊语 sophos 和 sophia 相关，意为聪明、智慧。智者，就是有智慧的人。古希腊时期智者的代表人物有普罗泰戈拉、苏格拉底、柏拉图和亚里士多德等。当时，希腊民主政治生活较为普遍，公民积极参与政治活动，表达利益诉求，需要不断总结政治经验，提高政治技巧。智者这个公共知识分子群体的形成起到了教授知识、传播经验的作用，同时直接影响公民的政治生活和城邦政治活动。正是有了这些孜孜以求的智者总结公民政治生活经验，提出政治制度设想，研究、了解公民的思想需要，传播公民理论，并使之不断上升到理论高度，才有力地促进了公民学说的形成及系统化。

（五）自然哲学的发展为公民学说的构建提供了研究方法

自然哲学是人类思考所面对的自然界而形成的哲学思想，主要研究自然界和人的关系以及自然界的最基本规律等。古希腊时期，自然哲学取得了辉煌的成就，为早期公民学说的发展奠定了思想基础。古希腊自然哲学家从对自然的研究出发，观察自然现象，总结自然规律，提出了许多富有

① 参见周一良、吴于廑主编：《世界通史》（上古部分），北京：人民出版社 1973 年版，第 217 页。

理性的概念和原理，如本原的思想，"逻各斯"①即规律的观念，自然权利、和谐思想等为公民学说的发展提供了思维模式和思想工具。伴随着自然哲学、道德哲学、政治学、法哲学等的发展，公民学的一些概念和范畴诸如理性、保存、忠诚、信仰、权利、公意、服从、公正、平等、自由、民主等相继形成，从而为公民学说的萌芽和初创时期的公民学科构建奠定了理论基础，也使得西方公民学说呈现出自然主义、整体主义、国家主义、功利主义、情感主义等理论特征。

二、西方公民学说的主要成就

公民学是西方民主政治生活的产物，已经历了2 000多年的发展历程。西方公民学说追踪社会前进的步伐，总结公民社会生活的经验，发现了许多独特的思想方法，形成了系统的理论体系，成为西方经济、政治、文化、社会变革前进的精神动力。正如英国著名的启蒙思想家托马斯·霍布斯在《论公民》中所说：

> 远古时代的智者相信，将这类教诲（与基督教有关的除外）传给子孙后代，只应当采用优雅诗文或朦胧寓言的方式，以免人们所说的统治（government）那高深而圣洁的神秘性，被私人的议论所玷污。同时哲学家也很活跃，有些人在观察事物的运动和形态，这于人大有益处；有些人沉思事物的性质和起因，这于人无害。后来，据说是（古希腊）苏格拉底最早爱上了这门公民科学（civil science），那时它还没有被理解成一个整体，只是——不妨说——在公民统治（civil government）的迷雾中初现端倪。据说苏格拉底极为看重这门科学，他摒弃了哲学的所有其他内容，断定只有这一部分与他的智慧相称。继他之后，柏拉图、亚里士多德、西塞罗以及希腊和罗马的所有其他哲学家，最后还有各民族的所有哲学家，甚至不仅是哲学家，还有那些闲暇时光中

---

① "逻各斯"（logos）在古希腊语中是一个源于动词 lego（说）的普通名词，基本含义是言说、话语，据此派生出道理、理由、理性、规则等多种含义，与中国传统文化中老子的"道"相对应。"逻各斯"是西方哲学的一个重要概念，其含义相当于通常我们的"规律"。"逻辑"就是从这一词衍生出来的。

的绅士，都想在此一试身手；这种努力不绝如缕，好像它是无须努力就可轻易入门的学问，它向一切天生有此爱好的人敞开大门任其取舍。赋予这门科学以高贵性的最大因素在于，那些自认为掌握这门科学或处在应当掌握它的地位上的人，即使只知其皮毛也洋洋自得，所以，他们乐于让其他学科的行家被人视为聪明的博学之士，或被人这样称呼，却绝不希望他们被人称为通晓治术者（prudentes）。由于这种政治专长非同寻常，因此，他们认为只应当把这个称呼留给自己。判断一门学科之高贵性，不论是根据掌握它的人之尊贵，还是根据著书立说者的数量，或是根据最聪明者的判断，这门学科在他们中间都肯定享有无与伦比的高贵性。它属于君主，属于以统治人类为己任的人。几乎人人都会乐于拥有它，哪怕只是一知半解；最伟大的哲学头脑也倾全力加以探究。①

（一）古希腊时期公民学说的主要成就

古希腊是西方文明的发源地，也是公民学说的发源地。"公民"一词，是在古希腊时期首先提出来的，公民学说最初也发端于地处南欧的古希腊。希腊环地中海地区发达的航海和通商，造就了古希腊得天独厚的文化交流环境，希腊人吸纳了南欧、北非、西亚地区许多民族的文化成就，其公民学说逐渐成熟起来。

古希腊时期一些著名的学派和思想家们提出了许多关于公民的理论的概念，一些文学作品和著作中也蕴涵着丰富的公民思想。古希腊时期形成的关于公民学说的理论和概念成为后人思想的元典，对西方公民学说的形成和发展作出了很大贡献，也对后世公民学说理论的走向和实践产生了深远的影响。

其一，主张对人的关注。归纳起来，古希腊时期公民学说是以自然主义的人本思想、城邦整体主义、社会理想主义等为其理论特色。

其二，以改革来改善公民的生存状况。例如，古希腊时期最著名的梭伦的改革和伯利克利的改革就是通过改善政治结构，削减贵族的政治权力，扩大公民大会的权限，扩大公民权，增加公民大会的人数，使民主权

---

① （英）霍布斯著：《论公民》，应星、冯克利译，贵阳：贵州人民出版社2003年版，第7页。

利下移。

其三，归纳了公民学和人文科学研究的重要方法。这些方法有：①逻辑推论。②实证分析。③阶级分析。例如，柏拉图、亚里士多德等人都采用过阶级分析的方法，其中柏拉图就认为城邦中有 3 个等级。

可以说，古希腊时期，公民学说的形成和发展达到了公民学说史上的第一个高峰。这个时期涌现出来的一大批思想家都是站在公民的立场去阐述政治见解的，留下了宝贵丰富的思想遗产。西方民主政治的理念，也起源于古希腊，形成于欧洲近代资产阶级革命时期，并在现代宪政民主时期得以不断丰富和发展。从一定意义上讲，西方政治文明广泛而深刻地受到古希腊公民学说的影响。

（二）古罗马帝国时期公民学说的主要成就

在人类发展史上，古罗马帝国时期，国家成为法律实体，最早地表述出了权利概念，明确了公权，确立了公民私权，法律与国家权力为保障公民权利而存在。这个时期，城邦时代让位于帝国时代，政治统治结构以及个人与国家的关系都发生了重大变化，在帝国所能统辖的疆域内，建立了庞大的官僚政治体系，实现了普遍的公民权。古罗马时期的神学思想、法学思想、平等意识等在历史上产生了重大影响。

其一，提出人神相通的自由思想。斯多葛学派（古希腊四大哲学学派之一，也是古希腊流行时间最长的哲学学派之一）认为，所有的人都是从神那里流溢出来的一部分，是神的儿女。人和神是一样的，都是自由的，每个人都有自己的神。认为人的精神自由是不受外界物质条件影响的，一个囚徒和一个国王在内心的自由是一样的，自由是不可能被物质所阻隔，所以人的精神都是自由的，人与人之间的精神也都是平等的。罗马共和国时期著名的政治家、思想家西塞罗在其《国家篇法律篇》中论述道："灵魂却是由神在我们体内造成的。因此我们有理由说，在我们和神之间有一种血缘关系；或者，我们可以称其为共同祖先或共同起源。"[①] 这一时期提出的神的概念不同于后世提出的"上帝"，而是众神。

其二，认为法律在于保障公民的正义精神。古罗马帝国时期的法非常

---

① （古罗马）西塞罗著：《国家篇法律篇》，沈叔平、苏力译，北京：商务印书馆 2009 年版，第 163 页。

质朴和直接，罗马法提出了公民国家政治活动的法律规范，张扬了欧洲人带有英雄主义特色的精神品质，对法的正义性进行了详细系统地阐述。古罗马时期建立了严密的法律制度，以法律治理国家、统率军队，形成了系统的法律理论、典章制度。罗马法典成为欧洲及世界辉煌的文化成就，多个学科在研究思考重大历史和现实问题时，都要从罗马法典中寻求思想材料。古罗马人的重法精神对现代公民的重法守法意识产生了深远影响。

其三，主张建立公民政体以保障社会稳定。古罗马人在探索良好的政治组织形式方面取得了较大成就，西塞罗研究了不同的政体形式，指出人们在一定的地方居住下来建设堡垒或城市，并建起各种庙宇和公共场所，从而形成公民社会或国家。在这样的国度内生活的人们，为了能够长久存在，需要有某种机构来进行管理。"当最高权力掌握在一人手中时，我们称此人为君主，而这种国家的形式就是一个君主国。当最高权力由被挑选的公民执掌时，我们说该国是由贵族统治。不过，当最高权力完全掌握在人民手中时，就出现了一个民众政府（因为人们是这样称呼的）。"[①] 西塞罗认为单一政体都有其弊端，因此他提出了一种一切权力归于人民的国家政治体制。这种体制的特点首先是具有一定的公平性，其次是具有稳定性。古罗马帝国依靠军队、法律、统治者组成了一个巨大的政治力量，治理一个幅员辽阔的国家，赋予征服地人民以普遍的公民权，强化了罗马帝国的经济实力，稳定了帝国与殖民地的政治关系，他们治国理政的经验是人类宝贵的财富。

（三）中世纪基督神学对公民学说的主要成就

中世纪时期，基督教神学把人分为两界：物质的世俗生活和精神的天国，认为物质世界是短暂易逝的，精神生活是绝对的、神圣的，人的生存价值在于追求永恒不朽的精神。

其一，激发了公民个人品质的生成、诱导和教化。基督教主要强调思想上的信仰和认可，以信仰、希望、爱为思想纲领，以爱为其最根本的准则，称"爱之律法"为最大律法。耶稣教导人们尊重传统，恪守"上帝的

---

① （古罗马）西塞罗著：《国家篇法律篇》，沈叔平、苏力译，北京：商务印书馆2009年版，第36页。

诫命"① 须严以律己，宽以待人。不但如此，公民还应该进一步忍耐、宽恕，甚至爱仇敌，用一颗善良的心爱世人。这对人们的道义良知等品格的生成都发生了重要影响。

其二，主张"上帝面前人人平等"的理念。基督教以爱的视角和心态理解万事万物。在耶稣的道德训诫中，首先是爱上帝，服从上帝；其次便是爱邻人，爱人如己。"上帝是父亲而邻人是兄弟"的博爱思想表明，基督教将所有人视为"上帝的儿子"，而且相互平等。通过对上帝的信仰而提升了公民的存在，使公民获得新的精神生命，从而使地位卑下的人在上帝面前获得了与其他人平等的价值和尊严，统摄了人的内心精神世界，成为奴隶主和封建主治国治民的思想工具。

基督教神学在长期的历史演进中吸收了犹太文化、埃及文化、希腊文化和波斯文化等的思想资源，从而形成了西方公民文化的特色，其所蕴涵的平等、自由观念对公民学说的发展也产生了一定影响，基督教精神已融入公民的日常生活中，成为欧洲各国文化认同的重要基础，促进了欧洲文化的整体性。

（四）15、16 世纪文艺复兴时期公民学说的主要成就

欧洲文艺复兴运动标志着中世纪的终结。在欧洲文艺复兴时期，人文主义者冲破神学的束缚，高举个人主义的旗帜，张扬人性，构建了反映新兴阶级需要的公民学说体系，促进了公民学说向公民理性的回归，为近代公民学说的发展奠定了理论和思想基石。

其一，实现了公民学说由神性向人性的复归。文艺复兴运动的实质是新兴资产阶级反对封建统治和教会思想钳制的一场思想文化运动，旨在建立一种人文主义的新的文化形态，从而为资产阶级登上政治舞台摇旗呐喊。文艺复兴时期，公民思想家强调并肯定人的作用，反对基督教神学和封建统治的双重压迫，追求人的思想、感情和智慧解放，提倡用人性取代神性，用人权取代神权，主张张扬公民的个性，保护公民的个人利益，这对后来的启蒙运动以及公民的宪政理论发展产生了重要影响。

其二，注重对公民自由精神的培育和素质开发。文艺复兴时期，公民学说从神学的阴霾中摆脱出来，认识的视角从人与上帝的关系转变到人与

---

① 参见秦树理主编：《西方公民学》，郑州：郑州大学出版社 2008 年版，第 74 页。

人的关系，以及公民与国家的关系，从对上帝的崇拜转变到对人的尊重。公民思想家虽然未能彻底摆脱基督教神学和封建统治思想的束缚，但已经认识到回归人的自然本性的价值和意义，主张尊重公民的个性自由发展，重视人的主体意识觉醒和主体作用发挥，倡导公民平等，并肯定了教育对公民的塑造功能。公民学说的这些理论成果既开阔了人们的眼界，激发了公民推进社会改革的热情；又为促进自然科学、人文科学的繁荣提供了思想武器，对推动社会政治、经济、文化的发展产生了重要影响。

（五）17、18世纪契约论对公民学说的主要贡献

17、18世纪的公民学说以理性的思想审视自然和人类社会，从研究抽象的人性出发，关注人类社会政治结构，提出了自然状态、自然权利、社会契约等公民理论。

其一，契约论孕育了许多现代公民学说通行的理念。契约论思想家们推崇自由主义、个人主义、民主主义和理性主义，旨在把公民个人提升为社会整体中的一员，论证分析了公民与国家、公民权利与政府权力等之间的内在联系，以契约的逻辑假设，推论公民自由平等的社会价值，主张社会优先、人民主权，认为政府是公民社会实现人的自然权利的保障，也是抑制人性恶的必要工具。社会契约论中关于公民和国家关系的基本理论，是资产阶级为追求和保障自身的利益而提出的。

其二，推动了公民认识社会问题思维方式的转型。契约论的代表人物格劳秀斯、斯宾诺莎、霍布斯、洛克、卢梭等运用逻辑推理的方法，认为人在"自然状态"下的生活是受自然法则的支配，在自然状态里，人人虽然享有绝对的平等和自由，但是由于社会的无政府状态使得公民自然权利的保护不安全、不稳定，因此，公民为了保障天赋人权和自由平等、保护私有财产不受侵犯而缔结契约建立了国家，也为以后公民宪政理论的产生和发展奠定了思想基础。

（六）近代西方宪政思想对公民学说的发展成果

从18世纪后期到19世纪初期，美国、法国和英国先后出现了社会政治革命，其理论基础是宪政思想。宪政理论提出了保障公民权利的制度设想，以实现政治自由、社会平等为目标，对公共权力配置进行了理论阐述，主张对政府权力的限定，从而推进了公民学说的进一步丰富和发展。

其一，确认公民在国家政治中的主体地位，由国家主权向人民主权转

变。宪政民主理论是以人民主权理论为基础的，认为公民的权利是与生俱来的，国家是根据公民的意志组成的，国家的一切权力来源于人民，正因为公民为了更好地实现自身的利益而把部分或全部权利交与某个共同体，共同体委托政府实施这些权力，以保证公民的权益，所以政府只是作为人民集体的委托者，或者说雇佣者。认为实现公民的委托，保障公民的合法权益，是政府的基本职责。

其二，主张依法行政，实现和保障公民权利。依法行政是指统治阶级按照宪法原则把国家事务法律化、制度化，并严格依法管理的一种方式，是 17、18 世纪资产阶级启蒙思想家倡导的重要的民主原则。这个时期，公民思想家在思考如何依法规范政府的行政行为，认为政府的权力来源于法，人民意志是宪法的基础，政府的行政行为必须有法律依据，法律授权才能作为，法外无权。政府的行政权力的运作过程必须合法，程序违法行为无效。主张分权制衡，以权力制约权力的腐败，防止权力主体能力过大，避免政府的越权行为影响公民权利。权力分工与权力制约构成了宪法政治的基础。

其三，提出畅通民意表达的渠道，体现公民的主体地位。启蒙运动的代表人物之一、法国著名思想家卢梭强调的公意问题，在宪政制度下演化为公民的表达权。公民自由地表达意愿是基本权利得到保障的重要体现。公民顺畅地表达意愿、宣泄情绪，张扬了公民的主体地位。能够让公民自由表达意愿的政府是自信的政府。可以说，近代宪政时期的公民学说中有关公民的权利、政府的权力以及对权力的分配和分割制衡等思想，既为公民权利的实现和保障提供了现实指导，也为现代公民社会的民主发展奠定了基础。

三、西方公民学研究的相关学科

西方公民学以独特的视角，研究公民社会政治生活状况、公民德行等问题，与人学、政治学、伦理学等诸多学科有着紧密联系，为公民提供了观察社会、思考现实生活的思维模式和科学思想。

（一）西方公民学的本质是人学研究

公民学是关注人、思考人、塑造人的学说。人学是以整体的人作为研究对象，主要研究人的本质、人的进化、人的存在和发展、人的现代图景和未来等问题。古今中外，关于人学的思想源远流长。例如，中国古代"天人合一"的思想，反对将天与人相互敌对，讲求天与人的统一。孟子主张人性善，荀子主张人性恶等。在西方，古希腊时期，最初将人看做是自然的一部分，认为人的肉体和灵魂都由自然物质构成，把人从神话、原始宗教中独立出来。随后，一些思想家把人定义为乐群的、政治的动物，将节制欲望和遵守德行当做最高的善。中世纪是基督教神学一统天下的时期，神学把人分裂为灵魂和肉体、神性和兽性两个方面。精神是本质的、永恒的，肉体是非本质的、暂时的，是一切罪恶的根源。人是由上帝创造的，人的本性由上帝决定。随着文艺复兴运动的兴起，西方进入了一个人性觉醒和理性复苏的时代。文艺复兴运动力图通过批判宗教神学，确立人之存在的现世价值，主张尊重人、关怀人，重视人的尊严、人的价值，推崇人的情感、人的智慧、人的思想。近代，根据社会发展的需要，思想家们从现实的人性需要出发，更多地关注人的自然欲望和利己动机，更多地强调人类现实的幸福和快乐，构造出趋乐避苦的人性模型，其代表人物有休谟、边沁、密尔等人。之后，随着马克思主义理论的建立和发展，人学理论也逐步走向完善。马克思主义人学理论认为，人是自然存在物和社会存在物、自然属性和社会属性的统一，人的自然属性是人的社会性的前提和基础，人的社会属性又制约着人的自然属性。马克思还以现实的人为基点，从辩证发展的角度考察，提出和论证了人的全面发展的理论，科学地阐明了社会发展和人的发展的关系。

（二）公民学与哲学发展并行共进

公民学是主要研究公民政治生活的学科，探讨公民政治生活状况、公民德行等问题，在研究理想政治制度、设计美好生活蓝图的同时，也注重塑造理性、智慧、有德行的公民，引导公民通过合理地参与政治，管理公共事务，提升公民素质。

西方公民学的研究与西方哲学的研究关系密切，一方面，公民学在其发展过程中，逐渐形成和完善了许多行之有效的研究方法，有利于开拓哲学研究的视野。公民学的研究采用历史分析的方法、经典分析的方法、逻辑分析的方法、实证分析的方法以及历史唯物主义的方法等。例如，古希腊的苏格拉底、柏拉图、亚里士多德等人在他们所从事的研究中就大量采用了逻辑分析这种方法，通过对古希腊城邦政治、公民生活的分析、判断、整理、归纳，经过严谨的推论，得出符合那个时代社会发展规律的思想结论。公民学说的形成与发展影响着人们对公民社会政治生活进行研究的基本原则、观察角度和途径，对推进西方哲学的发展起了重要作用。另一方面，西方哲学以神本主义、自由主义、理性主义进而转向人本主义的研究视角，对于公民学的形成与发展产生了巨大的促进作用。许多公民思想家将哲学中辩证思维的方法运用到公民学研究上来，把公民政治生活置于特定的历史条件和社会背景下进行考察，这为当今公民学研究提供了借鉴。

（三）公民学与政治学研究密切相关

公民学以提高公民的政治素质、政治技巧、政治能力为目的。政治学的研究目的是为构建民主正义的政治结构创设制度。公民学主要研究公民群体的社会政治活动。公民社会政治活动是在具体的政治制度、政治环境中进行的。公民学研究目的是优化公民政治生存空间，提高公民政治参与能力等。公民政治是公民学研究的重要内容。事实上，西方历史上很多政治学经典著作也都是研究西方公民学的重要文献资料。例如，古希腊亚里士多德的《政治学》，就是研究西方公民学的一部经典著作，其中蕴涵着丰富的公民学思想。亚里士多德在写作《政治学》之前，曾考察和研究了100多个城邦的政治制度，将之归纳为3类6种政体，并结合实际，设想出理想政体的模式，在充分了解各城邦公民政治生活的基础上，抽象出了公民应具备的一般特征。再如，英国的《权利法案》、美国的《独立宣言》和法国的《人权宣言》等，也都是研究西方公民学必读的文献资料。

（四）公民学与伦理学内容交叉互融

伦理学，又称道德哲学，是关于道德的科学，研究道德问题的学问。伦理学将道德现象从人类活动中区分开来，研究道德的起源和发展、道德本质和社会作用、道德品质的培养和道德规范体系等问题。伦理学的研究对象是道德上的"善"与"恶"、"是"与"非"，研究目的是探讨善、美德、责任、义务、应当、修养等问题；而公民学是研究公民政治生活的，其中不仅涉及政治制度环境是否善的问题，而且引导公民尚善、向善、为善、至善，提升公民的道德水准，主张培养公民的责任意识，培育公民良好的品格。两者在内涵上是相互交融的。例如，各个不同的历史时期，对正义的理解是不同的。但正义首先是指社会生活的伦理正义，即社会基本制度的正义安排，其实质在于对各种社会基本权利和义务的公正合理的分配，也称"社会基本善"。而在《理想国》一书中，柏拉图将正义列为"四主德"之一，将与城邦政治生活紧密结合的公民个体的善视为"正义"。此外，公民学还要注重开发公民智慧，发掘公民潜力，提升公民素质，这与伦理学的研究目的指向一致。

四、西方公民学说的研究价值

西方公民学说历史悠久，传承关系明显，阶段性清晰，对于启迪公民进行理性思考和自主选择，推动人类历史发展具有重要的思想价值。公民学是人类智慧的结晶，是人类共同的精神财富，公民学的发展史本质上反映了人类社会的进步史，可以说，没有公民学，就没有人类文明的进步。

（一）公民学研究为培养"好公民"提供理论依据

公民学说的形成和发展与公民身份的历史演进是同步的。纵观公民概念的演变进程，可以看出，公民从一开始的自由人、有智慧的人、被教化的人、有特权的人逐步发展为享有平等权利和承担平等义务的政治主体，以及泛化为"具有一国国籍的人"。经历了古希腊、古罗马、中世纪以及近现代的发展之后，公民的概念已不同于最初形态，公民的内涵经过不断地修正、扩展，得以丰富和完善。虽然，每一历史时期对公民的概念、身份特征、角色定位以及公民所享有的权利与义务等界说和规定不尽相同，但无论在何种社会形态下，公民都是一种政治身份的象征，都是以社会主体角色出现的。公民学正是对公民生活的总结、提炼和概括，是对公民政治生活的理想表述和美好设想。

任何一门学科都有其培养方向和目标，公民学是塑造公民的学科，其宗旨在于提高公民的思想境界，规范公民的行为，为社会培养好公民。对于公民德性、公民权利、公民自由、公民素质等一系列问题的研究始终是公民学研究的核心内容。由于历史时代不同，统治者的阶级属性不同，各个时代、不同国家对好公民的要求也不尽相同。"好公民"一词最早出现于古希腊城邦时代，公民积极参与城邦事务，英勇善战，维护城邦的整体利益，就是好公民；到古罗马时期，公民要自觉承担起对国家的责任，尤其是要承担起向国家纳税的经济责任；中世纪，神学凌驾于一切之上，此时，公民被要求做虔诚的"天国耶路撒冷的公民"，以对上帝的信仰为第一要义；到了近代，特别是在进入宪政社会以后，许多国家致力于培养有责任的公民，并对这一目标作出了明文规定。例如，进入 20 世纪之后，英国明确提出培养好公民，美国提出培养负责任的公民，澳大利亚提出培养高尚的公民，法国提出公民资格教育、确定培养合格公民的目标，德国提出了培养具有爱国心和高尚人格的公民，等等。可见，随着历史的进步和民主政治的发展，好公民的标准也发生着变化。但是，好公民的理想目标指向是大体一致的，即理性、智慧、自由、服从、重德和求善。研究公民学说，通过了解各个不同历史时期、不同国家有关公民身份的不同内涵，把握公民权利地位影响政治活动及历史进程的脉络，有助于启发公民觉悟，提升公民德性，为培养和塑造与社会发展相适应的明权尽责的好公民提供理论借鉴。

（二）公民学研究为推进民主政治建设提供思想启迪

公民学说的发展影响着人类民主政治的进程。民主是人类政治文明发展的成果，也是世界各国人民的普遍追求。民主是一个蕴涵着自由、平等、正义等诸多社会要素的政治运作体系，这与公民学的研究实质是一致的。公民学是对公民社会政治生活状况进行探索的学科，公民学研究也始终是围绕公民的政治生活展开的，涉及公民政治地位的确立、政治身份的获得、政治权利的行使等诸多方面问题。从古希腊时期一直到现在，公民学研究公民生活的各个历史时期、各个国家的政治制度、国家政权，涉及公民身份与地位、权利与义务、自由与平等、公民与社会、公民与国家、公民权利与政府权力、民主政体与宪政发展、公民社会与世界公民等概念范畴，形成相对完整的思想体系。

公民学对于人类社会特别是现代社会影响是深远的。在中国，"公民"一词虽散见于古籍之中，但现代意义上的公民概念却是舶来品。公民思想经 20 世纪末由西方传入中国以来，中国近代以前并未有真正意义上的公民学，经过一个多世纪的发展，越来越多的人开始关注这一学说，投入公民思想的研究中。公民学的发展，公民思想的传播有益于优化公民的政治生活空间，推动社会进步。公民学说发展中形成和积淀下来一些经典理论、典型范式，是人们对社会规律的认识和把握，对于促进社会民主政治建设起着重要的价值导向作用。研究思想家们对公民问题、政治问题的思考与探索，从中揭示内在联系，找出普遍性规律，运用到当前公民政治生活中来，研究如何提升公民素质，提高公民政治参与的经验和技巧，这将对我们进一步研究公民学、推进中国民主政治建设进程提供有益的启示。

（三）公民学研究为促进公民文化交流提供有利平台

西方公民学根植于其特定的历史条件、文化背景、思维特征、阶级立场和民族个性中，既与公民特定的民族文化传统、文化认同、价值观念体系密不可分，也与国家共同体的意识形态、经济体制、政治制度等紧密联系。事实上，虽然西方各国也注重培养世界公民和全球意识，但民族性依然是西方各国公民教育的基本点，增强公民的民族认同感是世界各国公民教育的核心内容，旨在提高公民对自己在国家政治和法律生活中的地位的认识，在情感上培养公民对于所属国家的特定社会群体的认同，在认知上强调公民对自身所承担的责任与所享有的权利的了解。

研究公民学，构建中国的公民学，有助于中国了解世界、融入世界。当今世界，任何一个民族、国家的发展都不能孤立于世界之外。随着经济全球化和信息技术革命的发展，世界融为一体，公民生活不再局限于一国之内，向超乎国界之外的世界公民方向发展。这就要求我们以积极主动的姿态，放眼世界，着眼于未来，既要尊重文化的多样性，相互借鉴、求同存异，又要保持民族性和独立性；既要从中国传统文化中汲取优秀成分，又要注重借鉴国外有益的经验，促进公民学理论的发展和传播，构建中国特色的公民学体系。

西方公民学说为我们提供了丰富的思想资料，它们提出的概念、范畴、原理、准则，以及研究问题的方法，对于构建中国社会主义特色的公民学科和公民教育理论体系，具有重要的借鉴价值。随着市场经济的发展、民主政治的进步，中国公民学的发展获得了前所未有的良好契机。在研究、分析、借鉴西方公民学理论的过程中，必须以中国化的马克思主义理论为指导，从现实生活出发，把公民学理论的发展与社会、政治、经济、文化的发展紧密联系起来，立足于公民的现实性、社会性和实践性，培养公民的主人翁意识、国家意识、民族意识、政治意识、民主意识、权利意识，树立社会主义民主法治、自由平等、公平正义理念，促进公民与公民、公民与社会、公民与自然之间的和谐发展。

第一章
荷马时代公民思想的萌芽

从远古文明到城邦文明的过程中，古希腊文化大致经历了克里特文化、迈锡尼文化、荷马时代、希腊古典时代和希腊化时期 5 个阶段。其中，荷马时代是从公元前 12 世纪起至公元前 9 世纪止，是古希腊民族迁徙、大融合的时代。这一时期是由社会混沌向有序转变的时代，是城邦文化和城邦政治结构的孕育时期，为希腊乃至整个西方政治文化的形成和产生创造了有利条件，为古希腊的原始部落构建起城邦的雏形奠定了社会政治、思想、文化基础。

"荷马时代"，因荷马史诗而得名。荷马史诗相传是由盲诗人荷马写成，由《伊利亚特》和《奥德赛》两部分组成，这两部分分别记述了特洛伊战争第十年的故事和英雄奥德赛归家途中历险的故事。荷马史诗是这一时期唯一的文字史料，它反映出当时的社会、生活、民族等状况，为后世提供了当时的许多古希腊风俗、政治制度和思想观念上的材料，反映了当时人们在公民思想方面的探索、思考以及与之对应的原始公民文化。

第一节 荷马时代公民思想萌芽的社会基础

希腊的国家形成于古风时代后期。而荷马时代的政治生活是极为原始的，政治权力刚刚萌芽，国家还没有出现。社会组织以父系氏族为基本单位，若干亲属氏族组成一个胞族，若干胞族组成一个部落，部落的管理采取民主的方式。在政治上，荷马社会已经形成了一套以贵族阶层为中心的政治生活模式，它的标志是民众大会和长老议事会。

一、氏族部落的社会生活提供了公民思想萌芽的必要条件

荷马时代的希腊无论是在经济上还是在社会政治制度上都有了长足的发展和进步，为公民思想的孕育提供了良好的社会环境。

（一）氏族社会的维系与发展促使人们形成了特定的价值观念

荷马时代的社会组织细胞是氏族，许多氏族结成胞族、部落，若干部落又组合成部落同盟。阿伽门农、阿基琉斯、奥德修斯都是拥有各自权力、有统辖地域的王，"同属英雄等级，并同样行使各自的军权、神权、裁判权"①。

血缘关系是最初维系每个胞族、氏族和部族的重要保证，凡是有血缘关系的人都会被看成是自己的人，从而成为这个社会中的一员。美国著名人类学家摩尔根曾指出：

> 凡是同一部落的氏族，一般都出于同一祖先，并拥有同一部落名称。所以本来不需严格规定由哪些氏族联合成一个胞族，由哪些胞族组成一个部落，只是由于某些氏族是由一个母氏族分化出来的，他们有着直接的血缘关系，因此自然而然地组合在一个胞族之内。②

这种维系方式保持了社会的稳定发展并使之有效运转，并把人们从蒙昧社会带进了文明社会。由于这种维系方式来自于血缘，所以从中发展出了与之相适应的公民价值观，如对家族酋长的忠诚，为维护血缘家族利益或荣誉所需要的勇敢与英雄精神等，成为荷马时代氏族社会的道德规范。如摩尔根所说：

> 当氏族制度依然存在的时候，它还通过自身的经验并积累起发明政治社会所必须具备的智慧与知识。氏族制度，就它的影响，就它的成就，就它的历史，在人类进程图表上所占的地位丝

---

① 参见王乐理主编：《西方政治思想史》（第1卷），天津：天津人民出版社2005年版，第50页。

② （美）路易斯·亨利·摩尔根著：《古代社会》，刘峰译，北京：中国社会出版社1998年版，第81页。

毫不亚于其他任何制度。①

马克思、恩格斯在其《家庭、私有制和国家的起源》中指出：

> 与原始形态的氏族——希腊人像其他凡人一样也曾有过这种
> 形式的氏族——相适应的血缘亲属制度，使氏族一切成员得以知
> 道相互的亲属关系。他们从童年时代起，就在实践上熟悉了这种
> 对他们极其重要的事物。随着一夫一妻制家庭的产生，这种事物
> 就湮没无闻了。氏族名称创造了一个系谱，相形之下，个体家庭
> 的系谱便显得没有意义。这种氏族名称，现在应当证明具有这种
> 名称的人有共同世系；但是氏族的系谱已经十分湮远，以致氏族
> 的成员，除了有较近的共同祖先的少数场合以外，已经不能证明
> 他们相互之间有事实上的亲属关系了。②

氏族社会的发展也促进了人们道德信仰的产生，各个部落确立自己的
保护神，并修建神庙。胞族有共同的神殿和节日，公元前 8 世纪在希腊许
多地区出现了永久性的神庙建筑，有些规模还相当大。正如马克思所说：

> 每个氏族都起源于一个神，而部落首长的氏族则起源于一个
> "更显赫"的神，在这里就是起源于宙斯。③

（二）氏族部落联盟造就了人们的民族认同感

希腊民族是在原始社会解体阶段，由于私有制的产生，地域关系代替
了血缘关系，荷马时代的原始部落间为了共同利益联合在一起而形成的。
正如马克思、恩格斯在其《家庭、私有制和国家的起源》中所说：

> 在荷马的诗中，我们可以看到希腊的各部落在大多数场合已
> 联合成为一些小民族；在这种小民族内部，氏族、胞族和部落仍
> 然完全保持着它们的独立性。它们已经住在有城墙的城市里；人
> 口的数目，随着畜群的增加、农业的扩展以及手工业的萌芽而日

---

① （美）路易斯·亨利·摩尔根著：《古代社会》，刘峰译，北京：中国社会出版社 1998
年版，第 308 页。

② （德）马克思恩格斯著：《家庭、私有制和国家的起源》，见《马克思恩格斯选集》（第
4 卷），中共中央马克思、恩格斯、列宁、斯大林著作编译局编译，北京：人民出版社
1995 年版，第 98 页。

③ （德）马克思恩格斯著：《路易斯·亨·摩尔根〈古代社会〉一书摘要》，见《马克思古
代社会史笔记》，中共中央马克思、恩格斯、列宁、斯大林著作编译局编译，北京：人
民出版社 1996 年版，第 306 页。

益增长；与此同时，就产生了财产上的差别，随之也就在古代自然长成的民主制内部产生了贵族分子。各个小民族，为了占有最好的土地，也为了掠夺战利品，进行着不断的战争；以俘虏充作奴隶，已成为公认的制度。[①]

荷马史诗所描绘的特洛伊战争系列故事早在迈锡尼灭亡之前就已经在人民中间流传，前后历经了迈锡尼时期、黑暗时期、古风时代初期。"荷马的创作处于两个历史时代之交。它反映了原始社会形态的瓦解和文明社会的诞生……《伊利亚特》和《奥德赛》中所描述的社会关系的特点是财产差别的产生和古代民主国家内部贵族上层人物的出现。"[②]民族的史诗之所以能够以口传诗歌的形式继承、流传下来，本身就体现着从迈锡尼文明开始到黑暗时代和古风时代，古希腊人已经有了民族认同意识。

荷马时代已经由原始社会末期逐渐向以私有制为基础的奴隶制过渡。随着社会经济的发展和财富的增加，也造成了财产的差别，氏族成员之间的原始平等逐步瓦解。如作为基本生活资料的土地，在荷马时代已出现了私有化，一些成员拥有较多的肥沃土地，成为贵族阶层，一般的氏族成员拥有自己的份儿地，也有的开始流离失所，变身为"游荡人"或奴隶。

由于社会的动荡不安和军事战争的需要，人们更加认识到氏族联盟和部落联合的重要性，分散的氏族团结在一起构成希腊民族。从内部结构来说，虽然存在着巴赛列斯、贵族和平民的区分，但作为原始社会的共同体，它已经具有了后世希腊城邦所具有的基本特点。正如马克思、恩格斯指出：

> 那些住得日益稠密的居民，对内和对外都不得不更紧密地团结起来。亲属部落的联盟，到处都成为必要的了；不久，各亲属部落的融合，从而各个部落领土融合为一个民族的共同领土，也

---

① （德）马克思恩格斯著：《家庭、私有制和国家的起源》，见《马克思恩格斯选集》（第4卷），中共中央马克思、恩格斯、列宁、斯大林著作编译局编译，北京：人民出版社1995年版，第100页。

② （苏）古谢伊诺夫、伊尔利特茨著：《西方伦理学简史》，刘献洲译，北京：中国人民大学出版社1992年版，第19页。

成为必要的了。①

　　　　有决定意义的已不是血族团体的族籍，而只是经常居住的地区了；现在要加以区分的，不是人民，而是地区了；居民在政治上已变为地区的简单的附属物了。②

二、独特的地理位置为公民思想的胚胎创造了有利环境

地理环境对一个民族的性格和文明的发展有着重要的影响，因为地理环境是人类文明历史的活动舞台，不同的地理环境孕育着不同的民族精神，形成不同的文明特性。

古希腊位于欧洲巴尔干半岛南端的欧、亚、非交会处，东临爱琴海，西临爱奥尼亚海，南临地中海，主要包括巴尔干半岛南部、小亚细亚半岛西部、意大利半岛南部、西西里岛以及爱琴海诸岛屿等地区。希腊地区独特的地理环境，促成了荷马文化的区域性、开放性和兼容性特征。

（一）开放性的海洋文化带来了公民观念的变化

大海是古希腊最大的经济资源，也是孕育荷马文化的摇篮，促使亚洲文化、欧洲文化和非洲文化这几种不同的文化在环地中海沿岸地区的相互交融。

荷马时期的希腊以农业为主，实行部落制和贵族政治，活动范围限于爱琴海区域。由于希腊地区没有丰富的自然资源，也找不到肥沃的大河流域和广阔的平原。在希腊和小亚细亚沿海地区，只有连绵不绝的山脉，这不仅限制了农业生产率的提高，而且把陆地隔成小块。土壤贫瘠，石块、沙砾随处可见，为了生存，希腊人必须寻求其他的生存渠道，走向世界。因而，荷马史诗所记载的是部落之间的战争和对外扩张的场景。

虽然荷马时代的商业还处于实物交换的原始阶段，但航海的便利推动

---

① （德）马克思恩格斯著：《家庭、私有制和国家的起源》，见《马克思恩格斯选集》（第4卷），中共中央马克思、恩格斯、列宁、斯大林著作编译局编译，北京：人民出版社1995年版，第160页。

② （德）马克思恩格斯著：《家庭、私有制和国家的起源》，见《马克思恩格斯选集》（第4卷），中共中央马克思、恩格斯、列宁、斯大林著作编译局编译，北京：人民出版社1995年版，第113页。

了贸易的繁荣，从而促进了这一地区的经济发展和社会交往。古代部落对部落的战争，已经开始蜕变为在陆上和海上为攫取家畜、奴隶和财宝而不断进行的抢劫，变为一种正常的营生，从而造就培育了荷马时代的英雄精神。在荷马的诗篇中，把胞族看做军事单位，几个亲属胞族构成一个部落。在阿提卡，共有4个部落，每个部落有3个胞族，每个胞族有30个氏族。这样细密的集团划分，是以有意识的和有计划的秩序构建为前提的。如奈斯托尔劝告亚加米农说，要按照部落和胞族来编制军队，以便胞族可以帮助胞族，部落可以帮助部落。

同时，周游四方的希腊人在与亚、非、欧不同文化和思想的浸润中，不断接受新技术、新方法、新观念，希腊人所借用的，无论是埃及的艺术形式，还是美索不达米亚的数学和天文学，都烙上了希腊人所独有的智慧特征。荷马文化在开放式的海洋文化的相互交流与冲突中，得以不断充实和丰富，使得荷马诗歌广为传颂，而思想文化的碰撞则引起人们观念上的变化，加速了社会关系的变革，可以说，"公民思想的形成首先得益于这种开放型的海洋经济所形成的开放式的海洋文化"。[①]

（二）统一性的语言文化促进了公民思想的传承发展

荷马时代的希腊人主要从事农牧业生产，手工业尚不发达，聚居在一个相对狭小的陆地上，其方言上的差异不显著。这在史诗中也有反映。《伊里亚特》中的希腊人虽然是分许多部族，但是他们之间使用的是一种共同的语言。从阿伽门农召集全军大会时的一幕场景中就能看出这一点，他们的许多部族集合了，会场上喧哗阵阵。9个传令官大声制止他们的喧哗，要他们安静聆听宙斯养育的国王们讲话，很显然，希腊人之间使用着单一的语言。

自从阿卡亚人南下，创立了迈锡尼文化。人们相互沟通靠面对面的谈话，或者是派出信使传递口信。《伊利亚特》中的传令官有时连一个字都不改变，将其接受的命令原封不动地重复一遍。

即使到了后来，希腊北部的游牧民族多利安人由北南侵，卷起一阵希腊各部族迁徙的浪潮，使得迈锡尼文化在长期的攻掠中遭到破坏后，希腊大陆陷于一片蒙昧的状态，人们虽然没有任何书信之类使用文字的痕迹，

---

① 参见秦树理著：《西方公民学概论》，郑州：郑州大学出版社2008年版，第18页。

但是，正是由于语言的相同，荷马史诗才通过口口相传得以不断丰富和发展，就连宙斯的使者也向命令的接受者一字不漏地重复。

可以说，一代又一代的希腊人在对史诗的诵读中聆听荷马的教诲，认同并感悟荷马关于公民为智慧而好学、深思，为荣誉而勇敢、善战和为友谊而富有同情心的个性品质，从而内化并塑造了荷马时代公民的理性、自由、民主观念，为公民思想的萌芽奠定了心理和文化根基。

三、农牧业的发展为公民思想的萌发奠定了物质条件

荷马时代后期，已经形成以农业为本、氏族贵族掌权的经济政治体制。荷马时代的希腊人主要从事农牧业，手工业尚不发达。

荷马时代的农业和畜牧业发展迅速，铁器在农业中已广泛使用。有了简单的劳动分工，出现了预言家、巫医、木匠、石匠、皮革匠、铁匠、兵器匠、金银匠，还有织工、陶工等多种手艺人。商人、市场、贸易旅行也经常被提到。这一点从荷马史诗中可以看出："荷马时代和古典希腊的饮食结构无疑就有了惊人的差异：在荷马的著作中，每隔两三百行，英雄们就吃一头牛，吃鱼是极端贫困的标志，而在古典时代鱼是奢侈品，肉则几乎没有听说过。"①

当时的农业不仅有灌溉设施，还开始精耕细作，施用农家肥。生产工具的革新也极大地提高了劳动生产率，推动了经济发展。在《伊利亚特》中，阿基琉斯拿出一块铁作为葬礼竞技奖品时，史诗写道，如果有人拿到那块铁，可以几年不进城去买铁质农具。荷马时代的农人、牧人、工匠和屠夫已使用铁锤、铁钳、屠刀等铁制生产工具，铁器已广泛地运用到农业和手工业的生产中。铁器的使用，极大地提高了社会劳动生产力，促进了经济的发展。

公元前1600年到前1125年，是克里特文化全盛时期，当时已经使用奴隶生产。宫廷、农庄、果园和作坊里都有奴隶的身影，奴隶服侍主人、放牧牛羊、耕种土地、收割庄稼、酿酒磨面。荷马史诗中曾记载下当时的

---

① 转引自（英）基托著：《希腊人》，徐卫翔、黄韬译，上海：上海人民出版社1998年版，第37页。

繁华景象——有个地方叫做克里特，在酒绿色的海中央，美丽又富裕，四面是汪洋，那里居民稠密，有数不清的数量，90 个城市林立在岛上。在当时"面包、葡萄酒和橄榄油是这里人们的主要食品。葡萄酒是他们的茶和咖啡，橄榄油则是他们的黄油。在荷马史诗中，所有的人都爱吃面包，喝葡萄酒，连孩子们也是如此。"①

农业畜牧业的兴起、劳动分工、生产工具的革新和奴隶的辛苦劳动成就了荷马时代的经济发展。如马克思、恩格斯所说：

> 野蛮时代高级阶段的全盛时期，我们在荷马的诗中，特别是在《伊利亚特》中可以看到。发达的铁制农具、风箱、手磨、陶工的辘轳、榨油和酿酒，成为手工艺的发达的金属加工、货车和战车、用放牧和木板造船、作为艺术的建筑术的萌芽、由设塔楼和雉堞的城墙围绕起来的城市、荷马的史诗以及全部神话——这就是希腊人有野蛮时代进入文明时代的主要遗产。②

荷马时代生产力的发展，为氏族制社会向奴隶制社会的过渡奠定了经济基础，也为公民自由、民主思想的孕育和萌芽提供了必备的物质条件。

四、原始民主的政治结构孕育了公民思想的萌芽

荷马时代公民思想的初步萌芽与当时的政治生活密切相关。由于民主政治已相当繁荣，民众大会、长老议事会比较盛行。虽然荷马时代的民众大会和长老议事会还没有明确的分工和专门的职责，但为后世希腊城邦社会政治结构奠定了原始雏形，也为城邦公民参与政治生活提供了有效的经验和技巧。

（一）民众大会为公民民主意识的形成创造了有利条件

民众大会是荷马时代公民政治生活的有机组成部分，也是促使公民萌发参与意识的重要舞台。

---

① 参见（美）布雷斯特德著：《文明的征程》，李静新译，北京：燕山出版社 2004 年版，第 187 页。

② （德）马克思恩格斯著：《家庭、私有制和国家的起源》，见《马克思恩格斯选集》（第 4 卷），中共中央马克思、恩格斯、列宁、斯大林著作编译局编译，北京：人民出版社 1995 年版，第 22 页。

荷马时代的民众大会不是定期的集会，其是否召开主要取决于两个因素：一是有无召集人，二是有无重大事情发生。而且，举行民众大会的会址因时间、议题和地理条件的不同而不同。在特洛伊，会场有时在卫城上离阿波罗和雅典娜的神庙以及普里阿摩斯的宫殿都不远的地方，有时则在宫殿内举行。史诗中出现的所有的民众大会，从特洛伊城下的全体阿凯亚人的战士大会到伊大卡的人民大会，都是在国王和贵族的主持下召开的，如在特洛伊、伊大卡以及西里亚岛上的民众大会上，发言的都是波里达马斯、赫克托尔、帕理斯、特勒马科、阿尔西诺等所谓头面人物。

荷马时代民众大会讨论的问题十分广泛，多在需要决定重大问题如作战、媾和、裁决纠纷、提出公共议案时召开。所有与全体人民有关的问题都要拿到会上讨论。《伊利亚特》中，希腊联军的全体民众大会召开过 3 次：一次是阿基琉斯为探求兵营为何遭遇"凶恶的瘟疫"、数不尽的士兵命丧黄泉时召开；一次是阿基琉斯为了与阿伽门农声明出战时召开；一次是阿伽门农为了试探军心、假意撤军时召开。在军营的民众大会上，士兵们表决的方式是集体用呐喊表示赞成，用咕哝声表示反对。

按当时人们的理解，民众大会讨论并确定神意。所谓神的意志是在大会上经过辩论后确定的，只有被大会认可的意见才能被采纳并实施，是民众的集体意志。

虽然参加民众大会的是全体成年男子。妇女完全被排斥在政治生活之外，既不能参与公民大会和公共事务，也无权管理家族事务。但是，民众大会为后期希腊公民大会的盛行奠定了雏形，这种通过集体讨论和共同决定氏族部落事务的议事制度，既为公民权利意识的觉醒搭建了有利平台，也为公民民主意识的萌芽提供了制度保障。

（二）长老议事会为引导公民的有序参与提供了政治保障

荷马社会是一个贵族阶层占据统治地位的社会，无论是在战场上，还是在日常的社会生活中，贵族阶层都占据了主导地位，所以诗歌中用来表达贵族的词汇尤其丰富。实际上，荷马史诗就是围绕贵族首领的活动而展开的。《伊利亚特》所描写的是特洛伊战争期间所出场的人物几乎全部来自于贵族武士阶层。《奥德修记》中虽然也提到一些下层人物，但他们也只是舞台上的配角和背景。

长老议事会是部落首领召集氏族贵族和上层分子的咨询、议事机构，负责处理部落的重大事务。荷马史诗中共召开8次长老议事会，在军事民主制下，议事会的成员相对固定，拥有决定内务外交的权力，其在决定公共事务中的作用，远远超越全体民众大会。

长老是当时社会的"耆贤"，是经常参加议事会的贵族。特洛伊的长老虽都无力参加战斗，却都是很好的演说家。议事时，长老们开诚布公以智慧说服人，并听取最好的建议。

长老议事会对于稳定氏族部落的社会秩序，引导民众大会的召开，领导公民的民族认同感和有序参与发挥了积极作用，标志着以贵族阶层为主导、以普通公民为主体的原始民主政治的初步形成。正是这种原始民主自治的政治结构，激发了公民愿意为氏族部落的生存兴盛而英勇善战的热情，也为荷马时代公民的仁爱、忠诚、理性、正义、民主等核心价值观的逐步形成奠定了政治基础。

虽然民众大会和长老议事会还没有取得决策权和投票权，但它们已经成为政治生活的标志，同时也是以贵族为核心的社会成员参与政治生活的主要途径，从而逐步孕育出公民民主意识的嫩芽。

第二节　荷马时代公民的价值观

《荷马史诗》中的主要人物形象是英雄，他们是部落的首领。他们为"荣誉"而战，为"荣誉"而献身。在追求"荣誉"的活动中，英雄们表现得独立不羁，敢做敢为，不屈服任何人间的权威。公民视荣誉为生命，把勇敢善战作为实现荣誉的追求目标，以神作为心目中正义的化身，视维护"神圣的自然秩序"为正义的行为，看重友谊、富有同情心、崇尚理性、彰显智慧成为荷马时代公民的核心价值观。

一、荣誉是公民价值观的核心内容

荷马时代公民价值观的核心内容是荣誉。这在《奥德赛》中表述为："须知人生在世，任何英名都莫过于他靠自己的双脚和双手赢得的荣誉。"①荣誉是英雄最本质的规定性和人生的根本要求，是英雄生命的价值所在。"所以荣誉是一个人的生命，一个人的价值与意义就在这种社会功能与社会肯定之中。如果一个人被剥夺了社会功能或社会荣誉，他就是零，就什么都不是。"②

(一) 公民为荣誉而战

每个人都有自己的荣誉感。在荷马时代，人们的荣誉感体现在想成为英雄，而战利品则是勇敢杀敌后英雄荣誉的象征。

荷马时代是战争频发的时代，战争也成为人们求得荣誉，成为英雄的主要途径。许多部落贵族甘愿抛下个人财富和舍弃舒适的世俗生活去参战，目的就是为了获得荣誉。

在荷马时代，人们把拥有战利品视为拥有荣誉，战利品被剥夺，就意味着荣誉被剥夺，意味着受到了侮辱。所以，当势力强大的希腊联军统帅阿伽门农强夺阿基琉斯的战利品女俘布里塞伊斯时，阿基琉斯奋起反抗，因为，布里塞伊斯是阿基琉斯荣誉的象征，夺走了她，也就等于侮辱了他的尊严，所以，阿基琉斯宁愿为荣誉而战，即使阿伽门农派使者赔礼求和时，他仍不原谅。公民们之所以热衷于那使人获得荣誉的战争，就是为了证明自己在本部落和本民族中的英雄地位。

(二) 公民们愿意为荣誉而献身

荷马时代的公民知道，凡人终有一死，但荣誉和名声却可长存，所以，荣誉成了公民唯一可以追求的无限的东西。为了把握这仅有的一点，公民宁愿舍弃自己的生命，面对死亡十分从容。例如，阿基琉斯明知人死不能复生，他完全可以选择远离战争、平安度过一生，但他为了名声毅然决然地选择放弃生命："我的母亲、银足的忒提斯曾经告诉我，有两种命运引导我走向死亡的终点。要是我留在这里，在特洛伊城外作战，我就会丧失回家的机会，但名声将不朽；要是我回家，到达亲爱的故邦土地，我就会失去美好名声，性命却长久，死亡的终点不会很快来到我这里。"③阿

---

① (古希腊) 荷马著：《奥德赛》，王焕生译，北京：人民文学出版社1997年版，第135页。

② 转引自包利民著：《生命与逻各斯——希腊伦理思想史论》，北京：东方出版社1996年版，第40页。

③ (古希腊) 荷马著：《伊利亚特》，罗念生、王焕生译，北京：人民文学出版社1994年版，第457页。

基琉斯在披挂上阵时，对告诫他不要出战的神马说："克珊托斯，你预言我死？这无需你牵挂！我自己清楚地知道我注定要死在这里。"[1] 又如，赫克托尔离开家门奔赴战场时，他的妻儿哀求他不要上阵，因为他如果牺牲，自己就会成为寡妇，儿子就会成为孤儿。然而，赫克托尔说："夫人，这一点我也很关心，但是我羞于见特洛伊人和那些穿拖地长袍的妇女，要是我像个胆怯的人逃避战争。我的心也不容我逃避，我一向习惯于勇敢杀敌，同特洛伊人并肩打头阵，为父亲和我自己赢得莫大的荣誉。"[2]

二、勇敢被公民视为美德

荷马时代的英雄们都拥有一颗勇敢的心，勇敢既是英雄的特质，也是他们追求的目标。荷马时代的公民认为，勇敢是最好的美德，勇敢的战士在任何险境都坚定不移，无论是在进攻敌人还是在被敌人攻击时，都把英勇善战视为无上光荣的行为品德。

（一）勇敢是评判公民德行的最主要标准

荷马时代公民的基本价值观和做人准则集中体现为：要永远成为世界上最勇敢最杰出的人，不可辱没祖先的种族。在《伊利亚特》诗篇中，吕底亚首领格劳科斯在回答狄奥墨得斯的提问时慷慨陈词："提丢斯的勇猛的儿子，为什么问我的家世？正如树叶的枯荣，人类的时代也如此，秋风将树叶吹落到地上，春天来临，林中又会萌发，长出新的绿叶，人类也是一代出生，一代凋零。……希波洛克斯生了我，我来自他的血统，是他把我送到特洛伊，再三告诫我要永远成为世界上最勇敢最杰出的人，不可辱没祖先的种族，他们在埃费瑞和辽阔的吕底亚境内是最高贵的人。"[3] 英雄的目标是为了父祖的荣耀，不守雌、不居下。史诗中的英雄认识到人最终的命运是死亡，但强调面对死亡要做勇敢的人。

---

[1] （古希腊）荷马著：《伊利亚特》，罗念生、王焕生译，北京：人民文学出版社1994年版，第457页。

[2] （古希腊）荷马著：《伊利亚特》，罗念生、王焕生译，北京：人民文学出版社1994年版，第146页。

[3] （古希腊）荷马著：《伊利亚特》，罗念生、王焕生译，北京：人民文学出版社1994年版，第203页。

奥德修斯归家途中遇到巨人、海怪、风神、水妖都有令人生畏的魔法、魔力，但奥德修斯凭借勇气和智慧战胜他们。当帕里斯败给勇敢的对手墨涅拉奥斯时，海伦谴责他说，你已从战争中回来，但愿你在那里丧命，被一个英勇的人——我的前夫杀死；你从前曾经自夸，论力量、手臂、枪法，你比阿瑞斯喜爱的墨涅拉奥斯强得多。当帕里斯在阵前感到害怕并退出战场时，他的哥哥赫克托尔恶毒责骂道："不祥的帕里斯，相貌俊俏，诱惑者，好色狂，但愿你没有出生，没有结婚就死去。那样一来，正合乎我的心意，比起你成为笑柄，受人鄙视好得多。"①帕里斯面对这样的指责，却认为赫克托尔的话非常恰当，一点也不过分。

（二）公民把贪生怕死看做是奇耻大辱

英勇顽强、机智敏捷、富于冒险精神成为荷马时代众多英雄公民的共同点。阿伽门农在希腊联军面临特洛伊人的强劲攻势时说："朋友们，要做男子汉，心中要有勇气，在激烈的战斗中每个人都要有羞耻之心，有羞耻之心的人得安全而不死，逃跑者既不光荣，又无得救可能。"在"两军鏖战争夺帕特罗克洛斯的遗体"时，穿铠甲的阿开奥斯人中有人这样勉励说："朋友们啊，该多羞耻，倘若我们就这样丢下尸体重新退回空心船！还不如让这黑色的土地把我们吞下，这样也远远强过让驯马的特洛伊人获得巨大荣誉，把尸体拖进伊里昂。"②

战争中，荷马时代的英雄们为维护氏族部落不受侵略而英勇作战，视死如归。如赫克托尔为了维护特洛伊城的存在，他鼓励特洛伊人应当把生死置之度外去勇敢战斗，认为为国捐躯并非辱事，其妻儿将得平安，其房产将得保全。特洛伊一方的吕底亚人首领萨尔佩冬率部冲向希腊人的战船的时候对部下格劳科斯说："为什么吕底亚人用荣誉席位、头等肉肴和满斟的美酒敬重我们？为什么人们视我们为神明？我们在克珊托斯河畔还有那么大片的密布的果园、盛产小麦的肥沃土地。我们现在理应站在吕底

---

① （古希腊）荷马著：《伊利亚特》，罗念生、王焕生译，北京：人民文学出版社1994年版，第67页。

② （古希腊）荷马著：《伊利亚特》，罗念生、王焕生译，北京：人民文学出版社1994年版，第408页。

亚人的最前列，坚定地投身激烈的战斗毫不畏惧。"① 可见，吕底亚人的首领、贵族把冲锋陷阵在前视为公民理所应当的、义不容辞的责任。

在《伊利亚特》中，当希腊人在特洛伊人的进攻下溃逃时，老英雄涅斯托尔说："朋友们啊，你们要勇敢，心中对他人要有羞愧和责任感；你们应该想到自己的妻子和儿女，自己的财产和双亲，无论他们现在是活着还是已去世。"② 英雄狄奥墨得斯则强调，不要劝我逃跑，我的血统不容我在作战的时候逃跑或是退缩，我的力量依然充沛，雅典娜女神也不容我临阵逃遁。所以，他在不利的情况下依然选择走向战场，接受命运的挑战。

这充分体现出，古希腊人宁愿荣耀地死，也不愿苟且地活。荷马时代公民的荣誉观对希腊城邦乃至欧洲文化产生了深远影响。正如英国富勒所说：

> 英勇为最好的美德，实际上，英勇和美德就是用一个词来表示的。欧洲历史就是从这种英雄气概中所产生出来的，它的象征是矛和剑。③

三、正义观成为公民社会生活的行为规范

荷马史诗中使用了"狄凯"（正义）概念。这"是西方思想史上最早的正义概念"④，当时的人们对什么是正义有其独特的理解，如把神视为正义的化身、把维护"神圣的自然秩序"视为正义的行为、把维护氏族内部的秩序和对外的掠夺也视为正义的行为。虽然在古希腊人的观念中，还没有形成真正意义上的公正和正义观念，但人们已普遍认为，不义之行必将为诸神所不容，"无论谁强暴行凶，克罗诺斯之子、千里眼宙斯都将予以

第一章 荷马时代公民思想的萌芽

① （古希腊）荷马著：《伊利亚特》，罗念生、王焕生译，北京：人民文学出版社1994年版，第278页。
② （古希腊）荷马著：《伊利亚特》，罗念生、王焕生译，北京：人民文学出版社1994年版，第359页。
③ （英）J. F. C. 富勒著：《西洋世界军事史》，钮先钟译，北京：战士出版社1981年版，第17页。
④ 参见秦树理著：《公民学概论》，郑州：郑州大学出版社2009年版，第137页。

惩罚。"① 正如古希腊希罗多德所说：

> 天意注定特洛伊的彻底摧毁，这件事将会在全体世人面前证明，诸神的确是严厉地惩罚了重大的不义之行的。②

(一) 神成为荷马时代公民心目中正义的化身

在古希腊，人们认为是否正义的判定者是众神之父宙斯，宙斯是正义的化身，是人间正义的制定者和监护人，根据荷马史诗的描述，没有神敢挑战宙斯的权威，包括主宰波涛汹涌的海洋的波塞冬和天后赫拉，因此正义具有神圣性和不可侵犯性；践踏正义不单是反社会的行为，也是会遭致神惩罚的行为，愤怒的宙斯会向有罪的人们大发雷霆。

荷马史诗的《奥德赛》中描述到，当雅典娜向宙斯提出奥德修斯归家问题时，宙斯表示自己并未忘记曾向诸神献祭的奥德修斯，会立即安排奥德修斯返乡。在阿伽门农与阿基琉斯的争执中，交出属于自己战利品的同时要求补偿，阿基琉斯基于"从敌方城市夺获的东西已分配出去"、已经没有剩余的"公共财产"的事实和"战利品也不宜从将士们那里回取"的常理，答应阿伽门农在夺取特洛伊后，"会给你三倍四倍的补偿"。阿伽门农拒绝"默默失去空等待"，执意要求"合我的心意、价值相等的荣誉礼物"的行为招致阿基琉斯怒目而视和言语相讥。阿伽门农不在意也不理睬希腊联军中最勇猛的战士阿基琉斯的怒气，甚至表示自己要亲自到阿基琉斯的营帐里，把阿基琉斯的荣誉礼物即"美颊的布里塞伊斯"带走。为此，海洋女神忒提斯决心为儿子阿基琉斯挽回面子，请求宙斯让希腊人战败。宙斯之所以"把战士的许多健壮英魂送往冥府，使他们的尸体成为野狗和各种飞禽的肉食"，正是体现了神维护人间的正义。

《奥德赛》中还描写到，伊塔卡及附近岛屿的青年贵族觊觎奥德修斯的财产，向奥德修斯的妻子佩涅洛佩求婚，住在他家喧宾夺主，尽情宴饮。而当奥德修斯的父亲拉埃尔特斯得知，自己的儿子已经平安返家，并向逼婚者复了仇，他说："父宙斯，神明们显然仍在高耸的奥林波斯，如

---

① 转引自（古希腊）赫西俄德著：《工作与时日·神谱》，张竹明、蒋平译，北京：商务印书馆1991年版，第8页。

② 转引自（古希腊）希罗多德著：《历史》（上册），王以铸译，北京：商务印书馆1985年版，第161页。

果求婚人的暴行确实已受到报应。"① 这是对神的正义的信任，相信宙斯是虔敬与正义之人的守护者。

（二）视维护"神圣的自然秩序"为正义的行为

荷马史诗中描述的国王是宙斯在人间的代表，他们代表宙斯的意志维护既定社会秩序。国王也不能违反神圣的自然秩序，否则一样难逃宙斯的惩罚。例如，据荷马史诗描述，特洛伊城的毁灭就在于特洛伊王子帕里斯受到斯巴达王墨涅拉奥斯尽地主之谊的热情款待，帕里斯却违背主客规矩诱拐王后海伦；而特洛伊人宽恕了诱拐行为，拒绝向斯巴达和平使者归还海伦；又在帕里斯和海伦前夫——墨涅拉奥斯约定一战定胜负后违背誓言重挑战事。这种种行为一错再错，破坏了"神圣的自然秩序"②，因而遭到宙斯的惩罚。

对不忠诚者实施严苛的惩罚也是荷马时代公民们认为的正义行为。例如，《奥德赛》中叙述到，奥德修斯和牧猪奴欧迈奥斯进城的路上遇见牧羊奴墨兰提奥斯，墨兰提奥斯侮辱了奥德修斯和欧迈奥斯，并诅咒少主人丧命。墨兰提奥斯还从库房给求婚人偷运武器、盔盾与奥德修斯对抗，其结局是，墨兰提奥斯的不义得到了应有的惩罚，他先被捆牢吊在梁木上受折磨，后被砍去双耳和鼻梁，割下双手双脚和阳物，并将阳物喂狗。同样，奥德修斯的 12 个女奴由于"干下了无耻行径"、"做过卑鄙事情"、"与求婚人厮混，秘密偷欢"、"用恶言秽语侮辱"③ 主人，均因为不忠诚而被处以痛苦的绞刑。

（三）氏族内部公民将维持秩序视为正义

在荷马时代，人们将维护内部的等级性秩序视为正当。例如，当阿伽门农与阿基琉斯争吵时，"言语甜蜜"的老人奈斯托尔说："佩琉斯的儿子，你也别想同国王争斗，因为还没有哪一位由宙斯赐予光荣的掌握权杖的国王能享受如此荣尊。"④ 因为阿伽门农是王中之王。士兵大会时，奥德修斯

---

① （古希腊）荷马著：《奥德赛》，王焕生译，北京：人民文学出版社 1997 年版，第 450 页。
② 转引自（美）特伦斯·欧文著：《古典思想》，覃方明译，沈阳：辽宁教育出版社 1998 年版，第 20 页。
③ （古希腊）荷马著：《奥德赛》，王焕生译，北京：人民文学出版社 1997 年版，第 420 页。
④ （古希腊）荷马著：《伊利亚特》，罗念生、王焕生译，北京：人民文学出版社 1994 年版，第 12 页。

对待普通士兵和"国王或显赫人物时"的态度截然不同。

对亲友和家族的忠诚也被荷马时代的公民们视为应当遵循的正义。例如，荷马史诗中表现了对阿基琉斯的同情，也毫不客气地批评了英雄的任意妄为。当阿基琉斯因为愤怒拒不出战导致希腊联军一败涂地时，荷马在史诗中批评了阿基琉斯的这种不正义行为。《伊利亚特》中描写到，阿基琉斯终于抛弃前嫌重上战场，最大的动力就是他认为自己对于同伴帕特罗克洛斯承担着义不容辞的责任，必须为他的死报仇。《奥德赛》中也描述到，无论奥德修斯多么想活下来，但如果那意味着抛妻别子，放弃对妻、子的责任，再也看不见自己的故乡，即使永生不死，他也不苟且偷生，所以他拒绝娶女神卡吕普索为妻。

（四）部落之间公民将掠夺视为正义

在荷马时代，随着经济的发展、贸易的繁荣和财产私有制的确立，社会财富急剧增加，个人对财富的欲望和追求激发了人们对外掠夺的欲望。"海盗"一词在当时并无贬义，反而值得夸耀。史诗中的最主要的两个英雄阿基琉斯和奥德修斯有着海盗的共同身份。古希腊历史学家修昔底德在谈到古希腊人早期的劫掠行为时说："这种行为完全不被认为是可耻的，反而是值得夸耀的。这方面的一个例证，就是现在大陆上某些居民仍以曾是成功的劫掠者而自豪；我们发现，古代诗中的航海者常常被询问：'你是海盗吗？'被询问者从不打算否认其所为，即便如此，询问者也不会因此而谴责他们。时至今日，希腊的许多地方甚至还沿袭着古代的风尚。"[1]古希腊人把海盗同游牧、农作、捕鱼、狩猎并列为基本谋生手段。

荷马史诗中有对掠夺品的分配不均感到不满的表述，却无人怀疑掠夺的正当性。例如，奥德修斯和墨涅拉奥斯在一次夜间偷袭时，杀死色雷斯人的王，抢了他们几十匹"奔跑迅疾如风"的马。战友们热烈欢迎他们，并祝贺他们抢来"色泽有如炫目的太阳光芒"的马匹。又如，奥德修斯在一个编造的故事中自称克里特人，因为在分割父亲的遗产时没有得到多少，他后来与一个富人的女儿结了婚。婚后，他不是在家里劳作，而是外出劫掠。在远征特洛伊之前，他已9次率领战士和迅疾的船只侵袭外邦人

---

[1] （古希腊）修昔底德著：《伯罗奔尼撒战争史》，徐松岩、黄贤全译，桂林：广西师范大学出版社，2004年版，第5页。

民，获得无数战利品。从特洛伊回国途中，他沿途抢劫，甚至在独目巨人那里遭遇危险形势而逃离时，也没有忘记赶走羊群。在打败求婚人、发现家中财库空虚时，他说道：高傲无耻的求婚人宰杀了许多肥羊，大部分将由我靠劫夺补充，其他的将由阿凯亚人馈赠，充满所有的羊圈。

荷马史诗反映的年代，生产力低下，战争频繁而残酷，对外掠夺行为与劳动所得一样被人接受。正如英雄萨尔佩冬在激励赫克托尔和他的家族应当勇敢作战时提到：

> 我们只是盟友，我就是其中一个，来自很远的地方，吕底亚远在水流回旋的克珊托斯河边，我把亲爱的妻子和婴儿留在那里也留下大量穷人非常向往的财产。我鼓励吕底亚人作战，我自己也想打，尽管我在特洛伊没有一件可以让阿开奥斯人带走或是牵走的财产。[1]

虽然荷马时代的正义是一种等级性、不平等的正义，这种"不平等的正义性，是整个古代思想的共同点。后世的柏拉图和亚里士多德曾对这个问题给予极大注意。亚里士多德甚至把正义分为两种：平等的正义和分配的正义。在第二种情况下，正是承认不平等（根据功绩、品德分配）为正义。"[2] 但不可否认，这种正义已成为古希腊文明开化的标准。

四、看重友谊，富有同情心，推崇理性、智慧成为公民的价值取向

荷马史诗中充满了对人的自我生命价值和意义的探究，关注人、思考人、塑造人，重视人的理性和智慧。正如苏联季格里扬所说：

> 全部希腊文明的出发点是人。它从人的需要出发，它注意的是人的利益和进步。[3]

---

① （古希腊）荷马著：《伊利亚特》，罗念生、王焕生译，北京：人民文学出版社1994年版，第115页。

② （苏）涅尔谢相茨著：《古希腊政治学说》，北京：商务印书馆1991年版，第12页。

③ （苏）鲍·季格里扬著：《关于人的本质的哲学》，北京：生活·读书·新知三联书店1984年版，第28页。

（一）忠诚于友谊是荷马时代公民看重的品质

从荷马史诗的描述可以看出，公民不仅对氏族盟邦尽责，对友谊也同样看重。例如，《伊利亚特》中描写到，特洛伊人在赫克托尔的指挥下勇猛反攻，一直打到艰苦奋战的希腊人的战船边，并突破抵抗放火烧船。为扭转颓势，帕特罗克洛斯披挂好友阿基琉斯的盔甲"保护船舶免受毁灭"，却战死沙场，盔甲也被特洛伊人夺去。阿基琉斯搂着自己从小一起长大、最最亲爱的好友帕特罗克洛斯的尸体率先恸哭，整夜哀悼哭泣。

正是出于对友谊的忠诚，阿基琉斯才重新披挂上阵为好友帕特罗克洛斯报仇，杀死了赫克托尔。阿基琉斯还拿出奖品举行纪念性的葬礼竞技会为好友帕特罗克洛斯举行葬礼。是夜，思念帕特罗克洛斯的阿基琉斯彻夜未眠，天亮后又用战车拖着赫克托尔的尸首绕帕特罗克洛斯的坟墓3周。在神的旨意下，白发苍苍的特洛伊老国王普里阿摩斯夜入阿基琉斯大帐赎取儿子赫克托尔的尸体。在答应普里阿摩斯赎取赫克托尔尸体时，阿基琉斯两次想到帕特罗克洛斯，痛哭并呼唤好友的名字："帕特罗克洛斯，要是你在冥间得到音信，说我已经把神样的赫克托尔还给他的父亲，请你不要生我的气，因为他给我的赎礼并不轻。你应得的一份儿，我自会分给你。"[1]

（二）具有同情心是荷马时代公民德性的标准

在荷马时代，同情弱者、善待弱者已成为公民德性的标准。荷马借涅斯托尔之口批评负气观望的阿基琉斯，说他的勇敢"却只属于他自己"，批评"阿基琉斯诚然勇敢，但对达那奥斯同胞不关心、不同情"。挚友帕特洛克罗斯也不禁哀叹："无益的勇敢啊，如果你现在不去救助危急的阿尔戈斯人，对后代又有何用处？硬心肠的人啊，你不是车战的佩琉斯之子，也不是忒提斯所生，生你的是闪光的大海，是坚硬的巉岩，你的心才这样冷酷无情意！"[2]海神波塞冬也看不过去，他批评阿基琉斯没有良心，竟然眼看着阿开奥斯人惨遭屠戮，却袖手旁观；还诅咒阿基琉斯，愿天神让他遭殃。

---

① （古希腊）荷马著:《伊利亚特》，罗念生、王焕生译，北京：人民文学出版社1994年版，第574页。

② （古希腊）荷马著:《伊利亚特》，罗念生、王焕生译，北京：人民文学出版社1994年版，第364页。

当时社会有同情弱者、敬重来客的传统，因为所有的"外乡人和求援者都受宙斯保护"，希腊人不会让"一个饱经忧患的求援人感到短缺衣服和其他需要的物品"。衣衫褴褛的奥德修斯隐瞒身份暗访牧猪奴欧迈奥斯时，欧迈奥斯对他说："外乡人，按照常理我不能不敬重来客，即使来人比你更贫贱；所有的外乡人和求援者都受宙斯保护。我们的礼敬微薄却可贵，身为奴隶也只有这些。"[①] 欧迈奥斯挑选两头乳猪宰杀，使奥德修斯受到"撒上雪白的大麦粉"的烤乳猪和"用常春藤碗掺好甜蜜的酒酿"的热情招待。

公民的同情心促使贵族尊重地位低下的人。奴隶虽然不是家庭成员，是可以买卖的财富，但奥德修斯不欺负奴隶，尊重他们的人格。荷马史诗借欧迈奥斯之口表述：好心的主人会赐予尽心的奴隶一切，会"赠与财产、房屋、土地和妻子"。荷马浓墨重彩地描绘了牧猪奴欧迈奥斯这一忠实奴仆形象，用"高贵的牧猪奴"来称呼他，赞赏之情溢于笔端。牧猪奴欧迈奥斯在奥德修斯离家的岁月里，每天晚上都躺在猪圈旁，忠诚地、悉心地照顾主人的产业，并在对求婚人的战斗中冲锋陷阵、英勇杀敌，深得奥德修斯信任，成为奥德修斯的左膀右臂。

（三）节制的理性精神是荷马时代公民所崇尚的精神

荷马史诗批评暴戾，赞美节制审慎的理性精神；反对战争中的屠杀，随便杀生受罚，保护有生命的东西。这些都体现出荷马时代的公民对节制审慎的追求。

荷马史诗中没有屠杀儿童和虐待战俘的情节；传说中阿伽门农被迫杀死亲生女儿以人为牺牲的情节在荷马诗歌中未见收录；传说中阿基琉斯打败赫克托尔后，把他绑在战车上活活拖死的情节被荷马置换成拖在战车后的是阵亡的赫克托尔。而《伊利亚特》在赫克托尔葬礼中结束，是诗人有意过滤掉血腥屠城的场景。

据荷马史诗描述，战场上的阿基琉斯有铁石心肠，但也有同情心和节制的一面。面对赫克托尔年迈父亲普里阿摩斯"想想你的父亲，他和我一般年纪，已到达垂危的暮日"、"想想你的父亲，我比他更是可怜，忍受了

---

① （古希腊）荷马著：《奥德赛》，王焕生译，北京：人民文学出版社1997年版，第256页。

世上的凡人没有人受过的痛苦，把杀死我儿子们的人的手举向唇边"[1] 的哀求，他想起了自己的父亲和帕特罗克洛斯，放声大哭后答应了特洛伊国王赎取赫克托尔尸体的要求，并叫来侍女，吩咐给赫克托尔洗尸体，涂上油膏，以免普里阿摩斯看见了心里伤悲。在同情心的作用下，阿基琉斯还主动提出赫克托尔 12 天的葬礼期间双方休战。阿基琉斯在自责中感悟到：

> 不管心中如何痛苦，过去的事情就让它过去吧，我们必须控制心灵。

> 让既成的往事过去吧，即使心中痛苦，对胸中的心灵我们必须学会抑制。现在我已把胸中的怒火坚决消除，不想总把害人的仇怨永远记心里。[2]

荷马时代，公民反对战争中胜利者对失败者的屠杀，批评暴戾，赞美节制，体现出公民的审慎和理性的精神。

（四）智慧成为荷马时代公民的追求

据荷马史诗记载，奥德修斯贡献了木马计使希腊人攻下了 10 年都未攻下的特洛伊城。荷马对奥德修斯智慧的赞赏溢于言表，奥德修斯也是智慧女神雅典娜最喜欢的人间凡人。而《奥德赛》的前半部分，主要展现的就是人对自然的奋斗和智慧。

在荷马史诗的描述中，涅斯托尔就是一个充满智慧的老人。例如，当阿伽门农与阿基琉斯发生争斗时，涅斯托尔警告他们，如果他们意气用事，只会让特洛伊人感到高兴，他力劝他们和好。在希腊人和特洛伊人激战时，不少人忙于剥下特洛伊人的铠甲，涅斯托尔告诫将士们不要在后面逗留缓行，要先杀敌人，等安静下来的时候，再剥夺倒在平原上的死尸的盔甲。在连续的激战后，涅斯托尔看到战士们相当疲劳，提议先行休战，在战船前面挖一道壕沟，建一道围墙，以防止特洛伊人反攻。战事的发展，证明涅斯托尔的预见十分准确。如果没有壕沟的阻挡以及围墙的保护，特洛伊人很可能烧掉了希腊人的船只。当阿伽门农决定重新出战时，又是涅斯托尔决定使团的人选。当特勒马科斯到达派罗

---

[1] （古希腊）荷马著:《伊利亚特》，罗念生、王焕生译，北京:人民文学出版社 1994 年版，第 571 页。

[2] （古希腊）荷马著:《伊利亚特》，罗念生、王焕生译，北京:人民文学出版社 1994 年版，第 445 页。

斯时，涅斯托尔警告特勒马科斯不要离家太久，以免求婚者把他的家产分光吃尽。涅斯托尔虽然是一个老人，但凭借他博古通今、在关键时刻常能提出适时的建议，而进入阿伽门农的核心圈子并受到希腊联军的尊重。

荷马时代公民对智慧的推崇产生了深远影响，逐步演变为后世希腊公民的"四主德"（即智慧、正义、节制、勇敢）之一。

第三节　荷马时代自由和民主意识的觉醒

古希腊人对自由的渴望与其三面环海的地理环境不无关系。公民们生活在爱琴海大大小小590多个岛屿上，他们一方面希望自由地生活，对异域人的干扰和入侵表现出强烈的抗拒，坚信"在命运决定论的尽头仍然是一种理想状态，是更高的自由"①，因此造就了英勇善战的公民德性；另一方面，在氏族部落自治的社会环境下，公民的民主意识逐步觉醒。

荷马史诗通过对人神共处的描述，夸大渲染了本民族之外神奇诡异的异国情调，字里行间彰显着荷马时代公民的正义、忠诚、理性等价值追求，融入了对现实人生的诸多思考，认为神性中透露出一种不带矫揉造作的自然的人性，这就既张扬了人对自由精神的不懈追求，也表述了公民的原始正义观和民主观念的萌芽与觉醒。

一、自由是公民的精神向往

在荷马时代，渴望自由、争取自由的精神充分彰显。在荷马史诗的描述中，既可以看到神对自由的追求，也可以看到人对自由的追求和向往。同时还可看出荷马对不顾集体利益的自由的批评。

---

① 　参见赵林著：《西方宗教文化》，武汉：武汉大学出版社2005年版，第53页。

（一）通过神对自由的争取来揭示人对自由的向往

荷马史诗中神与人同形同性，在某种程度上神反映的也是人的习惯和思想，因而，神对自由的争取，也反映了人对自由的向往。

在荷马史诗的描述中，宙斯虽是众神之父、宇宙的主宰，但也无法完全行使专断的权力。例如：女神可以拒绝他的求爱。普罗米修斯可以违背他的禁令，偷盗天火传给人类。且当宙斯施展淫威，用雷电轰鸣、天崩地陷来威胁他时，普罗米修斯依然傲然挺立，发出令宙斯心惊肉跳的预言："宙斯很快就会不体面地被推翻。"

《伊利亚特》中也描述到，特洛伊战争之初，宙斯内心偏袒特洛伊人，为防止众神帮助希腊联军，宙斯禁止诸神参战，违者将被打入地狱。但是赫拉、波塞冬、雅典娜等诸神执意与希腊人同仇敌忾，赫拉用睡眠和爱情的力量征服了宙斯，使之入眠，然后指使波塞冬援助在战场上溃败的希腊联军。宙斯醒来之后恼羞成怒对赫拉叫嚷"我恨不得一个霹雳叫你自己先尝尝你这无理取闹的成果"，但转而用温和口吻拉拢赫拉，希望能在神界中得到她的支持。

对荷马时代的公民来说，敌方的保护神也是他的敌人，攻打敌人也是在攻打对方的神。神界的不统一和神意的不一致给人发挥自己的能力和智慧留下了空间。

（二）通过臆想中人神之间的交流来表示人在神面前也是自由的

荷马时代的人们一方面具有泛神的世界观，认为世间万事万物都由神来主宰。例如，在希腊人看来，每一座山、每一条河都有一个神在主宰，每个英雄也都有自己的保护神，天地、昼夜、太阳月亮、风雨雪电、山川树木，无一不是神的化身；每一个神都有其特定的职能、专管的领域、特别的行动方式和独有的权力，如爱神、复仇女神、嫉妒女神、战神、文艺女神等。

希腊人认为神保护人，而神意是人们行为合法性的来源和自身行动的指针，人的行为要符合神的意愿。在当时希腊人看来，诸神是一切事情发生的原因，所以，在《伊利亚特》开头说，尸横遍野的特洛伊战争是"实现了宙斯的意愿"。奥德修斯归家途中遇见"疯狂野蛮的"、"既不种植庄稼，也不耕耘土地"、既无"议事的集会"也"没有法律"、居住在挺拔险峻的山巅或"隐身幽暗"山洞的库克洛时，警告库克洛普人要敬畏神明，并祈求神灵宙斯来保护所有求助者和怜悯的外乡人。同样，在特洛伊战争中，当战士们受伤后，首先想到的不是向伤害他们的人报复，而是向宙斯告状。[①]

荷马时代的人们通过献祭，祈求神的保护，避凶化吉。因为在公民看来，"在战争的时候，不只双方的民众参加其中，而且神也加入战场"[②]。如果谁敢有意无意对神不敬，惹神发怒，就必然会受到神的惩罚。

当时的公民认为，神不过是天界的英雄，强大、智慧，神与人一样，具有人的一切特性。每个英雄都有自己的保护神，神与人如影随形，相互之间的距离并不高远。神在冥冥之中给英雄们以指引或帮助，也给他们制造麻烦和障碍。对神的权力既有服从，又有不满和抗争。例如，在《伊利亚特》中，阿基琉斯在太阳神阿波罗欺骗他之后咒骂道：射神，最最恶毒的神明，你欺骗了我，把我从城墙引到这里，要不还会有许多人没逃进伊利昂便先趴下啃泥土。你夺走了我的巨大荣誉，轻易地挽救了那些特洛伊人，因为你不用担心受惩处。倘若有可能，这笔账我一定跟你清算。

这充分体现出人神同形同性的公民自由观，既表达了公民把神视为一切美好事物的代表，祈求神来帮助和保护人的自由，又展露出人可以对神的不公表达不满，消除了人的精神世界中对神的神秘恐惧感，张扬了公民对自由人性的向往和肯定。

（三）通过为自由而英勇献身彰显出公民对自由的追求

荷马史诗中描绘的自由精神多体现在英雄身上，是贵族式的自由精神。为自由而战，为自由可以牺牲。《伊利亚特》中特洛伊人历时10年的抗争就是为自由而战。赫克托尔对帕里斯说："只要宙斯在我们把所有胫甲精美的阿开奥斯人赶出特洛伊土地的时候，让我们在家里向天神献上自由的酒浆。"[③] 强敌压境，鼓舞特洛伊人顽强抗击希腊大军的旗帜就是"自由"。因为，如果屈服，就意味着丧失自由而沦为受奴役的状况。所以，他们不惜一切，为维护自由而战。《奥德赛》中奥德修斯拒绝与女神长相厮守、长生不老也体现了对自由的向往。

① 转引自陈唯声主编：《世界文化史》（古代部分），哈尔滨：哈尔滨工业大学出版社1994年版，第76页。

② 转引自（法）菲·德·库郎热著：《古代城邦——古希腊、古罗马祭祀、权利和政制研究》，谭立铸译，上海：华东师范大学出版社2006版，第193页。

③ （古希腊）荷马著：《伊利亚特》，罗念生、王焕生译，北京：人民文学出版社1994年版，第147页。

英雄们光明磊落、勇武率真的个性透射出对自由的向往。《伊利亚特》中描述到，战场上，当埃阿斯同赫克托尔在两军阵前决斗，夜幕降临时也没有决出胜负的时候，赫克托尔说：你过来，让我们互相赠送光荣的礼物，把嵌银的剑连同剑鞘和精心剪裁的佩带一起取下来相赠，在吞噬灵魂的战争中打斗，相逢作战，又在友谊中彼此告别。于是埃阿斯把发亮的紫色腰带送给赫克托尔，他们告别，一个到阿开奥斯人的队伍中，另一个到特洛伊人的队伍里，然后继续开战。

二、民主是公民理性意识的觉醒

在荷马时代，我们可以看到民主精神在神界和人间张扬的例证。荷马时代的公民不屈服于任何权威而只遵从神的旨意的价值观念，同时对神的不公敢于表达自己的不满，这充分体现出公民反对专制追求民主的理性意识的萌芽。

（一）反抗贵族政权的压制、服从相对公允的神，体现出公民的民主意识萌芽

荷马社会继承了迈锡尼时代的王权及其观念，是一个典型的贵族社会。贵族阶层形成了一个世袭的、封闭的权力集团，它主宰了社会的政治生活，同时也控制了大部分的财富。由于贵族政体内世袭王权和世袭贵族掌握着部落的政权，不堪受压制的部落成员及其子女，为了追求自由和民主，开始自发联合起来进行反抗，推翻部落的长老，取而代之。而后新的压制和叛乱又循环不断地产生。这样，连绵不断的战争，使权力的较量处于不断更迭之中。正如恩格斯所指出的：

> 掠夺战争加强了最高军事首长以及下级军事首长的权力；习惯地由同一家庭选出他们的后继者的办法，特别是从父权制确立以来，就逐渐转变为世袭制。人们最初是容忍，后来是要求，最后便僭取这种世袭制了；世袭王权和世袭贵族的基础奠定下来了。[1]

---

[1]（德）马克思恩格斯著：《家庭、私有制和国家的起源》，见《马克思恩格斯选集》（第4卷），中共中央马克思、恩格斯、列宁、斯大林著作编译局编译，北京：人民出版社1995年版，第160—161页。

荷马时代的公民不屈服于任何权威，真正服从的权威是宙斯神。宙斯的形象不是专横跋扈的君主，"其地位很像后来立宪国家的君主，'统而不治'，不过是给命运之神和自然的作用提供一种权力的象征罢了。"①

在荷马时代的人看来，宙斯掌权后不像先前的统治者那样将子女囚于地下或将子女吞入腹中，而是与兄弟姐妹、子女共同居住于奥林波斯山，共同商议神界和人间的事务，并基于"少数服从多数"的民主原则不再偏袒任何一方。"宙斯在大体上也把诸事处理得为众人悦服，即向这个让步一些，向那个又让步一些。所以在人间和天上，都只维持着一种宽松的纲纪。"②

（二）通过对神的专制不公表达不满展现出公民民主精神的觉醒

荷马时代，公民对神的服从不是无条件的，人可以对神表达不满，甚至可以挖苦、谴责神。

当宙斯派使者命令波塞冬退出战斗时，波塞冬表露出一种不屈服于宙斯专制的精神，《伊利亚特》中这样写道：

> 伟大的震地之神狂怒起来。这是暴虐呢！宙斯纵然强，我也享受着和他一样的威望。他竟说要强迫我，要我屈服他，那就全然是虚声恫吓。我们是兄弟三个，都是克洛诺斯和瑞亚所生的：宙斯，我，和死人之王哈得斯。当初世界三分的时候，我们各自派到了一个领域。我们是拈阄分配的，我拈到了灰色海，做我永不让渡的国土。哈得斯拈到了黑暗的冥都，宙斯分配到广阔的天空和云端里的一所住宅。但大地是留着大家公有的，高处的奥林波斯也是公有的。因此，我不会让宙斯来摆布我。他纵然是强，让他安安静静呆在他那三分之一的世界里面吧。他不要当我显然是个懦夫，试想用这种虚声恫吓来吓倒我。③

后来，虽然经过伊里斯的劝说，波塞冬表示妥协，但他仍然向宙斯发出警告：

---

① （英）汤因比著：《历史研究》（中册），刘北成、郭小凌译，上海：上海人民出版社1966年版，第324页。

② 转引自（德）黑格尔著：《历史哲学》，王造时译，北京：商务印书馆1936年版，第367页。

③ （古希腊）荷马著：《伊利亚特》，罗念生、王焕生译，北京：人民文学出版社1994年版，第341页。

现在我愿意让步，也觉得有些委屈。而且我凭自己的感情，还得再加上一个警告。如果宙斯违背了我的心愿，以及雅典娜、赫拉、赫耳墨斯和赫淮斯托斯那几位神的心愿，竟把伊利翁的堡垒保全着，不让阿耳戈斯人去攻下它，因而获得一个天下闻名的胜利，那么，他得知道，我们之间就要发生一种永远不能弥补的仇隙了。①

在《伊利亚特》中，当太阳神阿波罗欺骗阿基琉斯之后，阿基琉斯咒骂道：

> 射神，最最恶毒的神明，你欺骗了我，把我从城墙引到这里，要不还会有许多人没逃进伊利昂便先趴下啃泥土。你夺走了我的巨大荣誉，轻易地挽救了那些特洛伊人，因为你不用担心受惩处。倘若有可能，这笔账我一定跟你清算。②

可见，荷马时代公民对包括神在内的专制不公的反抗精神，充分展示了公民民主意识的苏醒。

综上所述，荷马史诗中英雄们的勇敢无畏、视死如归、自由平等、智慧仁义、尽忠尽责等德性为后世希腊人树立起行为标杆，成为西方公民学说的思想原点。"西方公民学涉及的概念有理性、保存、忠诚、信仰、激情、荣誉等。范畴有权利、公意、服从、正义、民主、自由、平等，等等。"③这些概念和范畴都可以追根溯源到荷马史诗中，这些思想和智慧的火花对于公民学说的产生和发展具有拓荒、奠基的重要价值。

---

① （古希腊）荷马著：《伊利亚特》，罗念生、王焕生译，北京：人民文学出版社 1994 年版，第 342 页。

② （古希腊）荷马著：《伊利亚特》，罗念生、王焕生译，北京：人民文学出版社 1994 年版，第 500 页。

③ 参见秦树理著：《西方公民学》，郑州：郑州大学出版社 2008 年版，第 3 页。

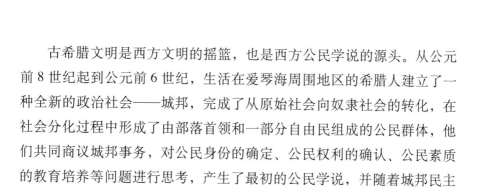

第二章
古希腊时期的公民学说

古希腊文明是西方文明的摇篮，也是西方公民学说的源头。从公元前8世纪起到公元前6世纪，生活在爱琴海周围地区的希腊人建立了一种全新的政治社会——城邦，完成了从原始社会向奴隶社会的转化，在社会分化过程中形成了由部落首领和一部分自由民组成的公民群体，他们共同商议城邦事务，对公民身份的确定、公民权利的确认、公民素质的教育培养等问题进行思考，产生了最初的公民学说，并随着城邦民主政体的兴盛进入繁荣发展时期，经百年以上的积累形成了较为完整的城邦公民学体系。

第一节　古希腊公民学说产生的社会条件

古希腊城邦独特的政治、经济和文化条件，为公民学说的产生和发展提供了有利条件和良好环境。

一、小国寡民的自给自足为公民学说的产生创设了独特环境

公元前8—前6世纪，古希腊氏族部落经过自发的、长期的解体过程之后，形成了200多个大大小小、相互独立的奴隶制城邦。就自然环境而言，城邦是以城市为中心，与周围的村镇相联合，以山、河、海洋为自然界线的独立的古代城市国家。城邦已基本具备了国家的社会经济

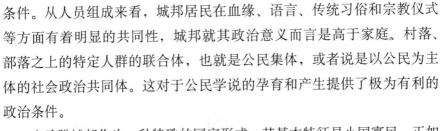

条件。从人员组成来看，城邦居民在血缘、语言、传统习俗和宗教仪式等方面有着明显的共同性，城邦就其政治意义而言是高于家庭、村落、部落之上的特定人群的联合体，也就是公民集体，或者说是以公民为主体的社会政治共同体。这对于公民学说的孕育和产生提供了极为有利的政治条件。

古希腊城邦作为一种特殊的国家形式，其基本特征是小国寡民。正如古希腊著名公民思想家亚里士多德在阐述城邦的特征时所说："城邦的含义就是为了要维持自给生活且具有足够人数的一个公民集体。"[1]古希腊城邦国家的基本特征：一是城邦领土范围较小，一般大约在50—100平方千米，使得公民能够生活在可以相互望及的地域之内。二是城邦人数较少，人数一般在625—1 250人；雅典在当时是最大的城邦，其总人口也只有42 000人[2]。公民是城邦最主要的社会基础。三是自给自足。这种自给自足不仅体现在经济发展上，而且表现在军事防御上；不仅反映在现实政治生活中，而且反映在公民自身的婚姻和日常生活中。

亚里士多德列出了达到城邦自给自足所必需的条件，它们依次是：

> 粮食供应为第一要务。其次为工艺，因为人类的日常生活不能没有许多用具。第三为武备：为了镇压叛乱，维持境内秩序，同时为了抵御任何外来的侵略，一邦的诸分子必须各备武装。第四为财产（库藏），这应有相当丰富的储存，以供平时和战争的需要。第五——就其品德而言，应该放在第一位——为诸神执役的职事，即所谓祭祀。列为第六而实为城邦最重大的要务，是裁决政事、听断私讼的职能（即议事和司法职能）。每一城邦所必不可缺的事务和业务就是这些。城邦不是人们偶然的集合。这个团体，我们曾经说明，必须在生活上达到自给自足，上述这些事务和业务要是丧失了任何一项，那就不能自给自足了。[3]

古希腊城邦正是具备了这些自给自足的生存和发展条件，才为公民学说的孕育和产生提供了极为有利的独特环境。一方面，自给自足的社会经

① Aristotle. *Politics*. Cambridge, Massachusetts, London, England：Harvard University Press, 2005. 1276b.

② 参见马啸原著：《西方政治制度史》，北京：高等教育出版社2000年版，第15页。

③ （古希腊）亚里士多德著：《政治学》，吴寿彭译，北京：商务印书馆1965年版，第365页。

济条件，使得城邦能够拥有一个真正的立宪政体，从而把民主政治制度的建立真正提到了公民的日常生活中。另一方面，城邦公民的生活更趋稳定，可以获得多方面的"自由"，他们拥有了更多自由的闲暇时间，从而能够思考和研究城邦、公民的关系问题以及公民的自由、民主、正义等价值内涵。同时，城邦普及和实施了系统的公民教育，这为公民学说的产生提供了有利的环境和人才保证。

二、开放型的海洋文化为公民学说的孕育带来了有利条件

希腊半岛上海陆交错，其独特的地理位置和环境对城邦民主政体的发轫与兴盛以及公民学说的产生与发展产生了重大影响。

一方面，古希腊城邦随着经济的发展和不同地域的文化在环地中海地区相互交融，与西亚、欧洲和北非经济文化交流逐渐频繁，特别是伯利克利时期，雅典城邦更是以海纳百川之势，吸引着周边城邦或地区的人们来此学习和交流文化科学知识，很多哲学家、作家、学者、艺术家等都跑到雅典来施展他们的才能。因为雅典城市的宽容和自由的文化环境，"比之大多数其他城邦，不论在古代还是近代的国家，都要好些"①。从而促使城邦文化在形成和发展的过程中，吸纳了克里特文化、迈锡尼文化、荷马文化、希腊神话文化等的资源，包容了经济政治、建筑艺术、军事、工艺、宗教等丰富的内容，呈现出欢愉热情、宗教神秘以及东西方交融的文化特色。这为公民学说的产生奠定了文化基础。

另一方面，在城邦社会活动中，人们常常在一个村落或几个村落之间建立起一个"公共广场"，这个广场起初主要用于竞技赛场，尔后逐渐成为集市，这种集市也就是最初的城市。公共广场的出现，不仅缓解了社会各种对立力量之间的矛盾冲突，而且也为公民讨论大家共同关注的问题提供了场所，不论什么问题都可以拿到公众中间去讨论，人们在参与讨论和辩论的过程中，对公民方面的知识、价值主张和思想认识得以提高，以前属于军事贵族和祭司贵族的精神世界现在向越来越多的人开放，直到向全

① 参见（美）爱德华·麦克诺尔·伯恩斯、菲利普·李·拉尔夫著：《世界文明史》（第1卷），罗经国译，北京：商务印书馆1987年版，第258页。

体平民开放。这为公民民主思想的形成和产生，提供了有利条件。

正是希腊开放式的海洋经济文化，触动了人们思想、观念的变化，使社会关系的变革逐步深化，既为城邦公民崇尚自由、追求民主、发挥创造力、关注人类自身的理性精神奠定了丰厚的思想基础，也为公民学说的萌芽提供了丰腴的文化沃土。

三、城邦政体改革为公民学说的产生奠定了政治基础

在希腊民主政治建立和发展的过程中，曾先后经历了数次改革。其中影响深远的是梭伦改革、克里斯提尼改革和伯利克利改革。

（一）梭伦设立公民大会为公民民主思想的萌发创造了有利条件

梭伦（Solon，公元前638—前559年）生于雅典，出身于没落的贵族。他年轻时一面经商，一面游历，到过许多地方，漫游过希腊半岛、小亚细亚和埃及等地，考察社会风情。梭伦是古希腊最杰出的政治家之一，也是一位多才多艺的诗人。公元前594年，梭伦出任雅典城邦的第一任执政官，制定法律，在经济和政治领域进行了一系列改革，史称"梭伦改革"。

首先，实施"解负令"，恢复了公民的自由人身份。梭伦执政时期，废除了以人身作抵押的一切债务，禁止把欠债的平民变为奴隶。使那些因债务而沦为奴隶的人，恢复自由人身份；城邦出钱赎回那些因债务而被卖到异邦为奴的人，并恢复其自由，同时，取消雅典城邦自由民的一切公私债务，那些因债务抵押的土地，一律归还原主。通过这一举措，使一部分因借债而失去公民身份的下层平民，重新成为拥有土地的自由人和获得权利的城邦公民。这样，既扩大了城邦统治的社会基础，也激发了公民热爱城邦、视成邦为生命的责任感。

其次，梭伦对政治机构进行改革，设立公民大会作为城邦的最高行政机关。一方面，设立400人会议作为公民大会的常设机构，400人会议由城邦的4个部落各选100人组成。不再以出身来划分公民等级，而是以财产的数量来划分公民等级。即按一年农产品收入的总量把公民分为4个等级（按年收入的谷物等产品的数量分别列为500斗、300斗、200斗和200斗以下4级），各等级的政治权利依其财力之大小而定。第一等级可

担任一切官职；第二等级的公民可以担任除司库（即财政官）以外的高级官职；第三等级可任低级官职；第四等级的公民不能担任公职，但有权参加公民大会和民众法庭。同时，不同的等级所尽义务也有差别。例如，在军事义务方面，第一、第二等级提供骑兵，自备军械、军装和马匹，第三等级提供重装步兵，他们自备军械和军装，但不需提供马匹，是构成雅典军队的主要成分，第四等级主要是充当轻装步兵和一般水手，不用自带军备，只带棍棒。梭伦执政时期，除了第四等级外，其他公民皆可当选和参加公民大会。另一方面，设立陪审法庭作为最高司法机关。陪审法庭的陪审员由所有等级的公民经抽签方式选出，陪审法庭受理并裁决公民投诉或上诉的所有案件，规定任何公民都有权上诉，扩大了公民的法律权利。同时制定新法典，取代严酷的旧法典。

梭伦改革是雅典城邦历史发展中的重要里程碑，改革在一定程度上改变了贵族专权的局面，调整了公民集体内不同阶层之间的利益关系，保证了从事劳动的底层公民在经济、政治和社会上的地位，为公民自由、民主意识的萌发创造了有利环境，同时也为以阐述公民身份概念为核心的公民学说构建奠定了经济政治基础。

（二）克里斯提尼组建五百人议事会为发展公民的参政意识提供了制度保证

克里斯提尼（Cleisthenes，约公元前570—前508年）是古希腊雅典政治家。公元前525年，克利斯提尼在家族的支持和斯巴达人的帮助下，推翻了希庇亚斯对雅典的统治，出任雅典首席执政官。公元前510年僭主被推翻后，氏族贵族之间以及氏族贵族与平民之间的斗争尖锐化，原有血缘关系的氏族、胞族和部落组织已经不能适应奴隶占有制国家进一步发展的需要。公元前508年，克里斯提尼联合平民通过公民大会对雅典的政治机构推行了一系列重大改革。

首先，规定年满18岁的男性青年，在其父母所隶属的自治村社内通过一定的入籍仪式便可取得公民资格。为了按照地域原则取代过去的氏族血缘部落，重新划分地区，将雅典城邦分为城区、沿海和内地三大地区，各大地区再分为十部分，称为"三一区"。通过抽签，从每个大区中各抽一个三一区，合成一个地区部落。"三一区"下分若干自治村社，构成雅典公民政治、社会和宗教活动的基层单位。这样，既使一些外邦人取得了雅典城邦公民权，又极大地削弱了氏族贵族在各方面的影响。

其次，改革公民议事机构，组建"五百人议事会"。规定每个地区部落每年各选 50 名 30 岁以上的公民，组成"五百人议事会"，取代梭伦创设的公民大会，成为公民提案和议事的起草机构，并负责处理国家日常行政事务；陪审法庭得到重新组织，每个公民都有机会参与陪审。同时，城邦的 10 个地区部落各选 1 人组成"十将军委员会"，作为最高的军事机构，委员会 1 年一任，轮流统帅军队。

克利斯提尼通过以上改革举措，基本上肃清了氏族部落制度的残余，既促进了城邦奴隶制民主政治的确立和发展，也为保障普通公民参与城邦议事审判的权利和激发公民的民主意识提供了制度保障。

（三）伯利克利向公民开放所有官职为强化公民的民主意识奠定了政治基础

伯利克利（Pericles，约公元前 495—前 429 年），古希腊奴隶主民主政治的杰出代表者，是古希腊文化的推崇者和倡导者。伯利克利出身雅典名门，自幼受到良好的教育，曾向智者学习音乐、政治和哲学思想，具有不迷信神异的思想和高尚的情操。公元前 466 年后，伯利克利登上了雅典的政治舞台，成为雅典的民主派的重要领导人。他刚正不阿、廉洁奉公、善于演说、坚毅冷静，具备一个优秀政治家和军事家的品格气质。从公元前 443 年到公元前 429 年，伯利克利每年连选连任雅典最重要的官职——首席将军，掌握着国家政权。从公元前 462 年开始，雅典公民大会在伯利克利的推动下，逐步实行了一系列以加强民主政治为核心的改革，进一步发展了雅典奴隶制，使雅典城邦经济、民主政治、海上霸权和古典文化高度繁荣，进入鼎盛时期，史称"伯利克利时代"。

首先，改革公民大会和"五百人议事会"。由于希波战争胜利后，以战神山议事会为大本营的雅典保守势力有所抬头，为剥夺战神山议事会的政治权力，扩大公民大会的职能，使其完全成为雅典城邦的最高权力机关，伯利克利规定战神山议事会只审理带有宗教性质的案件和事务，而一切法律在其颁布之前都要通过公民大会讨论通过，所有重要的国家官职要通过选举产生，城邦一切重大事务都要在公民大会上经过辩论和裁决。"五百人议事会"是公民大会的常设机构，闭会期间处理日常事务，成为最高权力机关。在伯罗奔尼撒战争①中，伯利克利在阵亡将士国葬典礼上的演说中提到：

> 我们的政治制度不是从我们邻人的制度中模仿得来的。我们的制度是别人的模范，而不是我们模仿任何其他的人的。我们的制度之所以被称为民主政治，因为政权是在全体公民手中，而不是在少数人手中。解决私人争执的时候，每个人在法律上都是平等的；当让一个人担任公职优先于他人的时候，所考虑的不是他是否某一个特殊阶级的成员，而是他具有的真正才能。任何人，只要他能够对国家有所贡献，绝对不会因为贫穷而在政治上湮没无闻。正因为我们的政治生活是自由而公开的，我们彼此间的日常生活也会是这样的。②

其次，各级官职向广大公民开放。为维护中下层公民的利益，规定所有成年男性公民可以担任除"十将军委员会"以外的所有官职，不受财产限制，均可通过抽签、选举和轮换而出任各级官职，参加公民大会，参与商定城邦重大事务。同时，为鼓励公民积极参政，实行"公薪制"，向担任公职和参加政治活动的公民发放工资，这就为贫苦公民参加政权管理提供了一定的物质保证。在伯利克利时代，雅典每年因担任公职和服军役而从国家领取公薪或津贴者达 2 万人，约占成年男子公民总数的 1/3 以上。这一举措极大地提高了公民参与城邦事务管理的民主意识，使政治生活成为每个公民生活中最重要的组成部分。正如伯利克利在阵亡将士国葬典礼上的演说中所言：

> 在我们这里，每一个人所关心的，不仅是他自己的事务，而且也关心国家的事务：就是那些最忙于他们自己的事务的人，对于一般政治也是很熟悉的——这是我们的特点：一个不关心政治

---

① 伯罗奔尼撒战争是以公元前431—前404年雅典及其同盟者与以斯巴达为首的伯罗奔尼撒同盟之间的城邦战争。几乎所有希腊的城邦都参加了这场战争，战争期间双方几度停战，最后以斯巴达为首的伯罗奔尼撒同盟获胜，雅典宣告投降。这场战争对希腊城邦政治造成巨大的冲击和震荡，对于社会经济和民生无异于一场浩劫。战争结束了雅典的经典时代，结束了希腊的民主时代，强烈地改变了希腊的国家。

② （古希腊）修昔底德著：《伯罗奔尼撒战争史》（上），谢德风译，北京：商务印书馆1985年版，第 130 页。

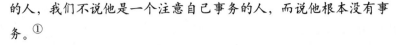

的人，我们不说他是一个注意自己事务的人，而说他根本没有事务。①

经过梭伦、克里斯提尼和伯利克利改革，雅典逐渐形成了比较完善的城邦民主制度。在希腊文中，民主政治（demokratia）意为人民的统治，公民大会实行直接民主制，是公民的自治团体，公民大会正式决议开头一句话就是"人民决定"，即多数人的意见具有最高权威。所有公民都直接参与城邦的治理，共同讨论和以直接民主表决的方式决定城邦内政、外交、诉讼、立法和选举公职人员等一切重大事务。这种民主政体既培育了公民的独立自主性，又为公民公共意识和民主思想的产生提供良好条件，从而为公民学说的形成和发展创造了有利的社会环境。

四、城邦公民身份的演变为公民学说的产生提供了社会基础

公民身份本身意味着他们是城邦的主人，希腊文的"公民"（Polites）一词就由城邦（Polis）一词衍生而来，其原意为"属于城邦的人"。公民是构成城邦的基本要素，公民在一生中，依次成为家庭和村社的成员，成年后，经过庄重的仪式取得公民资格，这时他进入城邦公共生活领域，享有政治权利，成为属于城邦的人。

一方面，城邦形成之初，往往只有贵族或具备一定财产资格的人才能成为公民，而占人口大多数的奴隶、外邦人和妇女就被排除于公民团体之外。在城邦演进过程中，由于大大小小的城邦之间战争频繁，战争产生的俘虏起初往往被杀戮，后来人们认识到俘虏的作用和奴隶制的需要，开始把一部分俘虏解放为劳动力和自由人，再加上贸易活动和文化交往的增多造成了大规模的移民，使得新的社会成员数目成倍增加。

随着城邦经济和政治的发展，统治者为了维护稳定和对外扩张的需要，给予一部分下层平民以公民身份。当战争危机或公民人数不足时，还往往吸收外邦人和被释奴隶加入公民团体。通过有组织的、大规模的移民

---

① （古希腊）修昔底德著：《伯罗奔尼撒战争史》（上），谢德风译，北京：商务印书馆1985年版，第132页。

活动，建立新的城邦，如在波希战争①期间，雅典凭借其海上舰队取得了打败波斯军的辉煌胜利，一跃成为希腊世界最强大的国家，民主政治发展，经济繁荣，文化昌盛，开始向西西里和南部意大利大规模移民，建立起许多移民城邦，那些绝大多数在移民前没有公民身份的自由人和下层平民，在移民到新城邦后获得土地并成为公民。

另一方面，属于城邦的感觉在古希腊人的观念中十分重要。公民作为一种政治身份，最早出现于希腊城邦政治结构之中。在公民心目中，城邦如神物一般，公民认为他们的身体是给城邦使用的，公民的财产、家庭、利益、荣誉、希望，肉体生命与精神生命，整个的生活甚至死后的魂灵都属于城邦、为了城邦，公民必须作出无条件的牺牲，完全以城邦的利益为依归，既有与城邦共存亡、"执干戈以卫社稷"的义务，又有参加城邦内议事和审判的职责，战时献出鲜血，平时献出年华。公民没有抛弃公务照管私务的自由，而是为城邦的福祉奋不顾身，不遗余力地献身于国家。

古希腊公民拥有公民资格不是为了获得什么，而是使自己不被排斥于城邦之外。正如美国政治学家乔治·霍兰·萨拜因所说：

> 希腊人认为，他的公民资格不是拥有什么而是分享什么，这很像是处于一个家庭中的成员地位。这种情况对希腊的政治哲学产生了深远的影响。这就意味着像希腊人所设想的，问题不在于为一个人挣得他的权利，而是保证他处于他有资格所处的地位。②

城邦之间的经济社会交往范围不断扩大，公民的社会交往关系日趋复杂，原有的部落联盟的血缘关系被以经济关系为基础的地缘关系所代替，公民参与公民大会、议事会等与切身利益密切相关的公共事务活动日益频繁，就连原来的私人祭祀活动也逐渐变成公开的公共祭祀活动。

---

① 波希战争是以雅典为核心的希腊城邦和波斯帝国之间的战争。公元前492年，波斯王为了征服雅典和埃维厄，决定出兵希腊。波斯在从公元前492年到前449年近半个世纪的时间里共对希腊进行了3次大规模的入侵。战争以希腊获胜而告终。通过这场战争，希腊进入了奴隶社会的繁荣时期，而一心想征服希腊的波斯帝国则失去了爱琴海和博斯普鲁斯海峡的领地。

② （美）乔治·霍兰·萨拜因著：《政治学说史》，盛葵阳、崔妙因、刘山等译，北京：商务印书馆1986年版，第25页。

在参与公共生活和政治生活的过程中，公民普遍需要提高进行参政议政活动的能力和经验，学习知识，公民培养自己智慧的目的是为了给城邦多作贡献，这既是公民个体的内在需要，也是城邦对公民的素质要求，正是这种现实的社会基础和公民需求推动了公民学说的形成、发展和传播。

五、自然科学、哲学的发展为公民学说的产生提供了思想基础

雅典民主政治所形成的自由宽松的环境，为促进公民的理性觉醒提供了条件。随着城邦政治经济和文化的发展，公民除了享受一般自由人的自由外，还享有充分的经济和民事权利：占有土地权、处置财产权以及婚姻、诉讼、宗教活动等方面的权利，他们除了忙于频繁的城邦事务管理、参与公民大会和审判外，还有了求知和从事学术研究的更多的闲暇时间，从而去思考哲学和公民学的问题。

一方面，古希腊城邦的自然科学如数学、几何学迅速发展，对公民的理性个性觉醒产生了广泛而深刻的影响。算术、几何、天文等成为公民教育的自然科学课程，如柏拉图学园大门上悬挂着这样一句告示：不懂几何者不得入内。自然科学的发展，既传播了知识，培育了人才，又为公民形成一些唯物的、辩证的、先进的思想认识成果提供了科学知识。自然科学成果塑造了公民追求知识的理性精神和探索基于城邦社会生活需要的公民学说的科学思维方式。

另一方面，哲学社会科学的繁荣发展为公民学说的诞生提供了思想武器。古希腊城邦在哲学、文学、戏剧、音乐、雕刻、建筑、舞蹈等方面都取得了巨大的成就。可以说，当代西方哲学的各主要派别及伦理学、美学、逻辑学、政治学、法学等学科都可以追根溯源到古希腊文化的思想原点。哲学、文法、修辞学的发展，既为公民认知、理解和接受城邦制度、民主思想和社会道德规范奠定了理论基础，也为城邦公民概念的产生和自由、民主、平等、正义、权利、义务等公民学说的形成提供了思想基础。

可以说，没有古希腊科学、文化、艺术的空前繁荣发展，也就不可能有公民学说的孕育、产生和发展。

六、智者群体的传道授业为公民学说的发展提供了知识启蒙

所谓"智者（Sophistes）"，原本泛指有智有识有才之士，如古希腊早期的"七贤"[①]。但是到了公元前 5 世纪后半叶，"智者"一词则专指一批收费授徒、重点教授修辞学和论辩术并以此为职业的教师。

智者的出现是雅典民主制度的产物。城邦民主制度意味着话语权具有压倒其他一切权力的特殊优势，当时的社会不是靠暴力、行政手段，而是靠辩论、才识赢得人心的。城邦政治生活中，"话语成为重要的政治工具，成为国家一切权力的关键，成为指挥和统治他人的方式。"[②]公民们由于参政议政、诉讼演说的需要，普遍具有学习演说、诉讼、辩论等技巧的愿望，雄辩的口才、超群的治国之术是每一位公民的素质要求。于是，以擅长雄辩、传授知识、讲授辩论及演说技巧等为职业的智者群体应运而生。

智者虽然不是一个固定的学术流派，也没有统一的思想学说，但智者群体以公民教育为职业，提倡自由思想，勇于挑战传统习俗。一方面，智者能言善辩，以教授文法、逻辑、数学、天文、修辞、雄辩等知识为谋生手段。智者活跃于希腊的各个城邦，周游于各个城市，设帐授徒，收取学费，通过集会演讲、诉讼辩论、问题解答等形式，向人们传授关于修辞、辩论、诉讼、演说及有关城邦治理方面的知识，发表各自关于社会与人、伦理与政治、真理与价值等一系列问题的见解，启迪公民的理性思考。另一方面，智者注重城邦社会和公民自身的问题，讲演和教授的内容涉及当时的政治、伦理道德和法律等问题，提出许多顺应时代潮流的新观念，如关于人类社会、人的本性、人的价值、人神关系、个人与城邦的关系等思想概念，致力于向公民传播批判迷信、抨击传统伦理、藐视权威、高扬个性、崇尚真理等价值主张，客观上起到了社会思想启蒙的作用。可以说，没有智者对哲学、逻辑学、语法学、修辞学等学科的传播与发展，就难以

[①]　古代希腊七位名人的统称，现代人了解较多的只有立法者梭伦和哲学家泰勒斯（Thales）两人，剩余五人一般认为是奇伦（Chilon）、毕阿斯（Bias）、庇塔库斯（Pittacus）、佩里安德（Periander）、克莱俄布卢（Cleobulus）。

[②]　（法）让·皮埃尔·韦尔南著：《希腊思想的起源》，秦海鹰译，北京：生活·读书·新知三联书店 1996 年版，第 37 页。

有公民学说的孕育和产生。

古希腊早期智者群体中最著名的代表人物是普罗泰戈拉（Protagoras，约公元前480—前408年），他终身从事学术研究，在希腊各地讲学，普罗泰戈拉认为人的知识来源于感觉，而感觉就是知识，进而提出了"人是万物的尺度"①的重要命题。黑格尔对普罗泰戈拉关于人是万物尺度的命题这样评价道：

> 普罗泰戈拉宣称人是这个尺度，就其真正的意义说，这是一句伟大的话……（一）每一个就其特殊性说的人，偶然的人，可以作为尺度；（二）人的自觉的理性，就其理性本性和普遍实体性说的人，是绝对的尺度。②

普罗泰戈拉认为，一切事物都按照人的主观尺度来衡量，而每个人都可以按照自己的主观认识来断言是非价值。普罗泰戈拉主张，教育最主要的、也是首要的功能，就是培养有关修辞术及论辩技艺方面的才能。主张所有的公民都应当参与政治，正义和其他政治德性是属于一切人的，每个公民都可以通过教育来提高政治素质，获得参与公共事务的知识、智慧和能力，从而形成符合城邦社会要求的公民美德。

可见，智者群体敢于摆脱对神灵崇拜的束缚，摒弃人是自然产物的自然哲学传统，开始对世界本原的探讨，并把人作为主宰万物的力量和认识的存在价值，这标志着人类的认识打开了崭新的一页，对于引导公民重视人的本性、人的价值，理性思索个人与城邦之间的关系，阐释公民学的基本概念具有重要的启蒙意义。

第二节　古希腊公民学说的显著特征

古希腊时期，公民学说的形成和发展达到了公民学说史上的第一个高

① 转引自北京大学哲学系外国哲学史教研室编译：《古希腊罗马哲学》，北京：商务印书馆1982年版，第128页。

② （德）黑格尔著：《哲学史讲演录》（第2卷），贺麟、王太庆译，北京：商务印书馆1983年版，第27页。

峰。这一时期的公民学说涵盖了公民的概念、公民科学、公民学原理、民主政治问题等许多方面，对西方文明和公民学的发展产生了深远的影响。从公民学的产生和发展情况来看，苏格拉底（Sokrates，公元前469—前399年）奠定了公民学科的坚实基础。英国启蒙思想家托马斯·霍布斯提出：

> 苏格拉底最早爱上了这门公民科学（civil science）。那时它还没有被理解成一个整体，只是——不妨说——在公民统治（civil government）的迷雾中初现端倪。据说，苏格拉底极为看重这门科学，他摒弃了哲学的所有其他内容，断定只有这一部分与他的智慧相称。①

苏格拉底的学生柏拉图（Plato，公元前427—前347年）进一步发展了公民学，而柏拉图的学生亚里士多德（Aristoteles，公元前384—322年）则通过对城邦民主制度的衰败和危机进行系统研究，使公民学科形成完备的体系，写下了最为辉煌的一页。

一、以公民学的视角诠释公民概念

"公民"一词是在古希腊时期提出的，它不仅是现代政治学、公民学的基本概念，而且还蕴涵着民主的基本价值与追求目标。虽然最初的公民学说是从神话中提炼出来的，但苏格拉底及其他古希腊学者并不是以神话的语言来描述社会现象，而以公民学的视角观察社会现实问题，为满足公民政治生活的需要和要求，在对公民生活的直接经验进行归纳、推论、分析、总结的基础上，对公民科学提出了许多独到的见解，如公民身份的界定、公民对城邦的责任、公民的自由与平等、公民的塑造和教育等。

（一）明确界定公民是有权参与议事和审判职能的人

在西方公民学说史上，亚里士多德首次对公民概念进行了厘定，认为，真正意义上的公民是凡能参与城邦议事和司法审判的人。亚里士多德在《政治学》中提出：

---

① （英）霍布斯著：《论公民》，应星、冯克利译，贵阳：贵州人民出版社2003年版，致读者的前言第6页。

我们所要说明的公民应该符合严格而全称的名义，没有任何需要补缀的缺憾——例如年龄的不足或超逾，又如曾经被削籍或驱逐出邦的人们；这些人的问题正相类似，虽都可能成为公民或者曾经是公民，然而他们的现状总不合公民条件。最好是根据这个标准给它下一个定义，全称的公民是"凡得参加司法事务和治权机构的人们"，应用这种标准，上述那些缺憾就被消除了。统治机构的职务可以凭任期分为两类，一类是有定期的，同一人不能连续担任这种职务，或只能在过了某一时期后，再行担任这种职务。另一类却没有时限，例如公众法庭的审判员（陪审员）和公民大会的会员。①

亚里士多德认为，这一公民定义，对于民主政体，最为合适，最广涵而恰当地说明了公民的政治地位。由于在非平民性质的政体中，担任议事（立法）和审判（司法）的人们，不是那些没有限期而非专任的职司，其职司都有定期而又专任，就是这些有定期的专职人员，全体或某些人员，赋有定期的议事和审判权力，他们所议所审的，则或为某些案件或为一切案件。因此，亚里士多德总结出：

从上述这些分析，公民的普遍性质业已阐明，这里可以作成这样的结论：（一）凡有权参加议事和审判职能的人，我们就可说他是那一城邦的公民；（二）城邦的一般含义就是为了要维持自给生活而具有足够人数的一个公民集团。②

公民的身份就意味着参政的权利，只是在不同的城邦，公民的范围、公民参政的广度和深度、公民内部政治生活活跃发达的程度等方面有所不同而已。

（二）详细阐明了公民资格的基本特征和必备条件

关于公民身份的确认，亚里士多德提出了家庭出身、经济条件、参与政治生活的权利3个要素。

其一，父母双方都是公民的成年男子，才具有公民资格。公民只是城邦居民中一种特殊的身份团体，一般说来，只有纯属本邦血统的成年男子

---

① （古希腊）亚里士多德著：《政治学》，吴寿彭译，北京：商务印书馆1983年版，第111页。
② （古希腊）亚里士多德著：《政治学》，吴寿彭译，北京：商务印书馆1983年版，第113页。

才能成为公民。亚里士多德指出：

> 依照惯例，公民就是父母双方都是公民所生的儿子，单是父亲或母亲为公民，则其子不得称为公民；有时，这种条件还得追溯更远，推及二代、三代或更多世代的祖先。①

亚里士多德在主张以血统来判断公民身份的同时，强调凡具有参加城邦议事和审判职能的人们才成为公民，因为如果用"父母双方都是公民，则其子也是公民"这样定义公民概念的话，就没法应用到一个城邦的初期居民或创始的人们。

其二，确认公民身份需要有一定的经济条件。农业是城邦和个人生活的基础，土地是最重要的资源。城邦的土地属公民所有，无公民权的人无权占有土地。亚里士多德把财产视为公民生活的必备条件，认为财产既然是家庭的一个部分，获得财产也应该是家务的一个部分。他提出：

> "财产"（所用物＝所有物）就可说是所有这些工具的总和，而每一笔财产（所有物）就都是谋生"所用的一件工具"；奴隶，于是，也是一宗有生命的财产；一切从属的人们都可算作优先于其他（无生命）工具的（有生命）工具。②

即使平民政体也是以财产为基础，订定担任公职的资格，但所要求的财产数额是低微的：凡能达到这个数额就具备任职的资格，不够格的不得参与公职。亚里士多德认为：

> 执掌这些权力的人们也应该是有财产的人们。我们这个城邦中的公民（为了要获得修养善德和从事政务的闲暇），必须家有财产，这个城邦只有他们（有产阶级）才能成为公民。③

其三，公民身份可以因某种特定原因而丧失。比如，有的时候，因贫穷、政治变革或因为战争等原因不能履行公民义务者就会失去公民权，丧失公民身份，甚至被驱逐出城邦。对公民的义务，亚里士多德也进行了描述，比如公民需要对城邦负有责任，要服兵役、参与政治活动、参与公共事务。公民身份最主要的标志是他们享有政治权利，即参加公民大会、陪

① （古希腊）亚里士多德著：《政治学》，吴寿彭译，北京：商务印书馆1983年版，第114页。
② （古希腊）亚里士多德著：《政治学》，吴寿彭译，北京：商务印书馆1983年版，第11页。
③ （古希腊）亚里士多德著：《政治学》，吴寿彭译，北京：商务印书馆1983年版，第368页。

审法庭的权利，担任城邦公职的权利。亚里士多德强调：

> 我们不应假想任何公民可私有其本身，我们毋宁认为任何公民都应为城邦所公有。每一个公民各成为城邦的一个部分；因此，任何对于个别部分的照顾必须符合于全体所有的照顾。①

二、以自然主义的人本观思考公民问题

古希腊公民学家在自然哲学的基础上，把观察社会的重点从自然世界转向人本身，注重从理论上关注和思考人的问题，提出公民德性、公民教育、好公民的标准等一系列概念，从而奠定了公民学说的思想基础。可以说，"全部希腊文明的出发点是人。它从人的需要出发，它注意的是人的利益和进步。"②

（一）从关注自然世界转向关注人本身来思考公民问题

古希腊早期的自然哲学家主要探讨世界的本原问题，即世界是由什么构成的，如德谟克利特的"原子说"，赫拉克利特认为"火是万物形成的基础。"，毕达哥拉斯认为"数是万物的起源"等。苏格拉底认为，哲学的首要任务不是探讨世界的起源问题，而是研究人，因为探讨世界的本原并不重要，神已安排了客观世界的万物，而且特地为人安排了"灵魂"，自然界的因果系列是无穷无尽的，如果哲学只去寻求这种因果，就不可能认识事物的最终原因，也对拯救城邦没有现实意义。为此，苏格拉底强调，应把人作为有思想、有理性的动物来看待，公民学说的研究重点在于关注人类本身的问题。

苏格拉底认为，从考虑"自然"转向考虑"人本身"，就要把研究重点放在公民的伦理道德问题上，因为人是理性的存在者。苏格拉底将人分为灵魂、肉体以及灵魂肉体二者的结合，并论证人是由灵魂来统治的，认为灵魂是人的本性，具有最重要的地位，强调人首先要认识自己，认识自己的灵魂。柏拉图记述师生对话时苏格拉底强调：

---

① （古希腊）亚里士多德著：《政治学》，吴寿彭译，北京：商务印书馆 1983 年版，第 407 页。
② （苏）鲍·季·格里戈里扬著：《关于人的本质的哲学》，汤侠声、李昭时译，北京：生活·读书·新知三联书店 1984 年版，第 28 页。

只有明智的人认识自己，能够探讨自己所认识的和不认识的事；在有关别人的事情方面，也只有他能够认识每一个人知道并且认为知道的事，以及每一个人认为知道而并不知道的事。总之，明智，有自知之明，就是知道自己所知道的和不知道的事。①

苏格拉底出于对城邦和公民命运的关心，极力寻求美德是什么和如何培养美德等问题，以追求知识作为人的理性本性。为此，苏格拉底常常出现于街头巷尾、公共场所或宴会上，他佯装无知，不断地向人们提出问题，找人"请教"，使对方陷入自相矛盾之中，然后因势利导，从相互矛盾的具体事例中归纳出一般性的概念定义。如"什么是勇敢"、"什么是节制"、"什么是德性"、"什么是正义"、"什么是美"，等等。苏格拉底所追问的并不是具体的"勇敢"和"美"，而是"勇敢自身"、"正义自身"或"美自身"，亦即这些道德的本质价值所在。

（二）从探索人的理性和德性出发思考好公民的培养问题

一方面，高扬人的理性，将理性推向超越感性的阶段。苏格拉底认为人的灵魂中的德性即理性，人的德性只有通过知识才能实现，进而得出了有知是美德、无知即罪恶的结论。柏拉图认为，理性是人的决定性的形式，人的最初发展只是生物和动物的特征，只有充分发展时，才是一个理性的人。柏拉图主张，培养理性公民首先要实现灵魂的转向，所谓灵魂转向，就是使公民的心灵状态从最低等级的想象，逐步上升到信念、理智，最后达到理性等级、把握最高的善理念，从而进入光明的理念世界这样一个心灵的上升过程。柏拉图指出：

知识是每个人灵魂里都有的一种能力，而每个人用以学习的器官就像眼睛——整个身体不改变方向，眼睛是无法离开黑暗转向光明的。同样，作为整体的灵魂必须转离变化世界，直至它的"眼睛"得以正面观看实在，观看所有实在中最明亮者，即我们所说的善者。②

---

① （古希腊）柏拉图著：《柏拉图对话集》，王太庆译，北京：商务印书馆2004年版，第91页。
② （古希腊）柏拉图著：《理想国》，郭斌和、张竹明译，北京：商务印书馆1986年版，第277页。

基于此，柏拉图将伦理学的主题从个人德性修养转移到公民的正义上来，把德性和政治紧密相连，主张公民教育活动和政治活动应融为一体，强调城邦的重要职责在于培养能参与城邦政治生活的公民。

另一方面，把培养好公民视为实现城邦制度的重要手段。在研究人的发展时，亚里士多德进一步发展了柏拉图的思想，在其著作《政治学》和《尼各马克伦理学》中，研究的核心问题是公民怎样才能过上优良生活。亚里士多德认为，能过上优良生活的人要有德性、要守法律、要生活在善良城邦中，而无论是德性的培养、法律的遵守还是善邦的塑造，都要借助于"好公民"的塑造。

亚里士多德认为，城邦的发展取决于公民的发展，城邦的善取决于组成城邦的每个公民的善。在论述公民的品德对于城邦政体的重要性时，亚里士多德把公民与城邦的关系形象地比喻为水手之于船舶的关系，他指出：

> 作为一个团体中的一员，公民（之于城邦）恰恰好像水手（之于船舶）。水手们各有职司，一为划桨（桡手），另一为舵工，另一为了望，又一为船上其他职事的名称；船上既按照各人的才能分配各人的职司，每一良水手所应有的品德就应当符合他所司的职分而各不相同。但除了最精确地符合于那些专职品德的个别定义外，显然，还须有适合于全船水手共同品德的普遍定义：各司其事的全船水手实际上齐心合力于一个共同目的，即航行的安全。与此相似，公民们的职司固然各有分别，而保证社会全体的安全恰好是大家一致的目的。现在这个社会已经组成为一个政治体系，那么，公民既各为他所属政治体系中的一员，他的品德就应该符合这个政治体系。①

古希腊公民思想家通过对人的问题的关注，对公民理性、智慧和德性的思考与探索，不仅把公民学说的出发点和落脚点根植于城邦政治生活中的公民基础上，而且把维护城邦的稳定与好公民的培育密切联系起来，为公民思想的传播与发展提供了理论基础和现实的针对性。

---

① （古希腊）亚里士多德著：《政治学》，吴寿彭译，北京：商务印书馆1983年版，第120页。

三、以整体主义价值观论证公民德性

古希腊时期公民学说的很多理论都体现城邦整体主义，如公共人格、公民德性、道德至善等概念的提出，强化了城邦公民的整体主义意识。徐大同在《西方政治思想史》中阐述城邦整体主义价值观时提出：

> 所谓整体主义，就是在个人与国家之间的关系上，将国家视为第一位的，个人是第二位的，个人没有独立的价值，个人只有融合于整体，为其献身，才能实现自己的价值。[①]

这种整体主义价值观，体现在个人与国家之间的关系上，就是公民把城邦视为一个有机共同体，把城邦的整体利益视为神圣，放在高于一切的位置，赋予城邦绝对的政治、宗教和伦理权威，每个公民从出生起，城邦就是他的最高监护人，一切都按城邦的需要来安排，生为城邦，死亦为城邦。

一方面，古希腊公民学说从维护城邦整体的善出发，阐明公民应具备至善、智慧、勇敢、节制、正义等基本的德性。苏格拉底提出公民的"至善"观，认为，理念是事物的本质，在理念世界中，最高的理念是"善"的理念，善的理念能给予认识的对象以真理性，因而追求"至善"的理念是人生最高目的。柏拉图提出正义的城邦源于公民的"正义"，在《理想国》中，柏拉图把国家看做普遍精神的化身，认为国家的意志就是个人的意志，个人只能在国家的原则中生活。亚里士多德提出公民应具备智慧、勇敢、节制和正义"四主德"，亚里士多德创立了完整的公民学原理，涉及公民与城邦的关系、公民应具备的素质、社会应当造就什么样的公民等问题，认为公民资格主要看是否参加城邦政体，主张城邦公民的"四主德"既是公民个人的道德规范，又是城邦对公民整体的道德要求。亚里士多德强调：

> 所有的公民都应该有好公民的品德，只有这样，城邦才能成为最优良的城邦；但我们如果不另加规定，要求这个理想城邦中的好公民也必须个个都是善人，则所有的好公民总是不可能而且

---

① 徐大同主编：《西方政治思想史》，天津：天津教育出版社 2001 年版，第 21 页。

也无须全都具备善人的品德。①

另一方面，古希腊公民学说从维护城邦民主政体出发，提出公民是城邦的一部分，公民应轮流执政。亚里士多德提出："人类在本性上，也正是一个政治动物。"②人是政治动物，天生要过共同的生活，人区别于动物的一个重要特征在于他的社会性，人只有在一定的社会群体中才能生存与发展，并相应地创造出一定的社会关系、社会组织和社会性的活动方式，这是一个幸福的人所不可缺少的。亚里士多德认为：

> 人类所不同于其他动物的特性就在于他对善恶和是否合乎正义以及其他类似观念的辨认（这些都由言语为之互相传达），而家庭和城邦的结合正是这类义理的结合。③

亚里士多德在其《政治学》中认为，公民是属于城邦的人，城邦是公民的联合体，是公民团体的民主自治。城邦政体的权力属于公民大会、议事会和审判法庭，而每一位公民都是这种整体权力中的一部分，因此，为了实现共和政体的理想城邦，为了实现正义的城邦，就必须保持公民整体的德性与善良。

四、以理性思维方式研究公民教育

古希腊人以对待事务的理性态度和思维方式，对政治现象和人的问题进行了广泛考察与缜密思考，提炼出了系统的公民理论。古希腊公民思想家或出于贵族政治、或出于民主政治的不同立场，提出了不同的政治思想和主张，但他们都注重对公民教育的研究，把好公民的培养问题看成是治国安邦的重要举措。

一方面，把传授理性知识作为教育的目的。苏格拉底认为，由于知识是理性的、普遍的真理，因而传授理性知识应成为教育、教学的目的。主张城邦应重视公民教育，培养公民的品质，通过教育使公民达到道德"至善"。

---

① （古希腊）亚里士多德著：《政治学》，吴寿彭译，北京：商务印书馆 1983 年版，第 121 页。
② （古希腊）亚里士多德著：《政治学》，吴寿彭译，北京：商务印书馆 1965 年版，第 7 页。
③ （古希腊）亚里士多德著：《政治学》，吴寿彭译，北京：商务印书馆 1965 年版，第 8 页。

柏拉图认为，教育是实现理想社会的战略性手段。柏拉图将整个世界分为"现象世界"和"理念世界"，认为人的德性尽管是先天的，但在人出生以后便被遗忘了，公民通过后天的学习和教育可以唤起回忆，使心灵转向善，认识理念世界。如果人们受了良好的教育，就会成为事理通达的人。柏拉图主张教育应由国家负责，从儿童抓起，通过教育层层选拔人才，培养城邦的统治者和武士。

亚里士多德则从新的角度论证了理性至上的观点，提出以充分发展人的理性为根本目的的公民学说，主张关注人的理性灵魂，认为符合理性的生活就是最好的和最幸福的生活。

另一方面，把培养能适应城邦政体和生活方式的好公民作为教育的宗旨。亚里士多德认为，青少年的教育目的不是实用和必需，而是成就灵魂的自由与高尚，使精神始终保持"内在的愉悦与快乐"，这是人生的幸福境界，是至善的体现。为了培养好公民，亚里士多德极为重视教育，他认为：

> 邦国如果忽视教育，其政制必将毁损。一个城邦应常常教导公民们使能适应本邦的政治体系（及其生活方式）。[1]
>
> 既然一城邦就（所有的公民）全体而言，共同趋向于一个目的，那么，全体公民显然也应该遵循同一教育体系，而规划这种体系当然是公众的职责。[2]

亚里士多德的公民学说认为，公民教育的顺序是从身体的发育、情感的培养再到理智的锻炼过程，教育的宗旨就在于促进公民的身体、理智和德性发展。他认为，人的发展过程是由潜能转化为现实的过程，公民理智美德是通过教育获得的，而品格美德则来自于习惯性的行为实践。为此，亚里士多德主张，为了保证儿童身体的发育，儿童时期要进行体育锻炼，不能有任何学习任务和强制性的劳动，青少年时期的教育科目分为读写、体育、音乐和绘画4种，而到了青年以后就要参加社会公共事务，成为参与城邦管理的真正意义上的公民。

---

[1] （古希腊）亚里士多德著：《政治学》，吴寿彭译，北京：商务印书馆1983年版，第406页。

[2] （古希腊）亚里士多德著：《政治学》，吴寿彭译，北京：商务印书馆1983年版，第406页。

第三节　苏格拉底的公民学说

苏格拉底（Sokrates，公元前 469—前 399 年），著名的古希腊思想家、哲学家、教育家，他和他的学生柏拉图，以及柏拉图的学生亚里士多德被并称为"古希腊三贤"。

苏格拉底出生于伯利克利统治的雅典黄金时期，出身贫寒，父亲是石匠，母亲是助产婆。自师从阿那克萨戈拉的学生阿尔克劳（Archelaus）接受了哲学教育之后，他就把自己的一生献给了"爱智"的事业。

青少年时代，苏格拉底曾跟父亲学过手艺，熟读荷马史诗及其他著名诗人的作品，靠自学成了一名很有学问的人。苏格拉底主张专家治国论，他认为各行各业，乃至国家政权都应该让经过训练、有知识才干的人来管理，而反对以抽签选举法实行的民主。

由于苏格拉底坚持真理、主持正义，经常批评雅典统治阶层的腐败，因而遭到一些人的忌恨。公元前 404 年，雅典在伯罗奔尼撒战争中失败，三十僭主①的统治取代了民主政体。当三十僭主统治时，克里蒂亚斯和哈利克里斯一道被指定为立法者，颁布了一条"不许任何人讲授讲演术"的律令。苏格拉底公然嘲笑这种禁令的荒谬性，他把僭主制看做是非法、专断暴力的制度而进行强烈的抨击。他曾说：令我感到惊异的是，一个人做了一城邦的首长，弄得人民越来越少，而且情况越来越坏，这个人毫不自觉羞愧，认识不到自己是一个坏的首长。这一段话被传到克里蒂亚斯和哈利克里斯那里，他们恼怒地把苏格拉底叫去，不准他再接近青年。苏格拉底反驳道：

> 既然如此，我是准备遵守律法的，但为了不使我由于无知，无意中触犯律法起见，我希望能够清楚地知道，你们禁止讲演术

---

① 公元前 404 年，斯巴达国王吕西斯特拉图（Lysistratus）占领雅典时，他在那里建立了一个寡头政治的傀儡政府，处于斯巴达的保护下，称作"三十僭主"。三十僭主由克里蒂亚斯（Critias）和查米德斯（Charmides）领导。三十僭主在恐怖统治的 8 个月中杀死了许多雅典公民。苏格拉底不赞成三十僭主的血腥统治政策。

是因为你们认为它是被用来帮助人说正确的话的呢，还是你们认为它是被用来帮助人说不正确的话的呢？因为如果它是用来帮助人说正确话的，那就显而易见我们就必须不说正确话了；如果它是用来帮助人不说正确话的，显而易见我们就应该努力说正确的话。①

在遭到不公正的审判时，苏格拉底毫不畏惧，他宁可死，也不肯违背自己的信仰，以自己的生命捍卫了尊法、守法、正义和追求真理的理性精神。

苏格拉底有关公民伦理学方面的见解，包括"知识论"、"灵魂论"、"美德论"等，都是奠基在他的"概念论"基础之上的。古希腊色诺芬在《回忆苏格拉底》一书中写到：

至于说到他本人，他时常就一些关于人类的问题作一些辩论，考究什么事是敬虔的，什么事是不敬虔的；什么事是适当的，什么事是不适当的；什么事是正义的，什么事是非正义的；什么是精神健全的，什么是精神不健全的；什么是坚强，什么是怯懦；什么是国家，什么是政治家的风度；什么是统治人民的政府，以及善于统治人民的人应具有什么品格；还有一些别的问题，他认为凡精通这些问题的人就是有价值配受尊重的人，至于那些不懂这些问题的人，可以正当地把他们看为并不比奴隶强多少。②

苏格拉底的公民学说既为西方公民学的形成奠定了基础，又对公民学体系的发展产生了较大影响。

一、认为公民只有认识自己才能获得善的知识

苏格拉底从理性主义的原则出发探讨人的道德本质，明确地提出了以人自身作为知识的对象，对人类本质问题的探讨标志着他从自然哲学向道

---

① 转引自（古希腊）色诺芬著：《回忆苏格拉底》，吴永泉译，北京：商务印书馆1984年版，第14页。

② 转引自（古希腊）色诺芬著：《回忆苏格拉底》，吴永泉译，北京：商务印书馆1984年版，第5页。

德哲学的转变。他认为，人类认识先要从审视自身开始，即"认识你自己"。"认识你自己"本是希腊德尔菲神庙门楣上的铭文，苏格拉底将其作为自己哲学原则的宣言。苏格拉底说：

> 因为如果我还不认识自己，就很难说知道任何别的事了。①

苏格拉底认为，认识你自己，就是要认清自己的能力，提高自己的自我意识，认识到自己是一个有灵魂、有理性的人，知道自己适合做什么、不适合做什么，长处是什么、短处是什么，从而做到自知。苏格拉底提出：

> 你以为一个人只知道自己的名字，就是认识了他自己……必须先察看了自己对于作为人的用处如何，能力如何，才能算是认识自己。②

（一）主张公民要注重"心灵的最大程度的改善"③

苏格拉底用"认识你自己"要求人们把关注的对象从外部世界转向自己的心灵，在心灵中寻找一个最强的原则。苏格拉底认为，不注意改善自己的心灵就难以掌握关于美德的真理性知识，也就不能够"找到贯穿一切美德之中的共同的美德"④。苏格拉底认为，在关于人间事务上，特别是在关于灵魂的问题上，人们是无知的，这就要求人们认识自己的灵魂，即认识自己。

苏格拉底认为，人能有知识，是因为神在人的身体中安排了能思考的灵魂，使人有了爱智的心灵和理智。人的一切行为无疑是在灵魂支配之下，"靠锻炼来获得力量，靠劳动来获得知识"⑤。苏格拉底认为，公民认识自己，首先要认识自身的灵魂思想，他提出：

---

① 转引自（古希腊）色诺芬著：《回忆苏格拉底》，吴永泉译，北京：商务印书馆1984年版，第149页。

② 转引自（古希腊）色诺芬著：《回忆苏格拉底》，吴永泉译，北京：商务印书馆1984年版，第149页。

③ 转引自北京大学哲学系外国哲学史教研室编译：《古希腊罗马哲学》，北京：商务印书馆1982年版，第149页。

④ 转引自北京大学哲学系外国哲学史教研室编译：《古希腊罗马哲学》，北京：商务印书馆1982年版，第156页。

⑤ 转引自北京大学哲学系外国哲学史教研室编译：《古希腊罗马哲学》，北京：商务印书馆1982年版，第170页。

首先并且主要地要注意到心灵的最大程度的改善。①

在苏格拉底看来，灵魂是一种"自身同一的"、"能动的精神实体"②，它能接受外界的信息，变为自身的力量，以调整自己的行为。苏格拉底提出：

> 有什么其他动物比人有更好的灵魂能够预防饥渴、冷热、医疗疾病、增进健康；勤苦学习，追求知识；或者能更好地把所听到、看到或学会的东西记住呢？你岂不能很清楚地看出，人比其他动物，无论在身体或灵魂方面，都生来就无比地高贵，生活得像神明一样吗？③

苏格拉底认为，人通过认识自己使灵魂最大程度地改善，获得知识，最终成为有智慧、有完善美德的人，而这种自我认识是通过不断地自我反省来进行的。苏格拉底在和弟子对话时说：

> 因为我们有了明智，就可以生活得不犯错误，在我们领导下活动的其他人也可以如此。这是因为我们不会去做自己不懂的事，而是找出懂的人来，委托他们去办，至于那些在我们领导下的其他人，我们只让他们去做那些他们能够做好的事，即他们在那方面有学问的事。一个由明智管理的家庭必然管理得很好，一个由明智管理的城邦必然治理得很好，一切由明智支配的事情都是这样。因为人如果不做错事，一切行动都听从正理，就必定做得正确，做得正确就必定幸福。④

在苏格拉底看来，他赋有神灵的使命，并且神一直告诉他要正确认识自己，这个神也就是理性。理性是内在于人的灵魂之中的，是灵魂的本性。苏格拉底认为，认识你自己"远远超出对个人教育的简单忠告的价

---

① 转引自北京大学哲学系外国哲学史教研室编译：《古希腊罗马哲学》，北京：商务印书馆 1982 年版，第 149 页。

② 转引自北京大学哲学系外国哲学史教研室编译：《古希腊罗马哲学》，北京：商务印书馆 1982 年版，第 165 页。

③ 转引自（古希腊）色诺芬著：《回忆苏格拉底》，吴永泉译，北京：商务印书馆 1984 年版，第 30 页。

④ 转引自（古希腊）柏拉图著：《柏拉图对话集》，王太庆译，北京：商务印书馆 2004 年版，第 99 页。

值，它证明人不断自我总结再总结的必要，否则他就会迷失"。[1] 他一生自始不渝地遵循神谕，并为实行正义而谴责不义。他规劝雅典同胞，每个人首要关注的不是身体和职业，而是灵魂的最高幸福，如若不关注自己的灵魂，而醉心于心外的物质，那么灵魂就会堕落，人也会作恶。

苏格拉底认为，对公民来说，最重要的是关注自己的灵魂，使其尽可能完善；而要做到这一点，就必须对灵魂进行净化，而净化的方式就是理性，公民一旦拥有理性和善的知识，就可以成为身心俱美的好公民。

（二）认为公民意识到自己无知才会追求善的知识

苏格拉底认为，只有自知无知，才是最聪明的人，因为自知无知之人，至少还有"无知之知"；也只有认识到自己的无知，才能获得知识。苏格拉底说：

> 很可能我们谁都没有任何值得自夸的知识，但他对不知之物自认为有知，而我则非常自觉地意识到自己的无知。无论如何，在这点上我比他聪明，起码我不以为我所不知为知。[2]

苏格拉底强调人之求知首先需承认"自知自己无知"，这是求知的根本前提。他说：

> 如果你发现自己在任何事上知识不足，你会不吝惜厚聘恭恭敬敬地向那些知道的人求教，使你能够从他们那里学到自己所不知道的东西，从而使他们对你有所裨益。[3]

苏格拉底所说的"知识"既不同于感受，也不同于流行的意见，而是指一种理性的普遍的知识，即伦理道德方面的知识。对于一般人而言，能熟练地背诵道德规范的条文，就是拥有道德知识；而苏格拉底则认为，那根本不是知识，充其量只是个人的"意见"或"判断"而已，真正的知识关乎人的德性，应该是超出具体事例、不依外界变化而转移的绝对"善"，对于这种"善"的知识的认识，是不断深入而没有尽头的，只有不断地省

① 转引自（法）让·布伦著：《苏格拉底》，傅勇强译，北京：商务印书馆1997年版，第75页。

② 转引自（古希腊）柏拉图著：《苏格拉底的最后日子——柏拉图对话集》，余灵灵、罗林平译，上海：生活·读书·新知上海三联书店1988年版，第45页。

③ 转引自（古希腊）色诺芬著：《回忆苏格拉底》，吴永泉译，北京：商务印书馆1984年版，第103页。

察生活后才能得到。在没有完全获得之前，苏格拉底承认自己是无知的。他说：

> 一无所知却自以为知道什么，而我既不知道也不自以为知道，看来我在这一点上要比他智慧，这就是以不知为不知。①

苏格拉底所说的"不知"主要指人们缺乏能够使灵魂获得完善的知识，如什么是善，什么是美好，什么是优秀，什么是德性等。他讽刺那些自以为掌握知识并以智慧自夸者，苏格拉底经常忠告人们：

> 不要不认识自己，不要犯大多数人所犯的错误；因为尽管许多人急于察看别人的事情，对于他们自己的事情却不肯加以仔细地察看。因此，不要忽略这件事情，要努力更多地注意到你自己。②

苏格拉底之所以揭露人们的无知，其原因在于通过与那些所谓的以智慧闻名的人的交谈，发现他们其实无知而强以为知。他也不是直接揭露对方的无知，而是通过谈话让对方暴露论证中的矛盾、定义中的纰漏而承认自己存在着"无知"，进而启发人们去努力地认识自己，认识自身在世界中的地位，去追求真理、正义、明智、勇敢等德性，完善自己的德性。苏格拉底说：

> 只有愚人才会自以为不用学习就能够分辨什么是有益的和什么是有害的事情。也只有愚人才会认为，尽管不能分辨好歹，单凭财富就可以取得自己所想望的并能做出对自己有利的事情。只有呆子才会认为，尽管不能做出对自己有利的事情，但这也就是做得不错了，而且也就是为自己的一生作了美好的或充分的准备了。只有呆子才会认为，尽管自己一无所知，但由于有财富就会被认为是个有才德的人，或者尽管没有才德，却会受到人们的尊敬。③

① 转引自（古希腊）柏拉图著:《柏拉图对话集》，王太庆译，北京：商务印书馆2004年版，第30页。
② 转引自（古希腊）色诺芬著:《回忆苏格拉底》，吴永泉译，北京：商务印书馆1984年版，第112页。
③ 转引自（古希腊）色诺芬著:《回忆苏格拉底》，吴永泉译，北京：商务印书馆1984年版，第139页。

苏格拉底最关注的是追求"善"的知识。在苏格拉底看来，有了知识，便有了德性；没有知识，便没有德性。他说：

> 善只有一种，那就是知识，同样，恶也只有一种，那就是无知；财富和好的出身并不能给其拥有者带来高贵，相反倒会带来邪恶。①

苏格拉底认为，人们只有认识了自己才不会盲目，才可能求助于灵魂内的原则去发现事物的真理，从而获得幸福。苏格拉底说：

> 人们由于认识了自己，就会获得很多的好处，而由于自我欺骗，就要遭受很多的祸患吗？因为那些认识自己的人，知道什么事对于自己合适，并且能够分辨，自己能做什么，不能做什么，而且由于做自己所懂得的事就得到了自己所需要的东西，从而繁荣昌盛，不做自己所不懂的事就不至于犯错误，从而避免祸患。而且由于有这种自知之明，他们还能够鉴别别人，通过和别人交往，获得幸福，避免祸患。但那些不认识自己，对于自己的才能有错误估计的人，对于别的人和别的人类事务也就会有同样的情况，他们既不知道自己所需要的是什么，也不知道自己所做的是什么，也不知道他们所与之交往的人是怎样的人，由于他们对于这一切都没有正确的认识，他们就不但得不到幸福，反而要陷于祸患。但那些知道自己在做什么的人，就会在他们所做的事上获得成功，受到人们的赞扬和尊敬。那些和他们有同样认识的人都乐意和他们交往；而那些在实践中失败的人则渴望得到他们的忠告，唯他们的马首是瞻；把自己对于良好事物的希望寄托在他们身上，并且因为这一切而爱他们胜过其他的人。但那些不知道自己做什么的人们，他们选择错误，所尝试的事尽归失败，不仅在他们自己的事务中遭受损失和责难，而且还因此名誉扫地、遭人嘲笑、过着一种受人蔑视和揶揄的生活。②

苏格拉底认为，认识的目的在于认识事物的"是什么"，或者说，认

---

① 转引自（古希腊）第欧根尼·拉尔修著：《名哲言行录》，马永翔、赵玉兰等译，长春：吉林人民出版社 2003 年版，第 103 页。

② 转引自（古希腊）色诺芬著：《回忆苏格拉底》，吴永泉译，北京：商务印书馆 1984 年版，第 150 页。

识事物的定义或概念，亦即使一事物成为该事物的本质规定，因而，苏格拉底所理解的知识乃是对事物之一般、普遍的类本质的认识，唯有它才是具有确定性、普遍性和必然性的知识。

"认识你自己"首次在哲学和公民学的意义上关注"人"，体现了苏格拉底在雅典历史转折时期的自我反思意识与自新的追求，是人类自我意识反思的真正开端，为西方公民学的认识论原则确定了基本的形式。

二、提出"一切美德都是智慧"的公民思想

苏格拉底认为，人的美德即包括了人的一切优秀品质，如节制、正义、勇敢、虔敬等，以及兄弟之间的友爱、朋友之间的友谊等，这些都是人的智慧和道德本性的体现。他说：

> 正义是美德……勇敢是一种美德，节制、智慧、尊严，还有其他一切，也是美德。①

苏格拉底认为，一切美德都和智慧相关。他提出：

> 如果美德是心灵的一种属性，并且人们都认为它是有益的，那么它一定是智慧，因为一切心灵的性质凭其自身既不是有益的也不是有害的，但若有智慧或愚蠢出现，它们就成为有益的或有害的了。如果我们接受这个论证，那么美德作为某种有益的事物，一定是某种智慧。②

苏格拉底认为，美德即善，美德总是有益的，它本身应被理性地使用才行，而知识包括了一切的善，知识即美德。他说：

> 心灵本身的东西要成为善的，取决于智慧。③

苏格拉底强调，只有既智慧又明智的人，才能掌握善的知识，具有美德，因而包括节制、正义、勇敢、虔敬等一切美德都是智慧。苏格拉

---

① 转引自（古希腊）柏拉图著：《柏拉图全集》（第1卷），王晓朝译，北京：人民出版社2002年版，第496页。

② 转引自（古希腊）柏拉图著：《柏拉图全集》（第1卷），王晓朝译，北京：人民出版社2002年版，第521页。

③ 转引自（古希腊）柏拉图著：《柏拉图全集》（第1卷），王晓朝译，北京：人民出版社2002年版，第521页。

底说：

> 正义及其他一切美德都是智慧，因为正义的事和一切道德的行为都是美而好的；凡认识这些事的人绝不会愿意选择别的事情，凡不认识这些事的人也绝不可能把它们付诸实践；即使他们试着去做，也是要失败的，所以智慧的人总是做美而好的事情，愚昧的人则不可能做美而好的事。既然正义的事和其他美而好的事都是道德的行为，很显然，正义的事和其他一切道德的行为都是智慧。①

（一）认为公民的"知识即德性，无知即罪恶"②

苏格拉底把生活中的各种美德同知识联系在一起，认为美德源于知识，任何美德都不能离开知识而存在。知识是美德的基础，有了知识，便有了德性；没有知识，便没有德性。他说：

> 尽管美德多种多样，但它们至少全都有某种共同的性质而使它们成为美德的。任何想要回答什么是美德这个问题的人都必须记住这一点。③

苏格拉底认为，人的行为之善恶，主要取决于他是否具有有关的知识。人只有知道什么是善、什么是恶，才能趋善避恶。他提出，智慧是最大的善，一个人没有知识，也就不懂得"善"的概念，也就不能为善；而一个人有了知识，就决不会为恶。苏格拉底说：

> 智慧就是最大的善，你岂不认为，不能自制就使智慧和人远离，并驱使人走向其相反的方向吗？你岂不认为，由于不能自制使人对于快乐流连忘返，常常使那些本来能分辨好坏的人感觉迟钝，以致他们不但不去选择较好的事，反而选择较坏的事，从而就阻碍了人们对于有用事物的注意和学习吗？④

---

① 转引自（古希腊）色诺芬著：《回忆苏格拉底》，吴永泉译，北京：商务印书馆1984年版，第117页。

② 转引自苗力田、李毓章主编：《西方哲学史新编》，北京：人民出版社1990年版，第54页。

③ 转引自（古希腊）柏拉图著：《柏拉图全集》（第1卷），王晓朝译，北京：人民出版社2002年版，第493页。

④ 转引自（古希腊）色诺芬著：《回忆苏格拉底》，吴永泉译，北京：商务印书馆1984年版，第171页。

苏格拉底指出，任何人都希求得到善和幸福，对善的期望是为一切人所共同的，没有人从认识上有意去作恶，自愿趋恶、避善趋恶是违反人的本性的，在面对大恶与小恶时也无人愿意选择大恶。苏格拉底在谈论关于人选择善与恶的问题时说：

> 无人会选择恶或想要成为恶人。想要做那些他相信是恶的事情，而不是去做那些他相信是善的事情，这似乎是违反人的本性的，在面临两种恶的选择时，没有人会在可以选择较小的恶时去选择较大的恶。①

苏格拉底认为，善出于知，恶则出于无知。人之为恶，皆出于愚昧无知，无知的人不会真正有美德，一切不道德的行为都是无知的结果。当人的灵魂受到肉体和各种欲望的累赘，使人无暇顾及对真理的探究时，就会因为无知而跌入恶的深渊。苏格拉底说：

> 形体使我们不断忙于满足存活的需要，种种疾病向我们袭来阻碍我们探究真理。形体使我们充满各种感情、欲望、恐惧以及各种幻想和愚妄，真正说来教我们不可能进行思考。战争、革命和争斗的唯一原因是肉体及其各种欲望，因为一切战争的产生都是为了赚钱，我们是为了肉体而被迫赚钱的。我们是为发财而奔走的奴隶。就是由于这个缘故，我们失掉了钻研哲学的余暇。最坏的是我们忙里偷闲关心哲学的时候，肉体经常闯进来用喧嚣和混乱打断我们的研究，使我们不能瞥见真理。实际上我们深信：如果我们想要对某事某物得到纯粹的知识，那就必须摆脱肉体，单用灵魂来观照对象本身。②

在苏格拉底看来，有道德的行为之所以发生，首先是因为行为的发生者具有道德的知识。当人们在理性指导下真正让"善"占据灵魂，掌握分辨善恶的纯粹的知识，认识到过有德性的生活才是幸福生活时，人们就会自觉行善。苏格拉底说：

> 智慧的益处是不言而喻的，拥有这种知识的人会更加容易地

---

① 转引自（古希腊）柏拉图著：《柏拉图全集》（第1卷），王晓朝译，北京：人民出版社2002年版，第484页。

② 转引自（古希腊）色诺芬著：《回忆苏格拉底》，吴永泉译，北京：商务印书馆1984年版，第219页。

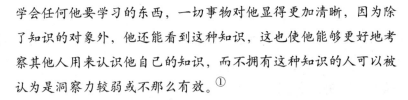

学会任何他要学习的东西，一切事物对他显得更加清晰，因为除了知识的对象外，他还能看到这种知识，这也使他能够更好地考察其他人用来认识他自己的知识，而不拥有这种知识的人可以被认为是洞察力较弱或不那么有效。①

苏格拉底认为，管理城邦需要有专门的知识，治国者必须具有广博的知识。他主张，各行各业乃至国家政权都应该让那些经过训练、既有知识又有才干的人来管理。在苏格拉底看来，城邦管理者不是那些握有权柄、以势欺人的人，不是那些由民众选举的人，而应该是那些懂得怎样管理的人。只有那些精通政治的人，才是优秀的政治家，才能够胜任治理国家的职责。相反，如果让不懂得治国的民众决定城邦大事，就不可能治理好城邦。苏格拉底提出：

> 在所有的事上，凡受到尊敬和赞扬的人都是那些知识最广博的人，而那些受人的谴责和轻视的人都是那些最无知的人。如果你真想在城邦获得盛名并受到人的赞扬，就应当努力对你所想要做的事求得最广泛的知识，因为如果你能在这方面胜过别人，那么，当你着手处理城邦事务的时候，就会很容易地获得你所想望的就不足为奇怪了。②

苏格拉底强调，美德不仅是关于善的知识，而且美德并不是孤立存在的一些观念和准则，不是一种从外面强加于人的东西，而是合乎人的理性、内在于人的灵魂的东西，是现实生活中人的理性行为的必然要求。因为人的行为有时是有益的，有时也是有害的；究竟有益还是有害，在于人们是由智慧的灵魂还是由愚蠢的灵魂来指导。他说：

> 高尚和宽宏，卑鄙和褊狭，节制和清醒，傲慢和无知，不管一个人是静止着，还是活动着，都会通过他们的容貌和举止表现出来。③

---

① 转引自（古希腊）柏拉图著：《柏拉图全集》（第1卷），王晓朝译，北京：人民出版社2002年版，第493页。

② 转引自（古希腊）色诺芬著：《回忆苏格拉底》，吴永泉译，北京：商务印书馆1984年版，第109—110页。

③ 转引自（古希腊）色诺芬著：《回忆苏格拉底》，吴永泉译，北京：商务印书馆1984年版，第121页。

苏格拉底试图给美德提供一个具有普遍性的理性基础，使人们脱离对美德的狭隘的经验的理解，建立起具有客观性、确定性和普遍性的道德标准，同时对人们的德性提出了更高的要求，即不是盲目地服从神谕和传统的箴规诫命，而是要把道德行为建立在知识的基础上，特别是要把知识和美德、知识和德行统一起来。

苏格拉底把美德建立在知识的基础之上，使道德成为科学的对象，奠定了理性主义伦理学的基础，在西方公民教育思想史上为自然人性观、和谐发展观、个性解放论和天赋人权论奠定了立论依据，成为"知识就是力量"的理论源头。

（二）提出公民的美德"必须勤学苦练才行"

在苏格拉底看来，美德不仅是可以传授的，而且"美德可教，美德可以培养"①，人们必须经过学习知识和实践才能掌握美德。苏格拉底说：

> 如果不受教育，好的禀赋是靠不住的。……只有愚人才会自以为可以无师自通。②

苏格拉底认为，美德既为知识，那么美德知识应由教育和培养而来。他说：

> 我们明确说过，如果美德是知识，那么它是可教的，反之亦然，美德若是可教的，那么它是知识。③

苏格拉底在强调人们学习美德的重要性时说：

> 如果连什么美德都不知道，又如何能够知道它的性质呢？④

苏格拉底认为，人有天赋的差异，都应接受教育培养而获取知识、完善美德。他认为，因为美德即知识、智慧，而知识是可以通过教授、学习获得的。当他被问及勇敢是由教育得来的还是天生就有的时候，苏格拉底回答：

---

① 转引自（古希腊）柏拉图著：《柏拉图全集》（第1卷），王晓朝译，北京：人民出版社2002年版，第446页。

② 转引自（古希腊）色诺芬著：《回忆苏格拉底》，吴永泉译，北京：商务印书馆1984年版，第140页。

③ 转引自（古希腊）柏拉图著：《柏拉图全集》（第1卷），王晓朝译，北京：人民出版社2002年版，第534页。

④ 转引自（古希腊）柏拉图著：《柏拉图全集》（第1卷），王晓朝译，北京：人民出版社2002年版，第492页。

我以为正如一个人的身体生来就比另一个人的身体强壮，能够经得住劳苦一样，一个人的灵魂也可能天生得比另一个人的灵魂在对付危险方面更为坚强；因为我注意到：在同一个法律和习俗之下成长起来的人们，在胆量方面，都是可以通过学习和锻炼而得到提高的。……我看在所有其他方面，人和人之间也都同样天生就有所不同，而且也都可以通过勤奋努力而得到很多改进。因此，很显然，无论是天资比较聪明的人或是天资比较鲁钝的人，如果他们决心要得到值得称道的成就，都必须勤学苦练才行。①

苏格拉底认为，美德是后天获得的，人们学习和掌握各种知识的过程，就是美德的获得和完善的过程。在柏拉图的《枚农篇》中，记述了苏格拉底与枚农在讨论关于"品德"时的谈话：

苏格拉底：在品德方面，既然我们不知道它是什么，也不知道它有什么属性，那就可以作一个假设，从这个假设来考虑它是不是可以传授的。这就是：假定它是某种出现在灵魂里的东西，那它是不是可以传授呢？首先，假定它是某种异于知识的东西，那它是可以传授的，或者可以回忆的吗？传授和回忆只是用词不同，实际上一样。这样一来，是品德可以传授呢，还是人人都很明白，唯有知识才是能够传授给人的东西？

枚农：依我看是品德可以传授。

苏格拉底：如果品德是某种知识，那它显然是可以传授的。

…………

苏格拉底：那么，如果有一种好的东西，是与知识完全分离开来的，也许品德就不能是知识。如果没有一种好东西不是知识所包括的，那我们就有理由猜测品德是一种知识。

枚农：看来是这样。

…………

苏格拉底：品德如果是灵魂方面的东西，而且必然有益，那

---

① 转引自（古希腊）色诺芬著：《回忆苏格拉底》，吴永泉译，北京：商务印书馆1984年版，第116页。

它一定是明智的，因为其他属于灵魂方面的一切东西本身无所谓有益和有害，只是由于掺进了明智或愚昧才成为有益的或有害的。由此可见，品德如果有益就一定是明智的。①

苏格拉底提出学习美德的过程就是"回忆"和"恢复"固有知识的过程，人生的最大目标就是回忆善的知识。他说：

> 我们现在的论证涉及美本身、好本身以及公正和虔诚，总之，涉及我们在回答过程中称之为"某本身"的一切，所以我们必定在出世以前就已经获得了这一切的知识。
>
> 如果我们在获得之后一直没有忘掉它，那就必定生下来知道而且终身知道这一切，因为知道就是获得知识并且保持不失，而失掉知识就是我们所谓忘记的意思。
>
> 如果真是我们在出世前获得了知识，在出世时把它遗失了，后来由于使用我们的感官才恢复了自己原有的知识，那么，我们成为学习的那个过程实际上岂不就是恢复我们固有的知识吗？我们岂不是有理由把它成为回忆吗？②

苏格拉底十分重视对具有治国天赋的公民的教育和培养。他认为，犹如良种马在小时候加以驯服，就会成为最有力、最骁勇的千里马，而如果不加以驯服，则始终是难以驾驭的驽马一样，那些越是禀赋好的公民越需要受教育。苏格拉底提出：

> 禀赋最优良的、精力最旺盛的、最可能有成就的人，如果经过教育而学会了他们应当怎样做人的话，就能成为最优良、最有用的人，因为他们能够做出极多、极大的业绩来。③

苏格拉底认为，只有有美德的公民在管理城邦事务时才会受到人们的尊敬，而那些以财富自夸的人，则永远不可能受到尊敬，也就难以实现治国之道。

---

① （古希腊）柏拉图著：《柏拉图对话集》，王太庆译，北京：商务印书馆 2004 年版，第185—188 页。

② 转引自（古希腊）色诺芬著：《回忆苏格拉底》，吴永泉译，北京：商务印书馆 1984 年版，第 233 页。

③ 转引自（古希腊）色诺芬著：《回忆苏格拉底》，吴永泉译，北京：商务印书馆 1984 年版，第 138—139 页。

苏格拉底十分重视公民美德的培养，他强调说：

> 我来来往往所做的无非是劝告各位，劝告青年人和老年人，不要只关心自己的身体和财产，轻视自己的灵魂；我跟你们说，美德并非来自钱财，相反，钱财和一切公私福利却都来自美德。①

在苏格拉底看来，具有美德的公民在管理公共事务时，不仅自身会幸福，而且还能使别人和城邦幸福。为此，他劝勉那些有才干的、受人尊敬又熟悉公共事务的人，主动承担起管理城邦事务的职责，他说：

> 如果一个人能够管好城邦的事务，增进城邦的福利，而且因此使自己受到尊敬，却畏缩而不这样做，把他看做一个懦夫，难道不是很恰当的吗？②

苏格拉底称赞雅典人的道德品质高于其他希腊人，并以有这样的同胞而自豪。他说：

> 雅典人是最爱好荣誉、最慷慨大度的人，这些美德肯定会使他们为着荣誉和祖国甘冒一切危险而不辞。没有一个民族能像雅典人那样为他们祖先的丰功伟业而感到自豪；很多人受到激励和鼓舞，培养了刚毅果断的优秀品质，成了勇武有名的人。③

苏格拉底认为，雅典民主政体的根本缺陷在于，既没有知识的权威，也没有道德的权威，而是一切都服从公民群体。由于人们不仅对自己所从事的管理事务缺少可靠的知识，通常都是在盲目无知的情况下参与政治生活的，从而导致城邦的衰退。

为此，苏格拉底作为一代宗师，为了培养公民的美德，他毕其一生的精力，成天穿行于雅典的街坊和市场，"他经常出现在公共场所。凡是有人多的地方，多半他也会在那里；他常作演讲，凡喜欢的人都可以自由地

---

① 转引自（古希腊）柏拉图著：《柏拉图对话集》，王太庆译，北京：商务印书馆2004年版，第41页。

② 转引自（古希腊）色诺芬著：《回忆苏格拉底》，吴永泉译，北京：商务印书馆1984年版，第110页。

③ 转引自（古希腊）色诺芬著：《回忆苏格拉底》，吴永泉译，北京：商务印书馆1984年版，第98页。

听他"① 反复与人们进行讨论和辩驳关于美德、善恶的知识，旨在唤醒公民从功利的追逐中醒来，把照看自己的灵魂作为生活中最重要的事，以达到"善"和幸福。他说：

> 雅典公民们，我敬爱你们，但是我要服从神灵胜过服从你们，只要我还有口气，还能动弹，我决不会放弃哲学，决不会停止对你们劝告，停止给我遇到的你们任何人指出真理，以我惯常的方式说：高贵的公民啊，你是雅典的公民，这里伟大的城邦，最以智慧和力量闻名，如果你只关心获取钱财，只斤斤于名声和尊荣，既不关心，也不想到智慧、真理和自己的灵魂，你不感到惭愧吗？如果你们中间有人要辩论，说他关心，我是不会随便放他走的，我自己也不走，我要询问他、考问他、盘问他，如果发现他自称有德行而实际没有，就指责他轻视最重要的东西，看重没什么价值的东西。我要逢人就这样做，不管老幼，也不管是外乡人还是本邦人，尤其对本邦人，因为你们跟我关系近。因为，你们知道，是神灵命令我这样做的。我相信这个城邦里发生的最大的好事莫过于我执行神的命令了。②

苏格拉底认为，公民要成为有道德的人，就必须获得美德的知识和真理，因为一切不道德的行为都是无知的结果。他在继承智者派提出的"人是万物的尺度"的基础上，倡导"有思考力的人才是万物的尺度"。在苏格拉底看来，教育最能使人获得思考力，青年人只有受到好的教育才能成为优良和有用的人。一个人接受教育之后，不仅自身会幸福，能管好自己的家务，而且还能使别人和城邦幸福；相反，一个人如果受的教育不好或不学无术的话，就会由于不知应该做什么，而选择去干一些"恶事"，成为对社会有害的人。为此，苏格拉底反复强调，公民应该把时间和精力放在学习有用的东西上面。

苏格拉底通过揭示教育和道德的关系，将公民教育看成美德的知识来源，把教育的目的视为挖掘、发展人的德性和善，为塑造城邦公民的美德

---

① 转引自（古希腊）色诺芬著：《回忆苏格拉底》，吴永泉译，北京：商务印书馆1984年版，第3页。

② 转引自（古希腊）柏拉图著：《柏拉图对话集》，王太庆译，北京：商务印书馆2004年版，第40—41页。

提供了思想启迪。

三、提出"守法就是正义"和"同心协力是最大幸福"① 的公民学说

苏格拉底强调，城邦的法律是公民们一致制定的协议，应坚定不移地遵守城邦秩序和法律，一旦城邦作出了判决，就必须忍受难以忍受的一切，无论是鞭打或带上镣铐，还是送往战场去经历流血和死亡，乃至不公正的判决，这一切所以应该执行，是因为正义就在其中。为此，苏格拉底主张公民应遵守城邦法律，"为共同的利益而通力合作"②。

（一）主张公民"守法就是正义"

苏格拉底认为，没有正义就没有国家的未来。他一方面希冀通过建立贤人政治来重振希腊，主张统治者以普遍正义的法律来约束城邦政治生活，另一方面强调公民应遵守法律。苏格拉底说：

> 作为一个人民，除了遵守律法，还有什么方法能够使自己少受城邦的惩罚、多得到国人的尊敬呢？还有什么方法能够使自己在法庭上少遭失败、多获得胜利呢？人们愿意信任并把自己的钱财或子女托付给谁呢？除了按法律行事的人以外，全城邦的人还能认为谁是更值得信任的呢？父母、亲属、家奴、朋友、同胞或异乡人能够从谁的手里更可靠地得到公正的待遇呢？敌人在停战、缔约或和谈时宁愿信任谁呢？除了遵守律法的人以外，人们会愿意做谁的同盟者呢？同盟者又宁愿信任谁为领袖、为要塞或城镇的统帅呢？除了遵守律法的人以外，人们还能指望谁更会受恩必报呢？③

苏格拉底认为，公民的正义体现着美德，正义存在于每个人的心灵中，

---

① 转引自（古希腊）色诺芬著：《回忆苏格拉底》，吴永泉译，北京：商务印书馆 1984 年版，第 164 页。

② 转引自（古希腊）色诺芬著：《回忆苏格拉底》，吴永泉译，北京：商务印书馆 1984 年版，第 68 页。

③ 转引自（古希腊）色诺芬著：《回忆苏格拉底》，吴永泉译，北京：商务印书馆 1984 年版，第 165—166 页。

具有绝对的善的功用价值。他主张，为了产生正确的正义思想，公民应下苦功去学习，抛弃谬见，把先天地存在于心灵中关于正义的理念发掘出来。

苏格拉底认为，公民应忠于并服从城邦的法律。在苏格拉底的观念中，法律同城邦一样，都来源于神，是神定的原则。城邦生活的道德秩序没有法律是不可能的，就像法律没有城邦也是不可能的一样。在他看来，自然权力与城邦政权立法都是一种神的意志。由于人定法来源于自然法，人们接受和服从人定法的指导就意味着人们接受和服从自然法的约束，也就是服从神的意志。

苏格拉底主张，公民的一切政治和社会活动都应当遵从法律，既要遵守"城邦的律法"，又要遵守公认的传统道德，如敬畏神明、不撒谎、不欺诈、不盗窃、不抢劫，要孝敬父母，不忘恩负义，对待朋友要友爱，等等，公民如果违犯这些不成文法就会遭到各种谴责。他认为，正义和非正义要视对象而言，诸如欺诈、盗窃、抢劫等违法行为对朋友来说就是非正义的，而对待敌人时则被看做是正义的行为。

在色诺芬的《回忆苏格拉底》中，记述了苏格拉底与弟子尤苏戴莫斯讨论关于"正义"和"非正义"问题的对话：

苏格拉底：一个正义的人，是不是也像工匠一样，会有所作为呢？

尤苏戴莫斯：当然有。

苏格拉底：那么，正像一个工匠能够显示出他的作为一样，正义的人们也能列举出他们的作为来吗？

尤苏戴莫斯：难道你以为我不能举出正义的作为来吗？——我当然能够——而且我也能举出非正义的作为来，因为我们每天都可以看到并听到不少这一类的事情。

苏格拉底：虚伪是人们中间常有的事，是不是？

尤苏戴莫斯：当然是。

苏格拉底：那么我们把它放在哪一边呢？

尤苏戴莫斯：显然应该放在非正义的一边。

苏格拉底：人们彼此之间也有欺骗，是不是？

尤苏戴莫斯：肯定有。

苏格拉底：这应该放在哪一边呢？

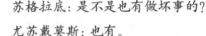

尤苏戴莫斯：当然是非正义的一边。

苏格拉底：是不是也有做坏事的?

尤苏戴莫斯：也有。

苏格拉底：尤苏戴莫斯，这些事都不能放在正义的一边了?

尤苏戴莫斯：如果把它们放在正义的一边那可就是怪事了。

苏格拉底：如果一个被推选当将领的人奴役一个非正义的敌国人民，我们是不是也能说他是非正义呢?

尤苏戴莫斯：当然不能。

苏格拉底：那么我们得说他的行为是正义的了?

尤苏戴莫斯：当然。

苏格拉底：如果他在作战期间欺骗敌人，怎么样呢?

尤苏戴莫斯：这也是正义的。

苏格拉底：如果他偷窃、抢劫他们的财物，他所做的不也是正义的吗?

尤苏戴莫斯：当然是，不过，一起头我还以为你所问的都是关于我们的朋友哩。

苏格拉底：那么，所有我们放在非正义一边的事，也都可以放在正义的一边了?

尤苏戴莫斯：好像是这样。

苏格拉底：既然我们已经这样放了，我们就应该再给它划个界线：这一类的事做在敌人身上是正义的，但做在朋友身上，却是非正义的，对待朋友必须绝对忠诚坦白，你同意吗?

尤苏戴莫斯：完全同意。①

苏格拉底认为，一切虔敬的事情都应当是正义的，虔敬是正义的一部分。虔敬美德即宗教生活的本质应当是正确处理人神关系，求得对人的生活行为的合理规范，使之合乎正义。虔敬同正义、智慧、自制、勇敢这些世俗美德在本质上是统一的。他主张，公民应根据自身的道德行为来体现美德。苏格拉底在《普罗泰戈拉篇》中讨论关于智慧与正义的关系时说道：

---

① （古希腊）色诺芬著：《回忆苏格拉底》，吴永泉译，北京：商务印书馆1984年版，第145—146页。

所有既有智慧又能自制的人都是宁愿尽可能做最有益的事情，那些行不义的人，我认为都是既无智慧也不明智的人。①

苏格拉底总是通过自己的行为来体现正义思想。其弟子色诺芬回忆说："在苏格拉底的私人生活方面，他严格遵守法律并热情帮助别人；在公共生活方面，在法律所规定的一切事上他都服从首长的领导，无论是在国内或是从军远征，他都以严格遵守纪律而显著地高出于别人之上。当他做议会主席的时候，他不让群众作出违反法律的决议来，为了维护法律，他抵抗了别人所无法忍受的来自群众的攻击。当三十僭主命令他做违背法律的事的时候，他曾拒绝服从他们。……当他因米利托斯的指控而受审的时候，别的被告都习惯于在庭上说讨好法官的话，违法地去谄媚他们、乞求他们，许多人常常由于这种做法而获得了法官的释放，但苏格拉底在受审的时候却决不肯做任何违法的事情，尽管如果他稍微适当地从俗一点，就可以被法官释放，但他却宁愿守法而死，也不愿违法偷生。"②

苏格拉底不容许最神圣的理想和正义观有丝毫的被亵渎，他试图通过自己的死来唤醒雅典公民的正义感，在法庭上，苏格拉底诚挚地奉劝自己的同胞遵道德、重正义，以法律至上，他这样辩护道：

公民们，我认为哀求法官、凭求告免罪也是不正当的；我们应当向法官说明真相，以理服人。因为法官坐在堂上并不是为了枉法殉情，而是要依法公断的；他的誓言要求他不可因一己的私情而法外施仁，必须秉公执法；我们不应该让你们养成背弃誓言的恶习，你们自己也不应该沦于这种恶习，否则你我双方就都是做了我认为既不光彩、也不正当、更不虔诚的事情，皇天在上啊，特别在梅雷多向法庭控告我不虔诚的这个时候。因为很清楚，如果我凭着劝说和哀求迫使你们背了誓言，我就会教你们不信神灵，就会在自己的申辩里控告自己不信神灵了。可是这和事实相差太远，雅典公民们，因为我笃信神灵，非我的原告中任何人所能及，我相信由你们和神灵审判我的案子，会断得对你

① 转引自汪子嵩、范明生、陈村富、姚介厚著：《希腊哲学史》（第2卷），北京：人民出版社1997年版，第460页。

② （古希腊）色诺芬著：《回忆苏格拉底》，吴永泉译，北京：商务印书馆1984年版，第161—162页。

们、对我都最合适。①

苏格拉底认为，公民必须维护国家法律的威严，严守法律的价值远远高于个人的生命，与其苟且偷生，还不如为了正义慷慨就义。苏格拉底希冀从个人自身来寻求正义的实现，提醒公民从培养个人道德出发来阐释正义，寻求德性在实践上与生活的内在一致性。同时，面对政治秩序极度混乱的希腊城邦，他认识到"正义"在政治、宗教以及在社会生活中的功用价值，认为没有正义就没有国家的未来，并希冀统治者以普遍正义的法律、习俗等原则约束城邦政治生活。

苏格拉底的公民"守法就是正义"的思想，既为启发和引导城邦公民的德性行为提供了理论基础，又对西方公民学说中正义思想的形成和发展产生了深远影响。

（二）主张公民应"为共同的利益而通力合作"②

苏格拉底特别重视公民团结，认为和睦相处就可以消除纷争，使城邦强大，对内可形成良好的社会秩序，对外则可增强城邦抵御外敌入侵的实力。苏格拉底说：

> 人们天性有友爱的性情，他们彼此需要、彼此同情，为共同的利益而通力合作，由于他们都意识到这种情况，所以他们就有互相感激的心情；但人们也有一种敌对的倾向。因为那些以同样对象为美好可喜的人们，会因此而竞争起来，由于意见分歧就成了仇敌。纷争和恼怒导向战争，贪得无厌导向敌视，嫉妒导向仇恨。尽管有这么多的障碍，友谊仍然能够迂回曲折地出现，把那些高尚善良的人们联系在一起；因为这样的人是热爱德行的，他们认为享受一种没有竞争的小康生活，比通过战争而称霸一切更好；他们情愿自己忍受饥渴的苦痛，和别人分享面包和饮料；尽管他们也酷爱美色，却能毅然控制住自己不去得罪那些他们所不应得罪的人。他们摒除贪欲，不仅能以依法分给他们的产业为满足，而且还能彼此帮助；他们能彼此排除分歧，不仅使彼此都不

---

① 转引自（古希腊）柏拉图著：《柏拉图对话集》，王太庆译，北京：商务印书馆2004年版，第47页。

② 转引自（古希腊）色诺芬著：《回忆苏格拉底》，吴永泉译，北京：商务印书馆1984年版，第68页。

感到苦痛，还能对彼此都有好处。他们能够防止怒气，不致因发怒而产生后悔；他们也能完全排除嫉妒，认为自己的财产也就是朋友的，而同时把朋友的财产认为也就是自己的。因此，高尚而善良的人们共同享受政治上的荣誉，不仅彼此无损，而且还对彼此都有好处，岂不就是很自然的事了吗？……在政治方面，高尚而善良的人们是占有优势的，如果有人为了对国家有所贡献而愿意和任何人联合起来，是不会有人加以阻止的；和最好的人结为朋友，以他们为事业上的同志与同工，而不是作为仇敌，怎能对于治理国家没有好处呢？[1]

苏格拉底提出同心协力是城邦最大的幸福，他说：

> 对城邦来说，同心协力是最大幸福！这样的城邦的议会和首长们也经常劝导人民要同心协力。在希腊到处都有要求人民立誓同心协力的律法，而到处人们也都在立誓这样做。但我认为，其所以这样做的原因，既不是为了让人民选择同一歌咏队，也不是为了让他们赞赏同一个笛子吹奏者，也不是为了使他们都喜欢同一个诗人，也不是为了使他们都欣赏同一种事物，而是为了使他们都遵守律法；因为凡人民遵守律法的城邦就最强大、最幸福，但如果没有同心协力，任何城邦也治理不好，任何家庭也管理不好。[2]

苏格拉底奉劝公民们应力所能及地承担城邦事务，他说：

> 不要轻忽城邦的事务，只要力所能及，总要尽力对它们加以改善；因为如果把城邦的事务弄好了，不仅对于别的公民，至少对你的朋友和你自己也有很大的好处。[3]

苏格拉底不仅强调雅典的公民应齐心协力，团结和睦忠于城邦，而且他认为，每个人都是世界的一员、人类社会的一员，每个公民都是宇宙公

---

① 转引自（古希腊）色诺芬著：《回忆苏格拉底》，吴永泉译，北京：商务印书馆1984年版，第68—69页。

② 转引自（古希腊）色诺芬著：《回忆苏格拉底》，吴永泉译，北京：商务印书馆1984年版，第166页。

③ 转引自（古希腊）色诺芬著：《回忆苏格拉底》，吴永泉译，北京：商务印书馆1984年版，第112页。

民。为此，他在传授自己的公民学说时，"接待了许多希望听他讲学的人，其中有本国公民也有外国人"。[①] 他主张宇宙的公民应团结一致、相互友爱，为人类共同的幸福生活而同心协力。

苏格拉底的美德论、知识论、正义论等思想学说，既标志着古希腊公民学说的初步形成，也为苏格拉底之后公民学说的进一步丰富和发展奠定了思想基础。

第四节　柏拉图的公民学说

柏拉图（Plato，公元前 427—前 347 年）出生在雅典附近的伊齐那岛，从小受到了完备的教育。他早年喜爱文学，写过诗歌和悲剧，并且对政治感兴趣，年轻时去过埃及和意大利，学习过数学和宗教，曾受到巴门尼德（Parmenides）、赫拉克利特（Heraclitus）以及毕达哥拉斯的影响。20 岁左右师从苏格拉底，开始醉心于哲学和公民学的研究。

柏拉图 40 岁于雅典城外创办了学园（Academy），成为希腊的最高学府和学术中心。柏拉图致力于按照他的政治哲学观点来培养治国之才，孜孜不倦，先后 20 余载，培养出了许多知识分子，其中最杰出的当数亚里士多德。柏拉图学园也一直延续了 900 年，直到公元 529 年被皈依基督教的罗马皇帝关闭为止。

柏拉图才思敏捷，研究广泛，著述颇丰，是希腊公民学说史上第一个有大量著作传世的思想家。目前流传下来的柏拉图著作有 40 多篇，如早期的著作《伊壁鸠鲁篇》《申辩篇》《克力同篇》《卡尔米德篇》《小希庇亚篇》《普罗泰戈拉篇》《美诺篇》等，后期的著作《欧绪德谟篇》《克堤拉斯篇》《斐多篇》《斐德罗篇》《会饮篇》《理想国》《泰阿泰德篇》《巴曼尼得斯篇》《智士篇》《政治家篇》《菲力帕斯篇》《蒂迈欧篇》《克里底亚篇》《法律篇》等，这些著作蕴涵着柏拉图的自然哲学、伦理学、政治学、美学及公民学等各个方面的成

[①]　参见（古希腊）色诺芬著：《回忆苏格拉底》，吴永泉译，北京：商务印书馆 1984 年版，第 20 页。

就。其中《理想国》是柏拉图的一部代表作，涉及他公民学说体系的各个方面，包括公民伦理、教育等内容，但主要是讨论所谓"正义国家"的问题。

在柏拉图的著作中，其公民学说已达到理论性与思想性的高度统一，具有论证严谨、内涵丰富、逻辑性和深邃性强的特点，对于西方公民学的形成和发展产生了极其重要的影响。

一、认为公民的正确认识来源于灵魂中的理性

柏拉图认为，人的正确认识不是来源于实践，而是来源于人的不灭的灵魂对理念世界的回忆。世界万物都是理念派生出来的，理念是唯一真实可靠的东西构成有形物质的"形式"或"理念"是普遍的、永恒不变的，理念世界是独立于个别事物和人类意识之外的实体。而人类感官所接触到的这个现实的世界，只不过是理念世界的微弱的影子。由此出发，柏拉图提出了一种理念论和回忆说的认识论，并将它作为公民学的基础。

（一）认为公民的理性认识"即是善的理念"[①]

柏拉图肯定了人的灵魂中的理性部分。他把人的灵魂分为理性、激情、欲望3部分，认为人的德性来自于灵魂的作用，灵魂理性部分的德性是"智慧"，激情部分的德性是"勇敢"，欲望部分的德性是"节制"。柏拉图主张，具有善的理念的人，必须使这3部分各司其职，即理性居支配和领导地位，激情服从理性并抑制欲望，欲望则应接受理性的领导，3个部分互不干涉，彼此友好，这样就达到了对自身管理的和谐。

柏拉图认为，犹如太阳是可见世界光源一样，可知的理念世界由"善"理念所统治。善是知识和真理的源泉，善为理智提供活动的动力，理念之所以有可知性，心灵之所以有认识理念的能力，皆因善理念的存在。善是一个理念，并且是最高的理念，真正知识是对理念的认识。柏拉图提出：

> 给认识的对象以真理，给认识者以知识能力的实在，即是善
> 的理念。给予知识对象以真理、给予知识主体以认识能力东西，
> 就是善的理念。它乃是知识和认识中真理原因。真理和知识都是

---

① （古希腊）柏拉图著：《理想国》，郭斌和、张竹明译，北京：商务印书馆1986年版，第267页。

美，但善理念比这两者更美——正如我们前面比喻可以把光和视觉看成好像太阳而不就是太阳一样，在这里我们也可以把真理和知识看成好像善，但是却不能把它们看成就是善。善是更可敬得多的。①

柏拉图在《理想国》中作了一个著名比喻——"洞穴喻"，他把"走出洞穴的人"喻指哲学家，"囚徒"喻指常人。走出洞穴，看到事物本身，看到善理念，这就是柏拉图心目中的哲学家，哲学家知道什么是真理，具有"最高知识"，因而具有辨别真假、美丑、善恶能力。而常人则如一些被缚囚徒，看见只是影像，听到只是回声，他们既已经习惯于此，也就不觉得自己生活在幻影世界中，这样，他们便跟真理无缘。正如柏拉图所说：

> 那些没有智慧和美德经验的人，只知聚在一起寻欢作乐，终身往返于我们所比喻的中下两级之间，从未再向上攀登，看见和到达真正的最高一级境界，或为任何实在所满足，或体验到过任何可靠的纯粹的快乐。②

柏拉图认为，人的灵魂原本高居于天上的理念世界，但是后来灵魂附着于躯体之后，由于受到躯体的干扰和污染，因此遗忘了一切。正确的知识需要被人唤醒而回忆出来，只有经过合适的训练，灵魂才能回忆起曾经见过的东西。因此，回忆的过程也就是学习的过程。他提出：

> 但是无论如何，我觉得，在可知世界中最后看见的，而且是要花很大的努力才能最后看见的东西乃是善的理念。我们一旦看见了它，就必定能得出下述结论：它的确就是一切事物中一切正确者和美者的原因，就是可见世界中创造光和光源者，在可理知世界中它本身就是真理和理性的决定性源泉；任何人凡能在私人生活或公共生活中行事合乎理性的，必定是看见了善的理念

① （古希腊）柏拉图著:《理想国》，郭斌和、张竹明译，北京:商务印书馆1986年版，第267页。
② （古希腊）柏拉图著:《理想国》，郭斌和、张竹明译，北京:商务印书馆1986年版，第376页。

的。①

柏拉图认为，人的理性伴随着认识的改变而提升，当人具有了至善的理念之后，犹如"从黑暗走向光明"，从可见世界转向可知世界，使人走出无知、狭隘的"洞穴"，认识到一切真实的事物和善本身。

（二）认为公民的理性体现在受教育后实现"灵魂转向"②

在柏拉图看来，人从黑暗走向光明的"解放"历程遵循着"灵魂转向"的基本原理，即是把我们遗忘了的东西回忆起来而已。柏拉图认为，所谓灵魂转向，就是指受教育者的心灵状态从最低等级的想象，逐步上升到信念、理智，最后达到理性等级，把握最高的善理念，进入光明的理念世界这样一个心灵的上升过程。他提出：

> 灵魂的其他所谓美德似乎近于身体的优点，身体的优点确实不是身体里本来就有的，是后天的教育和实践培养起来的。③

柏拉图认为，人的灵魂构成了人向善或向恶，驰骋于可知世界或沉沦于肉欲诱惑，因此灵魂要免于堕落就必须转向。他提出：

> 因此，我们作为这个国家的建立者的职责，就是要迫使最好的灵魂达到我们前面说是最高的知识，看见善，并上升到那个高度；而当他们已到达这个高度并且看够了时，我们不让他们像现在容许他们做的那样。④

柏拉图揭示了公民受过教育与没受过教育的本质差别。他认为，"没受过教育的人"就像被知识所困的"囚徒"，感官世界所能感受到的不过是假想的世界，能看到的只是那些影子而已，从来不会怀疑周围的事物的真实性；而"受过教育的人"由于有了思想，在真理的阳光下看到外部事物，自觉地走出了"洞穴"，认识了真实的存在。他提出：

> 没受过教育不知道真理的人和被允许终身完全从事知识研究

---

① （古希腊）柏拉图著：《理想国》，郭斌和、张竹明译，北京：商务印书馆1986年版，第273页。

② （古希腊）柏拉图著：《理想国》，郭斌和、张竹明译，北京：商务印书馆1986年版，第277页。

③ （古希腊）柏拉图著：《理想国》，郭斌和、张竹明译，北京：商务印书馆1986年版，第277页。

④ （古希腊）柏拉图著：《理想国》，郭斌和、张竹明译，北京：商务印书馆1986年版，第278页。

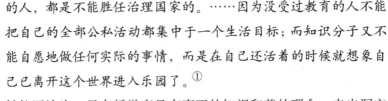

的人，都是不能胜任治理国家的。……因为没受过教育的人不能把自己的全部公私活动都集中于一个生活目标；而知识分子又不能自愿地做任何实际的事情，而是在自己还活着的时候就想象自己已离开这个世界进入乐园了。①

柏拉图认为，只有哲学家具有真正的知识和善的理念，走出洞穴的人中的最优秀者乃是哲学家，他们和常人的不同就在于对真理的把握。在可知世界中，同样可分为两个部分。柏拉图说：

可知世界划分成两个部分，在第一部分里面，灵魂把可见世界中的那些本身也有自己的影像的事物作为影像；研究只能由假设出发，而且不能由假定上升到原理，而是由假定下降到结论；在第二部分里，灵魂相反，是从假定上升到高于假定的原理；不像在前一部分中那样使用影像，而只是用理念，完全用理念来进行研究。②

柏拉图主张，那些具有哲学家天性的人，应从专注于现实可见世界的各种变动事物转变到去认识真正的存在，发现可知世界的真理，一直达到最高价值的善的理念。他说：

这是心灵从朦胧的黎明转到真正的大白天，上升到我们称之为真正哲学的实在。③

柏拉图认为，这种灵魂转向只有少数具备智慧的人能够实现，而且在理想城邦中的统治者必须实现这种灵魂的转向。

依此看来，柏拉图所说的灵魂转向实际上是要使人的灵魂的每一部分协调一致，听从灵魂的理性部分的指挥。"灵魂转向的技巧"实质上是要求激情和欲望听从理性指挥的技巧，这种"灵魂转向"学构成了柏拉图理念论公民学说的基本原理。

① （古希腊）柏拉图著:《理想国》，郭斌和、张竹明译，北京：商务印书馆1986年版，第278页。

② （古希腊）柏拉图著:《理想国》，郭斌和、张竹明译，北京：商务印书馆1986年版，第269页。

③ （古希腊）柏拉图著:《理想国》，郭斌和、张竹明译，北京：商务印书馆1986年版，第282页。

二、提出不同德性、不同知识的公民在国家的治理中担任不同的角色

柏拉图认为，城邦赖以建立的前提是社会分工原则，并以智慧、勇敢、节制与正义为伦理基础。他认为，理想城邦不仅需要能够保卫领土的卫国者，还需要能提供满足基本生存需要的农民以及其他技工。柏拉图在《理想国》中对不同德性和不同知识的公民群体，在国家的治理中适合担任的不同角色进行了划分，他认为，"智慧"是统治者的美德，只有统治者才具有一种真正的知识即智慧，这种知识并不是用来考察国家中某个特定方面的事的，而是用来考察整个国家大事的，所以这种知识只有少数人才能拥有；"勇敢"是卫国者必须具备的美德，军人经过严格的体操和艺术训练，不但有强壮的体魄，而且有勇敢的美德，才能在保卫国家时骁勇善战；"节制"是劳动者的美德，因为劳动者充满了欲望，只有自我克制才能获得善的知识，"节制是一种好秩序或对某些快乐与欲望的控制"，所以，"节制贯穿全体公民，把最强的最弱的和中间的（不管是指智慧方面，还是——如果你高兴的话——指力量方面，或者还是指人数方面，财富方面，或其他诸如此类的方面）都结合起来，造成和谐。"①

柏拉图认为，如果每个人在城邦内都能够做自己分内的事，各司其职、各守其序，这就是"城邦的正义"；如果每一个人自身的各种品质都发挥了各自的作用，那他就是正义的，这也就是个人的正义。

（一）认为城邦公民依智慧、勇敢、节制分为治国者、卫国者、生产者 3 个等级

柏拉图主张，每个公民必须在城邦国家里执行一种最适合自己天性的职务。他以人的自然本性不同来论证这种城邦分工，认为人天生有 3 种质：一种人是用金子做成的，另一种人是用银子做成的，第三种是用铜铁做成的。金质的人富于天才和智慧，是理想国的统治者；银质的人，他们天生忠实于统治者，他们勇敢善战、不怕牺牲，是社会秩序、国家安全的

---

① （古希腊）柏拉图著：《理想国》，郭斌和、张竹明译，北京：商务印书馆 1986 年版，第 130 页。

维护者；铜铁质的人应从事生产劳动以供养社会。他说：

> 老天铸造他们的时候，在有些人身上加入了黄金，这些人因而是最可贵的，是统治者。在辅助者（军人）的身上加入了白银，在农民以及其他技工身上加入了铁和铜。①

柏拉图认为，这3种不同质的人具有各自不同的德性，他们各自的德性应该是智慧、勇敢和节制。依其德性严格地分为3个不同的阶级——统治者、卫国者和生产者，分别属于城邦的3个等级。其中第一等级的职能是依靠智慧理性地管理国家；第二等级的职能是发挥激情，勇敢地保卫国家；第三等级的职能是节制欲望，安分守己，努力劳动。前两个等级不得蓄有私产，也不许持有金银，因为人间的金银会使统治阶级的灵魂受到玷污，它是人间一切罪恶的根源。在第一、第二等级内实行共产制，他们以城邦利益为至上利益，过一种简朴的禁欲主义生活，他们的生活所需衣、食、住全由第三等级的生产者提供。而第三等级可以保有私产，经营适合于他们的那种经济，但亦限制其财富的膨胀，以防止贫富过度分化。柏拉图提出：

> 全体公民无例外地，每个人天赋适合做什么，就应该给他什么任务，以便大家各就各业，一个人就是一个人而不是多个人，于是整个城邦成为统一的一个而不是分裂的多个。②

柏拉图对理想国中3个阶层的划分，表面看来这是职业和职能的区分，实质上则是人的知识水平和认识水平的划分。他认为：

> 他们虽然一土所生，彼此都是兄弟，但是老天铸造他们的时候，在有些人的身上加入了黄金，这些人因而是最可宝贵的，是统治者。在辅助者（军人）的身上加入了白银。在农民以及其他技工身上加入了铁和铜。但是又由于同属一类，虽则父子天赋相承，有时不免金父生银子，银父生金子，错综变化，不一而足。所以上天给统治者的命令最重要的是就是要他们做后代的好护卫者，要他们极端注意在后代灵魂深处所混合的究竟是哪一种金

---

① （古希腊）柏拉图著：《理想国》，郭斌和、张竹明译，北京：商务印书馆1986年版，第128页。

② （古希腊）柏拉图著：《理想国》，郭斌和、张竹明译，北京：商务印书馆1986年版，第138页。

属。如果他们的孩子心灵里混入了一些废铜烂铁，他们决不能稍存姑息，应当把他们放到恰如其分的位置上去，要置于农民工人之间；如果农民工人的后辈中间发现其天赋中有金银者，他们就要重视他，把他提升到护卫者或辅助者中间去。①

柏拉图认为，统摄智慧、勇敢与节制3种美德的是正义，在他看来，个人的正义与城邦的正义是一致的，"正义就是只做自己的事而不兼别人的事。"② 城邦的正义就体现在每一个公民对于秩序的遵从，如果3个阶层各做各的事情而互不干扰，这样就能保障国家秩序的稳定、和谐。反之，如果这3个阶层之间互相干涉和相互取代，下一等级想挤进上一等级，那么国家也给毁了。柏拉图提出：

> 我们必须劝导护卫者及其辅助者，竭力尽责，做好自己的工作。也劝导其他的人，大家和他们一样。这样一来，整个国家将得到非常和谐的发展，各个阶级将得到自然赋予他们的那一份儿幸福。③

柏拉图关于理想国中公民3个阶层的划分，旨在论证城邦奴隶制国家的等级社会秩序的天然合理性，这一学说对于维护贵族奴隶主统治的等级制，规范城邦国家的公民伦理以及构建西方公民学的国家正义论、公民正义论和公民德性论等思想体系奠定了基础。

（二）认为由集知识、美德和权力于一身的哲学王治理国家才能使公民幸福

柏拉图认为，治理国家的最合适人选应当把知识、美德和权力集于一身，只有哲学家才能胜任。哲学王，具备最高的知识，把握绝对的善，洞悉万物的本原，具有敏于学习、强于记忆、勇敢、大度的天赋，因而也最具有统治国家的"资格"。

柏拉图认为，统治者就个人素质而言，是有自制力、有天赋、年纪较

① （古希腊）柏拉图著：《理想国》，郭斌和、张竹明译，北京：商务印书馆1986年版，第128页。

② （古希腊）柏拉图著：《理想国》，郭斌和、张竹明译，北京：商务印书馆1986年版，第58页。

③ （古希腊）柏拉图著：《理想国》，郭斌和、张竹明译，北京：商务印书馆1986年版，第134页。

大的最优秀公民。因为人类生来不平等，注定只能由最少数人统治最多数人，这最少数人就是经过特殊训练、并获得至高知识的哲学王。柏拉图强调权力与知识、实践与理论的结合，只有实现这种结合，奴隶主城邦国家才会得到安宁，全人类才会免于灾难，个人与公众才能得到幸福。柏拉图提出：

> 只有在某种必然性碰巧迫使当前被称为无用的那些极少数的未腐败的哲学家，出来主管城邦（无论他们出于自愿与否），并使得公民服从他们管理时，或者，只有在当权的那些人的儿子、国王的儿子或当权者本人、国王本人，受到神的感化，真正爱上了真哲学时——只有这时，无论城市、国家还是个人，才能达到完善。①

柏拉图认为，作为治国者的真正的哲学家，应当是既具有哲学家的天赋，又经过良好的教育和培养，而达到完全的至善，应当掌握正义本身、善本身的知识、治国的知识，能够照顾到全城邦的公共利益，不顾及私人利益。他提出：

> 我们建立这个国家的目标并不是为了某一阶级的单独突出的幸福，而是为了全体公民的最大幸福；因为，我们认为在一个这样的城邦里最有可能找到正义，而在一个建立得最糟糕的城邦里最有可能找到不正义。②

柏拉图认为，统治者的权限在于其一切行为不能危及人民的利益，不能与整个城邦的利益相抵触。柏拉图主张从制度上对统治者的权力予以设防，提出了几项措施：

> 第一，除了绝对的必需品以外，他们任何人不得有任何私产。第二，任何人不应该有不是大家所公有的房屋或仓库。至于他们的食粮则由其他公民供应，作为能够打仗既智且勇的护卫者职务的报酬，按照需要，每年定量分给，既不让多余，亦不使短缺。他们必须同住同吃，像士兵在战场上一样。至于金银我们一

① （古希腊）柏拉图著：《理想国》，郭斌和、张竹明译，北京：商务印书馆1986年版，第251页。

② （古希腊）柏拉图著：《理想国》，郭斌和、张竹明译，北京：商务印书馆1986年版，第133页。

定要告诉他们，他们已经从神明处得到了金银，藏于心灵深处，他们更不需要人世间的金银了。他们不应该让它同世俗的金银混杂在一起而受到玷污；因为世俗的金银是罪恶之源，心灵深处的金银是纯洁无瑕的至宝。国民之中只有这些护卫者不敢与金和银发生任何关系，甚至不敢接触它们，不敢和它们同居一室，他们不敢在身上挂一点金银的装饰品或者用金杯银杯喝一点儿酒；他们就这样来拯救他们自己，拯救他们的国家。他们要是在任何时候获得一些土地、房屋或金钱，他们就要去搞农业、做买卖，就不再能搞政治做护卫者了。[①]

柏拉图坚信用智慧管理城邦必然能够秩序井然，他认为，为了建立至善城邦，使公民生活幸福，哲学家的神圣使命就是把人类从黑暗中引向光明，就是要迫使最好的灵魂达到最高的知识，看见善，并上升到那个高度。他认为：

> 哲学家生在别的国家中有理由拒不参加辛苦的政治工作，因为他们完全是自发地产生的，不是政府有意识地培养造就的；一切自力更生不是被培养而产生的人才不欠任何人的情，因而没有热切要报答培育之恩的心情，那是正当的。但是我们已经培养了你们——既为你们自己也为城邦的其他公民——做蜂房中的蜂王和领袖；你们受到了比别人更好更完全的教育，有更大的能力参加两种生活（哲学生活和政治生活）。因此你们每个人在轮值时必须下去和其他人同住，习惯于观看模糊影像。须知，一经习惯，你就会比他们看得清楚不知多少倍，就能辨别各种不同的影子，并且知道影子所反映的东西，因为你已经看见过美者、正义者和善者的真实。[②]

柏拉图要表明的是，离开正义的城邦，哲学家就无用武之地。因此，只有在一个合适的国家里，哲学家本人才能得到充分的成长，进而能保卫自己的和公共的利益。柏拉图断言：最善的城邦政治制度，就是哲学王统

① （古希腊）柏拉图著：《理想国》，郭斌和、张竹明译，北京：商务印书馆1986年版，第130—131页。
② （古希腊）柏拉图著：《理想国》，郭斌和、张竹明译，北京：商务印书馆1986年版，第280页。

治，各阶层各尽其职的制度。

柏拉图把公民的幸福和理想国家的实现，寄希望于真正的哲学王能够掌握国家最高权力上，这一学说不仅对城邦公民的贤人执政理念提供了思想源头，而且对近现代西方公民学说中精英治国论思想产生了重要的影响。

三、提出对公民的品德和素质加以教育和培养的公民学说

柏拉图指出了教育对公民美德培育的重要性，他认为，教育对灵魂向善能力的培育和塑造从体育与音乐教育开始，由外至内，由模仿到内化，最终获得"至善"。

（一）认为全体公民都要接受音乐、体育、数学和哲学教育

柏拉图从理念先于物质而存在的哲学思想出发，重视公民的心灵塑造和素质培养。在西方公民学说史上，柏拉图是第一个提出完整的公民教育学说的人。

柏拉图认为教育不在于教授人们技艺，而在于培养人们完美的人格，追求善的理念，因此，就必须以具有道德感的内容去教育人们，对人们的思想和行为给予潜移默化的影响，使人自然而然地达到品德的完善。柏拉图认为，知识离不开美德和正义，他提出：

> 一切知识如果离开了正义和美德，都可以看做是一种欺诈而不是一种智慧。①

在柏拉图看来，公民应从小接受美德教育，目的在于培养在品德和气质上完善的公民。在教育内容上，他主张心身和谐发展，强调用体育锻炼身体，用音乐陶冶心灵。柏拉图认为：

> 儿童阶段文艺教育最关紧要。一个儿童从小受了好的教育，节奏与和谐浸入了他的心灵深处，在那里牢牢地生了根，他就会变得温文有礼；如果受了坏的教育，结果就会相反。再者，一个受过适当教育的儿童，对于人工作品或自然物的缺点也最敏感，因而对丑恶的东西会非常反感，对优美的东西会非常赞赏，感受

---

① （古希腊）柏拉图著：《柏拉图全集》（第1卷），王晓朝译，北京：人民出版社2002年版，第247页。

其鼓舞，并从中吸取营养，使自己的心灵成长得既美且善。对任何丑恶的东西，他能如嫌恶臭不自觉地加以谴责，虽然他还年幼，还知其然而不知其所以然。等到长大成人，理智来临，他会似曾相识，向前欢迎，因为他所受的教养，使他同气相求，这是很自然的嘛。①

柏拉图认为，艺术就是对现实自然的模仿，他提出：

> 必须寻找一些艺人巨匠，用其大才美德，开辟一条道路，使年轻人由此而进，如入健康之乡；眼睛所看到的，耳朵所听到的，艺术作品，随处都是；使他们如坐春风如沾化雨，潜移默化，不知不觉之间受到熏陶，从童年时，就和优美、理智融合为一。②

在教育对象上，柏拉图认为男女应该享有相同的教育机会，甚至主张对女性进行一定的军事教育。柏拉图并没有因为女性的弱小而轻视女性，认为妇女和男人应该得到同样的尊重和训练，女性应该和男性一样获得全面和谐的发展，他主张做女孩的应该练习各种跳舞和角力；结婚以后，便要参加战斗演习、安营布阵和使用武器，因为一旦当所有的军队出动去打敌人的时候，她们就能保卫儿童和城市。这些思想至今仍是我们整个人类文明的瑰宝。

柏拉图强调因材施教，把教育过程视为随着人的生理发展而不断发展的渐进过程。他主张按照不同年龄阶段而采取不同的方法进行不同方面的教育，他要求3—6岁的儿童都要受到保姆的监护，会集在村庄的神庙里，进行游戏、听故事和童话。7岁以后，儿童就要开始学习军人所需的各种知识和技能，包括读、写、算、骑马、投枪、射箭等。10—20岁，学习初等知识，主要是学习音乐和体育。柏拉图提出：

> 年少时，他们的学习和哲学功课应该适合儿童的接受能力；当他们正在长大成人时，他们主要应好好注意身体，为哲学研究准备好体力条件；随着年龄的增长，当他们的灵魂开始达到成熟

---

① （古希腊）柏拉图著：《理想国》，郭斌和、张竹明译，北京：商务印书馆1986年版，第108页。

② （古希腊）柏拉图著：《理想国》，郭斌和、张竹明译，北京：商务印书馆1986年版，第107页。

阶段时，他们应当加强对心灵的锻炼；当他们的体力转衰，过了政治军事服务年龄时，应当让他们自在逍遥，一般不再担当繁重的工作，只从事哲学研究，如果我们要他们在这个世界上生活幸福，并且当死亡来临时，在另一个世界上也能得到同样幸福的话。①

柏拉图认为，21—30 岁，那些对抽象思维表现特殊兴趣的学生就要继续深造，学习算术、几何、天文学与和声学等学科，以锻炼他的思考能力，使他开始探索宇宙的奥妙。柏拉图主张未来的统治者，在 30 岁以后要进一步学习辩证法，以洞察理念世界。看他们哪些人能不用眼睛和其他的感官，跟随着真理达到纯实在本身。

柏拉图认为，公民到 36—50 岁，均应参加实际工作锻炼。到 50 岁，那些在实际工作和知识学习等一切方面都表现优秀的人，必须接受最后的考验后走上治国的岗位。甚至具有铜质和铁质的人也可以通过教育成为与金质和银质同样的人，即哲学家或统治者。

柏拉图的公民教育学说，对于教育和培养适应城邦政体的公民群体具有重要的指导价值，也为亚里士多德的和谐教育思想提供了理论先导。

（二）主张治国者、卫国者公民阶层的产生离不开培养和选拔

柏拉图主张，城邦应通过不断地培养、选拔来提升公民的道德，使公民认识和实践与自身阶层相对应的美德，止于"至善"和"至知"，努力成为适应城邦政体的 3 个不同阶层公民。

一方面，关于培养哲学家做统治者，柏拉图在《理想国》中提了两条措施，即教育和选拔。柏拉图认为：

> 如果人们受了良好的教育就能成为事理通达的人。②

柏拉图主张，要注意对有哲学家天赋的人进行培养，并经过长期而曲折的锻炼和选拔过程。他认为，要使国家得以繁荣昌盛，就应把所有 10 岁以上的有公民身份的孩子送到乡下去，改变他们从父母那里受到的生活方式影响。柏拉图提出：

---

① （古希腊）柏拉图著：《理想国》，郭斌和、张竹明译，北京：商务印书馆1986年版，第 250 页。

② （古希腊）柏拉图著：《理想国》，郭斌和、张竹明译，北京：商务印书馆1986年版，第 138 页。

我们必须挑选那些有天赋品质的人。必须挑选出最坚定、最勇敢、在可能范围内也最有风度的人。此外，我们还得要求他们不仅性格高贵严肃而且还要具有适合这类教育的天赋。——他们首先必须热爱学习，还要学起来不感到困难。因为灵魂对学习中的艰苦比对体力活动中的艰苦是更为害怕得多的，因为这种劳苦更接近灵魂，是灵魂所专受的，而不是和肉体共受的。——我们还要他们强于记忆。百折不挠、喜爱一切意义上的劳苦。否则你怎能想象，他们有人肯忍受肉体上的一切劳苦并完成如此巨大的学习和训练课程呢？①

柏拉图主张，公民家庭出身的少年在乡下经过一段时间的培养之后，从 20 岁起，被挑选出来的青年将得到比别人更多的荣誉，他们将被要求把以前小时候分散学习的各种课程内容加以综合，研究它们相互间的联系以及它们和事物本质的关系。柏拉图主张：

在第一次挑选出来的那些在学习、战争以及履行其他义务中表现得坚定不移的青年里再作第二次挑选，选出其中最富这些天赋条件的青年，在他们年满三十的时候，给他们以更高的荣誉，并且用辩证法考试他们，看他们哪些人能不用眼睛和其他的感官，跟随着真理达到纯实在本身。只是在这里，我的朋友啊，你必须多加小心才好。②

柏拉图认为，具备哲学王天赋的人应把灵魂的目光转向上方，注视着照亮一切事物的光源，看见了善本身，再以它为原型，管理好国家、公民个人和他们自己。在剩下的岁月里，他们得用大部分时间来研究哲学，他们每个人都要不辞辛苦管理繁冗的政治事务，为了城邦而走上统治者的岗位——不是为了光荣，而是考虑到必要。柏拉图说：

当他们已经培养出了像他们那样的继承人，可以取代他们充任卫国者的时候，他们就可以辞去职务，进入乐土，在那里定居下来了。国家将为他们建立纪念碑，像祭神那样地祭祀他们，如

---

① （古希腊）柏拉图著：《理想国》，郭斌和、张竹明译，北京：商务印书馆 1986 年版，第 302 页。

② （古希腊）柏拉图著：《理想国》，郭斌和、张竹明译，北京：商务印书馆 1986 年版，第 305—306 页。

果庇西亚的神示能同意的话。否则也得以神一般的伟人规格祭祀他们。①

另一方面，对于护国者的培养与选拔，柏拉图主张从少年时开始，就要劳其筋骨，苦其心志，通过考核和选拔那些真正具备护卫者的身心和谐状态与文化修养的公民来担任护国者。柏拉图指出：

> 我们必须寻找坚持原则孜孜不倦为他们所认为的国家利益服务的那些护卫者。我们必须从他们幼年时起，就考察他们，要他们做工作，在工作中考察他们。其中有的人可能会忘掉那个原则，受了欺骗。我们必须选择那些不忘原则的，不易受骗的人做护卫者，而舍弃其余的人。——再者，劳筋骨、苦心志，见贤思齐，我们也要在这些方面注意考察他们。——再进行第三种反欺骗诱惑的考察，看他们是否经得起。你知道人们把小马带到嘈杂喧哗的地方去，看它们怕不怕；同样，我们也要把年轻人放到贫穷忧患中去，然后再把他们放到锦衣玉食的环境中去，同时，比人们用烈火炼金制造金器还要细心得多地去考察他们，看他们受不受外界的引诱，是不是能泰然无动于衷，守身如玉，做一个自己的好的护卫者，是不是能护卫自己已受的文化修养，维持那些心灵状态在他身上的谐和与真正的节奏（这样的人对国家对自己是最有用的）。人们从童年、青年以至成年经过考验，无懈可击，我们必须把这种人定为国家的统治者和护卫者。当他生的时候应该给予荣誉，死了以后给他举行公葬和其他的纪念活动。那些不合格的人应该予以排斥。我想这就是我们选择和任命统治者和护卫者的总办法。当然这仅仅是个大纲，并不是什么细节都列出来了。②

柏拉图的公民学说根植于城邦奴隶制从繁荣走向衰落、各种矛盾日益暴露的时代背景下，反映出奴隶主统治阶级的政治理想与抱负，他的公民理性说、理念论、正义观、教育观等思想进一步丰富和发展了古希腊公民学。柏拉图的公民思想在西方公民学说史上占有重要的地位，对后世产生

① （古希腊）柏拉图著：《理想国》，郭斌和、张竹明译，北京：商务印书馆1986年版，第309页。

② （古希腊）柏拉图著：《理想国》，郭斌和、张竹明译，北京：商务印书馆1986年版，第126—127页。

了积极影响。

第五节　亚里士多德的公民学说

　　亚里士多德（Aristotle，公元前 384—前 322 年）是古希腊著名的哲学家、科学家和教育家。生于希腊北部色雷斯地区的斯塔吉拉城，从小对自然科学特别爱好，也很钻研，他少年时代在宫廷中度过，受到了良好的早期教育。17 岁时进入著名的柏拉图学园，潜心学习与研究长达 20 年之久，这一时期的学习和生活对亚里士多德产生了决定性的影响。公元前335 年，亚里士多德在雅典创立吕克昂学园，从事教学和著述，他在这里创立了自己的学派。

　　亚里士多德是古希腊公民学说的集大成者，是举世公认的历史上第一位百科全书式的思想家。求学、游学与办学，构成了他单纯而平凡的履历，热爱智慧并播散知识，贯穿着他辉煌的一生。

　　亚里士多德从事的学术研究涉及到逻辑学、修辞学、物理学、生物学、教育学、心理学、政治学、经济学、美学、公民学等，几乎覆盖了当时所有的知识领域，写下了大量的著作，其中流传下来的有 47 种。主要著作有《工具论》《物理学》《论灵魂》《形而上学》《尼各马可伦理学》《政治学》《论诗》等。他的著作包含 3 个方面：一是前人的知识积累，二是助手们为他所作的调查与发现，三是他自己独立的见解。亚里士多德的这些著作主要是供讲课用的笔记和手稿等。他的思想对人类产生了深远的影响，长期被西方学术界奉为各学科的经典之作。恩格斯称他是"最博学的人"。

一、提出公民的概念是"凡有权参加议事和审判职能的人"[①]

　　公民资格问题不仅是现代公民学的核心问题，也是古希腊城邦国家纷

_____

① （古希腊）亚里士多德著：《政治学》，吴寿彭译，北京：商务印书馆1965年版，第117页。

争不休的一个现实问题，因此，亚里士多德重新把公民资格问题带回了政治学讨论的中心。

亚里士多德在讨论公民时，首先阐述了城邦和公民的关系问题。认为公民的概念必须和城邦联系在一起，因为要研究"城邦政制"这个问题，要阐明城邦是什么，首先应研究"公民"的本质。他提出：

> 城邦本来是一种社会组织，若干公民集合在一个政治团体以内，就成为一个城邦。[①]

正因为城邦是若干公民的组合体，只有弄清楚什么样的人是公民，谁可以被称为是公民，才能进一步阐明城邦和城邦政体问题。

亚里士多德不仅研究了什么是公民，还研究了什么样的公民是好公民。他认为，一个好公民的品德应该是谋求整个共同体的安全。亚里士多德提出，既然政体有多种形式，城邦是不同的成分组成的，就不能要求一个城邦完全有善良的好人组成，也不能要求所有公民都具有完满的善良品德，也就是说，所有的公民必然不可能只有唯一的德性。

亚里士多德还区分了公民和统治者德性要求的差异。他认为，统治者与普通公民的德性要求应该是不同的，作为公民只需要具备一般的公民要求即可，不一定具有至高至圣的道德修养，但应该追求"至善"、追求"最优良的生活"，而作为统治者必须学会统治的技能，应该具有好人的德性，因为一个既能统治他人又能受人统治的人往往受到人们的称赞。

（一）以"人类在本性上，也正是一个政治动物"论证公民的社会属性

亚里士多德认为，人是政治动物，天生要过共同的生活，这正是一个幸福的人所不可缺少的。城邦是出于自然的演化，而人类则是趋向于城邦生活的动物，过城邦生活是人的本性。他提出：

> 人类在本性上，也正是一个政治动物。凡人由于本性或由于偶然而不归属于任何城邦的，他如果不是一个鄙夫，那就是一位超人，这种"出族、法外、失去坛火（无家无邦）的人"，荷马曾卑视为自然的弃物。这种在本性上孤独的人物往往成为好战的人；他那离群的情况就恰恰像棋局中的一个闲子。

[①] （古希腊）亚里士多德著：《政治学》，吴寿彭译，北京：商务印书馆1965年版，第121—122页。

作为动物而论，人类为什么比蜂类或其它群居动物所结合的团体达到更高的政治组织，原因也是明显的。照我们的理论，自然不造无用的事物；而在各种动物中，独有人类具备言语的机能。声音可以表白悲欢，一般动物都具有发声的机能：它们凭这种机能可将各自的哀乐互相传达。至于一事物是否有利或有害，以及事物是否合乎正义或不合乎正义，这就得凭借言语来为之说明。人类所不同于其它动物的特性就在他对善恶和是否合乎正义以及其它类似观念的辨认（这些都由言语为之互相传达），而家庭和城邦的结合正是这类义理的结合。①

亚里士多德认为，正义与道德是人作为社会政治动物的两个基本要求，而社会的组织与关系，包括社会的法律体制和道德规范则成为保障社会正义、张扬社会美德、约束和控制人的非道德和非正义方面的重要手段。

亚里士多德认为，人追求善的终极目的在于使灵魂合乎德性和获得幸福，由于家庭和城邦乃是人类的结合体，因此，公民只有在城邦政体和法律的规范下，才能真正实现人的自我完善，过上幸福生活。善是人作为社会性存在物的一种客观要求，是人的一切活动的基本目标，也是人们处理人际之间复杂关系的一种基本态度，对于人的家庭和社会活动具有重要的导向作用。亚里士多德提出：

人类生来就有合群的性情，所以能不期而共趋于这样政治的组合，然而最先设想和缔造这类团体的人们正应该受到后世的敬仰，把他们的功德看做人间莫大的恩惠。人类由于志趋善良而有所成就，成为最优良的动物，如果不讲礼法、违背正义，他就堕落为最恶劣的动物。②

亚里士多德已经非常清醒地认识到，尽管人已经有了许多高级的特性，如智慧与知识，但仍然保留着作为动物所特有的邪恶与残暴、淫欲与贪婪，失德的人就会淫凶纵肆，贪婪无度，势必引致世间莫大的祸害。只有当人的这些方面受到有力的约束和调控，人才能作为人来生存与发展。为此，对人的这些动物性表现需要道德和法律等不同的方面来加以限制和

① （古希腊）亚里士多德著：《政治学》，吴寿彭译，北京：商务印书馆1965年版，第7—9页。
② （古希腊）亚里士多德著：《政治学》，吴寿彭译，北京：商务印书馆1965年版，第7—9页。

约束。社会的法律和道德规范体系正是由此而产生。人作为最完善的动物与最恶劣的动物之间只有一道界限，就是是否受到社会法律与道德的有效约束。

正是由于人是社会的人，每个人不能脱离国家、社会而生活，每个公民不完全属于自己而是属于整个城邦，是城邦的一部分，因而对每个部分的关心应当同对整体的关心是一致的。

（二）把"城邦是为了要维持自给生活而具有足够人数的一个公民集团"[1] 作为公民存在的条件

亚里士多德认为，公民是民主政治的产物。公民的存在是有条件的，并非在任何政体之下都有公民的存在。在专制政体条件下，一个人（君主）或者少数人是国家的主人，其他人皆服从君主的意志，是君主的臣民，因此，在专制政体条件下是根本不可能产生公民的。而在民主政体中，人人享有自由、平等，他们只服从法律和真理，而不服从任何权威，他们都有权对国家的发展发表看法、承担责任，他们是国家的主人。可见，只有在民主政体下才可能存在公民。在这种社会共同体内，人类的生活可以获得完全的自给自足。社会结构的组合、阶级的划分、人们在城邦中的责任和义务，等等，都遵循着自然发展的规律，顺应着社会发展的要求。

亚里士多德把城邦看成是一个有机的整体，而公民个人则是其中的一个组成部分，把城邦概括为若干（许多）公民的组合。亚里士多德指出：

城邦的本质就是许多分子的集合，倘使以"单一"为归趋，即它将先成为一个家庭，继而成为一个个人；就单一论，则显然家庭胜于城邦，个人又胜于家庭。这样的划一化既然就是城邦本质的消亡，那么，即使这是可能的，我们也不应该求其实现。城邦不仅是许多人的（数量的）组合；组织在它里面的许多人又该是不同的品类，完全类似的人们是组织不成一个城邦的。城邦不同于军事联盟。为了互相支援，城邦因形势所趋而订结的联盟就是以数量取胜的；加盟各邦在本质上相类似，但一邦加上另一邦，就像在天平上的这一边加了另一重物，势必压倒那另一边了。组成一个城邦的分子却必须是品类相异的人们，各以所能和

---

[1] （古希腊）亚里士多德著：《政治学》，吴寿彭译，北京：商务印书馆1965年版，第117页。

所得，通工易事，互相补益，这才能使全邦的人过渡到较高级的生活。就这方面说，城邦也不同于民族（部落）；一个民族要是不使它的族人散居各村而像阿卡地亚那样（结为联盟），这就好像一个战斗团体，由于人数增多而加强。正因为它是由不同品类的要素组织起来的，所以城邦确实成为"一"整体。①

亚里士多德认为，城邦在本性上优先于个人，他指的不是时间上的先在性，而是一种逻辑先在性。虽然城邦在发生程序上后于个人和家庭，在本性上则先于个人和家庭。就本性来说，城邦先于个人，是因为个人只是城邦的组成部分，城邦出现之后它的公民们才获得了稳定的、繁荣的生活。每一个隔离的个人都不足以自给其生活，必须共同集合于城邦这个整体中，才能满足其需要。一旦离开城邦，公民们的一切将不复存在。他提出：

> 许多公民各以其不同职能而合成的一个有机的独立体系。②

在亚里士多德看来，人类不同于其他动物的特征就在于他的合群性（即社会性），有了这一前提，人类就可以结成社会，组成城邦，过有组织的生活。随着人类的发展，社会组织也随之发生，社会团体（即社会组织）由两人以上群众所组成的，它有3种形式：家庭、村坊和城邦。而这三者的产生都是自然的，家庭成为人类满足日常生活需要而建立的社会的基本形式，村坊则是为了适应更广大的生活需要而由若干家庭联合起来组成的初级形式，而城邦则是由若干村坊组合而成。家庭和村坊虽是人们进行社会生活的社团，但只有城邦才是使人进行快乐而光荣生活的最高社会共同体。亚里士多德认为：

> 等到由若干村坊组合而为"城邦"，社会就进化到高级而完备的境界，在这种社会团体以内，人类的生活可以获得完全的自给自足；我们也可以这样说：城邦的长成出于人类"生活"的发展，而其实际的存在却是为了"优良的生活"。早期各级社会团体都是自然地生长起来的，一切城邦既然都是这一生长过程的完成，也该是自然的产物。这又是社会团体发展的终点。无论是一

---

① （古希腊）亚里士多德著：《政治学》，吴寿彭译，北京：商务印书馆1965年版，第45页。
② （古希腊）亚里士多德著：《政治学》，吴寿彭译，北京：商务印书馆1965年版，第119页。

个人或一匹马或一个家庭，当它生长完成以后，我们就见到了它的自然本性；每一自然事物生长的目的就在显明其本性（我们在城邦这个终点也见到了社会的本性）。又事物的终点，或其极因，必然达到至善，那么，现在这个完全自给自足的城邦该是（自然所趋向的）至善的社会团体了。[1]

人的本性在于追求优良生活，而城邦的目的恰恰就在于保证人类的美满生活得以实现。在这样的城邦中，自然的和谐代替了城邦的划一，社会的宽松代替了等级的森严，个性的发展代替了自我的泯灭，政治的民主代替了治邦的独裁，整个城邦向着多元化、多方位、多层次发展。

亚里士多德认为，城邦属于全体公民所有。城邦在公民心目中如神物一般，公民们赋予城邦绝对的政治、宗教和伦理权威，城邦能够全面地支配和干预个人生活。每个公民从出生起，城邦就是他的最高监护人，要按城邦的需要来抚养和教育，个人的财产永远受城邦的支配，公民的生活方式甚至服饰、饮酒、娱乐等，都受城邦的控制，一切都按城邦的需要来安排，为了城邦，个人要作出无条件的牺牲，个人还必须斩断自己的一切私情，完全以城邦的利益为依归。公民的财产、家庭、利益、荣誉、希望，肉体生命与精神生命，整个的生活甚至死后的魂灵都属于城邦、系之于城邦。

在城邦生活中，个人是城邦的工具，公民生为城邦，死亦为城邦。城邦对于公民来说既是生活的家园，又是精神的家园。个人的安危荣辱取决于城邦的命运。与外邦公民相比，也只有这个城邦属于他们，在城邦中，有他的一切，最珍爱的自由也只有在自己的城邦里才能享受。城邦强盛，首先得益的也是他们；城邦被征服，公民就丧失了公民权、就失去了一切、就会沦为奴隶或外邦人，甚至遭到集体屠杀。所以公民们誓死维护城邦的独立和自主，与城邦共存亡。

（三）把"全称的公民是凡得参加司法事务和治权机构的人们"作为公民的本质内涵

亚里士多德阐明了公民的概念，认为凡有资格参与城邦的议事和审判事务的人都可以被称为是该城邦的公民。他认为，城邦是其人数足以维持

---

[1] （古希腊）亚里士多德著：《政治学》，吴寿彭译，北京：商务印书馆1965年版，第7页。

自足生活的公民的组合体，而最优良的城邦政体就是能使人人尽其所能而得以过着幸福生活的政治组织。城邦和公民应相互承担各自的义务和责任，共同形成最优良的生活。

亚里士多德认为，通常在城邦当中人员有三大类，即公民、外来自由人和奴隶。奴隶被认为是会说话的工具，是作为主人的财产而存在的，他们在法律上是物而不是人，不具有人格独立性。至于侨居者，他们在人身依附关系上是自由的，享有一定的诉讼权利，但是他们是外来的，是来此经商或谋取其他生计的，在本质上根本不属于城邦的组成部分。亚里士多德指出：

> 一个正式的公民应该不是由于他的住处所在，因而成为当地的公民；侨民和奴隶跟他住处相同，但他们都不得称为公民。仅仅有诉讼和请求法律保护这项权利的人也不算是公民；在订有条约的城邦间，外侨也享有这项法权——虽然许多地方的外侨还须有一位法律保护人代为申请，才能应用这项法权，那么单就这项法权而言，他们还没有充分具备。这些人只有诉讼法权或不完全的诉讼法权，好像未及登籍年龄的儿童和已过免役年龄的老人那样，作为一个公民，可就是不够充分资格的。以偏称名义把老少当做公民固然未尝不可，但他们总不是全称的公民，或者说儿童是未长成的公民，或者说老人是超龄的公民，随便怎么说都无关重要，总须给他们加上些保留字样。我们所要说明的公民应该符合严格而全称的名义，没有任何需要补缀的缺憾——例如年龄的不足或超逾，又如曾经被削籍或驱逐出邦的人们；这些人的问题正相类似，虽都可能成为公民或者曾经是公民，然而他们的现状总不合公民条件。①

在亚里士多德看来，并非每个人都具有理性判断能力。他认为，奴隶根本不具有审议的能力，妇女虽然具有审议的能力，但无权威，儿童具有审议的能力，但不成熟。至于老人有的已经隐退，不再参与政治；有的则因为年纪过大变得糊涂，他们自然也无法作出正确的判断。不具有理性判断能力的人无法正确行使手中的权利，让这些人管理城邦只会给城邦带来

① （古希腊）亚里士多德著：《政治学》，吴寿彭译，北京：商务印书馆 1965 年版，第 114 页。

不良的后果，故而他们不应当成为城邦公民。妇女和儿童不能成为公民还有一个重要原因，那就是出于战争的考虑。在古希腊，公民有一项非常重要的使命，那就是成为战士，参与战争，保卫城邦。在古希腊，公民也就是战士，一旦战事爆发，公民就要义无反顾地投入战斗，甚至国王也要亲自上战场，深入到战争的第一线。要想在战争中获胜，战士们就必须练就一身过硬的本领。因此，公民从小就要参加体育锻炼和军事训练。女人、儿童和老人由于他们身体条件的差距而不能参加战斗，他们既然不能履行这样一项重要的义务，那么不能拥有完全的公民权也是在情理之中的事情。

亚里士多德认为，成为公民的唯一条件就是参与城邦的议事和审判事务。亚里士多德明确提出：

全称的公民是凡得参加司法事务和治权机构的人们。①

这个定义对于一切称为公民的人们，最广涵而切当地说明了他们的政治地位。公民身份是一个什么类别的事物，这类事物具有品种不同的底层——其中之一为头等品种，又一为二等，依次而为其他各等；对这类事物（公民）考察其底层方面的关系，并不能找到共通底层，或者只能有微薄的共通底层。公民身份的不同底层就是不同的政体，显然，各类政体不同于品种，其中有些为先于（较优），另一些为后于（较逊）；凡错误或变态的政体必然后于（逊于）无错误的政体——我们后面将说明所谓变态政体的实际意义。相应于不同的政体（底层），公民也就必然有别。这样，我们上述的公民定义，对于民主政体，最为合适；生活在其他政体中的公民虽然也可能同它相符，但不一定完全切合。②

这里可以作这样的结论：（一）凡有权参加议事和审判职能的人，我们就可说他是那一城邦的公民；（二）城邦的一般含义就是为了要维持自给生活而具有足够人数的一个公民集团。③

---

① （古希腊）亚里士多德著：《政治学》，吴寿彭译，北京：商务印书馆1965年版，第114页。
② （古希腊）亚里士多德著：《政治学》，吴寿彭译，北京：商务印书馆1965年版，第115页。
③ （古希腊）亚里士多德著：《政治学》，吴寿彭译，北京：商务印书馆1965年版，第117页。

二、认为城邦的正义在于维护大多数公民的利益

在亚里士多德看来，城邦以正义为原则，正义既是城邦的善，又是个体的善，既是制度道德的原则要求，又是个体道德的原则要求。他提出：

> 城邦以正义为原则。由正义衍生的礼法，可凭以判断人间的是非曲直，正义恰正是树立社会秩序的基础。①

亚里士多德在论述公民的幸福生活与城邦政体之间的关系时，首先考察了政体的类型。他认为：

> 政体有三个正宗类型：君主政体，贵族政体和共和政体，以及相应的三个变态政体：僭主政体为君主政体的变态，寡头政体为贵族政体的变态，平民政体为共和政体的变态。②

（一）认为实行君主政体和贵族政体的城邦忽视了多数公民的利益

亚里士多德认为，君主政体、僭主政体、贵族政体、寡头政体，都不能使公民得到平等的待遇和维护政治权利，都与城邦追求优良生活的目标相悖，因而实行少数人执政政体城邦都是非正义的城邦。他说：

> 以绝对公正的原则来判断，凡照顾到公利的各种政体就是正当或正宗的政体；而那些只照顾到统治者们的利益的政体就都是错误的政体或正宗政体的变态（偏离）。这类变态政体都是专制的（他们以主人管理其奴仆那种方式施行统治），而城邦却正是自由人所组成的团体。③

亚里士多德认为，君主政体和僭主政体是由一人独揽政权的政体，无论如何也算不上是正义的城邦。他说：

> 以一人统治万众的制度就一定不适宜，也一定不合乎正义——无论这种统治原先有法律为依据或竟没有法律而以一人的号令为法律，无论这一人为好人而统治好人的城邦或为恶人而统治恶人的城邦，这种制度都属不宜并且不合乎正义；这一人的品

---

① （古希腊）亚里士多德著：《政治学》，吴寿彭译，北京：商务印书馆1965年版，第9—10页。

② （古希腊）亚里士多德著：《政治学》，吴寿彭译，北京：商务印书馆1983年版，第178页。

③ （古希腊）亚里士多德著：《政治学》，吴寿彭译，北京：商务印书馆1965年版，第132页。

德倘使不具有特殊优胜的性质，他就不应该凭一般的长处独擅政权。①

亚里士多德认为，贵族政体和寡头政体只考虑少数统治阶级的利益，而无视被统治阶级的利益和要求，平等的公民受到了不公正的待遇，因此容易产生暴政。

（二）认为实行极端平民政体的城邦由于人人不受约束而易发生内乱

亚里士多德认为，平民政体虽然顾及多数穷人的利益，但由于实行了完全的自由和平等，使得人人都不受约束，因此也易发生内乱。亚里士多德提出：

> 在极端平民政体中，处处高举着平民的旗帜，而那里所行使的政策实际上恰正违反了平民的真正利益。这种偏差的由来在于误解了自由的真正意义。大家认为平民政体具有两个特别的观念：其一为"主权属于多数"，另一为"个人自由"。平民主义者先假定了正义在于"平等"；进而又认为平等就是至高无上的民意；最后则说"自由和平等"就是"人人各行其意愿"。在这种极端形式的平民政体中，各自放纵于随心所欲的生活，结果正如欧里庇特所谓"人人都各如其妄想"（而实际上成为一个混乱的城邦）。这种自由观念是卑劣的。公民们都应遵守一邦所定的生活规则，让各人的行为有所约束，法律不应该被看做和自由相对的奴役，法律毋宁是拯救。②

亚里士多德认为，"凡不能够维持法律威信的城邦都不能说它已经建立了任何政体"③，平民政体把一切事情招揽到公民大会，民众成为一位集体的君主，站上了左右国政的地位，他们用群众的决议代替法律的权威，包含着专制君主的性质，这实际上不能算是一个政体；一旦民众代表了治权，就会出现"多数人的暴政"。

（三）认为实行共和政体、兼顾所有公民利益的城邦是最正义城邦

亚里士多德把是否符合正义、是否以公共利益为依归、是否利于全邦

---

① （古希腊）亚里士多德著：《政治学》，吴寿彭译，北京：商务印书馆1965年版，第175页。
② （古希腊）亚里士多德著：《政治学》，吴寿彭译，北京：商务印书馆1965年版，第282页。
③ （古希腊）亚里士多德著：《政治学》，吴寿彭译，北京：商务印书馆1965年版，第192页。

成员共同幸福的实现视为政体好坏的标准。他认为，政体也即政治制度是对政治权利的分配，其实质是确立公民在城邦政治生活中的地位。他主张维护城邦政体的利益与维护绝大多数公民的利益是统一的。亚里士多德说：

> 对个人和集体而言，人生的终极目的都属相同；最优良的个人的目的也就是最优良的政体的目的。①

亚里士多德认为，实行民主共和政体的城邦，能把所有公民的正当利益统一起来，既不偏袒少数富人利益又不偏袒多数穷人利益，能够提供优良的幸福生活，惠及城邦的每一位成员。亚里士多德主张，多数公民共同议事的政体，合乎正义和城邦的公共利益，他说：

> 其中每一个别的人常常是无善足述；但当他们合而为一个集体时，却往往可能超过少数贤良的智能。多数人出资举办的宴会可以胜过一人独办的宴会。相似地，如果许多人（共同议事），人人贡献一分意见和一分思虑，集合于一个会场的群体好像一个具有许多手足、许多耳目的异人一样，他还具有许多性格、许多聪明。②

亚里士多德认为，唯有共和政体才是最理想的政体，实行共和政体的城邦才是正义的城邦。亚里士多德指出：

> 只有具备了最优良的政体的城邦，才能有最优良的治理；而治理最为优良的城邦，才有获得幸福的最大希望。③

在深入考察城邦政体的基础上，亚里士多德主张，只有中产阶级执掌政权的共和政体城邦才是合乎正义的最优良城邦。他提出：

> 一个城邦作为一个社会（团体）而存在，总应该尽可能由相等而同样的人们所组成（由是既属同邦，更加互相友好）；这里，中产阶级就比任何其他阶级（部分）较适合于这种组成了。据我们看来，就一个城邦各种成分的自然配合说，唯有以中产阶级为基础才能组成最好的政体。中产阶级（小康之家）比任何其他阶

---

① （古希腊）亚里士多德著：《政治学》，吴寿彭译，北京：商务印书馆1965年版，第399页。

② （古希腊）亚里士多德著：《政治学》，吴寿彭译，北京：商务印书馆1965年版，第143页。

③ （古希腊）亚里士多德著：《政治学》，吴寿彭译，北京：商务印书馆1965年版，第388页。

级都较为稳定。他们既不像穷人那样希图他人的财物，他们的资产也不像富人那么多得足以引起穷人的觊觎。既不对别人抱有任何阴谋，也不会自相残害，他们过着无所忧惧的平安生活……于是，很明显，最好的政治团体必须由中产阶级执掌政权。①

亚里士多德认为，同其他两个阶级相比，中产阶级具有最好的德行，因为富人往往逞强，而穷人往往懒散，只有中产阶级过着无所忧惧的平安生活，较其他任何阶级都较为稳定。实行共和政体的城邦中，凡是存在着较多的中产阶级，分享较大的政权，显示着中间的性格，就比寡头政体较为安定而持久；而凡是平民政体中没有中产阶级，穷人占了绝对优势，公民的内乱就会发生，邦国不久也就归于毁灭。

（四）认为共和政体中公民的财产私有体现着城邦的正义

亚里士多德认为，城邦中的军人、官吏和祭司，他们分别掌握了国家的军事权、议事权和祭祀权，在经济上，执掌这些权力的公民应该是有财产的。在亚里士多德看来，只有拥有私有财产，才能全身心地参与城邦公共事务管理，亚里士多德所称的真正意义上的公民是有产阶层。

亚里士多德主张把城邦财产划为两部分，一部分为公产，一部分为私产，这两部分又各划分为两部分：公产中以一份儿供应祭祀，另一份儿供应公共食堂所需；私产中以一份儿配置在边疆，一份儿在近郊，以使大家利害相同，满足平等与正义的要求。

亚里士多德认为，在理想城邦中，土地归属于公民。财产私有能发挥人类的各种美德如宽厚仁慈、广济博施、和衷共济等，而在一切归公了的城邦中，人们就无法做出慷慨的行为。亚里士多德在其《政治学》中提出：

接受现行的（私产）制度而在良好的礼俗上和在正当的法规上加以改善，就能远为优胜，这就可以兼备公产和私有两者的利益。财产可以在某一方面（在应用时）归公，一般而论则应属私有。划清了各人所有利益的范围，人们相互间争吵的根源就会消除；各人注意自己范围以内的事业，各家的境况也就可以改进了。在这种制度中，以道德风尚督促各人，对财物作有利大众的

---

① （古希腊）亚里士多德著：《政治学》，吴寿彭译，北京：商务印书馆1965年版，第209—210页。

使用，这种博济的精神就表示在这一句谚语中："朋友的财物就是共同的财物。"这样的财产制度并不是妄想，在现今某些政治良好的城邦中，我们就不难隐约见到它们施政的纲领已经存在这些含义，而另一些城邦的体制中也不难增订这类规章。在这些城邦中，每一公民各管自己的产业；但他们的财物总有一部分用来供给朋友的需要，另一部分则供给同国公民公共福利的用途。譬如，在拉栖第蒙（斯巴达），对于朋友所有的奴隶或狗马都可以像自己的一样使唤，人们在旅途中，如果粮食缺乏，他们可以在乡间任何一家的庄园中得到食宿。由上所述，已可见到"产业私有而财物公用"是比较妥善的财产制度，立法创制者的主要功能就应该力图使人民性情适应于这样的慷慨观念。

又在财产问题上我们也得考虑到人生的快乐（和品德）这方面。某一事物被认为是你自己的事物，这在感情上就发生巨大的作用。人人都爱自己，而自爱出于天赋，并不是偶发的冲动（人们对于自己的所有物感觉爱好和快意；实际上是自爱的延伸）。自私固然应该受到谴责，但所谴责的不是自爱的本性而是那超过限度的私意——譬如我们鄙薄爱钱的人就只因为他过度的贪财——实际上每个人总是多少喜爱这些事物的。人们在施舍的时候，对朋友、宾客或伙伴有所资助后，会感到无上的欣悦；而这只有在财产私有的体系中才能发扬这种乐善的仁心。在体制过度统一了的城邦中，不但这种自爱爱人的愉快不可复得，还有另两种品德也将显然跟着消失。由于情欲上的自制，人们才不至于淫乱他人的妻子；而宽宏（慷慨）的品德则都是在财物方面表现出来的。因为宽宏必须有财产可以运用，在一切归公了的城邦中，人们就没法做出一件慷慨的行为，谁都不再表现施济的善心。①

亚里士多德认为，只有公产与私有两方面的利益兼顾，让城邦公民各以所能和所得，互相补益，划清各人的所有和利益范围，才能使全邦的人过上较高级的生活。相反，如果一切归公，公民必然在财产所有权上产生

---

① （古希腊）亚里士多德著：《政治学》，吴寿彭译，北京：商务印书馆1965年版，第54—56页。

纠纷，且不合人类天性，不能确保社会安全。

三、认为公民守法体现出正义的原则

正义论是亚里士多德公民法治观的基础。亚里士多德认为，正义的实质在于"平等的公正"，是以"城邦整个利益以及全体公民的共同善业为依据"。[①] 法律是正义的体现，正义的原则寓于实体法之中。亚里士多德说：

> 法律也有好坏，或者是符合正义或者是不合于正义。[②]

亚里士多德认为，城邦以正义为基础，这种正义衍生出法律，从而调整和维护国家和社会秩序。他提出：

> 城邦以正义为原则。由正义衍生的礼法，可凭以判断"人间的"是非曲直，正义恰正是树立社会秩序的基础。[③]

（一）认为正义分为普遍正义与特殊正义、家庭正义与政治正义

亚里士多德认为，就正义的程度而言，正义可分为普遍正义与特殊正义；就正义作用范围而言，正义分为家庭正义和政治正义。

一方面，亚里士多德认为，普遍正义是就公民与整个社会关系而言的，它要求公民的言行举止必须遵守法律。而特殊正义是就公民个人之间的关系而言的，它被限定在一个特殊的领域——社会经济关系中物质利益的分配，要求人与人之间实现公平。普遍正义以"守法"为基本原则，特殊正义以"平等"为主要原则。正义的城邦有一个共同的原则，那就是法制，因为法律的正义在于区别公民的正义和非正义行为。亚里士多德提出：

> 要使事物合于正义（公平），须有毫无偏私的权衡；法律恰恰正是这样一个中道的权衡。[④]

另一方面，亚里士多德认为，在家庭内部，奴隶、子女及妻子不同程度地受主人、父亲和丈夫的支配，他们之间的权利和义务是不平等的。亚

---

① （古希腊）亚里士多德著：《政治学》，吴寿彭译，北京：商务印书馆1965年版，第153页。
② （古希腊）亚里士多德著：《政治学》，吴寿彭译，北京：商务印书馆1965年版，第148页。
③ （古希腊）亚里士多德著：《政治学》，吴寿彭译，北京：商务印书馆1965年版，第9页。
④ （古希腊）亚里士多德著：《政治学》，吴寿彭译，北京：商务印书馆1965年版，第173页。

里士多德提出：

> 研究每一事物应从最单纯的基本要素（部分）着手；就一个完全的家庭而论，这些就是：主和奴，夫和妇，父和子。于是，我们就应该研究这三者各自所内含的关系并考察它们的素质：1）主奴关系，2）配偶关系，3）亲嗣关系。[①]

亚里士多德认为，主奴关系源于强权。奴隶是主人的"一宗有生命的财产"，奴隶缺乏理智，只以卑下的体力供主人的需要。而父权对于子女具有类似王权对于臣民的性质，他们之间不仅由于慈孝而有尊卑，也因年龄的长幼而分高下。亚里士多德提出：

> 直到他（指子女）获得成人的状态，与他父亲分离时，他才处在平等中，是他父亲的同伴。[②]

关于政治正义，亚里士多德主张，政治的公正是以法律为依据而存在的，政治学上的善就是"正义"，正义以公共利益为依归。他提出：

> 一个违犯法律的人被认为是不公正的。同样明显，守法的人和均等的人是公正的。因而，合法和均等当然是公正的，违法和不均是不公正的。[③]

在亚里士多德看来，只有正义的公民才会做出公正的事情。他提出：

> 如若一个人经过选择去伤害他人，他就是做了不公正的事，这件事是不公正的，做不公正事的也是不公正的人。这种事情既违反了比例，也破坏了均等。同样，一个人经过选择去做公正的事情，他就是个公正的人。也就是说，只有在自愿去做的时候，这才是公正的行为。[④]

亚里士多德关于正义的划分，对城邦公民树立正确的正义观提出了明确的界定和方向，也为西方公民学关于的正义的学说提供了理论源头。

---

① （古希腊）亚里士多德著：《政治学》，吴寿彭译，北京：商务印书馆1965年版，第10页。

② 转引自苗力田主编：《亚里士多德全集》（第8卷），北京：中国人民大学出版社1997年版，第281页。

③ （古希腊）亚里士多德著：《尼各马可伦理学》，苗力田译，北京：中国人民大学出版社2003年版，第93页。

④ （古希腊）亚里士多德著：《尼各马可伦理学》，苗力田译，北京：中国人民大学出版社2003年版，第110页。

（二）主张公民应尊重和服从法律

亚里士多德坚持法治而反对人治，认为人治产生的贵族终身制或世袭制是引起争端的重要原因，而法律恰恰是免除一切情欲影响的理智的体现。亚里士多德认为，公民应在任何方面尊重法律，已成立的法律也应得到公民普遍的服从。他指出：

> 我们应该注意到邦国虽有良法，要是人民不能全都遵循，仍然不能实现法治。法治应包含两重意义：已成立的法律获得普遍的服从；而大家所服从的法律，又应该本身是制订得良好的法律。人民可以服从良法也可以服从恶法。就服从良法而言，还得分别为两类：或乐于服从最好而又可能订立的法律，或宁愿服从绝对良好的法律。[①]

亚里士多德之所以强调法治，不仅因为法律同政体有着密切的联系，而且因其与正义同源。他认为：

> 法律的实际意义却应该是促进全邦人民都能进入正义和善德的"永久制度"。[②]

亚里士多德主张，保证政治稳定必须靠法治，对于比较和谐安全的政体来讲，最重要的事情就是禁止公民的一切违法行为，以免成为邦国的隐患，这是为政的重要原则。他说：

> 法律应在任何方面受到尊重而保持无上权威，执政人员和公民团体只应在法律（通则）所不及的"个别"事例上有所抉择，两者都不应侵犯法律。[③]

亚里士多德认为，法律一经生效就要一以贯之，决不可轻易废除。他说：

> 法律所以能见成效，全靠民众的服从，而遵守法律的习性须经长期的培养，如果轻易地对这种或那种法制常常作这样或那样的废改，民众守法的习性必然消减，而法律的威信也就跟着削弱了。关于变法这个问题还有另一些疑难：即使我们已经承认法律

---

① （古希腊）亚里士多德著：《政治学》，吴寿彭译，北京：商务印书馆1965年版，第202页。
② （古希腊）亚里士多德著：《政治学》，吴寿彭译，北京：商务印书馆1965年版，第138页。
③ （古希腊）亚里士多德著：《政治学》，吴寿彭译，北京：商务印书馆1965年版，第192页。

应该实行变革，仍须研究这种变革是否在全部法律和政制上要全面进行或应该局部进行，又变革可以由任何有志革新的人来执行还是只能由某些人来办理。①

亚里士多德是在否定君主专制的前提下倡导法治的，他推崇法律的权威，主张执政人员和公民团体只应在法律所不及的"个别"事例上有所抉择，而不应侵犯法律，这样才能保持法律无上的权威。他提出：

为政最重要的一个规律是：一切政体都应订立法制并安排它的经济体系，使执政和属官不能假借公职、营求私利。②

凡不能维持法律威信的城邦都不能说它已经建立了任何政体。法律应在任何方面受到尊重而保持无上的权威，执政人员和公民团体只应在法律（通则）所不及的"个别"事例上有所抉择，两者都不该侵犯法律。③

亚里士多德是西方公民学说史上最早崇尚法治的思想家，他认为，法律的作用和目的全在于为了城邦的"善业"和公民"善德"，为保障公民的共同利益。亚里士多德把法律分为良法和恶法。他认为，真正的法治必须以"良法"为基础和条件，良法是指符合公共利益而非只是谋求某一阶级或个人利益的法，制定法律是为了保护整个社会的利益；良法必须能够促进建立合于正义和善德的政体，并为保存、维持和巩固这种政体服务。他强调法治的关键是守法，即公民普遍地服从良好的法律。

四、认为培养好公民是城邦的重要事务

亚里士多德认为，为了使公民了解并遵守法律，保证社会秩序的安定，必须发挥公民教育的作用。他强调教育为巩固奴隶主政治统治服务的功能，主张好公民的培养应是国家的事务，公民的教育大事必须由国家统一组织，而不能把培育下一代的重任交给家庭。

---

① （古希腊）亚里士多德著：《政治学》，吴寿彭译，北京：商务印书馆1965年版，第82页。
② （古希腊）亚里士多德著：《政治学》，吴寿彭译，北京：商务印书馆1965年版，第269页。
③ （古希腊）亚里士多德著：《政治学》，吴寿彭译，北京：商务印书馆1965年版，第195页。

（一）认为公民"具有善德"，城邦"才能成为善邦"①

亚里士多德认为，有道德的生活和无道德的生活，是人之区别于动物的本质特征。公民的品德与政治相联系，必须符合所在城邦政治制度的要求。个人美德是城邦治理的基础。只有当人们不仅有关于正义的理性认识，而且也有自觉遵守正义规则的美德，也即不仅能认识社会规则，而且也从内心自觉服从和践行这些规则时，城邦正义方能实现。他提出：

> 公民既各为他所属政治体系中的一员，他的品德就应该符合这个政治体系。倘使政体有几种不同的种类，则公民的品德也得有几种不同的种类，所以好公民不必统归于一种至善的品德。但善人却是统归于一种至善的品德的。于是，很明显，作为一个好公民，不必人人具备一个善人所应有的品德。
>
> 我们如果不从一般的政体而从最良好的理想政体去探讨这个问题，也可得到相同的结论。倘使一个城邦不可能完全由善人组成，而每一公民又各自希望他能好好地各尽职分，要是不同的职分须有不同的善德，那么所有公民的职分和品德既然不是完全相同，好公民的品德就不能全都符合善人的品德。所有的公民都应该有好公民的品德，只有这样，城邦才能成为最优良的城邦；但我们如果不另加规定，要求这个理想城邦中的好公民也必须个个都是善人，则所有的好公民总是不可能而且也无须全都具备善人的品德。②

亚里士多德认为，公民的情操决定着政治制度的优劣。因为，公民的性格、情操和生活方式是当初建立政体的动因，也是随后维护这个政体的实力。如平民主义的性格创立了平民政体并维护着平民政体；寡头主义的性格创立了寡头政体并维护着寡头政体。亚里士多德认为，组成城邦的公民的本质决定了城邦的本质。他主张：

> 一个城邦，一定要参与政事的公民具有善德，才能成为善邦。在我们这个城邦中，全体公民对政治人人有责（所以应该个个都是善人）。那么我们就得认真考虑每一公民怎样才能成为善

① （古希腊）亚里士多德著：《政治学》，吴寿彭译，北京：商务印书馆1965年版，第390页。

② （古希腊）亚里士多德著：《政治学》，吴寿彭译，北京：商务印书馆1965年版，第124页。

人。所有公民并不个个为善的城邦，也许可能集体地显示为一个善邦。可是，如果个个公民都是善人这就必然更为优胜。全体的善德一定内涵各个个别的善德。①

基于此，亚里士多德主张，在公民成为一个城邦的分子以前，必须先行训练其德性，使之适应城邦政治，而后才能从事公民所应实践的善业。他提出：

> 应该培养公民的言行，使他们在其中生活的政体，不论是平民政体或者是寡头政体，都能因为这类言行普及于全邦而收到长治久安的效果。②

亚里士多德认为，城邦的智慧、节制和正义3种品德是塑造公民美德的前提和基础，而培养公民智慧、节制和正义的德性则是实现城邦善业的内在要求。他说：

> 个人和城邦都应具备操持闲暇的品德，我们业已反复论证和平为战争的目的，而闲暇又正是勤劳（繁忙）的目的，那么，这些品性当然特别重要。操持闲暇和培养思想的品德有二类：有些就操持于闲暇时和闲暇之中，另些则操持于繁忙时和繁忙之中。如果要获得闲暇，进行修养，这须有若干必需条件，所以一个城邦应该具备节制的品德，而且还须具备勇毅和坚忍的品德。古谚说，"奴隶无闲暇"，人们如不能以勇毅面对危难，就会沦为入侵者的奴隶（于是他们就再也不得有闲暇了）。勇毅和坚忍为繁忙活动所需的品德；智慧为闲暇活动所需的品德；节制和正义则在战争与和平时代以及繁忙和闲暇中两皆需要，而尤重于和平与闲暇。在战时，人们常常不期而接受约束，依从正义；等到和平来临，社会趋于繁荣，共享闲暇，大家又往往流于放纵了。至于那些遭遇特别良好而为人人钦美的快乐的人们，例如诗人所咏叹的"在幸福群岛上"的居民，自然须有更高度的正义和节制；他们既生长于安逸丰饶的环境中，闲暇愈多，也就愈需要智慧、节制和正义。我们现在已明白，为什么一个希求幸福和善业的城邦，

---

① （古希腊）亚里士多德著：《政治学》，吴寿彭译，北京：商务印书馆1965年版，第390页。
② （古希腊）亚里士多德著：《政治学》，吴寿彭译，北京：商务印书馆1965年版，第281页。

必须具备这三种品德。①

亚里士多德肯定了公民德性与城邦政体间的密切联系，主张城邦政体随公民性格的高下而有异，只有公民的情操较高后才可以缔造较高的政治制度。他强调城邦的存在是为了"优良的生活"，城邦作为至善的社会团体，其存在的终极目的是实践美德。

（二）认为城邦应把培养好公民的目标纳入统一的教育体系中

亚里士多德认为，因为所有公民都得参加国家政府工作，成为城邦的一员；国家的兴衰依赖于公民的素质，忽视了公民德性的培养就必然会危害社会的政治制度。亚里士多德强调：

邦国如果忽视教育，其政制必将毁损。②

既然教育对于城邦的政治生活如此重要，亚里士多德主张，国家要建立统一的教育制度，公民要遵循同一学制，使所有人都受到相同的培养和训练。亚里士多德提出：

既然一城邦就（所有的公民）全体而言，共同趋向于一个目的，那么，全体公民显然也应该遵循同一教育体系，而规划这种体系当然是公众的职责。按照当今的情况，教育作为各家的私事，父亲各自照顾其子女，各授以自己认为有益的教诲，这样在实际上是不适宜的。教育（训练）所要达到的目的既然为全邦所共同，则大家就该采取一致的教育（训练）方案。又，我们不应假想任何公民可私有其本身，我们毋宁认为任何公民都应为城邦所公有。每一公民各成为城邦的一个部分；因此，任何对于个别部分的照顾必须符合于全体所受的照顾。③

亚里士多德认为，城邦应把少年的教育培养作为最应关心的事业，使他们适应国家的政治需要。为此，亚里士多德把一个公民从出生到21岁期间划分为3个培养阶段：从出生到7岁为第一个时期，保证婴儿具有良好天赋和健康体魄；从7岁到14岁（青春期）为第二个时期，培养儿童和青少年有节制的情欲和正确习惯；从14岁到21岁为第三个时期，主要

---

① （古希腊）亚里士多德著：《政治学》，吴寿彭译，北京：商务印书馆1965年版，第399—400页。

② （古希腊）亚里士多德著：《政治学》，吴寿彭译，北京：商务印书馆1965年版，第413页。

③ （古希腊）亚里士多德著：《政治学》，吴寿彭译，北京：商务印书馆1965年版，第413页。

培养青年及成人思辨能力和理性能力。

第一个时期，相当于学龄前幼儿教育阶段。亚里士多德认为，这一时期以儿童身体的自然发育成长为主。主张父母亲应亲自抚养婴儿，保证有充分的活动和游戏，但不强迫从事任何劳作，以保护脆弱的肢体免受损害。5岁以后，即可开始课业学习，但不宜过重，以免妨碍身体发育。亚里士多德强调，这一时期，特别要注意儿童教养情况，使他们尽可能少地沾染各种不良习气。他说：

> 从婴孩期末到5岁止的儿童期内，为避免对他们身心的发育有所妨碍，不可教他们任何功课，或从事任何强迫的劳作。但在这个阶段，应使其进行某些活动，使他们的肢体不致呆滞或跛弱；这些活动应该安排成游戏或其他的娱乐方式。儿童游戏要既不流于卑鄙，又不致劳累，也不内含柔靡的情调。负责这一职司的官员——通常都称为"教育监导"——应注意并选定在这一年龄的儿童们要倾听的故事或传奇。所有这些都须为他们日后应该努力的事业和任务预先着想；即使是一些游戏也得妥为布置，使他们大部分的活动实际成为自由人各种事业和任务的模仿。有些人企图在他们的礼法中禁止孩儿放声号哭，这是不正确的。孩儿的号哭有如成年人的迸发蓄力那样扩张肺胸部，确实有助于儿童的发育。
>
> 教育监导应注意儿童日常生活的管理，尤应注意不要让儿童在奴隶们之间消遣他们的光阴。凡儿童在7岁以下这个时期，训导都在家庭中施行；这个时期容易熏染，任何卑鄙的见闻都可能养成不良的恶习。所以，立法家的首要责任应当在全邦杜绝一切秽亵的语言。人如果轻率地口出任何性质的恶言，他就离恶行不远了。对于儿童，应该特别谨慎，不使听到更不使口出任何恶言。凡不顾一切禁令，仍然发作秽亵的语言和举动，必须予以相应的惩罚。①

第二个时期，即7岁到14岁，相当于初级阶段的学校教育。亚里士多德认为，这一时期的公民培养以情感道德教育为主，发展非理性灵魂，

---

① （古希腊）亚里士多德著：《政治学》，吴寿彭译，北京：商务印书馆1965年版，第407—409页。

让儿童掌握读、写、算的实用知识与技能，并进行体操训练和音乐教育。他认为，从小对儿童进行忍受寒冷的锻炼，利于体质的增强、意志的形成以及对未来服兵役时残酷环境的适应。儿童自 7 岁起，就必须送到国家办的学校学习，促使其体、德、智、美和谐发展。在进入正规的集体教育这个阶段，亚里士多德认为：

> 这个阶段要分成两个时期——从 7 岁至发情为第一期（少年期），自发情至 21 岁为第二期（青年期）。那些对人生历程以七数为纪的古哲大体无误；但对于教育设施作实际区划时，我们还该细察自然的情况，做好精审的安排。教育的目的及其作用有如一般的艺术，原来就在效法自然，并对自然的任何缺漏加以殷勤的补缀而已。继此以往，我们可考虑以下三个论题：第一，应否给儿童（少年）教育订立若干规程；第二，儿童（少年）教育究竟应该由城邦负责，还是依照现今大多数国家通行的习俗，由私家各自料理；第三，这些教育规程应该有怎样的性质和内容。①

第三个时期，是从青春期即 14 岁到 21 岁。亚里士多德认为，这一时期的公民培养重点在于发展理智灵魂，进行几何、天文、音乐理论、文法、文学、诗歌、修辞学、伦理学及宇宙学和哲学等科目教育，以智力教育为主，其中思辨科学和哲学尤为注重。亚里士多德强调，人类善应当是"心灵合于德性的活动"，理性对于人的感性欲求具有指导和约束作用。

可见，亚里士多德的公民教育学说，不只是主张教会公民读书写字，向他们传授谋生和认识世界的能力和知识，而更重要的在于强调培养公民群体的整体的善良德性，造就参与政治生活、恪尽职守维系城邦政体的好公民。

五、主张公民应坚持德、智、体协调发展

为了将公民从野蛮的自然状态引导到有道德修养的、理智的文明状态，亚里士多德根据城邦奴隶制民主政治和经济发展的需要，系统论述了公民应坚持德、智、体协调发展的思想理念。

---

① （古希腊）亚里士多德著：《政治学》，吴寿彭译，北京：商务印书馆 1965 年版，第 411 页。

（一）认为公民的理性灵魂有助于德性和智慧的发展

亚里士多德以灵魂学说为基础，从身体和灵魂的关系入手，阐明了公民的和谐发展观。他认为，公民关心情欲是为了理智，关心身体是为了灵魂。

亚里士多德在《政治学》中，把人的灵魂分为理性灵魂和非理性灵魂，其中理性灵魂主要表现在思维、理解、认识、判断等方面，而非理性灵魂则主要体现在本能、感觉、欲望等方面。亚里士多德强调，在人的认识过程中，灵魂的主要功能是感觉和思考。灵魂借助于感觉器官而感知外界事物，那被感觉的东西是不以人的意志为转移的，从而承认感觉在认识过程中的地位和作用。亚里士多德认为，非理性灵魂只起到一种诱发的作用，而真理和知识只有通过理性的思考才能获得。为此，亚里士多德主张应培养公民灵魂高级部分的理性，使公民敢于思考、坚持真理、勇于挑战，实现德性与智慧的和谐发展。

亚里士多德认为，任何事物都是质料和形式的统一，人也是质料和形式的统一。灵魂也是一个统一的实体，具有多种能力，即营养能力、感觉能力、思维能力。亚里士多德从3个方面来规定灵魂，即营养灵魂、感觉灵魂、理性灵魂，相应于植物的、动物的、人的生命。当营养的灵魂单独存在时，是属于植物的灵魂，如果说它同时还能感觉，就是动物灵魂；如果既是营养的，又是感觉的，并且也是理性的，那就是人的灵魂。据此，亚里士多德认为人有营养能力、感觉能力和思维能力，有植物、动物、理性3种灵魂，相应地有体育、德育和智育三方面的训练。

亚里士多德认为，人的身体和灵魂是和谐统一的，正是理性促使人的德性和智慧得以发展。

（二）主张公民的身体、道德、智力和审美观应和谐发展

亚里士多德认为，正如身体的降生先于灵魂一样，非理性先于理性，因此，公民身体的训练须先于智力训练，公民的智力培养缘于人类求知的本性，公民德性的提高在于培养自由而高尚的情操，而音乐和审美教育则有助于公民的智力发展。亚里士多德主张，公民的体、美、德、智是一个协调发展的过程。

亚里士多德认为，为了保障儿童身体正常发展，应用体操训练培养人的勇敢精神，鼓舞勇气，使儿童具有强健的体魄。同时遵循适度的原则，

凡有碍生理发育的剧烈运动和严格的饮食限制都不适宜。他说:

> 在发情年龄以前的体育规程只能是一些轻便的操练。发情后的三年可授以其他功课(例如读写、音乐和绘画);到了十八岁的青年才适宜于从事剧烈运动并接受严格的饮食规则。①

亚里士多德认为,音乐在提高公民修养上具有重要作用,音乐具有娱乐、陶冶性情、涵养理性的功能,能使人解疲乏、炼心智、塑造性格、激荡心灵,进而通过沉思进入理性的、高尚的道德境界。音乐不仅是进行美育的最有效的手段,而且也担负着发展公民理智灵魂的职能。亚里士多德认为:

> 音乐的价值就只在操持闲暇的理性活动。当初的音乐被列入教育课目,显然由于这个原因:这确实是自由人所以操修于安闲的一种本事。②

亚里士多德主张,公民要提高音乐欣赏能力、评判能力和演奏能力,这是提高道德修养不可缺少的内容。亚里士多德提出:

> 有如体育训练可以培养我们的身体那样,音乐可以陶冶我们的性情,俾对于人生的欢愉能够有正确的感应,因此把音乐当做某种培养善德的功课……音乐有益于心灵的操修并足以助长理智。③

亚里士多德尤为重视公民道德品质的提升。他认为,人的道德存乎人心、成于习惯、见于行动。其中成于习惯具有决定性意义,优良的道德品质的形成,必须利用天性,经过反复行动,形成习惯,使天性得到适当发展,最终使美德日趋完善,达到理智的高度。他在《政治学》中明确指出:

> 人们所由入德成善者出于三端。这三端为(出生所禀的)天赋,(日后养成的)习惯,及(其内在的)理性。就天赋而言,我们这个城邦当然不取其他某些动物品种(禽兽),而专取人类——对人类,我们又愿取其身体和灵魂具有某些品质的族姓。人类的某些自然品质,起初对于社会是不发生作用的。积习变更天赋;人生的某些品质,及其长成,日夕熏染,或习于向善,或惯常从恶。

---

① (古希腊)亚里士多德著:《政治学》,吴寿彭译,北京:商务印书馆1965年版,第421—422页。

② (古希腊)亚里士多德著:《政治学》,吴寿彭译,北京:商务印书馆1965年版,第417页。

③ (古希腊)亚里士多德著:《政治学》,吴寿彭译,北京:商务印书馆1965年版,第422页。

人类以外有生命的物类大多顺应它们的天赋以活动于世界，其中只有少数动物能够在诞世以后稍稍有所习得。人类（除了天赋和习惯外）又有理性的生活；理性实为人类所独有。人类对此三端必须求其相互间的和谐，方才可以乐生遂性。而理性尤应是三者中的基调。人们既知理性的重要，所以三者之间要是不相和谐，宁可违背天赋和习惯，而依从理性，把理性作为行为的准则。我们在前面已经论到，在理想城邦中的公民应有怎样的天赋，方才适合于立法家施展其本领。公民们既都具备那样的素质，其余的种种就完全寄托于立法家所订立的教育方针，公民们可以由习惯的训练，养成一部分才德，另一部分则有赖于理性方面的启导。①

亚里士多德主张，公民应逐步养成"智慧"、"勇敢"、"节制"、"正义"的美德。为此，他强调，公民要注意修身，重视道德实践，在日常生活中锻炼和形成至善品德。

亚里士多德认为，公民的智力培养缘于人类求知的本性。公民为了个人谋生、处理家事、从事政治生活以及心灵培养的需要，必须发展思维能力，获得理性知识。他认为，通过对事物的直观感知，并依此进行深入的分析思考，以掌握事物内在本质，只有这样才能掌握真知。

亚里士多德强调，公民的审美观是和谐发展观的重要内容。美是一种善，只有既善的又愉悦的才是美，同时，美同人和客观事物的感受有关，亚里士多德强调美的适度，充分肯定了现实世界的真实性，从抽象的哲学思辨转向了艺术实践美学。

亚里士多德作为西方公民学的奠基者和公民学说的集大成者，他对公民观、政体论、正义论、德性论等的系统诠释，旨在为日渐衰落的城邦政体寻找一条能够摆脱危机的道路。尽管亚里士多德的公民学说不可避免地具有维护奴隶制的历史局限性，但不可否认的是，亚里士多德的公民思想蕴涵着许多发人深省的哲理，不仅为近代资产阶级启蒙思想家公民学说的产生和发展提供了理论先导，而且对现代公民学说体系的丰富和完善产生了深远的影响，从而为西方公民学留下许多宝贵的精神财富。

---

① （古希腊）亚里士多德著:《政治学》，吴寿彭译，北京：商务印书馆1965年版，第390—391页。

第三章
古罗马时期的公民学说

古罗马的发展分为 3 个时期：一是王政时期，公元前 8 世纪中叶，古代罗马人在意大利半岛中部拉丁姆平原上的台伯河下游河畔建立了罗马城；二是共和时期，公元前 509 年，罗马废除了"王政"，改行共和制度，开始了近 500 年的罗马共和国时期；三是帝国时期，公元前 30 年，继恺撒之后崛起的军事强人屋大维战胜了政敌，结束了罗马数十年的内战，夺取了国家最高权力，罗马历史也就此进入了帝国时代。古罗马文化早期在自身的传统上受伊特鲁里亚、希腊文化的影响，吸收其精华并融合而成。

公元前 3 世纪以后，罗马成为地中海地区的强国，其文化亦高度发展。罗马帝国时期，政治统治结构以及个人与国家的关系都发生了重大变化，在帝国所能统辖的疆域内，建立了庞大的官僚政治体系，实现了普遍的公民权。古罗马时期的神学思想、法学思想、平等意识等在历史上产生了重大影响。

罗马人发现了公民的社会性，对统辖地域内的自由民授予了普遍公民权，最早提出了权利概念，并试图把公权与公民私权划分开来，主张国家主权，把国家作为法律实体，认为国家是公民的联合体，国家是为保障公民权利而存在的。那是一个英雄的时代，罗马人连年征战，把视野所及的大部分海洋和陆地开拓为自己统辖的疆域；那是一个开创的时代，罗马人开拓疆土，统驭领地，创设了强大的军事体系、庞大的官僚体系和严密的法制体系，创造了世人罕见的世界帝国的历史奇观；那是一个智慧的时代，罗马人吸纳、融汇东西方文化成果，构建了具有民族风格的政治文化、法制文化、宗教文化、建筑文化和艺术文化，给人类积淀了一份儿丰厚的文明财富。罗马人对西方公民学说的贡献，就蕴涵在他们为人类历史创造的这一系列辉煌的成就之中。

第一节　斯多葛学派的公民学说

斯多葛学派是希腊—罗马时期一个重要而又影响广泛的哲学派别，在西方公民学说史上有着重要的地位。斯多葛学派的公民学说在许多方面都鲜明地反映了这个时代的特征，因而它产生了持久而广泛的影响。在希腊和罗马上流社会中斯多葛学派有许多信徒，包括一批国王和皇帝。这一派的奠基人是塞浦路斯的芝诺，他大约于公元前 300 年前，在雅典的一个画廊（音译"斯多葛"）里建立了他的学校，聚徒讲学。他创立的学派也因此而得名。斯多葛学派在历史上存在约 600 年。对这一漫长的历史时期，学术界一般划分为 3 个阶段。早期阶段从公元前 4 世纪中后期到公元前 200 年，奠定了斯多葛学派的公民学说的基本内容，代表人物除了芝诺之外，还有克雷安德、克律西波；中期阶段大约从公元前 200 年到公元前 50 年，斯多葛学派的公民学说开始在罗马国家的征服地区传播，代表人物有潘尼提乌、波塞东；晚期阶段大约从公元前 50 年到公元 3 世纪上半叶，成为罗马帝国的官方哲学，所以又称新斯多葛学派或罗马斯多葛学派，代表人物有塞内卡、爱比斯泰德和马可·奥勒留。

一、芝诺的公民学说

芝诺（Zeno，公元前 333—前 261 年）出生在塞浦路斯的希齐昂城，是斯多葛学派的创始人。父亲是商人，家庭属于腓尼基人，即父母的一方是闪族人。公元前 311 年，芝诺来到雅典。他先在柏拉图学园学习，以后受到犬儒学派的影响，并通过苏格拉底的学生、犬儒学派的创始人安提斯泰尼的著作，转而信奉苏格拉底的学说。此外，他在自然哲学和逻辑学上受到赫拉克利特与亚里士多德的影响，甚至受到伊壁鸠鲁的影响。芝诺继伊壁鸠鲁之后，在雅典再创希腊世界的第四个著名学园——斯多葛学园。此名称的来历，在于他上课的地方雅典城北面有一种在背后墙壁上绘有彩色图饰的柱廊，这种柱廊叫做 Stoa，斯多葛就是这个词的音译。当代汉语字典里把斯多葛解释为"淡泊"、"禁欲"等义，是着眼其哲学主张的精髓。

芝诺的政治思想代表作《国家篇》属于青年时期的作品，其中有浓厚的犬儒学派的印记，以至在历史上被称为"继犬尾之作"。其他著作，史书上有过记载的有《论法律》《论宇宙》《伦理学》《论人的本性》等，均失传于世。

从公民学的角度来讲，芝诺的公民学说继承了犬儒学派和柏拉图学派，并在这两个学派的基础上对公民学说进行了丰富和发展。主要表现在以下几个方面：

（一）认为人有"善"的德性才会追求"与自然相一致"的幸福生活

芝诺的公民德性观是建立在自然法的基础上的。芝诺重视探寻宇宙万物运行的命运与必然性。芝诺在使用神、宙斯、命运、理性这些重要概念时，带有混同的特点，即将它们视为同一个东西的不同称呼。这背后有一点是共同的，就是古罗马哲学家们用这些概念努力解释宇宙当中的最高存在、起规定作用的本质。

芝诺认为，根据神的意志、命运、理性这些基本概念，存在着一种控制宇宙万物的法律，宇宙万物过去、现在和未来都是根据它而发生的，这个法律就是自然法。

芝诺认为，"自然法是神圣的，拥有命令人正确行动和禁止人错误行动的力量。"[①] 自然法是人类行为的最高准则，人是宇宙的一部分，必然要受这种普遍法则的支配。为此，"芝诺在《论人的本性》中，第一个把'与自然相一致的生活'定位为目的。这种生活与德性的生活是一回事，而德性是指自然引导我们所朝向的那个目标。"[②]

芝诺认为，人的本性是宇宙的自然的一部分，合乎自然的方式的生活就是至善，所以，人们按照理性和自然法生活，就叫道德。芝诺给出的善的独特定义是：

"理性存在作为理性者的自然完善"。符合这个定义的有：德

---

① 转引自（苏）涅尔谢相茨著：《古代希腊政治学说》，蔡拓译，北京：商务印书馆1991年版，第215页。

② （古希腊）第欧根尼·拉尔修著：《名哲言行录》，马永翔、赵玉兰等译，长春：吉林人民出版社2003年版，第438页。

性、作为德性之分有者的有德行为和良善之人；还有它所连带的附属物、愉悦和高兴及诸如此类。而至于恶：它们或者是邪恶、愚蠢、胆怯、非正义及诸如此类；或者是分有了邪恶的事物，包括恶行、恶人及其伴随物、绝望、抑郁，等等。

有些善是心灵之善，有些是外在的，还有些既非心灵的也非外在的。前者包括德性和有德行为；外在的善是这样一些善，如拥有好的祖国或好的朋友，以及此类的兴旺。然而自己善和自己幸福属于既非心灵又非外在的善。①

芝诺提出，德性属于既是目的又是手段的善，而邪恶则属于既是目的又是手段的恶。他认为：

善或者本性上就是目的，或者是达到这些目的的手段，或者既是目的又是手段。朋友和从他那里获得的好处是达到善的手段，而自信、愉快、自由、欣喜、高兴、脱离痛苦和所有德性本性上就是目的。

德性属于既是目的又是手段的善。一方面，就其导致幸福而言它们是手段，另一方面，就他们使幸福完善并因此自身即为幸福之一部分而言，它们是手段。与此相似，有些恶本性上是目的，有些是手段，还有些同时是手段和目的。你的敌人和他造成的伤害是手段；惊恐、屈辱、奴役、忧郁、绝望、过度的伤感和所有恶行都在本性上是目的。邪恶属于既是目的又是手段的恶，因为就其导致痛苦而言它们是手段，就其使痛苦完善并因而成为其一部分而言，它们是目的。②

芝诺在理解人类生活幸福的内涵时，抬高理性和知识的地位，而贬低欲望的价值。在芝诺看来，欲望是灵魂的波动，违背健全的思想并且有违于自然。人只有以理性抑制欲念，达到清心寡欲，才是道德高尚的生活。芝诺提出：

若有人远离使年轻人的灵魂变得软弱的被夸大的快乐，并转

---

① 转引自（古希腊）第欧根尼·拉尔修著：《名哲言行录》，马永翔、赵玉兰等译，长春：吉林人民出版社 2003 年版，第 441 页。

② 转引自（古希腊）第欧根尼·拉尔修著：《名哲言行录》，马永翔、赵玉兰等译，长春：吉林人民出版社 2003 年版，第 441—442 页。

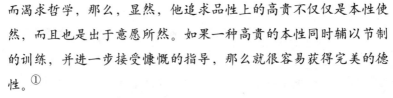

而渴求哲学，那么，显然，他追求品性上的高贵不仅仅是本性使然，而且也是出于意愿所然。如果一种高贵的本性同时辅以节制的训练，并进一步接受慷慨的指导，那么就很容易获得完美的德性。①

芝诺还明确区分了有智慧的人与愚蠢的人。有智慧的人以理性控制欲望，具有最基本的德性，其意志也是自由的。"芝诺是第一个使用行为的责任这个词的人。"② 芝诺认为：

> 责任一词用于这样的事物，即一旦被做，就能为之提出合理的辩护。例如生命过程的和谐，这一点确实贯穿于动植物的成长。即使在动植物身上你也可以分辨出行为的适当性。③

在芝诺看来，合乎德性的生活乃是一种责任，它是一种与自然的安排相一致的行动，也是理性指导人们所选择的行动。相反，愚蠢的人受激情支配，是欲望的奴隶，所以没有关于善恶的知识，也没有责任与德性。芝诺认为：

> 恰当的行为是指所有理性劝导我们去做的行为，如尊重父母、兄弟和祖国以及与朋友交往，等等。不恰当的或与责任相背的行为是指为理性所反对的行为，如蔑视父母、对兄弟冷淡、与朋友不和、无视祖国的利益，等等。不属于前面两种类型的是那些理性既不鼓励也不禁止我们去做的行为，如捡起一根小树枝、握一支铁笔或刮刀，等等。④

芝诺认为德性是一种和谐的性情，因为自身的缘故就值得选择，并且不是出于希望、恐惧或任何外在的动机。他提出：

> 幸福就在于德性，因为德性是倾向于整个生命相和谐的心灵状态。若理性存在者堕落，这要归因于外在追求的欺骗，有时则

---

① 转引自（古希腊）第欧根尼·拉尔修著：《名哲言行录》，马永翔、赵玉兰等译，长春：吉林人民出版社2003年版，第401页。

② 转引自（古希腊）第欧根尼·拉尔修著：《名哲言行录》，马永翔、赵玉兰等译，长春：吉林人民出版社2003年版，第446页。

③ 转引自（古希腊）第欧根尼·拉尔修著：《名哲言行录》，马永翔、赵玉兰等译，长春：吉林人民出版社2003年版，第446页。

④ 转引自（古希腊）第欧根尼·拉尔修著：《名哲言行录》，马永翔、赵玉兰等译，长春：吉林人民出版社2003年版，第446页。

归因于同伴的影响。因为自然的起点从来不是邪恶的。①

芝诺认为，人的自然理性使人追求善的生活，这样，他就从世界理性过渡到人的伦理行为。在芝诺看来，德性是生活的最高目的，唯有德性才能使人幸福，而德性就是合乎自然的生活，遵循自己的本性和宇宙的本性。芝诺这种高度重视个体的道德自觉的特点，也传给了斯多葛学派的后继者。

（二）提出"世界的公民"②思想并"主张世界是统一的"③

芝诺认为，有理性的人类应当生活在统一的国家之中，这是一个包括所有现存的国家和城邦的世界邦国，它的存在使得每一个人不再是这一或那一城邦的公民，而是世界整体的一部分。

在个人与整体、个人与社会、个人与国家的关系上，芝诺认为国家是自然产生的，"城市是在规律（Law）支配下人们生活聚集的处所"④，个人应当服从整体。个人与人类整体的关系优于个别种族、城邦的关系。为此，他主张要树立一种超越单一种族和国家的世界主义观念，实行一种统一法律即人类共同法，也就是自然理性、宇宙理性，信奉同一个神，"芝诺认为神的实体是整个世界和天穹"⑤。

芝诺曾贬低现存的城邦秩序及其政治制度，不仅反对个人婚姻和家庭模式，而且批评学校、商业、货币、庙宇和法庭等社会政治制度。芝诺设想的世界邦国内，每个人都是人类大家庭中的一员，人人如同兄弟，人人都有善良的愿望，所有的世界公民皆应平等。没有家庭、货币、等级与种族、庙宇、法庭等人为的社会政治制度，他认为，一切人都是平等的公民，女子享有与男子同样的权利，婚配自由，没有殿堂庙宇和法庭辩论，人们彼此相亲相爱，和睦共处，让理性以自然方式起作用。

---

① 转引自（古希腊）第欧根尼·拉尔修著：《名哲言行录》，马永翔、赵玉兰等译，长春：吉林人民出版社 2003 年版，第 439 页。

② 转引自北京大学哲学系外国哲学史教研室编译：《西方哲学原著选读》（上卷），北京：商务印书馆 1982 年版，第 195 页。

③ 转引自（古希腊）第欧根尼·拉尔修著：《名哲言行录》，马永翔、赵玉兰等译，长春：吉林人民出版社 2003 年版，第 460 页。

④ A. Long. *The Hellenistic Philosophers*. Cambridge University press，1987，p.242.

⑤ 转引自（古希腊）第欧根尼·拉尔修著：《名哲言行录》，马永翔、赵玉兰等译，长春：吉林人民出版社 2003 年版，第 462 页。

"芝诺在其《论整体》中……主张世界是统一的。"[1] 芝诺认为，世界是一个整体，万物都向同一个中心团聚。众多相互冲突的国家的存在是荒谬的，只有建立世界邦国才是合理的。

芝诺认为，任何具有理性的人，都可成为世界公民。相对于人们居住的城市、乡村以及他们拥有的独特法律与法规，把一切人视为同胞，使人类得以在同一个宇宙里共同生活的世界国家，是更为重要的。芝诺认为：

> 人是种族的一员，具有到处大致相同的人类本性。[2]

人与人之间根本的关系只是顺从理性的安排，人的一切活动都以普遍理性为准则，在世界的普遍目的中来实现自己的目的。

芝诺的世界主义思想，实际上是希腊化和罗马帝国时代特定环境下的产物，适应了希腊化时代的价值观需要。这种世界的公民思想与罗马人创造世界帝国的政治追求相吻合，不仅是近代世界主义公民思潮的理论先驱，而且对当代世界公民的理论产生了重大影响。

（三）认为正义体现在公民对自然法的服从和人人平等

芝诺以自然法中的理性思想作为其思考和论述公民正义与平等的基础。他认为，所有的人，不分国别或种族，在具有自然赋予的理性这一点上都是相同的，神圣的理性寓于所有人的身心之中，因此，存在着一种基于理性的普遍的自然法，它在整个宇宙中都是普遍有效的，对任何人都有约束力，遵从自然法则就是正义。芝诺主张人在本质上是平等的，因性别、阶级、种族或国籍不同而对人进行歧视的做法是不正义的，是与自然法背道而驰的。

芝诺重视自然法与社会正义的联系。在芝诺看来，人们交往中通行的正义，是自然法在人类社会中的体现。芝诺把正义作为事物的完美至善的重要因素，芝诺认为：

> 美的事物有四类：正义的、勇敢的、有序的和智慧的；因为
> 正是在这些形式下公正的行为才成为完整的。与此类似，卑鄙
> 或丑陋也有四种：非正义、胆怯、无序和不智。美的事物在一种

---

[1] 转引自（古希腊）第欧根尼·拉尔修著：《名哲言行录》，马永翔、赵玉兰等译，长春：吉林人民出版社2003年版，第460页。

[2] 转引自北京大学哲学系外国哲学史教研室编译：《西方哲学原著选读》（上卷），北京：商务印书馆1982年版，第180页。

特别意义上专指使其拥有者值得欣赏的善，简言之，指值得赞赏的善；尽管在其他意义上它意指适合于某物的特有功能的良好资质；在另一意义上美的事物是指把新的优雅赋予任何事物的东西，正如我们谈到智慧之人时会说他自个儿就是善的和美的。①

在芝诺看来，相对于人们的政治社会以及它们实行的法律来说，人类共同受同一个自然法支配，对自然法的服从就是正义，这种正义对人们的行为起着规范和准则作用。芝诺认为：

就像一根棍子要么是直的要么是弯的，所以一个人要么是正义的要么是非正义的，而没有正义和非正义的不同等级；别的德性也是如此。②

芝诺认为，所有的人都是兄弟，都是神这个同一父亲的儿女，有同样的起源和命运，具有平等的权利。人应该遵从理性而生活，而理性人人具有，因而人与人是平等的。无论在王座上还是在枷锁中，人都是自由而平等的。

芝诺的平等理念中所蕴涵很重要的一个层面就是在法律面前的平等，"因为自然法认为所有的人都是平等的。"③ 以芝诺为代表的斯多葛学派认为：

法律赋予他们对所有事物都拥有完全的权利。④

在芝诺看来，整个世界应该是一个具有完善德行的、与宇宙秩序相一致的大家庭，人是宇宙的一部分，所以个人本性同宇宙本性相一致，按照理性人应该爱自己的同类，人和人之间应该有一种广泛的敬爱和尊重。

芝诺认为，人的理性可以使人的自爱冲破它狭隘的范围，不断扩展，人类应该生活在一个世界邦国里，自然法支配这种自然国家，告诉我们应该做什么，不应该做什么。无论君王还是臣民，不应有财富、种族、门第

---

① 转引自（古希腊）第欧根尼·拉尔修著：《名哲言行录》，马永翔、赵玉兰等译，长春：吉林人民出版社2003年版，第443页。

② 转引自（古希腊）第欧根尼·拉尔修著：《名哲言行录》，马永翔、赵玉兰等译，长春：吉林人民出版社2003年版，第454页。

③ 转引自（美）E.博登海默著：《法理学：法律哲学和法律方法》，邓正来译，北京：中国政法大学出版社1999年版，第17页。

④ 转引自（古希腊）第欧根尼·拉尔修著：《名哲言行录》，马永翔、赵玉兰等译，长春：吉林人民出版社2003年版，第453页。

等等级差异，甚至连父母与子女之间的关系也是平等的。

芝诺的这种有关正义和人人平等的思想"在罗马帝国时期的政治哲学中赢得了一席之地"①，而且也对西方公民学的公民平等价值观以及公民权利的张扬奠定了理论基础。

二、克律西波的公民学说

克律西波（Chrysippus，又译为克利西波斯，公元前 280—前 206 年）出生于小亚细亚的索利或塔尔索斯。约公元前 260 年到雅典。开始时学习柏拉图学园教授的逻辑学和辩证法，后来接受克雷安德的传授，并且于公元前 232 年成为斯多葛学派的领袖。"他有着良好的天赋，在哲学的所有分支领域都显得极为深刻；并且其程度是如此之深，以致他在大多数问题上都与芝诺有分歧。"② 由于他学识渊博，又长于论证，在这个学派的发展中起到重要作用，所以被称为仅次于芝诺的"第二位奠基人"。

"克律西波在辩证法方面极为出众，以致大多数人认为，如果诸神也使用辩证法的话，那么他们只会采纳克律西波的辩证法体系。"③ 克律西波在论证其公民思想时，十分重视运用逻辑学和辩证法。"他把知识自身定义为要么是一种无错的理解，要么是一种在接受表象时不可能为论辩所动摇的习惯或状态。他认为，若不研究辩证法，智慧之人也不能保证自己在论辩中从不出错；因为它使人区别真理和谬误，辩明什么只是似乎真的和什么是表述含糊的；没有辩证法，就不能有条理地提问和回答。"④

克律西波继承和发展了斯多葛学派基于自然法基础上的公民自然观、德性观、世界公民观、公民平等观、正义观等公民学说，其公民学的著作

① 参见（美）E.博登海默著：《法理学：法律哲学和法律方法》，邓正来译，北京：中国政法大学出版社 1999 年版，第 17 页。
② 参见（古希腊）第欧根尼·拉尔修著：《名哲言行录》，马永翔、赵玉兰等译，长春：吉林人民出版社 2003 年版，第 486 页。
③ 转引自（古希腊）第欧根尼·拉尔修著：《名哲言行录》，马永翔、赵玉兰等译，长春：吉林人民出版社 2003 年版，第 483—484 页。
④ 转引自（古希腊）第欧根尼·拉尔修著：《名哲言行录》，马永翔、赵玉兰等译，长春：吉林人民出版社 2003 年版，第 420—421 页。

包括《论国家》《论德性》《论理性》《论道德上的美》《论正义》《论目的》等，其中许多思想都是模仿和继承芝诺的公民理论，如他主张理想城邦是世界国家，认为公民正义的存在是依据自然而非规定等，都带有明显的受犬儒学派影响的痕迹。现在大部分著作已失传，只有残篇留存于世。

（一）提出公民"有德性地生活与依据自然的实际过程的经验而生活是等同的"

克律西波认为，人的最高目的是按照自然生活，即按照自己的本性和普遍的本性生活，决不做自然法所不允许的事情，即贯穿于一切事物之中的正确理性所禁止的事情。克律西波在《论目的》的第一卷中认为：

> 有德性地生活与依据自然的实际过程的经验而生活是等同的。因为我们的个体的自然是整个宇宙的自然的一部分。而这也就是为什么目的可以定义为与自然相一致的生活的原因，换言之，这种生活与我们人类的自然相一致；在这种生活中，我们戒绝一切为万物所共有的法则所禁止的行为，而这种法则也就是那渗透万物的正确理性，这种理性与所有存在者的宙斯、主人和统治者相等同。当所有行为都使驻留于个体人之中的精神与宇宙的命令者的意志相和谐并得到提升时，上述那种生活就构成了幸福之人的德性和光滑的生命之流。①

克律西波相信一切按照命运的安排发生，而命运就是神的启示和理性，是自然必然性，它们在宇宙中起着主宰和统治的作用。古希腊哲学家第欧根尼·拉尔修在其《名哲言行录》中说：

> 克律西波在《论目的》的第一卷中肯定："对每种动物来说最珍贵的是它自己的身体和它对此的意识。"因为自然不可能使生命物与自己疏远，它也不可能使自己创造的生物既不疏远也不真爱自己的身体。②

"克律西波把我们的生活所应当与之保持一致的自然，同时理解为宇

---

① 转引自（古希腊）第欧根尼·拉尔修著：《名哲言行录》，马永翔、赵玉兰等译，长春：吉林人民出版社2003年版，第438—439页。

② （古希腊）第欧根尼·拉尔修著：《名哲言行录》，马永翔、赵玉兰等译，长春：吉林人民出版社2003年版，第437页。

宙的自然和个别意义上的人的自然。"① 在克律西波看来，如果一个人使自己的本性与宇宙本性和谐一致，遵从宇宙本性行事，那么他就是具有了德性。他认为：

> 我们每个人的本性都是整个宇宙的本性的一部分，因而目的就可定义为顺从自然而生活；换句话说，顺从我们每个人自己的本性以及宇宙的本性而生活。在这种生活中……构成了幸福之人的德性以及生活的宁静安定。②

克律西波认为，命运就是因果关系和逻各斯，据此一切都是必然发生的，于是一定有征兆表明存在着原因，从而产生某种结果；人的灵魂本性是与神性相通的，所以灵魂有某种观察能力，能够达到趋利避害的目的。克律西波在其《论德性》第一卷中，这样说道：

> 因为，如果宽宏大度仅就其自身就能让我们超越一切事物之上，并且，如果宽宏大度只是德性的一部分，那么德性作为整体其自身对于幸福就是足够的，它鄙视所有显得麻烦的事物。③

古希腊哲学家第欧根尼·拉尔修在其《名哲言行录》中记述：

> 唯一道德上的美是善。克律西波在《论道德上的美》中是这么认为的。他认为德性和凡是分有德性的事物就在于此。这就等于说，所有善的都是美的，或者"善"这个词与"美"这个词有同样的力量，它们指向同样的事物。"既然一个东西是善的，则它是美的；因为它是美的，因此它是善的。"④

克律西波认为，道德高尚的人从不逾越自然理性所许可的合理享乐的界限，同样，他们也要求其他人的行为遵守本分。克律西波在《论谋生之道》的第二卷中，他通过论述智慧之人如何谋生这个问题，强调德性就是幸福，他说：

---

① 参见（古希腊）第欧根尼·拉尔修著：《名哲言行录》，马永翔、赵玉兰等译，长春：吉林人民出版社 2003 年版，第 439 页。

② 转引自苗力田主编：《古希腊哲学》，北京：中国人民大学出版社 1989 年版，第 602 页。

③ 转引自（古希腊）第欧根尼·拉尔修著：《名哲言行录》，马永翔、赵玉兰等译，长春：吉林人民出版社 2003 年版，第 454 页。

④ （古希腊）第欧根尼·拉尔修著：《名哲言行录》，马永翔、赵玉兰等译，长春：吉林人民出版社 2003 年版，第 443 页。

因为如果是为维持生命，但生命毕竟是件无关紧要的事情；如果是为快乐，而快乐也是无关紧要的；然而如果是为德性，但德性自身就足以构成幸福。①

克律西波提出的道德上的美即是善等公民思想，既丰富和发展了斯多葛学派的公民自然观、德性观，也为古罗马时期公民伦理价值观的形成和确立奠定了思想基础。

（二）提出"世界是统一的"公民学说

克律西波继承芝诺的学说，也主张理想城邦是世界国家，它的成员就是世界公民。"克律西波在其《物理学》中主张世界是统一的。"②

克律西波认为，世界国家的普遍性不在于包括全人类，而在于它是由神与无论身居何处的智慧的人构成；它的特点不在于幅员广大，而在于完全是另一种类型的社会，这样的社会是美德与智慧的结合。

在克律西波看来，"万物都属于智慧之人"③。"克律西波在其《论神意》中认为：天中的纯净部分是世界的统治力量。"④

古希腊哲学家第欧根尼·拉尔修在其《名哲言行录》中记录到：

在他看来，世界为理性和神意所主宰，克律西波在其《论神意》的第五卷中这么认为。因为理性渗透在它的每一部分中，正如灵魂渗透于我们身体的每一部分一样；只是程度上有区别；一些部分多一些理性，一些部分少一些理性。因为在某些部分中它表现为"把持"或牵制的力量，正如灵魂在我们的骨头和肌腱中一样；在另一些部分中它表现为理智，正如在灵魂的统治部分中一样。因此，整个世界就是一个有生命的存在，它被赋予了灵魂

①　转引自（古希腊）第欧根尼·拉尔修著：《名哲言行录》，马永翔、赵玉兰等译，长春：吉林人民出版社 2003 年版，第 488 页。

②　转引自（古希腊）第欧根尼·拉尔修著：《名哲言行录》，马永翔、赵玉兰等译，长春：吉林人民出版社 2003 年版，第 460 页。

③　转引自（古希腊）第欧根尼·拉尔修著：《名哲言行录》，马永翔、赵玉兰等译，长春：吉林人民出版社 2003 年版，第 453 页。

④　转引自（古希腊）第欧根尼·拉尔修著：《名哲言行录》，马永翔、赵玉兰等译，长春：吉林人民出版社 2003 年版，第 459 页。

和理性。①

在强调世界一统的同时，克律西波认为，作为社会生活和社会政治制度的奴隶制是不合理的，因为它与人的世界公民资格相抵触。

（三）提出"正义，还有法律和正确理性，天生就存在"的公民思想

克律西波坚持认为正义的唯一来源是宙斯与宇宙的本性。正义的存在依据自然而非规定，人们判断正义与非正义的事情，在于存在着客观、正确的标准，而不在于特殊国家或社会的实在法。将正义的客观性与普遍性联系起来的是理性。

克律西波在《论道德上的美》中认为：

> 正义，还有法律和正确理性，天生就存在，而不是通过习俗获得的。②

克律西波通过人的自然理性来思考公民的正义和平等，他认为，神圣的理性是正确的，它在生活中所起的作用，就是以理性指导行为的德性。人们只有用理性塑造自己，理性才能指导我们的行为；人对理性只有确切地理解之后，行动时才能知道身居何处、方向何在、何事可为与何事不可为。克律西波在《论正义》第一卷中认为：

> 在人和低等动物之间没有正义的问题，因为两者之间不具相似性。③

克律西波认为，平等和头脑公平从属于正义，他在《论德性》第一卷中主张：

> 德性彼此相关，拥有其中一种就拥有所有德性，因为它们有共同的原则。因为如果一个人拥有了德性，他就能够立刻发现他应该做什么并付诸实践。行为的这些规则包括选择、忍耐、维持和分配的诸规则，因此，如果一个人运用理智的选择做了一些事情、凭借坚忍不拔做了另一些事情，那么他立刻就是智慧的、勇

---

① （古希腊）第欧根尼·拉尔修著：《名哲言行录》，马永翔、赵玉兰等译，长春：吉林人民出版社 2003 年版，第 458—459 页。

② 转引自（古希腊）第欧根尼·拉尔修著：《名哲言行录》，马永翔、赵玉兰等译，长春：吉林人民出版社 2003 年版，第 454 页。

③ 转引自（古希腊）第欧根尼·拉尔修著：《名哲言行录》，马永翔、赵玉兰等译，长春：吉林人民出版社 2003 年版，第 455 页。

敢的、正义的和节制的。每种德性都有其关涉的特殊主题，例如勇敢关涉那些必须忍耐的事情，实践智慧关涉要付诸实现和要加以避免的行为，以及都不属于这两种情况的行为。同样，其他每一种德性也都关涉自己的特有领域。善谏和理解从属于智慧；良好的纪律和有序从属于节制；平等和头脑公平从属于正义；坚定不移和精力充沛从属于勇敢。①

同时，克律西波针对奴隶制占统治地位，奴隶普遍不被当做人的社会现实，毫不迟疑地将平等原则适用于奴隶。主张奴隶也是人，也具有与其他人一样的精神品质。克律西波认为，"自然法是永恒不变的，无论是统治者还是被统治者都应当遵守。在万能的自然法面前人们生而平等，没有一个人生来就是奴隶，应将奴隶视为受雇的劳动者。"②

在克律西波看来，按照自然法的概念，不同民族、不同身份的人是平等的。自由和受奴役是人的道德和精神的特征，而不是人的社会政治地位。克律西波认为，"贤人即有道德的人，即使带着手铐脚镣，也是自由的，而恶人不管他过去怎样，他始终处于受奴役状态。"③

古希腊哲学家第欧根尼·拉尔修在其《名哲言行录》中转述：

> 不仅如此，他认为智慧之人不仅是自由的，他们还是国王；王权不受责罚的统治，对此除了智慧之人外没有谁能胜任；这是克律西波在辨析芝诺所使用的术语的论文中说的。因为他认为，关于善和恶的知识是统治者必备的品质，而没有哪个恶人能熟知这门科学；同样，唯有智慧之人和良善之人适合做官吏、法官或演说家，恶人中没有谁有这种资格。智慧之人是不会出错的，不可能犯错误；他们没有罪过，因为他们既不伤害别人也不伤害自己。同时他们不是软心肠的，不对任何人纵容，他们从不松懈法律所规定的惩罚，因为纵容、怜悯、甚至左右兼顾都是心灵软弱

---

① 转引自（古希腊）第欧根尼·拉尔修著：《名哲言行录》，马永翔、赵玉兰等译，长春：吉林人民出版社2003年版，第453页。

② 转引自杜钢建、史彤彪、胡冶岩著：《西方人权思想史》，北京：中国经济出版社1998年版，第47—48页。

③ 转引自（苏）涅尔谢相茨著：《古代希腊政治学说》，蔡拓译，北京：商务印书馆1991年版，第218页。

的标志，只会在施行责罚中使人心慈手软。他们也不认为惩罚过于严重。①

综上所述，斯多葛学派关于人的自然理性、公民平等和正义思想，为近现代个人主义公民学说对个人独立的强调、对个人自主的追求、对个人自由的捍卫提供了重要的思想资源，也为近现代以来的"天赋人权"、"社会契约"公民理论提供了思维方法和理论先导。正如第欧根尼·拉尔修在其《名哲言行录》中所说：

> 斯多葛学派认为个人与他人的关系只是服从理性，并不具有其他情感的约束。甚至同自己的父亲、兄弟之间发生的关系，也只是同善发生关系，这是由神或普遍理性赋予人的本性决定的。②

同时，斯多葛学派基于自然法的人类一体、世界公民思想，成为中世纪教俗两界关于世界国家的直接理论先驱，也对近代世界主义公民思潮的理论形成产生了重大影响。正如英国史学家梅因所指出的，如果以自然法为基础的公民理性观"没有成为古代世界中一种普遍的信念，这就很难说思想的历史（因此也就是人类的历史）究竟会朝哪一个方面发展了"。③美国政治学家乔治·霍兰·萨拜因也认为："无论政治思想后来的变化有多么大，它们无论如何也是连续的，从斯多葛学派中自然法理论的出现直到革命的人权学说都是如此。"④

第二节　西塞罗的公民学说

西塞罗（Marcus Tullius Cicero，公元前106—前43年），出生在距罗

---

① （古希腊）第欧根尼·拉尔修著：《名哲言行录》，马永翔、赵玉兰等译，长春：吉林人民出版社2003年版，第452页。

② （古希腊）第欧根尼·拉尔修著：《名哲言行录》，马永翔、赵玉兰等译，长春：吉林人民出版社2003年版，第415页。

③ （英）梅因著：《古代法》，沈景一译，北京：商务印书馆1959年版，第43页。

④ （美）乔治·霍兰·萨拜因著：《政治学说史》（上册），盛葵阳、崔妙因译，北京：商务印书馆1986年版，第178页。

马东南大约 100 千米的山区小镇阿尔皮努姆附近的一座庄园里。自幼在希腊教师门下求学，对演说艺术表现出强烈的兴趣和爱好，并在诗歌方面表现出很高的天赋。先后受到伊壁鸠鲁派哲学、学园派哲学、斯多葛学派哲学的熏陶。

公元前 63 年，西塞罗成功地竞选为执政官，使自己的政治声誉达到最高峰，被视为共和国的拯救者。他也从此站到了保守的元老贵族一边，维护贵族共和制。公元前 58 年，西塞罗的政治生涯发生波折，被迫流亡马其顿，于是年 9 月返回罗马。直至公元前 43 年 12 月，西塞罗被其政敌安东尼处死。

西塞罗一生学术著述很多，作为一个天才的演说家，他还留下了许多演说文字。他的全集有数卷，包括修辞学、哲学、政治学以及与此相关的论辩文章、随笔、对话、演说、诗作和书信等。其公民学的主要著作有：《论共和国》《论法律》《论老年》《论友谊》《论责任》《论荣誉》《论神的本性》《论目的》《论学园》《论创意》《前柏拉图学园》《后柏拉图学园》《论至善与至恶》等。西塞罗的公民思想内容丰富，涉猎广泛，达到令人惊诧而不能企及的程度。

在西方公民学说史上，西塞罗占有非常重要的地位。西塞罗用优美、流畅的拉丁文把希腊的公民学说介绍给罗马人，使罗马人在了解希腊文明的基础上，进而了解了希腊公民学说。西塞罗不仅是一个希腊公民文化的传承人，他还立足于当时的罗马社会现实，将所有希腊的政治理论与罗马帝国的公民政治生活有机地结合起来，他既继承了古希腊理性主义的思想传统，又将斯多葛学派的自然法思想发扬光大，从而完成了公民理论罗马化的任务，提出了许多有创建性的公民学说。

一、首创"责任公民"学说

西塞罗在西方公民学说史上首创了"责任公民"理论，主张公民应当发自内心地自愿承担责任和义务。认为，每个公民都应该积极为国家、为社会尽一份儿自己的责任，为公众的利益贡献出自己的一份儿力量。因为公民不是为自己而生，国家赋予公民应尽的责任。他说：

> 我们生下来并非只是为了自己，我们的国家、我们的朋友都

有权要求我们尽一份儿责任。……我们应当遵从"自然"的意旨，彼此关爱、相互授受，为公众的利益贡献出自己的一份儿力量。例如，用我们的技能和才智，以及通过我们辛勤的劳动，使人类社会更紧密地凝结在一起，使人与人之间更加团结友爱。①

西塞罗在阐述责任的分类时说：

任何论述责任的文章都有两个部分：一部分是论述至善说，另一部分是论述可以全方位地制约日常生活的那些实际规则。例如，下述问题就属于第一部分：一切责任是否都是绝对的，某一责任是否比另一责任更重要，等等。

责任还有另一种分类法：我们可以将它们分为所谓的"普通的"责任和"绝对的"责任。我认为，"绝对的"责任也可以叫做"义"，希腊人对于这两种责任是这样定义的：他们把一切合乎"义"的责任都定义为"绝对的"责任，但是他们说，"普通的"责任只是关于可以提出某种适当理由的行为的责任而已。②

西塞罗在论述其公民责任思想时，继承和发展了斯多葛学派的自然法观念，把人的理性存在作为责任的基础，并从维护城邦奠定坚实基础以及去除民族的恶习出发，主张公民不仅是为自己而生，也是为国家及朋友而生，必然承担相应责任，从而把公民责任学说发展为系统化、通俗化和罗马化的理论。

（一）认为公民有理性所以应尽自己的责任

西塞罗认为，人是上帝赋予的各种活的生命当中唯一具有理性和思维的生命，理性使人们更加注重博学与责任，驱使人们从错误的行为转向正当的行为。他说：

理性的力量甚至改变了自然的命运。共同的语言和密切相关的生活把所有的人联系在了一起——这是自然的功劳所致，但理性却使人们更加注重了博学与抚养下一代的责任意识。自然与理性糅合在一起，使人类在部落群居、公共聚会中不断地提升着自己的生存取向，又从提升的生存取向中制定相应的责任目标。比

① （古罗马）西塞罗著:《西塞罗三论》，徐奕春译，北京：商务印书馆1998年版，第99页。
② （古罗马）西塞罗著:《西塞罗三论》，徐奕春译，北京：商务印书馆1998年版，第93页。

如男人就被要求必须努力地工作，目的是为他们自己，同时也为他们的妻儿以及需要他们赡养和服侍的人过上舒适的生活。生产说到底就是为了获取大量的物品。自定的要求和责任往往会激起人们内心的勇气，以至于使人们在谋生的过程中变得更加富于理性和坚强。……我们在各种社会生活中逐渐地认识到，那些真实、纯真的东西对我们人的天性原来是再切合不过的了。人类除了具有对真理探求的天性之外，还有一种追求自身独立的本能愿望。从这个意义上讲，自然所赋予人类的初始意愿在任何群体中都存在排斥性。除非有某个人做了让公众拥戴的正义事业，或者具有绝对服众的能力统治自己所在的部落。真正意义上的伟人大抵都是从这类世俗的环境中历练出来的。①

西塞罗认为，人是自然界里最特殊的动物，其特殊性就在于人是所有生物中唯一具有优越的理性的种类，自然予人以理性，理性是上帝与人类的共同财产，是人与上帝沟通的桥梁。他说：

> 人和神具有同一种德性，任何其他种类的生物都不具有它。这种德性不是什么别的，就是达到完善，进入最高境界的自然。②

西塞罗认为，自然和理性创造了人类和谐之美，而且还把这种和谐之美从感性世界延伸到精神世界。他说：

> "自然"和"理性"明确宣示：人是唯一能够感知秩序和礼节并知道如何节制言行的动物。因此其他一切动物都感知不到"可见的世界"中的美、可爱与和谐；而且"自然"和"理性"还将这类情状从感觉世界扩展到精神世界，觉得在思想和行为中更应当保持美、一致和秩序，因而"自然"和"理性"就小心谨慎，不做任何不恰当的或缺乏阳刚之气的事情，在每一思想和行为中既不做也不想变化无常、异想天开的事情。③

① （古罗马）西塞罗著：《友谊责任论》，林蔚真译，北京：光明日报出版社2006年版，第65—66页。
② （古罗马）西塞罗著：《论共和国论法律》，王焕生译，北京：中国政法大学出版社1997年版，第193页。
③ （古罗马）西塞罗著：《西塞罗三论》，徐奕春译，北京：商务印书馆1998年版，第95页。

西塞罗认为，理性是从自然生出来的，它指导人们何事该做、何事不该做，当这种理性在人类理智中稳定而充分地发展了的时候，就提供了强有力的道德责任力量。他主张：

> 在选择相互冲突的责任时，应把人类社会的利益所需要的那类责任放在首位。①

他认为，公民的责任是有限的，对责任的追求惩罚也是有限度的。

> 此外，我们甚至对那些有负于我们的人也负有某些责任。因为报复与惩罚是有限度的；或更确切地说，我倾向于认为，使侵凌者对自己所干的坏事感到后悔，以便使其不再重犯，是其他人也能引以为鉴，不干这些坏事，这就足够了。②

西赛罗以理性主义自然法思想来论述公民责任，他对人类理性、对公民责任的思考不是仅仅停留在哲学思辨的层面，而是深深扎根于城邦国家世俗的现实生活之中，从而使其责任学说具有较强的针对性和实践性。

（二）认为公民的美德是履行责任的基础

西塞罗认为，美德是人世间最美好的事物，没有美德因素的至善是不可以接受的，至善的本身则要求人们与自然本性和谐一致地生活，要求人们选择共同的利益而不是自己的利益。西塞罗强调道德责任的重要性时指出：

> 关于道德责任这个问题所传下来的那些教诲似乎具有最广泛的实际用途。因为任何一种生活，无论是公共的还是私人的、事业的还是家庭的、只关涉个人的还是关涉他人的，都不可能没有其道德责任，可以说，生活中一切有德之事均由履行某种责任而出。而一切无德之事皆因忽视责任而致。③

1.认为公民有美德就应自觉自愿地去履行对国家和社会的责任

西塞罗认为，社会的和谐要以公民的美德来支撑。他循循善诱地要求人们讲究美德、拥有爱心，因为"好心为迷路者带路的人，就好像用自己的火把点燃他人的火把，他的火把并不会因为点亮了别人的火把而变得昏

---

① （古罗马）西塞罗著:《西塞罗三论》，徐奕春译，北京:商务印书馆1998年版，第164页。
② （古罗马）西塞罗著:《西塞罗三论》，徐奕春译，北京:商务印书馆1998年版，第105页。
③ （古罗马）西塞罗著:《西塞罗三论》，徐奕春译，北京:商务印书馆1998年版，第91页。

暗。"① 他在强调正直的美德对于人的生活和尊严的重要性时说：

> 因为除了在好名声、恰当和道德上的正直中以外，我们在任何地方都不可能发现对我们真正有利的东西，所以，正因为这一缘故，我们把这三者看做是首要而且最高的努力目标，而我们称之为利的那种东西，我们认为它与其说是我们尊严的一种装饰物，不如说是生活的一种必需的附带物。②

在西塞罗看来，大自然要求人类要像遵守法律那样遵守美德，当心灵区分开正确与错误对立的结果时，他就会捍卫真理。他的公民责任学说旨在唤起公民高尚的行为，使他们不去做坏事。他在论述人的责任时说：

> 首先是国家和父母；为他们服务乃是我们所负有的最重大的责任。其次是儿女和家人，他们只能指望我们来抚养，他们不可能得到其他人的保护。最后是亲戚，在日常生活中他们往往能与我们和睦相处，而且其中绝大多数人都能与我们同舟共济。③

西塞罗主张，公民应自觉自愿地履行社会责任，他说：

> 对伤害他人的行为不加制止，因而缺乏道德责任感，其原因可能是多种多样的：或则不愿结怨树敌、惹事破财；或则由于冷漠、懒惰或无能；或则专注于某种急务或私利，以致无暇顾及那些有责任去保护的人……但实际上最好还是自愿去履行，因为本质是正当的行为，只有自觉自愿地去做才是正义的。④

西塞罗宣扬为国家献身的精神，主张不把自己的名誉放在国家的安危之前。他赞扬有美德的公民：

> 他们会毫无保留地献身于国家，不在乎自己的影响和权利，心目中只有整个国家和全体人民的利益；此外，他们不会无根据地指控任何人而使其遭人憎恨和蒙受耻辱，但是他们会不惜任何

① （古罗马）西塞罗著：《西塞罗三论》，徐奕春译，北京：商务印书馆1998年版，第101—102页。

② （古罗马）西塞罗著：《西塞罗三论》，徐奕春译，北京：商务印书馆1998年版，第262页。

③ （古罗马）西塞罗著：《西塞罗三论》，徐奕春译，北京：商务印书馆1998年版，第116页。

④ （古罗马）西塞罗著：《西塞罗三论》，徐奕春译，北京：商务印书馆1998年版，第101—102页。

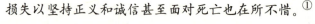

损失以坚持正义和诚信甚至面对死亡也在所不惜。①

西塞罗主张，如果公民具有了美德，却不去承担对公众利益的责任，就理应受到谴责。他说：

> 正如法律为众人的安全而不是为个人的安全制定的，同样一个良善、智慧、守法，知道自己对国家责任的人，研究的是众人的利益，而不是自己的或者某个个人的利益，为自己私人利益或安全而背叛公众利益或安全的人，比背叛自己国家的人更应受到谴责。②

西塞罗认为，克己奉公就是至善，为此，他号召人们要遵从自然的意旨，彼此关爱，为公众利益贡献出自己的一份儿力量，要用我们的技能和才智，以及我们的辛勤劳动，使人类社会更紧密地凝结在一起，使人与人之间更加团结友爱。

2. 认为公民有美德才表现出协作与互助的责任行为

西塞罗认为，相互协作是责任公民的重要素质。他认为，人与人之间应该互相关爱、互相帮助，互助的劳动技能是满足人们日常需要的关键。例如，用我们的技能和才智，以及通过我们辛勤的劳动，使人类社会更紧密地凝结在一起，使人与人之间更加团结友爱。他说：

> 当你以一种理性的眼光全面地考察了人与人之间的各种关系之后，你就会发现，在一切社会关系中没有比用国家把我们每个人联系起来的那种社会关系更亲密的了。③

西塞罗指出，人类的协作责任赋予了文明得以发展的一切关键，离开了人类的互助协作，人们根本不可能从那些无生命的东西中获得益处。他说：

> 对于协作的重要性，其实我没有必要举那么多的例子。我们都知道帕内提乌斯所说的那个事实，即如果没有别人的帮助，无论是战场上的将军还是后方的政治家，都不可能为国家建功立业。帕内提乌斯还列举了许多名人诸如蒂米斯托克里、亚历山大

---

① （古罗马）西塞罗著：《西塞罗三论》，徐奕春译，北京：商务印书馆1998年版，第114页。
② （古罗马）西塞罗著：《论至善与至恶》，石敏敏译，北京：中国社会科学出版社2005年版，123页。
③ （古罗马）西塞罗著：《西塞罗三论》，徐奕春译，北京：商务印书馆1998年版，第116页。

等人的业绩。总之，如果没有别人的协助，任何一个伟人都不会取得伟大的成就。当同胞之间亲密无间合作时，他们彼此都将从中得到很大的好处，但如果同胞间相互伤害，纷争所带来的灾害也是可怕的。亚里士多德学派的智者狄凯亚库斯曾写过一本名为《人生的毁灭》的书。在书里他列举了会使人类毁灭的种种灾难，比如，洪水之灾、瘟疫、饥荒以及野兽之害等；而在所有的灾难中最具毁灭性的是人对人的伤害，比如战争或革命等。

　　人是最能帮助人的，但同时又是最伤害人的。值得庆幸的是，我们的社会还存在着各种美德，它能够驯服我们的心，使我们彼此心存诚善和互助之心。如果将人类能够从无生命的东西中得到有用的东西归功于各种相互协助的劳动技艺的话，那么人类为了能得到更丰盛更美好的东西而达成的协议则应归功于人类内心存留的智慧和美德。实际上，所有的美德都具有以下 3 种特性：首先是智慧，即能看出事物的本质，能够辨析出事物的前因后果。其次是节制，即能克制住欲望，把情感的冲动置于理性的控制之下。最后就是公正，它可以这样被解释：以智慧和宽容与人交往，通过合作使人们得到物质的供给，防止一切可能发生的灾害和报复，并以一种道德而又威严的方式，使敌人受到应有的惩罚。①

西塞罗强调，协作既展现出人的智慧和宽容的德性，又提高了人的生存质量。离开了人类的互助协作，我们根本不可能从那些无生命的东西中获得益处。他说：

　　我之所以列举那么多如果缺少我们的协作劳动就会变得无意义的事例，乃是因为互助的劳动技能，才是满足我们平常需要的关键，如果丢失了这些技能，病人就不会痊愈，健康的人也不会感到快乐，我们也根本没有什么舒畅可言一样。无论从哪一个方面来看，我们人类的文明已远远超越了动物本身的需求和舒适标准。而其中人类的协助责任赋予了文明得以发展的一切关键。如

① （古罗马）西塞罗著：《友谊责任论》，林蔚真译，北京：光明日报出版社 2006 年版，第 151—152 页。

果没有人类的交往，城市就不会存在。正是由于城市的存在，我们制定了很多相关的法律，保留了许多民风民俗，到后来又出现了私权的公平分配和完备的社会制度。一切完备后，在社会中又会逐渐地形成人道精神和对他人的宽容礼让。最终，我们通过人与人之间交换、传授以及相互帮助使我们彼此的需求得到满足。①

西塞罗十分重视公职人员的团结，主张不同政见者之间应包容歧见，认为谦虚与自我克制是值得赞美的品德。西塞罗认为：

> 在政治方面拉选票，为自己的职位钩心斗角，这是一种最卑劣的习惯。关于这一点，我可以在柏拉图的著作中找到一个很好的比喻："两位候选人为了争取国家的治理权而竞争，就像水手为了争当舵手而争斗吵架。"而且他还制定了一条规则：我们应当只把那些拿起武器反对国家的人看成敌人，但不应该把那些坚持按自己的想法管理国家的人看成敌人，普布利乌斯·阿菲瑞卡努斯和昆图斯·梅特鲁斯②就是如此的，他们的政见虽然不同，但彼此毫无敌意。

> 我们也不要听信这样的话：一个人只有对他的政敌大动肝火才能显示出自己的勇气和魄力。事实上没有什么品德比谦虚和自我克制更值得赞美、更能体现一个人的伟大。……不过我们也应该看到，适当的严厉有利于国家，缺少它，国家的良好治理常会受到阻碍。如果我们要对于危害国家的人或行为进行惩戒，那要注意的是切忌侮辱。惩戒是出于对国家利益的维护，而不是为了个人的一时之快。③

西塞罗认为，一个明智而卓越的人必须顾及所有人的利益，其最卓越的政治才能和最健全的聪明才智——就是使公民之间不在利益上发生冲突，要在不偏不倚的公正基础上使全体公民和睦相处。执政者应关注整体

① （古罗马）西塞罗著：《友谊责任论》，林蔚真译，北京：光明日报出版社2006年版，第149—150页。
② 昆图斯·梅特鲁斯（Quintus Metellus）：约公元前3世纪，古罗马军事指挥家。
③ （古罗马）西塞罗著：《友谊责任论》，林蔚真译，北京：光明日报出版社2006年版，第104—105页。

的利益，应当尽最大努力，通过公正的执法和公平的判决使每个人的财产所有权得到保护。为了达到公正，他甚至要求诉诸面带怒容的责备，应当像烧灼术和切除术一样不轻易使用，只是不得已而为之——最好是永远不用，除非这是不可避免的。

3.认为公民有美德才能赢得人们的普遍尊敬

西塞罗主张，公民应该具有智慧、节制、公正等美德，美德的特殊功能就在于能够赢得人心，得到尊敬与合作。他认为：

> 美德的特殊功能就是赢得人心，使人们乐于为我们服务。……实际上，一般的美德可以说几乎完全在于三种特性：第一种是智慧，即那种看出某种事情的真相及其各种关系和前因后果的能力；第二种是节制，即那种抑制激情，使感情冲动服从理性的能力；第三种是公正，它是这样一种技巧：以体谅与智慧对待和我们有交往的人，以便通过他们的合作在人的物质需要方面得到充分的供给，防止一切可能发生的灾祸，向那些企图伤害我们的人进行报复，以公正和人道所容许的方式惩罚他们。[1]

> 如果一个人表现出些许美德，我们就不应该完全漠视他；而一个人越是具有这些比较高尚的美德，就越是值得称赞。[2]

西塞罗认为，人们敬佩那些具有优秀品质的人，敬佩那些具有伟大而高尚的精神的人。他指出：

> 虽然凡是伟大的或比预期更好的事物，人们一般都会表示钦佩，但他们尤其钦佩个人的那些出乎人们意料的优秀品质。所以，他们尊敬并竭力赞誉那些在他们看来具有某种卓越才能的人，鄙视那些他们认为没有才能、勇气或活力的人。可是他们并不鄙夷所有那些他们认为是邪恶的人。他们认为有些人蛮横狂妄、造谣生事、阴险奸诈、非常危险，人们虽然觉得这些人可恶，却不一定鄙视他们。所以，我以前曾经说过，正如俗话所说，受鄙视的是那些对"自己对邻居都没用"的人，他们闲散、懒惰，对任何事情都无所用心，漠不关心。另一方面，那些

---

① （古罗马）西塞罗著：《西塞罗三论》，徐奕春译，北京：商务印书馆1998年版，第173页。

② （古罗马）西塞罗著：《西塞罗三论》，徐奕春译，北京：商务印书馆1998年版，第112页。

被认为具有卓越才能、没有任何不光彩的行为、也没有他人不易拒斥的恶习的人，则受人尊重。因为，肉体上的享乐，犹如最具有诱惑性的女色，往往会使人们心魄迷魂，背弃美德；而当大难临头，需要经受严峻的考验时，大多数人又会恐惧张皇得不知所措。生与死，富贵与贫穷，对所有的人都有极大的影响。但具有伟大而高尚的精神的人却能把这种外部环境的顺逆置之度外；当他们心中有了某个崇高而有德性的目标时，他们就会全力以赴地去追求这一目标。对于这种人，谁能不为他们绚丽的美德而倾倒呢？①

西塞罗强调，只有那些具备慷慨、仁慈、公正、诚实德性的公民，才能赢得人们普遍的敬佩。他说：

> 要是让我简单明了地说的话，唤起群众的这种情感的方法与唤起个人的这种情感的方法并无二致。但是还有另一条接近群众的途径，可以说，通过这条途径就能悄悄地溜进所有人的心坎里。首先让我们考察一下善意和赢得善意的规则。善意主要是通过仁惠的服务②赢得的；其次，尽管实际上并没有做这种服务，但抱有做这种服务的意愿也能赢得善意。因此，一个人只要有名望，大家都知道他慷慨、仁慈、公正、文雅、和蔼可亲，以及有自尊心等各种美德，同样也能有效地赢得人们普遍的爱戴。因为正是我们称之为道德上的善和恰当的那种品质本身使我们感到愉悦，以其内蕴和外貌触动我们每个人的心弦，通过上面所说的那些美德放射出最灿烂的光芒，所以，我们会受"自然"本身的驱使去爱慕那些我们相信具有这些美德的人。这些只是爱慕的最强烈的动机——并不是所有的动机；另外还有一些较次要的动机。赢得人们的信任有两个条件：①假如人们认为我们具有和正义感结合在一起的、实用的智慧。因为我们信任那些我们认为比我们自己更聪慧的人，那些我们相信其具有先见之明的人，那些当出

---

① （古罗马）西塞罗著：《西塞罗三论》，徐奕春译，北京：商务印书馆1998年版，第182—183页。

② 西塞罗所说的"仁惠的服务"是指律师的辩护。当时根据法律，不准他收费。所以，如果他义务替人辩护，他的服务就是"仁惠的行为"。

现紧急情况或危急时能排除困难，根据事情的轻重缓急做出妥善的决定的人。因为世人认为，那种智慧是真正的和实用的智慧。②人们也信任那些公正而诚实的人——也就是好人——因为道理很简单，由于性格的缘故，他们绝不会做出不诚实或不道德的事情。因此，我们相信，我们把自己的身家性命托付给他们是绝对安全可靠的。所以，在这两种品质中，公正更容易赢得人们的信任。因为，即便没有智慧的帮助，公正也能赢得相当多的人的信任；而智慧若无公正，就根本不可能赢得人们的信任。就拿一个人来说，如果他没有正直诚实的声誉，那么他越是聪明机灵，就越是可恶和不可信。因此，公正加上实用的智慧就能赢得一切我们所能企求的信任；公正若无智慧，仍能大有作为，而智慧若无公正，则完全无用。①

西塞罗把公民的理性和责任、责任与美德紧密联系起来，进一步丰富和发展了古罗马的公民责任思想和公民德性论。

二、提出公民应遵循的公正原则

西塞罗主张，建立国家的目的就是要实现社会的正义，而公民的公正是国家正义的基础。他在代表作《西塞罗三论》中认为，国家是人们在正义的原则和求得共同福利的合作下所结成的集体，他用"共和国"一词表示国家，在拉丁语中"人民的事务"（res publica），组合起来就是"共和国"（republic）。

西塞罗认为，为了实现国家和社会的正义，公民应遵守公正的基本原则，即在不伤害他人的前提下，相互关爱、相互信任，以维护国家的和谐与稳定。

（一）认为公民公正的前提在于不伤害他人

西塞罗认为，自然为人类制定了一些社会与群体的原则，人类的一切成员之间互相联系。联系的媒介是公民的理性和语言，公平、平等和善良

---

① （古罗马）西塞罗著：《西塞罗三论》，徐奕春译，北京：商务印书馆1998年版，第180—182页。

等，把人们结合成一种互助互爱的自然联合体。西塞罗提出：

> 公正则是衡量一切善行的标准。①

西塞罗认为，公民不做伤害他人的事情，是公正的首要前提和基本功能。他提出：

> 公正的首要功能是使一个人不做伤害他人的事情，除非是为邪恶所激怒。其次是引导人们将公共财产用之于公益，将私有财产用之于他们自己的私利。②

西塞罗主张，在谋求自身利益和尊重他人利益这两种相互冲突的责任之间做出选择的时候，应讲究良心、公平和友谊，以获利而又不损害他人为准则。他指出：

> 常常出现许多由于貌似之利而使我们感到困惑的情况：在这些情况下所产生的疑问并不是应不应当为某个相当大的利而牺牲道德上的正直（因为那当然是错误的），而是能不能不无道义地获取貌似之利。……但是，我们也不必牺牲自己的利益，把自己需要的东西让给别人。相反，每个人，只要他不损害别人，都应当考虑其自身的利益。在这方面，克利西波斯③曾做过非常贴切的比喻。他说："一个人在参加竞走比赛时，应当尽自己最大的努力，全力以赴去争取胜利，而决不可用脚去绊或者用手去拉扯他的竞争对手。在人生的赛场上也应当遵守这一规则：任何人都可以公平地追求自己的利益，谋取他所需要的一切，但他无权掠夺旁人的东西。"……因此，当我们权衡友谊中的貌似之利与义孰轻孰重时，应当鄙视貌似之利而崇尚道德上的正直；当朋友提出不正当要求时，应当把良心和对义的崇仰置于友谊的义务之上。这样，我们就能在两种相互冲突的责任之间作出正确的选择。④

---

① （古罗马）西塞罗著：《西塞罗三论》，徐奕春译，北京：商务印书馆1998年版，第110页。
② （古罗马）西塞罗著：《西塞罗三论》，徐奕春译，北京：商务印书馆1998年版，第98页。
③ 克利西波斯（Chrysippus，又译为克律西波，约公元前280—前206年）：古希腊哲学家，斯多葛学派代表人物，见本书第136页。作者注。
④ （古罗马）西塞罗著：《西塞罗三论》，徐奕春译，北京：商务印书馆1998年版，第228—230页。

然后，我详细讨论了貌似之利与道德上的正直发生冲突时应如何作决定的问题。虽然另一方面有人断言快乐也可以有一种利的外观，但它与道德上的正直之间仍然不可能有相同之处。因为，即使我们尽可能最慷慨地允许快乐进入我们的生活，我们也会承认，它也许会给生活增添一些情趣，但它肯定不能提供真正的利。①

西塞罗强调，公民应与同胞平等相处，不会空口无凭地指责他人，使别人遭受憎恨或者是羞辱。他认为：

我们可以面带怒色，但不可以真的动怒，因为发怒时就有可能做出不公正或不明智的事情，在大多数情况下，我们可以采用一种温和的责备，但说话也应当很郑重。②

西塞罗关于公民应遵守不伤害他人的公正原则，对于引导古罗马公民遵守法律、和睦相处，共同维护城邦秩序具有重要的理论启迪意义。

（二）认为公民相互信任是社会公正的基本准则

西塞罗认为，公正是赢得人们相互信任的必要条件。一个人只有不做伤害他人的事情，才能与人合作，这是公民的公正美德的具体体现。西塞罗说：

不受外界影响的心灵备受尊崇，尤其是公正（一个人只要公正，他就有资格被称为"好人"），人们普遍认为它是一种非常了不起的美德——这不是没有道理的。因为一个人如果怕死、怕放逐、怕贫穷，或不能公道地评价它们的对立面，他就不可能是公正的。人们尤其敬佩那种不为钱财所动的人；他们认为，一个人要是在这方面能经得起考验，那他同样也能经得起火刑的考验。

至少在我看来，无论什么行业，无论过哪一种生活，都需要与别人合作——首先是为了使人们能有一些与其共享社交之乐的朋友。一个人要做到这一点并不容易，除非他被人认为是好人。因此，即便对于一个回避社交、隐居乡间的人来说，公正的名声也是必不可少的——甚至比别人更需要；因为缺乏公正（即被认

① （古罗马）西塞罗著：《西塞罗三论》，徐奕春译，北京：商务印书馆1998年版，第273页。
② （古罗马）西塞罗著：《西塞罗三论》，徐奕春译，北京：商务印书馆1998年版，第208页。

153

第三章 古罗马时期的公民学说

为不义）的人就不会有人替他辩护，因而很容易成为各种错误的替罪羊。同样，对于买方和卖方、雇佣者和被雇佣者、一般的经商者来说，公正也是不可缺少的。公正是非常重要的，甚至连那些以作恶犯罪为生的人，没有一点公正的因素，也是不行的。因为，如果一个强盗用暴力或诡计从同伙手里抢走或骗走任何东西，那么他甚至在强盗团伙中也会无立足之地；如果那个被称为"强盗头儿"的人分赃不公，那么他就会不是被同伙所抛弃就是被同伙所谋杀。嘿，据说强盗也有他们必须遵守的"行规"。我们从狄奥波普斯的著作中获知，伊利里亚土匪巴都利斯因其分赃公平而得到很大的势力。卢西塔尼亚的维里埃瑟斯的势力更大，他甚至不把我们的军队和将军放在眼里。盖乌斯·莱利乌斯——其绰号为"智者"——在他当执政官时亲自率军进剿，重创维里埃瑟斯的势力，迫使其签订城下之盟，遏止了他的嚣张气焰，从而使得继任者不费吹灰之力就将其征服。所以，既然公正的功效是如此之大，它甚至能使强盗的势力得以壮大，如果一个有法律和法庭的立宪政府讲求公正，我们想想看它的力量会有多大？①

西塞罗认为，社会的公正需要公民的积极参与来获得。他批判那些忙于追求真理的哲学家，因为他们躲避那些为世人所争斗的利益，自认为自己是正直的。西塞罗评判道：

> 诚然，他们保持了一种公正，即他们的确没有伤害任何人，但是他们却违反了另一种公正；因为他们潜心研究学问，对他们应当去保护的那些人的命运漠不关心。因此，柏拉图认为他们甚至不愿去履行公民的义务，除非是强迫。但实际上最好还是自愿履行，因为本质上是正当的行为，只有自觉自愿地做才是正义的。②

西塞罗认为，自然是理性的基础，符合正义即是符合自然法。正义的实质是正确理性，符合理性的才是正义的，而正确理性发乎自然。西塞罗在论《共和国》中认为，正义是谋求所有人利益的美德。

---

① （古罗马）西塞罗著：《西塞罗三论》，徐奕春译，北京：商务印书馆 1998 年版，第 18 页。
② （古罗马）西塞罗著：《西塞罗三论》，徐奕春译，北京：商务印书馆 1998 年版，第 183 页。

三、认为国家法律体现公民的平等和保护公民的私有财产权

西塞罗的关于国家法律体现公民的平等和保护公民的私有财产权利的思想，是建立在其对国家实质思考的基础上，他认为国家是人民的集合体，是人民的事业。西塞罗在《论共和国》中提出：

> 国家乃人民之事业，但人民不是某种聚合的集合体，而是许多人基于法的一致和利益的共同而结合起来的集合体。这种集合体的首要原因不在于人的软弱性，而在于人的某种天生的聚合性。①

西塞罗认为，国家应用法律来规范公民的行为，保护公民的私有财产不受侵犯。公民应遵循国家制定的良法，因为任何国家的法律，都是维护正义的基础和实现社会和谐的保障。他提出，只有遵守法律，人人的利益才可以得到更好的保护，社会也才会有序运行，共和国也才可以有效治理。

（一）认为法律体现国家的公正和公民的理性平等

西塞罗认为自然法赋予人以理性，而这种理性是人人都有的。西塞罗还认为：

> 人类不存在任何差异，如果说有差别，那是因为受教育程度不同，而人的学习能力都是一样的。②

西塞罗阐明了国家建立法律的必要性，他认为，国家应通过法律来规范人的行为，使法律真正成为恶的改造者和善的促进者。他说：

> 法乃是自然之力量，是明理之士的智慧和理性，是合法和不合法的尺度。③

> 如果一个国家没有法，难道不可以认为它根本就不是一个国

---

① （古罗马）西塞罗著：《论共和国论法律》，王焕生译，北京：中国政法大学出版社1997年版，第39页。

② （古罗马）西塞罗著：《论共和国论法律》，王焕生译，北京：中国政法大学出版社1997年版，第195页。

③ （古罗马）西塞罗著：《论共和国论法律》，王焕生译，北京：中国政法大学出版社1997年版，第190页。

家吗？①

西塞罗认为，人的天性在于合群，公民在与同胞的共同生活中，其行为应通过法律予以规范。他说：

> 人并非一种独居的或不合群的造物，他生下来便有这样一种天性，即使在任何一种富足繁荣的条件下，他也不愿孤立于他的同胞。②

西塞罗强调，人类生活应服从治理和遵从法律的指令。他说：

> 没有什么比治理更与正义的原则和大自然的诸要求（当我这样表述时，我希望人们理解我是在说自然法）如此完全一致；如果没有治理，一个家庭、一个城市、一个民族、整个人类、有形的自然界以及宇宙都不可能存在。③

西塞罗重视法律的权威性，他认为，法律规范是衡量正义与非正义的标准，法律应体现人的正确理性。他提出：

> 法律指导执政官，执政官也这样指导人民。正是在这种意义上我们可以说，执政官是说话的法律，法律是不说话的执政官。④

西塞罗认为，人定法必然以自然法为标准，法律是一个国家的纽带，国家权力的运行要严格依照法律的规定进行，通过法律的规制来促使国家权力的合理运行，保证国家的和谐统一。那些为维护国家的统一和人民的幸福而制定的法律，才是真正的法律。他认为：

> 符合于正宗政体所制定的法律就一定合乎正义，而符合于变态的政体所制定的法律就不合乎正义。⑤

西塞罗认为，国家建立法律的目的，除了体现公正外，还要实现权利

---

① （古罗马）西塞罗著：《国家篇法律篇》，沈叔平、苏力译，北京：商务印书馆2004年版，第189页。

② （古罗马）西塞罗著：《国家篇法律篇》，沈叔平、苏力译，北京：商务印书馆2004年版，第35页。

③ （古罗马）西塞罗著：《国家篇法律篇》，沈叔平、苏力译，北京：商务印书馆2004年版，第224页。

④ （古罗马）西塞罗著：《论共和国论法律》，王焕生译，北京：中国政法大学出版社1997年版，第255页。

⑤ 转引自张乃根著：《西方法哲学史纲》，北京：中国政法大学出版社1998年版，第39页。

和义务之间的平衡，以更好地保持社会的稳定。他提出：

> 在一个国家里，除非权利、义务和功能之间有一种很好的平衡，要让行政长官拥有足够的权力，要让杰出公民所提的建议有足够的影响，要让人民享有足够的自由，否则这种国家是无法避免革命的。[①]

西塞罗主张，同一国家的公民要拥有平等的法律权利，这样才能体现国家的公正。他说：

> 由于法律是联系公民团体的纽带，通过法律实施的正义对所有人相同，所以，如果公民中没有平等，那么什么样的正义能够使公民团结在一起？如果我们不同意平均人们的财富，而人们的内在能力又不可能平等，那么至少同一国家的公民拥有的法律权利要平等。[②]

西塞罗认为，良法的存在是公民平等遵守法律的必要前提，正如无知笨拙的人所开的致命的毒药不能够成为医生的药方一样，各民族实施的许多致命的、不公正的、有害的法规不配称之为法律。西塞罗提出：

> 那么各民族实施的许多致命的、许多有害的法规呢？这些法规比之一伙强盗在他们聚会时通过的规则来说，并不配称之为法律。[③]

> 真正的法乃是与自然相一致的正确的理性；它适用于所有人，是稳定的、永恒的；它以命令的方式召唤履行责任，以禁止的方式阻止过犯。[④]

西塞罗强调，公民谁要是拒不服从良法之治，就会丢弃自己善良的本性，尽管他可能逃脱人们称之为处罚的所有后果，但最终也必然遭到严厉的惩罚。他认为，人民只有合法的行使权力才能真正体现正义，西塞罗

---

① （古罗马）西塞罗著：《论共和国论法律》，王焕生译，北京：中国政法大学出版社1997年版，第92页。

② （古罗马）西塞罗著：《论共和国论法律》，王焕生译，北京：中国政法大学出版社1997年版，第46页。

③ （古罗马）西塞罗著：《国家篇法律篇》，沈叔平、苏力译，北京：商务印书馆2004年版，第189页。

④ （古罗马）西塞罗著：《论共和国论法律》，王焕生译，北京：中国政法大学出版社1997年版，第120页。

指出:

> 共和国的公共权力属于人民即公民集体,而人民只有公正与合法的行使权力才能真正体现正义;他们还要以谋求公益为目的,也就是说正义和公益是共和国的本质特征,离开这两个因素,共和国就不成为共和国。①

西赛罗主张通过制度约束来防止执政官的权力过度膨胀。他告诫法律执行官:

> 一个行政长官特别要记住的是,他代表国家,他的责任是维护国家的荣誉与尊严,执行法律,使所有的公民都享受到法律所赋予他们的权利,不忘记所有这一切都是国家托付给他的神圣职责。②

西赛罗强调用法律的形式明确规定各权力机构的职权,依靠法律的力量制约各政治力量,他所倡导的国家法治理念、公民守法理念和公民法律权利平等理念,为西方公民学的法治思想开启了先河,"正是这一点被资产阶级启蒙学者视为珍贵的思想财富"③,为近代文艺复兴运动和启蒙运动公民法治观、权利论的产生和发展提供了直接的思想来源。

(二)认为公民的私有权利受法律保护

西塞罗在继承斯多葛学派自然法理论的基础上,阐明了公民的权利、公民的行为既受法律约束又受法律保护的思想。他在赞美公民对国家承担责任的同时,主张国家有义务保护私有财产,法律应确认公民的权利。

西塞罗明确提出,国家建立法律的主要目的,就在于保护个人的财产权。因为,人们聚居在一起而形成社会,寻求国家的保护,就是希望自己的财产不受侵掠。他说:

> 为了维护私有财产,才建立了国家和公民社会……正是希望保护自己的财产而寻求城市作为保障。④

---

① 转引自施治生、郭方著:《古代民主与共和制度》,北京:中国社会科学出版社1998年版,第344页。

② (古罗马)西塞罗著:《西塞罗三论》,徐奕春译,北京:商务印书馆1998年版,第147页。

③ 参见汪太贤著:《西方法治主义的源与流》,北京:法律出版社2001年版,第85页。

④ (古罗马)西塞罗著:《论共和国论法律》,王焕生译,北京:中国政法大学出版社1997年版,第231页。

在西塞罗看来，公民个体不仅是责任的主体，而且也是权利的主体。他认为，公民私有财产应得到保护，任何人不能以任何方式侵犯之，即使是用于国家公共事务也不行。西塞罗提出：

> 国家和城市的特殊功能就是保证每个人都能自由而不受干扰地支配自己的财产。[1]

西塞罗认为，法律是政府、官员和人民活动的最基本的准则。

> 他们应当尽自己最大的努力，通过公正的执法和公平的判决使每个人的财产所有权得到保护，使穷人不因其无助而受压迫，使妒忌不挡富人的路，阻碍他们保持或重新获得理应属于他们的那些财产的所有权。[2]

西塞罗认为，创造法律是为了公民的安全、国家的长存以及人们生活的安宁与幸福，政府和官吏的权力是由人民通过法律授予的，所以执政者的神圣职责是维护国家的荣誉和尊严、执行法律，使所有公民都享受到法律赋予他们的权利。他在论述一些人试图侵犯另一些人的私有财产权时说：

> 首先，他们是在破坏和谐，如果把一部分人的钱财夺走，送给另一部分人，和谐就不可能存在；其次，他们是在废除公平，如果不尊重财产权，公平就会完全倾覆。[3]

西塞罗从维护社会和谐的角度出发，认为国家公职人员必须以人民的利益为重，使公民之间不在利益上发生冲突，主张保护财产私有制，反对侵犯贫民百姓的财产权。他说：

> 一个从来没有什么财产的人把人家多年拥有或祖传的土地占为己有，而以前拥有土地的人却丧失了土地所有权，这怎么能算公平呢？[4]

西塞罗认为，权利与义务从根本上是难以割裂开来的，并不是互相矛盾的。一个人只要他不损害别人，都可以公平地追求自身的利益。

---

① （古罗马）西塞罗著：《西塞罗三论》，徐奕春译，北京：商务印书馆1998年版，第205页。
② （古罗马）西塞罗著：《西塞罗三论》，徐奕春译，北京：商务印书馆1998年版，第208页。
③ （古罗马）西塞罗著：《西塞罗三论》，徐奕春译，北京：商务印书馆1998年版，第205页。
④ （古罗马）西塞罗著：《西塞罗三论》，徐奕春译，北京：商务印书馆1998年版，第204—205页。

（三）认为公民享有合法的权利能使社会和谐

西塞罗认为，公民内部各等级之间应和睦相处、团结一致。就像优美和谐的乐曲产生于适当协调的各种声音一样，国家的协调一致也是通过调和不同因素，把高、中、低等级如同音乐中的声音一般公正和合理地结合起来而达到的，音乐家所说的歌曲中的谐音，即是国家中的和谐，它是任何一个共和国实现永久性联合的最强的和最好的纽带。

由于在君主制中，公民无法享有实际的政治权利。西塞罗说：

> 这怎么能被称作"人民的事业"呢？……因为有一个人在残酷地压迫所有人，没有任何形式的正义，而那些聚集在一起的人之间也没有任何一致的合作，尽管这是人民的定义的一部分。[1]

西塞罗主张，应把绝大多数公民享受自由以及法定的权利和少数显贵掌握大权结合起来，使人们在许多良好的法规引导下服从贵族的权威，达到各等级公民的职权、权利和义务处于平衡状态，具体来说，人民享有自由权利，体现在他们享有被保护的权利，以及参与拥有立法、司法和选举职能的公民大会的权利。他说：

> 在一个国家里，除非权利、义务和功能之间有一种很好的平衡，要让行政长官拥有足够的权力、要让杰出公民所提的建议有足够的影响，要让人民享有足够的自由，否则这种国家是无法避免革命的。[2]

西塞罗认为，公民和睦是基于国家对所有公民法定权利的承认。西塞罗也看到社会弱势群体需要更多的关心、爱护与帮助，如果他们的合法利益得不到保证，他们脆弱的心灵得不到关怀，那么，他们不满和愤懑的集聚有可能造成社会动荡。因此，他说柔弱的女子比男子更希望得到友谊的庇护，穷人比富人更需要友谊的扶助，不幸的人比尊贵的幸运者更需要友谊的帮助。他指出：

> 由于法律是联系公民团体的纽带，通过法律实施的正义对所有人相同，所以，如果公民中没有平等，那么什么样的正义能够

---

[1] （古罗马）西塞罗著：《论共和国论法律》，王焕生译，北京：中国政法大学出版社1997年版，第126页。

[2] （古罗马）西塞罗著：《论共和国论法律》，王焕生译，北京：中国政法大学出版社1997年版，第92页。

使公民团结在一起？如果我们不同意平均人们的财富，而人们的内在能力又不可能平等，那么至少同一国家的公民拥有的法律权利要平等。[①]

西塞罗的公民学说根植于古代城邦民主政治向罗马共和专制过渡的历史转折时期，他突破了城邦时代公民与非公民、本邦人与外邦人之间的界限，以公民为前提，以正义为准则，以守法为本性，提出了关于公民必须履行自己责任的思想、关于公民享有受法律保护的私有权利的思想，对国家、责任、正义、美德、守法等一系列公民学的概念内涵进行了阐释和论述，对以后公民学说的发展产生了重要影响。他关于公民的私有权利受法律保护的公民学说成为近代资产阶级"天赋人权"的先声。正如萨拜因所说："一种思想一旦能保存在西塞罗的著作里，那它就可以在全部未来的时光里为广大的读者保存下来"[②]。

第三节　马可·奥勒留的公民学说

马可·奥勒留全名为马可·奥勒留·安东尼·奥古斯都（Marcus Aurelius Antoninus Augustus，公元 121—180 年），是著名的"帝王哲学家"，拥有恺撒称号（Imperator Caesar）的他是罗马帝国时代最后一个皇帝，于161—180 年在位。他不但是一个很有智慧的君主，同时也是一个很有造就的思想家。他生于罗马，幼年丧父，由他的母亲和祖父抚养长大。在他成长过程中得到了希腊文学和拉丁文学、修辞、哲学、法律以及绘画方面的最好教育。他从他的老师那里熟悉和亲近了斯多葛学派的哲学，并在其生活中身体力行。

马可·奥勒留在位近 20 年，以其坚定的精神和智慧，夙兴夜寐地工作。在他统治的大部分时间里，尤其是后 10 年，他很少待在罗马，而是

① （古罗马）西塞罗著：《论共和国论法律》，王焕生译，北京：中国政法大学出版社 1997 年版，第 46 页。

② （美）乔治·霍兰·萨拜因著：《政治学说史》，邓正来译，北京：商务印书馆 1986 版，第 202 页。

在帝国的边疆或行省的军营里度过。公元 180 年 3 月 17 日，马可·奥勒留因病逝于维也纳。

马可·奥勒留所处的古罗马社会秩序动荡，历经两次巨变。当时哲学的主要目的不再是追求智慧，而是出现伦理化倾向：人们转而追求幸福，把关注点放在人生苦难与内在灵魂的治疗上，放在人与自己的观念和谐之上。与之相应地，马可·奥勒留也将自己的人生目的放在抵制和消除一切令人苦恼和不适当的现象上，他在鞍马劳顿中写成了《沉思录》一书，书中体现了他关于公民平等、博爱的思想。

一、认为公民的平等建立在人的理性基础上

马可·奥勒留的公民学说蕴涵在他的政治伦理思想中，他继承了斯多葛学派的公民学说，他认为，柏拉图的理想国是不存在的。因为在政体上，民主制的特点是按照平等和言论自由的原则治理国家，君主制的特点是尊重被统治者的自由，他主张建立混合民主制与君主制的体制。

马可·奥勒留主张，应给予一切异族自由人以罗马公民权，这种公民权仍保持生而自由的自由民身份，既不同于以释奴自由民身份获得的自由权，也不同于奴隶身份。

马可·奥勒留通过进一步考察人与神的关系、理性与情欲的关系、自我与他人的关系，主张尊重公民的理性平等、精神平等及法律平等，强调人皆有理性、理性皆相同的平等思想。

马可·奥勒留认为，公民的精神平等是建立在自身本性的基础上的，每个人都应当遵从自己的本性，学会用思想滋养心灵。马可·奥勒留说：

> 如果你根据正确的原则去做事，却没有成功，请不要厌恶、不要沮丧、不要不满；但是在你失败的时候，从头再来，只要你所做的大部分事情都与人的本性一致，你就应当觉得满足、热爱你所回归的事物；回归哲学时，请不要将她视为主人，你对哲学的态度应当如那些眼睛疼的人，一些人用一点海绵和蛋清来敷，一些人用一块膏药来敷，而另一些人用水来洗。因为这样做，你在遵守理性方面就不会失败，你将在那里得到安宁。记住，哲学对你的要求不过是本性对你的要求。而你却有不符合本性的品

质。可能会有人反对，说为什么我正在做的事就没有那些令人愉快的事情呢？但这不正是我们被享乐蒙蔽了双眼的原因吗？你思考一下，宽宏大量、自由、朴素、镇静、虔诚这些品质是否更加令人愉悦？你想想那依赖于领悟力和知识的万物在安全和幸福的道路上发展的过程，还有什么能比智慧本身更令人愉悦的呢？

……这就是你习惯性的思维，这也将成为你思维的特征，因为心灵的颜色已被思想所染。用下面这一系列思想来染出你的心灵的色彩吧：比如说，凡是人能活下去的地方，他就一定能活得很好，如果人非要住在宫殿里——诚然，住在宫廷里也能活得很好——但这不是必需的。再比如，仔细想一想每一事物究竟是为何目的而生？它们为此目的而产生，也冥冥中朝着这一目的而去，其目的之所在处，它的优点与益处也会在那儿显现。对理性生物有益的是社会，我们是为社会而生，这一点上面已经解释过。卑贱者为高尚者的益处而存在，这不是显而易见的吗？有生命的比无生命的高等，而有生命的当中，拥有理性的则更为高贵。①

马可·奥勒留认为，公民应按照理性去追求善的德性，如果人人具备了宽宏大量、自由、朴素、镇静、虔诚等这些品质，那么就实现了真正意义上的人与人的精神平等。

二、认为公民的幸福"就在于做人的本性所要求的事情"

在马可·奥勒留看来，一个公民最好做本性现在所要求做的事，如果有力量去做，就要迅速行动起来，千万不要犹豫，不要使自己偏离到懒惰和骄傲。马可·奥勒留说：

活动的停止、运动和意见的停止，它们在某种意义上的死亡，这些决不是恶。现在转而考虑你的生命，你作为一个孩子、一个青年、一个成人和一个老人的生命，因为在这里面每一变化

① （古罗马）马可·奥勒留著：《沉思录》，宗雪飞译，北京：中国致公出版社2008年版，第68—73页。

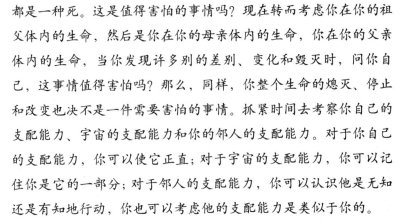

都是一种死。这是值得害怕的事情吗？现在转而考虑你在你的祖父体内的生命，然后是你在你的母亲体内的生命，你在你的父亲体内的生命，当你发现许多别的差别、变化和毁灭时，问你自己，这事情值得害怕吗？那么，同样，你整个生命的熄灭、停止和改变也决不是一件需要害怕的事情。抓紧时间去考察你自己的支配能力、宇宙的支配能力和你的邻人的支配能力。对于你自己的支配能力，你可以使它正直；对于宇宙的支配能力，你可以记住你是它的一部分；对于邻人的支配能力，你可以认识他是无知还是有知地行动，你也可以考虑他的支配能力是类似于你的。

当另一个人谴责你或仇恨你时，或者当人们谈论伤害你的事情时，去接近他们可怜的灵魂，深入其中，看他们是什么性质的人。你将发现没有理由因这些人可能对你有这种或那种意见而发生苦恼。无论如何你必须好好待他们，因为他们天生就是你的朋友。神灵也在各方面通过梦、通过征兆帮助他们达到那些他们所重视的事情。……宇宙的本原就像一道冬天的激流，它把所有东西都带着和它一起走。但是所有那些介入政治事务却自以为在扮演哲学家角色的可怜的人们是多么无价值啊！还有所有的驱赶者。那么好，人啊，做本性现在所要求的事吧。如果你有力量，就投入行动，不要环顾左右看是否有什么人将注意它，也不要期望柏拉图的理想国。而只是满足于只要最小的事情进行得很好，考虑这样一件事也决非小事。因为谁敢改变人们的意见呢？不改变意见又怎么能摆脱那种在装作服从时又发出呻吟的奴隶状态呢？现在来给我讲亚历山大、菲力蒲河菲勒内姆的迪米特里厄斯。他们自己将判断他们是否发现了共同本性所要求的事情，因而相应地训练自己。但如果他们行动得像悲剧中的英雄，那么就没有人能谴责我模仿他们。朴素和谦虚是哲学的工作。不要使我偏离到懒惰和骄傲。①

马可·奥勒留认为，一个公民要获得幸福就要做一个好人，要消除对

---

① （古罗马）马可·奥勒留著：《马上沉思录》，何怀宏译，西安：陕西师范大学出版社2003年版，第171—175页。

于虚名的欲望，做一个公民的本性所要求的事情。马可·奥勒留说：

> 这一反思也有助于消除你对于虚名的欲望，即像一个哲学家一样度过你的整个一生，或至少度过你从青年以后的生活，这已不再在你的力量范围之内了，你和许多别的人都很明白你是远离哲学的。然后你落入了纷乱无序，以致你得到一个哲学家的名声不再是容易的了，你的生活计划也不符合它。那么如果你真正看清了问题的所在，就驱开这一想法吧。你管别人是怎样看你呢，只要你将以你的本性所欲的这种方式度过你的余生，你就是满足的。那么注意你的本性意欲什么，不要让任何别的东西使你分心，因为你有过许多流浪的经验却在哪儿都没有找到幸福：在三段法中没有，在财富中没有，在名声中没有，在享乐中没有，在任何地方都没有找到幸福。那么幸福在哪里？就在于做人的本性所要求的事情。那么一个人将怎样做它呢？如果他拥有作为他的爱好和行为之来源的原则。什么原则呢？那些有关善恶的原则：即深信没有什么东西对于人是好的——如果它不使人公正、节制、勇敢和自由；没有什么东西对人是坏的——如果它不使人沾染与前述品质相反的品质。……人们所做的主要事情在于：不要被打扰，因为所有的事物都是合乎宇宙本性的，很快你就将化为乌有，再也无处可寻，就像赫德里安、奥古斯都那样。其次，要聚精会神地注意你的事情，同时记住做一个好人是你的义务，无论人的本性要求什么，做所要求的事而不要搁置；说你看来是最恰当的话，只是要以一种好的气质、以谦虚和好不虚伪的态度说出来。[①]

你没有闲空或能力阅读，但是你有闲空和能力防止傲慢，你有闲空超越快乐和痛苦，你有闲空超越对虚名的热爱，不要烦恼于愚蠢和忘恩负义的人们，甚至不要理会他们。不要让任何人再听到你对宫廷生活或对自己生活的不满。后悔是一种因为忽视了某件有用的事情而作的自我斥责，而那善的东西必定也是有用的，

[①] （古罗马）马可·奥勒留著：《马上沉思录》，何怀宏译，西安：陕西师范大学出版社2003年版，第135—137页。

完善的人应当追求它。……记住：改变你的意见，追随纠正你缺点的人，这跟要坚持你的错误一样，是和自由一致的。因为这是你自己的活动，这活动是根据你自己的运动和判断，也的确是根据你自己的理解力做出的。如果一件事是在你的力量范围之内，为什么不做它呢？但如果它是在另一个人的力量范围之内，你责怪谁呢？责怪原子（偶然）抑或神灵？不论怪谁都是愚蠢的。你决不要责怪任何人。因为如果你能够，就去改变那原因；但如果你不能，那至少去改正事物本身；而如果连这你也做不到，那你不满有什么用呢？因为没有什么事物是不带有某种目的做出的。①

马可·奥勒留认为，人要依循自然，以自己的本性所欲的方式度过人生，过一种合乎理性的生活，这样的生活才可称为幸福生活。

三、主张公民"履行职责"不应"为其他的事物所困扰"②

马可·奥勒留认为，公民既要培养自己的德性，保持心灵的安静和自足；又要服务于社会，承担自己的责任。他主张统治者应根据每个人平等和权利平等的原则加以管理，把尊重臣民的自由看得高于一切。马可·奥勒留提出：

在你和别的事物之间有三种联系：一种是与环绕你的物体的联系；一种是与所有事物所由产生的神圣原因的联系；一种是与那些和你生活在一起的人的联系。在每一活动中都好好地使你的生活井然有序是你的义务，如果每一活动都尽其可能地履行这一义务，那么就满足吧，无人能够阻止你，使你的每一活动不履行其义务。③

马可·奥勒留认为，一个公民在履行自己的职责时，就不要让任何事

① （古罗马）马可·奥勒留著：《马上沉思录》，何怀宏译，西安：陕西师范大学出版社2003年版，第141—142页。

② （古罗马）马可·奥勒留著：《沉思录》，宗雪飞译，北京：中国致公出版社2008年版，第94页。

③ （古罗马）马可·奥勒留著：《沉思录》，何怀宏译，北京：中央编译出版社2008年版，第126页。

对你造成影响，在这一过程中我们做好自己手头的工作就足够了。每一个责任都是由若干个部分组成的。一个公民的义务是遵循原则，并且不要被对你生气的人打扰，也不要向他们表露出你的愤怒，应当继续走自己的路，完成自己前面的工作。马可·奥勒留说：

> 不论你是寒冷还是温暖、困倦或是精神，遭人指责或是被人赞扬，在死亡的边缘或是在做其他什么，只要你是在履行自己的职责，就不要让这些事对你造成影响。因为这就是生活的一个过程，我们死之前要经历这一过程，在这一过程中我们做好自己手头的工作就足够了。如果有一件事你自己完成很困难，请不要认为它是人力完成不了的，但是如果完成一件事对人来说是可能的，而且这件事符合他的本性，那么想一想，其实你也能做到这件事。……如果有人能够向我展示我思想或行动上错的地方，并使我信服，我将愉快地改正；因为我寻找真理，让任何人都不会受到伤害的真理。然而，放纵自己的错误与无知的人是会受到伤害的。
>
> 我履行我的职责，不会为其他的事物所困扰，因为它们或者是没有生命的事物，或者是没有理性的事物，或者是迷失方向不知道自己道路的事物。……在生活中你也应该记住，每一个责任都是由若干个部分组成的。你的义务是遵循原则，并且不要被对你生气的人打扰，也不要向他们表露出你的愤怒，你应当继续走你的路，完成你前面的工作。不允许人们努力追求他们眼中适合他们本性并有利于他们的事物，那是多么残忍啊！当你因为人们犯错误而感到恼火时，你就会禁止他们做这些事。但是，他们追求这些事物是因为他们认为这些事物是适合于他们本性并对他们有利的，然而事实并非如此。那么教导他们吧，向他们展示他们的错误所在，不要恼怒。死亡是感官印象的停止，是欲望的终结，是漫无边际的思想的运动的停歇，是对躯体服务的终止。在生活中，当你的身体还没有屈服的时候，你的灵魂就屈服了，这是个耻辱。①

---

① （古罗马）马可·奥勒留著：《沉思录》，宗雪飞译，北京：中国致公出版社2008年版，第91—96页。

马可·奥勒留的公民学说继承和发扬了斯多葛学派的公民学说，虽然他的平等观仍停留在人天生的理性平等和精神平等上，并非指现实国家里的政治平等和权利平等，但马可·奥勒留所主张的公民应审视自己的内心、平衡自己的心态、勇于正视自我的行为和对生活的态度，对于引导人们更好地完善自己的心性，加强个人德性修养，以积极面对充满诱惑的社会有着重要的积极意义。马可·奥勒留的平等、博爱主张在启蒙思想家们那里得到了回应，他的德性自我提升之说在康德那里引起了共鸣，并深深根植于近代西方文化精神之中，而关于公民善恶的见解则为黑格尔所发挥。正如黑格尔所说，马可·奥勒留的思想不是思辨性的，而只是教人如何从事一切道德修养。

第四节　奥古斯丁的公民学说

奥古斯丁（Aurelius Augustine，公元 354—430 年）是基督教教父哲学的集大成者。奥古斯丁出生于罗马的北非行省的塔加斯特（Tagaste），青年时代的奥古斯丁执着地追求真理，最初追求摩尼教，之后，在《圣经》的指引下，皈依了基督教。

奥古斯丁一生著作浩瀚，内容涉及神学、哲学、政治、历史、社会、伦理等诸多方面，最著名的代表作是《忏悔录》《上帝之城》和《论三位一体》。这些著作形成相对完整的基督教神学体系，也蕴涵着丰富的公民学思想。

奥古斯丁以柏拉图的公民理论为依托，系统地阐述关于人的理性、正义、自由、服从等的公民思想，不仅使基督教在理论上的合法性得到进一步确立，达到了维护宗教信仰的目的，而且，在信仰高于理性的前提下，奥古斯丁扬弃了古希腊公民学说关于国家整体主义的观念，将个人从国家的重负下解放出来，使个人可以抬起头来直面上帝，从而发展出一种独特的公民信仰自由观。这种信仰自由观，为公民个体的理性独立和信仰自由提供了神圣依据。

奥古斯丁以其丰富的思想和聪颖的思辨能力为基督教建立了第一个百

科全书式的完整体系，也对西欧中世纪神学公民思想转向人文主义的公民学说起到了推动作用。

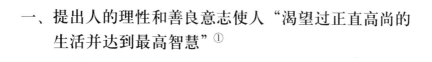

一、提出人的理性和善良意志使人"渴望过正直高尚的生活并达到最高智慧"①

奥古斯丁在继承传统的创世神学的基础上认为：上帝给予人自由意志，使人成为理性的存在者，允许人根据自己的意志决断自己所意愿的东西，使人能够正当地生活。他强调，人的理性使人不断认识自己在知识方面的欠缺，产生学习知识和发现真理的兴趣，而人的自由意志就是善良意志，是一种没有它我们就无法过正当生活的善，远比那我们不具备也能正当生活的小善更优越，也就是说，自由意志乃是人之为人的根据。

（一）认为"人的理性和理智能力"② 使人认识真理

奥古斯丁认为，人的理性和理智能力是客观存在，是人之所以区别于一般动物的最本质的特性。他提出：

> ……理性心灵之光，使人与兽不同，成其为人的东西。③

奥古斯丁认为，人的灵魂是某种具有理性的实体，它的存在就是为了统治肉体。只有灵魂才是真正的自我，记忆、思维、爱等并不是灵魂本身，而是灵魂的各种功能。他认为，即使人们在认识心灵自身时，也是凭自己的心灵。奥古斯丁说：

> 我们藉以寻找它的乃是我们的心灵，若能成功，则我们把握这件事凭的也是我们的心灵，所以心灵自身通过身体感官聚集了物体之物的观念，通过自身聚集了非物体之物的观念。故而它认识它自己，因为它是非物体的。不管如何，若它不认识它自己，

---

① （古罗马）奥古斯丁著：《独语录》，成官泯译，上海：上海社会科学院出版社1997年版，第110页。

② （古罗马）奥古斯丁著：《论灵魂及其起源》，石敏敏译，北京：中国社会科学出版社2004年版，第311页。

③ （古罗马）奥古斯丁著：《论三位一体》，周伟驰译，上海：上海人民出版社2005年版，第128页。

它就不能爱它自己。①

按奥古斯丁的观点，人的理性灵魂有不同的功能，他认为：

> 有一种功能使我们能认识真实的形体，我们是通过五大感觉器官去实现这一功能的；还有一种功能使我们能辨认这些无形体的身体类似物（由此我们也可以对自己形成一种看法，就像对身体的看法一样），还有一种功能使我们能够深入地洞察这种功能所对应的对象，获得更可靠更强大的知识，这些对象，像信心、盼望、仁爱，既不是有形体的，也不是身体的类似物，而是没有气质、情欲以及诸如此类的东西。②

奥古斯丁认为，人的理性思维和理智的存在是不容置疑的，人可以怀疑一切，唯独不能怀疑自己在回忆、在认识、在认知、在判断等的理性思维活动。他说：

> 肯定没有人怀疑他生活、记忆、理解、意愿、思想、认识和判断。至少，如果他怀疑，他就生活着；如果他怀疑，他就记得他为何正在怀疑；如果他怀疑，他就懂得他正怀疑；如果他怀疑，他就有意志要确定；如果他怀疑，他就思想；如果他怀疑，他就知道他还不知道；如果他怀疑，他就判断自己不应匆忙地同意。你可以对任何别的东西加以怀疑，但对这些你却不应有怀疑；如果它们是不确定的，你就不能怀疑任何东西。③

奥古斯丁认为，理性灵魂对真理的认识不是通过有形的"眼睛"，而是通过内在的理智之眼，借助于"超自然之光"认识永恒。他说：

> 我进入心灵后，我用我灵魂的眼睛，瞻望在我灵魂的眼睛之上的、在我思想之上的永定之光。这光，不是肉眼可见的、普通的光，也不是同一类型而比较强烈的、发射更清晰的光芒普照四方的光……这光在我思想上，也不似油浮于水，天覆于地；这光

① （古罗马）奥古斯丁著：《独语录》，成官泯译，上海：上海社会科学院出版社1997年版，第245页。

② （古罗马）奥古斯丁著：《论灵魂及其起源》，石敏敏译，北京：中国社会科学出版社2004年版，第306页。

③ （古罗马）奥古斯丁著：《论三位一体》，周伟驰译，上海：上海人民出版社2005年版，第275页。

在我之上，因为它创造了我，我在其下，因为我是它创造的。谁认识真理，即认识这光；谁认识这光，也就认识永恒。①

奥古斯丁认为，人的理性不是创造真理，而是应该在自己内心深处寻求真理，因为"某人不知道自己是一事，不思想自己是另一事"②，他提出人的理性思维使人认识到自己的"知"和"不知"，奥古斯丁说：

> 不仅真实地说"我知"的人必定知道何为知，确信地、真实地说"我不知"并知道他在说真话的人也显然知道何为知，因为他把一个不知的人和一个在诚实地看着自己说"我不知"时确实知的人区分了开来。③

> 这样一来，一个不知道自己的心灵怎能知道自己正在知某个别的东西呢？并不是它认识到另有一心在知，而是它自己在知。所以它知道自己。当它寻求知道自己，它已知道自己在寻求。所以它已知道自己。于是可得一结论说，它不能不知道自己，因为正是凭着"知道自己还不知道"这样的一个行为，它知道自己。如果它不知道自己不知道，它就不会寻求它自己了。因为当它寻求知道自己时，它知道自己正在寻求而且（它还）不知道（它自己）。④

奥古斯丁认为，人有理性灵魂才表现出思想和行动的和谐。他说：

> 但因为人有理性灵魂，他让本性中与兽类共有的那些部分，都要服从于理性灵魂的和平，这样他才能深思熟虑，并据以行止，才可表现出思想和行动的和谐，我们称这种和谐为理性灵魂的和平。⑤

在奥古斯丁看来，人的理性和理智能力使人追求真理，而人的已有知

---

① （古罗马）奥古斯丁著：《忏悔录》，周士良译，北京：商务印书馆1982年版，第126页。

② （古罗马）奥古斯丁著：《论三位一体》，周伟驰译，上海：上海人民出版社2005年版，第269页。

③ （古罗马）奥古斯丁著：《论三位一体》，周伟驰译，上海：上海人民出版社2005年版，第264页。

④ （古罗马）奥古斯丁著：《论三位一体》，周伟驰译，上海：上海人民出版社2005年版，第267页。

⑤ 转引自（芬）罗明嘉著：《奥古斯丁〈上帝之城〉中的社会生活神学》，张晓梅译，北京：中国社会科学出版社2008年版，第50—51页。

识又成为激发人的学习热情的内在动力。他提出：

> 我们必须认识到，我们所知的无论什么东西，都在我们心里（与我们一起）共同产生了它自身的知识；因为知识是发自二者，发自知者与被知者的。于是，心灵知己时，乃是其知的独源，因为它自己既是被知者又是知者。它甚至在知己前便已于己而言是可知的，但它的自我知识在它不知己时还未在它里面。既然它所知的自己不逊于它本来之所是，它的知识也不在存在上异于它自己，那么，它得知自己时，就产生了一种完全与它自己相匹配的自我知识，这不仅是因为它在做认知这一行为，而且是因为正被知的乃是它自己。①

> 至于各门学问，我们的学习兴趣常由那些评论并推广它们的权威激发起；然而除非至少有任一学科的多少轻微的观念印在我们的意识里，我们是极不可能被学习它的热情所点燃的。比如，一个人若不是先就知道修辞术是说话的艺术，怎会不辞劳苦地要学它呢？有时我们惊异于听到的或经验到的这些学科的效果，这使我们热衷于想方设法亲自达到同样的效果。假设某个不知写作为何物的人，有人告诉他，这门学科可使你用手不出声地讲出话来并送给极远处别的人，而这个收到的人也可凭此学科用他的眼睛而不是耳朵知道这些话；真的，当他渴望知道自己怎么能做到这点时，他的热情就被他所听到的效果激发起来了。这就是学习者的热情和勤奋好学被激发起的方式。你绝对蒙昧无知的东西，你是无论如何都不能爱的。②

奥古斯丁认为，人的福祉乃在于对永恒不变的理性享受，理性灵魂的自我认识是通往幸福之路的必要条件。他强调，这并不意味着人在追求幸福生活的过程中弃善从恶，而恰恰相反，只有行为向善，才能享受造物主及其永恒智慧带来的和谐之美。

---

① （古罗马）奥古斯丁著：《论三位一体》，周伟驰译，上海：上海人民出版社2005年版，第257页。

② （古罗马）奥古斯丁著：《论三位一体》，周伟驰译，上海：上海人民出版社2005年版，第261—262页。

（二）认为人的自由意志有两面性，唯有善良意志使人渴望过高尚的生活

奥古斯丁认为，人的自由意志同人的理性灵魂是不可分割地联结在一起的，也是人的本性区别于动物的显著标志。他提出：

> 正如乃是意志将感官系在物体上，也正是意志将记忆系在感觉上，将思想的注意力系在记忆上。将它们系在一起、集合在一起的东西，也是解开和分离它们的东西，也是意志。①

奥古斯丁认为，上帝之所以把自由意志赐予人，是因为如果没有自由意志，人就不可能正当地生活，就不可能超越自然事物所遵循的必然性而成为真正的人。他认为：

> 没有自由意志，人便不能正当地生活，这是上帝赋予人自由意志的充分理由。人若利用自由意志犯罪就要遭神意安排的惩罚，这一事实表明，上帝赋予了自由意志就是为了人能正当地生活。②

奥古斯丁把自由意志提高到人之为人的根本，认为，因为人有自由意志，才从一般的动物界分离出来，才能够自由地选择善与恶，从而把自己的意愿完全置于自己意志的决断之下。他说：

> 我在这些话里强调的，确实是我们犯罪或行为正当乃是藉意志。但是除非意志靠恩典从罪的奴役中解放出来，且被帮助战胜罪之邪恶，人不可能过虔诚正直的生活。③

奥古斯丁认为，人有理性和自由意志，才能够抵挡住诱惑，走上正确的道路，他说：

> 我们这样说，并不是要废弃自由意志，而是要宣讲上帝的恩典，因为这些恩赐的好处，只归于那使用自己意志的人，然而他要谦虚地使用，不可骄傲，仿佛是出于他自己的能力，好像他自

---

① （古罗马）奥古斯丁著：《独语录》，成官泯译，上海：上海社会科学院出版社 1997 年版，第 301 页。

② （古罗马）奥古斯丁著：《独语录》，成官泯译，上海：上海社会科学院出版社 1997 年版，第 110 页。

③ （古罗马）奥古斯丁著：《独语录》，成官泯译，上海：上海社会科学院出版社 1997 年版，第 216 页。

己的能力足够使他在义上得以完全似的。①

奥古斯丁认为，自由意志具有两面性，意志得幸福之赏或得不幸之罚乃是依据它的功德。如果人们使用得不好，则会成为他们堕落的根源。他提出：

> 意志的转移，并非怪事，而是灵魂的病态，虽则有真理扶持，然而它还是被积习重重压迫，不能昂首而立。由此可见，我们有双重意志，双方都不完整，一个有余，另一个不足。②

奥古斯丁认为，人的恶就是滥用自己的自由意志而背离了至善，因为人滥用自由意志，才把自己和自由意志一起毁坏了。他说：

> 我想你意识到了，我们是享有还是缺少这伟大而又真实的善，取决于我们的意志。有什么像意志本身这样完全在意志的权能之下的呢？③

奥古斯丁认为，人是追求美好生活理性存在者，人人都渴望得到幸福，这是人的本性使然。他指出：

> 人渴求快乐，这本属于原初本善的自然秩序，是人之存在所固有的。上帝造人，是要他快乐并永生；出于他们的本善之性，即便已经堕落，人仍向往幸福。追求幸福的倾向本体地属于人的自然心理和生理构造，不是意愿可以选择的：上帝"将对幸福和永生的渴望深植于我们的本性之中"。④

奥古斯丁指出，人的自由意志中的善良意志，才促使人渴望过正直高尚的生活。他说：

> 什么是善良意志？那就是渴望过正直高尚的生活并达到最高智慧。⑤

---

① （古罗马）奥古斯丁著：《恩典与自由——奥古斯丁人论经典二篇》，奥古斯丁著作释译小组译，南昌：江西人民出版社 2008 年版，第 188 页。

② （古罗马）奥古斯丁著：《忏悔录》，周士良译，北京：商务印书馆 1982 年版，第 294 页。

③ （古罗马）奥古斯丁著：《独语录》，成官泯译，上海：上海社会科学院出版社 1997 年版，第 98 页。

④ 转引自（芬）罗明嘉著：《奥古斯丁〈上帝之城〉中的社会生活神学》，张晓梅译，北京：中国社会科学出版社 2008 年版，第 48 页。

⑤ （古罗马）奥古斯丁著：《独语录》，成官泯译，上海：上海社会科学院出版社 1997 年版，第 110 页。

我们是享有还是缺少这伟大而又真实的善，取决于我们的意志。有什么像意志本身这样完全在意志的权能之下的呢？①

奥古斯丁认为，人要么为占有或获得意志自由而趋于一种善，要么为远离或背离意志自由而趋于一种恶，但活得幸福的唯一方式是过思想美德的生活。

奥古斯丁的善良意志论为其公民自由观的提出奠定了理论前提，也为他之后中世纪公民自由论的形成与发展提供了思想基础。

二、提出人要为其"自由"的行为"负责"的公民思想

奥古斯丁是按照"原罪"与"恩典"的对立来看待自由的，他的自由观学说集中体现在《恩典与自由意志》《意志自由论》《忏悔录》等著作中。在《恩典与自由意志》一书中，奥古斯丁认为恩典与自由意志是一致的，人性的堕落决定了人的主动追求毫无善性，因此，人必须接受神的恩典，才能拥有真正的善，从而在真正的自由中追求幸福生活。

（一）认为一个人"只要是出于自愿、意愿和爱就是自由的"②

奥古斯丁认为，自由意志使每个人能够只根据自己的意志决断去生活和行动，而不以任何其他意志为转移。自由意志是心灵趋向于占有或保存某物的自发活动，其最根本的特点是自由。

他认为，人的行为选择全在于自由意志，如果人们行事不靠意志的自由，就无所谓罪恶或善事了，也将不会有公正的惩罚和奖赏。奥古斯丁说：

> 如果人没有自由的意志决断，如何会有罚罪酬善这种作为正义出现的善呢？如果一切都是在没有意志的情况下发生的，那么就无所谓罪行或善举，赏罚也就都是不正义的。③

---

① （古罗马）奥古斯丁著：《独语录》，成官泯译，上海：上海社会科学院出版社1997年版，第98页。

② 转引自周伟驰著：《奥古斯丁的基督教思想》，北京：中国社会科学出版社2005年版，第252页。

③ （古罗马）奥古斯丁著：《独语录》，成官泯译，上海：上海社会科学院出版社1997年版，第110页。

奥古斯丁认为，虽然人人都有按照自己的意志决断的自由，但这种自由是建立在善恶的基础上。他说：

> 本来是同样的东西，为不同的人以不同的方式使用，有的用得坏而有的用得好。用得坏的人，紧抓住它们并为它们所羁绊，因为他自身不善，他紧盯着善却不能恰当地使用，于是，虽然那些东西本该做他的奴仆，他却作了那东西的奴仆了。……显然我们不能责备东西本身，该责备的是错用它们的人。①

奥古斯丁认为，人在决断的时候总是容易受现实条件的影响。他说：

> 幸福在上提携我们，而尘世的享受在下引诱我们，一个灵魂具有两个爱好，但二者都不能占有整个意志，因此灵魂被巨大的忧苦所割裂：真理使它更爱前者，而习惯又使它舍不下后者。②

奥古斯丁认为，当人选择了恶的自由意志，用自由意志而犯罪，为罪恶所征服，他就丧失了意志的自由。为此，奥古斯丁提出：

> 即使在本性完好时，还是需要有上帝的帮助，赐予凡愿意接受的人，有如明亮的眼还需要光才能看见。③

在奥古斯丁看来，自由最终是完全立足于上帝的。他提出：

> 非靠上帝恩典，无人能从恶中得自由。④

奥古斯丁认为，"堕落后的自由"不是真正的自由。因为人堕落后本性被破坏了，他们被贪婪所支配：爱金钱、权力、暴力、性，等等，而忘记了追求至善，人的认知状态被扭曲，"因为人的身心关系已经破裂，人的意志无法控制自己的身体，意志失效了"⑤。奥古斯丁提出：

> "堕落后的自由"指人在丧失了"原义"的情况下，虽然还保留着上帝的形象，因此而有"自由"，但这"自由"是颠倒了的，

---

① （古罗马）奥古斯丁著：《独语录》，成官泯译，上海：上海社会科学院出版社 1997 年版，第 106 页。

② （古罗马）奥古斯丁著：《忏悔录》，周士良译，北京：商务印书馆 1982 年版，第 155 页。

③ （古罗马）奥古斯丁著：《恩典与自由——奥古斯丁人论经典二篇》，奥古斯丁著作翻译小组译，南昌：江西人民出版社 2008 年版，第 204 页。

④ （古罗马）奥古斯丁著：《独语录》，成官泯译，上海：上海社会科学院出版社 1997 年版，第 218 页。

⑤ 转引自周伟驰著：《奥古斯丁的基督教思想》，北京：中国社会科学出版社 2005 年版，第 252 页。

是只能作恶的自由，是《忏悔录》第2、3卷所说的虚无的自由、无益的自由、空洞的自由，是被罪所奴役中的自由。此时人仍旧有自由选择，但由于丧失了对上帝的爱，而只爱地上的事物，因此只能在此恶与彼恶之间进行选择。[1]

奥古斯丁在《忏悔录》中提出，"自由"与"自愿"是紧密相连的，只要一个人的行为是"自愿"地做出来的，那么他就是"自由"的，就要为其行为"负责"。他认为：

> 只要是出于自愿、意愿和爱，一个人干什么事，就是自由的。对于堕落后的人类来说，他们爱地上之物，乃是出于他们的自愿和爱好，因此他们是自由的，但这种自由从基督教的角度说，当然是一种"恶的自由"；对于圣徒来说，他们爱上帝，也是出于他们的自愿和爱好（背后是圣灵的工作），因此他们也是自由的，但这是一种"好的自由"。[2]

奥古斯丁认为，无论是在罪里的人还是在恩典之中的人都是"自由的"，因为自由使每个人的一切行动都出于其意志判断，其所作所为都是其自由意志的体现，当然，人出于自己的自愿和爱好，选择善的自由与选择恶的自由，在性质和行为结果上截然不同。

（二）主张人应对自己的行为及其后果负责

奥古斯丁认为，人是有自由意志的，尘世生活中的人有作为或不作为的意愿，必须要为自己的所作所为承担相应的后果，即做一个"负责任的人"。

奥古斯丁认为，人的自由和自愿使人负有绝对的责任。依奥古斯丁《创世纪》所言，人之所以要接受尘世生活，就在于这是他偷吃禁果这一行动的"评判后果"，因而他必须承担起来。惩罚原则本身隐含着对人的责任的意识：人必须承担起自己行为的后果。在自己的存在中接受和承担起自己的行动的后果，是人的最基本的责任。他提出：

> 从对"罪的奴仆"与"义的奴仆"的"自由"可以看出，"自

---

[1] 转引自周伟驰著：《奥古斯丁的基督教思想》，北京：中国社会科学出版社2005年版，第251页。

[2] 转引自周伟驰著：《奥古斯丁的基督教思想》，北京：中国社会科学出版社2005年版，第252页。

由"与"自愿"是紧密相连的：只要一个人的行为是"自愿"地做出来的，那么他就是"自由"的，就要为其行为"负责"。罪人爱世物不爱上帝，因此"自愿"地为世物而搏杀、拼搏、奋斗，他们是"自由"的，要为此负责。[①]

关于责任与自由的相互关系，奥古斯丁是这样表述的：

正如一个自杀的人在自杀时必须是活着的，但在自杀身亡后就不再活着、不能令自己起死回生，当人用自己的自由意志犯罪时，罪就征服了他，他的意志的自由就消失了。"人被谁制服，就是谁的奴仆"，这是使徒彼得的判断。这确实是真的。我要问，被捆绑的奴仆，除了拥有乐于犯罪的自由外，还能有什么自由呢？因为那以主子的意志为乐的人，在捆绑中也是自由的。相应地，谁是罪的奴仆，谁就是自由地犯罪的。因此它也不会自由地行善，除非在从罪里得到解放后。开始成为义的奴仆。这才是真正的自由，因为他以义行事；这同时也是一种圣洁的捆绑，因为他服从于上帝的意志。[②]

奥古斯丁还主张人应对社会负责。例如，为了维持社会秩序的稳定，公民必须"惩恶"与"扬善"；神职人员要尽职尽责，忠于职守，当外敌入侵之时，不能出于恐惧而抛弃信众等。

在奥古斯丁看来，人应对自己的行为善恶负责。他认为，恶非本质，因为上帝从未创造过恶，善之丧失即名之为"恶"，恶之基础在于意志自由与爱的悖乱。他认为：

只会行善、不会作恶的意志不是自由的意志，缺少选择善恶的功能；而自由选择又是惩恶扬善的公正性所必需的，人只有对自己自由选择的事情才承担自己的责任。[③]

奥古斯丁认为，当人作为理性存在者追求幸福时，应当使正当的意志

---

① 转引自周伟驰著：《奥古斯丁的基督教思想》，北京：中国社会科学出版社 2005 年版，第 252 页。

② 转引自周伟驰著：《奥古斯丁的基督教思想》，北京：中国社会科学出版社 2005 年版，第 252 页。

③ 转引自赵敦华著：《西方哲学通史（第 1 卷：古代中世纪部分）》，北京：北京大学出版社 1996 年版，第 396 页。

与原始的自然秩序完满和谐，服从正当的善的秩序，并接受和承担自身行为获得的评判和赏罚。人只有在追求所有的善的唯一的最高可能的目标时，才会幸福。他强调：

> 因为一个正当地要他所想要的东西的人是靠近于幸福的，当他得到它们时，他就会是幸福的。当然了，当事物最终使他幸福时，乃是善的东西而非坏的东西使得如此的。假如他不想享有人性可以凭着干坏事或坏东西来获得的所有好东西，假如他带着一颗明智、谦逊、勇敢、公义的心追求此生可有的这样的好东西，并在它们到来时拥有它们，他就已经具备了人不能看轻的好东西了，这就是善良意志。这样，即便身处恶境，他也是善的，当所有的恶境终结、所有的善境完满时，他就会幸福了。①

奥古斯丁关于人的"自由"、"责任"的公民思想虽然带有浓重的基督教神学色彩，但他把"人"作为主要的关注对象，试图用自己建构的神学思想去诠释人的自由意志和善恶准则，这一思想已超过了时代的藩篱，对于古罗马后期的公民价值导向和中世纪公民学说的发展产生了深远影响。

三、提出"没有正义也就没有国家"的公民思想

奥古斯丁是依据他的创世神学和末世论来理解"正义"概念的，在奥古斯丁看来，正义是一个神学概念。他认为，信仰上帝是人能正确地使用理性并获得自由能力的前提，也是理性存在者所具有的基本原则。奥古斯丁认为，国家是理性存在者基于正当的共识而建立的联合，是人民的福祉之所在，因而没有正义，也就没有国家。他认为：

> 若无真正的正义，就不会有人们因对正当的共识而有的联合……而若无人民，也就没有所谓的幸福的福祉，只有乌合之众，配不上人民的称号。因此，如果国家指的是人民的福祉，而又不存在这样一种因对正当的共识而联合在一起的人民，而没有正义就不存在所谓正当，那么不可避免的结论就是：没有正义，

① （古罗马）奥古斯丁著：《独语录》，成官泯译，上海：上海社会科学院出版社1997年版，第343页。

也就没有国家。①

（一）认为人民是"众多的理性存在者经由对爱的对象的共识而有的联合"②

奥古斯丁认为，众多理性存在者之间某种形式的联合，是构成国家的充足条件，而"人民"作为理性存在者是基于对爱的对象的共识才联系在一起的。他提出：

> 如果，另一方面，为"人民"找到一种与西塞罗不同的定义，比如，我们可以说，"所谓人民，即是指众多的理性存在者，经由对爱的对象的共识而有的联合"则由此而来，要观察特定之民的禀性，我们必须考察他们所爱何物。③

> 然而，无论所爱何物，只要它是理性存在者的联合而非动物的联合，而他们的联合是通过爱的对象的共识，则将"人民"的名号赋予它绝无不妥。并且，很显然，这共识的对象越优，这民也越优；这爱的对象越劣，这民也就越劣。④

奥古斯丁在其著述中谈及了国家的产生、职能以及正义的观点，他给国家以有限度的承认，认为国家是一个由所爱的事物一致而联合起来的理性动物的共同体，国家负责满足人们的物质需要、免受攻击的安全、有秩序的社会交往等。

对于奥古斯丁来说，"国家"是人天然平等地结成的"社会"变质后才出现的，是人的社会本性被罪败坏之后才出现的，它是人背离了自然本性之后才出现的。他认为：

> "国家"则起源于堕落之后罪性的人的自爱，尤其是人的控制欲（libido dominandi，或译操纵欲）。弑兄者该隐建了地上第一座城，正是政治社会罪性的集中体现。罪性状态中的个人，其

---

① 转引自（芬）罗明嘉著：《奥古斯丁〈上帝之城〉中的社会生活神学》，张晓梅译，北京：中国社会科学出版社 2008 年版，第 164 页。

② 转引自（芬）罗明嘉著：《奥古斯丁〈上帝之城〉中的社会生活神学》，张晓梅译，北京：中国社会科学出版社 2008 年版，第 170 页。

③ 转引自（芬）罗明嘉著：《奥古斯丁〈上帝之城〉中的社会生活神学》，张晓梅译，北京：中国社会科学出版社 2008 年版，第 170 页。

④ 转引自（芬）罗明嘉著：《奥古斯丁〈上帝之城〉中的社会生活神学》，张晓梅译，北京：中国社会科学出版社 2008 年版，第 175 页。

高级理性无法管住低级理性，低级理性无法管住感性欲望，反而被感情、感性冲动和种种欲望摆布了，这些欲望最主要的有：虚荣（名声）、嫉妒、贪婪（财产）、情欲（性欲）、控制他人欲（权力欲）。控制欲践踏了上帝造人时本来的平等原则，拒绝承认人是天生就平等的。控制欲产生于骄傲，产生于自爱，产生于爱自我甚于爱他人，以他人为手段来满足自己的虚荣。"国家"可以说产生于罪人们的这些卑鄙的冲动和欲望之上的，也是其集中体现。国家之内和国家之间的战争往往就是由权力欲和征服欲而来。①

奥古斯丁认为，国家的产生与人类的堕落与罪恶是直接相关的。人的本性是社会动物，介于天使和野兽之间，在人类堕落之前，他们过着和平有序的生活，除上帝之外，不受任何人管辖。堕落之后的人类，逐渐产生了种种欲望、嫉妒、报复、虚荣，对财富的追求，对权力的追逐，等等，变得放纵而且贪婪。于是，人们就运用自己的理性，去设计各种可行的制度去有效制约这种情况的发生，国家就产生了。

奥古斯丁对人民与国家关系的看法，"标志着西方政治思想史上国家观念的一个根本的转变。"②他带有神学政治色彩的国家正义观也促成了公民学说关于国家理论、公民与国家关系理论的发展。

（二）认为国家的正义体现在"为了人民的福祉"

奥古斯丁认为，"真正的正义"乃是任何一种正义概念的前提。没有"真正的正义"，就没有国家，而没有真正的正义就不存在所谓的正当。奥古斯丁在《上帝之城》中认为，只有基督教的启示能够引导人理解"超验的"真正正义。他指出：

> "真正的正义"也只是一种超验的——末世论的现实，在地上永不能实现："因此，唯一至高无上的上帝依着他的恩典统治一座顺服的城，禁止向任何其他神灵奉献牺牲，并且因此之故，在所有属这座城并服从上帝的人身上，灵魂统治着身体，理性在

---

① 转引自周伟驰著：《奥古斯丁的基督教思想》，北京：中国社会科学出版社2005年版，第276页。

② 参见徐大同主编：《西方政治思想史》第二卷，天津：天津人民出版社2006年版，第85页。

一个有序的等级系统中忠诚地统治着诸种恶——只有在这里才能找到正义；恰如一个有德的人依着信仰而生（vivat ex fide）——这信仰乃是体现在爱中，有德的众人组成的群体，或民，也同样依着信仰而生——这信仰乃是体现在爱中，人们爱上帝一如理所应当，爱邻人如同爱自己。但是如果不存在这样的正义，当然也就不存在由对正当的共识和利益共同体联合而成的人民。因此也就不存在国家；因为若没有人民，也就无所谓人民的福祉。"①

奥古斯丁认为，正义意味着正当的服从关系：人服从上帝、身体服从灵魂、非理性刺激服从理性。借助这种程序，奥古斯丁意在证明正义等同于正当的自然秩序。奥古斯丁认为：

> 但是不管怎样，正义的理想和谐状态——在其中，因为上帝是人的灵魂的统治者，所以灵魂统治身体、理性管辖诸恶——并不存在。人类生活在"惩罚"状态之中，上帝让灵魂成为身体需要的奴隶、让理性被非理性欲望（其主要的力量是不可控制的性欲和贪求统治他人的权力欲）所囚禁，以此来惩罚叛逆的人类。因为堕落之后，人不再是自由的，而是成为奴隶，人类之中再没有真正正义的可能。人在自己一生当中不可能摆脱灵魂的失序状态。自由不复存在："实际上，灵魂放纵于悖乱之行，厌恶做上帝的仆人；因此，上帝也不让它得享身体原本顺从的事奉。为追求自身享乐，灵魂背弃了它的上级和主人；因而它也不再保有恭顺其意的下属和仆人。它不能让自己的肉身方方面面服帖，而如若它自己始终服从上帝，本是可以这样的。"②

在奥古斯丁看来，信仰是真正正义的根基。正义是与谦卑的现实联系在一起的，正义的基础在于人谦卑地服从上帝，以及建立在人与造物主正当关系基础之上的人类生活中的正当的自然秩序。他认为，只有在"上帝之城"才能实现完美正义的社会，那是一个真正的共和国，正义只存在于上帝之城的公民之中，其余的国家仅仅是徒有正义的外表。奥古斯丁

① 转引自（芬）罗明嘉著:《奥古斯丁〈上帝之城〉中的社会生活神学》，张晓梅译，北京：中国社会科学出版社2008年版，第167页。

② 转引自（芬）罗明嘉著:《奥古斯丁〈上帝之城〉中的社会生活神学》，张晓梅译，北京：中国社会科学出版社2008年版，第88—89页。

认为：

> "真正的正义"乃是"上帝之城"的一种属性："现在，根据
> 更为可行的定义，它当然是某种意义上的国家……但是真正的正
> 义只能在由基督创建并统治的国家中才能找到，如果我们同意将
> 它称作一个国家，因为我们不能否认它是人民福祉之所在。①

在奥古斯丁看来，虽然国家作为政治权威本身谈不上是正义的，但它
作为上帝实施公正的惩罚的工具却又是正义的。国家并非是帮助人实现正
义的秩序，而只是减轻无秩序。

奥古斯丁认为，无正义即无共和国，何处无正义，共和国即不存。他
强调，如同灵魂治身体、理性治欲望，人也应当服从上帝；若不服从上
帝，人就谈不上正义了；进而，不义的人的集合也就不成立了；因此，作
为"人民之公器"的"共和国"也就不能成立。

奥古斯丁指出，正义在一定程度上是国家的德性，就理想状态而言，
国家应以正义为原则，但在现实社会中，国家并非绝对"正义"。因此，
正义只能是在相对意义上存在的，如果君主违背人的宗教信仰和良心自
由，那么人民就可以拒不服从。他认为：

> 虽然说基督徒要服从由上帝命定的地上权威，但唯有一事例
> 外，那就是在君主违背人的宗教信仰和良心自由，要基督徒亵渎
> 神圣、崇拜偶像时，基督徒可以拒不服从。这么做是因为，在正
> 当的"爱的秩序"里，上帝占着第一位的重要性，尘世君主只是
> 次要的，拒绝君主的命令后果轻，拒绝上帝的命令后果重，拒绝
> 君主的命令只是身体被关进监狱，拒绝上帝的命令却是灵魂被打
> 入永远的地狱。虽然奥古斯丁说基督徒在这种情况下可以对君主
> 说"不"，但他对这个"不"作了严格限制。这个"不"只是一
> 种消极的不服从，而不是积极的反抗，基督徒在接受国家对自己
> 的不服从的惩罚时，也是心甘情愿的。②

奥古斯丁有关国家和正义的思想深受西塞罗思想的影响。在《上帝之

---

① 转引自（芬）罗明嘉著：《奥古斯丁〈上帝之城〉中的社会生活神学》，张晓梅译，北
京：中国社会科学出版社 2008 年版，第 162 页。

② 转引自周伟驰著：《奥古斯丁的基督教思想》，北京：中国社会科学出版社 2005 年版，
第 287 页。

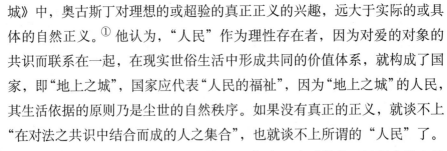

城》中，奥古斯丁对理想的或超验的真正正义的兴趣，远大于实际的或具体的自然正义。① 他认为，"人民"作为理性存在者，因为对爱的对象的共识而联系在一起，在现实世俗生活中形成共同的价值体系，就构成了国家，即"地上之城"，国家应代表"人民的福祉"，因为"地上之城"的人民，其生活依据的原则乃是尘世的自然秩序。如果没有真正的正义，就谈不上"在对法之共识中结合而成的人之集合"，也就谈不上所谓的"人民"了。

奥古斯丁在信仰高于理性的前提下，扬弃了古希腊公民思想家提出的理性自由观，提出了一种不同于前人的国家、人民、理性、正义以及信仰自由观的思想，在信仰、自由意志和理性之间形成一种张力关系，这些公民思想以独特的视角诠释了古罗马向中世纪转型时期公民看待世事的态度，也成为中世纪后整个西方公民学发展的背景。正如英国思想家艾丽诺·斯顿普在其《剑桥奥古斯丁研究指南》中所评价的："如何高估奥古斯丁的著作和影响的重要性都不为过，无论是对于他自己的时代而言，还是对于之后的西方哲学史而言。教父哲学和神学，以及中世纪后期哲学和神学的每个领域，都打上其思想的烙印。……他的许多观点，如他关于正义战争的力量、他对于时间和永恒的论述、对于意志的理解、对于解决邪恶问题的尝试，以及理解信仰和理性的方法等，直到今天为止一直都有着重要影响。"②

---

① 参见（芬）罗明嘉著:《奥古斯丁〈上帝之城〉中的社会生活神学》，张晓梅译，北京：中国社会科学出版社 2008 年版，第 93 页。

② Eleonore Stump. *The Cambridge Companion to Augustine.* Britain : Cambridge University Press, 2001, p.1.

第四章
中世纪的公民学说

"中世纪"一词最早诞生于欧洲文艺复兴时代，是公元 15 世纪意大利人文主义历史学家比昂多（Flavio Biondo 1388—1463 年）在《罗马衰亡以来的千年史》一书中首先提出并使用的。比昂多认为，公元 476 年西罗马帝国的灭亡，标志着西欧古代史的结束，从公元 5 世纪至公元 15 世纪这 1 000 年间，是古典文化与文艺复兴这两大文化高峰之间的一段历史时期，称为"中世纪"。从 18 世纪以来，"中世纪"的概念被欧洲历史学家普遍沿用至今。

西方绝大多数学者认为，"中世纪"始于公元 500 年左右，终于 1500 年左右，前者的代表性事件是西罗马帝国的灭亡，后者的代表性事件则是新航路的开辟。美国当代著名历史学家 C. 沃伦·霍莱斯特（C. Warren Hollister）在其著作《欧洲中世纪简史》中"按西方历史分期法将公元 500 年至 1500 年的中世纪史划为前期（公元 500—1050 年）、盛期（公元 1050—1300 年）和晚期（公元 1300—1500 年）三个断限，加以综合论述。"[①] 认为"在第一阶段，罗马皈依基督教之后，古典文化与基督教文化、日耳曼文化相融合，促成了欧洲的诞生。第二阶级是中世纪的盛期，经济起飞，城市兴起，政治文教发达，三百年间精彩叠现。第三阶段两百年，教廷分裂，英法百年征战，哀鸿遍野，疫病流行，一片颓败之势。而瘟疫过后，欧洲文化重又焕发生机，宗教革新，文艺复兴，科学革命，'理性

---

① （美）C. 沃伦·霍利斯特著：《欧洲中世纪简史》之《译者的话》，陶松寿译，北京：商务印书馆 1988 年版。

时代'的近代欧洲呼之欲出。"①

　　漫长的欧洲中世纪以封建制度的形成、发展和解体为主线，封建割据带来频繁的战争使得科技和生产力发展比较缓慢，古希腊、古罗马文明被基督教神学和封建专制主义湮灭了，基督教神学逐渐居于统治地位，成为解释一切问题的基本依据。在大部分时间里，教会主宰一切，广泛地控制着人们的生活，学校只讲授圣经和神学，这种状况一直持续到中世纪晚期的文艺复兴。因此，在相当长的时期内，中世纪被视为愚昧的教士主宰下的"黑暗时代"，是"半梦半醒的一千年"。恩格斯曾指出：

　　　　中世纪是从粗野的原始状态发展而来的。它把古代文明、古代哲学、政治和法律一扫而光，以便一切都从头做起。它从没落了的古代世界承受下来的唯一事物就是基督教和一些残破不全而且失掉文明的城市。②

　　从公元 11 世纪开始，欧洲产生了专门从事学术活动的最早的大学，如意大利博洛尼亚大学（1088 年）、法国巴黎大学（1160 年）、英国牛津大学（1167 年）和剑桥大学（1209 年）等，当时欧洲大学的主要专业有文艺、法律、医学和神学。大学的出现是欧洲从黑暗愚昧中走出的重要一步，既为学者从事学术研究提供了场所，成为汇聚人才智慧的中心，也为许多公民思想的产生和人文主义的觉醒提供了必要条件。

　　中世纪的公民学说虽然没有获得独立的表达形式，也缺乏系统的论述，有关公民的理性、平等、自由、民主、服从、秩序、正义等诸多思想只散落于神学、哲学等著作中，表面上看来，公民学的发展出现了断裂，古希腊、古罗马时期的公民思想被对上帝的信仰所取代。但实际上，这种断裂并不彻底，因为公民学借助于基督教神学的外壳，以隐晦的形式顽强地"蛰伏"下来。基督教的出现，把人的精神生活、精神需要提到了至高无上的地位，改变了人对自然的绝对服从的状态，也使人们的世界观发生了改变，人类在认识自身的时候，由"自然人"的观念发展到认识"精神

　　① （美）朱迪斯·M.本内特、C.沃伦·霍莱斯特著：《欧洲中世纪简史》之《导言》（英文影印版），北京：北京大学出版社，2007 年版。

　　② （德）马克思恩格斯著：《马克思恩格斯全集》（第 7 卷），中共中央马克思恩格斯列宁斯大林著作编译局编译，北京：人民出版社 2002 年版，第 400 页。

的人"，公民的理性思维能力极大提高。经院哲学①并没有把研究视角完全限定在宗教问题上，以托马斯·阿奎那为代表的经院哲学家，在承继古希腊哲学思想方法的基础上，把作为理性思维艺术的辩证法引入神学，对宗教与道德、信仰与理性、世界万物和人类、公民的自由与服从等相关问题进行了经典的表达和阐释，体现出中世纪公民思想具有浓厚过渡色彩的典型特征。

尤其是中世纪晚期14—16世纪盛行于欧洲的文艺复兴运动，针对以神为中心、贬低人的地位、蔑视人的尊严和轻视世俗生活的宗教哲学，主张复兴古典文化，反对禁欲主义，张扬人性复归，把追求现世的自由与幸福作为人生的目的，否定封建制度和基督教会，重视科学知识和社会教育，从根本上动摇了整个神学世界观的基础，极大地解放了人们的思想。以但丁等为代表的人文主义思想家，高举人文精神的大旗，提出以人为中心、尊重"人性"，尊重人的尊严和自由意志，为文艺复兴时期的公民学说提供了理论基础。

在1 000多年的历史发展和演变中，中世纪的公民学说既带有明显的基督教神学和世俗封建社会的烙印，也为古典公民学向现代公民学的转化客观上起到了积极的传承作用。当代意大利史学家加林认为："中世纪决不是黑暗的和野蛮的，而是充满着文明的光辉和伟大的思想，它从古代的文化中吸取营养来丰富自己。"②美国史学家C.沃伦·霍莱斯特则提出：

> 公元500年至1500年，被看成是人类进步征途中一个漫长而毫无目标的迂回时代——穷困、迷信、暗淡的一千年，将罗马帝国黄金时代和意大利文艺复兴新黄金时代分隔开来。……但经年累代的研究业已表明，中世纪社会仍在持续诞生变化，而且变化甚大，乃至公元1300年的欧洲已大大不同于公元600年的欧

---

① 经院哲学（Scholaticism）是产生于11—14世纪欧洲基督教教会学院的一种哲学思潮，属于欧洲中世纪特有的哲学形态。它是运用理性形式，通过抽象的、烦琐的辩证方法论证基督教信仰、为宗教神学服务的思辨哲学。随着文艺复兴时代"自然的发现"和"人的发现"，神已经不再是人们思考的中心，基督教的经院哲学完成了它的历史使命，最终退出了历史舞台。

② （意）加林著：《意大利人文主义》，李玉成译，北京：生活·读书·新知三联书店1998年版，第12页。

洲了。史学家现在认识到中世纪欧洲具有巨大的创造力，约在公元 1500 年左右，中世纪时代临近结束时，欧洲的技术与政治的经济的结构，已在世界上所有其他文明当中占有决定性的优势。"①

第一节 托马斯·阿奎那的公民学说

托马斯·阿奎那(Thomas Aquinas, 1225—1274 年)，出身意大利贵族，5 岁时被父母送到著名的卡西诺修道院当修童，1239 年进入那不勒斯大学学习，在那里接触到亚里士多德的形而上学、自然哲学与逻辑学著作，于 1244 年加入多米尼克会。1245 年他到巴黎的圣雅克修道院学习，直到 1248 年。1252 年秋托马斯·阿奎那进入巴黎大学神学院学习，1256 年春完成学业，由于学校没有授予托钵僧侣神学硕士的先例，在教皇亲自出面干预下，他才获得学位。他曾经讲学于欧洲两个第一流的大学——巴黎大学和那不勒斯大学。

作为中世纪哲学鼎盛时期的思想家，托马斯·阿奎那是欧洲中世纪最重要的经院哲学家和政治思想家。著作卷帙浩繁，代表性著作为《反异教大全》《神学大全》等，《论存在与本质》《论自然原理》《论真理》等也传世甚广，此外，他还对亚里士多德的《政治学》《伦理学》《形而上学》《物理学》《论灵魂》等做过评注。

托马斯·阿奎那将理性引入神学，用"自然法则"来论证"君权神圣"，是自然神学最早的提倡者之一，其所创立的哲学和神学体系代表了经院哲学的最高成果，被称为托马斯主义。

托马斯·阿奎那的思想体现了中世纪哲学的典型特征，虽然，他没有留下公民学方面的专门著作，但是，他对人的感性与理智、国家与公民、世界万物和人类、公民的自由与服从等公民学的相关问题作了经典的表达

---

① （美）C．沃伦·霍莱斯特著：《欧洲中世纪简史》，陶松寿译，北京：商务印书馆 1988 年版，第 2 页。

和阐释，对于中世纪公民思想的继承和延续起到了积极的作用。

一、提出"人之所以为人，就在于他有理智"[①] 的公民思想

托马斯·阿奎那提出，人和一切其他生命实体的根本差别就在于人有理智。他说：

> 人之所以为人，就在于他有理智。人的生活是有理智的生活。一个人的行为是否符合德性，关键在于他的欲望、情感等非理性部分是否能服从理智的律令。[②]

在托马斯·阿奎那看来，人因为有理性才能作为独立的个体从事道德活动，理性使人的本性最完美。他提出：

> 在所有本性中最完美者——那就是，一个以理性为本性的自存的个体。[③]

托马斯·阿奎那强调，人的理性使人成为其行为的主人，能够为自身的伦理行为担当起相应的道德责任，从而区别于其它无理性的动物。他认为：

> 人之不同于无理性的动物就在于他是自己行为的主人。因此，只有那些以人为主人的行为才被严格地称为人性行为。然而，人因其理智和意志才是其行为的主人；所以，自由意志也就被定义为"理性的能力和意愿"。因此，那些出自审思的意志行为被严格地称为人性行为。[④]

（一）认为人的理性认知以"存在"为前提

托马斯·阿奎那认为，"存在"是理智的原初概念，使之在对不同存在者或实体的认识中具有首先的和基础性的地位。他说：

① 转引自苗力田，李毓章主编：《西方哲学史新编》，北京：人民出版社 2002 年版，第99 页。

② 转引自苗力田，李毓章主编：《西方哲学史新编》，北京：人民出版社 2002 年版，第99 页。

③ Thomas Aquinas. *Summa Theologica*, trans. by the Fathers of the English Dominican Province, New York：Benziger Brothers, 1948, I, q.29, a.3.

④ Thomas Aquinas. *Summa Theologica*, trans. by the Fathers of the English Dominican Province, New York：Benziger Brothers, 1948, I–II, q.1, a.1.

存在是每一事物最内在的东西，在根本的意义上处在所有事物的最深层。①

托马斯·阿奎那认为，最先为理智把握到的东西是"存在"，存在是某种并非本质或实质的东西。他提出：

存在是一回事，而它的本质或实质、本性、形式则是另一回事。所以，在理智实体中，除形式外还必定有存在……理智实体是形式兼存在的。②

在托马斯·阿奎那看来，灵魂是一个特殊的精神实体，说它是个精神实体，是因为它是无形的，也没有质料，并且不同于动物灵魂，它还能够独立存在，也不会坏灭；说它特殊，是因为它没有质料却又不在天使的种相之中，本身又不等同于可以作为一个种相存在的人。这样一种特殊的精神实体就适合于成为人的形式，而与身体结合成为人。③

托马斯·阿奎那认为，人类的灵魂是理智灵魂，只有当感觉健全、精确时，心灵才能自由驰骋。但灵魂必须要与身体结合才能构成一个全整的人，因此人就存在于此世之中。他说：

存在是所有事物中最完善的，因为与所有的事物相比，正是通过它，这些事物才被创造成为现实。因为除非它是存在的，没有任何事物具有现实性。因此，存在是那种使所有事物——甚至它们的形式——现实化的东西。④

托马斯·阿奎那认为，理智实体中不同于其本质的存在即是它的现实性，使其成为现实存在者的存在活动。托马斯·阿奎那提出：

无论在灵魂中还是在灵智中，都不可能存在有质料与形式的复合物……但是，在它们之中，确实有形式与存在的复合。

因为每一种本质或实质却都是能够在对有关它的存在的任何

① Thomas Aquinas. *Summa Theologica*, trans. by the Fathers of the English Dominican Province, New York : Benziger Brothers, 1952, I–II, q.8, a.1.

② （意）托马斯·阿奎那著:《论存在者与本质》第 4 章，段德智译，载《世界哲学》2007 年第 1 期。

③ 参见白虹著:《阿奎那人学思想研究》，北京：人民出版社 2010 年版，第 98—99 页。

④ Thomas Aquinas. *Summa Theologica*, trans. by the Fathers of the English Dominican Province, New York : Benziger Brothers, 1952, I–II, q.4, a.1.

事物缺乏理解的情况下得到理解的。例如，我们能够理解一个人之所是，以及一只不死鸟之所是，然而却不知道其究竟是否实际存在。①

托马斯·阿奎那既强调人作为灵魂与身体的完整性和统一性，又强调人的灵魂是不朽的精神实体。托马斯·阿奎那既运用人的自然理性能力证明了上帝的存在，同时又在表面上规避了人们对此种种证明的批评。他认为，人的自然理性能力所证明的只是上帝一体性方面的事，即上帝必然是世界万事万物的根源这一特点。人可借助于理性认识来追求俗世的幸福，但这种幸福是短暂的低层次的，只有依靠上帝的恩典，对上帝的信仰才能最终获得至善。

（二）认为人的自由意志体现着人的理性

托马斯·阿奎那认为，人的理性包括理智和意志两种不同的能力。他说：

> 理性受造物凭借其理智和意志支配自己。②

托马斯·阿奎那强调人之所以是自由的，其原因就在于人有理智和意志。他说：

> 自由意志乃是一个人借以能够自由判断的能力。虽然判断属于理性，而判断的自由则直接属于意志。③

在托马斯·阿奎那看来，人性行为本身就是出自于理智和意志的行为。他提出：

> 由于被理性导向一个目的，因此从质料上说是一种意志行为，然而从形式上说是一种理性行为。④

在托马斯·阿奎那看来，自由意志是一种理性的活动。这种理性的活动可以引导人们作这样的判断，也可以引导人们作出截然相反的判断，这

---

① （意）托马斯·阿奎那著：《论存在者与本质》第 4 章，段德智译，载《世界哲学》2007 年第 1 期。

② Thomas Aquinas. *Summa Theologica*, trans. by the Fathers of the English Dominican Province, New York：Benziger Brothers, 1948, I, q.103, a.5.

③ Thomas Aquinas. *Summa Theologica*, trans. by the Fathers of the English Dominican Province, New York：Benziger Brothers, 1994, I, q.24, a.6.

④ Thomas Aquinas. *Summa Theologica*, trans. by the Fathers of the English Dominican Province, New York：Benziger Brothers, 1948, I–II, q.13, a.1.

样的判断才是自由的。托马斯·阿奎那指出：

> 人不能做自己所意欲的事情并不代表人没有意志自由，而只能说明人的感觉欲望"虽然服从理性，然而在一种既定的情况下，它却可以藉意欲理性所禁止的事情而对它加以抵制"，因此，"我所愿意的善，我不去行，而我所不愿意的恶，我却去作"（《圣经·罗马书7—19》）。只能说明感觉欲望违背了理性，而不能说明人没有自由意志。①

托马斯·阿奎那认为，由于人是有理性的，因此，区分人性行为的善或恶，主要是看人的意志是否服从理智。托马斯·阿奎那指出：

> 每一个个别的行为都必须有某种使之成为善的或恶的情境，至少就目的的意向来说是如此。因为既然指导属于理性，那么如果一个出自审思的理性行为不被导向适当的目的，则仅仅由于这个事实，它就与理性不相容，并且具有恶的特性。但是，如果它被导向适当的目的，它就与理性一致；因此它就具有善的特性。然而，它一定或者被导向适当的目的，或者不被导向适当的目的。所以，每一个出自审思的理性的人性行为，就它是个别的而言，一定是善的或者恶的。②

托马斯·阿奎那认为，道德行为并不是强加于人的外在事物，而是发源于人的本性之中，是人的一种自然倾向。他的关于自由意志体现着人的理性的思想，突出说明了中世纪基督教视野下的道德（包括道德起源、道德本质、道德行为、道德目的等）是客观的超越了个人的规范体系。

（三）认为人的理性能力使人获得知识和真理

托马斯·阿奎那结合人的认识发展过程来考察感性与理智的关系，认为理性的运用在一定程度上依赖于感觉能力的运用，人通过感觉获得知识，通过感官与外物接触，获得对具体的、个别的事物的认识，但人的认识并不能仅停留于感性认识，还必须深化到理性认识。托马斯·阿奎那分析道：

---

① 转引自白虹著：《阿奎那人学思想研究》，北京：人民出版社2010年版，第260页。

② Thomas Aquinas. *Summa Theologica*, trans. by the Fathers of the English Dominican Province, New York：Benziger Brothers, 1948, I–II, q.18, a.9.

如果它不出自审思的理性，而出自某个想象的行为，例如当一个人摸摸自己的胡须，或者动动自己的手或脚的时候；这样一个行为严格地说不是伦理的或者人性的，因为后者依赖于理性。①

托马斯·阿奎那认为，人的灵魂的理智活动也是知识的一个来源，人的理智从有形事物抽象出来的普遍概念就是共相，人必须依靠理性才能在现实上达到从一种事物到另一种事物的无形的、普遍的形式的认识。他说：

人需要从一件事物进展到另一件事物，从而达到对可理解真理的认识，所以，理智在人身上又被称作理性。②

托马斯·阿奎那认为，人的理智分为"能动的理智"和"被动的理智"，能动的理智是灵魂的能动活动，采用抽象的方法，把从各种感觉所接受的幻象变成现实上可以理解的，使人获得知识和真理。托马斯·阿奎那认为：

人的灵魂作为受造的理智实体，从作为普遍的能动原因的上帝那里获得理智能力，并且在自身之中具有将理智能力实现出来的能力，这就是能动理智。③

托马斯·阿奎那认为，人的理性促使人自然地趋向善。他说：

在人的身上总存在着一种与一切实体共有的趋吉向善的自然而自发的倾向；只要每一个实体按照它的本性力求自存，情况就如此。④

托马斯·阿奎那看到了人类理性的有限性，他认为，人的灵魂中的"理智之光"，使人的理智认识能够摆脱感性认识的局限性，从而抽象出共相的知识，最终获得真理。他强调：

---

① Thomas Aquinas. *Summa Theologica*, trans. by the Fathers of the English Dominican Province, New York : Benziger Brothers, 1948, I–II, q.1, a.2.

② 转引自白白虹著：《阿奎那人学思想研究》，北京：人民出版社2010年版，第194页。

③ 转引自白白虹著：《阿奎那人学思想研究》，北京：人民出版社2010年版，第189页。

④ （意）托马斯·阿奎那著：《阿奎那政治著作选》，马清槐译，北京：商务印书馆1963年版，第112页。

真理只在理智之中。①

托马斯·阿奎那指出，人具有能动理智，但并不排除在人之外存在一个更为高级的理智，一个赋予灵魂理智能力的绝对理智。他认为：

> 既然高级理智是关于永恒事物的，低级理智是关于暂时事物的，而永恒的和暂时的事物是以这样的方式相关于我们的知识的，即它们中的一个构成认识另一个的工具。所以，借助于发现，我们就能够通过对暂时事物的知识而达到对永恒事物的知识。而借助于判断，我们就能够从已经认识的永恒事物来识别暂时的事物，并且，我们也是依据永恒事物的规则来处理暂时事物的。②

托马斯·阿奎那坚持相信，在通过理性方式所获得的自然知识之外，还有着一种通过启示方式所拥有的超自然知识，他在《神学大全》中这样谈道：

> 第一，由于理性或理智的力量在知识中把握住合理行动的普遍原理（理论的与实用的），而这些原理乃由于自然的辉光而被知的。第二，由于意志的纯正，而自然地倾向于理性的善。但是这二者作用都缺乏了超自然的善的理法。因此，为了这二者，某种超自然的补充物对人要达到一个超自然的目的是必需的。在理智方面，人要得到某些超自然的原理的补充，而这些原理，必是由于神圣的辉光而被知的。③

托马斯·阿奎那在强调信仰的同时，给人类的理性以一定的地位，把人类理性当成了为神学服务的"婢女"，这一点显然较奥古斯丁具有进步性，不失为中世纪基督教神学体系中的一次思想革新。他还把人的理性和信仰看成是一个和谐的王国，这二者都是上帝的赠予，上帝的目的是让人类通过理性和信仰来认识自己，获得最高的善和最大幸福，这种思想显然更容易被公民所接受。

---

① 转引自冒从虎著：《欧洲哲学通史》（上卷），天津：南开大学出版社1985年版，第241页。

② 转引自白虹著：《阿奎那人学思想研究》，北京：人民出版社2010年版，第195页。

③ 转引自周辅成编：《西方伦理学名著选辑》（上卷），北京：商务印书馆1964年版，第398页。

二、提出"人的德性分为实践的德性、理智的德性和神性的德性"①的公民思想

托马斯·阿奎那认为，德性是追求至善的必然环节。基于此，他把人的德性分为实践的德性、理智的德性和神性的德性3种，认为这3种德性是按较低层次到较高层次逐渐递进的。

（一）认为实践的德性和理智的德性表现为：审慎、公正、节制和刚毅4种形式

托马斯·阿奎那认为，实践的德性和理智的德性都是人的自然、有限的本性，其中，实践的德性是一种意欲的德行和习惯的品行，它要服从于作为一种理性思维习惯的理智的德行，可以理解为做一件事情的一种自然的意向或倾向。理智的德性是理性思维的习性和能力，是思考善的一种理智活动。②

在托马斯·阿奎那看来，实践的德性和理智的德性可以表现为：审慎、公正、节制和刚毅4种形式。审慎是人在真理思考的过程中产生的，公正是人在正当与本分的行为中产生的，节制是人在对情欲的克制中产生，刚毅则是人在反抗磨难中产生的。托马斯·阿奎那在《神学大全》中提出：

> 德性的形式原理是理性的善（rational good），而理性的善可以有两种方式——在一种方式，理性的善就存乎理性的仅有的考虑中，而在这种方式，审慎是一个主要的德性；在另一种方式，则根据在某种事件中所建立起来的理性的秩序（a rational）：或者在行动的事件中，因此有了公正；或者在情欲的事件中，因此一定又得有两种德性。因为在情欲的事件中，唯情欲对理性有所冲突，才会建立起理性的秩序。而这种冲突有二种方式：在一种方式，是被情欲驱策于某种和理性相反的事情，而对那种事情，情欲必有所缓和或有所抑制，因此节制（temperance）有了他的地

---

① 转引自张志伟，冯骏，李秋零，欧阳谦著：《西方哲学问题研究》，北京：中国人民大学出版社1999年版，第28页。

② 参见张志伟，冯骏，李秋零，欧阳谦著：《西方哲学问题研究》，北京：中国人民大学出版社1999年版，第28页。

位，在另一种方式，乃是因情欲而从那理性所规定的事情中倒退回来，而对那种事情，一个人一定要守在理性所规定的地位，不要从那里移动一步，因此刚毅有了它的地位。在同样的情形，根据主题（subject），也可以找到同一数目的德性。①

托马斯·阿奎那认为，实践的德性和理智的德性，可以使人的行为按照一定的目的趋于完善，获得幸福。但这种幸福的获得是有限的、暂时的。只有服从具有超自然的神性的德性，才能获得真正的、永恒的幸福。

（二）认为神性的德性能使人获得永恒的幸福

托马斯·阿奎那虽然没能对神性的德性作明确的界定，只是指出神性的德性超出了理性知识的范畴，但他认为，只有神性的德性才能使人超越自然的限制，最终获得一种至善的幸福。神性的德性不能靠理解能力来获得，唯有靠上帝的启示和恩典。托马斯·阿奎那认为：

> 人一定得靠上帝的恩赐，再加添某一些原理，然后才可以走上超自然的幸福之路，这就好像自然的原理指示他达到天生的目的一样，人是不能没有这神圣的动力的。这种原理就叫做神学的德性（theological virtues）。②

托马斯·阿奎那认为，要想达到至善，获得超自然的幸福，就必须对上帝充满信仰、希望与仁慈，才能得到上帝的仁爱，从而达到德性的完满。他认为：

> 信心与希望都表示某一种缺陷，因此对那些不被看到的事物才有信心，对那些不被占有的事物才有希望。因此，对那受制于人类力量的事物有信心，有希望，这是德性的特质上的一种需要。但是对那在人类本性的能力以外的事物有信心，有希望，则超越了相当于人的一切德性；照着《圣经》上说："上帝的软弱也比人类要强。"③

---

① 转引自周辅成编：《西方伦理学名著选辑》（上卷），北京：商务印书馆1964年版，第395—396页。
② 转引自周辅成编：《西方伦理学名著选辑》（上卷），北京：商务印书馆1964年版，第398页。
③ 转引自周辅成编：《西方伦理学名著选辑》（上卷），北京：商务印书馆1964年版，第399页。

在托马斯·阿奎那看来，人们只有通过德性才能实现真正的幸福，而这种人的德性又包含两层意思：一是通过人类的本性达到幸福的德性；一是超越了人的本性又分享了神性而达到幸福的德性。托马斯·阿奎那将这两种德性称为"尘世德性"与"神学德性"，分别与"尘世幸福"和"天堂幸福"相对应。"神学德性"是达到"天堂幸福"的必然途径，它主要包括"信心"、"希望"、"仁慈"3个方面，由此来鼓励人们努力践行这3种德性，从而来完成由"神学德性"向"天堂幸福"的进度和转化；而"尘世德性"是达到"尘世幸福"的必要途径，就其内容而言，它分为理智德性和实践德性，理智德性又具体分为智慧、学识和直观等，而实践德性主要包括"审慎"、"公正"、"节制"和"刚毅"等，托马斯·阿奎那的实践德性论对欧洲中世纪的公民道德规范具有现实指导意义。

三、提出"人天然是个社会的和政治的动物"[①] 的公民思想

托马斯·阿奎那继承了亚里士多德"人生来就是政治的动物"的命题，提出了"人天然是社会和政治的动物"的观点。他说：

> 人天然是个社会的和政治的动物，注定比其他一切动物要过更多的合群生活。[②]

托马斯·阿奎那认为，人是社会动物，所以才是政治动物，人是受神法、理性和政治权威这三重秩序支配的。

人天然是个社会的动物；因而人即使在无罪的状态下也宁愿生活在社会中。可是，许多人在一起生活，除非其中有一个被赋予权力来照管公共幸福，是不可能有社会生活的。[③]

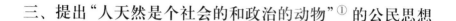

① （意）托马斯·阿奎那著：《阿奎那政治著作选》，马清槐译，北京：商务印书馆1963年版，第44页。

② （意）托马斯·阿奎那著：《阿奎那政治著作选》，马清槐译，北京：商务印书馆1963年版，第44页。

③ （意）托马斯·阿奎那著：《阿奎那政治著作选》，马清槐译，北京：商务印书馆1963年版，第102页。

（一）提出"人类社会的目的就是过一种有德行的生活"①

托马斯·阿奎那强调人的社会性，认为人是政治动物，人为了幸福生活的需要以及实现德行生活的目的，就必须参加政治生活，理性地维护社会秩序。托马斯·阿奎那提出：

> 人们结合起来，以便由此享受一种个人在单独生活时不可能得到的生活的美满；而美满的生活则是按照道德原则过的生活。这样看来，人类社会的目的就是过一种有德行的生活。②
>
> 一个社会之所以聚集在一起，目的在于过一种有德行的生活。"③

托马斯·阿奎那认为，单个人是不能生存下去的，必须和其同类生活在一起。因此社会成员应共同促进生活的幸福美满。托马斯·阿奎那提出：

> 只有那些能共同促进社会生活的美满程度的成员，才能被认为是社会公众的一部分。如果人们单纯为了生存而结合起来，则无论动物或奴隶都将与文明社会有关。④

托马斯·阿奎那将审慎、节制、正义以及坚忍列为人类的四大美德，认为这四大美德都是自然与生俱来的，而且它们之间是互相联结的。托马斯·阿奎那主张，公民只有行使美德并避免邪恶，才能过一种有德行的幸福生活。

（二）认为人有能力和体力上的差异，因此必须依靠帮助才能完善

托马斯·阿奎那在《神学大全》中提出，天地间所有的人都是平等的，所以，人除了应服从上帝外，并不一定要服从任何人。他说：

> 即使在这里，即在与肉体的本性有关的事情上，他除应对上帝服从外，并不一定要对人服从，因为所有的人在天地间都是平

---

① （意）托马斯·阿奎那著：《阿奎那政治著作选》，马清槐译，北京：商务印书馆1963年版，第84页。
② （意）托马斯·阿奎那著：《阿奎那政治著作选》，马清槐译，北京：商务印书馆1963年版，第84页。
③ （意）托马斯·阿奎那著：《阿奎那政治著作选》，马清槐译，北京：商务印书馆1963年版，第84页。
④ （意）托马斯·阿奎那著：《阿奎那政治著作选》，马清槐译，北京：商务印书馆1963年版，第84页。

等的。就维持肉体的存在和生儿育女而论，情况就是如此。所以在缔结婚姻或誓守贞操等问题上，奴隶毋需服从主子，子女也毋需服从父母。①

托马斯·阿奎那认为，虽然神创造的人都是自由、平等的，但是，人与人之间在性别上、精神能力上和体力上等方面，都存在着差异性。他说：

> 我们必须承认，即使在堕落以前，人们之间也非有某种悬殊不可，至少就两性的关系来说是如此。因为如果没有两性，就不会有生育。关于年龄也是这样的情况；儿童是由一代人所产生的，而他们在结婚之后，又生出另一代的儿童。无论就判断或知识来说，本来也会有精神能力上的差异。因为，既然人在行动、意愿和认识方面能够或多或少地运用他的能力，他就不会由于盲目的需要而是会根据自由的选择做出行动。因此有些人就会在道德和知识上比别人进步更大。同样地，也会有某种体力上的差别；因为人的身体不能完全不受自然规律的支配，而是能够从自然力方面获得或多或少的帮助的。甚至在无罪的状态下，人的身体也必须由食物来维持。所以我们不妨说，按照精气的不同状态和不同命运的不同状况，有些人本来会具有更强的体格，有些人身材高些，或者比较俊秀和美貌。然而，在其貌不扬的人身上，这并不会在身心方面构成任何缺点或毛病。②

托马斯·阿奎那提出，犹如缺乏智力的禽兽要服从人的支配一样，在人类共同的社会生活中，天然地决定着一些人只有依靠另一些人的帮助才能达到完善的地步。托马斯·阿奎那说：

> 不错，人必须依靠身体的器官从那可以感觉到的世界汲取知识。但是，除非得到较高神灵的帮助和启发，人就永远不能全面了解有关人类的一切事情，这就是人的知识状态的缺点；因为，有如我们已经知道的，天意使较低的神灵必须依靠较高神灵的帮

---

① （意）托马斯·阿奎那著：《阿奎那政治著作选》，马清槐译，北京：商务印书馆1963年版，第147页。

② （意）托马斯·阿奎那著：《阿奎那政治著作选》，马清槐译，北京：商务印书馆1963年版，第100—101页。

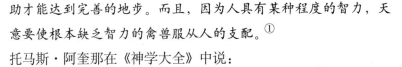

助才能达到完善的地步。而且，因为人具有某种程度的智力，天意要使根本缺乏智力的禽兽服从人的支配。①

托马斯·阿奎那在《神学大全》中说：

> 既然人有智慧和感觉，同时也有体力，这些禀赋就由天意安排，仿照宇宙间普遍存在的那种秩序的式样，彼此处于从属的地位。体力从属于感性和智力，并决心服从它们的指挥，而感官则从属于智慧，并遵从它的指导。②

托马斯·阿奎那进一步分析说：

> 由于同样的道理，在人们中间也可以找到一种体系；因为才智杰出的人自然享有支配权，而智力较差但体力较强的人则看来是天使其充当奴仆；像亚里士多德在《政治学》中所指出的那样。所罗门也抱有同样的见解，因为他说，"愚昧人必作慧心人的仆人"（《箴言》，第十一章，第二十九节）。③

托马斯·阿奎那阐明人天然是社会和政治的动物，承认在社会现实生活中人的差异性和不平等性，这为他进一步思考和提出统治者执掌政权的合理性以及公民"不平等之下的服从"的合理性以及"君主政体的正当性"提供了理论依据。

四、提出公民服从是"为了使国家不致陷于分崩离析"

托马斯·阿奎那认为，既然人的不平等合乎自然法，人类社会有"上等人"和"下等人"之分，因此，为了维护人类秩序的稳定，防止国家分崩离析，"下等人"服从"上等人"的统治是必要的，也是有益的。他提出：

> 人们必须了解：正如上帝创造宇宙万物原是有"高级"和"低级"之分而后者应该受制于前者一样，人类社会也有"上等人"

---

① （意）托马斯·阿奎那著：《阿奎那政治著作选》，马清槐译，北京：商务印书馆1963年版，第97页。

② （意）托马斯·阿奎那著：《阿奎那政治著作选》，马清槐译，北京：商务印书馆1963年版，第98页。

③ （意）托马斯·阿奎那著：《阿奎那政治著作选》，马清槐译，北京：商务印书馆1963年版，第98页。

和"下等人"之分，并且前者也应该统治后者。"犹如在一个人，灵魂是统治着肉体的，而在灵魂本身之内，冲动的和情欲的部分，则又受制于理性。"肉体不服从灵魂是不可想象的，情欲不服从理性是要横决灭裂的。为了使国家不致陷于分崩离析，"下等人"服从"上等人"的统治是必要的，也是有益的。①

（一）认为公民服从国家是人类社会合理秩序的要求

托马斯·阿奎那提出了公民服从的两种形式，他在《神学大全》中说：

　　有两种服从的形式。一种是奴隶式的，在这种情况下，主人为了自己的便利而使用他的仆人；这种服从是作为犯罪的结果而开始的。其次还有另一种服从的形式，主人依靠这种形式统治着那些为他们自身的福利而对他服从的人们。这种服从是在犯罪以前便存在的；如果人类社会不受那些比较聪明的人管理，它就会证明是缺乏合理的秩序。正是按照这种类型的服从，妇女才自然而然地服从男子；因为男子比妇女天赋着更多合理判断的能力。②

托马斯·阿奎那认为，这两种形式的服从都是建立在人的性别、体力和精神能力等天然差别的基础之上，是合乎人类秩序的必然要求。

托马斯·阿奎那认为，统治权的意义之所在，就是总有一些人是管辖另一些人的。托马斯·阿奎那说：

　　统治权可以按照两种意义来理解。按第一种意义来说，它和奴役形成很好的对照。所以，一个主人就是另一个人像奴隶那样对其唯命是从的人。在第二种意义下，它可以被理解为与任何形式的服从相反。按照这个意义来说，凡是以治理和管辖自由民为职责的人也可以称作君主。意味着奴役的第一种统治权，在无罪状态下的人与人之间是不存在。然而，如果按第二种意义来理解，即使在无罪状态下，总有一些人是管辖另一些人的。③

---

① （意）托马斯·阿奎那著：《阿奎那政治著作选》，马清槐译，北京：商务印书馆1963年版，第7页。

② （意）托马斯·阿奎那著：《阿奎那政治著作选》，马清槐译，北京：商务印书馆1963年版，第100页。

③ （意）托马斯·阿奎那著：《阿奎那政治著作选》，马清槐译，北京：商务印书馆1963年版，第101页。

在托马斯·阿奎那看来，如果国家由多人执政，就必然产生意见分歧，他主张国家由君主一人统治，利于社会的稳定统一。为此，他在《神学大全》中说到：

　　而且，显然可以看出，如果许多人意见分歧，他们就永远不能产生社会的统一。所以，一个由个体组成的多样体就会需要统一作为约束，才能开始以任何方式实行统治。正如一艘船上的全体水手如果彼此意见不一，就永远不能按任何的航线航行一样。但是，只要许多人近乎统一，他们就算是团结一致了。所以，与其让那必须首先达成协议的许多人实行统治，还不如由一个人来统治的好。①

　　必须承认，宇宙是由一人统治的。因为统治宇宙是以至善或最高功德为目的的，所以政治也一定是最优良的政治。但最好的政体是由一人执政的政体。这是因为所实施的政治等于是指引被统治者去达到某种目的，即获得幸福。但是，像波伊西厄斯所证明的那样（《论慰藉》，第三篇，第十一章），统一称为善的特征之一；他指出，任何事物只要它追求统一，就能求仁得仁，而没有统一，它甚至不能存在，因为"不论任何事物的现状怎样，它只有在一个统一体中才能存在"。所以我们也可以知道：各种事物力求避免分散，一件东西由于本身有了缺陷才会崩溃。所以不管是谁，只要他治理着许多人，就一定以统一或和平为最大目标；但统一的始因必须本身是浑然一体才行。事实上，显然可以看出，如果许多个人不是自身以某种方式统一起来，他们就无法团结别人并使他们和谐一致。但自然的统一体比人为的统一体可以更容易地成为统一的一个始因。所以许多人由一人统治比由若干人统治能取得更好的效果。由此可知，堪称最出色的对于宇宙的统治是一个统治者的业绩。这就是亚里士多德所说的（《形而上学》，第十二章）："天道厌恶混乱，由许多人统治是没有好处

---

① （意）托马斯·阿奎那著：《阿奎那政治著作选》，马清槐译，北京：商务印书馆 1963 年版，第 49 页。

的。所以现在只有一个君主。"①

托马斯·阿奎那在《论君主政治》中强调：

> 凡是本身是个统一体的事物，总能比多样体更容易产生统
> 一；正如本身是热的东西，最能适应热的东西一样。所以由一个
> 人掌握的政府比那种由许多人掌握的政府更容易获得成功。②

基于此，托马斯·阿奎那认为，为了维护国家的统一，臣民应服从君
主的管辖和统治，他在《神学大全》中说到：

> 在有关人类事务和行动的指挥问题上，一个臣民必须因其上
> 级具有某种权威而服从他们：例如士兵在战争问题上服从他的将
> 官，奴隶在分派给他的任务方面服从他的主人，儿子关于家庭生
> 活的纪律和管理方面服从他的父亲，等等。③

托马斯·阿奎那认为，为了避免社会的混乱和解体，社会必须拥有某
种治理的原则和控制的力量，这也就有了统治者与被统治者之间的划分，
而这种划分是来自人的自然本性——人与人之间天然的不平等，这就为其
公民应服从国家统治的学说找到了现实的必要性与合理性。

（二）公民不服从的合理性在于执政者不能行使正当权利

托马斯·阿奎那认为，在世俗生活中，公民不可避免地要受到来自世
俗君主或主人的奴役。但是，公民服从的义务不是绝对的，而是有条件的。

托马斯·阿奎那认为，如果君主没有行使正当权力，公民就没有义务
服从。托马斯·阿奎那在《神学大全》中说到：

> 如果这种君主没有行使权力的正当权利，而是曾经篡夺了这
> 种权利，或者如果他们命令人们做出不法的行为，他们的臣民就
> 没有必要服从他们；也许有一些特殊的情况是例外，即如果这牵
> 涉到避免物议或某种危险的问题。④

---

① （意）托马斯·阿奎那著：《阿奎那政治著作选》，马清槐译，北京：商务印书馆 1963
年版，第 102—103 页。

② （意）托马斯·阿奎那：《阿奎那政治著作选》，马清槐译，北京：商务印书馆 1963
年版，第 48 页。

③ （意）托马斯·阿奎那著：《阿奎那政治著作选》，马清槐译，北京：商务印书馆 1963
年版，第 147 页。

④ （意）托马斯·阿奎那著：《阿奎那政治著作选》，马清槐译，北京：商务印书馆 1963
年版，第 148 页。

托马斯·阿奎那在《反异教徒大全》中也提出：

有人执掌政权，并不是因为他有高人一等的智慧，而是因为他靠暴力夺取了政权，或者通过可以感觉到的感情上的拉拢而建立了统治地位。所罗门对于这种违反正义的行为也不是没有评述的，他说："我见日光之下有一件祸患，似乎出于掌权的错误，就是愚昧人居于高位"（《传道书》，第十章，第五至六节）。①

托马斯·阿奎那认为，即使在奴隶服从主人、自由民服从国家的前提下，人的精神也始终是自由的，不受奴役。他说：

一个人为此而受制于另一个人的奴隶状态，只存在于肉体方面而不存在于精神方面，因为精神始终是自由的。②

托马斯·阿奎那强调，臣民对于做出罪恶的行动的暴君和不道德的掌权者，不仅没有服从的义务，而且为了捍卫公共利益不得不予以反抗。他在《彼得·郎巴德〈嘉言录〉诠释》中说到：

第一，如果一个掌权者发出的命令违背了那个权威在当初被设立时所抱定的目的（例如，命令实行某种罪恶的行动或做出某种违反道德的行动，而建立权威的目的恰恰就在于保护和提倡道德）。在这种情况下，一个人不仅没有服从那个权威的义务，而且还不得不予以反抗，正如宁死不愿服从暴君乱命的神圣的殉道者所做的那样。第二，如果掌权的人所发的命令越出这种权威的权限；例如，一个主人要求一个仆人付出他不应支付的款项，以及其他相类的情况就是如此。在这种情况下，那个臣民有服从或反抗的自由。③

托马斯·阿奎那对人的精神自由的肯定，对公民不服从暴政的合理性论证，既是对西欧中世纪教会封建主的绝对权威的动摇，也对于后来的文艺复兴运动公民理性个性的张扬提供了重要的思想基础。

---

① （意）托马斯·阿奎那著：《阿奎那政治著作选》，马清槐译，北京：商务印书馆1963年版，第98—99页。

② （意）托马斯·阿奎那著：《阿奎那政治著作选》，马清槐译，北京：商务印书馆1963年版，第148页。

③ （意）托马斯·阿奎那著：《阿奎那政治著作选》，马清槐译，北京：商务印书馆1963年版，第151页。

五、提出"局部的利益从属于整体的利益"的公民正义思想

托马斯·阿奎那从国家的正义和法律的公正两个方面，阐明了公民的正义观，他指出，只要以致力于公共幸福为目标，从任何局部的利益从属于整体的利益出发，公民任何有益的行动和善行都是正义的。托马斯·阿奎那在《神学大全》中说到：

> 正义的目的在于调整人们彼此的关系。这里有两种情况可以考虑。或者是，对别人的关系当做个别的关系。或者是，对别人的关系当做一种共通的关系，即达到这样的程度：凡是某一个社会的公民也受组成该社会的一切人士的支配。这两种情况都牵涉到正义。因为，显而易见，组成社会的一切人士同社会的关系，正如各部分同一个整体的关系一样。部分本身属于整体；因此任何局部的利益从属于整体的利益。从这个观点来看，无论就一个人对他自己或就人们之间的关系而言，任何有益的行动和善行都涉及作为正义的目标的公共幸福。按照这个意义来说，只要正义能够导致人们致力于公共幸福，一切德行都可以归入正义的范围。①

（一）认为服务于公民的公共利益是政治正义的体现

托马斯·阿奎那认为，公民个人利益的实现有赖于公共利益的实现，而政治权力就是为了公共利益而设置的，掌权者只有致力于和服务于社会的公共幸福，才体现出政体的正义性，否则，那些为了少数人的利益而建立的国家和整体都是非正义的。

托马斯·阿奎那首先分析了国家权力的正当性，他在《神学大全》中说到：

> 关于一个城市或国家的权力的正当安排，有两点必须加以考虑。第一点是大家都应当在某一方面参与政治。事实上，正是这一点保障了社会内部的安宁，并且，像我们在《政治学》（第二篇，

---

① （意）托马斯·阿奎那著：《阿奎那政治著作选》，马清槐译，北京：商务印书馆1963年版，第139页。

第一、二节）中读到的，各国人民都珍视和保卫这种情况。另一个需要考虑的问题涉及政体或管理政治事务的形式。①

托马斯·阿奎那强调，政治统治对整个社会来说是一种职责或义务，统治的目的在于服务于社会公共利益，统治者行使权力的目的是使人们生活幸福。政治的正义性就体现在统治者为公众谋幸福。他在《论君主政治》中说：

> 如果一个自由人的社会是在为公众谋幸福的统治者的治理之下，这种政治就是正义的，是适合于自由人的。相反地，如果那个社会的一切设施服从于统治者的私人利益而不是服从于公共福利，这就是政治上的倒行逆施，也就不再是正义的了。②

托马斯·阿奎那在对君主政体、寡头政体和平民政体进行比较的基础上，提出混合政体是最好的政体。在《神学大全》中，托马斯·阿奎那明确提出：

> 在君主政治下，只有一人执掌政权；在寡头政治下，有许多人依据德行参加政府；在民主政治或平民政治下，统治者可以从人民中选出，而全体人民都有权选举他们的统治者——这些制度的适当的混合就造成最好的政体。这也就是神法所规定的一种政体。③

托马斯·阿奎那在肯定由国王执掌政权的政体是最好的政体的同时，认为，由一个暴君执掌政权的政体由于只考虑少数人的利益，因而是非正义的最坏的政体。托马斯·阿奎那在《论君主政治》中提出：

> 在寡头政治制度下，所考虑的只是少数公民的私人利益，因而这种制度就比为多数人的目的服务的民主制度更不顾公共利益。在暴君统治下，所考虑的只是如何满足个人的欲望，因此它对公共利益甚至危害更大。多数人比少数人更接近一般性，而少数人

---

① （意）托马斯·阿奎那著：《阿奎那政治著作选》，马清槐译，北京：商务印书馆1963年版，第128—129页。

② （意）托马斯·阿奎那著：《阿奎那政治著作选》，马清槐译，北京：商务印书馆1963年版，第46页。

③ （意）托马斯·阿奎那著：《阿奎那政治著作选》，马清槐译，北京：商务印书馆1963年版，第129页。

又比一个人更接近一般性。所以暴君政治是最无道的政权形式。①

托马斯·阿奎那认为，在无道的政权下，国家规模越大，对公民公共利益的损害也就愈大。他在《论君主政治》中谈到：

> 有道的政权所凭借的统一的规模愈大，这种政权就愈加有益。君主政治优于贵族政治，而贵族政治又优于市民政治；在无道的政权下，情况恰恰相反，因为它所凭借的统一的规模愈大，它就愈加有害。所以暴君政治比寡头政治有害，寡头政治又比民主政治有害。②

托马斯·阿奎那认为，国家的存在是为了公民"生活的美满"，因为一个社会之所以聚集在一起，目的在于过一种有德行的生活，所以任何统治者都应当以谋求其所治理的区域的幸福为目的，托马斯·阿奎那的这一政治正义思想，针对中世纪西欧政权与教权的斗争日益激烈的时代背景下，公民追求自身利益的实现提供了理论支撑。

（二）认为维护公民的公共利益是法律正义的体现

托马斯·阿奎那认为，人类理性所欲求的是过有道德的社会生活，而美满的生活则必须有某种治理原则与之相适配，以法律来规范人们的行为准则。基于此，托马斯·阿奎那提出，法的目的是以促进整个社会的福利为其真正的目标，他说：

> 法必须以整个社会的福利为其真正的目标。法律的首要和主要的目的是公共幸福的安排。③

托马斯·阿奎那认为，法律正是公民理性的总结和意志的表达。他说：

> 法是人们赖以导致某些行动和不作其他一些行动的行动准则或尺度。④

---

① （意）托马斯·阿奎那著：《阿奎那政治著作选》，马清槐译，北京：商务印书馆1963年版，第51页。

② （意）托马斯·阿奎那著：《阿奎那政治著作选》，马清槐译，北京：商务印书馆1963年版，第50页。

③ （意）托马斯·阿奎那著：《阿奎那政治著作选》，马清槐译，北京：商务印书馆1963年版，第105页。

④ （意）托马斯·阿奎那著：《阿奎那政治著作选》，马清槐译，北京：商务印书馆1963年版，第104页。

"神性"与"人性"在托马斯·阿奎那的自然法理论中得到了完美的统一。他把法分为永恒法、自然法、人定法、神法。认为,"永恒法不外乎是被认为指导一切行动和动作的神的智慧所抱有的理想"①。永恒法既体现了上帝的意志,也是一切法律之母。"既然永恒法是最高统治者的施政计划,那些以部属身份进行管理的人的一切施政计划,就必须从永恒法产生,所以,一切法律只要与真正的理性相一致,就总是从永恒法产生的。"②而自然法是理性动物参与的永恒法,是永恒法的一部分,并受永恒法制约。托马斯·阿奎那在其著作《神学大全》中这样认为:

> 一切由人所制定的法律只要来自自然法,就都和理性相一致。如果一种人法在任何一点与自然法相矛盾,它就不再是合法的,而宁可说是法律的一种污损了。③

托马斯·阿奎那认为,人定法是统治者所颁布的法律,是对自然法的具体运用。人要追求一个永恒的福祉,人法的制定就是为了使人们享受和平而有德行的生活,是"对于种种有关公共幸福的事项的合理安排,由任何负有管理社会之责的人予以公布"④。他提出:

> 法律的公布乃是整个社会或负有保护公共幸福之责的政治人的事情。⑤

> 那些从自然法产生的作为个别应用的标准,构成任何城市根据其特殊需要而规定的市民法。⑥

托马斯·阿奎那认为,人的法律尽管是由国家公布的法律,然而推其本源,它来源于神的法律。为了达到完美的德性,单凭人的本性能力是不

---

① (意)托马斯·阿奎那著:《阿奎那政治著作选》,马清槐译,北京:商务印书馆1963年版,第111页。

② (意)托马斯·阿奎那著:《阿奎那政治著作选》,马清槐译,北京:商务印书馆1963年版,第111页。

③ (意)托马斯·阿奎那著:《阿奎那政治著作选》,马清槐译,北京:商务印书馆1963年版,第116页。

④ (意)托马斯·阿奎那著:《阿奎那政治著作选》,马清槐译,北京:商务印书馆1963年版,第106页。

⑤ (意)托马斯·阿奎那著:《阿奎那政治著作选》,马清槐译,北京:商务印书馆1963年版,第105页。

⑥ (意)托马斯·阿奎那著:《阿奎那政治著作选》,马清槐译,北京:商务印书馆1963年版,第117页。

够的，必须依靠神通过先知所启示的法律。

托马斯·阿奎那强调，法律的公正性体现在维护公民的公共福利以及促使公民承担应尽义务上。他说：

> 法律就以下几点来说可以被认为是合乎正义的：就它们的目的来说，即当它们以公共福利为目标时；或者就它们的制订者来说，即当所制定的法律并不超出制订者的权力时；或者就其形式来说，即当它们使公民所承担的义务是按促进公共幸福的程度实行分配时。这是因为，既然每一个人是社会的一部分，则任何人的本身或其身外之物就都与社会有关；正如任何一个部分就其本身而言都属于整体一样。由于这个缘故，我们看到自然往往为了保全整体而牺牲一部分。根据这个原则，那些在分配义务时能注意适当比例的法律是合乎正义的，并能使人内心感到满意；它们是正当的法律。①

托马斯·阿奎那提出：

> 法律关心公共福利。所以任何德行的实施都是可以由法律规定下来的。同时，并不是一切德行的每一种行动都是由法律安排的，而是只有那些以公共福利为目标的行为才是如此。②

托马斯·阿奎那认为，如果法律对人类幸福不利，或者不能致力于使公民成为善良的人，那么这样的法律就是非正义的。他在《神学大全》中说到：

> 法律也可以由于两种缘故而成为非正义的。首先，当它们由于违反我们刚确定的标准而对人类幸福不利时，或者是关于它们的目标，无补于公共利益例如一个统治者所制定的法律成为臣民的沉重负担，而是旨在助长他自己的贪婪和虚荣；或者是关于它们的制订者，如果一个立法者所制定的法律竟然超过他受权的范围；或者是关于它们的形式，如果所规定的负担即使与公共福利有关，却在全社会分配得很不均匀。这种法律与暴力无异，而与

---

① （意）托马斯·阿奎那著：《阿奎那政治著作选》，马清槐译，北京：商务印书馆1963年版，第120页。

② （意）托马斯·阿奎那著：《阿奎那政治著作选》，马清槐译，北京：商务印书馆1963年版，第120页。

合法性并无共同之处；因为，像奥古斯丁在《论自由意志》（第一篇，第五章）中所说的："不公道的法律不能称之为法律。"因此，这种法律并不使人在良心上感到非遵守不可，除非偶然为了避免诽谤或纷扰。在这种情况下，一个人也许甚至不得不放弃他的种种权利，像圣马太所教导的（《马太福音》，第五章，第四十至四十一节）："有人强逼你走一里路，你就同他走二里；有人要拿你的里衣，连外衣也由他拿去。"其次，法律可以由于与神的善性相抵触而成为非正义的：例如横暴的法律强迫人们崇拜偶像或做其他任何违反神法的行动。这种法律在任何情况下也不可服从，因为，在《使徒行传》中说（第五章，第二十九节）："顺从神而不顺从人，是应当的。"①

虽然，托马斯·阿奎那的公民学说是建立在其神学思想的范畴内，其论证的最终依据总撇不开上帝的影子。"阿奎那把斯多葛学派的自然法思想吸收到神学中来，但是他又给自然法打上了神学的印记，把自然法说成是永恒法的一部分，从而也就把自然法的起源放到了神身上。"②但不可否认，托马斯·阿奎那将古典文化与基督教文化糅合在一起，无论是关于"人天生是政治的和社会的动物"论述、还是关于国家政体观的阐释，以及公民的平等、自由、理性、正义、服从等公民学说，对于近代理性主义、人文主义思想家高扬人的精神自由和个性解放起到了推波助澜的作用。

第二节　但丁的公民学说

但丁（Alighieri Dante，1265—1321年），意大利诗人，现代意大利语的奠基者，意大利文艺复兴运动的先驱，被恩格斯称为"中世纪的最后

---

① （意）托马斯·阿奎那著：《阿奎那政治著作选》，马清槐译，北京：商务印书馆1963年版，第120—121页。

② 参见张传有著：《西方社会思想的历史进程》，武汉：武汉大学出版社1997年版，第111页。

一位诗人，同时又是新时代的最初一位诗人。"①

但丁的一生正处在意大利封建制度解体，资本主义萌芽、早期资产阶级文化已在封建制度中孕育，这一新旧两种思想并存的历史变革时期。佛罗伦萨共和国的贵族和市民的政治斗争继续延续，但在新的资本主义经济日益发展的条件下，贵族终于走向下坡路。但丁出生的第二年，佛罗伦萨的政局出现了新现象，贵族与市民阶层平分政权，设立了12名贵族出身的"执政官"。1300年，他被任命为6名行政官之一，从事共和国的建设工作，成为白党的骨干。但丁为完成意大利的统一事业，旗帜鲜明地反对封建教皇干涉内政，反对贵族把持政权。1302年，代表教会反动势力的黑党在佛罗伦萨得势，他们以贪污和反教皇之罪名，没收但丁的全部家产，判处他终身流放。1308年，但丁得知卢森堡的亨利七世被选为神圣罗马帝国皇帝后，便幻想借亨利七世的兵力统一意大利，于是回国跟各地的同党联络，又开始了他的政治活动。但是，亨利七世却于1313年8月去世，但丁的希望破灭了，从此脱离了政治生涯。

但丁游历广泛，对意大利社会政治问题有深刻体会，正是这种经历，使他完成了举世闻名的代表作品《神曲》，该书被誉为中世纪文学的巅峰之作，并作为文艺复兴时期的先声之作。他还用拉丁文写出《论世界帝国》《飨宴》《论俗语》《新生》等著作。这些创作隐寓现实，深刻地反映了新旧交替的时代特征，向世人展示了一条宗教意义下的人类追求自由和光明、到终极幸福的道路。

但丁的《神曲》和《论世界帝国》中，蕴涵着丰富的公民思想，体现出但丁注重公民美德和至善、崇尚公民意志和信仰自由、追求公民幸福生活、提倡国家统一和公民守法等的公民学说。但丁的公民思想不仅受柏拉图、亚里士多德和托马斯·阿奎那等公民学说的影响，也带有中世纪神学思想的明显痕迹，而且更多地体现出西欧社会中世纪向近代转型时期的公民学说的变化。

但丁在《致斯加拉亲王书》中阐明了自己《神曲》的主题：

全书的主题，仅就字面义来说，不外是"灵魂在死后的情

---

① （德）马克思恩格斯著:《共产党宣言》，见《马克思恩格斯选集》（第1卷），中共中央马克思恩格斯列宁斯大林著作编译局编译，北京：人民出版社1995年版，第249页。

况"，因为整部作品是针对着和围绕着这点而予以发挥的。但是，如果从讽喻方面来了解这部作品，它的主题便是"人，由他自由意志的选择，照其功或过，应该得到正义的赏或罚。"①

一、认为公民追求美与善才能过上幸福生活

但丁把善与美延伸到神学境界中，寄望于通过神学达到对善与美本质的把握。他认为，善与美是人生获得幸福的重要支撑。所以，拥有美德的人是幸福的，会得到神的恩赐。但丁说：

> 自身尽善尽美的上帝不仅注定了人具有不同的本性，而且同时注定各种本性获得各自的幸福。②

但丁认为，人们应该追求和敬重纯粹的善和真实的美。善与美之间的关系是相互统一的，善是内容，美是形式，按这样一种新型关系，人们可以使美服务于善，使善增益于美，从而获得美德。他说：

> 善与美都是令人欣悦的，但应该使善特别令人欣悦。③

（一）认为人之美体现为"肉体之美"和"灵魂之美"④

但丁认为，现实生活中美的人和事物具有多样性，单从人本身出发，可以把美区分为第一种美和第二种美。第一种美是形体之美，他认为，这种美具有天然之美，体现美的原本状态，装饰就会掩盖或改变天然之美。他在《神曲》中描述道：

> 虽然她在面纱之下，虽然她在河的对岸，但是在我看来，她的美丽超过旧时的贝雅特丽齐，也犹如她在地上的时候，超过所有别的女子一样。那时后悔刺激我到这般剧烈，因此我对于一切使我离开贝雅特丽齐的东西发生痛恨。⑤

但丁在《飨宴》中说：

---

① 转引自缪灵珠著：《美学译文集》（第1卷），北京：中国人民大学出版社1987年版，第312页。

② （意）但丁著：《神曲》，田德望译，北京：人民文学出版社2001年版，第55页。

③ （意）但丁著：《但丁精选集》，吕同六选编，北京：燕山出版社2004年版，第584页。

④ （意）但丁著：《神曲》，王维克译，北京：人民文学出版社1997年版，第316页。

⑤ （意）但丁著：《神曲》，王维克译，北京：人民文学出版社1997年版，第313页。

一个妇人的美，如果徒然依赖衣饰，不依赖她本身的美，也看不出来。所以若要对一个美人作出正确的判断，最好是看她在洗尽铅华显出天生丽质的时候。①

但丁崇尚自然之美，在现实生活中，他大胆地表露自己的内心情感和思想，敢于把异教的而不是基督教圣徒的罗马大诗人维吉尔选做他巡游地狱、炼狱的导师，把世俗女子贝亚德升华为天堂的圣女，这是大胆的、离经叛道的狂妄举动，在当时是振聋发聩的。

但丁认为，第二种美是指心灵之美，这种美以伦理道德的"善"和心灵中的"理性智慧"为内容，体现美的本质所在。但丁在《神曲》中描述看到 3 位女神跳舞时说：

允许我们的请求，赐给他一些恩惠，把你的面纱拉开，露出你的樱唇，使他欣赏你所隐藏的第二美吧。②

但丁重视人的行为与思想的统一性。他"将人的灵魂表现为感觉和直觉的具体统一，是独特的个体形象和普遍意义的统一③"。认为，人的行为只有与内在的情感和思想一致，才是合乎自然的，而顺乎自然才是最美的。相反，"但凡不是顺应自然的，都不符合神的意旨④"。他把真实性作为判断行为美与丑的标准，主张人的行为应符合内在的真实情感，才能表现出人自身内在的心灵之美。

在但丁看来，只有崇尚心灵的理性之美才能够获得永恒，而那些伪装的美或者追求虚荣的美，都只是暂时的。他借一个活着时非常看重虚名的画家的灵魂宣扬这种观点：

人力所能得的真是虚荣呀！绿色能够留在枝头上的时间多么短促呀……尘世的称颂只是一阵风，一时吹到东，一时吹到西，改变了方向就改变了名字。假使你到了老时才遗弃你的肉体，或是你在学着说"饼饼"和"钱钱"以前便死了，到了一千年以

① 转引自缪朗山著：《西方文艺理论史纲》，北京：中国人民大学出版社 1985 年版，第 274 页。

② （意）但丁著：《神曲》，王维克译，北京：人民文学出版社 1997 年版，第 315 页。

③ （美）古斯塔夫·缪勒著：《文学的哲学》，孙宜学、郭洪涛译，桂林：广西师范大学出版社 2001 年版，第 86 页。

④ （意）但丁著：《论世界帝国》，朱虹译，北京：商务印书馆 2007 年版，第 57 页。

后，你的声名哪一方面大些呢？一千年和永久相比，无异于眉毛
的移动和上天星球所兜的圈子相比……所以，你的令名无异于草
之生，草之衰：使它青的也就使它黄。①

但丁关注的是人的精神世界，在他看来，只有改变了人的精神世界，才能解决现实世界的问题。他希望唤醒世人去除思想行为上的罪恶，从而回归自然的美与善的心态和意愿。

（二）认为"人是因为具备美德才显得高贵"

但丁认为，美德是神圣的，体现人的高贵品质，美德在人生中具有重要的价值，应受到善良民众的推崇。他说：

人们一致公认，人是因为具备美德才显得高贵，这倒不论是本人具备的美德还是先人具备的美德。②

但丁认为，美德是一种绝对的超越，它位于天国各天体之中，在《神曲》中所描述的九重天体中，自最低的月轮天至第五层的木星天分别是具有"节"、"智"、"勇"、"义"诸美德的灵魂。他把"节、智、勇、义"这"四枢德"看做一个相对完整的体系，是人们现实生活中的美德境界，以谦逊、明智、慷慨与公正的行为方式作为现实生活中人际关系的最高理念。其中每一种美德都是后一种美德的前提：节制是智慧的前提，因为滥用智力即为欺诈而非智慧；智慧是勇敢的前提，否则勇敢就成了鲁莽；而在三者之上，正义成为其最高的统帅，它的光照使美德真正成其为美德而非单纯的个人行为。他说：

给予美德的奖赏是荣誉。③

但丁用以仁爱为基础的美德观来审察世界、人生、社会、道德等各种关系，以此来解答关于"如何才能得到幸福"的问题。他认为，仁爱可以化为各种美德，不仅包括个人品行上的美德如智慧、谦逊、节俭、自制、正直、勇敢、坚韧，不贪婪，不纵欲，还包括一种公共的美德，即谋求人民的共同利益，包括和平、公正、奉献与自由。

在诸多美德之中，但丁特别强调"感恩"。他认为，人们在生活中，

---

① （意）但丁著：《神曲》，王维克译，北京：燕山出版社2007年版，第161页。

② （意）但丁著：《论世界帝国》，朱虹译，北京：商务印书馆2007年版，第29页。

③ （意）但丁著：《论世界帝国》，朱虹译，北京：商务印书馆2007年版，第29页。

要学会感恩——不仅感谢上帝赐予人类的恩德和他人给予的各种善意的帮助，还要为善和报答恩情。他这样感谢给他以帮助的人：

> 你在世的时候，屡次训导我怎样做一个不朽的人物；因此我很感谢你，我活着的时候，应当宣扬你的功德。①

但丁还详细地指出了失德和无德的种种行为表现。他认为，荒淫、饕餮、骄傲、妒忌、贪吝、浪费、愤怒、欺诈、说谎、残暴、自杀、剥削、诱惑，甚至贪污、虚伪、盗窃、离间、伪造、背叛、忘恩负义、狂妄自大等都是无德或失德的表现。他叹说：

> 唉，盲目的贪欲！唉，愚蠢的愤怒！在短促的人生，他煽动着我们，到后来却永远地使我们受着酷刑！②

但丁痛恨贪财和敛财的人，反对用金钱换取自由的行为，对世间的拜金行为嗤之以鼻。他略带挖苦地奉劝那些贪吝的人：

> 命运给人类财富是多么的愚弄他们，而人类的追逐他又是多么的剧烈！月亮下面的金钱，从没有使劳碌的人类有片刻的安静。③

他主张人对于非精神至善之欲望如肉欲、物欲等，要加以节制，不能过于贪恋。他提出：

> 造物如趋向于主要的财物（上帝和美德），或次要的财物（地上财宝、衣食、娱乐等）而有节制，则不会为罪恶的起源；但若趋向于主要的财物而不热心，趋向于次要的财物而太过度，那么都是违抗他的造物者。④

但丁相信善有善报、恶有恶报，他认为，凡是无德或失德的人，在上帝那里都被判了罪，最终要受到相应的惩罚，他主张：

> 同样的罪都得着同样的刑罚。⑤

但丁，对失德或无德之人的定罪和刑罚是正义的体现，是一种善行。而且，失德和无德之人在接受惩罚的同时，必须进行忏悔，并停止作恶，

---

① （意）但丁著：《神曲》，王维克译，北京：燕山出版社2007年版，第52页。
② （意）但丁著：《神曲》，王维克译，北京：燕山出版社2007年版，第40页。
③ （意）但丁著：《神曲》，王维克译，北京：燕山出版社2007年版，第23—24页。
④ （意）但丁著：《神曲》，王维克译，北京：燕山出版社2007年版，第184页。
⑤ （意）但丁著：《神曲》，王维克译，北京：燕山出版社2007年版，第20页。

这样才可以使得受处罚的期限有所缩短。他说：

> 一个人不忏悔，就不能得到赦免；一方面忏悔，一方面作恶，这也是不能允许的矛盾。①

在但丁看来，美德可以拯救人的灵魂，使人重获尊严。他对那些炼狱中的嫉妒罪灵魂说：

> 你们这些已经肯定能见到你们所一心向往的至高无上之光的人哪，祝愿神的恩泽迅速消除你们良心上的浮渣，使记忆之河能通过你们的良心清澈地流下去。②

但丁认为，人若无美德，能力越大越容易给人类造成巨大的危害。他明确指出：

> ……智慧如若和恶念，和蛮力结合在一起，就没有一个人类可以生存了。③

> 魔鬼的恶念，一味要做恶事，又加上他的知识，于是他鼓动暴风去吹湿气，依仗他固有的势力。④

但丁提出：

> 因为，善一旦被人理解是善，就在人心里燃起对它的爱，善越大，人对它的爱也就越大。因此，每个洞察这个论断所根据的真理者的心，都必然爱那至高无上的实体超过它爱其他的事物，因为在这一本体之外的每一种善都只不过是其光辉的一种反射而已。⑤

但丁认为，人如果缺乏善和美，就会失去原来的"尊荣"。他说：

> 这些优越之点，称为人类的造物是享有的，假使有所缺失，人类就要从他的尊贵堕落下来。只有罪恶使人类剥夺自由，使他和至善不相识，因为那时他只有些微的光照耀着；他永不能回复原来的尊荣，除非他反抗丑恶的乐事。甘受正义的责罚，以弥补过失所造成的空虚。⑥

---

① （意）但丁著：《神曲》，王维克译，北京：燕山出版社2007年版，第92页。

② （意）但丁著：《神曲》，田德望译，北京：人民文学出版社2001年版，第121页。

③ （意）但丁著：《神曲》，王维克译，北京：燕山出版社2007年版，第107页。

④ （意）但丁著：《神曲》，王维克译，北京：燕山出版社2007年版，第138页。

⑤ （意）但丁著：《神曲》，田德望译，北京：人民文学出版社2001年版，第158页。

⑥ （意）但丁著：《神曲》，王维克译，北京：燕山出版社2007年版，第278页。

但丁强调人的理性之高贵，他明确提出：

> 我实实在在敢说：人的高贵，就其许许多多的成果而言，超过了天使的高贵。[1]

但丁强调仁爱为基础的美德具有伟大的超越力量。正如他在《神曲》全篇的最后一歌所写的那样：

> 达到这想象的最高点，我的力量不够了；但是我的欲望和意志，像车轮转运均一，这都由于那爱的调节；是爱也，动太阳而移群星。[2]

但丁认为，道德常常填补智慧的缺陷，而智慧却永远弥补不了道德的缺陷。他在《神曲》中以善恶之间鲜明的道德对峙来展开其叙述，如天堂与地狱、光明与黑暗、仁爱与残暴、理性与愚昧、美德与陋习等，两两相对，泾渭分明。他认为，人能成为道德的主体，人的美德与善行可以度量出人与真理之间的距离，表明"人的高贵""超过了天使的高贵"。但丁的公民美德实践价值，集中反映在"人类精神"由罪恶到净化最终达至幸福这一过程。

二、提出人运用理性获得知识，使人有别于动物和天使的公民思想

但丁从人的精神世界的独立性出发，探寻人理性追求知识对于美德完善和灵魂升华所起的重要作用。他认为，人不能像走兽那样活着，应该追求知识和美德。他说：

> 人具有可能的理性，这是人类运用积极的生活态度获得知识的能力。即人类既不是像天使一样具有纯粹的理性，也不仅仅具有动物一样的知觉，而是具有运用可能的理性获得知识，同时也因为具有可能的理性而有别于天使。[3]

---

[1] 转引自北京大学西语系资料组：《从文艺复兴到十九世纪资产阶级文学家艺术家有关人道主义人性论言论选辑》，北京：商务印书馆1973年版，第93页。

[2] （意）但丁著：《神曲》，王维克译，北京：人民文学出版社1997年版，第502页。

[3] （意）但丁著：《神曲》，田德望译，北京：人民文学出版社2001年版，第210页。

（一）认为人的理性使人对"德性和智力去加以应用"

在但丁看来，上帝这样安排的目的在于给人类双重幸福，即尘世的幸福和永生的幸福。尘世的幸福体现为人类自身能力的发挥，即对自己德性和智力的应用。他在《论世界帝国》中说：

> 我们要达到第一个目标，就必须遵循哲人的教导，而且要按照我们的德性和智力去加以应用；我们要达到第二个目标，就必须遵循超越人类理性的神的教导，而且也要按照我们的宗教能力、信仰、希望和仁爱去加以应用。这两个目标和达到的途径已经清晰地展现在我们眼前，其一是靠人类理性，哲人运用它使我们明了这些事理；其二是靠圣灵，他通过先知，通过圣书作者，通过与圣灵一体的圣子耶稣基督以及通过他的门徒把我们必需的神圣真理显示给我们。[1]

但丁认为，理性对人的成长是至关重要的，它能够让人摆脱盲目和冲动，变得更加成熟和稳重。他告诫人们要善于运用自己的理性去做判断，谨慎行为：

> 你对于是和非，在没有看得清楚以前，切勿轻易说出，要像在你的脚上绑着铅块，不能举步而迟迟行动的疲劳者。那些不加辨别，贸然赞成或反对的，都是愚夫，常常因为速断的缘故错了方向，又因为自负的缘故不肯改变。常常有许多人下海去求真理，但因不懂方法，徒然空着手回到岸上，甚至有失其求真理之初愿的。[2]

至于理性是如何产生的，但丁从人身和灵魂发生的角度，作了具体而生动的阐述：

> 头脑的组织在胚胎里完成以后，马上第一动力（指上帝——引者）转向他，对于自然的伟大艺术表示喜悦，向他吹入一种新精神，与其他已有的相合，成为一个单纯的灵魂，于是他能生长、他能感觉、他能自己反省。你要是疑惑我的话，那么请看太阳的热力吧，他使周流于葡萄藤中的液汁变为甜酒。当那开西斯

---

[1]　（意）但丁著：《论世界帝国》，朱虹译，北京：商务印书馆2007年版，第86页。
[2]　（意）但丁著：《神曲》，王维克译，北京：燕山出版社2007年版，第305页。

量完她的棉纱的时候，那灵魂脱离肉体，把人的和神的部分都带了走，其他的能力都闭了口，而记忆、智慧和意志反比以前还要敏锐。说也奇怪，那灵魂并不停止行动，他自己落到两条河岸之一，立即明白他自己应取的路径。及至一定的地点以后，那成形的能力向四周发散出来，形状大小与活的肢体一般；同样，灵魂所在之处，他有能力使临近的空气成为各种的形状；又如同焰跟着火移动一般；同样，灵魂的移动，他的新形状也就跟着走。此后便把这个与生前相似的形状叫做影子；此后更把感觉的器官也组织成功，譬如视觉。因此我们能说、我们能笑、我们能流泪和叹息。①

但丁把反省、自觉作为人的理性的重要特征，强调理性是人类区别于其它动物的关键。因而，人们要尊重理性，服从理性精神的引导。他说：

　　既然人的行动不是受本能而是受理智支配的，而理智本身又在识别力、判断力与择别力等方面因人而异，因而几乎我们中间的每一个人都自成一类。②

但丁认为，人类的理性是有限的，"只是那包含一切的智慧的一线光"③，现实生活中，往往有人缺乏理性，受贪欲的影响而迷失方向，最终走向堕落。他提出：

　　人类的贪欲仍然会蒙蔽我们的双眼，人类就像脱缰之马不得不用缰绳和嚼子勒住它，使它走上正道。④

但丁认为，"没有信仰，为善仍有不足。"⑤ 一个人如果没有信仰或者丧失信仰，就没有了人生目标。他认为希望是一种天堂才有的幸福，"是一种对未来光荣的预期，此种光荣生于神恩和在先的功德。"⑥ 在《神曲》中，但丁借维吉尔之口说：

　　他们既没有寂灭的希望，只是过着盲目的平庸生活，也没

① （意）但丁著：《神曲》，王维克译，北京：燕山出版社 2007 年版，第 214—215 页。

② （意）但丁著：《但丁精选集》，吕同六选编，北京：燕山出版社 2004 年版，第 591 页。

③ （意）但丁著：《神曲》，王维克译，北京：燕山出版社 2007 年版，第 329 页。

④ （意）但丁著：《论世界帝国》，朱虹译，北京：商务印书馆 2007 年版，第 87 页。

⑤ （意）但丁著：《神曲》，王维克译，北京：燕山出版社 2007 年版，第 202 页。

⑥ （意）但丁著：《神曲》，王维克译，北京：燕山出版社 2007 年版，第 353 页。

有改进的可能。世界上对于他们没有记载；正义和慈悲都轻视他们。①

　　他们唯一的悲哀是生活于愿望之中而没有希望。②

　　但丁揭示出信仰在人的精神和灵魂升华过程中的作用，他在《神曲》中指出，那些在地狱、炼狱里接受惩罚的鬼魂，就是因为在生前没有运用上帝赐予的理性来约束调节自己的愿望与行为，如"有的人从事暴力或诈术进行统治，有的人从事掠夺，有的人沉溺于肉体的快乐，疲惫不堪……"③，所以才犯下了种种罪孽。他明确指出：

　　人类不知道他的最高智慧从何而来，也不知道他对于最高物的欲望从何而生，只是像蜜蜂一般，凭他们的本能酿蜜；这种智慧和欲望不值得称赞。④

　　但丁鼓励人们要鼓起生活的勇气，靠自己的努力去掌握知识，学会理性思考问题和行为，避免走向堕落。但丁提出：

　　不应当像走兽一般地活着，应当求正道、求知识。⑤

　　人作为一个整体而言，他的本份工作是不断行使其智力发展的全部能力，这首先在理论方面，其次则在由理论发展而成的实践方面。⑥

　　但丁认为，如果公民不克服心灵的惰性，不依照理性的适度合意法则，只一任欲念、野心、逸乐的放纵而迷失心性，则必然造成美德和善行的现实失落。为此，他主张人类必须根除行动上的一切罪恶，同时还要清除思想情绪上的一切贪欲之念，唯其如此才能达到心灵的纯洁。

　　（二）认为人的理性使人有"意志自由"和"选择的自由"

　　但丁认为，自由是上帝对人类的最大恩赐，是人区别于其他物种的最重要特征。为表达对自由的渴望之情，他利用基督教神学思想，竭力拔高人的意志自由的地位，认为自由意志是上帝赋予人的，因而自由是最高

---

① （意）但丁著：《神曲》，王维克译，北京：燕山出版社2007年版，第9页。

② （意）但丁著：《神曲》，田德望译，北京：人民文学出版社2001年版，第17页。

③ （意）但丁著：《神曲》，田德望译，北京：人民文学出版社2001年版，第73页。

④ （意）但丁著：《神曲》，王维克译，北京：燕山出版社2007年版，第186—187页。

⑤ （意）但丁著：《神曲》，王维克译，北京：燕山出版社2007年版，第89页。

⑥ （意）但丁著：《论世界帝国》，朱虹译，北京：商务印书馆2007年版，第5页。

贵的。

但丁对自由的内涵进行了深入分析，他认为，自由能使人们感到在尘世作为人是幸福的。他说：

> 人类一旦获得充分的自由，就能处于最佳状态。①

但丁认为，在自由的诸多方面中，人的意志自由，即关于意志的自由判断，是最为重要和宝贵的。他说：

> 上帝在创造万物时，出于慷慨而授予的最大、最与其本质相称而且最为他所重视的礼物就是意志自由，只有一切有理智的被造物以往和如今才能被授予这种自由。②

但丁认为，人因为有意志自由，才会有选择的自由，人才会为自己的目的而不是为别人的目的而生存。他提出：

> 自由的意思就是为自己而生存，而不是为他人而生存。③

> 自由的基本原则是有选择的自由，而有选择的自由就是判断事理时的意志自由。④

但丁指出，人之所以有意志自由、有自由的意志行为，在于人类有天赋的理性，使人有理解的能力。人总是首先理解一件事物，再去判断它，最后才根据其判断决定去追求它还是躲避它。他解释说：

> 对于某一事物，首先是理解，理解之后再判断好坏，判断之后才决定取舍。因此，如果判断力能完全控制欲念，丝毫不受欲念的影响，那它就是自由的；如果欲念设法先入为主，影响了判断力，那么，这种判断力就不是自由的，因为它身不由己，被俘虏了。正是这个缘故，低等动物不可能有自由的判断力，因为它们的欲念总是先于判断力。

> …………

> 因而，意志坚定的智者以及那些蒙受天恩而超凡脱俗的精灵并没有失去判断力的自由；他们能完美地保持它和使用它，尽管

① （意）但丁著：《论世界帝国》，朱虹译，北京：商务印书馆2007年版，第16页。
② （意）但丁著：《神曲》，田德望译，北京：人民文学出版社2001年版，第30页。
③ （意）但丁著：《论世界帝国》，朱虹译，北京：商务印书馆2007年版，第17—18页。
④ （意）但丁著：《论世界帝国》，朱虹译，北京：商务印书馆2007年版，第16页。

他们的意志固定不变。①

在《神曲》中，但丁进一步阐释了人的意志自由：

> 你们一班活人，都把一切事情归之天上的星辰，似乎天在那儿摆布一切，有不可摇动的必然性一般。事情假使是如此，则你们的自由意志将被毁灭，而劝善惩恶也就不正当了。天给我们一种原始运动，我不说一切；即使我说一切，则他也给了我们一种辨别善恶的光，还有自由意志；这种意志起初也许和星辰的影响相搏而感到痛苦，但我们若善用之则必得最后的胜利。②

但丁认为，如果人的一切行为都是上帝的预定，都是命运所致，都不是人的意志的自由选择，人就不应承担道德责任。为此，他提出，道德就是内在心灵的自由选择。他说：

> 在那欲望兴起的时候，你的内心便生出一种考虑的能力，表示许可或阻止；从最高原则推出理由，作为选择爱的善恶之标准，这是值得称赞的。凡是从根本上推出理由的人，都知道这种内心的选择自由，此所以世界上还存留着道德学。③

但丁强调人要坚定自己的意志，不因外物而随便动摇自己的意志。他在《神曲》中说：

> 现在，你可以用你自己的意志做引导了……你坐在这里也好，你行在花草之间也好，不要再盼望我的语句，我的手势了。自由，正直而健全，是你的意志，不听着他的指挥是一种错误。④

> 你的意志已经自由、正直、健全，不照其所欲而行就是错误；因此我给你加法冠和王冠宣告你为自己的主宰。⑤

但丁肯定人有意志自由，其用意在于肯定人的力量、人的价值，他认为，意志若不屈服，就不会熄灭，而是像火一样按照本性向上。人之所以高贵，不在于他的出身门第，而源于人的品质的优劣。他主张：

---

① （意）但丁著：《论世界帝国》，朱虹译，北京：商务印书馆2007年版，第17页。

② （意）但丁著：《神曲》，王维克译，北京：燕山出版社2007年版，第180页。

③ （意）但丁著：《神曲》，王维克译，北京：燕山出版社2007年版，第187页。

④ （意）但丁著：《神曲》，王维克译，北京：燕山出版社2007年版，第223—224页。

⑤ （意）但丁著：《神曲》，王维克译，北京：人民文学出版社1997年版，第294页。

人不要这样说："因为我属于这一家族，我就高贵"；因为神圣的种子不落在家族，而落在个人身上，正如下面将要证明的，并非家族使个人高贵，而是个人使家族高贵。①

但丁认为，正义与罪恶并非与生俱来，而是人生中自由选择的结果。任何人都有向恶或向善的自由，只有那些"屈服于肉欲而忘记了理性的""荒淫之人"，才受到地狱的"刑罚"。② 因此，他呼吁人们要积极向善、减少罪恶，按照自己的意志去判断是非，控制自己的感情，为获得自由宁可做出牺牲，从而获得尘世和天国的幸福。他说：

也许你欢迎他的到达吧，因为他是为寻求自由而来的。自由是一件宝物，有不惜牺牲性命而去寻求的，这是你所知道的。③

但丁认为人具有自由意志，而且人如同宇宙的运行一样，对自己的命运具有最终决定权。在《神曲》中他把向善和向恶的人分别处置：把善良或正义的人放到天堂中享受幸福，而把罪恶的人放置到地狱中接受惩罚。但丁提出：

幽魂已经变得纯洁的唯一的证明就是能完全自由变换处所的意志，这种意志突然降临于它，对它有益。在这以前幽灵固然也想上升，但是欲望不许可，神的正义与欲望背道而驰，倾向于受苦，如同过去倾向于犯罪一样。④

在《论世界帝国》中，但丁指出，人是道德的主体，具有理性和自由意志。人的思想和行为只有服从理性的指引，人类才能够获得精神世界的救赎。他主张：

只有服从理性，只有全心全意为实现人类的目标而奋斗，人类才有自由。⑤

但丁认为，人应就其本性来讲，有各种各样的愿望、追求、爱，这是人的自然本性，是无可非议的。人可以凭借知识和理性约束自己的行为，

---

① 转引自北京大学西语系资料组：《从文艺复兴到十九世纪资产阶级文学家艺术家有关人道主义人性论言论选辑》，北京：商务印书馆1973年版，第4页。

② （意）但丁著：《神曲》，王维克译，北京：燕山出版社2007年版，第16页。

③ （意）但丁著：《神曲》，王维克译，北京：燕山出版社2007年版，第125—126页。

④ （意）但丁著：《神曲》，田德望译，北京：人民文学出版社2001年版，第219页。

⑤ （意）但丁著：《论世界帝国》，朱虹译，北京：商务印书馆2007年版，第87页。

调节自己的愿望，认识错误和罪恶，经过不断的努力，进入光明幸福的天堂。

三、提出公民的良好愿景就是实现人类的"统一"① 与"和平"②

但丁认为，"人类社会自身必须根据一统的原则才得以秩序井然"③，人类的共同目标是统一与和平，实现这一目的是人类作为一个整体的分内之事，建立一统的世界政体或帝国是人类的需要。他提出：

> 人类只有结成一个统一体才算是全面统一；不言而喻，只有整个人类服从一个统一的政体，才有可能全面统一。④

但丁主张建立大一统的世界政体，制定一种共同的法律，在一个至高无上的世界君主的统治下，确保人类的统一与和平。他说：

> 人类只有在一统的政体下才能生活得最美好，而且为了给尘世带来幸福，就必须建立这样一个政体。⑤

（一）认为公民只有"服从独一的政体，人类才处于最佳状态"⑥

但丁认为，在整个人类社会中，既存在整体的利益，也存在局部的利益，但是整体利益大于局部利益。他提出：

> 部分与整体之间的关系，亦即该部分的结构与整体结构之间的关系。但是部分与整体之间的关系也就是该部分与其目的或最大利益之间的关系。因此，我们必然要得出这样的结论：部分结构的利益不能超过整体结构的利益，而是后者超过前者。⑦

但丁从生活的目的是为了获得幸福出发，阐述了世界帝国存在的原因：

> 首先，我们必须弄清一统天下尘世政体的含义，它的性质和

---

① （意）但丁著：《论世界帝国》，朱虹译，北京：商务印书馆 2007 年版，第 10 页。
② （意）但丁著：《论世界帝国》，朱虹译，北京：商务印书馆 2007 年版，第 5 页。
③ （意）但丁著：《论世界帝国》，朱虹译，北京：商务印书馆 2007 年版，第 9 页。
④ （意）但丁著：《论世界帝国》，朱虹译，北京：商务印书馆 2007 年版，第 10 页。
⑤ （意）但丁著：《论世界帝国》，朱虹译，北京：商务印书馆 2007 年版，第 22 页。
⑥ （意）但丁著：《论世界帝国》，朱虹译，北京：商务印书馆 2007 年版，第 11 页。
⑦ （意）但丁著：《论世界帝国》，朱虹译，北京：商务印书馆 2007 年版，第 8 页。

目的。我们所谓的一统天下的尘世政体或囊括四海的帝国，指的是一个统一的政体。这个政体统治着生活在有恒中的一切人，亦即统治着或寓形于一切可用时间加以衡量的事物中。①

他在《论世界帝国》中进一步解释说：

> 试以单个人为例，这一论点的正确性在他身上就有充分体现；因为即使他倾全力追求幸福，但如果他的智能起不到支配和指导其他能力的作用，他也不可能获得幸福。又譬如一个家庭的目的是要让家庭成员生活舒适；其中必须有一个人起调节和支配作用，我们称之为家长，不然，也得有个相当于家长的人。先哲亚里士多德说："每个家庭以最年长者为主。"荷马也说过：支配整个家族和定出家规就是这一家之主的职责。因此，那句咒骂人的谚语说："但愿你在家里出了个跟你分庭抗礼的人！"再譬如一个地区，它的目的是在人力和物力方面起相互协助的作用。这里必须有一个人出来管辖他人，这个人或者由大家推举，或者是众人乐意拥戴的杰出人物。否则，这个地区不仅不能提供内部的相互协助，反而常常因为争权夺势而导致整个地区的毁灭。同样，一个城市的目的是安居乐业，自给自足；那么，不管这个城市的市政是健全还是腐败，这个城市必须有一个一统的政体。否则，不仅公民的生活达不到其目标，连城市也不成其为城市了。最后，不妨以一个国家或王国为例，它的目的与城市相同，只是维护和平的责任更重。它必须由一个单一的政府实行统治和执政，否则国家的目的就难以达到，甚至国家本身也会解体，正如那个放之四海而皆准的真理所说："一个内部互相攻讦的王国必遭毁灭。"因此，如果这些情况确实符合有着统一目标的个人和特定地区，那么，我们前面的立论就必然是正确的。上述已经证明整个人类注定只有一个目的，因而人类就应该实行独一无二的统治和建立独一无二的政府，而且这种权力应称为君主或帝王。由此可见，为了给尘世带来幸福，一统的政体或帝国是必要的。②

---

① （意）但丁著：《论世界帝国》，朱虹译，北京：商务印书馆 2007 年版，第 2 页。

② （意）但丁著：《论世界帝国》，朱虹译，北京：商务印书馆 2007 年版，第 7—8 页。

但丁认为，建立世界政体的目的是合乎正义的，因为：

> 正义只有体现在最自觉自愿和最有能力的人身上才能在全世界发挥最大的威力，而唯一具备这种条件的人就是世界君主。①

在但丁看来，"世界君主比其他一切人都更善于发挥判断力和正义的威力②，而且，"他的意志能控制和引导其他一切意志"③。在世界政体中，才能制止诸如民主制、寡头制、暴君制等反常政体对人类的奴役，使人类真正做到为自己而活。他借用亚里士多德的话说：

> 在一个反常的政体下，好人成了坏公民；而在顺乎民情的政体下，好人就是好公民。④

为此，但丁提出，为了造就普天下的幸福，有必要建立一个一统的世界政体。他说：

> 作为国家的某些部分的社会组织以及国家本身，应该组成一个结构，这个结构应由一个统治者或政府来统一，因此，这就必然要有一个单一的世界君主或世界统治机构。⑤

面对当时的现实生活，但丁深刻体会到世间战乱给人类带来的深重灾难，盼望理想的世界君主出现并一统天下。他说：

> 人类啊，你还要经受多少的动乱和不幸，遭遇多少的挫折，因为你这只多头兽要向四面八方挣扎！无论是从理论还是从实践方面看，你的心灵和精神都是病态的！论证虽然无可辩驳，却不能诉诸你的理智；经验虽然丰富，也不能增长你的才干，甚至温和而神圣的规劝也不能打动你的感情，而这种规劝正是圣灵在向你召唤："看哪，弟兄和睦同居是何等的善，何等的美。""外邦为什么争闹？万民为什么谋算虚妄的事？世上的君王一齐起来，臣宰一同商议，要抵挡耶和华与他的受膏者。让我们挣开他们的捆绑，脱去他们的绳索。"⑥

---

① （意）但丁著：《论世界帝国》，朱虹译，北京：商务印书馆2007年版，第14页。
② （意）但丁著：《论世界帝国》，朱虹译，北京：商务印书馆2007年版，第20页。
③ （意）但丁著：《论世界帝国》，朱虹译，北京：商务印书馆2007年版，第24页。
④ （意）但丁著：《论世界帝国》，朱虹译，北京：商务印书馆2007年版，第18页。
⑤ （意）但丁著：《论世界帝国》，朱虹译，北京：商务印书馆2007年版，第9页。
⑥ （意）但丁著：《论世界帝国》，朱虹译，北京：商务印书馆2007年版，第25页。

但丁主张公民应维护国家的权威，他坚持把帝国权力同教权区别开来，提出"教会不可能被授予向尘世政体授权的权力"[①]。但丁主张建立一个大一统的、中央集权的世界帝国，从而向处于统治地位的神权说提出了勇敢的挑战，这一思想对近代宗教改革运动和世界公民思想产生了深远的影响。

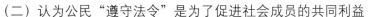

（二）认为公民"遵守法令"是为了促进社会成员的共同利益

在《论世界帝国》中，但丁通过对世俗君主的法律地位的说明，阐述了他的"法律至上"的思想，他认为：

> 公民不为他们的代表而存在，百姓也不为他们的国王而存在；相反，代表倒是为公民而存在，国王也是为百姓而存在的。正如建立社会秩序不是为了制定法律，而制定法律则是为了建立社会秩序，同样，人们遵守法令，不是为了立法者，而是立法者为了他们。[②]

但丁认为，人类社会和自然界都有秩序，而秩序靠公理来维持，他说：

> 一切事物，其间都有一个相互的秩序；这种秩序就是那使宇宙和上帝相像的形式。于是，那些高级造物主追踪着永久的权力，这就是一切规律的终极目标。依照这种秩序，一切事物由各种途径倾心而往，或多些或少些而接近他们的本源。[③]

> 自然界的秩序是靠公理来维持的，因为，人类给自己提供的必需品不可能超出自然界所能提供的程度，否则结果将超过原因，而那是不可能的……因此，自然界对万物的安排分明是根据万物本身的机能而定的，而公理这一基本原则也渗透到万物的本性之中。[④]

但丁强调，没有"公理"，就没有统一的政体，也就无法实现尘世的和平。就本质而言，"公理"是善的一种形式，有着极为重要的社会功能。他说：

---

① （意）但丁著：《论世界帝国》，朱虹译，北京：商务印书馆 2007 年版，第 82 页。
② （意）但丁著：《论世界帝国》，朱虹译，北京：商务印书馆 2007 年版，第 18 页。
③ （意）但丁著：《神曲》，王维克译，北京：燕山出版社 2007 年版，第 254 页。
④ （意）但丁著：《论世界帝国》，朱虹译，北京：商务印书馆 2007 年版，第 41 页。

《法学汇编》一书所提供的公理的定义是："公理是人与人之间的一种真正的和个人的纽带，维护它就是维护社会，破坏它就是破坏社会。"这实际上不是公理的本质的定义，而是公理的用途的说明。尽管如此，这一定义还是很好地说明了公理在实践中意味着什么和包含什么。[1]

在但丁看来，"公理要取得特殊的和专有的效果"[2]，就必须促进社会成员的共同利益。凡是不能促进社会共同利益的，就不可能是公理。他提出：

要撇开公理而寻求公理的目的是不可能的，因为目的与手段的关系犹如后果与前因的关系，正如不注意健康就不能达到健康的状态。这就清楚不过地表明，追求公理的目的意味着要正当地去追求。[3]

因此，我们必须假定，在人类社会中，凡是合乎上帝意旨的就必然完全和真正合乎公理。[4]

在此基础上，但丁提出了建立法制的必要性。他说：

民族、国家和城市尤其是内部事务须要制定专门法令。法律无非是指导我们生活的规则。[5]

但丁进一步阐述了制定法律的目的。他说：

世界政体在制订法律时，它本身就受制于预先确定的目的。[6]

我们解释法律始终是应当为了促进国民利益。……法律应为互利的目的把人们联系在一起。[7]

但丁认为，法律是维护帝国统一与和平的保障，他主张人人应服从帝国的法权治理，而不是服从教会的统治。但丁强调，就连君主也不例外，

① （意）但丁著：《论世界帝国》，朱虹译，北京：商务印书馆 2007 年版，第 35 页。
② （意）但丁著：《论世界帝国》，朱虹译，北京：商务印书馆 2007 年版，第 40 页。
③ （意）但丁著：《论世界帝国》，朱虹译，北京：商务印书馆 2007 年版，第 40 页。
④ （意）但丁著：《论世界帝国》，朱虹译，北京：商务印书馆 2007 年版，第 28 页。
⑤ （意）但丁著：《论世界帝国》，朱虹译，北京：商务印书馆 2007 年版，第 18 页。
⑥ （意）但丁著：《论世界帝国》，朱虹译，北京：商务印书馆 2007 年版，第 20 页。
⑦ （意）但丁著：《论世界帝国》，朱虹译，北京：商务印书馆 2007 年版，第 35 页。

因为"君主既是法律体系的首脑，又要受法律的约束。"①

（三）认为公民"实现发展智力的能力"②是人类文明的目的，而"达到这一目标的最好方法是实现世界和平"③

但丁指出，"但凡具有灵性而热爱真理的人，显然都会十分热心于造福后代。"④而建立世界政体"最重要的原理就是人类文明的目的；这一目的必须是一切文明的同一目的。"⑤为了解释这一点，他进行了论证：

> 行动不是为了思想，相反，思想却是为了行动，因为在这类事情上，行动就是目的。由于我们目前所探讨的是政治，是一切维护正义的政治的源泉与原理，又由于一切政治事务都处于我们的控制之下，那么很显然，我们目前要探讨的主要的原理和动因——这是因为行动者首先是由最终目的所推动的，所以为了达到这一目的而行动的任何理由都必须来源于这一目的。譬如木材锯成什么样子，可因盖房或造船而有所不同。那么，不管人类文明的普遍目的是什么，只要存在这样一个目的，它就是最重要的原理，并能充分说明有之而引申出来的一切命题。因此，如果承认某种文明有一目的，另一种文明又有另一目的，而不承认一切文明有同一目的，那就未免愚蠢可笑。⑥

但丁认为，必须认清整个人类文明的目的是什么。为此，他提出：

> 我们应该注意到，正如大自然创造大拇指有一目的，创造手掌则有另一目的，创造手臂又有一目的，而创造整个人体又有与以上部分不同的目的；同样，一个人有一目的，一个家庭、一个地区、一个城市、一个国家，也各有其目的；最后还有一个适合于全人类的目的，那是出自永恒的上帝之手，亦即是由大自然所创立……作为有组织的民众而言，整个人类也有其正当的功能；

---

① 转引自（美）乔治·霍兰·萨拜因著：《政治学说史》，刘山译，北京：商务印书馆1986年版，第310页。

② （意）但丁著：《论世界帝国》，朱虹译，北京：商务印书馆2007年版，第3页。

③ （意）但丁著：《论世界帝国》，朱虹译，北京：商务印书馆2007年版，第5页。

④ （意）但丁著：《论世界帝国》，朱虹译，北京：商务印书馆2007年版，第1页。

⑤ （意）但丁著：《论世界帝国》，朱虹译，北京：商务印书馆2007年版，第2页。

⑥ （意）但丁著：《论世界帝国》，朱虹译，北京：商务印书馆2007年版，第3页。

这一功能不是任何个人、家庭、地区、城市或国家所具备的。这一功能究竟是什么……我这里指的是对于智力发展所具有的感应能力，因为不论在高于或低于人类的万物身上，都不曾发现这一特点。固然，天使与人类都同具智力，但天使的智力是不会发展的。天使的存在本身就是智力的体现，所以他们的智力是永恒的，否则他们就不可能永恒不变。因此，人类的基本能力显然是具有发展智力的潜力或能力……我所说的这种智能，不仅针对普遍概念或物种，而且还扩展到个别概念上去。因此，人们说，思辨智力的扩展就是实践，并由此而达到行动和创造的目的。我把行动方面和创造方面区分开，因前者是受政治的深谋远虑所支配的，而后者则是技艺所支配；但二者都是思辨智力的扩展，思辨智力则是最高级的功能，至善的上帝为了发挥这一功能而创造了人类。以上我们已经阐明了《政治学》中的那句名言，即具有智力的强者生而治人。[1]

但丁认为，一个统一的世界帝国是人类和平的保障，人类需要统一与和平，正如一个人需要幸福一样，这是天经地义的事，而且是世间最重要的事。但丁提出：

> 世界和平是头等大事。因此上帝说，天上传给牧羊人的福音不是财富，不是享乐，不是荣誉，不是长寿，不是健康，不是力量，也不是美貌，而是和平。[2]

在但丁看来，只有实现世界和平，"人类发展智力的能力"才能得以实现。他说：

> 我已经清楚地阐明：人类作为一个整体而言，它的本分工作是不断行使其智力发展的全部能力；这首先是在理论方面，其次则在由理论发展而成的实践方面。既然部分是整体的样品，既然个人感到在宁静的环境里思虑更加周详，处事更加明智，那么，人类显然也是只有身处安定的太平时代才能轻松自如地进行工作。[3]

---

[1] （意）但丁著：《论世界帝国》，朱虹译，北京：商务印书馆2007年版，第4—5页。
[2] （意）但丁著：《论世界帝国》，朱虹译，北京：商务印书馆2007年版，第6页。
[3] （意）但丁著：《论世界帝国》，朱虹译，北京：商务印书馆2007年版，第5页。

但丁的公民学说，是在古希腊罗马文化和中世纪基督教文化的深刻影响下，以严格的基督教道德伦理观为评判标准所阐述的公民理性论、美德论、政体论和守法思想，既有中世纪神学自由观的明显烙印，又具有文艺复兴时代人文主义的新特征。他不仅将基督教的原罪观发展成为善恶一体的人类认识观，而且突破了基督教神学对人的精神世界的束缚，从人性的角度出发，将宗教意义上的抽象的人还原为社会道德意义上的具体的人，充分肯定了人类的理性、人性的尊严与高贵、人的自由意志、人的精神世界的独立性等，这些公民学说对于推动以推崇人的个性解放为核心的人文主义公民思想的发展，起到了理论先驱作用。

第五章
16 世纪的公民学说

16 世纪是欧洲封建社会经济、政治开始急剧变化的时期，西欧各国先后由封建制度向资本主义过渡。在经济领域，商业的扩张摧毁了自给自足的农业经济，并大大促进了以市场为导向的生产，与资本主义相联系的工业企业、股票、商业投机及资金高速流转等现象逐渐显露出来。伴随着地理大发现的是财富的积累和新兴资产阶级的崛起，并最终结束浸透宗教精神的中世纪经济法规。财富加上知识，对社会的影响力日益增强，逐渐打破了传统等级制度的限制。在政治领域，随着独立的民族国家的兴起，国家联合富商，先是打败了封建贵族，而后成功地从罗马教会中赢得独立，使得国家权力逐渐代替教会权力成为支配社会的统治力量，与之相对应的是封建社会分治主义的结束和教会精神势力的普遍衰落。在文化领域，人们开始背离上帝，转而更加重视尘世生活。在社会领域，中世纪的社会等级秩序正遭到抛弃，"公民"的概念取代了"臣民"的概念。

这一时期的公民学说主要表现为人文主义者所倡导的人文主义精神，但也带有明显的中世纪烙印，其主要特征体现在以下 3 点：

一是强调服从主权。这一时期的公民学说强调国家整体利益，强调公民对国家的服从和忠诚。他们认为公民对于国家负有不可推卸的责任和义务，一个人并不是因为享有权利而成为公民，而是因为他对主权者负有忠诚和服从的义务而具有公民资格。因而，公民要服从国家的权威，忠于作为主权者的国家。

二是崇尚整体自由。这一时期的公民学说强调自由不仅是单个人的自由，更重要的是整体的自由，只有整体的自由才能保证个体的自由。为此，要创造条件，维护国家的统一，确保国家的独立和自治。如尼科洛·马基雅维利认为，军事上的强大是国家获得独立和自由的先决条件，公民个人的自由则是为了提高军队的战斗力。为获得整体的自由，他主张国家建立一支由自由市民组成的民兵队伍，凡是符合条件的公民都要接受军事训练。

三是趋向现实平等。这一时期的公民学说赋予平等以新的内涵，注重经济平等、财产平等。这一时期的平等思想经过早期空想社会主义者的发挥，从注重形式上的平等转而注重实质上的平等，从注重一部分公民的平等转而注重全体公民的平等，并赋予平等以坚实的经济基础，即财产公有。这种平等超越了古代和中世纪的理性平等观念而趋向现实生活中的平等。

第一节　尼科洛·马基雅维利的公民学说

尼科洛·马基雅维利（Niccolò Machiavelli，1469—1527年），意大利文艺复兴时期的资产阶级政治家、思想家，西方近代公民学家的奠基人之一。出生于意大利佛罗伦萨的一个没落贵族家庭，1498年出任佛罗伦萨共和国第二国务厅长官，后兼任共和国执政委员会秘书，负责外交和国防，1512年美第奇家族推翻共和国复辟后，他曾一度被监禁，获释后隐居庄园，晚年又出任美第奇政府官员，1527年政府倒台后被逐，同年病逝。

尼科洛·马基雅维利的著作颇丰，涉及政治、文学、历史和军事等各个领域。其公民学说的代表性著作《君主论》被誉为影响全世界的名著之一，尼科洛·马基雅维利在《君主论》中讨论的主题是由于意大利腐败，内忧外患混乱状态不得不采取的君主政体制。他阐述了如何取得政权和保持政权的方略，主张，为了达到这两个目的，允许采取一切手段，不论是否符合道德标准。他说人只有两种选择，或者献媚，或者摧毁，因为即使做了小小不公正的事，也会遭到别人的报复，只有坟墓里的人才没有这个能力。为了不让暴徒的大棒把人吓跑，他建议只能在短时间内使用暴力；暴力只能在瞬间使用，这样它给人的感觉就少，而且会很快忘掉。好事却必须常做，这样才能让人记住。这样就可以稳坐江山，尽管有时不一定会得到很多的同情。但如何在两者间进行选择，被爱还是被怕，尼科洛·马基雅维利无疑只能选择后者，因为"被怕比被爱更为安全"。此外在其著作《李维史论》(简称《论李维》)、《论战争艺术》等中也有论及公民的学说，他的几乎所有涉及公民政治的思想，都是透过对历史的思考去表达的。"所有这些主要著作互为补充，构成马基雅维利思想与学说整体的基础，充分说明马基雅维利的指导精神和不懈的努力是谋求意大利国家的统一和民族的独立与自由。"①

尼科洛·马基雅维利推崇以古罗马共和国制度为楷模的共和制，对意大利衰弱与分裂的祸根在于罗马教会这一点进行了大胆的剖析，对规范公民美德的思考、对公民与国家关系的阐述、对公民自由与平等以及对共和国统治者维护公民利益的诠释等，充分体现出尼科洛·马基雅维利现实主义和人文主义的公民思想。

一、认为只有以美德来规范公民生活才能防止人性堕落

尼科洛·马基雅维利是西方近代最早从历史与生活实践的经验出发进行论证政治和国家问题的思想家。他摆脱当时在欧洲占统治地位的伦理学和神学传统的束缚，把人性从"天上"回归到"地上"，力图真实地反映人性。他承认人有自我保护的本能，有追求权力、荣誉和财富的本性和目的，人的本性是建立国家、治理人民、维持社会秩序的基础。

尼科洛·马基雅维利认为，只有运用国家和法律的强制力量才能使公民的美德得以保持，才能维持共和国的生存。他告诫人们，任何制度都是以"人"为基本要素建立起来的，人性随时可能堕落，如果人们不能抵抗这种源自本性的堕落，再好的制度也会变质，自由也会丧失。为此，他主张，君王不该对于其臣民抱持完全的信赖和信任，只有以美德原则来规范公民生活，才能有效防止这种堕落，长久享有自由。

(一)认为公民共同的本质属性在于目的性

尼科洛·马基雅维利认为，在任何时代、任何国家和任何民族，历史

---

① (意)尼科洛·马基雅维利著:《君主论》，潘汉典译，北京:商务印书馆1985年版，"译者序"第18页。

和现实的基础都是公民的活动，而公民的活动都是由公民的本性支配的。无论过去或现在，公民所作所为都由相同的欲望和感情所驱使、所激发。正是公民所具有的这种相同的本性，导致了人类过去发生的历史事件和当今时代发生的事件的相似性，以至只要对公民本性有足够的了解，就可以预见人类的未来。

尼科洛·马基雅维利认为，单纯从传统道德的角度来看待公民，是有历史局限性的，因为传统道德所表述的善与恶，只是认识公民本性的一种工具，而不能认识公民本性的实质。他认为，善恶只是公民本性的一种外在表现，因为善与恶是可变的，可以相互转化，试图以善恶来定义公民的本性是无法在现实中真正实现的。因为在实践中，无论对公民的何种道德判断，它既无法阻止成功者获取成功，又无法使失败者免受失败。为此，尼科洛·马基雅维利从人的经验出发，丢弃了人天生是政治动物的命题，将国家建立在人性和人的行为的基础上。

在尼科洛·马基雅维利看来，公民的共同本性既不是神性也不是道德性，而是目的性。他指出，凡是公民的活动，都具有或明或暗的目的，无目的的活动不符合公民的本性。并且，这种目的性主要体现在政治和社会层面，突出地表现为争取权力和利益，获得荣誉。他在论世人特别是君主受到赞扬或者责难的原因时说：

> 我认为被人们评论的一切人——特别是君主，因为他的地位更高——都突出地具有某些引起赞扬或者招致责难的品质。这就是说有人被誉为慷慨，有人被贬为吝啬。有人被认为乐善好施，有人则被视为贪得无厌；有人被认为残忍成性，有人被认为慈悲为怀；有人被认为食言而肥，有人被认为言而有信；有人被认为软弱怯懦，有人则被认为勇猛强悍；有人被认为和蔼可亲，有人则被认为桀骜不驯；有人被认为淫荡好色，有人被认为纯洁自持；有人被认为诚恳，有人则被认为狡猾；有人被认为脾气僵硬，有人则被认为容易相与；有人被认为稳重，有人被认为轻浮；有人被认为是虔诚之士，有人则被认为无信仰之徒，如此等等。[1]

---

[1] （意）尼科洛·马基雅维利著：《君主论》，潘汉典译，北京：商务印书馆1985年版，第83页。

尼科洛·马基雅维利认为，公民的本质属性不是好与坏，而在于目的性是否切实明确。他进一步指出，公民的目的性是现实的，这种现实就在于公民的目的性属于当下的自己——既不属于信仰的崇高领域，也不属于虚无缥缈的未来领域；既不是命运之神的眷顾，也不是他人的帮助。他认为，实现自己的目的有不同的方法，但都离不开人的理性自觉和顺应时势。他说：

> 人们在实现自己所追求的目的——即荣耀与财富——而从事的事业上，有不同的方法：有的谨慎小心，有的急躁鲁莽，有的依靠暴力，有的依靠技巧，有的依靠忍耐，有的与此相反；而每一个人可以采取不同的方法达到各自的目的。人们还可以看到两个都是谨慎小心的人，其一实现了他的目的，而另一个则否；同样地，两个具有不同脾气的人，其一谨慎，另一个急躁，都一样成功了。其原因不外乎是他们的做法是否符合时代的特性。①

既然公民的目的性是现实的，它就应有一个客观的评判标准。在尼科洛·马基雅维利看来，这种标准不以传统道德中的"善"与"恶"为尺度，而应该以实现与否即成功与否为尺度。公民的目的能够在现实中得到实现的，就是符合善的要求的；反之，如果不能够达到目的，就不会是善的。尼科洛·马基雅维利指出：

> 许多人曾经幻想那些从来没有人见过或者知道在实际上存在过的共和国和君主国。可是人们实际上怎样生活同人们应当怎样生活，其距离是如此之大，以至一个人要是为了应该怎样办而把实际上是怎么回事置诸脑后，那么他不但不能保存自己，反而会导致自我毁灭。因为一个人如果在一切事情上都想发誓以善良自持，那么，他侧身于许多不善良的人当中定会遭到毁灭。所以，一个君主如要保持自己的地位，就必须知道怎样做不良好的事情，并且必须知道视情况的需要与否使用这一手段或者不使用这一手段。②

---

① （意）尼科洛·马基雅维利著：《君主论》，潘汉典译，见《马基雅维利全集》，长春：吉林出版集团有限责任公司 2011 年版，第 99 页。

② （意）尼科洛·马基雅维利著：《君主论》，潘汉典译，北京：商务印书馆 1985 年版，第 82—83 页。

从表面上看，以结果作为标准等同于"目的决定手段"的逻辑，但尼科洛·马基雅维利认为，这并不是完全抛开伦理道德的赤裸裸的目的决定论，而是一种新的道德评价观。尼科洛·马基雅维利并没有完全否定道德的存在，也并非鼓吹完全的自私或堕落，相反，他强调，无论什么时候，公民都不能不顾及伦理道德而单纯地追求自己的目的，因为伦理道德对于社会是有益的，不仅不能削弱它，反而应该使道德更好地为公民达到目的服务。

（二）认为"人皆趋恶易而向善难"[1] 应以法律和制度来维持公民的美德

尼科洛·马基雅维利认为，公民美德不同于人的一般品德，它是与政治相联系的，是政治制度对人的素质的要求，属于共和政体下的公民文化，即共和理念在个体上的内化和群体对共和理念的共享和认同。尽管尼科洛·马基雅维利在其著作中并未使用"civil virtue"，但他使用的拉丁语"virtu"却隐晦间接地表达了"公民美德"之意。在尼科洛·马基雅维利看来，"virtu"一词含有道德与非道德的双重含义：一是指个人属性及近代较常用的"美德"或"德行"；二是指事务的特性，含有达到某种目的的力量的意味。

尼科洛·马基雅维利认为，在共和国建立之初，人是善的，公民有在社会中合作的意愿，在面对逆境及生命受到威胁之时，可以表现出德性、勤勉、勇敢、自制等向善的行为。当人们都为共和国的荣誉而战的时候，美德总有彰显的机会。但由于基督教腐化意大利国民精神，妨害公民积极参与政治，使公民的精神变得逆来顺受、不知反抗，生活在奴役之下而丧失了创造性与活力。

尼科洛·马基雅维利把民众看做是与君主相对应的一般公民，他认为，"民众的天性并不比君主更差"[2]，他在对民众的美德和君主的美德进行比较时，认为公民不仅有向善的愿望和可能，而且公民的美德甚至胜出君主。他说：

　　　　他们并不比君主更加忘恩负义。说到做事的精明和持之有

---

① （意）尼科洛·马基雅维利著：《论李维》，冯克利译，上海：上海人民出版社 2005 年版，第 72 页。

② （意）尼科洛·马基雅维利著：《君主论》，潘汉典译，北京：商务印书馆 1985 年版，第 194 页。

恒，我以为人民比君主更精明、更稳健，判断力更出色。人民的声音能被比作上帝的声音，是事出有因的。可以看到，普遍的意见有着神奇的预见力，那么它似乎也含有某种隐蔽的德行，能够预知善恶。①

对人民和君主的荣耀进行全面的考察，就会发现，人民在美德与荣耀方面是大大胜出的。如果说，君主在制定法律、构建文明生活、颁布新的法规政令方面优于人民，人民则在维护事务之良序上优点突出，故制度创建者所取得的荣耀，无疑应归功于他们。②

尼科洛·马基雅维利认为，人皆趋恶易而向善难，都有自私自利、欲望无穷的一面，有追逐权力、名誉、功利和安全的本性。他提出：

因为关于人类，一般地可以这样说：他们是忘恩负义、容易变心的，是伪装者、冒牌货，是逃避危难，追逐利益的。当你对他们有好处的时候，他们是整个儿属于你的。正如我在前面谈到的，当需要还很遥远的时候，他们表示愿意为你流血，奉献自己的财产、性命和自己的子女，可是到了这种需要即将来临的时候，他们就背弃你了。因此，君主如果完全信赖人们的说话而缺乏其他准备的话，他就要灭亡。③

尼科洛·马基雅维利不相信人本质上是被赋予了道德和政治理性的政治动物，也不相信人的理性指向正义、平等和善。他认为，美德并非公民自然具有的品质，公民的美德需要社会的制度和法律予以维持，主张利用权力的制衡和法律的约束作为人性之恶的一道防线。

尼科洛·马基雅维利认为，为了拯救意大利于水火之中，必须重新振兴古罗马豪杰建功立业的"美德"价值，这种美德不但体现为公民维护共和国自由的精神，而且也反映在共和国公民抵制奴役、好勇斗狠、足智多

---

① （意）尼科洛·马基雅维利著：《君主论》，潘汉典译，北京：商务印书馆1985年版，第195页。

② （意）尼科洛·马基雅维利著：《君主论》，潘汉典译，北京：商务印书馆1985年版，第195—196页。

③ （意）尼科洛·马基雅维利著：《君主论》，潘汉典译，北京：商务印书馆1985年版，第89页。

谋的朴素民风之中。尼科洛·马基雅维利赋予"美德"以丰富的内涵，他认为，人类历史上出现的、被社会公认的传统德性，如慷慨、仁慈、守信、勇敢、节制、智慧、诚实、正直、感恩等，都是公民应该具有的，而且具有这些美德的公民是值得褒奖的。相反，被人们所鄙视的行为，如吝啬、贪婪、食言而肥、桀骜不驯、狡猾、轻浮等，不应该出现在公民身上。

尼科洛·马基雅维利把崇尚共同利益和积极参与政治视为公民应具有的首要美德。他认为，公民的光荣和伟大是通过他们对公共利益的追求来体现的，是通过把公共利益置于私人利益和普通道德的考虑之上来实现的。他提出：

> （公民）为之奋斗的不是自己利益，而是公共利益；不是个人的后代，而是共同的祖国。……一个好公民出于对祖国的热爱，应当忘记私仇。①

尼科洛·马基雅维利强调，培育公民的各种美德在社会中具有重要作用，从国家角度讲，它可以维持共和政体、促进国家强盛；从公民角度讲，它可以给人们带来安全和和福祉。同时，尼科洛·马基雅维利进一步指出，美德是一个抽象的概念，是一种理想化的追求，而在现实中，公民的欲求是多样性的，所以培育公民美德会遭遇诸多的冲击和挑战。基于对现实的这种认识，尼科洛·马基雅维利对公民美德维持抱悲观态度，认为随着时光的流逝，由于物质利益的影响和人性固有的弱点，人们会丧失这种美德，不是去为公共利益奋斗，而是去追逐个人的私利，从而使共和国陷入危险的境地。

尼科洛·马基雅维利认为，公民的美德起源于良好的教育，良好的教育又起源于法律，因为法律能使人善良，因此，通过法律可以强制对公民的教化以使其保持自觉。他提出：

> 当人民做主时，如果法纪健全，他们的持之有恒、精明和感恩，便不亚于君主，甚至胜过一个公认的明君。②

① （意）尼科洛·马基雅维利著：《君主论》，潘汉典译，见《马基雅维利全集》，长春：吉林出版集团有限责任公司2011年版，第584页。

② （意）尼科洛·马基雅维利著：《君主论》，潘汉典译，北京：商务印书馆1985年版，第194页。

尼科洛·马基雅维利认为，把法律和宗教结合起来加以运用，可以更好地把公民组织起来，便于向他们灌输社会所需要的美德知识和思想，达到最佳治理的效果。在此，尼科洛·马基雅维利所主张的法律和宗教的教育，并不是指公民在良心上的自觉，而是强调运用法律和宗教的强制力量来迫使公民把公共利益置于一切个人利益之上。

二、认为公民以善治政体为普遍的政治需求

尼科洛·马基雅维利看到了普遍利己主义的人性勃发这一不可遏止的社会趋势，以及这一趋势对正在欧洲政治舞台上发生的历史事件和政治实践斗争的作用和影响，他把这一观察的结果用做探究现实国家政体一般规律和原则的指南，认为建立好的政体并实行善治是公民的普遍追求。

（一）认为共和主义是公民利益和公民平等的保障

尼科洛·马基雅维利认为，关心国家是公民的责任，因为只有生活在一个统一、和平的国家里，人们才能享受到最大的幸福。他指出：

> 从古至今，统治人类的一切国家，一切政权，不是共和国就是君主国。[1]

尼科洛·马基雅维利强调，比较而言，共和国无疑是一种好的政权形式，共和主义是公民追求的理想。

1. 提出只有好的共和政体才能保障公民的公共生活和利益

尼科洛·马基雅维利把历史上共和国的政体形式一分为二：相对好的和恶的。相对好的政体形式有 3 种，即君主制、贵族制和民主制；同样，恶的政体形式也有 3 种，即僭主制、寡头制和暴民政治。

在尼科洛·马基雅维利看来，相对好的政体与恶的政体之间的变动"随意地在人们中发生"。因为，在人类社会之初，人们像野兽一样生活，为了保护自己的利益和免于受伤害，人们选择了一位君主，建立了君主制。但是由于没有任何办法能够使它不滑向自身的反面，当君主变成世袭时，就会出现暴君，给公民生活造成极大的危害。对此，他说：

---

[1] （意）尼科洛·马基雅维利著：《君主论》，潘汉典译，见《马基雅维利全集》，长春：吉林出版集团有限责任公司 2011 年版，第 1 页。

由于憎恨一人独裁，他们建立自己的政府。起初，他们念念不忘记忆犹新的专制统治的经历，根据由他们自己制定的法律来实行自治，把他们每一个人的利益放在公共利益之后，并且无论是对私事还是对公事，都以最大的勤勉来管理和维护。后来，这种管理传到他们的儿子手中，后者不懂命运的变化，从未感受过不幸，也不愿继续满足于公民的平等，而是转向贪婪、野心、夺人妻女，使得这个国家从一个贵族的政府转变为一个寡头统治，丝毫不尊重公民的共同生活……①

在尼科洛·马基雅维利看来，稳定的政体能够使共和国的公民平安地生活，与此相反，政体的不稳定会给共和国带来极大的危险，也给共和国的公民带来生活的不安定。对此，他明确指出：

几乎没有哪个共和国能够有如此强的生命力，以致对这些变动能够经历许多次而仍然屹立不倒。很有可能发生的是，在蜕变时，某个共和国往往因为缺少政治精明和军事实力，故而屈从于一个比它治理得更好的邻邦。②

即便共和国没有因此而消亡，那么"共和国就可能会永无止境地在这些政体形式中变动"③，这是人们无法忍受的。在《李维史论》中，尼科洛·马基雅维利以罗马共和国为例解释道：

使罗马受到奴役的不是独裁官的名称，也不是其官阶，而是公民们通过延长权力的期限所取得的权力。即使罗马没有独裁官的称号，他们也可能会采取另一个称号，因为以实力很容易取得称号，而凭称号却不容易取得实力。很明显，只要独裁官的权力是在遵守宪法体制的情况下授予的，而不是通过行使一种个人权力授予的，他总是对城邦有益。因为对共和国有害的是那些以非法手段任命的官员和以非法手段授予的权力，而非那些通过合法

---

① （意）尼科洛·马基雅维利著:《李维史论》，薛军译，见《马基雅维利全集》，长春：吉林出版集团有限责任公司 2011 年版，第 150 页。

② （意）尼科洛·马基雅维利著:《李维史论》，薛军译，见《马基雅维利全集》，长春：吉林出版集团有限责任公司 2011 年版，第 151 页。

③ （意）尼科洛·马基雅维利著:《李维史论》，薛军译，见《马基雅维利全集》，长春：吉林出版集团有限责任公司 2011 年版，第 151 页。

手段任命的官员和授予的权力。①

尼科洛·马基雅维利肯定地认为：

> 那些在紧急危险时不能托庇于独裁官或类似权力的共和国在
> 发生重大变故时总是会毁灭。②

尼科洛·马基雅维利认为，无论选择君主制、贵族制和民主制中的任何一种，都是"短命"的，均不能单独成为共和国的最佳政体形式，至于僭主制、寡头制和暴民政治，也都是"有害"的。因为在专制之下，什么都不属于人民，人民却属于一个人，一个完全处于集团权力之下的国家，只具有虚幻的国家形式。为此，他主张必须"选择一种可以将它们全都包括在内的方式"③，即建立混合政体，形成共和国最佳的政体形式，唯有如此，才能使公民的公共利益得以实现，政体也才能够长久保持下去。

2.主张公民的平等是建立共和国的基石

尼科洛·马基雅维利认为，建立共和国要有一定的社会条件，而平等是它的最基本的条件。只有具备平等的条件，才会产生共和国和公民体制；否则，就不会产生共和国。在《李维史论》中，尼科洛·马基雅维利明确地说：

> 在有平等的地方，不可能建立君主国，而在没有平等的地
> 方，不可能建立共和国。④

为什么会出现这种情况呢？尼科洛·马基雅维利指出，原因在于平等与公民及立法者的品行密切相关。

尼科洛·马基雅维利认为，在平等的国度里，人们的品行普遍是善良的，因而适合建立共和国。对此，他以德意志共和国为例进行说明：

> 那些德意志共和国当它们需要为国家支出一定数量的金钱
> 时，习惯的做法是，那些有权管辖此事的官员或委员会向城市的

---

① （意）尼科洛·马基雅维利著：《李维史论》，薛军译，见《马基雅维利全集》，长春：
　　吉林出版集团有限责任公司 2011 年版，第 240 页。

② （意）尼科洛·马基雅维利著：《李维史论》，薛军译，见《马基雅维利全集》，长春：
　　吉林出版集团有限责任公司 2011 年版，第 242 页。

③ （意）尼科洛·马基雅维利著：《李维史论》，薛军译，见《马基雅维利全集》，长春：
　　吉林出版集团有限责任公司 2011 年版，第 151 页。

④ （意）尼科洛·马基雅维利著：《李维史论》，薛军译，见《马基雅维利全集》，长春：
　　吉林出版集团有限责任公司 2011 年版，第 293 页。

全体居民征收每个人所拥有财产的百分之一或百分之二的税。在作出这个决定之后，根据那个城市的现行程序，每个人都来到征税的官员面前，先发誓会支付适当的金额，然后把他凭良心认为应付的钱投进一个专为此准备的箱子里。关于支付的这笔税款，除了支付者本人之外，没有任何见证人。应当认为，每个人都如实支付款项，因为，如果没有如实支付，那么，那个征税就不会产生他们根据以前通常收取的款项所预算的总收入；而如果税收没有带来预期收入，交税者的偷漏就会被发现；而一旦被发现，就可能采用另一种方法来获得必要的钱。由此可以推测，在那些人身上仍然有多么大的善良和多么大的虔诚。①

至于共和国的人民如何能够保持善良的品行，尼科洛·马基雅维利分析认为有两个原因：一是因为共和国"不仅凭着自己的能力"，而且通过"尚未腐化的制度，使人民保持团结"，因而使人们摆脱了"所有腐败的源头"；二是因为共和国不容许他们的任何公民成为游手好闲、靠着他们的地产收益过着富裕的生活，毫不关心耕作和其他为谋生所必要的劳动的人，也不允许任何公民以这样的方式生活，而是在公民中间维持一种"完全的平等"，并用强制力量消除一切可能带来不平等的因素。对此，尼科洛·马基雅维利赞叹地说：

> 十分明显，在德意志地区，还在那些人民中存在的这种善良和虔诚是很重要的，这些品质使得许多共和国在那里自由地生活，并能够恪守它们的法律，以至没有人敢试图征服它们，不论是通过外部的进攻，还是通过内部的政变。②

尼科洛·马基雅维利指出，腐败以及对自由生活的轻蔑态度，源于那个城邦中存在的一种不平等。在不平等的国度里，人们的品行腐败，建立共和国的基础就不复存在了。尼科洛·马基雅维利认为，专制为害之烈，根源在于存在着不受限制的绝对权力，唯有消灭了绝对权力，公民的公共利益才能得以维护。他说：

① （意）尼科洛·马基雅维利著：《李维史论》，薛军译，见《马基雅维利全集》，长春：吉林出版集团有限责任公司 2011 年版，第 294—295 页。

② （意）尼科洛·马基雅维利著：《李维史论》，薛军译，见《马基雅维利全集》，长春：吉林出版集团有限责任公司 2011 年版，第 294 页。

在那些地区从来没有产生过任何共和国和任何自由的生活方式，因为这些类型的人完全敌视一切公民体制。要想在以这样的方式塑造而成的地区建立一个共和国，那是不可能的。①

由此，尼科洛·马基雅维利得出这样的结论：那些创建者，在存在很大平等或者能够制造很大平等的地方只能建立共和国，相反，在存在很大不平等的地方只能建立君主国。对此，他解释说：

把一个适合于成为王国的地区建成为一个共和国，以及把一个适合于成为共和国的地区建成一个王国……虽有许多人已经想要做这件事，但很少人知道如何实现它。因为这件事的宏伟一方面让人们望而却步，另一方面又使人们困难重重，以致从一开始就注定要失败。②

为了维持共和国的平等，尼科洛·马基雅维利认为：

拥有较高职位的公民不应鄙视那些拥有低级职位的公民。③

尼科洛·马基雅维利强调平等并不等于没有分工，而分工的不同并不意味着实质的不平等。对于行使权力的人，他指出：对内，共和国立法者应制定统一的、平等的、可以"捍卫公共利益"的法律，在分配"公共职位"时应考虑相互之间的制衡，培植"公共力量"，使得拥有"公共职位"的官员能够依法处理公共事务，维护"公共福利"，把个人利益放在公共利益之后；对外，通过"公共会议"形成"公共决议"是一种很好的方式，必要时，共和国要"组织公共的防御或进攻"。正是在这种"公"与"私"的二元框架中，"平等"的意义得以体现，"共和国"的价值得以彰显。

（二）认为公民的普遍愿望是实行善治

在尼科洛·马基雅维利看来，即使有了好的政体，并不意味着国家就可以自行运行下去了，因为任何国家都是有界限和边疆的，稍不慎就会被周围"恶"的政体所腐化。因此，要实行善治，维护国家的利益和公民的

---

① （意）尼科洛·马基雅维利著：《李维史论》，薛军译，见《马基雅维利全集》，长春：吉林出版集团有限责任公司 2011 年版，第 295 页。

② （意）尼科洛·马基雅维利著：《李维史论》，薛军译，见《马基雅维利全集》，长春：吉林出版集团有限责任公司 2011 年版，第 296 页。

③ （意）尼科洛·马基雅维利著：《李维史论》，薛军译，见《马基雅维利全集》，长春：吉林出版集团有限责任公司 2011 年版，第 245 页。

利益。

尼科洛·马基雅维利提出，国家的根本问题是统治权，而强有力的法律与军队是权力的构成要素，是国家统治的基础，两者缺一不可。在《君主论》中，尼科洛·马基雅维利引证古今，反复谈论武力和雇佣军问题，要求建立由自己臣民、市民或者属民组成的军队，同时阐明君主在战争、军事制度和训练方面的责任。他强调：

> 一切国家，无论是新的国家、旧的国家或者混合国，其主要的基础乃是良好的法律和良好的军队。①

尼科洛·马基雅维利十分重视法律，认为法律可带来稳定的社会秩序，在法律的治理下，公民会变得更加坚定、精明、文雅，因而强烈反对以非法手段处理事情。他说：

> 在一个共和国里永远不应发生必须以非法手段处理的事情。
> 因为，即使那种非法手段在那个时候可能有益，但这个先例仍然
> 是有害的；因为，它树立了一种为了好的目的而破坏规则的习惯，
> 到后来，他们又可以此为借口，为了坏的目的而破坏这些规则。②

在法律和军队之间，尼科洛·马基雅维利更重视军队在维护国家秩序上的作用。他认为，法律不能离开权力，离开权力的法律将一无所用，因为人之性情的缘故，法律必须以武力为后盾，只有掌握优良的军队，才会有良好的法律。他指出：

> 如果没有良好的军队，那里就不可能有良好的法律，同时如
> 果那里有良好的军队，那里就一定会有良好的法律。③

尼科洛·马基雅维利主张，一个独立的国家必须拥有自己的军队。所谓自己的军队，在尼科洛·马基雅维利看来，就是由本国的臣民、市民或者属民所组成的军队。有了自己的军队，总会有亲密的盟友，这样就不必担心出现内忧外患的事情了。

---

① （意）尼科洛·马基雅维利著：《君主论》，潘汉典译，见《马基雅维利全集》，长春：吉林出版集团有限责任公司2011年版，第46页。

② （意）尼科洛·马基雅维利著：《李维史论》，薛军译，见《马基雅维利全集》，长春：吉林出版集团有限责任公司2011年版，第242页。

③ （意）尼科洛·马基雅维利著：《君主论》，潘汉典译，见《马基雅维利全集》，长春：吉林出版集团有限责任公司2011年版，第46页。

尼科洛·马基雅维利认为，在国家内部，有贵族和平民之分。而允许贵族和平民之间的合理冲突，对于保持国家的活力和张力至关重要。他提出：

> 良好的教养生于良法，而良法生于无端诬责之纷争也。①

在尼科洛·马基雅维利看来，纷争和冲突是政治运动过程中的必然现象，是国家活力的展现；合理的纷争"应该受到极高的赞扬"，因为他们带来的不是有损于公共利益的放逐或暴力，而是有利于公共自由的法律和体制。如果想方设法消除这种纷争和冲突，很可能会导致专制和暴政。对于一些人反对国内出现纷争、主张消除各种纷争的行为，尼科洛·马基雅维利批评道：

> 我要说，那些斥责贵族与平民之间纷争的人，在我看来，他们斥责的是作为保持罗马自由的首要原因的那些因素，这些人更多地考虑由这些纷争产生的争吵和喧嚣，而不是考虑这些纷争所收到的良好效果；并且他们没有考虑在每个共和国都有两种不同的派性，即民众派和权贵派，所有有利于自由而制定的法律，都源于这两派之间的不和……②

同时，尼科洛·马基雅维利指出，公民都应积极参与国家事务，但在政府中权力的份额应是有差异的。他把各阶层对政治事务的参与比拟为不同社会集团在政治市场上的理性的博弈，认为，由于贵族更有政治经验，在一些事情上比平民看得更深远而且更敏锐，更有掌握权力的欲望和机会；平民虽然人数较多，却总是处在被动和不利的地位，但平民的"目的比贵族的目的要来得公正"，因而，国家应赋予一些公民保护国家利益的权力，这样才能保持与贵族之间的平衡。他认为：

> 在紧迫需要时，无需较多的磋商，这些公民达成一致就可以作出决定。③

---

① （意）尼科洛·马基雅维利著：《论李维》，冯克利译，上海：上海人民出版社2005年版，第56页。

② （意）尼科洛·马基雅维利著：《李维史论》，薛军译，见《马基雅维利全集》，长春：吉林出版集团有限责任公司2011年版，第156—157页。

③ （意）尼科洛·马基雅维利著：《李维史论》，薛军译，见《马基雅维利全集》，长春：吉林出版集团有限责任公司2011年版，第241页。

尼科洛·马基雅维利看到社会矛盾、纠纷、冲突是一种客观存在的社会现象，他认为，意大利衰弱的历史原因在于，"意大利半岛的四分五裂，人民与贵族之间、派别之间、统治集团之间的斗争，内乱继之以外患，雇佣军的横行，教皇的邪恶，如此等等。"[①] 他从政治、军事、宗教、社会等各方面的历史发展中探索意大利统一及复兴的道路，他主张，使共和国坚实稳固的办法，莫过于以法律规定某种渠道，对那些扰乱共和国生活的变幻不定的情绪加以疏导，用制度机制加以规训，以助于保护公民的平等权利和锻炼公民的自由精神。"马基雅维利批评过去的佛罗伦萨历史学者详述对外战争，而忽略内争、内乱及其后果，害怕得罪古人的后代。他详述国内治乱，说明内部派别纷争的原因，使公民通过他人的苦难变得聪明些，并保持团结。"[②]

三、认为自由是公民的共同追求

尼科洛·马基雅维利崇尚自由，他说：

> 自由这个名字是如此之强烈，任何威武强力都不能使之屈服，任凭时间流逝都不能让其消亡，任何丰功伟绩都不能将其抵消。[③]

在尼科洛·马基雅维利看来，自由既是整体的又是个体的，是国家和公民的共同追求。

（一）认为公民的自由通过国家得以实现

尼科洛·马基雅维利认为，自由是国家强大、民族振兴的支柱，城邦或国家只有处在自由之中才能政通人和、国富民强、公民安居乐业；城邦或国家只有保护公民的自由，让公民积极参加公共事务，养成良好美德，才能维护国家的独立。同时，只有国家独立自由，公民的才干才能得以施

---

① （意）尼科洛·马基雅维利著：《君主论》，潘汉典译，北京：商务印书馆 1985 年版，"译者序"第 17 页。

② （意）尼科洛·马基雅维利著：《君主论》，潘汉典译，北京：商务印书馆 1985 年版，"译者序"第 17 页。

③ （意）尼科洛·马基雅维利著：《佛罗伦萨史》，王永忠译，见《马基雅维利全集》长春：吉林出版集团有限责任公司 2011 年版，第 94 页。

展；公民只有依托国家，维护国家的良好政体，公民的自由才得以实现。

1.提出公民自由的前提是维护国家自由

尼科洛·马基雅维利认为，维护国家的自由，是保障公民自由的前提。在他看来，如果一个国家"没有自由的起源，它们很少取得巨大成就，也很难进入王国的首要城市之列。"① 而这个"起源"主要是指国家的良好政体和民众的良好品行。他指出，"首次建立的自由国家"，如果不是良好的政体，且民众也没有良好的品行，最终得到的只能是"弊病"和"骚乱"等引起的"困难"，公民的自由就无从谈起。对此，他明确指出：

> 一个习惯于生活在某个君主统治下的民族，即使出于偶然获
>
> 得自由，它维持这种自由也很困难。②

尼科洛·马基雅维利强调，即使在好的共和国混合政体里，人民的品行良好，对自由的维护也并非轻而易举的事，而必须具备一定的条件而不只是美好的"希望"，即要有"许多为了自由而有必要规定的事物"③，如建立自由的体制。他认为：

> 自由的体制不会产生结党的朋友，因为这一体制给予荣誉和
>
> 奖赏是基于一些正当的和确定的理由，除了这些理由之外，不给
>
> 任何人以奖赏和荣誉；并且当一个人得到他认为应得的那些荣誉
>
> 和好处时，他不会认为要感激那些酬报他的人。除此之外，对于
>
> 从自由的体制获得的那种共同利益，任何人在拥有它的同时，都
>
> 习焉不察，这种利益就是能够自由地享受自己的财产而不必有任
>
> 何害怕，能够不为妻儿的名誉担忧，能够不对自己的生命担心；
>
> 因为任何人都决不会承认要对一个没有冒犯自己的政府感恩戴
>
> 德。④

尼科洛·马基雅维利在论述罗马共和国的自由时指出，罗马共和国之

---

① （意）尼科洛·马基雅维利著：《李维史论》，薛军译，见《马基雅维利全集》，长春：吉林出版集团有限责任公司 2011 年版，第 145 页。

② （意）尼科洛·马基雅维利著：《李维史论》，薛军译，见《马基雅维利全集》，长春：吉林出版集团有限责任公司 2011 年版，第 196 页。

③ （意）尼科洛·马基雅维利著：《李维史论》，薛军译，见《马基雅维利全集》，长春：吉林出版集团有限责任公司 2011 年版，第 152 页。

④ （意）尼科洛·马基雅维利著：《李维史论》，薛军译，见《马基雅维利全集》，长春：吉林出版集团有限责任公司 2011 年版，第 197 页。

所以保持自由，是因为它建立了许多哺育自由的制度，如建立一个分权制衡的机制。在他看来，平民为维护自己的利益，通过不懈的斗争和努力使国家设立"保民官"。其职能在于"成为平民和元老院之间的中间人，并阻止贵族的傲慢无礼"[1]。"在这种创设之后，罗马共和国的体制变得更加稳固"[2]。尼科洛·马基雅维利认为，分权制衡机制使各阶层的利益都得到了维护，不仅通过权力的相互制衡防止了人的腐化，而且保护了国家的自由。他强调：

> 倘若君主不受法律的管束，他会比人民更加多变，更加轻率鲁莽，更加忘恩负义。[3]

尼科洛·马基雅维利指出，必须对"授予权力的那些方法和给予这种权力的期限"予以认真考虑，因为"如果长时期授予一种不受约束的权力，那么它总是很危险的，并且其成效的好坏取决于被授权者的好坏。"[4] 由此可见，"当有人说一种由自由投票选举授予的权力永远不会伤害任何共和国的时候，他预设一个前提，即除非予以必要的限制和适当的期限限制，人民永远不会使自己授予这种权力。"[5]

尼科洛·马基雅维利认为，由于权力是无法"驱除"的，能够"驱除"的只是权力行使者的"称号"，而且权力对于维系国家是有益的，因而，就必须有一个权力分配机制以保持国家的自由，同时必须设定自由的"守卫者"。他说：

> 对于那些审慎地建立起一个共和国的人来说，他们最需要规制的事情之一就是设置一个自由的守卫者；并且这个守卫者安排

[1] （意）尼科洛·马基雅维利著：《李维史论》，薛军译，见《马基雅维利全集》，长春：吉林出版集团有限责任公司2011年版，第155页。

[2] （意）尼科洛·马基雅维利著：《李维史论》，薛军译，见《马基雅维利全集》，长春：吉林出版集团有限责任公司2011年版，第153页。

[3] （意）尼科洛·马基雅维利著：《君主论》，潘汉典译，北京：商务印书馆1985年版，第194页。

[4] （意）尼科洛·马基雅维利著：《李维史论》，薛军译，见《马基雅维利全集》，长春：吉林出版集团有限责任公司2011年版，第243页。

[5] （意）尼科洛·马基雅维利著：《李维史论》，薛军译，见《马基雅维利全集》，长春：吉林出版集团有限责任公司2011年版，第244页。

得好与坏，将决定那种自由的生活持续的长短。①

但是，由于每个国家"都有权贵和平民"，把自由的"守卫者"安排到哪一方的手中更好呢？对此，尼科洛·马基雅维利认为，要视国家的理想加以区别对待。如果想建立一个像罗马一样的帝国，就要让人民充当自由的守卫者，因为从理论上来说，"对某物的守护之责应该交给那些对侵占该物的欲望较小的人"。

尼科洛·马基雅维利认为：

> 只有不受统治的欲望，因此他们更加愿意自由地生活，较之权贵，他们可能不那么希望侵夺它；因此，如果民众被指定担任自由的守卫，那么合乎情理的是：他们会更加关心照顾它，既然他们自己不可能占有它，他们也不会允许其他人占有它。②

尼科洛·马基雅维利指出，如果只想"维持自身"，就要让贵族担当自由的守卫者，他说：

> 将守护之责交由有权势者掌握的人做了两件好事：一件好事是他们更好地满足了有权势者的抱负，并且由于掌控着这个权柄，他们在共和国拥有更大的份额，因此有理由更加满足；另一件好事是，他们将一种权力从平民的不安分的思想中去除掉，而这个权力是共和国无数分歧和丑闻的原因，并可能使贵族陷于某种绝望，时间一长，这种绝望将产生恶果。③

尼科洛·马基雅维利指出，在设定自由的守护者之后，要赋予他们"指控权"。他在《李维史论》中说：

> 对于那些在一个城邦中被指定守卫其自由的人来说，能够获得的最有用和最必要的权力莫过于：当一些公民在某件事上犯有反对自由政体之罪时，能够向人民或者任何一个官员或会议对这

---

① （意）尼科洛·马基雅维利著：《李维史论》，薛军译，见《马基雅维利全集》，长春：吉林出版集团有限责任公司 2011 年版，第 159 页。

② （意）尼科洛·马基雅维利著：《李维史论》，薛军译，见《马基雅维利全集》，长春：吉林出版集团有限责任公司 2011 年版，第 159 页。

③ （意）尼科洛·马基雅维利著：《李维史论》，薛军译，见《马基雅维利全集》，长春：吉林出版集团有限责任公司 2011 年版，第 160 页。

些公民提出指控的权力。①

在尼科洛·马基雅维利看来，这样会产生两种有利的效果。他说：

第一个效果是，公民因害怕被指控而不试图做反对国家的事情，并且如果他们试图做这些事，他们会遭到立即的毫不留情的镇压。另一个效果是，对于那些在各城邦里以任何一种方式针对任何一个公民而产生的怨恨情绪，它提供了一条据以发泄的出路；而当这些怨恨情绪没有合法的发泄渠道时，他们会诉诸非法的手段，而这些手段将使整个共和国毁灭。②

但是，指控不同于诬蔑，在尼科洛·马基雅维利看来，两者的区别在于：

诬蔑既不需要证人，也不需要任何其他特别证据来证明之，以至于每个人都可能被任何人造谣中伤；但是并非每个人都能被指控，指控需要确切的证据和表明指控真实性的背景证据。对人的指控，是向官员、人民或会议提出的；而对人的诬蔑是在广场上和公共走廊上。③

他指出，"诬蔑"是有害于国家的自由的，因而必须"消除这些诬蔑"，最好的方法莫过于在城邦的体制中给予想要指控者足够多的机会，让他们指控每个公民而不必有丝毫的畏惧和顾虑，同时严厉地惩罚诬蔑者。

尼科洛·马基雅维利主张，要创制并认真遵守适应自由体制的法律。他认为，要制定好的法律，必须充分听取社会各方的声音，并且允许人民对于不同的意见进行争论，因为"自由的人民的欲求，很少对自由有害，因为这些欲求或者源于受压迫，或者源于担心就要受压迫"④，而"良好的教育源于良好的法律，而良好的法律源于被许多人轻率地斥责的那些纷

---

① （意）尼科洛·马基雅维利著：《李维史论》，薛军译，见《马基雅维利全集》，长春：吉林出版集团有限责任公司 2011 年版，第 167 页。

② （意）尼科洛·马基雅维利著：《李维史论》，薛军译，见《马基雅维利全集》，长春：吉林出版集团有限责任公司 2011 年版，第 167 页。

③ （意）尼科洛·马基雅维利著：《李维史论》，薛军译，见《马基雅维利全集》，长春：吉林出版集团有限责任公司 2011 年版，第 172 页。

④ （意）尼科洛·马基雅维利著：《李维史论》，薛军译，见《马基雅维利全集》，长春：吉林出版集团有限责任公司 2011 年版，第 157 页。

争"。① 国家内部各阶层之间为了各自的利益进行合理的斗争，恰恰有利于公共自由的法律。尼科洛·马基雅维利主张：

> 每个城邦都应该有自己的方法据以使人民能够表达他们的抱负，尤其是那些在重大事情上想要利用人民的城邦更加如此。②

对此，尼科洛·马基雅维利进一步说：

> 使一个共和国稳固而坚实的方法，没有什么比得上把那个共和国规制到如此程度，以便那些扰乱它的怨恨情绪的骚动，有一条由法律规定的宣泄途径。③

尼科洛·马基雅维利指出，有了好的法律后，必须得到全体人民共同的遵守，才能形成有秩序的自由，因为"不遵守已经制定的法律，尤其是该法的制定者自己不遵守，便树立了坏的榜样。"④ 这样，自由将是虚幻的。为此，他主张，法律一旦被创制实施，全体人民都必须维护法律的尊严和权威，尤其是立法者，应以身作则，成为遵守法律的楷模。尼科洛·马基雅维利说：

> 良好风俗之存续，需要法律；同理，法律之得到遵从，也需要良好的风俗。⑤

尼科洛·马基雅维利坚持认为，要使公民不敢懈怠，珍重他们的自由，"便无法置德行于不顾"，同时，积极备战，"让杰出的公民总有用武之地"⑥，为城邦的共同利益奋斗，这样，公民的自由才能真正得以保障。

2. 认为公民的腐败损害国家自由

尼科洛·马基雅维利指出，腐败是影响国家自由的大敌，"在公民已

① （意）尼科洛·马基雅维利著：《李维史论》，薛军译，见《马基雅维利全集》，长春：吉林出版集团有限责任公司 2011 年版，第 157 页。

② （意）尼科洛·马基雅维利著：《李维史论》，薛军译，见《马基雅维利全集》，长春：吉林出版集团有限责任公司 2011 年版，第 157 页。

③ （意）尼科洛·马基雅维利著：《李维史论》，薛军译，见《马基雅维利全集》，长春：吉林出版集团有限责任公司 2011 年版，第 167 页。

④ （意）尼科洛·马基雅维利著：《李维史论》，薛军译，见《马基雅维利全集》，长春：吉林出版集团有限责任公司 2011 年版，第 269 页。

⑤ （意）尼科洛·马基雅维利著：《论李维》，冯克利译，上海：上海人民出版社 2005 年版，第 98 页。

⑥ （意）尼科洛·马基雅维利著：《论李维》，冯克利译，上海：上海人民出版社 2005 年版，第 365 页。

经腐化的地方，制定得再好的法律也没有用处”①，一个完全被腐败所浸染的国家是不能生活在自由中的，“一个民族如果整个地变得腐败了，它就不能生活得自由自在，不是说在短暂的时期内如此，而是根本不可能如此”②，且“一个生活在某个君主统治下的腐败城邦，即便那个君主及其整个家族全都灭绝了，也绝不可能重新回到自由的城邦；相反，必然会是一个君主消灭了另一个君主，并且如果不设立一个新的君主，它就得不到安宁，除非已经有一个人以其仁慈连同其德行一起，使它保持自由，但是这种自由持续的时间和那个人的生命存续时间一样长。”③ 在《李维史论》中，他指出：

> 由于罗马人民在重获自由的时候尚未腐败堕落，所以他们在杀死布鲁图斯的儿子们和在政治上铲除塔克文家族之后，能够利用在前面已经说过的所有那些方法和来维持这种自由。但是，如果那个民族已经腐败堕落，那么不管是在罗马还是在别处，都不会找到维护自由的有效办法……④

尼科洛·马基雅维利认为，在可能被腐化的国度里，必须采取积极的手段，以消除这种“腐败”对国家自由的侵袭。

尼科洛·马基雅维利提出，要设法改变违背自由的国家体制。在维护自由的手段上，法律虽然“能使人良善”，但由于“不可能有足以控制普遍腐败的法律”，且“法律要想得到遵守也需要良好的习俗”，也不足以阻止人的腐化，因为“人极易腐化”的结论是顺理成章的：公民因野心的膨胀和物质利益的驱使不是为公共利益去奋斗，而是为一己私利或小集团利益去奔忙；除此之外，党派也对公共利益进行侵蚀。

在尼科洛·马基雅维利看来，只改变法律而不改变国家体制，“不足以使人们保持良善”，因而“要想在腐败中保持自由，就必须像它在生命

---

① （意）尼科洛·马基雅维利著：《李维史论》，薛军译，见《马基雅维利全集》，长春：吉林出版集团有限责任公司 2011 年版，第 201 页。

② （意）尼科洛·马基雅维利著：《李维史论》，薛军译，见《马基雅维利全集》，长春：吉林出版集团有限责任公司 2011 年版，第 196 页。

③ （意）尼科洛·马基雅维利著：《李维史论》，薛军译，见《马基雅维利全集》，长春：吉林出版集团有限责任公司 2011 年版，第 200 页。

④ （意）尼科洛·马基雅维利著：《李维史论》，薛军译，见《马基雅维利全集》，长春：吉林出版集团有限责任公司 2011 年版，第 199 页。

历程中制定新的法律一样，也制定新的体制"①，"因为在坏的臣民中应当建立与在好的臣民中不同的体制和生活方式，在一种完全相反的社会实体中，立法者加诸的政治组织结构也不可能是相同的。"由此，尼科洛·马基雅维利得出结论：

> 在腐败的城邦里要维持一个共和国或者新建一个共和国是很困难的或者是不可能的。而如果真的要在这样一个城邦里建立或维持一个共和国，则必须使它更倾向于王政而不是民主政体，这样，对于那些因为傲慢连法律也无法治理的人可以由一种近似于王权的权力尽可能地加以控制。②

尼科洛·马基雅维利主张，应限制公民过分地热衷于自由。他认为，一个过着自由的生活的城邦有两大目标：一个是获取，另一个是维护自己的自由。公民如果在这两件事情上过分热衷，很可能犯错误：伤害它本来应该奖赏的公民，怀疑它本来应该信任的公民。在他看来，一个城邦如果有一个公民令官员都害怕的话，那就不能称之为自由的。因此，"如果一个君主想要争取与之为敌的人民"，就要在了解到人民有追求自由的愿望时，设法加以控制。至于控制的方法，尼科洛·马基雅维利指出：

> 人民中的一小部分人是为了统治而欲求自由，而其他为数极多的人，全都是为了活得安稳才欲求自由的。因为在所有共和国中，无论其组织形式如何，能得到最高的政治职位的公民总不超过四五十个；又因为这是一个小数目，保护自己免受他们的伤害是件易事，其方法可以是除掉他们，也可以是授予他们如此多的荣誉，以至根据他们的地位，他们多半会感到满意。对于其他那些人来说，他们只要活得安稳就够了，因此通过制定既能确保普遍的安全也能确保君主自身权力的法律和制度，就可以很容易地使他们满意。③

---

① （意）尼科洛·马基雅维利著：《李维史论》，薛军译，见《马基雅维利全集》，长春：吉林出版集团有限责任公司 2011 年版，第 205 页。

② （意）尼科洛·马基雅维利著：《李维史论》，薛军译，见《马基雅维利全集》，长春：吉林出版集团有限责任公司 2011 年版，第 206 页。

③ （意）尼科洛·马基雅维利著：《李维史论》，薛军译，见《马基雅维利全集》，长春：吉林出版集团有限责任公司 2011 年版，第 198—199 页。

尼科洛·马基雅维利主张，要解决富人问题。富人之所以能腐蚀其他人结成党派，是因为社会存在分层和财富上的不平等。他所说的"财富上的不平等"不是指财富多少的不均，而是分配的不均。基于这种认识，尼科洛·马基雅维利主张国家应建立在平等之上，达到"国库富足而公民贫穷"的状态。他认为：

> 人因饥馑困顿而勤劳，因有法纪而良善。[①]

在尼科洛·马基雅维利看来，公民一律贫穷，他们就无剩余的财富去腐蚀其他公民，而国家的国库财源充足，就会使国家可以用高额的奖赏来刺激公民为国效力，而不是为个人服务。据此，他坚信：

> 最有益于建立自由生活的做法，就是让公民保持贫困。[②]

尼科洛·马基雅维利还设想了最坏情况的发生，即一切改进的努力都不足以预防和消灭腐化时，国家应返回原初状态，在他看来，国家的原初状态必定蕴涵某些好的因素，包括法律的作用和创建者的德行，否则，它是不会成长壮大的。他认为，在从无序到有序状态的转换中，共和国通过自身的吐故纳新达致自我的完善，国家的更新，构成一种"再生"以及新的德行的恢复或回归。

（二）强调自由是公民的权利

尼科洛·马基雅维利认为，自由既是国家整体的，同时也是公民个体的。在个体自由中，最能体现其特征的是公民的意志自由和参与公共事务的自由。

1. 认为公民有自由选择的意志

尼科洛·马基雅维利指出，公民有依靠自己的理性和能力争取自己权利的自由，因而不应祈求"命运"的青睐。尼科洛·马基雅维利指出，不能把公民的自由意志消灭掉，而应该正确看待命运。对此，他说：

> 命运是我们半个行动的主宰，但是它留下其余一半或者几乎一半归我们支配。我把命运比作我们那些毁灭性的河流之一，当它怒吼的时候，淹没原野，拔树毁屋，把土地搬家；在洪水面前

---

① （意）尼科洛·马基雅维利著：《论李维》，冯克利译，上海：上海人民出版社2005年版，第54页。

② （意）尼科洛·马基雅维利著：《论李维》，冯克利译，上海：上海人民出版社2005年版，第389页。

人人奔逃，屈服于它的暴虐之下，毫无能力抗拒它。事情尽管如此，但是我们不能因此得出结论说：当天气好的时候，人们不能够修筑堤坝与水渠做好防备，使将来水涨的时候，顺河道宣泄，水势不至毫无控制而泛滥成灾。①

尼科洛·马基雅维利主张公民应运用自己的自由意志抵抗命运，征服命运。他说：

当我们的能力没有做好准备抵抗命运的时候，命运就显出它的威力；它知道哪里还没有修筑水渠或堤坝用来控制它，它就在那里作威作福。如果你考虑意大利——它是这些变动的所在地，并且推动了这些变动——你就会看到它是一个既没有水渠也没有任何堤坝的平原。如果意大利像德国、西班牙和法国那样，过去有适当的能力加以保护，这种洪水就不会产生像今日这样巨大的变动或者压根儿不会出现。②

尼科洛·马基雅维利指出，公民要是完全依靠命运，当命运变化的时候就会失败；相反，盲目地去抵抗命运，也会遭致失败。因此，公民要运用自己的自由意志洞察和把握时代的特性，进而使自己的行动符合时代的特性。尼科洛·马基雅维利提出了抵抗命运的方法：

当命运正在变化之中而人们仍然顽强地坚持自己的方法时，如果人们同命运密切地协调，他们就会成功；而如果不协调，他们就不成功。③

在尼科洛·马基雅维利看来，更为重要的是公民要自立，尽量不要依赖别人，即使不得不依靠别人时，也要运用自己的智慧取得主动。对于已经决定的事项，要能够意志坚定，不要轻易更改自己的意见。

此外，尼科洛·马基雅维利指出，无论是判断外界事物抑或是自己的言行，都要根据自己的经验和理性，"立足在自己的意志之上，而不是立

---

① （意）尼科洛·马基雅维利著：《君主论》，潘汉典译，见《马基雅维利全集》，长春：吉林出版集团有限责任公司 2011 年版，第 98 页。

② （意）尼科洛·马基雅维利著：《君主论》，潘汉典译，见《马基雅维利全集》，长春：吉林出版集团有限责任公司 2011 年版，第 98—99 页。

③ （意）尼科洛·马基雅维利著：《君主论》，潘汉典译，见《马基雅维利全集》，长春：吉林出版集团有限责任公司 2011 年版，第 100 页。

足于他人的意志之上。"① 因而，公民既不能盲目地、不切实际地遵守一些传统的规则，也不能寄望于幸运所带来的惊喜，因为幸运不属于机会——成功的重要因素，而只有善于运用自由意志的公民才能把握住机会，取得最后的成功。对此，他明确指出："最不倚靠幸运的人却是保持自己的地位最稳固的人"②。

2. 认为公民有参与公共事务的自由

尼科洛·马基雅维利指出，由于公共事务涉及公民自身的利益，因而参与公共事务是公民最重要的自由权利。公民要珍惜这种自由，主动参与公共事务，在无法参与时要积极地争取，甚至不惜与阻碍势力作斗争。

尼科洛·马基雅维利认为，在秩序井然的共和国中，公民生活在由法律所保护的自由中，在面对众人和公开辩论时，公民应该敢于直陈胸臆，并且按照规则对任何违背公民生活准则的公民提出起诉。他主张，只有强调公民的集体决策才能真正维护公共利益。

尼科洛·马基雅维利认为，公共的"善"是最重要的，公共利益高于个人利益，公共事务优先于个人事务。他主张，公民应对外不屈服于任何强敌，对内国家利益至上，甘于奉献自己的力量。

尼科洛·马基雅维利在论立法者的作用时指出，公民取得名望和权势的办法有两种：一是通过从事公共事务，二是通过私人事务。他认为，公民把他们的私人利益置于公共利益之下，并会以最大的审慎来保卫私人和公共事务，而公共利益"并不涉及个人的私利"。为此，他提出：

> 既有长治久安的君主国，也有长治久安的共和国，它们都需要受到法律的管束。能够为所欲为的君主，无异于疯子；能够为所欲为的人民，必属不智。考之于俯就法律的君主、受法律管束的人民可知，见于人民的德行，总是多于君主；考之于两者都不受约束的情况可知，见于人民的过失，较君主为少——何止过失

① （意）尼科洛·马基雅维利著：《君主论》，潘汉典译，见《马基雅维利全集》，长春：吉林出版集团有限责任公司2011年版，第67页。
② （意）尼科洛·马基雅维利著：《君主论》，潘汉典译，见《马基雅维利全集》，长春：吉林出版集团有限责任公司2011年版，第20页。

少，救济的办法亦多。①

尼科洛·马基雅维利突出强调了公共利益对于国家的重要性。他认为，正是对公共利益而不是对个人利益的追求使城市变得伟大，且只是在共和政体下，公共利益才被认为是重要的。

同时，尼科洛·马基雅维利表达了对公民的私人事务的看法。在他看来，这些私人事务主要是公民在共和政体下可以享受生活的乐趣，无忧无虑地自由享用他们的财产，不必为自己担惊受怕，同时知道他们生来是自由而不是受奴役的，可以凭借自己的能力登上煊赫的位置。

尼科洛·马基雅维利还告诫统治者不应"染指"公民的财产，以维护自己威严，他说：

> 君主使人们畏惧自己的时候，应当这样做：即使自己不能赢得人们的爱戴，也要避免自己为人们所憎恨；因为一个人被人畏惧同时又不为人们所憎恨，这是可以很好地结合起来的。只要他对自己的公民和自己的属民的财产，对他们的妻女不染指，那就办得到了……他务必不要碰他人的财产。"②

尼科洛·马基雅维利的公民思想是通过对历史的思考和生活实践经验的基础上来表述的，他既摆脱了中世纪欧洲占统治地位的神学思想的束缚，也抛弃了之前那些被人们津津乐道的"空洞观念"，以期为谋求国家的统一和公民的独立与自由寻找出路。虽然尼科洛·马基雅维利的公民思想带有某种片面性、夸张性，但不可否认，尼科洛·马基雅维利的公民思想从人的视角来论述公民与国家的关系，从理性和经验中而不是从神学中探讨公民的自由观、美德观、法制观、国家观、集体利益至上观以及君主的权力观等，对西方公民宪政学说的发展产生了深远的影响，成为近代资产阶级人本主义与共和主义公民学说的重要遗产。正如马克思所说："从近代马基雅维利……以及近代的其他许多思想家谈起，权力都是作为法的基础的，由此，政治的理论观念摆脱了道德，所剩下的是独立地研究政治

---

① （意）尼科洛·马基雅维利著：《君主论》，潘汉典译，北京：商务印书馆1985年版，第196页。

② （意）尼科洛·马基雅维利著：《君主论》，潘汉典译，北京：商务印书馆1985年版，第90页。

的主张，其他没有别的了。"①

第二节　马丁·路德的公民学说

马丁·路德（Martin Luther，1483—1546年），16世纪文艺复兴晚期德国宗教改革运动的发起者，德意志新教路德派的创始人。他从小就成为了教堂中的歌童，立誓投身宗教并得到了充分地音乐训练。1517年10月，马丁·路德在维登堡宫廷教堂门口贴出反对教会的《95条论纲》②，并否认教皇拥有圣经的解释权。教堂宣布马丁·路德的理论为异端邪说，把他革除教门。但这未能阻止马丁·路德学说在德国和欧洲北部地区的迅速传播，各地都建立起了追随宗教改革主张的新教教区。之后，马丁·路德发起并领导的宗教改革运动席卷整个欧洲，导致了德国农民运动和农民战争，结束了罗马天主教会对于西欧的封建神权统治。

在宗教改革中，马丁·路德不仅保留了天主教的一些大众化的外部形式——宗教仪式和音乐，使礼拜者产生一种敬畏和神秘的感觉，而且还保留了大量的天主教信仰的公民学基础。马丁·路德共创作了20首可供教堂会众歌唱的众赞歌，其宗教改革促进了教会与会众之间的联系，并对德国的公民教育思想产生了重要的影响。

马丁·路德创建的"因信称义"说（认为一个人灵魂的获救只须靠个人虔诚的信仰，根本不需要什么教会的繁琐仪式）从根本上否定了教会和僧侣阶层的特权，其中包含着尊重人、追求自由与平等的公民思想。

---

① 马克思和恩格斯：《德意志意识形态》，见《马克思恩格斯全集》（第3卷），中共中央马克思恩格斯列宁斯大林著作编译局编译，北京：人民出版社2002年版，第368页。
② 《95条论纲》，即"关于赎罪券的意义及效果，马丁·路德的见解"，是马丁·路德于1517年10月31日张贴在德国维滕贝格城堡教堂大门上的辩论提纲，现在普遍被认为是新教的宗教改革运动之始。所谓"论纲"（disputatio prodeclaratione），而非政治纲领，为的是改良罗马教会而非进行对抗式的改革。马丁·路德反对买卖赎罪券，批判靠善功得救的观念，宣扬悔罪得救，真诚的悔改、撕裂心肠的悔改，从而使人的罪得赦免。

一、提出信仰是公民的德性和权利

马丁·路德认为，公民要有坚定的信仰，但是这种信仰不是盲目的服从，而是要带有理性，可以用公认的箴言或道理来加以证明，若不能判定其错误，就不要随便放弃。在他看来，公民有权决定自己的信仰，而且可以对信仰作出自己的解释。

（一）认为公民"因信"才可以"称义"

马丁·路德的宗教改革强调因信称义，他的这一神学思想的直接依据是《圣经新约》中保罗的思想，"因为神的义正在这福音上显明出来；这义是本于信，以至于信。如经上所记'义人必因信得生'"（《保罗达罗马人书》1：17）。

马丁·路德认为，"因信称义"是指无论在任何情况下只要对上帝有真正的信仰，有效地践行上帝的话，公民就能得到救赎，就能成为义人。他提出：

> "我们只因信基督称义，不因行律法人称为义。"即因信而有了基督，又知道基督成了他的义和生命以后他无疑地不会什么事都不做。①

马丁·路德认为，心里相信，就可以称义。"称义"只能依靠信仰，而不靠任何其他的东西，公民凭借"信"与上帝沟通、得到拯救，上帝亲自赋予公民以直接依赖上帝的权力，不需要任何其他的媒介，即"唯信称义"。

马丁·路德认为，人因信仰而"事功"，"事功"即是指实行教会规定的事务，属于外在的善行。在《论基督教徒的自由》一文中，马丁·路德认为：

> "事功"，因为是无理性的东西，不能增加上帝的荣耀，但是，如果是附有信仰的话，则可以用完成"事功"来增加上帝的荣耀。但现在我们所研究的并非被完成的"事功"的性质，而是

---

① 转引自克尔（H.T.Kerr）编订：《路德神学类编》，王敬轩译，香港：道声出版社2000年版，第115页。

做"事功"的、增加上帝荣耀并作出善行来的东西。这就是内心的信仰，我们的一切义的首脑和本体。①

在马丁·路德看来，如果内心有信仰，公民不仅有权选择"事功"，而且公民选择"事功"的善行是自然而然的；反之，如果内心没有信仰，只是通过"事功"来表现自己，只能算是公民的选择权利，却达不到"称义"的程度。

他认为：

> 因为上帝的话是不能用"事功"来接受和承取的，只能用信仰。因此很明白，正如灵魂为了获得生命和释罪所需要的只是上帝的话一样，它所赖以释罪的，只是信仰，而不是任何"事功"。因为倘若它能够靠别的方法释罪的话，它便无需乎上帝的话也无需乎信仰了。②

马丁·路德认为，是否有信仰以及在何种程度上有信仰可以直接反映出公民的德性修养。公民只有树立起真正的信仰，才能表现出善良的行为，才能获得上帝的拯救。否则，无论靠什么都不能获得释罪、自由和圣洁。而且，只强调外在的善行，而不注重内在的修养，容易造成公民外在行为与内在思想的不一致，进而造成社会的普遍虚伪。他认为：

> 然而，既然这信仰只能在内心的人之中实行统治，如圣经所说，"人心里相信，就可以称义"（《保罗达罗马人书》10，10）；既然只有信仰能释罪，因此很显然，内心的人，靠着无论什么外在的"事功"、或苦修，都不能获得释罪、自由和拯救；无论什么"事功"都和他没有关系。③

马丁·路德强调，既然只有这信才可使人称义，那么人就显然不能因什么外表的行为或其他方法称为义，得以自由，得蒙拯救。他说：

> 行为，不论其性质如何，与内心的人没有关系。反之，只有

---

① 转引自周辅成编：《西方伦理学名著选辑》（上卷），北京：商务印书馆1964年版第471页。

② 转引自周辅成编：《西方伦理学名著选辑》（上卷），北京：商务印书馆1964年版第462页。

③ 转引自周辅成编：《西方伦理学名著选辑》（上卷），北京：商务印书馆1964年版第463页。

心里的邪恶与不信，而非外表的行为，才叫人有罪，叫人成为可咒可诅的罪奴。因此，每一个基督徒所应该留心的第一件事，就是要丢弃倚靠行为的心，单单多求坚固信。[①]

马丁·路德主张，善行不是信而得救之因，乃是信而得救之果。凡人所讲论的无论如何高明有理、敬虔而有学问，都不足以与神的启示相比。人的拯救要靠上帝赐予人信仰的意愿，使人对基督怀着盼望和爱心。他坚信，人只要信靠上帝，就能得到上帝白白赐予的恩典而得救成为义人。因为上帝的恩典解放人的意志，使意志具有从善而不是从恶的自由。凡从信仰所出的一切行为都是善行，否则都不是，信仰是善功的根基和源泉。他说：

> 凡要行善的，不要先行，乃要先信，信能使人善。因为除了信之外，没有什么可使人善；除了不信之外，也没有什么使人恶。[②]

马丁·路德"提出了'唯信称义'的理论，从根本上否定了罗马教宗及其神职人员的中介作用。人们只要根据圣经，产生信仰，便可以达到基督教的'得救'之目的。从而使教士成为多余的人、无用的人、被缴械的人，因而摧毁了罗马教宗至高无上的理论支柱。"[③]

（二）认为公民在信仰面前一律平等

马丁·路德认为，尽管世俗社会中公民之间的地位、财富是不平等的，但在信仰领域，公民都是平等的，没有高低贵贱之分。普通教徒群众同高级神职人员在精神上是平等的，除了职务和工作不同以外，没有其他的差别，因为只有洗礼、福音和信仰才能使我们变为"属灵的"和基督徒。他在《致德意志基督教贵族公开书》中是这样论述的：

> 执政者既是和我们一样，受同样的洗礼，而且有同样的信仰和福音，我们必须承认他们是神甫和主教，并以他们的职务在基

---

① （德）马丁·路德著：《路德选集》（上），徐庆誉、汤清译，北京：宗教文化出版社2010年版，第355页。

② （德）马丁·路德著：《路德选集》（上），徐庆誉、汤清译，北京：宗教文化出版社2010年版，第371页。

③ （德）马丁·路德著：《路德文集》（第1卷），路德文集中文版编辑委员会编，上海：上海三联书店2005年版，编者序"马丁·路德生平"第53页。

督教社会中为有适当和有用的地位的。因为凡受了水洗的人，都能夸口说，他已经是一个受了圣职的神甫，主教和教皇，不过人人要执行这种职务乃是不适宜的。恰因我们都同样是神甫，任何人就不得毛遂自荐，不经我们的同意和选举来执行大家权力范围以内的事。因为凡是属大家的，若不得大众的同意和吩咐，谁也不敢擅取；并且被推选的人，若一旦因品行不端而被革职，他就和没有任职以前一样。所以基督教界中的神甫，无非是执行公务的职员。①

马丁·路德不仅主张教俗之间的平等，而且也提出了世俗人之间的平等。他认为：

> 贵族与市民、农民一样，亦无贵贱之分，不管是男是女，是王侯贵族还是农民，大家都一样。在基督徒之间除基督外，没有尊长，大家都是平等的，有同样的权力、权利、禀赋和荣誉。人与人之间的关系是相互服务的关系，掌权的人只不过是受委托，以武器惩罚恶人，保护善人。他们和皮匠、农民一样，各有各的职务。②

马丁·路德认为，世俗掌权者不过受了委托，惩罚恶人，保护善人。"而且每人的工作和职务，必须对别人有利益，这样可以为社会——精神和物质的幸福做许多不同的工作。"③ 马丁·路德说：

> 俗世的权力既然是上帝所派来惩罚恶人，保护善人的，所以它应在整个基督徒中自由地行使它的职务，无论对教皇，主教，神甫，修士，修女或对任何人，都不徇情面……不管是否涉及教皇，主教或神甫，谁犯了罪，谁就应受处分。④

为了彰显公民的理性自由，马丁·路德反对教会涉足世俗政权领域，

---

① （德）马丁·路德著：《路德选集》（上），徐庆誉、汤清译，北京：宗教文化出版社2010年版，第165页。

② （德）马丁·路德著：《路德文集》（第1卷），路德文集中文版编辑委员会编，上海：上海三联书店2005年版，编者序"马丁·路德生平"第26页。

③ （德）马丁·路德著：《路德选集》（上），徐庆誉、汤清译，北京：宗教文化出版社2010年版，第166页。

④ （德）马丁·路德著：《路德选集》（上），徐庆誉、汤清译，北京：宗教文化出版社2010年版，第166—167页。

认为教权和世俗法制权应各司其职、互不干涉。为此要对宗教进行改革，实行政教分离。他认为：

> 基督教徒不仅生活在上帝统治的宗教国度里，而且生活在凭法律治理的世俗国度里。也有两种法律：上帝的法律，适用于恩赐与仁慈的国度；世俗的法律，适用于愤怒的国度，这里有惩罚、法庭和判决，国王手里拿着宝剑。教会不应享有世俗的行政、司法权力，不能干涉国家事务。在国家的管理上，国王的权力是唯一合法的权力，但君主也不能干预信仰。①

马丁·路德通过确立《圣经》的权威地位，使得每个有基督信仰的公民可以直接与上帝相见，从而实现了公民在信仰面前的一律平等。马丁·路德认为，上帝是应人需要而生，完全存在于人的主观意识中，存在于人的精神之中的实体，上帝的恩典施给信靠他的人。

"当然，在那个时代，马丁·路德要求的只是教俗之间思想上的平等，宗教上的平等，所争取的是世俗之间政治上的平等，特别是第三等级与贵族的平等。但这确是一个进步的主张，为资产阶级参与政治进行呐喊。"②

马丁·路德的"因信称义"说来自其内心的宗教体验以及对中世纪晚期经院主义神学的怀疑和批判，既否定了外在的权威，又强调主体内心信仰的作用，体现出对人的理性、尊严、地位的肯定，这符合16世纪德国市民阶级希望摆脱封建教会和封建制度的约束，追求人自身的自由与解放，实现民族和国家的统一的愿望。

二、主张应尊重公民的信仰自由和自然理性

马丁·路德为了反对罗马教宗的思想禁锢和精神独裁，提出了信仰自由的主张。他认为，人们的信仰完全应由个人决定。每个人应对个人的信仰负责，他人不必干涉。他说不能强迫命令，压制信仰自由，如果用暴力强迫人信这信那，不但无益，而且也不可能，这必须用别的方法达到，

---

① 转引自徐大同主编：《西方政治思想史》，天津：天津教育出版社2002年版，第104页。
② （德）马丁·路德著：《路德文集》（第1卷），路德文集中文版编辑委员会编，上海：上海三联书店2005年版，编者序"马丁·路德生平"第27页。

而不能用暴力去完成。他并且提醒当权者不要以法律强制人们的信仰，他说：

> 若想用法律和命令强迫人们的信仰，他们就是蠢人……他们的目的达不到而且也不可能，他们无论如何发怒，除了使一些人在言行上服从他们之外，什么也达不到……他们这样做，只能强迫良心软弱的人撒谎，说一些言不由衷的话。①

马丁·路德认为，公民凭着信仰而获得的自由是没有任何附加条件的。每个公民都是自己信仰的主宰、自己精神的主体，公民信仰的独立决定了公民人格的独立。

（一）认为公民在信仰方面是"全然自由的众人之主，不受任何人管辖"

马丁·路德指出，公民的信仰自由不是信教与不信教的自由，而是以对上帝的绝对信仰为前提，在此前提下，公民具有独立自主性、不可干涉性。

马丁·路德曾用极具张力的两个命题来阐述自己对于自由的观点，他提出：

> 基督徒是全然自由的众人之主，不受任何人管辖；基督徒是全然忠顺的众人之仆，受所有人管辖。②

马丁·路德认为，人们唯借信心领受上帝之道，就能获得灵魂的绝对自由。他在《论基督教徒的自由》中指出：

> 关于内心的人和它的自由，关于无须乎律法也无须乎善功（不仅如此，如果有人想依靠它们获得释罪的话，它们甚至成为有害于信仰的），即可得的信仰的义，让我们就说到这里为止吧。③

> 基督徒是一切人的仆人并受一切人支配，这事实属于这里的一部分。因为在他是自由自在的那一部分里，他并不做什么工，

---

① （德）马丁·路德著：《路德文集》（第1卷），路德文集中文版编辑委员会编，上海：上海三联书店2005年版，编者序"马丁·路德生平"第27页。

② （德）马丁·路德著：《路德文集》（第1卷），路德文集中文版编辑委员会编，上海：上海三联书店2005年版，第401页。

③ 转引自周辅成编：《西方伦理学名著选辑》（上卷），北京：商务印书馆1964年版，第477页。

但在他做一个仆人的那一部分里，他要做一切的工。①

　　自由是一种真正的灵性上的自由，使我们的心超脱一切罪、律法和诫律的……并且是一个远远超越一切其他外界的自由，像天超越地那样远的自由。但愿基督使我们懂得并保持这自由。②

马丁·路德用"唯独恩典"否定了人的自由意志，却通过将个人内在的精神自由作为信仰确立的依据使人们获得更为广泛、更具个体性的自由。"马丁·路德否定的只是在信仰之外的自由意志，即作为称义依据的自由意志，但是对于信仰之中的自由，他却充分肯定。"③

马丁·路德认为，人在属世的事上才可以行使其自由意志，在属灵的事上，自由意志是毫无地位的。据此，马丁·路德申明人在得救的事上，毫无任何自由意志可言，唯靠上帝的恩典。人的意志若没有上帝的恩典，就必然会犯罪。他说：

　　我承认人有一个自由意志，但所谓自由地想做什么就做什么，只能是挤牛奶、盖房子等等，此外便不再有什么别的了。因为一个人只要还处于安逸、安全之中，又无所欠缺，那他总是以为有一个能够自由地想做点什么事就做什么的自由意志。可是，当其有所欠缺，和一旦有危急：如穷到没有吃的、没有喝的、也没有钱的时候，他哪里还有什么自由呢？一旦危急一来，自由意志便消失了，不复存在了。那时只有依靠对信仰的牢靠与坚定，只有寻求基督。所以信仰绝不同于自由意志。不仅如此，自由意志根本就等于零，而信仰却是所有的一切。④

马丁·路德认为，信仰是意志自由的前提，脱离了信仰的自由意志是不存在的。他在《桌边谈话》中说到：

　　我承认上帝是给了人类一个自由意志。但问题在于：这样的

---

① 转引自周辅成编：《西方伦理学名著选辑》（上卷），北京：商务印书馆1964年版，第478页。

② 转引自周辅成编：《西方伦理学名著选辑》（上卷），北京：商务印书馆1964年版，第495页。

③ 参见赵林著：《基督教思想文化的演进》，北京：人民出版社2007年版，第152页。

④ 转引自周辅成编：《西方伦理学名著选辑》（上卷），北京：商务印书馆1964年版，第507页。

自由是否存在于我们的权力和能力之中？我们可以恰当地把它称作一个动荡的、紊乱的、变化无常和漂泊不定的意志。因为在我们内心起作用的只能是上帝。至于我们自己，则必须忍受并服从上帝的意志。①

马丁·路德认为，只有发自内心的信仰才能取悦上帝。他在重申人应相信恩典、公义、平安、自由时说：

> 恩典、公义、平安、自由与万事都应许你了；你若相信，就有一切，你若不信，就缺一切。②

马丁·路德的信仰自由说虽然表面上是外在的，但信仰对象已从主体的位置下移下来，而变成客体，并且为信仰者服务。他认为，在信仰与被信仰这一对关系中，人成了主体，上帝成了客体。人一旦信仰，便获救赎，信仰的主体成了决定一切的力量，他强调，人的信仰使人恢复了人在上帝面前的尊严，使人有权运用自己的理性对《圣经》作出判断，进而使理性成为决断信仰的最高权威。从而肯定了人的地位和作用，将人的个性体现于信仰之中，这是人文主义在宗教领域的具体实现。"马丁·路德宗教改革学说的出发点是人，是从人的境况出发，是以人为中心，以人为目的的。他所解决的主要问题是人的获救，人如何摆脱控制着他的焦虑、恐惧、虚无和绝望。上帝创造世界是为了人，上帝的存在是为了人的拯救。"③

（二）认为人的自然理性应当受到尊重

马丁·路德"肯定了人和人的理性在宗教信仰中的地位与作用，将人的个性与思考体现于信仰之中。这是其跨出中世纪思想领域，进入近代思想大门的具体体现。"④马丁·路德授予人的理性解释《圣经》的权利，而且认为理性是一切宗教领域中的最高裁判者。他认为：

---

① 转引自周辅成编：《西方伦理学名著选辑》（上卷），北京：商务印书馆 1964 年版，第504 页。

② （德）马丁·路德著：《路德选集》（上），徐庆誉、汤清译，北京：宗教文化出版社2010 年版，第 357 页。

③ 参见李平晔著：《宗教改革与西方近代社会思潮》，北京：今日中国出版社 1992 年版，第 202 页。

④ （德）马丁·路德著：《路德文集》（第 1 卷），路德文集中文版编辑委员会编，上海：上海三联书店 2005 年版，编者序"马丁·路德生平"第 53 页。

人们均可根据圣经去理解、思考、解释并作出判断，由此而产生的信仰的基础则是人的理性、人的意志和人的自由。①

马丁·路德认为，人因理性在精神领域会获得自由、平等，人的自然理性应当受到尊重。他认为：

> 人有两个性，一个是属灵的，一个属血气的。就人称为灵魂的灵性说，就叫做属灵的人，里面的人，或说新人；就人称为血气的属肉体的性说，就叫做属血气的人，外表的人，或说旧人。②

马丁·路德认为，也应该尊重人的肉体的自然规律，人的肉体的欲望和情感与灵魂的自由无关，人的吃喝、睡眠、闲散等日常行为要符合健康的需要。马丁·路德提出：

> 人若发现他因禁食而头昏目眩，或身体和肚腹受损伤，或者禁食是为灭绝肉体的情欲所不需要的，他就要完全不禁食，照健康的需要去吃喝、睡眠、闲散，不管是与教会的命令或修道派的规法相违否。③

马丁·路德认为，信仰就是理性，是神性在人身上的表现。他强调要相信人的理性，突出个人在理性信仰中的作用，充分体现出马丁·路德反对宗教神学对人的个性的漠视，主张张扬人的自然理性的公民思想。

马丁·路德从神秘主义那里继承的内在之光的体验，成为他肯定个人理性的基础；从人文主义那里继承的理性批判精神，使个人理性思考成为个人的权利。他的宗教改革学说中体现的自由、平等、理性公民思想，"无疑是针对中古教会对精神生活和政治生活的抑制所提出的恢复人权、人的价值和人的尊严的要求在宗教领域中的反映。"④

---

① （德）马丁·路德著：《路德文集》（第1卷），路德文集中文版编辑委员会编，上海：上海三联书店2005年版，第53页。

② 转引自克尔（H.T.Kerr）编订：《路德神学类编》，王敬轩译。香港：道声出版社2000年版，第85页。

③ （德）马丁·路德著：《路德选集》（上），徐庆誉、汤清译，北京：宗教文化出版社2010年版，第69页。

④ 参见李平晔著：《人的发现——马丁·路德与宗教改革》，成都：四川人民出版社1986年版，第131页。

第三节 让·博丹的公民学说

让·博丹（Jean Bodin，1530—1596年），近代主权学说的创始人。他出生于法国安吉尔省的一个富裕贵族的家庭，曾在土鲁木大学学习法学，毕业后留校任教，担任法学讲师。不久独立开业担任律师，同时从事学术研究。1556年，让·博丹出任安吉尔省议会的代表和法国三级会议的第三等级的代表。1576年，让·博丹获得法王亨利三世垂青，出任宫廷辩护官。晚年，让·博丹为阿朗松伯爵的顾问，并参与法国宫廷的政治活动。

让·博丹是一位通今博古的大学者。他对法学、哲学、政治学、天文、地理、医学等多种学科都有涉猎，并精通希伯莱语、意大利语、德语等多国语言。让·博丹在公民学说方面的代表性著作是《国家论六卷》，在这本著作中，他首次提出了国家主权的概念及其理论。

让·博丹的国家主权学说，摆脱了宗教神学的影响，在西方公民学说史上第一次系统地论述了国家主权的概念、性质和特点，国家主权的来源，国家主权的内容，并针对国家主权与公民权、公民概念与公民身份等问题进行了阐释，既为推动欧洲民族国家体制的形成奠定了理论基础，也为近代西方公民学的发展作出了积极贡献。

一、认为国家是公民赖以生存的条件

让·博丹对公民的界定是建立在其对国家起源问题的探讨之上的。他认为，国家的产生是一个自然过程，国家是由家庭发展而来的，国家就是许多家庭及其共同财产所组成的、具有最高主权的合法政府。

（一）提出国家起源于公民家庭的联合

让·博丹认为，家庭是国家的原型，国家是家庭的集合体。国家不能离开家庭而存在，国家的巩固有赖于家庭的巩固。如果每个家庭都能够做到善治而和睦，国家就能够国泰民安。

让·博丹认为，家庭不仅是人类组织的一个基本形式，而且是国家必然要经历的一种形式。家庭是一种自然的结合，作为人类社会最基本的单位，家庭的产生主要是出于血缘的结合，归因于人类养育后代、获取安全等人类的本性。家庭产生于人类自然的本性。例如，在家庭中，子女是由父母的血缘关系决定的，而不能由他们进行自由的选择。他把家庭定义为：

> 对一群生活在一起的人们的利益的合法安排，这些人服从于家庭首领，家庭首领也关心着这些人的利益。①

让·博丹认为，家庭及其以后的社会团体均包含着功利性和强力性的要素。家庭在共同利益的驱使下，组成村庄。为了获得生活的必需品，村庄开始向外扩张，形成城镇。为了保护家庭或是抢夺财产，同一社区的人联合起来组成了一些非政治组织。为了抵抗外敌，这些组织通过选举的方式产生了领导，并赋予他以至上的权力。于是，家庭部落就在这个权力的统治下，形成了国家。他说：

> 定义国家的第二个词就是家庭，因为家庭不仅是国家的真正起源，而且是国家的一个重要组成部分。②

让·博丹强调国家的形成融合了自然、功利、强力3种性质，而家庭既是人类自然本性使然的结果，同时带有利益和权力的特性。他认为，并不是家庭之间的任意联合都能产生国家，只有是基于共同防卫和追求相互利益的家庭联合才能导致国家的产生。在他看来，强力与征服并不足以造就一个国家，国家还需要在神法和自然法的指引下，以保障人民的福利为目的，维护公民和家庭的私有财产、物质利益。让·博丹认为，国家是一个合法的政府，这也正是国家区分于强盗团体的原因所在。他说：

> 一群强盗也可以组成一个社会，友好地生活在一起，但我们不应该把这个组织称为社会或国家，因为它缺少社会或国家的一

① Jean Bodin. *Six Books of the Commeanwealth*. Abridged and translated by M. Tooley Basil Blackwell. Oxford Printed in Great Britain in The City of Oxford at The Alden Press Bound by The Kemp Hall Bindery, Oxford, 1955, p6.

② Jean Bodin. *Six Books of the Commeanwealth*. Abridged and translated by M. Tooley Basil Blackwell. Oxford Printed in Great Britain in The City of Oxford at The Alden Press Bound by The Kemp Hall Bindery, Oxford, 1955, p.6.

个真正特征，即一个与自然法相一致的合法政府。①

让·博丹已经看到了国家产生的功利性因素，他认为，如果缺乏某种权威，根据功利原则建立起来的家庭联合自身是不牢固的，因为它会成为某种松散的联合体，那些促使家庭之间联合的契机一旦消失，联合体就将不复存在。基于此，功利原则只是国家产生的一个条件，要使建立在功利基础之上的家庭之间联合成为真正的政治共同体，强力的介入是不可避免的。②

让·博丹强调，共同财产是国家的重要基础和特征。他以私有财产和公有财产来划分国家与家庭的范围，即家庭是私有的范围，国家是公有或共有的范围。他发展了罗马法管辖权的观念，用公与私的概念来表述公民在国家与家庭生活中的范围，试图以不可剥夺的家庭权利来对抗至高无上的王权。然而，正是这种区分使让·博丹的国家理论同时包含了两个绝对物：家庭的不可取消的权利和主权者的无限立法权力。

让·博丹的国家起源说，既阐明了家庭是国家的基础，又提出了国家主权来源于家长的权力的思想，肯定了公民的私有权利，从而为近代西方公民立宪学说提供了思想基础。

（二）认为公民是受最高权力限制的自由人

让·博丹的《国家论六卷》中，从家庭、国家、主权、服从、自由人等重要概念出发，将公民界定为受最高权力限制的自由人，对公民的这一解释体现了"服从性"和"限制性"的特征。

1. 认为公民要服从那些拥有主权的人

① Jean Bodin. *Six Books of the Commeanwealth*. Abridged and translated by M. Tooley Basil Blackwell. Oxford Printed in Great Britain in The City of Oxford at The Alden Press Bound by The Kemp Hall Bindery, Oxford, 1955, p.2.

② 在国家起源问题上，让·博丹虽然从功利和强力两个方面来论证国家起源于家庭，但他似乎更加重视强力的作用。在他看来，引入强力概念，意义在于把国家视为一个权力系统。虽然他未为国家起源设定一个先验原则，但不难发现，在让·博丹国家理论的内在逻辑中，权威的存在总是处在优先地位。联系到他关于权威优先的思想，这里至少有两点值得提出：一是源自让·博丹采用的历史理性的方法，根据这一方法，国家起源于家庭，目的在于为国家的产生找到一个可由历史理性给予说明的基础，借以区别神创国家的说法；二是认为家庭是权威存在的最初形式，他根据罗马法的概念，主张家庭中家长拥有绝对权力，夫与妻、父与子构成了从属关系，如同君王与臣民之间的从属关系一样。总之，让·博丹是在权力同型的意义上将家庭界定为国家原型的。

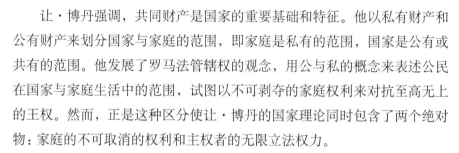

让·博丹强调公民对主权者和家长的服从。他认为，家长在家庭中拥有绝对的权力，完全控制家庭成员的人身、财产甚至子女的生命。在一家之中，家长居于统治地位，这就要求妻子服从丈夫、子女服从父亲；与此相当，在一国之中，公民必须服从主权者的命令。他指出，构成为国家的公民，可以有不同地域的法律、语言、习俗、宗教和种族，但应该有一个统一法律和制度的统治者主权。

让·博丹认为，既然主权在本质上是不可分割的，那么臣民就不能与掌握权力的统治阶层同时拥有主权，也就是说，臣民只有服从法律而没有制定法律的权利。

让·博丹认为，公民身份就是为对主权者的服从，可被定义为依附于他人之权威的臣民。他提出：

> 无论怎样，一个臣民或许可以从法律的强权下解脱出来，但是它仍然要服从那些拥有主权的人。但是拥有主权者，却不用服从其他任何人的命令，而且还必然有能力给臣民制定法律，抑制或者取消存在弊端的法律，用其他的法律取而代之——这些行为不可能由那些，需要服从法律的，或者是还要服从上级命令的人来完成。[①]

让·博丹认为，公民权的存在，在于服从主权者。家长在家庭中享有最高权力，一旦走出家庭，同其他家长在国家里一起活动时，则是公民，也必须服从国家的绝对主权。这种"服从"在某种程度上体现了公民的平等自由，但主要是指所有公民在服从国家主权、维护社会秩序、履行社会契约等方面的平等自由，是遵守自然法和上帝之法方面的平等自由。他强调，家长需要关心家庭成员的利益以维护家长身份的正当性。

2. 认为公民身份是不平等的

让·博丹认为，公民是应该被划分为若干等级的，构成社会的有 3 个等级，即贵族、教士和平民。每个等级都有自己特殊的品质和职能，他们在年龄、门第等方面是相互区别的，贵族有重要的社会和政治地位。尽管存在着等级和特权，但这是主权所规定和赋予的，必须遵守；社会的安排

---

① Jean Bodin. *On Sovereignty*.Four Chapters from the Six Books of the Commonwealth，剑桥政治思想史原著系列（影印本），北京：中国政法大学出版社 2003 年版，第 11 页。

就是使相互对立的力量达到平衡并形成良序的过程。他说：

> 几乎在欧洲每一个国家中，公民都被划分为三个等级：贵
> 族、教士和平民。①

在让·博丹看来，公民虽有自由的意涵，但这"自由"因主权之统治而被降低，自由纯系公民人身的自由，并不包括参与民主政治生活的自由。由于中世纪的主权以君主制的形式予以制度化，城市行政长官控制"市政的主权"（the sovereignty of city council），并不依公民团体所制订的法律来处理事务，城市的法律也没有促进法律上平等的公民理念，"公民"只是受国家权威所控制的"臣民"，因此，让·博丹的"公民概念乃指涉城市的属民，这种权威式的关系从城市转移到国家的主权"②。

二、认为国家主权具有绝对性和永恒性

主权概念是让·博丹国家理论中最富贡献的内容。他认为，主权是国家的标志，是一个国家不可分割的、至高无上的、统一持久的的权力，主权具有绝对性、永恒性、统一性、不可分割性的特点。只有一个拥有了主权的共同体才成为国家，主权使得这一共同体享有对内最高、对外独立的至高无上的权力，从而真正成为一个国家。他把取得公民身份规定为对主权者的服从，并明确界定国家的概念就是主权者和臣民。主权是不受法律限制的对公民和臣民进行统治的最高权力。

（一）认为国家享有绝对主权

让·博丹把家庭与国家相比较，将国家确认为一个包含着自然、功利、强力性质的权力系统。这样一个特殊的权力系统究竟具有什么样的特征、属性和内容？为了正面回答这些问题，让·博丹第一次提出了绝对主权概念，把主权定义为是一个国家进行指挥的、绝对的和永久的权力，他说：

---

① Jean Bodin. *Six Books of the Commeanwealth*. Abridged and translated by M. Tooley Basil Blackwell. Oxford Printed in Great Britain in The City of Oxford at The Alden Press Bound by The Kemp Hall Bindery, Oxford, 1955, p.22.

② 参见 Almut H fert. *State*，*Cities and Citizens in the Later Middle Ages in State & Citizens*. Cambridge University Press, 2003, p.71.

主权是超乎公民和臣民之上，不受法律限制的最高权力。①

让·博丹指出，正是主权概念使国家与包括家庭在内的其他社会团体最后区别开来。他认为，掌握主权的人叫主权者，家庭、部落、社团和城市等都可能拥有各种宗教的、法律的甚或习俗方面的权力，但国家作为一个权力系统则必须由主权概念来加以表达。他说：

国家主权和绝对权力的原则性标志是对臣民施加一般性法律的权力，而不用考虑他们是否同意。②

让·博丹从9个方面来确定主权的内容：①立法权。主权是一切法律的唯一渊源，立法权不能为主权者之外的任何权力所拥有，一切臣民都不能参与立法，包括议会也无立法权。②宣战和缔结和约的权力。③政府官员的任命权。主权者可凭借其最高权力，任命各级政府官员。这表明，主权与政府权力是有区别的，主权派生政府权力，政府官员只是被委托人，主权者可以随时收回政府官员的权力。④最高裁判权。这一权力为主权者所把握，这一权力不可转让。⑤赦免权。属于最高裁判权的一部分。⑥要求臣民和公民服从的权力。也就是说，臣民和公民有服从主权者的义务，不经主权者的同意，不能解除这一义务。⑦铸币权。⑧度量衡的选定权。⑨征税权。让·博丹认为，主权者有权向臣民和公民征税，但不可随意增加税收。

让·博丹认为，任何人都无权夺取主权，他提出：

无论以什么样的正义和道德的借口，任何人都无权夺取主权，并使自己成为同伴们的首领。严格按法律来说，这是欺君之罪，其罪当诛。因此如果臣民，无论用什么方式，企图侵占并从其国王或者民主体制或贵族体制下窃取一个国家，进而使自己从一个顺民变成一个领主和主人，那么他就应该受到死刑的处罚。我们在这方面是毫无疑问的！③

---

① Jean Bodin. *On Sovereignty*. Four Chapters from the Six Books of the Commonwealth, 剑桥政治思想史原著系列（影印本），北京：中国政法大学出版社2003年版，第25页。

② Jean Bodin. *On Sovereignty*. Four Chapters from the Six Books of the Commonwealth, 剑桥政治思想史原著系列（影印本），北京：中国政法大学出版社2003年版，第23页。

③ Jean Bodin.*On Sovereignty*. Four Chapters from the Six Books of the Commonwealth, 剑桥政治思想史原著系列（影印本），北京：中国政法大学出版社2003年版，第110页。

让·博丹强调，立法权属于掌握最高权力者，立法权是最高权力者首要的和主要的标志。他认为：

> 严格的说，立法权就是主权的唯一标志。主权的所有其他标志，如宣战、媾和、在任何地方长官的最高判决法庭上听取诉讼、设立或者修改最高军职、增加或赦免臣民的赋税都可以包容在制定或改变法律的权力之内。①

让·博丹主张，立法权是不能分属于他人的，除主权者以外，一切人均不能拥有立法权。至于政府机构、宗教团体、商业机构的权力甚至等级特权，则都来源于主权者的授予或批准。他说：

> 为了治理好国家，君主拥有超越法律的权力是十分有用的，即使是对贵族政体的国家和民主政体的人民来说，主权者拥有此权力也是十分有利的，这是一种逻辑的必然。②

让·博丹认为，主权的绝对性主要体现在主权者不受法律的约束。他指出：

> 法律就是主权者行使他的主权权力时产生的命令。③

> 绝不允许臣下以任何意图反抗主权者，无论这个暴君是多么邪恶与残暴。臣下所能做的，只能是在不违背自然法和上帝之法的前提下逃离、隐匿、躲避，宁可受死也不冒犯主权者的生命和荣誉。④

在让·博丹的观念中，法律不同于自然法和神法。主权处于法律之上却低于自然法之间的中间地带，主权者不受法律的约束，但要遵守自然法。他明确指出：

> 国王和其他掌权者的绝对权力在任何意义上都不能扩充到自

① Jean Bodin. *On Sovereignty*. Four Chapters from the Six Books of the Commonwealth，剑桥政治思想史原著系列（影印本），北京：中国政法大学出版社 2003 年版，第 58 页。

② Jean Bodin. *On Sovereignty*. Four Chapters from the Six Books of the Commonwealth，剑桥政治思想史原著系列（影印本），北京：中国政法大学出版社 2003 年版，第 24 页。

③ Jean Bodin. *On Sovereignty*. Four Chapters from the Six Books of the Commonwealth，剑桥政治思想史原著系列（影印本），北京：中国政法大学出版社 2003 年版，第 44 页。

④ Jean Bodin. *On Sovereignty*. Four Chapters from the Six Books of the Commonwealth，剑桥政治思想史原著系列（影印本），北京：中国政法大学出版社 2003 年版，第 18—19 页。

然法和神法。①

在法律——主权者——自然法的内部关系中，让·博丹试图说明主权者虽然不受法律约束，但是主权者作为遵守自然法的楷模，也会在道义上遵守法律。这样，通过主权者的联系，法律和自然法实现了统一。对此，他指出：

> 但对于神法或自然法，每一位世俗君主均应服从，无权抵触，除非君主们想背叛上帝，想与他为敌。上帝具有无上的荣耀，所有世俗君主在他面前都应勒马俯首以示畏惧和尊敬。所以世俗君主和其他主权者的绝对权力绝不能延伸到神法或自然法领域里。实际上英诺森四世最清楚绝对的权力是指什么，他使信奉天主教的国王和皇帝都能俯首于他，并说这只不过是凌驾于普通法律之上的权力，但他并没有说要凌驾于神法和自然法之上。
>
> …………
>
> 君主不必受自己或先王法律约束，但他应受其作出的正当承诺和签订的公平契约的约束，不论该承诺或契约成立时是否有他的宣誓，这和任何普通私人间立约的状况是一样的。就像私人能够撤回他的承诺，如果此种承诺是不公平的、不合理的，或者会使他承担过重责任，或者该承诺是在诈欺、欺骗、重大过失、强迫、畏惧等情况下作出的，会使承诺人造成重大的损失。基于同样的原因，作为主权者的君主，如果他作出的承诺会减损他的权威，他当然可以解除它。这也是我们法律格言所主张的。君主并不必然受自己或先王法律的约束，却要遵守他签订的公平且合理的契约，因为全体或特定的臣民对它的履行都有利害关系。②

让·博丹主权概念的提出和论证，在于加强国家的统一、抑制教士和贵族势力、维护良好的社会秩序。他甚至断言，政府的基本目的是保护秩序，而不是自由。在《国家论六卷》中，让·博丹集中论述了主权的基本性质和特征。他认为，主权是一种绝对的和永恒的国家权力。如同一家之

① Jean Bodin. *On Sovereignty*. Four Chapters from the Six Books of the Commonwealth，剑桥政治思想史原著系列（影印本），北京：中国政法大学出版社2003年版，第44页。

② （法）让·博丹著：《主权论》，李卫海、钱俊文译，北京：北京大学出版社2008年版，第45—47页。

中，家长处于统治地位；一个国家的本质特征就是主权，这种权力至高无上，不从属于任何其他权力。

（二）认为国家主权具有永恒性

让·博丹认为国家主权具有永恒性，不因掌权者的不同而有所改变。他指出：

> 一个人或某些人在某个特定的时期内拥有赋予他们的绝对权力，过了期限他们只不过是个体的臣属。①

让·博丹认为，即使是在掌权时，也不能称自己为主权者。那些将权力委托给他人的人，仍然在终极意义上合法地拥有权力，被委托人以借贷或授权的方式行使权力。他强调由委托导致的权力的非终极性与主权的永恒性相矛盾，所以无论受委托的权力多么强大和整全，都不是主权。在这个意义上，罗马的独裁者、斯巴达的王都不是主权者。

对此，让·博丹在《主权论》中有着下面的一段论述：

> 我已经指出这种权力是永久的。因为在某个特定的时期可能发生某人或某些人拥有赋予他们的绝对权力的情况，但是期满后他们只不过仍是无官职的臣民。即使他们能行使这些绝对权力时，也不能称自己为主权者。在人民或君主愿意收回这种权力之前，他们只不过是权力的受托人或代管人，因为人民或君主才永远是主权的合法所有者。正如把财物借予他人，自己仍然保有所有者和拥有者的身份一样；也正如在有限、特定的时期里，或者只要自己愿意的期间里，让渡自己审判和支配的权力（威）给他人一样。但他们仍是这些权力和管辖权的合法所有者，拥有最后的决定权，别人只不过是在得到他们许可的前提下，以不定期借贷或接受赐予的形式行使着他们让渡的权力。这就是为什么（罗马市民）法所主张的：一个地区的总督或者一个君主的代理官员只不过是他人权力的受托人或代管人，当任期终结，他必须返还该权力。在这种意义上，我们可以说，官员们的职位虽有高低之

① Jean Bodin. *On Sovereignty*. Four Chapters from the Six Books of the Commonwealth，剑桥政治思想史原著系列（影印本），北京：中国政法大学出版社 2003 年版，第 1 页。

别，但本质相同。①

"政治权力是职位而非个人私产"这一观念，是中世纪基督教对王权的基本定位，这一观念作为传统遗留下来。即使在罗马法研究复兴以后，王权派试图用古代罗马皇帝的权力理论为正在扩充的国王权力作论证，他们也不得不承认权力来源于人民的转让。让·博丹认为：

> 主权存在于人民之中，主权的行使是委托给执政官，人们可以将他称为最高的官长，但不是真正的主权者。②

> 当一个国王故去，权力和权威立刻转移给继承谱系中的下一个人，这样可以将王位继承中的不确定性降到最低，否则将使国家遭受巨大的灾难。③

让·博丹是以公共利益为目标来考虑王位继承，而不是将其视为家族内部的事务。他将最高的政治权力寄予君主视为当时法国便利有效的统治方式，并表示出对君主制的偏爱。

让·博丹既强调在国王的若干项权力中某些权力的绝对性和不可分割性，同时他也承认另有一些权力超出了国王的特权范围，这些权力的行使不是国王个人意志的执行。

三、强调公民的私有财产权受国家保护

在国家起源问题上，让·博丹确认了国家在利益与强力方面的历史正当性，由此确定了主权的合法性。但是应该如何看待公民权呢？让·博丹认为，国家应保护公民权利。

让·博丹认为，法律的目的在于保护公民的生命财产安全，尤其是公民的私有财产。他在规定主权的内容时，特别指出主权者不能任意增加公民的税收，且其主权原则中并不包括对公民私有财产权的占有权。在他看

---

① （法）让·博丹著：《主权论》，李卫海、钱俊文译，北京：北京大学出版社 2008 年版，第 26—27 页。

② Jean Bodin. *On Sovereignty*. Four Chapters from the Six Books of the Commonwealth，剑桥政治思想史原著系列（影印本），北京：中国政法大学出版社 2003 年版，第 4—5 页。

③ Jean Bodin. On Sovereignty：Four Chapters from the Six Books of the Commonwealth，剑桥政治思想史原著系列（影印本），北京：中国政法大学出版社 2003 年版，第 44 页。

来，国家要维持其存在，就必须承认公民的私有财产权利。他说：

> 既然国王的权力不能超越体现着上帝意志的自然之法，他就
> 不能邪恶地毫无理由地拿走臣下的财产，那就是说，要通过购
> 买、交换、合法征用，或者在别无他法的情况下为了保存国家与
> 敌人媾和不得已而为之。①

让·博丹认为，是人民将主权让渡给了君主，他提出：

> "主权"是经过了初次让渡的，是人民将主权让渡给了君主，
> 人民正式宣布放弃并让渡给他的最高统治权，因此，转移给他的
> 是所有的权力和权威及最高统治权，正如一个人将先前自己所有
> 的物品，转给了另一个人后，变成了后者的私有物品一样。②

在让·博丹看来，国家要维持其存在就必须承认人的私有财产权利。
主权者不能侵犯个人的私有财产，不经人民的同意不能随意征税且更不能
随意增加税收，也就是说，主权者应遵守与人民订立的契约。契约则是国
王和臣民共同参与制定的，它同等地约束着双方，没有对方的同意，双方
都不能蔑视对方而违反它。他强调：

> （君主）仅仅是主权的执行者和代理人，直到人民满意或解
> 除对其的授权为止。③

让·博丹认为，如果君主不遵守神命法和自然法，任意侵害人民的自
由和财产，甚至残害人民的生命，则该君主就是暴君，人民有权推翻暴
君，甚至可以杀死暴君。

为此，让·博丹也提及了限权问题。例如，在具体讨论国王的立法权
时，他为权力的行使设立了屏障。他认为，对于那些涉及整个王国和王国
的基本形式的法律，因为它们与王位紧密相联，所以国王不能贬损它们。
对于那些不涉及王国基础的普遍性风俗或地方性习惯，通常也是只有召集
等级会议才能修改。

① Jean Bodin. *On Sovereignty*. Four Chapters from the Six Books of the Commonwealth，剑桥政治思想史原著系列（影印本），北京：中国政法大学出版社 2003 年版，第 44 页。

② Jean Bodin. *On Sovereignty*. Four Chapters from the Six Books of the Commonwealth，剑桥政治思想史原著系列（影印本），北京：中国政法大学出版社 2003 年版，第 6—7 页。

③ Jean Bodin. *On Sovereignty*. Four Chapters from the Six Books of the Commonwealth，剑桥政治思想史原著系列（影印本），北京：中国政法大学出版社 2003 年版，第 1—2 页。

让·博丹将君主政体划分为专制君主制、合法君主制或暴政君主制。在他看来，君主政体是最好的政体形式，是实现真正统一和不可分割的主权的唯一形式。他认为，合法君主制下，国王依据在战争中获得的征服权成为其臣下财产和人身的主人，他如同家长统治奴隶一样绝对地统治着他的臣下。这样公民服从国王的法律，而国王服从上帝之法，所有公民天赋的自由和财产权就得到了保障。

让·博丹把财产权与家庭紧密联系在一起，"主张建立一个以维护私有制为基础的社会"①。他认为，一个充分发展的国家应该尽力满足人民的所有需求，他主张维护私有财产权，肯定公民享有私有财产权，从这个意义上讲，他的政治理论包含了对公民权问题和国家权力合法性基础问题的探讨。

让·博丹"一方面坚持权力的合法性，并且巧妙地维持对权力的限制，使其避免具体应用于由统治者和被统治者共同组成的政治社会的有机体，另一方面确定他对主权的论述是必需和唯一可能的结论"②。他系统地阐释了国家的起源以及国家权力的合法性基础问题，在西方政治哲学史上第一次提出和使用主权概念来标示国家的性质，从而开创了影响深远的主权理论，为近现代西方国家主权学说的发展奠定了基础。

---

① 转引自（意）萨尔沃·马斯泰罗内著：《欧洲政治思想史》，黄华光译，北京：社会科学文献出版社 1998 年版，第 128 页。

② 参见 F. H. Hinsley. *Sovereignty*. Cambridge : Cambridge University Press, 1986, pp.124—125.

第六章
17 世纪的公民学说

　　当西方社会进入 17 世纪后，随着经济逐渐市场化、政治日趋民主化、社会走向理性化，契约关系被扩展到几乎所有的社会关系中，人与人之间的关系更为明显地呈现以契约为纽带的经济关系和社会关系，由此带来了近代社会契约论①的递进式发展。社会契约论在西方主权文明的建构中具有独特而重要的地位。同时，科学的发展不仅冲击了宗教神学的道德基础，而且使人们的思想观念和思维方式发生了巨大变化，理性主义在公民学说中得到了全面系统的发展。

　　17 世纪公民学说的发展深受契约论的影响，呈现出鲜明的过渡和转型特征。从 15 世纪后半叶开始，以法国、英国、西班牙为代表的欧洲各国呈现出中央集权的普遍趋势，王权理论②有了新的发展。由于权力不再以神意或靠强力夺权为基础，而是建立在世俗的人的基础上，因此，在中世纪向近代的过渡与转型时期，公民权利和国家主权的基本论证由神意论转向合意论，这一根本转向既为西方主权文明的建构提供了理论支撑，也

---

① 契约论最早由希腊哲学家伊壁鸠鲁（Epicurus，公元前 341—前 270 年）提出，在中世纪时期，形成"政约"和"社约"两大派别："政约"即以人民服从君主、君主保护人民为条件的统治者与被统治者之间的约定，"社约"即多人通过契约明确权利和义务而组成国家。

② 王权理论的发展开始于 11 世纪末期罗马法研究的复兴。当时，处于世俗王权与神权之争中的国王需要新的政治理论来为他们的独立和权力扩张进行论证，所以对古代罗马法中关于罗马皇帝权力的思想的挖掘得到王权的支持，由此促成了罗马法在公法领域的扩展。此外，13 世纪法国包菲地区的郡守博玛诺瓦（Phillipede Beaumanoir）还从封建关系的角度阐述了王权至上的思想，认为国王是整个王国的最高权力者，是为了整个王国共同利益而制定法律。

为文艺复兴和启蒙运动的公民学说发展奠定了基础。

契约论视野下的公民学说建构于自然状态、自然法、自然权利、社会契约、公民国家、市民社会、公共理性等基本概念之上。公民思想家以社会契约论的视角阐释国家与公民、主权与公民权、私人理性与公共理性、积极公民与消极公民、公民道德与公民教育等问题，由此实现了西方公民学发展的理论飞跃。就理论脉络来看，17 世纪的公民学说主要基于以下几个方面的理论支点：

一是个体主义的假设。即个人是一切社会价值的依据，是行为的唯一主体、出发点和归宿，各种集体和共同体的存在都是为了保障个人利益的实现，在个人与国家的关系中，个人权利先于国家权力，个人权利是国家权力的正当来源，国家是作为有利于个体的人际交往的一种契约而产生的，国家的成立不以否定个体存在的价值为前提，国家的合法性来自个人自愿的同意。

二是理性公民的假设。即人的理性是评判一切行为合理性的依据，没有理性或理性不健全的人是不正常的，理性的人也意味着一个不断地、千方百计地追求自身利益的人。

三是自然人的性恶论。没有人的自由，就没有社会契约，也就没有国家，由于每个人是自由的，这种自由即为"自然人"的自然权利，只要有可能，每个人都会不顾他人的利益而追求自己的利益，甚至不惜损害他人的利益。

四是消极政府的假设。社会中个体在追求自身幸福的时候不可避免会与他人相遇或排斥，这就需要制度体系、规范来约束。这种约束更多是在人与人的交往中产生，为保证个人交往的正当性，人们必须按自然的公正来缔结社会契约，因为"公正没有独立的存在，而是由互相约定而来，在任何地点，任何时间，只要有一个防范彼此伤害的相互约定，公正就成立了。"①

17 世纪公民学说的主要代表人物有格劳秀斯、斯宾诺莎、霍布斯、洛克等人。其中，格劳秀斯、斯宾诺莎代表第一阶段；霍布斯、洛克代表

---

① 参见北京大学哲学系外国哲学史教研室编译:《古希腊罗马哲学》，北京:商务印书馆 1982 年版，第 347 页。

第二阶段。第一阶段的社会契约论从理性和经验中而不是从神学中引申出国家和公民权利学说，旨在建立一种普遍理性的法则，以便使公民更"安全"地生活；第二阶段的社会契约论试图通过设置防止政府违反自然法的有效措施，反对政府独裁与专制，突出个人自由的价值，其重点转向了那些能够使法律制度起到保护个人权利作用的因素。这些公民思想家以契约论的视角阐述人的整体主义与个人主义，把国家和法律建立在个人利益和现实妥协的基础上，论证人类社会政治结构的合法性，强调公民自由平等的社会价值，主张社会优先、人民主权思想，从而丰富了近代西方公民学的理论内涵，也为后来的欧洲资产阶级革命提供了思想上的启蒙。

第一节　格劳秀斯的公民学说

格劳秀斯（Hugo Grotius，1583—1645年）是近代资产阶级自然法理论和社会契约论创始人。他出生于荷兰商业城市代尔夫特，12岁时考入莱登大学文学院。17岁时，被允准执行律师业务。在访问法国期间，受到亨利四世①的赏识，并获得法国奥尔良大学的法学博士学位。1613年，他被任命为鹿特丹市市长。1645年8月，格劳秀斯患上重病不幸去世。

格劳秀斯在政治学、法学和公民学研究方面颇有建树，出版了《论海上自由》（1609年）、《基督教的实质》（1622年）和《战争与和平法》（1625年）等著作。其中《战争与和平法》是其公民学说的代表作，也是近代西方公民学说史上一部极为重要的著作。《战争与和平法》围绕对人类和平的执着追求、对人类的爱这一核心思想展开，并始终贯穿了国家主权、国际合作和人道主义3个原则，提出的公民思想蕴涵于有关战争是否合乎正义、人对于人有何权利、主权的意义何在、战时的权利和义务等的论述中。

---

① 亨利四世（Henri Ⅳ，1553—1610年），法国波旁王朝国王，1589年继位，1598年宣布天主教为法国国教，同时承认胡格诺教徒享有信教自由等权利，在欧洲开创了宗教宽容之先例。后为狂热之天主教徒所暗杀。

格劳秀斯的公民学说是在批判中世纪神学、继承古代自然法思想的基础上形成的。他的理性主义自然法思想、公民权利说、国家主权论、公民服从说等不仅为近代社会契约论公民学说奠定了思想基础，而且还为近代西方资产阶级革命提供了理论铺垫。

一、提出人的本质属性在于自然理性的公民学说

格劳秀斯以自然法为思想基础，给予公民理性主义、人道主义以新的解释。他认为，人是一种与其它动物有很大差别的高等动物，有自己的特性，他指出：

> 人的确是一种动物，然而是一种高级动物，比其它种动物彼此之间的差别有许多更大的差别；这种差别从人类的许多独特的行为的迹象显露出来。人类独特的象征之一是要求社会交往的愿望，有顺应理性和趋向和平的要求。[1]

格劳秀斯认为，人的本质属性是人的理性，而理性的根本就是人对社会生活的渴望，人的理性是与生俱来的，不需要证明而客观存在。人正是在理性的驱使下，互相达成协议，订立契约，成立了国家，依靠社会共同的力量，来实现自己的愿望和要求。

（一）认为公民的自然理性体现在对财产的保护上

格劳秀斯认为，自然法是建立在人的自然理性基础上的，"人类的理性"为"自然本性"在人身上的一种表现。他把自然法定义为：

> 自然性是建立在普遍的人类理性基础上的，它构成一切人类法律（国内法和国际法）的共同基础和根本来源。[2]

格劳秀斯认为，为了维持生存而拥有属于自己的私有财产是每个公民的自然权利。在他看来，自然法是真正理性的命令，是一切行为善恶的指示，而这种理性是人的理性而非上帝的理性。

格劳秀斯提出，保护私有财产是自然法的要求。自然资源是人类共有的财产，每个公民都拥有对原始公有财产的使用权。格劳秀斯在界定公民

---

[1] Hugo Grotius. *On the Law of War and Peace*. Oxford：Oxford University Press，1925，p.125.

[2] Hugo Grotius. *On the Law of War and Peace*. Oxford：Oxford University Press，1925，p.320.

财产权时认为：

> 上帝并没有把物品单独地赐予这个人或那个人，而是将所有的物品赋予所有的人。①

格劳秀斯认为，并不是所有的自然资源都被转变成为国家或个人所有物，相反，一些天然性的资源一直保持着为全体人类共同拥有的原始形态。格劳秀斯在《论海上自由》中认为，海洋、空气和阳光都属于不能被私有的天然资源，特别是浩瀚无垠的海洋由所有人共有，任何公民都有权利自由航行和捕鱼，任何国家都不能将海洋的全部或部分变为他们的私有财产，他强调，葡萄牙人、西班牙人甚至教皇都不能剥夺荷兰在海上自由航行、捕鱼和贸易的自然权利。

格劳秀斯提出了两个判断自然资源能否归国家或个人所有的标准：

> 一是不能被占有的自然物品不可能成为任何国家或个人的所有物；二是用之不竭的天然资源不能成为任何国家或个人所有物。②

格劳秀斯把人的自然权利作为立论的出发点。认为，如果人完全具有这种权利，就可以称之为"每一个人自己的所有权"，这种权利包括自由、财产和要求偿还所欠债务的权利。格劳秀斯提出：

> 没有人能将连自己都不拥有的权力授予他人。③

格劳秀斯把生命、躯体、自由看做不可侵犯的自然权利。他说：

> 因为我们的生命、躯体、自由仍然是我们自己的，而且除了干了显然不公正的事，也是不容侵犯的。④

格劳秀斯在强调人的自然理性和私有财产应受保护的基础上，主张用"正义战争"来规定和限制国家的战争权，旨在维护人的根本自然法权利并经严格限定的国际干涉制约国家的对内统治权。

（二）认为公民的理性驱使人不侵犯他人的自然权利

格劳秀斯认为，人是理性的、社会的动物，理性是每一个公民具有的天赋能力。受理性支配的公民不仅本能地维护自己的自然权利，也会意识

---

① Hugo Grotius. *On the Law of War and Peace*. Oxford：Oxford University Press，1925，p.21.

② Hugo Grotius. *On the Law of War and Peace*. Oxford：Oxford University Press，1925，p.23.

③ Hugo Grotius. *On the Law of War and Peace*. Oxford：Oxford University Press，1925，p.35.

④ 转引自徐大同主编：《西方政治思想史》，天津：天津教育出版社，2002年版，第125页。

到别人也拥有同样的自然权利，只有尊重别人的自然权利，自己的自然权利才不会受到侵害。

格劳秀斯认为，人的自然理性在对私有财产的保护上体现两条原则，即既各有其所有，又各偿其所负。主张公民必须遵守诺言，赔偿由于自己的过失而造成的损失，以及给应受惩罚的人以报应。他认为：

> 自然法至少包含如下几条原则：不侵犯他人财产，归还属于别人的东西，赔偿损失，履行诺言，遵守契约，承担义务，惩罚犯罪者等等。①

在格劳秀斯看来，尊重他人的自然权利体现着人类的理性。他认为，人的本性要求过一种和平的、有组织的、合乎道德的生活。公民不侵犯他人的权利，来源于人的理性和本性。他提出：

> 把从这一基本命题中演绎出来的一系列具有约束力的基本法则当做自然法的基本内容，如不将别人的东西据为己有、应遵守对他人的承诺、应补偿因自己的过失而对他人所造成的利益损害、侵犯他人的权利的人应受到惩罚等。②

格劳秀斯认为，人们对有秩序的和平生活的要求是一切法律的根源，也是自然法存在的依据。除了这种社会性外，人不同于一般动物还在于他的"识别力"，使他能对利弊作出判断，不为威胁利诱或感情冲动所左右，凡显然违反这种判断的也就违反自然法，即人的本性。

格劳秀斯认为，由于人是有理性的，因此上帝与人在自然法面前是平等的，上帝本身也不能颠倒是非，把本质是恶的说成是善的。他强调人的理性的作用。认为，人的本性是驯良的，有理性的要求，又向往和平的倾向，因而，符合人性逻辑的自然法是绝对的真理，神的意志需符合人的理性。人类可以自己找出道德上的行为规范，即使没有上帝，也能够依据自己的理性行事。他提出：

> 即使上帝也不能把邪恶变为正义。③

格劳秀斯把人作为自然法的主体，明确了自然法高于神法，并把上帝

---

① 转引自王哲著：《西方政治法律学说史》，北京：北京大学出版社 1988 年版，第 132 页。

② Hugo Grotius. *On the Law of War and Peace*. Oxford：Oxford University Press，1925，pp.12—13.

③ Hugo Grotius. *On the Law of War and Peace*. Oxford：Oxford University Press，1925，p.40.

放在理性之次，这就改变了中世纪神法高于自然法的观念，也为公民学研究注入了人本身的生命之源。

二、提出公民权利从属于国家主权的公民学说

格劳秀斯以自然法理论为基础，创建了一套系统阐述国家形成、国家职能、国家主权的理论体系。

他把人类社会分为自然的社会和人为的社会两个阶段，认为自然的社会只受纯粹的自然法支配，一切个人的权利都由各人自己执行；进入到人为的社会后，人民对于国家的政体有自由选择的权利，为保护自身的权利和公共的安宁，人们互相达成协议，订立契约，成立了国家，把自己的权利让给所公认的一个人或一个集团手中，既定之后，人民已经将他们"判断善良与邪恶"的自然权利转让给国家和社会，人民的职责也就终结了，应绝对从属于国家权力，无任何革命的权利。

（一）认为公民通过契约转让自然权利后应服从国家权力

格劳秀斯指出，人类渴望社会生活的本能以及对物质极其匮乏的自然状态的恐惧，使得从自然状态向国家的演变成为所有智力健全的人的必然选择。公民通过社会契约将自己的自然权利转让给社会和国家是实现这种转变的基本途径。他在《战争与和平法》中提出：

> 原始的人类不是由上帝的命令，只是他们从经验上知道孤立的家庭不能抵抗强暴，因而一致同意结合起来组成市民的社会，由此产生政府的权力。这就是承认契约为政治社会（国家）成立的渊源。①

格劳秀斯反对民权高于君权论和君民互相服从论。他认为君臣的分位，最初固然是由任意的契约成立的。但是一经成立之后，人民便发生永久服从君主的关系，因此，君主不必永久地服从人民的意志，君臣的关系当初虽然由于任意的契约，后来便成为强制的服从了。

格劳秀斯主张，人民全体得依他们自己的行为把权力让给一个人或一个集团所有。国家权力只能由君主来掌握，如果把它交给人民来掌握，就

---

① 转引自张宏生主编：《西方法律思想史》，北京：北京大学出版社1983年版，第147页。

会发生祸害，发生滥用权力的现象，以致破坏公共和平，破坏良好的社会秩序，使社会国家无法存在下去。他主张：

> 我们应当忍受（在社会生活中可能受到的不公正对待），而不能采取暴力反抗的行为。暴力反抗必定对社会的和平生活造成威胁，有可能导致国家陷入群龙无首的无政府状态。①

格劳秀斯认为，没有法律就不能够维持人的联合，公民的权利要受主权者的法令的支配。他提出：

> 所有国家或多数国家相互协议的结果可以产生某些法律。甚至于这类法律之产生不是为了单独每个人们共同的利益，而是为了一切这种共同体总体的利益。这也就是称之为万民法的法，我们将这个名称同自然法区别开。②

> 无论何时，只要（法）这个词，取其最宽泛之意义，作为设置义务，指明什么是正确的，这样一种道德行为的规则，便具有成文法规一样的效力。……而且，我们说"设置义务，指明什么是正确的"，不仅说什么是合法的，因为我们在此使用法这一术语，不仅只是与正义的问题相关，而且涉及其他品质。然而，符合这种法，就是正确的（right），在最广的意义上，就称为正当（just）。③

格劳秀斯认为，公民对社会契约的默许就意味着人民已经承诺服从统治者所颁布的法律，而且这是一种绝对的、不可废除的契约责任。他主张，公民的唯一职责就是信守自己的诺言，无条件地服从国家主权。

（二）认为国家主权是至高无上的而且各国权力独立平等

格劳秀斯在《战争与和平法》中认为，主权是国家最高统治权，这种权力是至高无上的，有这种权力的人，其权力不受他人权力的限制，其意志不能被他人的意志所取消。他提出：

> 所谓主权，就是说它的行为不受另外一个权力的限制，所以它的行为不是其他任何人类意志可以任意视为无效的。④

---

① Hugo Grotius. *On the Law of War and Peace*. Oxford：Oxford University Press，1925，p.91.

② Hugo Grotius. *On the Law of War and Peace*. Oxford：Oxford University Press，1925，p.17.

③ Hugo Grotius. *On the Law of War and Peace*. Oxford：Oxford University Press，1925，p.153.

④ 转引自叶立煊主编：《西方政治思想史》，福建：福建人民出版社1992年版，第173页。

格劳秀斯认为，主权包括颁布法律、司法，任命公职人员，征收捐税，决定战争与和平问题，缔结国际条约等权力。在格劳秀斯看来，国家的主权是独立的、平等的，他国不得任意干涉。一国处理内部事务时不受他国控制，这就是主权的表现，是国家存在的原则。

格劳秀斯不仅从主权对内最高这个方面来考察主权的性质，而且还考察了主权对外独立这个方面。格劳秀斯明确提出：

> 国际活动的主体就是主权国家。①

格劳秀斯既注重国家利益，又强调国际社会乃至人类共同体的共同利益。他认为，国际社会不仅是国家间的社会，而且是所有人类的大社会。一个国家在对外行使主权的时候并不是完全绝对不受限制的，为了各国的共同利益，国家追求自身私利的行为应受到自然法和国际法的限制，不道德的行为应该不被承认，即使是为了本国的国家利益。

格劳秀斯主张各国天然平等的权利，呼吁国际秩序和平，尽力减少战争。他认为国家和人一样，都希望有一个和平的社会秩序。他认为，主权国家同样应该把自己置于国际司法之下，以便维护一国和另一国公民的利益。格劳秀斯在《战争与和平法》中提出一系列人道主义原则，如守约、不违誓，保护妇女、儿童、学者和商人，保护反战者和无辜生灵，等等。

格劳秀斯认为，战争的正义性要求手段与目的的一致，即要遵循公平和人道主义，战争的目的是缔结和约并维护国际和平。他以"尊重和保护他人的权利"这一自然法的基本原则为理论依据，对战争的原因、战争的目的及战争中的合法与非法行为、战争行为的节制、战争中的中立等问题进行了论述。他认为，战争是保障个人自然权利和国家自然权利的最后手段，"正义的战争是绝对必要的"②。正如《战争与和平法》的序言中所说：

> 《战争与和平法》是为了正义与和平的利益而写的，它是这
> 种利益的成熟的产物。③

格劳秀斯认为，披着宗教外衣下的不正义战争是违反自然法和人的理性的，他在《战争与和平法》的序言中写道：

---

① 转引自徐大同主编：《西方政治思想史》，天津：天津教育出版社2002年版，第127页。

② Hugo Grotius. *On the Law of War and Peace*. Oxford：Oxford University Press，1925，p.33.

③ Hugo Grotius. *On the Law of War and Peace*. Oxford：Oxford University Press，1925，p.28.

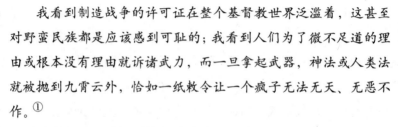

我看到制造战争的许可证在整个基督教世界泛滥着，这甚至对野蛮民族都是应该感到可耻的；我看到人们为了微不足道的理由或根本没有理由就诉诸武力，而一旦拿起武器，神法或人类法就被抛到九霄云外，恰如一纸敕令让一个疯子无法无天、无恶不作。①

面对欧洲各国日益加剧的各种政治、经济、军事及宗教冲突等现实问题，格劳秀斯呼吁建立强大的国家政权，对内通过实施集权式统治，消除威胁国家统一的各种纠纷，对外积极开拓殖民地，实现国家的富强。

格劳秀斯设想的国际社会是一个拥有共同法律和价值观，建立在平等的国与国之间关系、甚至平等的非国家实体和公民个人关系基础之上的社会。"虽然他强调国际社会的直接成员是国家而不是公民个人，国家是人类大社会中的权利和义务的主要承担者，但同时也承认公民个人是国际法的主体和国际社会的合法成员，认为公民个人与国家一样在国际法中享有权利和义务，都有拒绝参加不正义战争的权利。"②在他的理论体系中，国际社会的最终成员不是国家而是公民个人，尽管国家和主权者构成一个国际社会的观念在他的思想中的确存在，但其地位要次于普遍的人类共同体，国际社会的合法性来自普遍的人类共同体。

格劳秀斯把公民学的一些概念如公民权利、国家主权、公民理性、和平正义、公民与法等纳入其理论体系中，阐释了公民自然权利与国家主权之间的关系，提出人道主义、减少战争、追求和平的思想，对于17、18世纪乃至以后的西方公民学说的发展产生了较大影响。

第二节　霍布斯的公民学说

托马斯·霍布斯（Thomas Hobbes，1588—1679年）出生于英国南部

---

① Hugo Grotius. *On the Law of War and Peace*. Oxford：Oxford University Press, 1925, p. 29.

② 参见章前明：《试论格劳秀斯主义与英国学派的关系》，载《史学月刊》2008年第7期，第89页。

的维斯堡镇。1603 年，不到 15 岁的霍布斯就以优异的成绩进入牛津大学麦克多伦学院，并获得文学学士。1608 年，霍布斯大学毕业后，留校讲授了 1 年逻辑学。随后，他受聘为卡文迪什（William Cavendish）伯爵的儿子当家庭教师。从此，霍布斯便和这个贵族家庭建立了终生的联系。他有了更多的空闲时间来研究学问，有了出入第一流图书馆的权利，并有了接近社会名流和学者的便利条件。

1631 年，霍布斯写出了第一本哲学著作《论第一原理》。这本书标志着他从此走上了公民思想家的道路。霍布斯在这本小册子里，根据运动原理，概略地叙述了他对感觉所作的新解释。他的论证方法完全是几何学式的，但在解释知觉和行为过程时，还带有经院哲学的痕迹。

1634—1637 年间，霍布斯踌躇满志，计划构筑一部完整的公民学说体系，将包括三部分：一是论物体，根据机械运动法则解释各种自然物体和现象；二是论人，从自然物体的运动原则出发，推演出对人的精神现象的解释以及人性的基本原则；三是论国家，从前两部分得出的结论出发，进一步推演出人们的社会组织的产生和存在的原则。

1642 年，霍布斯把《法律要旨》一书的后一部分"论公民"作了扩充，并增加了"论宗教"的章节，更详尽地论述了教会和国家之间的关系。他用拉丁文写成的《论公民》一书出版后大受欢迎，就连法国著名的哲学家、科学家和数学家勒内·笛卡尔（Rene Descartes，1596—1650 年）也为之赞赏不已，这本书把霍布斯的公民学说勾画出了轮廓清晰的大纲，他以后发表的论著都是对该书内容的详细展开。

1651 年，霍布斯用英文写成的名著《利维坦》在伦敦出版，霍布斯作为政治思想家的名望主要来自于这部杰作。霍布斯在《利维坦》中对圣经进行了讨论，并激烈地抨击了教会对于王权的挑战。霍布斯在主张王权至上观的同时，也强调，如果君主已无法再履行保护臣民安全的职责时，臣民就可以解除对君主的任何义务，并转向服从于一个新的君主。霍布斯的专著《论物体》（1655 年）和《论人》（1658 年）出版后，完成了他构思 30 余年的整个公民学说体系。

霍布斯是西方近代思想史上第一个全面深入透彻地思考社会人生的杰出哲学家、政治思想家、伦理学家和公民学家，被誉为"现代人之父"。正如现代美国政治哲学家列奥·施特劳斯（Leo Strauss，1899—1973 年）

在《政治哲学史》中所评论的："霍布斯政治哲学的目的有两点：(1) 第一次把道德及政治哲学置于科学的基础上；(2) 致力于公民之间的和平、和睦友爱的建立，并促使人类完成公民责任。"①

一、认为人的理性是公民社会与国家建立的根本前提

霍布斯把关于人的问题的探讨作为其公民学说的核心命题，他在《论公民》的开篇，就以《论不存在公民社会时人的状态》为题论述自然状态下人的种种特征，通过对自然状态中人性和人的处境的分析，霍布斯提出了公民社会建立的必然性与必要性，论证了从自然状态向公民社会过渡根源于人的理性，在此基础上探讨了国家的类型、国家的职能、公民的义务等概念内涵，从而为其公民学说的建构奠定了基础。

（一）认为人性具有"贪婪"和"理性"两面性特征

霍布斯用归谬法反驳了古希腊亚里士多德提出的公民"性善论"的观点。霍布斯认为，如果人们的天性是社会的动物，是爱他们的同伴，那么人们的爱就应该无所差别；然而，实际生活中，人对人的爱却是不同的，人们天性上并不是在寻求朋友，而是在从中追求荣誉或益处，正因如此，人人都愿意寻求能对自己带来利益的某类人相伴。基于此，霍布斯提出，人类之所以组成社会是为了能享有盛名和获得益处，而并不是像亚里士多德所说的人天生就是政治动物的假设。

霍布斯把人性理论归结为"两条绝对肯定的假设"，他说：

> 我得出了两条关于人性的绝对肯定的假设：一条是人类贪婪的假设，它使人人都极力要把公共财产据为己有；另一条是自然理性的假设，它使人人都把死于暴力这种自然状态下的至恶现象努力予以避免。从这些起点出发，我相信自己已在拙著中用最明白的说理证明了立约与守信的必要，从而也证明了美德与公民义务的基本原理。②

---

① （美）列奥·施特劳斯著：《政治哲学史》，李天然、黄炎平、丹妮，等译，石家庄：河北人民出版社1998年版，第126页。

② （英）霍布斯著：《论公民》，应星、冯克利译，贵阳：贵州人民出版社2003年版，第9页。

1. 认为自然状态下的公民没有是非善恶观

霍布斯在方法论上把人类社会发展的过程简化成了自然状态和公民社会两个阶段。他认为，自然状态是一种逻辑上可能曾经存在的社会形式。自然状态是人类的野蛮阶段，在这种状态里，人与人处于战争之中，由于没有国家、法律和道德，也就没有是非善恶的区分，暴力与欺诈是自然状态下公民的主要德性。

在霍布斯看来，人在自然状态下行使自由权的方式是随心所欲的，因为没有规则制约，人们可以为所欲为，人人都有危害他人的意愿，都力图摧毁或征服对方，否则就难以自保，这导致了人与人之间的相互恐惧。霍布斯在《论公民》中指出：

> 既然我们无法把善恶分而论之，那么即使坏人少于好人，善良体面的人还是免不了经常需要提防、猜疑、防范和胜过别人，用一切可能的手段保护自己。更不能说恶人天生邪恶，因为他们具有这种特点，虽然是来自天性，来自天生，来自他们生而为动物的事实，这使他们追求享乐，因恐惧或愤怒而尽可能逃避或排斥威胁他们的罪恶。①

霍布斯认为，由于人们互相疑惧，于是自保之道最合理的就是先发制人，也就是用武力来控制一切所能控制的人，直到没有其他力量足以危害自己为止。他在《利维坦》中说：

> 在人类的天性中我们发现：有三种造成争斗的主要原因存在。第一是竞争，第二是猜疑，第三是荣誉。
>
> 第一种原因使人为了求利、第二种原因使人为了求安全、第三种原因则使人为了求名誉而进行侵犯。在第一种情形下，人们使用暴力去奴役他人及其妻子儿女与牲畜。在第二种情形下则是为了保全这一切。在第三种情形下，则是由于一些鸡毛蒜皮的小事，如一言一笑、一点意见上的分歧，以及任何其他直接对他们本人的藐视。或是间接对他们的亲友、民族、职业或名誉的藐视。
>
> 根据这一切，我们就可以显然看出：在没有一个共同权力使

---

① （英）霍布斯著：《论公民》，应星、冯克利译，贵阳：贵州人民出版社2003年版，前言。

大家慑服的时候，人们便处在所谓的战争状态之下。这种战争是每一个人对每个人的战争。在人人相互为敌的战争时期……文艺、文学、社会等等都将不存在。最糟糕的是人们不断处于暴力死亡的恐惧和危险中，人的生活孤独、贫困、卑污、残忍而短寿。①

霍布斯强调，由于自然状态是非常可怕的，因此，任何有理性的人都不会愿意生活在这样一个社会之中。在人与人之间这种战争敌对的自然状态下，每一个人都期望胜过别人，从而相互侵犯。从长远来看，只有人们联盟起来结成国家，才有能力制服骄傲；只有结成国家才能驯服人的野心和虚荣自负。除此以外，国家再没有别的理由存在。

2. 认为人的自然欲望是动物性与理性的双重组合

霍布斯承认人的自然本性的存在。他在《论公民》中强调"理性和体力、经验、激情一样都是人类的自然天赋"②，认为人的理性、体力、经验、激情这4类自然天赋是按照由低到高的顺序排列的，把激情放到了比理性更重要的位置上。他说：

一个人对于时常想望的事物能不断取得成功，也就是不断处于繁荣昌盛状态时，就是人们所谓的福祉，我所说的是指今生之福。因为心灵永恒的宁静在今世是不存在的。原因是生活本身就是一种运动，不可能没有欲望，也不可能没有畏惧，正如同不可能没有感觉一样。③

霍布斯在《利维坦》的第一部分《论人类》中，通过对人的双重考察揭示了自然欲望公理。他认为，一方面，欲望的根源在于人的感观享受禀性，即人的动物性。由于人是一种动物，作为一个有感觉的存在者，人无时无刻不暴露在多种多样的感性知觉面前，而这些感性知觉自动地唤起欲望和厌恶，于是人的生活就像所有动物那样，无时无刻不在骚动。另一方面，人的欲望又受到理性的支配。人的欲望与动物的欲望的根本区别在于，人不仅受到瞬间感觉的支配，而且还受到对未来设想的支配，即人不

---

① （英）霍布斯著：《利维坦》，黎思复、黎廷弼译，北京：商务印书馆1985年版，第94—95页。
② （英）霍布斯著：《论公民》，应星、冯克利译，贵阳：贵州人民出版社2003年版，第3页。
③ （英）霍布斯著：《利维坦》，黎思复、黎廷弼译，北京：商务印书馆1985年版，第45页。

像动物那样，只顾眼前的饥饿，还要解决未来的衣食问题，这种设想能力要比其它动物强得多。霍布斯提出：

> 这种欲望只有人才有，所以人之有别于其它动物还不止是由于他有理性，而且还由于他有这种独特的激情。其它动物身上，对食物的欲望以及其他感觉的愉快占支配地位，使之不注意探知原因。这是一种心灵的欲念，由于对不断和不知疲倦地增加知识坚持不懈地感到快乐，所以便超过了短暂而强烈的肉体愉快。①

> 幸福就是欲望从一个目标到另一个目标不断地发展，达到前一个目标不过是为后一个目标铺平道路。所以如此的原因在于，人类欲望的目的不是在一项间享受一次就完了，而是要永远确保达到未来欲望的道路。因此，所有的人的自愿行为和倾向便不但是要求得满意的生活，而且要保证这种生活，所不同者只是方式有别而已。这种方式上的差异，一部分是由于不同的人激情各有不同，另一部分则是由于各人对于产生所想望的效果的原因具有不同的认识或看法。②

霍布斯认为，人类最突出的欲望是权力欲。人类本能地和无休止地渴望权力越来越大，权欲不是由无数孤立的感性知觉累积而成的，而是一泻而成。但是，由于人是理性的动物，对于权力的追逐可以分为理性的权力追逐和非理性的权力追逐。人对权力的理性的、可以允许的追求，本身是有限的，以它为指南的人将会安分守己，并会满足于一般的权势。只有不可以允许的，非理性而贪婪地追逐权力，才是无穷无尽。对权力的非理性追求，即人的自然欲望，其基础在于人在端详他自己的权力时，所体验到的欢愉满足，也就是虚荣自负。因此，人自然欲望的根源并不是感性知觉，而是虚荣和自负。他提出：

> 追求安逸与肉欲之乐的欲望使人服从一个共同的权力。因为有了这种欲望之后，人们就会放弃那种通过自身勤奋努力可望获得的保障。畏死惧伤也使人产生同样的倾向，其理由也相同。反

---

① （英）霍布斯著：《利维坦》，黎思复、黎廷弼译，北京：商务印书馆1985年版，第40—41页。

② （英）霍布斯著：《利维坦》，黎思复、黎廷弼译，北京：商务印书馆1985年版，第72页。

之，贫困、倔强的人则对他们的现状不满。热衷于兵权的人也是一样，他们都倾向于继续保持造成战争的原因。并为此而挑起事端，制造叛乱；因为战功之荣，除征战以外是无法获得的，而要挽回败局，除了卷土重来，也别无希望。①

在霍布斯看来，最大邪恶的死亡不是痛苦折磨中的死亡本身，而是被他人手中的暴力所造成的横死。当谈及作为最大邪恶的痛苦死亡时，霍布斯心目中只有被他人手中的暴力所造成的死亡。这种对凶暴横死的恐惧是先于理性的，就其作用而论，却是理性的。

霍布斯认为，不论是自然的法则，还是政治社会的法则，其出发点都是出于自我保全的需要。他指出：

> 自然律是理性所发现的诫条或一般法则。这种诫条或一般法则禁止人们去做损毁自己的生命或剥夺保全自己生命的手段的事情，并禁止人们不去做自己认为最有利于生命保全的事情。②

霍布斯认为，人的自然理性可以归结为自我保存原则。因为保存生命是满足任何欲望的绝对必要的条件，人的激情支配的欲望可能有时候会失去控制，需要理性对它进行制约，理性的第一要务就是保存自己的生命安全。人的自我保存理性首要表现在"逃避死亡"的危险。保存生命是首要的善，死亡乃是首要的恶，因为死亡不仅是对首要的善的否定，还是对所有的善的否定，包括对最大的善的否定，这一点却是凭借激情尤其是凭借惧怕死亡的激情就能确认。

（二）认为公民的理性是自然状态向公民社会过渡的基础

霍布斯认为，在自然状态下，人是自在自利的个体，但并不意味着人没有了理性，只不过在自然状态下人们不懂得克制。他认为，国家和法律起源于公民为了自我保存和避免可能造成的最严重危害的理性愿望，因为"天生爱好自由和统治他人的人类生活在国家之中，使自己受到束缚，他们的终极动机、目的或企图是预想要通过这样的方式保全自己并因此而得到更为满意的生活；也就是说，要使自己脱离战争的悲惨状况。"③

---

① （英）霍布斯著：《利维坦》，黎思复、黎廷弼译，北京：商务印书馆1985年版，第73页。
② （英）霍布斯著：《利维坦》，黎思复、黎廷弼译，北京：商务印书馆1985年版，第97页。
③ （英）霍布斯著：《利维坦》，黎思复、黎廷弼译，北京：商务印书馆1985年版，第128页。

1. 认为公民的理性是自然法和道德律建立的前提

霍布斯把传统的作为道德律的自然法作了理性的解释。霍布斯认为，以往人们把自然法等同于道德法，自然法是道德法的总结。他说：

> 所有的著作家都同意，自然法与道德法是一样的。①

之所以这样说，是因为"就自然法则交给人们和平所需的手段而言，它也教给人们善的生活方式或德性"②。但这种道德法实际上是一种理性法，是人们根据私人理性以利益需要为依据而作出的一种选择，在霍布斯看来，最大的利益需要就是自我保存，甚至自然法法则"仅仅是与我们自身的保存相关"③。所以，霍布斯认为：

> 我们称之为自然法的东西不过是这样一些理性可理解的结论，即什么是该做的，什么是不该做的。④

霍布斯用理性来重新思考自然法，使自然法实现道德律与理性的双重结合，进而使公民社会学说建立在理性的基础上。霍布斯提出：

> 因为各种自然法本身（诸如正义、公道、谦谨、慈爱，以及［总起来说］己所欲，施于人），如果没有某种权威使人们遵从，便跟那些驱使我们走向偏私、自傲、复仇等等的自然激情相互冲突。没有武力，信约便只是一纸空文，完全没有力量使人们得到安全保障。这样说来，虽然有自然法（每一个人都只在有遵守的意愿并在遵守后可保安全时才会遵守），要是没有建立一个权力或权力不足，以保障我们的安全的话，每一个人就会、而且也可以合法地依靠自己的力量和计策来戒备所有其他的人。在人们以小氏族方式生活的一切地方，互相抢劫都是一种正当职业，决没有当成是违反自然法的事情，以致抢的赃物愈多的人就愈光荣。在这种行径中，人们除开荣誉律以外就不遵守其他法律；这种律就是禁残忍，不夺人之生，不夺人农具。现在的城邦和王国不过是大型的氏族而已。当初小氏族所做的一切它们现在也如法炮制，在危机、畏惧入侵、恐怕有人可能帮助入侵者等等的借口

① （英）霍布斯著：《论公民》，应星、冯克利译，贵阳：贵州人民出版社2003年版，第38页。
② （英）霍布斯著：《论公民》，应星、冯克利译，贵阳：贵州人民出版社2003年版，第38页。
③ （英）霍布斯著：《论公民》，应星、冯克利译，贵阳：贵州人民出版社2003年版，第40页。
④ （英）霍布斯著：《论公民》，应星、冯克利译，贵阳：贵州人民出版社2003年版，第40页。

下，为了自己的安全而扩张领土，他们尽自己的可能，力图以公开的武力或秘密的阴谋征服或削弱邻邦；由于缺乏其他保障，这样做便是正义的，同时还因此而为后世所称道。

少数人联合也不能使人们得到这种安全保障。因为在少数人中，某一边人数稍微有所增加就可以使力量的优势大到足以决定胜负的程度，因而就会鼓励人们进行侵略。使人确信能充分保障安全的群体大小不决定于任何一定的人数，而只决定于与我们所恐惧的敌人的对比。只有当敌人超过我方的优势不是显著到足以决定战争的结局、并推动其冒险尝试时，才可以说是充分了。

群体纵使再大，如果大家的行动都根据各人的判断和各人的欲望来指导，那就不能期待这种群体能对外抵御共同的敌人和对内制止人们之间的侵害。因为关于力量怎样运用最好的意见发生分歧时，彼此就无法互相协助，反而会互相妨碍，并且会由于互相反对而使力量化为乌有。这样一来，他们就不但会易被同心协力的极少数人征服，而且在没有共同敌人的时候，也易于为了各人自己的利益而相互为战。因为我们如果可以假定大群体无需有共同的权力使大家畏服就能同意遵守信义和其他自然法，那么我们便大可以假定在全体人类中也能出现同样的情形；这时就根本既不会有、也无需有任何世俗政府或国家了，因为这时会无需服从就能取得和平。

人们希望安全保障能终生保持，对于这种保障说来，如果他们只在一次战役或一次战争等有限的时期内受某一种判断意见的指挥和统辖那是不够的。因为这时他们虽然能因为一致赴敌而取得胜利，但事后当他们没有共同敌人的时候，或是一部分人认为是敌人的人，另一部分人认为是朋友的时候，就必然又会由于利益的分歧而解体和重新陷入互相为战的状态。①

霍布斯所讲的自然法，不论它是一种道德律还是正确的理性，实际都是在公民社会里才能成立的说法，而在自然状态下是不可能成立的，或者

---

① （英）霍布斯著：《利维坦》，黎思复、黎廷弼译，北京：商务印书馆1985年版，第128—130页。

说是没有存在的意义的。他引用西塞罗的话"法在战争中是沉默的"[①]，明确指出，在人与人的战争状态下，规范人与人之间关系的民法和正确理性的自然法都是不存在的。在自然状态中，没有自然法，更没有民法。他把法律看成是国家的理性或命令，认为法律在其内容上，必须体现国家的理性，也就是公共的理性，在形式上是主权者的意志的体现或产物。霍布斯指出：

> 因为一个人也许会由于见到某人行奇迹、或持身特别圣洁、或其行动智慧福泽逾恒，因而相信他具有这种天启，这一切都是上帝特别眷顾的迹象，但却不是特殊天启的确证。奇迹是神异的事迹，但对某一个人说来是神异的事情，对另一人说来却不一定是神异的。圣洁可以伪装，而尘世肉眼能见的福泽则通常是上帝通过自然和普通原因所造成的业迹。所以任何人都无法通过自然理性万无一失地知道另一人具有上帝意旨的超自然天启。这不过是一种信念而已。每一个人根据所显示迹象的大小，其信念亦有坚定与脆弱之分。[②]

霍布斯认为，信仰和圣洁之品并非高不可攀，人们可以通过学习和教育等理性方式获得。而任何没有经过理性确认的东西便是不可靠的，其存在的可能性要受到质疑。他说：

> 信仰和圣洁之品的确不是很常见的，但却不是什么奇迹，而只是上帝认为适当时通过教育、训练、纠正和其他自然方式使它们在他的选民中发生作用后造成的。[③]

以霍布斯为代表的近代自然法与传统自然法观念具有明显的区别，正如美国政治哲学史家列奥·施特劳斯和约瑟夫·克罗波西所说："传统的自然法，首先和主要地是一种客观的'法则和尺度'，一种先于人类意志并独立于人类意志的、有约束力的秩序。而近代自然法，则首先是和主要是一系列'权力'，或倾向于是一系列的'权力'，一系列的主观诉求，它

---

① （英）霍布斯著：《论公民》，应星、冯克利译，贵阳：贵州人民出版社2003年版，第53页。

② （英）霍布斯著：《利维坦》，黎思复、黎廷弼译，北京：商务印书馆1985年版，第222—223页。

③ （英）霍布斯著：《利维坦》，黎思复、黎廷弼译，北京：商务印书馆1985年版，第253页。

们始于人类的意志。"①

2.认为公民的理性内在地分为私人理性与公共理性

霍布斯认为，在一个人的理性中，本来直接内含私人理性与公共理性。私人理性表现为私人利益，公共理性表现为公共利益。私人理性、公共理性是公民的内在理性的矛盾统一体。公民为满足自身生存发展的需要，必须按照自己私人理性的指示进行活动；然而，公民自身需求的满足，特别是安全和自我保存的需求的满足不可能离开社会的力量，这需要公民必须听从公共理性的召唤。

霍布斯认为，公民的私人理性以自我保全为最大目的。在自然状态里，私人之私首先表现在人们以自我保全为最大的目的，为了达到这一目的，人们彼此都力图摧毁或征服对方，每一个人都按照自己所愿意运用的方式运用自己的力量保全自己。霍布斯认为，私人之"私"，大体上包括以下几个方面的含义：

> 一是没有进入公共（政治）活动与交往的领域，而且在公共领域之外就完全可以确定其人格与身份认同；二是只追求私人生活的目标，而没有关于普遍的人际关系尤其是政治关系的正面的诉求，私人之间也没有先在的共同目的；三是不试图就政治问题进行公共推理，不打算为自己的行动提出可以为大家所共享的理由。②

因此，以自我保全为基础的私人活动都是为了满足自身而非社会生活的需要，如果没有共同的权威使人们遵从，则必然使人们走向偏私和自傲。

霍布斯认为，从人性论的意义上讲，人们满足自己生存发展的需要在人的行动中具有第一性，私人的本性当中并没有内在的政治之维；从历史的生活空间来看，由于社会资源的有限性与人的需求的无限性之间总是存在着矛盾，使私人之间总是处于竞争状态，因此在政治共同体诞生之前，私人生活在某种前政治的自然状态之中。从假想的社会空间来看，因为社

---

① （美）列奥·施特劳斯、约瑟夫·克罗波西著：《政治哲学史》，李天然译，石家庄：河北人民出版社 1993 年版，第 112 页。

② 参见谭安奎：《私人、公民、哲学家：政治哲学中的三种思维方式》，载《中山大学学报》（社会科学版），2007 年第 5 期，第 126 页。

会秩序的失序，人们对社会资源的争夺更是进一步的加剧，人们不是按照文明制度的安排而是依据丛林法则进行资源分配。故而在形成一个稳定的社会秩序之前，私人生活在一个非政治的自然状态中。

霍布斯认为，公民的公共理性以公共的善为根本目标。公共理性是人们对于公共社会生活的趋向，是现实的政治社会产生的基础。而国家或公民社会是公共政治生活的一种高级形式，反映整个社会公共理性要求。霍布斯认为：

> 除了个人的理性和国家的理性之外就不存在理性了。①

霍布斯认为，公共理性使公民趋于按约成立一个公民共同体来保障各自的安全。而共同体成立之后，就有国家来代表公共理性，公民只是按私人理性来行事，但不能违反根据公共理性和公共利益要求制定的法律，否则即是罪或错，这是自由的理性逻辑。而国家本身是私人理性与公共理性的统一体，首先应符合公共理性，强调社会秩序优先于公民权利。如果公民与主权者皆能按理性要求行事，那么这就实现了服从与主权、权利与秩序的有机结合。

3. 认为公民的理性促使让渡权利建立共同体

霍布斯认为，公民是理性的存在者，每个人出于天性的自然，一旦认识到战争的自然状态的可悲，便都想摆脱悲惨而可怕的自然状态，为了实现这一点，必须通过订立契约，放弃自己的某些权利，建立一个牢固的政治共同体。他提出：

> 当一群人确实达成协议，并且每一个人都与每一个其他人订立信约，不论大多数人把代表全体的人格的权利授予任何个人或一群人组成的集体（即使之成为其代表者）时，赞成和反对的人每一个人都将以同一方式对这人或这一集体为了在自己之间过和平生活并防御外人的目的所作为的一切行为和裁断授权，就像是自己的行为和裁断一样。这时国家就称为按约建立了。
>
> 由群聚的人同意授予主权的某一个或某些人的一切权利和职能都是由于像这样按约建立国家而得来的。②

① （英）霍布斯著：《论公民》，应星、冯克利译，贵阳：贵州人民出版社 2003 年版，第 155 页。
② （英）霍布斯著：《利维坦》，黎思复、黎廷弼译，北京：商务印书馆 1985 年版，第 133 页。

霍布斯认为，公民社会首先是代表公共意志和公共利益的。虽然人们的公共利益有使之形成一个共同体的需要，但共同体并不能自然而然诞生。因为私人利益与公共利益总是时有冲突，而且私人之间也经常发生利益的冲突，"人们因目标和政策上的差别或因为嫉妒和竞争而发生分歧时，他们就会拒绝相互为助或维护他们之间的和平。"①

霍布斯认为，只有在公民社会中，主权者才可能与其臣民订立限制他主权的契约。他提出：

> 如果要建立这样一种能抵御外来侵略和制止相互侵害的共同权力，以便保障大家能通过自己的辛苦和土地的丰产为生并生活得很满意，那就只有一条道路——把大家所有的权力和力量付托给某一个人或一个能通过多数的意见把大家的意志化为一个意志的多人组成的集体。这就等于是说，指定一个人或一个由多人组成的集体来代表他们的人格，每一个人都承认授权于如此承当本身人格的人在有关公共和平或安全方面所采取的任何行动、或命令他人做出的行为，在这种行为中，大家都把自己的意志服从于他的意志，把自己的判断服从于他的判断。这就不仅是同意或协调，而是全体真正统一于唯一人格之中；这一人格是大家人人相互订立信约而形成的，其方式就好像是人人都向每一个其他的人说：我承认这个人或这个集体，并放弃我管理自己的权利，把它授予这人或这个集体，但条件是你也把自己的权利拿出来授予他，并以同样的方式承认他的一切行为。这一点办到之后，像这样统一在一个人格之中的一群人就称为国家，在拉丁文中称为城邦。……因为根据国家中每一个人授权，他就能运用托付给他的权力和力量，通过其威慑组织大家的意志，对内谋求和平，对外互相帮助抗御外敌。国家的本质就存在于他身上。用一个定义来说，这就是一大群人相互订立信约、每人都对它的行为授权，以便使它能按其认为有利于大家的和平与共同防卫的方式运用全体的力量和手段的一个人格。
>
> 承当这一个人格的人就称为主权者，并被说成是具有主权，

① （英）霍布斯著：《论公民》，应星、冯克利译，贵阳：贵州人民出版社2003年版，第55页。

其余的每一个人都是他的臣民。

取得这种主权的方式有两种：一种方式是通过自然之力获得的，例如一个人使其子孙服从他的统治就是这样，因为他们要是拒绝的话，他就可以予以处死；这一方式下还有一种情形是通过战争使敌人服从他的意志，并以此为条件赦免他们的生命。另一种方式则是人们相互达成协议，自愿地服从一个人或一个集体，相信他可以保护自己来抵抗所有其他的人。后者可以称为政治的国家，或按约建立的国家；前者则称为以力取得的国家。①

在国家建立的逻辑上，霍布斯将公民置于一个臣属地位，但这个臣属地位是有条件的。正因为每个公民将自己的所有的力量和权利都转让给了代表主权的人或会议，"每个公民，每个处于臣属地位的法人，就被称作是哪个掌握着主权的人们的臣民。"②

霍布斯告诫人们，如果人们没有按照公共理性的要求行事，则必然导致国家的解体。他指出：

当国家不是由于外界的暴力、而是由于内部失调以致解体时，毛病不在于作为质料的人身上，而在于作为建造者与安排者的人身上。③

霍布斯认为，作为个体的人，为摆脱可怖的自然状态，自然要求建立一个公民社会来保障和平与安全，而且也肯定不希望国家的解体。而作为公民社会契约的参与者，在公民社会中如果没有很好地运用公共理性，甚至根本就缺乏公共理性，则必然造成整个公民社会处于无政府状态。

霍布斯认为，作为公民公共理性的结合体的国家，是一个政治共同体，也应该是一个道德共同体。人们出于公共利益的需要而联合为一个共同体，但这个共同体不能是若干单个意志的结合，而是需要有一个单一的意志来代表公共利益和公共意志，进而使所有人的意志都服从于这一个单一的意志。这个共同体就是国家或者公民社会，其代表者就是主权者。这样看来，国家"是这样一个人格，即它的意志通过若干人的协议被看成是他们大家

① （英）霍布斯著：《利维坦》，黎思复、黎廷弼译，北京：商务印书馆1985年版，第131—132页。

② （英）霍布斯著：《论公民》，应星、冯克利译，贵阳：贵州人民出版社2003年版，第59页。

③ （英）霍布斯著：《利维坦》，黎思复、黎廷弼译，北京：商务印书馆1985年版，第249页。

的意志，它可以为共同的和平和防卫而运用他们的力量和资源"①。

霍布斯认为，在这个共同体里，君主是这个结合体的人格化代表，既是政治的主权者，也是道德标准的判准。君主不但应该具备政治素养，还应该具有相应的道德素养。他在论惩罚时指出：

> 对于无辜臣民的一切惩罚，不论大小都违反自然法。因为惩罚只是为犯法行为而设的，所以对无辜臣民就不可能有惩罚。②

霍布斯强调，如果这样做了，就"违反了禁止忘恩负义的自然法"③。为了得到安全的保障，将权力赋予主权者。因此，臣民让君主获得权力在一定程度上是一种道德行为。所以，如果君主"惩罚无辜者便是以怨报德"④，而且也违反了遵守公道（即平衡法）原则的自然法。霍布斯主张君主在道德上做出表率，成为公共理性结合体合法的人格担当者。因为，无论国家是民主制、贵族制，抑或是君主制，它们得以存在和衡量它们好坏的标准，主要看谁更适合保存公民的和平及为他们获取好处。

霍布斯认为，公民为自身的自然需求，往往趋向于满足个人利益，而漠视甚至损害公共利益，也不可能自发地形成政治公共意识。一旦个人利益与公共利益之间产生了矛盾和冲突，就必然会造成外在的两种力量——公民与国家的关系紧张。基于此，霍布斯主张建立代表公共意志的国家和体现国家意志的主权者，以统治社会的成员形成一个共同体，化解个体与个体之间、个人利益与公共利益之间的矛盾，从而避免国家和公民社会重新回到战争的自然状态下。霍布斯强调，在公民社会形成以后，国家及主权者便成为公共理性的代表者⑤，公民应对国家权力和主权者绝对地服从。

---

① （英）霍布斯著：《论公民》，应星、冯克利译，贵阳：贵州人民出版社2003年版，第58页。
② （英）霍布斯著：《利维坦》，黎思复、黎廷弼译，北京：商务印书馆1985年版，第246页。
③ （英）霍布斯著：《利维坦》，黎思复、黎廷弼译，北京：商务印书馆1985年版，第246页。
④ （英）霍布斯著：《利维坦》，黎思复、黎廷弼译，北京：商务印书馆1985年版，第246页。
⑤ 需要指出的是，公共理性和国家理性在霍布斯那里还是有所差别的。他说，"除了个人的理性和国家的理性之外就不存在理性了"，国家理性是"国家行为的基本原则，国家活动的法则"。〔见（英）霍布斯著：《论公民》，应星、冯克利译，贵阳：贵州人民出版社2003年版，第155页。〕公共理性是人们内在的一种理性，虽然也要求人们服从，但内含着道德自觉的要求。当契约生效，人们建立国家之后，公共理性由国家来代表，就转化为国家理性。国家理性表现为一种外在的情感时，就成为国家意志。这种意志是一种权力意志，强调的是公民对这种意志的绝对服从。

二、认为公民的基本特征在于权利与义务的统一

霍布斯在论述公民身份的基本特征时，认为公民既有权利又有责任。只有在人们自愿放弃一部分权利，相互之间订立协议，共同把让渡出来的权利委托给一个主权者组织成一个公民社会才有可能。而当他们这样做时，自然人就变成了公民，并且组织起了国家；社会也变成了公民社会。

（一）认为保护公民权利与维护社会秩序是统一的

霍布斯在肯定希腊公民的至高美德的同时，明确提出了既保护公民的基本权利，又保证公民权利实现所依存的秩序这两个关键问题，从而实现了从古典公民思想向近代公民思想的历史转型，既为应对宗教神权的挑战提供了理论基础，也为近代公民学的建构奠定了思想根基。

1.主张公民的权利应受国家保护

霍布斯强调个人保存是最大的权利，而且建立了国家共同体之后也必然以保护公民安全为第一任务，这体现了权利被置于一个秩序前提的位置，即公民权利优先的原则。

霍布斯认为，人的自我保存和安全是最基本的自然权利：保有这一权利是最起码的自由。在公民社会状态下，权利的本质是自由，他说：

> 权利就是自由，也就是民约法留给我们的自由。①

霍布斯认为，自然法赋予人们充分的自由，这种自由就是实现人们自我保存的基本权利，以实现这种权利为目的的行为都是合法的、正义的、道德的。在自然状态下，人们的权利是"自然的权利"，而当人类进入公民社会状态以后，人们根据契约把权利进行了转让，把保护自己的权利交给主权者或主权会议。主权者制定的民约法则取消了自然法赋予人们的自由，使人们的自由仅仅存在于国家法律未予规定的地方。由此进一步推论，人们的权利也只是存在于法律未予规定和限制的地方。在公民社会里，人们的权利都根据契约转让给了主权者，公民应该享受主权者提供的安全保障。霍布斯提出：

> 不论任何人承当人民的人格、或是成为承当人民人格的会议

---

① （英）霍布斯著：《利维坦》，黎思复、黎廷弼译，北京：商务印书馆1985年版，第225页。

中的成员时，也具有其本身的自然人身份。他在政治身份方面虽然留意谋求公共福利，但他会同样或更多地留意谋求他自己以及他的家属和亲友的私人利益。在大多数情形下，当公私利益冲突的时候，他就会先顾个人的利益，因为人们的感情的力量一般说来比理智更为强大。从这一点就可以得出一个结论说：公私利益结合得最紧密的地方，公共利益所得到的推进也最大。在君主国家中，私人利益和公共利益是同一回事。君主的财富、权力和尊荣只可能来自人民的财富、权力和荣誉。因为臣民如果穷困，鄙贱或由于贫乏、四分五裂而积弱，以致不能作战御敌时，君主也就不可能富裕、光荣与安全。然而在民主政体或贵族政体中，公众的繁荣对于贪污腐化或具有野心者的私人信用说来，所能给予的东西往往不如奸诈的建议、欺骗的行为或内战所给予的那样多。[①]

霍布斯主张，要建立一个强大的专制权力来结束纷乱的局面，他强调专制集权，但其集权理论的前提是对于如何保证公民权利的思考。他认为，人的权利与自由是第一位的，只需按照私人理性的要求而活动。而公共理性也不过是私人理性的附属，是为了满足私人的权利需要不得已具有或生成的一种理性思维，可见，相对于公共理性来说，私人理性具有优先性。国家政治秩序是满足人的权利需求的工具，除此之外，国家不具有任何别的目的。

2. 认为社会秩序是公民权利的前提保障

霍布斯认为，公民社会里，秩序是第一位的，没有秩序，人的权利就失去了保障，甚至重回自然状态而失去权利存在的可能性，秩序是权利存在的前提条件。所以，人不仅应该具有内在的"政治之维"——公共理性，而且也应该使之具有相对于私人理性的优先性，公民为维护秩序应压制自己的权利。

霍布斯要建立的秩序是人为地创造，在人为秩序创造出来之前是不存在自然秩序的，人们生活在一个相互争斗的战争状态。霍布斯把秩序状态下的人先打回原形，打回到自然状态下的一个个独立的个体，在自然状态

①（英）霍布斯著：《利维坦》，黎思复、黎廷弼译，北京：商务印书馆1985年版，第144页。

下，由于人是自利和贪婪的，以满足个人自我保存为最大目的，对自己之外的人都有着深度的怀疑，而没有建立政治共同体的内在趋向。他对人的这种假设与亚里士多德的"人天生是政治动物"的假设是截然对立的。这样的话，公民社会既不是自在的，它的建立也不是人们自发的，而是有意为之。这个"意"即是为了避免战争状态，实现人的自我保存。霍布斯说：

当人类最后对于紊乱地互相冲突、自相残杀感到厌倦以后，便一心想要结合成为一座牢固而持久的大厦。

人要实现安全，要求的还不仅仅是人们在对和平和自卫来说必不可少的事情上的一致，而且还是在这些事情上意志的服从。[①]

自然状态以其势所必然的恐怖结果证明了自身的不可能，但同时又以这种不可能论证了它作为独立于并先于公民社会的前提是多么合理。正如霍布斯所说：

当全世界都人口过剩时，最后的办法就是战争，战争的结果，不是胜利便是死亡，可以对每一个人作出安排。[②]

霍布斯认为，由于秩序与权利是一对矛盾关系，在某种程度上，私人理性的存在与无克制是公共秩序的威胁。这就是现代性中关于秩序与权利所造成的人内在两种理性的紧张。因此，霍布斯所强调的秩序，从更深层的含义上来讲，是建立在国家保护公民权利的基础上，是公民对产生国家的契约制度的服从。

3. 认为公民的权利让渡源于安全需要

霍布斯指出，人们将一些权利转让给国家是如此不可或缺，"不进行这种转让就不会有国家的形成，人人对万物的权利就将继续存在，而这种权利即战争的权利。"[③] 因此，权利的转让是私人理性向公共理性转化的一个媒介，或者说是一个前提条件。

霍布斯强调公民对于主权者的服从责任并不是没有目的的。公民接受统治和强制是为了免遭伤害，获得生命、健康所需要的东西，霍布斯指

---

① （英）霍布斯著：《论公民》，应星、冯克利译，贵阳：贵州人民出版社2003年版，第61页。
② （英）霍布斯著：《利维坦》，黎思复、黎廷弼译，北京：商务印书馆1985年版，第270页。
③ （英）霍布斯著：《论公民》，应星、冯克利译，贵阳：贵州人民出版社2003年版，第12页。

出：

> 主权者不论是君主还是一个会议，其职责都取决于人们赋予
> 主权时所要达到的目的，那便是为人民求得安全。①

这儿所谓的安全还不单纯是指保全性命，而且也包括每个人通过合法的劳动、在不危害国家的条件下可以获得的生活上的一切其他的满足。如果公民"付出了接受统治的代价，却无法阻止自己遭到伤害，无法保持它由于战争、厄运甚至自己的懒散而可能失去的生命、食物及所有其他为生命和健康所需的东西。"② 那么公民就可去寻求自然的自由。霍布斯认为：

> 如果一个君主或主权议会授予全体或任何臣民一种自由，而
> 当这种授予成立，他就不能保卫臣民的安全时，那么这种授予就
> 无效，除非是他直接声明放弃主权或将主权让与他人。③

在霍布斯看来，我们不应该把安全仅仅理解成在任何条件下的求生，而应该把它理解成尽可能过一种幸福的生活。幸福生活包含 4 个方面的内容：第一，不受外敌侵扰；第二，内部和平的维持；第三，获得与公共安全尽可能一致的财富；第四，充分享受合法的自由。④ 人们在公民社会里所享有的权利是以自然权利为基础的，当主权者不能保障这种自然权利时，人们便可以放弃与主权者的契约。

霍布斯认为，不论是在自然形成的国家还是在按约建立的国家里，公民的"自我保存"权利都是建立国家的根本目的，具有优先性，而国家本身则没有自己的目的。霍布斯强调公民对国家的服从，其直接目的是保证"秩序"，但秩序的目的还是要回到公民权利的保护和保障上来。在"秩序"的目的面前，公民必须服从。所以在霍布斯看来，国家存在的前提下，公民服从主权者的权力，是主权者的臣民。在公民社会之外，公民虽然不再服从于哪个共同体，不再是臣民，但也因此坠入自然状态。可见，霍布斯的"消极公民"的权利离不开"积极公民"的责任，他既要保障公民的自然权利，又要保证社会的公共秩序。霍布斯在论述公民义务时指出：

---

① （英）霍布斯著：《利维坦》，黎思复、黎廷弼译，北京：商务印书馆 1985 年版，第 260 页。

② （英）霍布斯著：《论公民》，应星、冯克利译，贵阳：贵州人民出版社 2003 年版，第 98 页。

③ （英）霍布斯著：《利维坦》，黎思复、黎廷弼译，北京：商务印书馆 1985 年版，第 171 页。

④ 参见（英）霍布斯著：《论公民》，应星、冯克利译，贵阳：贵州人民出版社 2003 年版，第 133—134 页。

臣民对于主权者的义务应理解为只存在于主权者能用以保卫他们的权力持续存在的时期。因为在没有其他人能保卫自己时，人们的天赋自卫权力是不能根据信约放弃的。主权是国家的灵魂，灵魂一旦与身躯脱离后，肢体就不再从灵魂方面接受任何运动了。服从的目的是保护，这种保护，一个人不论在自己的武力或旁人的武力中找到时，他的本性就会使他服从并努力维持这种武力。①

霍布斯在主张公民服从国家主权者的同时，认为公民并非是绝对的毫无独立人格的人身依附，公民不单是在服从权力，还在运用权力。也就是说，公民不仅仅是主权者的臣民，而且更是有独立人格和权利的主体。"因为每一个臣民都是主权者每一行为的授权人，所以他除开自己是上帝的臣民、因而必须服从自然律以外，对其他任何事物都决不缺乏权利。"②

（二）认为"积极公民"的义务是服从和参与

霍布斯认为，公民最重要的是对主权者的服从，对主权者的服从是公民最基本的义务和责任。人们出于自我保存的需要，每个公民将他自己所有的力量和权利转让给了一个人或一个会议，这个人或会议就是国家的主权者，主权者因为这种转让而拥有了"绝对权力"。公民不仅要服从这种绝对权力，而且还应积极参与政治生活。

1. 强调公民的义务在于服从国家权力

霍布斯强调国家主权者至高无上的权力，主张公民应当服从国家主权者。其公民服从学说源于共和传统的"积极公民"理论。他的公民责任的内涵可简要概括为："我承认他的一切行为。"③ 霍布斯提出：

主权代表人不论在什么口实之下对臣民所做的事情没有一件可以确切地被称为不义或侵害的；因为每一个臣民都是主权者每一行为的授权人，所以他除开自己是上帝的臣民、因而必须服从自然律以外，对其他任何事物都决不缺乏权利。④

霍布斯认为，国家的建立如果没有公民对契约的服从，作为政治和道

---

① （英）霍布斯著：《利维坦》，黎思复、黎廷弼译，北京：商务印书馆1985年版，第172页。
② （英）霍布斯著：《利维坦》，黎思复、黎廷弼译，北京：商务印书馆1985年版，第165页。
③ （英）霍布斯著：《利维坦》，黎思复、黎廷弼译，北京：商务印书馆1985年版，第168页。
④ （英）霍布斯著：《利维坦》，黎思复、黎廷弼译，北京：商务印书馆1985年版，第165页。

德的基础是完全不可能的。由于他们订立了信约，承认自己的授权者所做的一切，这便意味着他们不再受任何与此相反的信约的约束了。他说：

> 已经按约建立一个国家的人，由于因此而受信约束缚必须承认某一个人的行为与裁断，按照法律说来，不得到这人的允许便不能在自己之间订立新信约，在任何事物方面服从任何另一个人。①

霍布斯主张，公民不得到君主的允许，便不能抛弃君主政体、返回乌合之众的混乱状态，也不能将他们自己的人格从承当者身上转移到另一个人或另一个集体身上。他提出：

> 显然，处于绝对自由状况下的人如果愿意的话，可以把他们的权力赋予一个人，使之代表他们之中的每一个人，同时也可以赋予任何多数人组成的集体。因之，当他们认为有利时，便可以对君主和对任何其他代表者同样绝对臣服。因此，在已经建立主权的地方，同一人民除开在某些特殊目的方面受到主权者限制的代表者以外便不可能有其他代表者。因为要是有的话，就是建立两个主权者，同时也使每一个人都由两个代理人代表自己的人格，在他们彼此对立时，就必然会分割主权（人们如果要过和平生活，主权便是不可分割的），因而便使大家陷入于战争状况之中，与一切按约建立主权的宗旨相违背。②

霍布斯认为，如果有人怀疑主权者权力的绝对性，甚至试图将这种权力废除或转手给其他人，那么国家必将陷入叛乱和内战，而这也将损害公民最基本的权利——自我保存。因此，"就掌握主权者而言的绝对权力，与就公民而言的绝对服从，都是统治国家的根本所在。"③ 而"如果没有服从的话，统治的权利就失去了意义，因此根本就不会形成国家。"④

霍布斯认为，在人们组成共同体之后，个人利益与公共利益时有冲突，而如果人们缺少伦理和政治的远见，总是把个人利益看得很大，缺少对公共利益的关注与维护，缺乏公共关注的道德情怀，这种冲突不能及时

---

① （英）霍布斯著：《利维坦》，黎思复、黎廷弼译，北京：商务印书馆1985年版，第133页。
② （英）霍布斯著：《利维坦》，黎思复、黎廷弼译，北京：商务印书馆1985年版，第143页。
③ （英）霍布斯著：《论公民》，应星、冯克利译，贵阳：贵州人民出版社2003年版，第66页。
④ （英）霍布斯著：《论公民》，应星、冯克利译，贵阳：贵州人民出版社2003年版，第66页。

化解，则必然导致战争状态。即使形成了国家，必将陷入混乱失序的状态。因此，服从主权者是公民的最基本责任。同时，霍布斯又对公民赋予了一种道德的要求，或者说，服从不仅具有政治上的秩序意义，更具有道德上的秩序意义。这种道德上的服从是现代国家制度发挥效力的重要源泉。霍布斯的积极公民就是：

> 当公民直接面对政府权力运作时，它是民众对于这一权力公共性质的认可以及监督；当民众侧身面对公共领域时，它是对公共利益的自觉维护与积极参与。①

霍布斯要求公民对产生主权者的契约制度给予无条件的敬畏和遵从，认为这是社会制度得以存在并发挥作用的根本条件。他强调，公民服从并非是对主权者无条件的服从，而是对自身权利保障力量的服从，同时也是对产生这种力量的保障制度的服从。在霍布斯看来，国家既是一种力量，也是一种制度，遵从国家才能保障公民的个人权利和维护正义，这也正是其"积极公民"的价值所在。

2. 主张公民通过运用权利来参与政治生活

霍布斯主张公民通过运用公民权利来参与国家政治生活。他认为，公民最基本的参与形式是对主权者权力合法性的认可。主权者权力不是来自于神授，也不是来自自封，而是"通过协议的力量取得的，这些协议是各个臣民或公民相互认可的"②。正因如此，公民的服从和尊重是主权者权力获得的来源，而公民的服从和尊重主权者的权利来自于对个人利益获取的考量。

霍布斯认为，国家统治的合法性来源于公民的服从，而公民也正是通过对国家形成的合法性的影响参与了公共权力。公民并不是完全被动地接受统治，而是自己塑造了一个行使公共权力的主权者。

当权利转让完成之后，为了使主权者有绝对权威运用国家的资源与力量来保护公民权利的实现，才需要赋予主权者的权力以绝对性和至高性。霍布斯主张：

> 如果国家的防卫要求每一个能拿起武器的人都立即出战，那

---

① 转引自朱学勤著：《书斋里的革命》，昆明：云南人民出版社 2006 年版，第 328 页。
② （英）霍布斯著：《论公民》，应星、冯克利译，贵阳：贵州人民出版社 2003 年版，第 71 页。

么每一个人便都负有义务，否则他们把国家建立起来，又没有决心或勇气加以保护就是徒然的了。①

霍布斯认为，公民对于主权者并非是一种人格依附，而是出于利益的考虑进行的权利转让。因此，公民并非失去了权利，而是将其转让给他认为可以更好地实现其权利的一个人即主权者，也就是说，公民的权利仍然存在着。

霍布斯的"积极公民"并非仅仅意味着服从主权者的责任，还包含着对所有立约公民的责任。他把统治的权力归结为通过公民的双重义务来获得，但这种义务既包括公民对统治者的义务，也包括公民对公民之间的义务。公民服从的不仅仅是代表公共理性的主权者，而且也服从自己内心的"公共理性"，这两种服从正是国家存在的基础。

3. 认为公民不受约束的自由是消极自由

霍布斯认为，自由一般是指自然的自由，是天然的内含于一切事物之中的"天赋自由"。在自然状态下的人们就享有这种自然自由，而正是这种自由使人们处于相互争夺的自然状态下。

霍布斯认为，在没有主权者、没有国家、没有国法的自然状态下，由于"每一个人都有充分而绝对的自由"②，而没有安全保障。因为在这样的地方，必然永久存在人人相互为战的战争状态。霍布斯从哲学的意义上把自由界定为"在从事自己具有意志、欲望或意向想要做的事情上不受阻碍"③。他指出：

> 自由就其本义来说，指的是没有阻碍的状况。④

根据这一定义，霍布斯把自由人界定为"在其力量和智慧所能办到的事物中，可以不受阻碍地做他所愿意做的事情的人"⑤。也就是说，对某种事物，人们有能力去做，可以不受阻碍地去做或者不去做，这谓之自由。如果人们没有能力去做，即使没有阻碍，也不能谓之自由。

霍布斯认为，当人类从自然状态进入到公民社会状态以后，这种"自

---

① （英）霍布斯著：《利维坦》，黎思复、黎廷弼译，北京：商务印书馆1985年版，第170页。
② （英）霍布斯著：《利维坦》，黎思复、黎廷弼译，北京：商务印书馆1985年版，第167页。
③ （英）霍布斯著：《利维坦》，黎思复、黎廷弼译，北京：商务印书馆1985年版，第163页。
④ （英）霍布斯著：《利维坦》，黎思复、黎廷弼译，北京：商务印书馆1985年版，第162页。
⑤ （英）霍布斯著：《利维坦》，黎思复、黎廷弼译，北京：商务印书馆1985年版，第163页。

然的自由"就转化成为"人工的自由。"这种人工的自由就不是人们不受阻碍地做有能力去做的事情，而是要受制于法律的约束。因为人们为了避免战争状态实现和平不得不生活在国家之中，而在国家中自由与服从、义务是统一的，自由必然要受国法和信约的约束。

霍布斯认为，人们建立主权的目的是"臣民本身之间的和平和对共同敌人的防御"[1]，那么就必须承认主权者所制定的法律。在这一前提下，"每一个臣民对于权力不能根据信约转让的一切事物都具有自由"[2]。这种自由是与主权者的强制相统一的，但这种强制不能看做是奴役。因为在一个国家中或在公民社会状态下，"奴役与人类的和平共存，因为没有哪个国家不存在统治的权力和强制的权力。"[3] 也就是说，一定程度的奴役是获得和平、避免战争状态的必然代价。

在霍布斯看来，公民在法律约束下所享有的自由谓之"臣民的自由"。因而，"臣民的自由只有在主权者未对其行为加以规定的事物中才存在"[4]。也就是说，臣民必须在遵守主权者法律前提下才是自由的，才可以去做主权者未限制的事情，自由存在于法律沉默的地方；否则，任何自由都不存在；或者，若存在必将导致战争状态。

霍布斯在论述其自由观的过程中，并没有否认公民享有自由的权利，相反，他强调公民的自然权利是极为重要的，把权利自由作为公民社会建立的基础。在公民社会里，每一个臣民对于权利不能根据信约转让的一切事物都具有自由，人们在进入公民社会之前的自然自由并未全部舍弃，在根据契约没有转让的地方仍然享有他的自由，这个自由就是保持其安全的基本权利，它作为一种自然的权利一直属于每个人自身，主权者必须予以承认和保护，否则公民就有权利不服从。也就是说，"自然的自由"留给了人们最后的权利，这个权利是不可剥夺的"天赋权利"，无论在何种体制下都是如此。

---

① （英）霍布斯著：《利维坦》，黎思复、黎廷弼译，北京：商务印书馆1985年版，第168页。
② （英）霍布斯著：《利维坦》，黎思复、黎廷弼译，北京：商务印书馆1985年版，第169页。
③ （英）霍布斯著：《论公民》，应星、冯克利译，贵阳：贵州人民出版社2003年版，第97页。
④ （英）霍布斯著：《利维坦》，黎思复、黎廷弼译，北京：商务印书馆1985年版，第165页。

三、认为公民正义的要义在于自我保全和信守诺言

霍布斯把正义作为公民与国家理性的张扬，从公民的理性和国家意志两个方面来阐释正义概念。他认为，公民是有理性的，按照自己的理性来行动，所以会做出正义的行动。在公民社会中，公民的行为既要合乎私人理性，更要合乎公共理性，这样的行为才是正义。愚昧之徒的内心并不存在正义，这显然是非政治状态下人们才有的行为。如果这种"愚昧之徒"缺乏对神的力量的畏惧，或者缺乏一个使人畏惧的公共力量，仅仅出于谋己私利的理性而行动，而没有任何的公共理性的因素，那么其行为就是不义的行为。

（一）认为公民正义的第一要义是自我保存

霍布斯的正义首先是"将每人自己所有的东西给与自己的恒定意志"①。也即是说，正义的第一要义是满足公民个人自我保全这一最基本的需要。围绕这一基本要义来考察人们的行为是否符合正义的要求。

霍布斯认为，人们任何理性行为都不应违反自我保全的安全目标，围绕这一点来设计人们的行为才是人们最重要的理性，以这一目标为基础的理性行为才是最明智的。如果人们单纯按照自己的私人理性行事，恣意而为，则必将使自己处于孤立无援的境地，使自己不被社会所认可和接纳，也必将使自己失去安全的保障，走向毁灭。那种完全按私人理性活动的行为就成了"大愚若智"了。如果人们不破坏信约而遵守信约的话，那么人们便可以"获得天国巩固而永恒至福"。显然遵守信约而不违背信约是符合人们自我保全的理性的，而且也是正义的。正是在这样的基础上，霍布斯说：

正义（即遵守信约）是一条理性的通则，这种通则禁止我们做出任何摧毁自己生命的事情。②

霍布斯认为，正义的前提是平等。"正义或许就是某种平等"③，这种

---

① （英）霍布斯著：《利维坦》，黎思复、黎廷弼译，北京：商务印书馆1985年版，第109页。

② （英）霍布斯著：《论公民》，应星、冯克利译，贵阳：贵州人民出版社2003年版，第112页。

③ （英）霍布斯著：《论公民》，应星、冯克利译，贵阳：贵州人民出版社2003年版，第29页。

平等就是在自我保全上，"谁也不应认为自己获取比他应允给别人的权利更大的权利，除非他是通过协议获得这种权利的。"①

霍布斯认为，衡量人们行为或品行正义与否就是看其行为是否这一理性。正义"用于人时，所表示的是他的品行是否合乎理性；而用于行为时，所表示的则是……某些具体行为是否符合理性"②。真正的正义不仅仅具有正义的行为，而且具有产生正义行为的一种罕见的高贵品质或狭义的勇敢精神，"在这种精神下，人们耻于让人看到自己为了生活的满足而进行欺诈或背信。"③显然，从理性的角度来理解，正义是具有完全的个人意义的。

（二）认为公民正义的美德是信守诺言

霍布斯认为，对于公民来说，正义的实现不是按照私人理性的指示去行动，而有赖于个人对信约的遵守。对信约的遵守不仅仅是一种行为，更是一种美德。霍布斯提出：

> 公民如果是自愿加入这一群人组成的群体，这一行为本身就充分说明了他的意愿，也就是以默认的方式约定要遵守大多数人所规定的事情。这样说来，如果他拒绝遵守或声言反对他们的任何规定，便是违反了自己的信约，因之也就是不义的行为。④

霍布斯提出，"没有国家存在的地方，就没有正义的事情存在。"⑤而在自然状态下，人们可以为了自我保存运用自己所有的力量，这就没有正义和不义的区分。所以，只要社会出现正义与不义的区分，则一定是有了强制性的共同权力的存在，这种共同权力就是国家的权力。可见，正义的实现离不开国家公共权力的保障。霍布斯提出：

> 国家一旦按约建立或以暴力取得后，如果由于畏惧死亡或暴力而作出的诺言中所许诺的事物违法，便根本不是信约，而且也

---

① （英）霍布斯著：《论公民》，应星、冯克利译，贵阳：贵州人民出版社2003年版，第30页。
② （英）霍布斯著：《利维坦》，黎思复、黎廷弼译，北京：商务印书馆1985年版，第113页。
③ （英）霍布斯著：《利维坦》，黎思复、黎廷弼译，北京：商务印书馆1985年版，第113页。
④ （英）霍布斯著：《利维坦》，黎思复、黎廷弼译，北京：商务印书馆1985年版，第135—136页。
⑤ （英）霍布斯著：《利维坦》，黎思复、黎廷弼译，北京：商务印书馆1985年版，第109页。

没有约束力。[①]

霍布斯认为，正义实质上是对于所有权的确认和分配。国家产生之后，规定了什么是你的，什么是我的，明确了所有权的归属，如果某人侵犯了别人的合法所有权，这人的行为就是不义的。他说：

> 如果没有公民不受国家要他们做什么或不做什么的任何协议的制约，那国家的形成就没有意义。[②]

霍布斯把公民行为的正义分为交换的正义和分配的正义。他认为，交换的正义是在平等的两个交换主体之间进行价值对等的交换，而"分配的正义则是公断人的正义，也就是确定'什么合乎正义'的行为"[③]。分配的正义的产生是有一个独立的主体（主权者）来主持分配活动，并按比例地平等地分配给各主体（公民）。他说：

> 交换的正义是立约者的正义，也就是在买卖、雇佣、借贷、交换、物物交易以及其他契约行为中履行契约。[④]

在霍布斯那里，正义的产生首先是经过公民之间对等的交换共享，进而由主权者进行利益的平等分配。主权者根据自己的意志把自然法所要求的利益分配的正义原则上升为一种制度的时候，就产生了法律。

霍布斯主张公民服从国家主权和法律，对契约的信守要有一种道德上的真诚，否则，公民则必将重新回到自然状态中，使得自我保存和安全成为一种奢望。他强调：

> 一个人不论在什么时候依法作出诺言后，破坏诺言就是不合法的。[⑤]

霍布斯主张，正义的实现，既要以国家的存在为前提，更离不开国家公共权力的保障。他之所以强调公民服从，是基于对当时混乱的社会秩序的关注与担忧。

---

① （英）霍布斯著：《利维坦》，黎思复、黎廷弼译，北京：商务印书馆1985年版，第153页。
② （英）霍布斯著：《论公民》，应星、冯克利译，贵阳：贵州人民出版社2003年版，第80页。
③ （英）霍布斯著：《利维坦》，黎思复、黎廷弼译，北京：商务印书馆1985年版，第114—115页。
④ （英）霍布斯著：《利维坦》，黎思复、黎廷弼译，北京：商务印书馆1985年版，第114页。
⑤ （英）霍布斯著：《利维坦》，黎思复、黎廷弼译，北京：商务印书馆1985年版，第153页。

霍布斯作为英国早期的启蒙思想家，是西方近代公民学说史上第一个全面深入诠释公民问题的哲学家、公民学家。"霍布斯摆脱了神学观点之后，开始用人的眼光来观察国家，并企图用自然科学的研究方法来研究社会事务，从理性和经验中提出了某些规律，建立了自己的思想体系。他的全部政治理论是从他的人性观和自然法学说两个出发点推导出来的。"[①] 他的关于权利与义务、积极公民与消极公民、公民正义论思想等对于启发公民理性提供了思想武器。

第三节　斯宾诺莎的公民学说

斯宾诺莎（Benedictus de Spinoza，1632—1677 年）生于荷兰阿姆斯特丹的一个犹太商人家庭。他自幼进入当地的犹太神学校，学习希伯莱文、犹太法典以及中世纪的犹太哲学等。由于成绩优异，深受老师器重，曾被视为犹太教的希望——"希伯莱之光"。13 岁时，斯宾诺莎履行犹太教"坚信礼"仪式，正式成为犹太教教徒。1656 年，斯宾诺莎因为坚持思想自由、怀疑灵魂不灭、否认天使存在，被犹太教会革除教门。

斯宾诺莎有关公民学说的代表性著作有《伦理学》《神学政治论》《政治论》《哲学原理》《神、人及其幸福简论》等。他在《神学政治论》中以独立的思想、严密的逻辑、精湛的语言证明《圣经》完全不是像教士们所说的那样由一个人写的，也不是一个时期的人写的，而是一部历史著作，出自 2 000 余年间的先后许多著者的手笔。他从自己的研究中得出无神论的结论，认为上帝的存在是值得怀疑的。更为可贵的是，他揭露了统治者制造迷信的目的就是欺骗人民，而迷信的根源则在于恐惧和无知。他主张国家统治者应该执掌世俗之权和宗教之权，表明了反对封建教会的鲜明立场。后来其《神学政治论》被新教教会宣布为禁书。

在《伦理学》中，斯宾诺莎系统论证了自己的哲学思想，他以客观存

---

① （英）霍布斯著:《利维坦》，黎思复、黎廷弼译，北京:商务印书馆 1985 年版，"出版说明"viii。

在的唯一实体，即自然为研究对象，主张自然和神是一个概念，现实世界的无限样式只是自然本身属性的表现。代表着他的唯物主义哲学达到了无神论的高度。

斯宾诺莎的公民学说包括公民理性说、自由论、权利观、政体论等。他主张人们应遵循理性，认识自然，取得心灵与自然相一致的知识，最终达到幸福的境界，这正是其公民学说的核心与主线。斯宾诺莎作为闻名于世的荷兰哲学家、伦理学家、公民思想家，是欧洲资产阶级革命时期杰出的唯物论和无神论者，为人类认识的发展和社会的进步作出了积极的贡献。

一、倡导理性主义的公民权利观

斯宾诺莎认为，人的理性赋予人追求自己幸福的自然权利，由于"人是自然的一部分"[1]，每个有理性的人在自然状态下要获得幸福，就必须懂得认识自己的存在，学会保存自己。而要保存自己，既要做到和谐相处而互不争斗，又要提高人类支配自然的能力。他认为，没有一个共同的法律体系，人就不能生活，主张制定法律维持秩序，以保护人的自然权利，达到人类最高的完满境界。"斯宾诺莎的理性主义思想，提出人的理性是认识的唯一手段、是判断真理与错误的唯一标准，在反对当时的宗教神学和经院哲学上，是有一定进步作用的。"[2]

（一）认为公民的理性指导人努力保持自身的存在

斯宾诺莎的理性主义公民思想既吸取了古希腊伊壁鸠鲁的快乐主义观点，又受到近代笛卡尔、霍布斯理性主义公民观的影响。他认为，人是自然的一部分，人的自然本质决定人的本性是自我保存。追求个人利益是人的最高自然权利，也是人性的普遍规律和道德的唯一基础。公民的善恶观以是否有利于人的自我保存为标准。

斯宾诺莎认为，在自然界，事物的本性就是自保，即"每一个自在的

---

① （荷兰）斯宾诺莎著：《神学政治论》，温锡增译，北京：商务印书馆1963年版，第52页。

② （荷兰）斯宾诺莎著：《伦理学》，贺麟译，北京：商务印书馆1997年版，"出版说明"第ii页。

事物莫不努力保持其存在。"① 没有东西具有自己毁灭自己或自己取消自己的存在之理，因此凡物只要它能够，并且只要它是自在的，便莫不努力保持其存在。斯宾诺莎提出：

> 这就是说，一物竭力保持自己的存在的力量或努力不是别的，而是那物自身的某种本质或现实的本质。②

斯宾诺莎认为，人作为自然的一部分，同样具有自保的本性，而且"从人的本质本身必然产生足以保持他自己的东西"③，人的理性心灵在努力保持自身存在的同时自己也意识着这种努力。他说：

> 既然构成心灵的本质的最初成分就是一个现实存在的身体的观念，所以我们心灵的首要的、基本的努力就是要肯定我们身体存在的，因此否定我们身体存在的观念是违反心灵的本质的。④

斯宾诺莎认为：

> 没有一个人可以有要求快乐、要求良好行为和良好生活的欲望，而不同时有要求生命、行为和生活，亦即要求真实存在的欲望。⑤

斯宾诺莎认为，凡一切基于理性的努力，除了企求理解之外，不企求别的；而且当心灵运用理性时，除了按照它的判断，认为能促进理解的东西是有利益的之外，不承认别的。他说：

> 绝对遵循德性而行，在我们看来，不是别的，即是在寻求自己的利益的基础上，以理性为指导，而行动、生活、保持自我的存在此三者意义相同。⑥

斯宾诺莎认为，在自然状态下，依据自然的最高权利，每人皆要生存。每人所作所为皆出于他本性的必然性，按照自己的意志寻求自己的利益。他在《神学政治论》中提出：

> 每个个体应竭力以保存其自身，不顾一切，只有自己，这是

① （荷兰）斯宾诺莎著：《伦理学》，贺麟译，北京：商务印书馆1997年版，第106页。
② （荷兰）斯宾诺莎著：《伦理学》，贺麟译，北京：商务印书馆1997年版，第106页。
③ （荷兰）斯宾诺莎著：《伦理学》，贺麟译，北京：商务印书馆1997年版，第107页。
④ （荷兰）斯宾诺莎著：《伦理学》，贺麟译，北京：商务印书馆1997年版，第107—108页。
⑤ （荷兰）斯宾诺莎著：《伦理学》，贺麟译，北京：商务印书馆1997年版，第186页。
⑥ （荷兰）斯宾诺莎著：《伦理学》，贺麟译，北京：商务印书馆1997年版，第187页。

自然的最高的律法与权利。所以每个个体都有这样的最高的律法与权利，那就是，按照其天然的条件来生存与活动。我们于此不承认人类与别的个别的天然之物有任何差异，也不承认有理智之人与无理智之人，以及愚人、疯人与正常之人有什么分别。无论一个个体随其天性之律做些什么，他有最高之权这样做，因为他是依天然的规定而为，没有法子不这样做。因为这个道理，说到人，就其生活在自然的统治下而论，凡还不知理智为何物，或尚未养成道德的习惯的人，只是依照他的欲望的规律而行，与完全依理智的律法以规范其生活的人有一样高的权利。①

斯宾诺莎认为，人在认识到个人利益的同时，理性使每个人都尽最大的努力保持他自己的存在。他说：

理性既然不要求任何违反自然的事物，所以理性所真正要求的，在于每个人都爱他自己，都寻求自己的利益——寻求对自己真正有利益的东西，并且人人都力求一切足以引导人达到较大圆满性的东西。并且一般来讲每个人都尽最大的努力保持他自己的存在。这些全是有必然性的真理，正如全体大于部分这一命题是必然性的真理一样。②

斯宾诺莎认为，人自我保存的意图与身心相联系时产生情感，这是外物作用的结果。痛苦、愉快和欲望是人的 3 种基本情感，这些情感本质上是道德的。但是，当情感与模糊观念联系在一起时便产生被动情感。人在这种被动情感支配下，就会被迫去做恶事。所以，只有理性控制情感，人才能成为情感的主人，实现道德幸福的生活。斯宾诺莎强调"因此在生活中对于我们最有利益之事，莫过于尽量使我们的知性或理性完善，而且人生的最高快乐和幸福即在于知性或理性之完善中。"③

（二）认为"人们唯有遵循理性的指导而生活，才可以做出符合每人本性的事情来"④

斯宾诺莎认为，在自然状态下，由于每一个人皆各自寻求自己的利

---

① （荷兰）斯宾诺莎著：《神学政治论》，温锡增译，北京：商务印书馆 1963 年版，第 212 页。
② （荷兰）斯宾诺莎著：《伦理学》，贺麟译，北京：商务印书馆 1997 年版，第 183 页。
③ （荷兰）斯宾诺莎著：《伦理学》，贺麟译，北京：商务印书馆 1997 年版，第 228 页。
④ （荷兰）斯宾诺莎著：《伦理学》，贺麟译，北京：商务印书馆 1997 年版，第 194 页。

益，只依照自己的意思，纯以自己的利益为前提，去判断什么是善、什么是恶，人们只受情欲的支配，他们的本性便会相异，并且他们便会互相反对。因此，人们唯有遵循理性的指导而生活才可说是主动的，只要是遵循理性所决定的人性发出的行为，就必然追求他所认为是善的，而避免他所认为是恶的。

在斯宾诺莎看来，一物愈符合我们的本性，则那物对我们愈为有益，换言之，对我们愈是善的，反之，一物对我们愈为有益，则那物与我们的本性便愈相符合。他说：

> 所以只有与我们的本性相符合之物，才是善的，而且一物愈符合我们的本性，便愈对我们有益；反之，愈对我们有益，便愈符合我们的本性。①

斯宾诺莎认为，根据善恶知识即根据理性命令来指导行为，是为了获得与自然和谐的至善，更好地求得个人利益。他提出：

> 道德的原始基础乃在于遵循理性的指导以保持自己的存在。因此，一个不知道自己存在的人，即使不知道一切道德的基础，亦即是不知道任何道德。②

斯宾诺莎提出德性命令的 3 条原则，他提出：

> 既然德性不是别的，只是依自己本性的法则而行的意思，既然每一个人唯有依照他自己的本性的法则而行，才能努力保持他的存在，因此可以推知：
>
> 第一，德性的基础即在于保持自我存在的努力，而一个人的幸福即在于他能够保持他自己的存在。
>
> 第二，追求德性即以德性是自身目的。除德性外，天地间没有更有价值、对我们更有益的东西，足以成为追求德性所欲达到的目的。
>
> 第三，凡自杀的人都是心灵薄弱的人，都是完全为违反他们的本性的外界原因所征服的人。③

---

① （荷兰）斯宾诺莎著：《伦理学》，贺麟译，北京：商务印书馆1997年版，第191页。
② （荷兰）斯宾诺莎著：《伦理学》，贺麟译，北京：商务印书馆1997年版，第105页。
③ （荷兰）斯宾诺莎著：《伦理学》，贺麟译，北京：商务印书馆1997年版，第191页。

基于此，斯宾诺莎在《伦理学》中提出：

> 一个人愈努力并且愈能够寻求他自己的利益或保持他自己的存在，则他便愈具有德性，反之，只要一个人忽略他自己的利益或忽略他自己存在的保持，则他便算是软弱无能。①

斯宾诺莎强调，人应遵循理性的指导而生活，才可以成为自由人，而享受幸福的生活。他说：

> 只要人遵循理性的指导而生活，则人于人便最为有益。因此我们遵循理性的指导，同时也必然努力使他人也遵循理性的指导。但每一个遵循理性的命令而生活的人所追求的善，或者每一个遵循德性的人所追求的善，既然是理解，所以每一个遵循德性的人所追求的善，他也愿为他人而去追求。②

斯宾诺莎指出，每个人依照他自己的本性而行动，愈能寻求他自己的利益，并保持他自己的存在，则他将愈具有德性。但是唯有当人们遵循理性的指导而生活时，他们的本性才最能符合。斯宾诺莎说：

> 由此可以推知，人们唯有遵循理性的指导而生活，才可以做出有益于人性并有益于别人的事情来，换言之才可以做出符合每人本性的事情来。所以唯有遵循理性的指导而生活，人们的本性才可必然地永远相符合。③

斯宾诺莎进一步论证说：

> 因为凡起于理性的欲望，决不能起于痛苦，而只能起于快乐的情绪，而快乐的情绪不是被动的情绪，换言之，决不会过度。所以此种欲望是起于对于善的知识，而不是起于对于恶的知识，因此遵循理性的指导，我们是直接地追求善，只是间接地避免恶。④

斯宾诺莎认为，为了保持自我存在，人们决不能对外界毫无所需，决不能与外界事物完全断绝往来而孤立生存，而追求公共利益就是服从人的理性，限制人自私利己的本性。斯宾诺莎力图用"理性命令"将个人利益、

---

① （荷兰）斯宾诺莎著：《伦理学》，贺麟译，北京：商务印书馆1997年版，第185页。
② （荷兰）斯宾诺莎著：《伦理学》，贺麟译，北京：商务印书馆1997年版，第196页。
③ （荷兰）斯宾诺莎著：《伦理学》，贺麟译，北京：商务印书馆1997年版，第194页。
④ （荷兰）斯宾诺莎著：《伦理学》，贺麟译，北京：商务印书馆1997年版，第220页。

他人利益、公共利益统一起来，这也正是 17 世纪理性主义公民学说的逻辑起点和共同特征。

（三）认为人遵循理性"就可以获得自然权利而不致丝毫损及别人"

斯宾诺莎认为，公民追求德性是以自我保存、追求个人利益为出发点的，而人类理性本身又可以解决由此带来的人际对立状态。个人利益虽说是人们行为的最终目的，但是要达到这一目的，就必须在理性的指导下恰当处理个人与他人的关系，既实现自己的利益，又不损害他人利益。他提出："假如人人皆能遵循理性的指导而生活，这样，每一个人就都可以获得他的自然权利而不致丝毫损及别人。"①

斯宾诺莎认为，人们所具有的自然权利是由欲望和力量所决定的。他认为人的精神力量分为意志力和仁爱力两种。他解释说：

> 所谓意志力是指每个人基于理性的命令努力以保持自己的存在的欲望而言。所谓仁爱力是指每个人基于理性的命令，努力以扶持他人，赢得他们对他的友谊的欲望而言。故凡一切行为，其目的只在为行为的当事者谋利益，便属于意志力；故凡一切行为，其目的在于为他人谋利益，便属于仁爱力。故节制、严整、行为机警等，乃属于意志力一类，反之，谦恭、慈惠等乃属于仁爱力一类。②

斯宾诺莎认为，并不是所有的人都是一生下来就依理智的规律而行动；相反，较之受理性的指导而言，人们更多地是受着盲目的欲望所驱使，尽其所能凭借欲望的冲动以生活与保存自己。他说：

> 个人（就受天性左右而言）凡认为于其自身有用的，无论其为理智所指引，或为情欲所驱迫，他有绝大之权尽其可能以求之，以为己用，或用武力，或用狡黠，或用吁求，或用其他方法。因此之故，凡阻碍达到其目的者，他都可以视之为他的敌人。③

斯宾诺莎指出，在自然状态下，人只依照自己的意思，纯以自己的利

---

① （荷兰）斯宾诺莎著：《伦理学》，贺麟译，北京：商务印书馆 1997 年版，第 199 页。

② （荷兰）斯宾诺莎著：《伦理学》，贺麟译，北京：商务印书馆 1997 年版，第 149 页。

③ （荷兰）斯宾诺莎著：《神学政治论》，温锡增译，北京：商务印书馆 1963 年版，第 213 页。

益为前提，除了服从自己外，不受任何法律的约束，不服从任何别人。因此在自然状态下，是没有"罪"的观念的。"个人只是在能够防止他人的压迫的时候，才是处于自己的权利或自由之下；而单靠自身又不足以保护自己不受所有其他人的压迫。"① 所以每个人的自由都得不到保障，无法实现。他说：

> 所以在自然状态下，给己之所有以予人，或夺人之所有以归己的意志，皆无法想象。换言之，在自然状态下，即无所谓公正或不公正。唯有在社会状态下，经过公共的承认，确定了何者属于这人，何者属于那人，才有所谓公正或不公正的观念。②

面对权利或自由的可能丧失，人们必然尽可能安善相处，使生活不再被个人的欲望和力量所决定，而是要取决于全体人们的力量和意志。为此，斯宾诺莎主张，人们必然走向联合，通过相互之间的互相扶助及人群联合的力量，获得各自所需以及避免随时随地威胁着人类生存的危难。他说：

> 人要保持他的存在，最有价值之事，莫过于力求所有的人都和谐一致，使所有人的心灵与身体都好像是一个人的心灵与身体一样，人人都团结一致，尽可能努力去保持他们的存在，人人都追求全体的公共福利。③

> 因此要使人人彼此和平相处且能互相扶助起见，则人人必须放弃他们的自然权利，保持彼此间的信心，确保彼此皆互不做损害他人之事。至于此事要如何才能办到，要如何才可使得那必然受情感的支配和性质变迁无常的人，能够彼此间确保信心，互相信赖。④

斯宾诺莎认为，人们为了共同利益达成某种社会契约，按照理性的要求组成一个相互信任、彼此间互不损害的社会。他说：

> 社会能将私人各自报复和判断善恶的自然权利，收归公有，由社会自身执行，这样社会就有权力可以规定共同生活的方式，

---

① （荷兰）斯宾诺莎著：《政治论》，冯炳昆译，北京：商务印书馆1999年版，第17页。
② （荷兰）斯宾诺莎著：《伦理学》，贺麟译，北京：商务印书馆1997年版，第200—201页。
③ （荷兰）斯宾诺莎著：《伦理学》，贺麟译，北京：商务印书馆1997年版，第184页。
④ （荷兰）斯宾诺莎著：《伦理学》，贺麟译，北京：商务印书馆1997年版，第199—200页。

并制定法律，以维持秩序，但法律的有效施行，不能依靠理性，而须凭借刑罚，因为理性不能克制情感。像这样的坚实的建筑在法律上和自我保存的力量上面的社会就叫做国家，而在这国家的法律下保护着的个人就叫做公民。①

他强调，只有在社会状态下，善与恶皆为公共的契约所决定，每一个人皆受法律的约束，必须服从政府。服从是一个公民的功绩，因为，只有公民服从国家的法令，才值得享受国家的权益。

（四）认为公民服从国家统治之权是为了维护全民利益

斯宾诺莎在其自然权利观的基础上，进一步指出，国家的基础就是个人的自然权利或曰天赋权利。因为如果人们要大致竭力享受天然属于个人的权利，人们就不得不同意尽可能安善相处，所以，每个个人应该将他的权利全部交付给国家，让国家享有统御一切事物的天然之权。

斯宾诺莎认为，人是社会的动物。国家的建立实现了人类共同的社会生活，是利多害少。他说：

> 通过人与人的相互扶助，他们更易于各获所需，而且唯有通过人群联合的力量才可易于避免随时随地威胁着人类生存的危难。②

斯宾诺莎在其著作《政治论》中，强调公民享有政治权利的重要性特征，他说：

> 凡是根据政治权利享有国家的一切好处的人们均称为公民；凡是有服从国家各项规章和法律的义务的人们均称为国民。③

斯宾诺莎认为，每一个公民把自己的自然权利全部交付给国家，国家就有了唯一绝对统治之权，公民必须遵从统治权的命令。他说：

> 一个社会就可以这样形成而不违犯天赋之权，契约能永远严格地遵守，就是说，若是每个人把他的权力全部交付给国家，国家就有统驭一切事物的天然之权；就是说，国家就有唯一绝对统治之权，每个人必须服从，否则就要受最严厉的处罚。这样的一

---

① （荷兰）斯宾诺莎著：《伦理学》，贺麟译，北京：商务印书馆1997年版，第200页。

② （荷兰）斯宾诺莎著：《伦理学》，贺麟译，北京：商务印书馆1997年版，第195页。

③ （荷兰）斯宾诺莎著：《政治论》，冯炳昆译，北京：商务印书馆1999年版，第24页。

个政体就是一个民主政体。民主政体的界说可以就是一个社会，这一社会行使其全部的权能。统治权不受任何法律的限制，但是每个人无论什么事都要服从它；当人们把全部自卫之权，也就是说，他们所有的权利，暗含着或明白地交付给统治权的时候，就会是这种情形。因为如果他们当初想保留任何权利，他们就不能不提防以护卫保存之；他们既没有这样办，并且如果真这样办就会分裂国家，结果是毁灭国家，他们把自己完全置之于统治权的掌中；所以，我们已经说过，他们既已遵循理智与需要的要求而行，他们就不得不遵从统治权的命令，不管统治权的命令是多么不合理，否则他们就是公众的仇敌，背理智而行。理智要人以保存国家为基本的义务。因为理智命令我们选择二害之最轻的。[1]

斯宾诺莎认为，一个国家最高的原则是全民利益，而非统治者的利益，对于最高统治权的服从不同于对统治者的服从，因为对最高统治权的服从能使人成为国家的公民，而对统治者的服从则可能使人变成没有自由的奴隶。他在《神学政治论》中说：

遵从命令而行动在某种意义之下确实丧失了自由，但是并不因此就使人变成一个奴隶。这全看行动的目的是什么。如果行动的目的是为国家的利益，不是为行动的本人的利益，则其本人是一个奴隶，于其自己没有好处。但在一个国家或一个王国之中，最高的原则是全民的利益，不是统治者的利益，则服从最高统治之权并不使人变为奴隶于其无益，而是使他成为一个公民。因此之故，最自由的国家是其法律建筑在理智之上，这样国中每一分子才能自由，如果他希求自由，就是说，完全听从理智的指导。[2]

在斯宾诺莎看来，对于统治权的服从实际上是对全民利益的遵守。因为公民服从统治权的命令，就是服从包括他自己在内的公众的利益。斯宾诺莎认为，人的理性指导人在追求幸福生活的过程中能够克制自己的情

---

① （荷兰）斯宾诺莎著：《神学政治论》，温锡增译，北京：商务印书馆1963年版，第217—218页。

② （荷兰）斯宾诺莎著：《神学政治论》，温锡增译，北京：商务印书馆1963年版，第218页。

欲。他说：

> 幸福不是德性的报酬，而是德性自身；并不是因为我们克制
> 情欲，我们才享有幸福，反之，乃是因为我们享有幸福，所以我
> 们能够克制情欲。①

斯宾诺莎也指出，公民是带着自然权利进入国家状态的，即使向国家或社会让渡出自己的全部自然权利，人们仍然保留着转让其自然权利的权利，国家权力的职能在于保护自然权利的实现。他说：

> 在民主政治中，没人把他的天赋之权绝对地转付于人，以致
> 对于事务他再不能表示意见。②

斯宾诺莎的公民思想已经具有了权利本位公民观的色彩。当然，他在上述论述中关于"公民"与"国民"的区分带来了一些矛盾和困惑：公民既然行使权利，是否要承担义务？个人能否兼具公民和国民的身份？这些疑问表明了处于过渡时期的公民概念的游移不定，同时也为近代公民思想的发展提供了有益的启示。

二、主张建立民主国家的公民政体观

斯宾诺莎在国家学说和方法论上深受同时代英国哲学家、政治思想家霍布斯的影响，他运用演绎推理的方法阐述了自然状态、社会契约论以及国家的产生，并对国家的政体形式等问题进行了分析。

斯宾诺莎把由众人的力量所确定的共同权利称为统治权，并以此权利的归属作为区别君主政体、贵族政体和民主政体等 3 种类型国家的标准。这一统治权完全被授予一些人，这些人根据共同一致的意见管理国家事务，如制订、解释和废除法律，保护城市，决定战争与和平，等等。他认为：

> 如果这些职能属于由众人全体组成的大会，那么这个国家就
> 叫做民主政体，如果属于仅仅由选定的某些人组成的会议，这个
> 国家就叫做贵族政体；最后，如果国家事务的管理以及随之而来

---

① （荷兰）斯宾诺莎著：《伦理学》，贺麟译，北京：商务印书馆 1997 年版，第 266 页。
② （荷兰）斯宾诺莎著：《神学政治论》，温锡增译，北京：商务印书馆 1963 年版，第 219 页。

的统治权被授予一个人，那么这个国家就是君主政体。①

（一）认为公民社会的贵族政体优越于君主政体

斯宾诺莎谈到君主政体时指出，如果把全部权力交给一个人掌握，可能有利于确保和平与和谐。而实际上，若将全部权力赋予一个人，所造成的却是奴役，而非和平，因为"和平不仅是免于战争，而且是精神上的和谐一致"②。

斯宾诺莎认为，由于权力只取决于力量，而一个人的力量毕竟不足以承担掌握国家的最高权力这样大的负荷，因此，君主必然会求助于他人，把自己的和全体公民的福利与安全委托于他们。如果君主处于童稚、病弱或衰老时，他就只是名义上的君主，而最高主权实际上被重臣或者亲信所掌握。至于有些耽于声色的君主往往一味迎合宠妃或嬖妾的私欲，那就更是如此。于是，他就得出结论：

> 愈是将国家的权利无保留地交付给一个君主，这个君主就愈不享有自己的权利，而其国民的情况就愈是不幸。③

按照斯宾诺莎的观点，最好的君主政体应是"由自由的人民建立的君主政体"④。在这里，"人民的福利就是最高的法则，亦即君主的最高权力。"⑤君主的职责在于经常了解国家的状况和事务，洞悉人民的共同福利，从事对其大数国民有利的一切工作。这种君主政体还成立了议事会，其任务是维护国家的根本法，并且对政务提出建议，使君主知道了为了公共利益应当采取什么决策。君主的权力是在议事会所呈交的诸项意见中选取1种，而不是违反整个议事会的意见，擅自作出决定或另作主张。显然，斯宾诺莎所讨论的君主政体是君主立宪制，君主的权力得以严格限制，君主只有在最充分考虑民众的福利时，他才能最充分地拥有自己的权力。

贵族政体指的就是不只由一个人，而是由从民众中选出的一批人掌握统治权的国家，这些被选出的人就是贵族。这些贵族不是世袭的，也不能凭借某种一般性法律转让给其他人，只有特别地被选出来的人才能进入贵

---

① （荷兰）斯宾诺莎著：《政治论》，冯炳昆译，北京：商务印书馆1999年版，第19页。
② （荷兰）斯宾诺莎著：《政治论》，冯炳昆译，北京：商务印书馆1999年版，第48页。
③ （荷兰）斯宾诺莎著：《政治论》，冯炳昆译，北京：商务印书馆1999年版，第49页。
④ （荷兰）斯宾诺莎著：《政治论》，冯炳昆译，北京：商务印书馆1999年版，第81页。
⑤ （荷兰）斯宾诺莎著：《政治论》，冯炳昆译，北京：商务印书馆1999年版，第67页。

族行列。另外，贵族的数目不得低于某一限度，因为"参与掌权的人愈多，各派的力量就愈弱"①，这就有利于保持贵族政体的稳定，"而这一限度必须按照国家的大小来决定"②。

斯宾诺莎把贵族政体与君主政体进行了对比，认为君主政体与贵族政体之间有很大的差异：第一，君主政体中，君主一个人的力量不足以承担整个国家的重任，不得不设置许多顾问官，而贵族政体中充分规模的议事会足以担当国家的重任，无须顾问官；第二，君主必然会死亡，但议事会却能够永续长存，统治权能够得以保障；第三，君主的统治权往往因其年少、患病、衰老或其他原因而名存实亡，而贵族政体却不受此影响；第四，君主个人的意愿是变化无常的，而有充分规模的议事会却无此缺陷。通过这一比较，他得出结论：贵族政体较君主政体更适合治理国家，从而更适合于维护和平与自由，换言之，贵族政体较之君主政体更具优越性。

（二）认为公民民主政体最具优越性

斯宾诺莎认为，如果每个人都把他的权利全部交付给国家，那么国家就有统驭一切事物的天然之权；也就是说，国家就有唯一绝对统治之权，每个人必须服从，否则就要受到最严厉的处罚。这样的政体，他称之为民主政体，并将其界说为一个社会，这一社会行使其全部的权能。③

斯宾诺莎认为，民主政体的国家是绝对统治的国家，它与贵族政体的主要区别在于：在贵族政体中，贵族的选拔，完全取决于最高议事会的意志和自由选择，任何人的投票权和就任国家官职的权利都不是世袭的，也不能凭借法律要求获得这些权利；相反，在民主政体的国家中，凡是父母享有公民权的人，或是出生于国内的人，或是对国家有贡献的人，或者是由于其他理由依法享有公民权的人，都有权要求在最高议事会上行使投票权，并出任国家官职。

> 除非他们是罪犯或声名狼藉者，否则不能拒绝他们行使权利。④

① （荷兰）斯宾诺莎著：《政治论》，冯炳昆译，北京：商务印书馆1999年版，第90页。
② （荷兰）斯宾诺莎著：《政治论》，冯炳昆译，北京：商务印书馆1999年版，第90页。
③ 参见（荷兰）斯宾诺莎著：《神学政治论》，温锡增译，北京：商务印书馆1963年版，第216—217页。
④ （荷兰）斯宾诺莎著：《政治论》，冯炳昆译，北京：商务印书馆1999年版，第144页。

民主政体的最高议事会可能比贵族政体的最高议事会更小，而且被任命负责治理国家的公民不是由最高议事会择优遴选出来的，而是依法委派任职的。从表面上看，民主政体似乎不如贵族政体。但是，根据实际情况或一般人性来考察，"如果贵族在遴选同事时能够捐弃一切私情，完全以热心公共利益为标准，那么，任何政体都比不上贵族政体。"[①]

然而，实际情况却恰好相反，贵族政体，尤其是在寡头统治的情况下，因为贵族没有竞争对手，他们的意志完全不受法律的束缚，选任官员也只是凭少数人的武断行事，所以，"那里的贵族故意将优秀者排除于议事会之外，只是将那俯首听命者遴选为同事。"[②]

这也就是说，实际生活中，民主政体较之贵族政体要优越得多。因此，他写道：

> 在所有政体之中，民主政治是最自然，与个人自由最相合的政体。在民主政治中，没人把他的天赋之权绝对地转付于人，以致对于事务他再不能表示意见。他只是把天赋之权交付给一个社会的大多数。他是那个社会的一分子。这样，所有的人仍然是平等的，与他们在自然状态之中无异。[③]

斯宾诺莎的上述思想对德国政治哲学和公民学说的发展影响巨大，以至于有的学者声称，"德国思辨哲学无非只是发展了的斯宾诺莎主义。"[④]斯宾诺莎的政体理论和自由理念在康德、黑格尔那里得到进一步的发展，从而演变出与英国式自由主义不同的自由观念。

三、系统阐释了公民的自由观

自由是贯穿人类历史的一条主线，可以说，西方公民学说史在某种意义上说就是追求自由的历史，是从不自由到较为自由，并向全面自由迈进的过程。在这一过程中，斯宾诺莎在总结前人自由观的基础上，对公民自由问题作出了较为全面系统地论述，在公民学说史上产生了重大影响。

---

① （荷兰）斯宾诺莎著：《政治论》，冯炳昆译，北京：商务印书馆1999年版，第145页。
② （荷兰）斯宾诺莎著：《政治论》，冯炳昆译，北京：商务印书馆1999年版，第145页。
③ （荷兰）斯宾诺莎著：《神学政治论》，温锡增译，北京：商务印书馆1963年版，第219页。
④ 参见洪汉鼎著：《斯宾诺莎哲学研究》，北京：人民出版社1997年版，第719—726页。

（一）认为公民的自由是自然本性的内在诉求

斯宾诺莎探讨自由的出发点就是他的实体、神或自然的概念，这三者在斯宾诺莎那里是同一的。实体即神，亦即自然。"实体"是斯宾诺莎哲学中的最高范畴，其他的一切学说都根源于实体。他认为，神或实体不能为任何别的东西所产生，它是自由的，即它的本质必然包含存在，其行为仅由它自身决定，或者说存在即属于它的本性。实体不但是必然存在的，而且也是唯一的，这唯一的实体就是神。

斯宾诺莎提出：

> 仅仅由自身本性的必然性而存在、其行为仅仅由它自身决定的东西叫做自由。反之，凡一物的存在及其行为均按一定的方式为他物所决定，便叫做必然或受制。①

斯宾诺莎把事物的存在分为两类：一类是在自身内，另一类是在他物内，一切事物不是在自身内，就必定是在他物内。在自身内通过自身而被认识的东西就是实体，在他物内通过他物而被认识的东西就是样式。实体与样式不是截然对立的，实体离不开样式，样式也离不开实体，两者是对立统一的。宇宙间除了实体和样式就没有其他东西存在，这就是说在神之外没有在自身内并通过自身而被认识的东西。样式是实体的分殊，即在他物内通过他物而被认知的东西，没有实体，样式既不能存在，也不能被认识。

斯宾诺莎认为，人在自然状态下，与天然之物没有任何差别，完全受欲望的支配，每个人天生都具有生存权这一最高的自然权利，当然可以按照自己的意愿寻求自己的利益。他说：

> 每个人应竭力以保存其自身，不顾一切，只有自己，这是自然的最高的法律与权利。②

> 如果人们清楚理解了自然的整个秩序，他们就会发现万物就像数学论证那样皆是必然的。③

斯宾诺莎既承认人有自由的意志，也强调人的意志自由并不是不受制

---

① （荷兰）斯宾诺莎著：《伦理学》，贺麟译，北京：商务印书馆1997年版，第4页。

② （荷兰）斯宾诺莎著：《神学政治论》，温锡增译，北京：商务印书馆1997年版，第212页。

③ （荷兰）斯宾诺莎著：《笛卡儿哲学原理》，王荫庭，洪汉鼎译，北京：商务印书馆1980年版，第170页。

约的为所欲为的自由。他提出：

> 我承认，我们在某些事情上是不受强迫，在这方面我们有自
> 由的意志。但是，如果他所谓被强迫的人是指这样一种人，这种
> 人虽然不违背自己的意志而行事，但却是必然的行事，那么我否
> 认我们在任何事情上都是自由的。①

斯宾诺莎以辩证的观点认为自由是一种必然。事物有两种必然，一种
是出于事物的本质或界说的必然，另一种是出于外因或致动因的必然。"一
物之所以称为必然的，不由于其本质使然，即由于其外因使然。因为凡物
之存在不出于其本质及界说，必出于一个一定的致动因。"②出自事物本质
的必然就是自由，出自于外因的必然就是必然或受制。正是在这个意义
上，斯宾诺莎给"自由"和"必然"作了如下界说：

> 凡是仅仅由自身本性的必然性而存在、其行为仅仅由它自身
> 决定的东西叫做自由。反之，凡一物的存在及其行为均按一定的
> 方式为他物所决定，便叫必然或受制。③

由此可知，他所说的自由本质上是一种必然，是"自身本性的必然"。
自由与必然并不对立。认为必然和自由相对立的观点，在斯宾诺莎看来是
荒谬的和违反理性的，事物"如果只按照自己的本性的必然性而存在和行
动就是自由的……所以，我并没有把自由放在自由的决定上，而是置于自
由的必然性上。"④

斯宾诺莎认为，自由是一种自由的必然，而必然只是"强制的必然"，
这一方面排除了人的意志具有不受任何制约的观点，另一方面，既然自由
是自由的必然，那么在一切都是必然的自然中，人依然可以享受自由。

斯宾诺莎指出：

> 自由是一种德性，或是一种完善性。因此，懦弱无能的任何
> 表现都不能算是人的自由。由此可见，一个人如果不能生存，或

---

① （荷兰）斯宾诺莎著：《斯宾诺莎书信集》，洪汉鼎译，北京：商务印书馆1993年版，
　　第233页。
② （荷兰）斯宾诺莎著：《伦理学》，贺麟译，北京：商务印书馆1997年版，第32页。
③ （荷兰）斯宾诺莎著：《伦理学》，贺麟译，北京：商务印书馆1997年版，第4页。
④ （荷兰）斯宾诺莎著：《斯宾诺莎书信集》，洪汉鼎译，北京：商务印书馆1993年版，
　　第231—232页。

者不能运用理性，那么我们根本不可能说他是自由的；只有在他能够生存、能够依照人的本性法则而行动的时候，才能说他是自由的。①

斯宾诺莎把自由权利看成人的生存的基础和理性的使然。所以当他把自由权利放入政治社会来考察的时候，就把它确定为一切国家活动的最高目的。为此，他提出：

> 政治的目的绝不是把人从有理性的动物变成畜牲或傀儡，而是使人有保障地发展他们各自身心，没有拘束地运用他们的理智；既不表示憎恨、忿怒或欺骗，也不用嫉妒、不公正的眼加以监视。实在说来，政治的真正目的是自由。②

在斯宾诺莎看来，人类之所以愿意通过契约建立起国家，就是为了保证自己能够按照理性和自由的原则生活。他认为，个人服从国家统治不是要使自己变成逆来顺受的奴隶，而是"成为一个公民"③。

为了确保人的自由权利在国家状态下不被剥夺，斯宾诺莎强调，人们根据契约转让权利，但不能完全转让。人的自由权利特别是思想、言论和判断的自由权利是天赋的、不可转让的自然权利。他强调"人的心是不可能完全由另一个人处治安排的，因为没有人愿意或被迫把他的天赋的自由思考判断之权转让与人的。"④

（二）认为公民的自由基于对事物的理性认知

斯宾诺莎认为，道德的原始基础就在于遵循理性的指导而保持自己的存在，人们要实现自由，成为自由人就必须以理性的指导而生活。理性就是正确的知识、真知识。

斯宾诺莎认为，知识是感性的知识，即意见或想象。它表现为两个方面：一是由传闻或者由某种任意提出的名称或符号得来的知识。如我们知道我们的生日、家世及别的一些我们所从来不曾怀疑的事实。二是由泛泛的经验得来的知识，亦即由未为理性所规定的经验得来的知识。如我们知道我们将来必然死亡，我们之所以肯定这一点，是因为我们看见与我们同

---

① （荷兰）斯宾诺莎著：《政治论》，冯炳昆译，北京：商务印书馆1999年版，第13页。
② （荷兰）斯宾诺莎著：《神学政治论》，温锡增译，北京：商务印书馆1997年版，第272页。
③ （荷兰）斯宾诺莎著：《神学政治论》，温锡增译，北京：商务印书馆1997年版，第218页。
④ （荷兰）斯宾诺莎著：《神学政治论》，温锡增译，北京：商务印书馆1997年版，第272页。

类的别的人死去，尽管不是所有的人都在同样的年龄死去或者同样的病症死去。差不多所有关于实际生活的知识都得自泛泛的经验。

斯宾诺莎认为，知识是理性的知识，是"从对于事物的特质具有共同概念和正确观念而得来的观念"①，即一件事物的本质由另一件事物推出。获得这种知识或者是由果以求因，或者是由于一种特质永远相伴随着的某种普遍现象推论出来。

斯宾诺莎认为，知识是直观知识，这种知识是纯从认识到一件事物的本质，或者纯从认识到它的最近因而得来的知识，即纯粹从事物的本质来认识事物。

斯宾诺莎认为，感性的知识、理性的知识和直观知识这3种知识对应人的3种生活状态，即自然状态、国家状态和自由状态。其中，直观知识是基于理性的知识的，是一种"就事物被包含在神内，从神圣的自然之必然性去加以认识"的知识，它之所以是真实的，是因为"我们在永恒的形式下去认识它们，而它们的观念都包含有永恒无限的神的本质在内"②。

斯宾诺莎认为，心灵的最高努力和最高的德性就在于依据直观知识来理解事物，从直观知识必然会产生对神理智的爱，而且这种理智的爱是永恒的。而自由的最高境界，"在于对神之持续的永恒的爱，或在于神对人类的爱"③。因为"我们依据理性的命令所追求的至善"④。

以直观知识为指导，会使我们达到最高完善的境界，实现最高的自由，这也就是人们的"自由状态"。这种自由状态不是独立存在的，它只有在国家状态中才能得到实现。因此，严格地说，斯宾诺莎所说的3种生活状态可归结为自然状态和国家状态，自由状态实际上只能存在于国家状态中，是国家状态中最为理想的状态。

（三）认为公民的自由体现为身心和谐发展

斯宾诺莎认为，人作为他所依赖的神圣的自然生命系统的一部分，人自身也是一个具有独特的统一与和谐性的内在复杂性系统。如果人自身的和谐平衡性遭到破坏，人的健康就会受到伤害直至人生命的最终丧失，自

---

① （荷兰）斯宾诺莎著：《伦理学》，贺麟译，北京：商务印书馆1997年版，第80页。
② （荷兰）斯宾诺莎著：《伦理学》，贺麟译，北京：商务印书馆1997年版，第257页。
③ （荷兰）斯宾诺莎著：《伦理学》，贺麟译，北京：商务印书馆1997年版，第261页。
④ （荷兰）斯宾诺莎著：《伦理学》，贺麟译，北京：商务印书馆1997年版，第250—251页。

由人一定是身心和谐发展的人。

每个人都在寻求自我保存，寻求人生自由。斯宾诺莎认为，这种保存和自由应是身心和谐一致的全面保存和自由，是人的全面发展。要想维护人的身心和谐，获得自由，成就人生美满境界，斯宾诺莎认为要处理好物质追求与精神追求、理智和情感之间的关系。他说：

> 唯有自由的人彼此间才有最诚挚的感恩。

> 唯有自由的人彼此间才最为有益，或彼此间才有最真挚的友谊的联系，而且也唯有他们才会以同样热烈的爱情彼此力求互施恩惠。所以唯有自由的人彼此间才有最诚挚的感恩。①

那些为盲目的欲望所支配的人彼此间表示的感恩，大多是属于交易性质，或者是一种诱惑手段，而非真正的感恩。

斯宾诺莎认为，物质追求是人自我保存和真实存在的基础，是人生快乐幸福的一部分，人们不能一概排斥它们。但是斯宾诺莎反对人们沉溺于其中，只把它们当做人生的目标去追求。斯宾诺莎认为，物质追求所带来的快乐、幸福是不确定的、相对的，它们不但不能使人获得久远的快乐、幸福和自由，还容易扰乱人们的心灵，给人们带来痛苦，使身心得不到和谐发展。他说：

> 所以凡是纯因爱自由之故，而努力克制其感情与欲望的人，将必尽力以求理解德性和德性形成的原因，且将使心灵充满着由对关于德性的正确知识而引起的愉快；但他必将不会因对他人吹毛求疵而鄙视世人，或以表面的虚矫的自由恬然自喜。并且凡能深切察见因为这并非难事此理并能实践此理的人，则他在短期中必能大部分基于理性的至高命令以指导其行为。②

斯宾诺莎认为，人之为人，在于精神追求。要想身心的和谐发展，应从乐身到乐心，追求物质享受时，不忘对我们精神家园的守护，在精神上不断陶养自己，获得一种超越瞬间感性享受的生活方式，不断提升人之为人的精神境界。

在斯宾诺莎那里，精神上的最高境界是追求关于自然必然性的知识，

---

① （荷兰）斯宾诺莎著：《伦理学》，贺麟译，北京：商务印书馆1997年版，第225页。

② （荷兰）斯宾诺莎著：《伦理学》，贺麟译，北京：商务印书馆1997年版，第247—248页。

使人的心灵与整个自然融合一致。这样，人就能知其自身，能知自然，也能知物，他的心灵不再受任何外物的左右、限制和牵累，拥有悟透了生命的终极意义的大智慧，享受着真正的灵魂满足、安宁和自由。他说：

> 一个受理性指导的人，遵从公共法令在国家中的生活。较之他只服从他自己，在孤独中生活，更为自由。①

斯宾诺莎认为，人的自身之内，有情感和理智两因素。人的情感是必然存在的，情感的力量往往大于理性的力量。所以常常发生这样的情况：由善恶的知识所引起的欲望，较容易被对当前甜蜜的东西的欲望所压制。

为了解决这一冲突，斯宾诺莎提出了情感与理性原理。在这一问题上，他把理性看做是满足情感的手段，也将理性视为最高目的。斯宾诺莎将人的情感划分为被动的情感和主动的情感两种。前者的产生以及力量的发挥，都是被外界事物的力量所决定的，人自身对它无能为力；后者在内容上与被动情感并无区别，唯一的不同在于它是被理性所认识和把握的情感。他说：

> 凡是一个人处在他人的力量之下的时候，他就处在他人的权利之下；反之，只要他能够排除一切暴力……还能够按照自己的本性生活，那么，他就处于自己的权利之下。②

斯宾诺莎认为，只有主动的情感才是道德的基础。因为主动的行为或者为人的力量或理性所决定的欲望永远是善的，其余的欲望则可善可恶。斯宾诺莎提出两条理由：第一，人是善恶的最终标准，既然主动的情感是服从人的力量，受制于人的理性，那么，它就是善的；而被动的情感是起因于外物的，所以它是可善可恶的。第二，主动的情感可以增加人的快乐，减少人的痛苦，因而它是善的。人们对于情感的理解越多，就越能控制情感，而心灵感受情感的痛苦就越少。相反，被动的情感完全受外界偶然因素的支配，它往往会造成心灵的巨大创伤。所以，斯宾诺莎主张人们应当成为情感的主人，要变被动情感为主动情感，在理性的指导下过着身心和谐发展的生活。

---

① （荷兰）斯宾诺莎著：《伦理学》，贺麟译，北京：商务印书馆1997年版，第270页。

② （荷兰）斯宾诺莎著：《政治论》，冯炳昆译，北京：商务印书馆1999年版，第315页。

（四）认为公民的自由建立在守法的前提下

斯宾诺莎认为，以牺牲他人自由为代价的自由不是真正的自由，所有生活在一起的人都能享有的自由才是真正的自由，他把个人自由同遵守社会公正原则、社会秩序和社会和谐一致的要求结合起来，主张自由人一定是遵守法律的人。他说：

> 人类的本性就在于，没有一个共同的法律体系，人就不能生活。①

斯宾诺莎认为，为了追求安全的生活，避免同类之间的相互损伤，建立和睦相处、彼此互助的关系，以便实现自我保存的目的。于是，人们相互订立契约，人类摆脱自然状态进入了社会状态，必然导致国家法治的产生。公民"把影响行动的立法之权完全委之于统治者手中，不做违背法律的事，虽然他这样常常是不得不逆着他自己的确信或所感而行"②。斯宾诺莎强调：

> 任何国家若要长治久安，它的政体法制一旦按正确的原则建立之后，必须绝对不容破坏。政体法制是国家的生命。所以，只要政体法制保持完整有效，国家必然能够维持不坠。然而，如果不是同时得到理性及人们共有的激情的双重支持，政体法制也不能保持完整有效。这就是说，如果只靠理性单方面支持，政体法制是软弱无力的，容易被推翻。③

斯宾诺莎认为，国家的目的是保障人民的自由，而自由的国家必须是建筑在法律基础之上的。他说：

> 最自由的国家是其法律建筑在理智之上，这样的国家中每一分子才能自由，如果他希求自由，就是说，完全听从理智的指导。④

斯宾诺莎认为，法律使个人解除他人恣意侵犯或压迫的恐惧，法律限制人们随心所欲，维护社会秩序，协调人们共同的生活。人们只有拥有共同的法律，按照共同的意志生活，才有力量保卫自身，才谈得上自由。他

---

① （荷兰）斯宾诺莎著：《政治论》，冯炳昆译，北京：商务印书馆 1999 年版，第 5 页。
② （荷兰）斯宾诺莎著：《神学政治论》，温锡增译，北京：商务印书馆 1997 年版，第 273 页。
③ （荷兰）斯宾诺莎著：《政治论》，冯炳昆译，北京：商务印书馆 1999 年版，第 142 页。
④ （荷兰）斯宾诺莎著：《神学政治论》，温锡增译，北京：商务印书馆 1997 年版，第 218 页。

提出：

> 律这个字，概括地来说，是指个体或一切事物，或属于某类的诸多事物，遵一固定的方式而行。这种方式或是由于物理之必然，或是由于人事的命令而成的。由于物理之必然而成为的律，是物的性质或物的定义的必然结果。由人的命令而成为律，所得更正确一点，应该叫做法令。这种法律是人们为自己或别人立的，为的是生活得更安全、更方便，或与此类似的理由。①

斯宾诺莎认为，任何社会的自由都以法律为基础，它是一种全体社会成员都能享有的自由，也是一种从那些不伤害他人的活动中进行选择的自由，一个人只有在他人无法妨害和干涉自己的情况下才能自由地指引自己的生活。斯宾诺莎强调法律的约束与保障是公民权利得以实现的前提，他说：

> 只有在人们拥有共同的法律……而且按照全体的共同意志生活下去的情况下，才谈得到人类固有的自然权利。②

> 国家一般的法律若不为人所遵守，是不会有和平的。所以一个人越听理智的指使——换言之，他越自由，他始终遵守他的国家的法律，服从他所属的统治权的命令。③

斯宾诺莎认为，如果说法律的目的是对个人安全和自由提供保护，法律的价值在于它使人获得自由，那么个人应遵守国家的法律，自由不是只建立在法律对个人自由权利的保障上面，自由同样建立在个人作为社会成员应遵守法律的职责上面，个人的自由程度是同社会责任感和谐一致的。他指出：

> 自由决不是每个人随心所欲，如果人把自由当成想怎样就怎样，公众的利益与社会的安宁就无法实现。所以，一个人与国家的法律相背而行是没有尽到自己的本分，如果这种做法十分普遍，其后果就是契约的毁灭和国家的灭亡。④

斯宾诺莎主张，自由的实现不只是一个人而是一个社会全体成员都能

---

① （荷兰）斯宾诺莎著：《神学政治论》，温锡增译，北京：商务印书馆1997年版，第65页。
② （荷兰）斯宾诺莎著：《政治论》，冯炳昆译，北京：商务印书馆1999年版，第99页。
③ （荷兰）斯宾诺莎著：《神学政治论》，温锡增译，北京：商务印书馆1997年版，第218页。
④ （荷兰）斯宾诺莎著：《神学政治论》，温锡增译，北京：商务印书馆1997年版，第273页。

切实得到，任何不遵守法律的行为都会限制、破坏自由的实现，个人在寻求自由的过程中，应尽自己的社会本分，人们作为一个整体才能在一切不会造成社会不和谐的行为中获得自由，才能在共同的自由中找到自己的自由。他说：

> 我们可以得出结论：一个人如果依据国家的法律要求行事，他决不会违反理性的指令。[①]

斯宾诺莎强调，自由与其说是个人的权利，不如说是社会的必须，人人服从法律，维护法律的权威，而法律凭借这种权威保护个人的利益，从而使公民自我生命的保存和成为自由人的目标得以真正实现。

斯宾诺莎的公民学说，从人的"自然状态"和"社会契约"论述公民理性、守法的正当性与必然性，认为服从法律是公民的"天职"，公民必须受理性的法律的约束，同时国家的法治以实现人的自由权利为宗旨，从而冲破了中世纪神学思想的束缚，为西方理性主义公民学说奠定了思想基础。

---

① （荷兰）斯宾诺莎著：《政治论》，冯炳昆译，北京：商务印书馆1999年版，第27页。

第七章
18 世纪的公民学说

　　18 世纪是西方公民学说史上一个重要的时期。这一时期，随着欧洲各国资本主义生产关系的迅速发展和资产阶级力量的不断壮大，资产阶级和广大人民的反封建斗争空前高涨，欧洲发生了一场影响深远的反封建、反教会的资产阶级思想文化解放运动——"启蒙运动"①。启蒙运动是文艺复兴反封建、反教会斗争的继续和发展，它继承了人文主义者的理想，推崇科学和理性主义，主张废除封建专制，抨击天主教教义，传播资产阶级的人权与民主思想，带有更加鲜明的政治色彩，既启迪了人们的思想，又传播了新的观念。

　　启蒙运动时期，欧洲公民学说得以发展，先后涌现出孟德斯鸠、卢梭、托马斯·潘恩、托马斯·杰斐逊等杰出的公民思想家，他们崇尚理性，追求信仰自由，主张自由、人权、平等、博爱、共和，倡导自然神论和无神论，抨击天主教会和君主专制制度，以宣扬"天赋人权"来反对"君权神授"论，以公民的法律地位平等学说来反对贵族的等级特权观念，这些公民学说对法国大革命和美国资产阶级革命提供了充分的思想准备，也为人们思想和行动上摆脱宗教信仰的束缚产生了极其深刻的影响。他们用

---

① "启蒙"一词意为启迪，在启蒙运动中引申为用近代哲学、文学艺术和科学精神，照亮被教会和贵族专制所造成的愚昧落后的社会。启蒙运动（the Enlightenment），是指在 18 世纪初至 1789 年法国大革命间的一个新思维不断涌现的时代，是继文艺复兴运动之后欧洲近代第二次思想解放运动。启蒙运动在英国发起，在法国盛行，很快传到北欧大多数国家，并且对美洲产生了影响。启蒙运动高举反对封建专制制度、反对宗教蒙昧主义的旗帜，宣扬自由、平等和民主思想，为法国大革命和资产阶级革命作了充分思想准备。

理性检验所有的旧制度、传统习惯和道德观点，把理性与人的自由平等联系起来，要求按人的天性建立未来的社会，主张公民享受自由平等的幸福生活。正如恩格斯所说："启蒙思想家不承认任何外界的权威，不管这种权威是什么样的。宗教、自然观、社会、国家制度，一切都受到了最无情的批判；一切都必须在理性的法庭面前为自己的存在作辩护或者放弃存在的权利。思维着的悟性成了衡量一切的唯一尺度。"①

18世纪的公民学说以理性主义为基础，主张人人在法律面前平等，提出人民主权论、天赋人权论、代议制民主论、权力制衡论等公民思想，从而在西方公民学说史上留下了精彩的一页。

第一节 18世纪主要公民学说概述

18世纪，启蒙运动所提倡的自由、平等观念已经深入人心，在法国大革命和英国、美国资产阶级革命的狂飙突进中，公民思想家开始把公民学研究的重点转向资产阶级革命的理论与实践，他们以人文主义和理性主义为思想基础，围绕人的权利、社会起源、社会模式、政治体制等问题，对公民的自由与平等、公民权利与国家权力之间关系进行了系统阐释，进一步丰富和发展了公民民主学说。

一、人民主权论的公民学说

在18世纪，相对静止的农业社会随着城市化步伐加快而渐趋动荡，使乡村的熟人社会演变为陌生人的城镇社会。如何在陌生人组成的社会里，促使人们相互认同、形成政治性的社会目标？如何将这样的社会组织起来，对政府发挥积极影响？这些集中表现为国家存在或政府组成的合法性问题。在对这些问题进行思考与讨论的基础上，18世纪宪政主义公民

---

① 恩格斯著：《反杜林论》，见《马克思恩格斯选集》（第3卷），中共中央马克思恩格斯列宁斯大林著作编译局编译，北京：人民出版社1995年版，第56页。

思想家基本达成了共识，他们一致认为政府的权力来源于人民。

例如：卢梭认为，人们签订契约把自己的权力交给全体，使他们的个人意志整合成为公意，接受公意的领导，公意就是主权、真正的权威，而公意同样是人民意志的体现，所以主权属于人民。他认为，人不可能无偿奉送自己的权利，在把个人的天赋权利转让给共同体的同时，必须获得"自己所丧失的一切东西的等价物以及更大的力量来保全自己的所有"[①]。托马斯·杰斐逊认为，人民是政治者唯一的审查者和监督人，甚至他们的错误也有助于使统治者遵守民主体制的原则，过分严厉地惩罚民众的错误就等于镇压公众自由，正是人民的意志组成了国家，国家的权力来源于人民的授予与委托，他认为人民是一个国家中所有权力的来源，"人民是国家与政府的唯一立法者"[②]。

人民主权论公民学说既丰富和发展了民主与宪政理论，也对 1789 年爆发的法国大革命直接起到了催化和推动作用。

二、天赋人权论的公民学说

重视个人权利是西方宪政主义思想的显著特征。无论是赞成天赋权利或者是倡导自然权利，都是对公民权利的主张。

托马斯·潘恩是最早阐述天赋权利与公民权利关系的思想家。在《人权论》中，托马斯·潘恩明确阐发了自己的人权观点。他指出："①在权利方面，人生来是而且始终是自由平等的。因此，公民的荣誉只能建立在公共事业的基础上。②一切政治结合的目的都在于保护人的天赋的和不可侵犯的那些权利：自由、财产、安全以及反抗压迫。"[③] 在此，他解说了天赋权利的起源和内涵、公民权利的产生、内涵和保障以及公民权利和天赋权利的关系。在对天赋权利和公民权利深入分析之后，又指出了公民权利和天赋权利的联系与区别。他指出："每一种公民权利都来自一种天赋权利，换句话说，是一种天赋权利换取的。恰当地成为公民权利的那种权利

---

① （法）卢梭著：《社会契约论》，何兆武译，北京：商务印书馆 2002 年版，第 24 页。

② Thomas Jefferson, *The Writings of Thomas Jefferson*, Edited by Lipscomb and Bergh, Washington, D.C., 1903—1904, P. 227.

③ （英）托马斯·潘恩著：《潘恩选集》，马清槐译，北京：商务印书馆 1981 年版，第 214 页。

是由人的各种天赋权利集合而成的，这种天赋权利就能力观点而言，在个人身上是不充分的，满足不了他的要求，但汇集到这一点，就可以满足每个人的要求。由种种天赋权利集合而成的权利（从个人的权利来说是不充分的）不能用以侵犯个人保留的那些天赋权利，个人既充分具有这些天赋权利，又有充分行使这种权利的能力。"[1] 简言之，天赋权利是公民权利的来源，而公民权利是天赋权利的集合。两者的区别在于：人在社会中保留的天赋权利是人有充分行使能力的那部分权利。

托马斯·杰斐逊立足于美国争取民族独立的现实，提出了更具现实意义的自然权利理论。托马斯·杰斐逊关于自然权利的思想主要体现在《独立宣言》中。他指出："我们认为下述真理是不言自明的，一切人生来平等；造物主赋予他们某些不可剥夺的权利，其中包括生命、自由、追求幸福；为了巩固这些权利，在人们中建立了政府，政府的正当权力来自于被统治者的同意；无论什么时候，一个政府破坏了这些目的，人民就有权改变这个政府或把它废除，并且成立新的政府，这个政府所根据的原则及组织权力的方式在人民看来最可能实现他们的安全与幸福。"[2] 托马斯·杰斐逊的自然权利理论包括了个人不可剥夺的平等权、生命权、自由权与追求幸福的权利，为北美独立战争提供了思想基础，同时也为政府的存在找到了基础。

18 世纪天赋人权论的公民学说，进一步继承和发展了文艺复兴时期的公民权利思想，使天赋人权学说得以系统化、理论化，其基本内容是自由、平等和财产权。这一理论对资产阶级革命产生了积极影响，是资产阶级革命的旗帜与实践经验的成果。

三、代议制民主论的公民学说

在权力的运行上，法美宪政主义思想家几乎一致地认同人民通过其代表来行使其权力的观点。在人民权力的具体实现上，美国选择了代议制民

---

① （英）托马斯·潘恩著：《潘恩选集》，马清槐译，北京：商务印书馆1981年版，第143—144 页。

② （美）托马斯·杰斐逊著：《杰斐逊选集》，朱曾汶译，北京：商务印书馆1999年版，第48 页。

主,主张承认主权可以被代表,即由人民选出代表来执行人民的权力。

在大革命时期的美国,除了麦迪逊、汉密尔顿等联邦党人主张代议制民主外,托马斯·潘恩、托马斯·杰斐逊等民主派也赞成这一思想。托马斯·潘恩在批判英国君主专制政体的基础上,论证了将"共和政体"与"代议制"联系在一起的合理性。他认为,代议制共和国是最理想的政体。首先,以代议制为政权组织形式的共和政府必须按"共和国原则"办事,即必须服务于公众的利益。他说:"不以公众的利益作为独一无二的目的,都不是好政府。共和政府是为了个人或集体的公共利益而建立或工作的政府。"① 其次,代议制民主"以自然、理性和经验作为指导"②,化解了权力与知识之间的矛盾。托马斯·潘恩认为,世袭制造成权力与知识之间的分离,而"代议制集中了社会各部分和整体的利益所必须的知识。它使政府始终处于成熟的状态。再次,代议制民主政府始终坚持"主权在民"原则。托马斯·潘恩认为,在代议制下,政府随便做哪一件事都必须把道理向公众说清楚。每一个人都是政府事务的经管人,把了解并做好政府公务视为分内之事。"最重要的是,他从来不采取盲目跟从其他政府为'领袖'的那种奴才作风",因而顺应了平等的"人权德性"。托马斯·杰斐逊认为,民主与范围的问题的解决来自对代议制原则的承认。他主张代议制,将人民的权力通过民主选举的方式委托给少数人行使,使人民的意志成为有效的因素,解决了直接民主制下无法实现的问题。

代议制民主论认为,王权源于公民权力的转让,但公民仍保留着对它的所有权和终极控制权,社会共同体是政治权力的最终来源,由各等级或社会团体选派的代表组成的机构来行使政治权力特别是立法权和征税权,主张公共权力的使用应以社会共同体的同意为基础。这一公民学说在承认人人平等的理论基础上,为公民间接参与民主管理和服从国家权力提供了思想保障。

---

① (英)托马斯·潘恩著:《潘恩选集》,马清槐译,北京:商务印书馆1981年版,第244页。
② (英)托马斯·潘恩著:《潘恩选集》,马清槐译,北京:商务印书馆1981年版,第241页。

四、权力制衡论的公民学说

权力的分立与制衡是法美宪政主义思想家的重要公民学说。18 世纪围绕着权力的分立与制衡这一主题，无论是宪政派还是民主派几乎一致地认可权力应该分开行使，主张各种权力之间既互相合作又相互制衡。

孟德斯鸠的三权分立与制衡的理论受到普遍认同，他明确地把政府的权力划分为立法、行政与司法三大部分，主张不仅要对政府权力进行合理划分，还要使其相互牵制、相互制衡，"以权力制约权力"。孟德斯鸠提出"三权分立与制衡"的目的就是要限制国王的无限权力，通过法治，通过权力来限制权力，实现政治自由，为建立异于专制制度的公民社会提供法制保证。他的宪政理论成为法国大革命的政治纲领，并在美国得到了运用和发展。

托马斯·杰斐逊十分赞同分权制衡理论，他认为，权力集中在同一些人手里是"专制统治的真谛"，即使这些权力由多数人行使也并不能使情况有所好转。他指出"173 个暴君肯定和一个暴君一样富于压迫性……选举产生的专制政府并不是我们所争取的政府，我们争取的政府不仅仅要建立在自由原则上，而且政府各项权力必须平均地分配给几个政府部门，每个政府部门都由其他部门有效地遏制和限制，无法超越其合法范围。"①

第二节　孟德斯鸠的公民学说

孟德斯鸠 (Charles de Secondat, Baron de Montesquieu, 1689—1755 年)出生于法国波尔多附近的一个贵族世家，法兰西学院院士，普鲁士王家科学与文学院士，是法国启蒙时期的思想家、法学家，也是西方国家学说的创立人和公民理论的奠基人。孟德斯鸠的著述不多，他先后发表了《罗马

---

① （美）托马斯·杰斐逊著：《杰斐逊选集》，朱曾汶译，北京：商务印书馆 1999 年版，第 229 页。

盛衰的原因论》《论法的精神》，但影响却相当广泛。其《论法的精神》中包含着丰富的公民学说，被伏尔泰誉为"理性和自由的法典"。孟德斯鸠通过确立以法为本，反抗专制独裁和宗教精神，确立法治精神，尊重人的价值和地位；通过权力的分立和制衡来实现公民的政治自由；通过对政体的比较，选择最佳政体，从而实现公民意愿，实现人民的福祉。法的精神、政体思想、三权分立学说是孟德斯鸠公民学说的精髓。他说到："国家的每一部分都应该置于法律之下，但是，如果与自然法没有任何相悖之处，国家的每一部分的特权就应该得到尊重；自然法要求每个公民都为公众的福祉贡献力量；世袭的财产在公众的福祉中位列第一，是最不可侵犯的权利，任何动摇它的企图都是不公正的，有时甚至是危险的。"[①] 正是在这个意义上，孟德斯鸠的公民学说在西方公民学说史中占据着十分重要的位置。

一、认为公民社会的根基在于培育法治理念

孟德斯鸠生活在 18 世纪的法国启蒙时代，处于路易十四和路易十五的交替时期，正值法国封建君主专制濒于崩溃之际，他深刻体会到封建君主专制的弊端，猛烈抨击法国的君主专制，批评路易十四的专制要比东方的专制还要专制，在他的统治下法国百病丛生。孟德斯鸠以"法的精神"为武器批判封建专制制度，希望建立一个法治有序、权力相互分立与制衡、公民自由的社会。他呼唤的政治品德是以爱祖国和爱法律为核心的公民品德，"倘若我能向所有人提供新的理由，促使每个人热爱他们的义务，他们的君主、祖国和法律，在他们所在每一个国家、每一个政府和每一个岗位上更加感到幸福；果真如此，那我就是世上最幸福的人了。"[②]

孟德斯鸠重视政体与法律间的关系，把培养公民的法治理念视为公民社会的根基，他认为，法律是公民自由、公平、正义的保障，强调健全法律，保护公民的自由，主张公民要遵守法律，强调国家应以法治与自由作

---

① （法）孟德斯鸠著:《论法的精神》，许明龙译，北京：商务印书馆 2009 年版，第 21—22 页。

② （法）孟德斯鸠著:《论法的精神》，许明龙译，北京：商务印书馆 2009 年版，第 3 页。

为立宪之根本，使国家权力在法律的统治之下相互制约、均衡，从而将公民自由思想与法治精神有机地结合起来，为后来现代国家的建立提供了理论基础。

（一）认为公民自由的前提在于要遵守法律

孟德斯鸠认为，自由是人内心寻求安全的起因，它受制于自然法。人的自由包括哲学上的自由、政治上的自由、公民除去社会人角色的另一部分自由，这 3 种自由都是人的天性，而人不能没有约束与规范，于是只有靠法律作保障。他提出："自由就是做法律所许可的一切事情的权利"[①]，"如果一个公民能够做法律所禁止做的事情的话，那么他就不再有自由了，其他人同样有这个权利。"[②] 他强调，一个国家要是不实行法治，公民就不会享有真正的自由。

1. 认为公民守法是人的理性的体现

孟德斯鸠关注法律与理性的关系，倡导理性主义法律观。他认为，法是一种基于事物本性的必然关系，存在的初元理性就是自然法则，这些自然的法则是恒定不变的关系，法就是初元理性的自然法则和各种存在物的之间的关系，物理世界必然要遵循自然法则的约束。而智能世界一方面要受到自然法则的约束，但智能世界因其本性，不能始终遵循自然法则，常常破坏这种初元理性。他在《论法的精神》中提出：

> 从最广义的意义上说，法是源于事物的本性的必然关系。就此而言，一切存在物都各有其法。上帝有其法，物质世界有其法，超人智灵有其法，兽类有其法，人有其法。
>
> 有人说，我们在世界上所看到的一切，都是盲目的必然性造成的，这种说法荒谬绝伦，试想，还有比声称具有智慧的存在物也产生于盲目的必然性更加荒谬的言论吗？
>
> 由此可见，存在着一个初元理性，法就是初元理性和各种存在物之间的关系，也是各种存在物之间的相互关系。[③]

孟德斯鸠认为，人作为这种智能存在物，可以通过人的理性实现对社

[①] （法）孟德斯鸠著：《论法的精神》，许明龙译，北京：商务印书馆 2009 年版，第 165 页。

[②] （法）孟德斯鸠著：《论法的精神》，孙立坚、孙丕强、樊瑞庆译，西安：陕西人民出版社 2001 年版，第 182 页。

[③] （法）孟德斯鸠著：《论法的精神》，许明龙译，北京：商务印书馆 2009 年版，第 7 页。

会的治理。他说：

> 法是人类的理性，因为它治理着地球上所有的民族。各国的
> 政治法和公民法不过是人类理性在各种具体场合的实际应用而
> 已。①

孟德斯鸠认为，人类的一般法就是人类的理性，每个国家的政治法律
等社会制度则是人类理性在特殊情况下的具体体现。在他看来，人类理性
之所以伟大崇高，就在于他能够很好地认识到法律所要规定的事物，正因
为人有理性，才会去遵循事物的必然性，遵循自然法则。他主张：

> 在有法律的社会里，做一切人们能够做应该做的事，而不是
> 被迫做不应该做的事。②

他认为，所有的法律需要体现"自由的精神"，需要和国家的政体相
适应，这样的法律才是公众能够接受的。

在孟德斯鸠看来，人类和社会受法律支配，法源自理性，表现为理
性，每个国家的法律都是理性应用于实际的结果。理性的人通过人为法来
规范公民的行动，教化人民对法的敬畏，从而实现人类自身的良好治理。

2. 认为公民法建立在"全体公民之间的关系中"③

孟德斯鸠将法分为自然法和人为法两种。他认为，人类具有双重性，
既是"物质存在"，又是"智能的存在物"，作为前者，人与一切事物一样，
受着不变的自然法则的支配；作为后者，人具有制定人为法的优点。

孟德斯鸠认为，自然法不是源于人类理性，而是源于人类自然存在的
本性。而在人类社会中自然法则受到破坏，使得人与人之间处于战争状
态，这就是需要制定人为法来调整人与人的关系，人为法包括万民法、政
治法和公民法，是人类理性的产物。他提出：

> 地球如此巨大，地球上的居民也必须分成不同的民族，各个
> 民族之间的相互关系中于是就有了一些法律，这就是万民法。各
> 个民族生活在一个社会中，在社会中应该得到保护，因而在治人
> 者和治于人者之间的关系中便有了一些法律，这就是政治法。全

---

① （法）孟德斯鸠著：《论法的精神》，许明龙译，北京：商务印书馆2009年版，第12页。
② （法）孟德斯鸠著：《论法的精神》，孙立坚、孙丕强、樊瑞庆译，西安：陕西人民出版
　社2001年版，第182页。
③ （法）孟德斯鸠著：《论法的精神》，许明龙译，北京：商务印书馆2009年版，第11页。

体公民之间的关系中也有法，这便是公民法。①

孟德斯鸠分析了源自政体性质和原则的法。他认为，法律因为各自源于的政体不同而相互区别。共和政体和与民主相关的基本法有：确立选举权的法、选举权的划分、赋予选举权的方式、规定投票方式的法律和唯有人民才可立法。他认为，与贵族政治相关的法体现为：

> 最高权力执掌在一定数量的人的手中，由他们立法并执行，其余人民与他们的关系，恰如君主政体下臣民与君主的关系。②

他认为，与君主政体性质相关的法律，蕴涵着基本法、贵族的特权、法律的监督机构。他强调法源自政体的原则：

> 在君主政体中教育法以荣宠为目标，在共和政体中，教育法以美德为目标，而在专制政体中，教育法则以畏惧为目标。③

孟德斯鸠通过法的体系的分类和构建，提倡法的精神，认为万物各有其法，法存在于事物的必然关系，唯有专制政体无法无天。他说：

> 我提出了一些原则，于是我看到：一个个各不相同的实例乖乖地自动对号入座，各个民族的历史只不过是由这些原则引申出来的结果，每个特殊的法则或是与另一个法则联系，或是从属于另一个较为普遍的法则。④

孟德斯鸠强调，公民的政治自由并不是愿意做什么就做什么，自由是做法律所许可的一切事情的权利，如果一个公民能够做法律所禁止的事情，也就不再享有自由了。为此，他提出要保障公民的政治自由，就必须实行法治，彰显法的精神。

（二）认为人类"法的精神"体现在法律与政体、自由、环境之间的关系中

孟德斯鸠认为，法律存在于社会之中，与社会存在密切关系，法律体现了事物之间的普遍联系，不能孤立地去看法律，而必须由法律与其他事物的联系去看法律。这种普遍联系就是他所说的"法的精神"。为此，孟德斯鸠以整个社会及社会现象为研究对象，通过探讨法与政体的性质和原

① （法）孟德斯鸠著：《论法的精神》，许明龙译，北京：商务印书馆2009年版，第11页。
② （法）孟德斯鸠著：《论法的精神》，许明龙译，北京：商务印书馆2009年版，第19页。
③ （法）孟德斯鸠著：《论法的精神》，许明龙译，北京：商务印书馆2009年版，第36页。
④ （法）孟德斯鸠著：《论法的精神》，许明龙译，北京：商务印书馆2009年版，第2页。

则、法与自由、法与气候、法与民族精神、法与宗教、法与它所规定的事物秩序等方面之间的关系，来揭示法的本质。

孟德斯鸠在《论法的精神》中说：

> 这就是我在本书中打算做的事。我将一一考察这些关系，所有这些关系组成了我所说的法的精神。
>
> 我并未将政治法和公民法分割开来，因为，我将要论述的不是法，而是法的精神，而法的精神存在于法与各种事物可能发生的关系之中。所以，我不得不较多地遵循这些关系和这些事物的顺序，而较少地顾及这些法的自然顺序。
>
> 首先，我将考察法与自然的关系，以及法与每一种政体原则的关系，鉴于这种原则对法具有巨大的影响，因而我将倾全力去正确认识它。一旦我成功地理清了原则，人们将会看到，各种法就会从它们的源头一一流出。然后，我将转而论述其他看来比较具体的关系。①

孟德斯鸠认为，每个社会都存在特定的法的精神，法的精神也就是社会的支柱，社会中某些因素的变化，则是法律变化的根源，当法的精神受到震荡时，社会权力的基础就会动摇。他认为，法律存在于公民观念的领域，属于可能的范围，同时也存在于社会现实的领域，属于必然的范围。

1. 认为法的精神体现在公民法治的"宽和的政体"中

孟德斯鸠立足于社会形态的考察，他把公民政体的形态划分为共和政体、君主政体和专制政体，认为共和政体的主权属于全体公民，其政治原则是公民的品德；君主制国家的主权属于君主，政府依法行使权力，其政治原则是荣誉；而专制国家的权力属于一个匹夫，政治无法律可循，其政治原则是恐惧。

孟德斯鸠提出：

> 政体有三种：共和政体、君主政体、专制政体。即使是学识最浅薄的人，他们所拥有的观念也足以发现这三种政体的性质。我设定三种定义，或者更准确地说是三种事实。其一，共和政体

----

① （法）孟德斯鸠著：《论法的精神》，许明龙译，北京：商务印书馆2009年版，第12—13页。

是全体人民或仅仅部分人民掌握最高权力的政体；君主政体是由一人依固定和确立的法单独执政的政体；专制政体也是一人单独执政的政体，但既无法律又无规则，全由他的个人意愿和喜怒无常的心情处置一切。①

孟德斯鸠赞赏法治政体，包括共和政体和君主政体。反对专制政体，认为专制政体缺少法治的精神。孟德斯鸠批判的矛头直指当时的封建专制政体，他说：

　　路易斯安那的野蛮人想要果子的时候，便把树从根部砍倒，然后采摘果实。这就是专制政体。②

孟德斯鸠认为，专制政体代表着野蛮、专制和奴役，因为君主没有法律的约束而独断专制，限制了公民的自由，这是违反"法的精神"的政体。

孟德斯鸠主张建立全体公民和君王的权利得到有效约束和制衡的"宽和的政体"。他提出：

　　要想组建一个宽和的政体，就必须整合各种权力，加以规范与控制，使之发挥作用，并给其中的一种权力添加分量，使之能够与另一种权力相抗衡。这是立法上的一件杰作，偶然性很难成就它，审慎也很难成就它。反之，专制政体则一目了然，无论在何地它都一模一样，只要有愿望就能把它建立起来，所以这件事谁都能干。③

孟德斯鸠认为，一个"宽和政体"的权力受法律制约，为防止权力被滥用，只有以权力制约权力，法的精神实质就是在法的界限内行使权力。孟德斯鸠主张用"法的精神"来反抗专制政体，保障公民的政治自由。

孟德斯鸠在论证法律与公民政体的关系时，提出"宽和的政体"的理想状态，认为"宽和的政体"是可以将法治与自由有机结合起来的公民国家政体，从而避免由君主政体向专制政体的转变。

2.认为公民的政治自由只有通过法律来保障

在法律与政治自由的关系上，孟德斯鸠认为公民政治自由只有通过法

---

① （法）孟德斯鸠著：《论法的精神》，许明龙译，北京：商务印书馆2009年版，第14页。
② （法）孟德斯鸠著：《论法的精神》，许明龙译，北京：商务印书馆2009年版，第64页。
③ （法）孟德斯鸠著：《论法的精神》，许明龙译，北京：商务印书馆2009年版，第69页。

律来确立，公民自由"就是做法律所许可的一切事情的权力"①。

孟德斯鸠探讨了从政体上来保证自由，认为只有在有节制的政府制度下才是可能的，而法律和权力的相互制衡，则是实现公民政治自由的保证。他提出：

> 政治自由就是享有安全，或至少是自认为自己享有安全。对于安全的威胁以公诉或私人诉讼为最，所以说公民的自由主要依赖于优良的刑法。②

孟德斯鸠认为，法律是自由的保证和赖以实现的基础，他主张通过多种途径来实现和保证公民的政治自由，如在公民法上通过优良的刑法来实现和保证公民的政治自由。

3.认为法律与公民生活的自然环境密不可分

孟德斯鸠探讨了法律和气候、土壤的关系，认为人是一个物质的存在物，也要遵循自然法，法就是存在与事物的必然的关系。他认为：

> 倘若不实行严酷的奴役制，就会形成自然条件难以承受的割据局面。自然条件把欧洲分割成许多面积不大的国家，实行法治不但不损害国家的存续，而且十分有利，以至于倘若不实行法治，国家就会渐趋衰微，落后于其他国家。③

孟德斯鸠认为，炎热的气候和肥沃的土壤使人们懦弱而不能维持自己的自由；相反，贫瘠的土壤和寒冷的气候能磨炼人的意志和性格，使人勇敢、坚强而一心捍卫自由。法律与地域或气候密切相关，人的性格、嗜好、心理、生理特点的形成与人所处的环境或气候有密切的关系。孟德斯鸠寻求社会历史发展的根本原因，以古罗马为例，认为小国家本来适合实行共和制，但罗马共和国后来因为版图扩大，幅员辽阔，法律未能适应环境的变化，从而最终导致罗马共和国的覆灭。

孟德斯鸠强调，只有制定与特定的自然环境相适应的特定法律，才能彰显"法的精神"。

孟德斯鸠的公民法制思想，既是对专制政体的有力批驳，也是公民通

---

① （法）孟德斯鸠著：《论法的精神》，许明龙译，北京：商务印书馆2009年版，第165页。
② （法）孟德斯鸠著：《论法的精神》，许明龙译，北京：商务印书馆2009年版，第199页。
③ （法）孟德斯鸠著：《论法的精神》，许明龙译，北京：商务印书馆2009年版，第199页。

向政治自由的理论根基和现实之路。

二、认为分权制衡是建立公民社会的制度保证

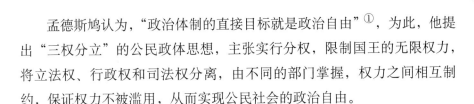

孟德斯鸠认为，"政治体制的直接目标就是政治自由"①，为此，他提出"三权分立"的公民政体思想，主张实行分权，限制国王的无限权力，将立法权、行政权和司法权分离，由不同的部门掌握，权力之间相互制约，保证权力不被滥用，从而实现公民社会的政治自由。

（一）认为公民的代表行使立法权、行政权和司法权应"体现国家的一般意志"②

孟德斯鸠认为，公民通过投票选举自己的代表，让代表代替自己行使权力。这种权力包括国家的立法权、适用万民法的执行权、适用公民法的执行权，即立法权、行政权和司法权，这3种权力既应该代表公民的集体意志，也应该代表国家的一般意志，从而为公民的政治自由提供保障。

孟德斯鸠指出：

> 每一个国家都有三种权力：立法权、适用万民法的执行权、适用公民法的执行权。依据第一种权力，君主或执政官制定临时或永久的法律，修正或废除已制定的法律。依据第二种权力，他们媾和或宣战，派遣或接受使节，维护治安，防止外敌入侵。依据第三种权力，他们惩治罪行，裁决私人争执。人们把第三种权力称作司法权，而把第二种权力则简称为国家的行政权。③

孟德斯鸠认为，立法权代表国家的一般意志应该由人民集体享有，人民通过遴选代表来代表自己行使权力，因为"代表的优点是有能力参与各种事务的讨论，人民则完全不具备这种能力。"④孟德斯鸠主张，立法权由公民选举产生的代表集团和贵族选举产生的代表集团两种力量组成，这两种力量在代表公民制定法律的时候，贵族和平民都有权制止对方侵犯自己的利益。他主张：

---

① （法）孟德斯鸠著：《论法的精神》，许明龙译，北京：商务印书馆2009年版，第166页。
② （法）孟德斯鸠著：《论法的精神》，许明龙译，北京：商务印书馆2009年版，第169页。
③ （法）孟德斯鸠著：《论法的精神》，许明龙译，北京：商务印书馆2009年版，第167页。
④ （法）孟德斯鸠著：《论法的精神》，许明龙译，北京：商务印书馆2009年版，第169页。

立法权应该委托给贵族集团和由选举产生的、代表人民的集团。这两个集团分别集会，分别讨论，各有其观点和利益。①

孟德斯鸠认为，行政权就是执行国家的一般意志，应该掌握在君主手中，因为行政权的一个重要特征就是行动的迅速，不能交由一帮人来行使，否则执行的效果和效率就会大打折扣。他提出：

行政机构倘若不拥有制止立法机构越轨图谋的权力，立法机构就会变成一个专制机构。因为，它可能会把它能够想到的一切权力统统抓到手，把其他所有机构都废除。②

在孟德斯鸠看来，立法权和行政权较为重要，他认为这两种权力：

其中一项体现国家的一般意志，另一项权力则执行国家的一般意志，其行使均不以任何个人为对象。③

孟德斯鸠主张司法权的独立，他认为，司法权属于全体公民，通过他们的代表来行使司法权，而这些代表不是常任的，以保证司法的公正和独立。司法权不能和立法权、行政权结合，否则就会产生专制。在孟德斯鸠看来，如果司法权由君主来执行，就是用一人的意志摧毁每个公民的意志，必然产生暴政。

孟德斯鸠认为，如果"法治"不体现公民的意志，而以国王或君主的意志立意，就不存在三权分立，不存在权力的制衡，对国王就没有了法律的约束和制衡，则必然产生权力的滥用，造成专制。他说：

如果由同一个人，或由权贵、贵族或平民组成的同一个机构行使这三种权力，即制定法律的权力、执行国家决议的权力以及裁决罪名或个人争端的权力，那就一切都完了。④

孟德斯鸠强调，相对于立法权和行政权，司法权处于次要的地位，因为在"法治"国家中，司法本身是通过司法的具体案例来保证法律的权威。而在三权分立的架构中，他认为最重要的是立法权，因为立法权体现国家的一般意志，行政权执行国家的一般意志，3种权力虽然分立，但围绕的一个核心就是体现公民与国家"法的精神"。

---

① （法）孟德斯鸠著：《论法的精神》，许明龙译，北京：商务印书馆2009年版，第170页。
② （法）孟德斯鸠著：《论法的精神》，许明龙译，北京：商务印书馆2009年版，第172页。
③ （法）孟德斯鸠著：《论法的精神》，许明龙译，北京：商务印书馆2009年版，第169页。
④ （法）孟德斯鸠著：《论法的精神》，许明龙译，北京：商务印书馆2009年版，第167页。

（二）认为三权分立和制衡是公民政治自由的保证

孟德斯鸠主张立法权、行政权和司法权的分立和制衡，实现对权力的制约，保证公民的政治自由。

孟德斯鸠提出三权分立的目的是用权力制衡权力，他在权力分立的基础上提出"权力制约"原则。孟德斯鸠指出：

> 就其性质而言，民主国家和贵族国家都不是自由国家。政治自由仅存在于宽和的政体下。可是，政治自由并不始终存在于宽和的国家里。只有权力未被滥用时，政治宽和的国家里才有政治自由。然而，自古以来的经验表明，所有拥有权力的人，都倾向于滥用权力，而且不用到极限决不罢休。谁能想到，美德本身也需要极限！

> 为了防止滥用权力，必须通过事物的统筹协调，以权力制止权力，我们可以有这样的政治体制，不强迫任何人去做法律不强迫他做的事，也不强迫任何人不去做法律允许他做的事。①

孟德斯鸠认为，要实现和保证公民的政治自由，必须使权力不被滥用；若要达到这样的目的，就要实行三权分立的政治体制。他提出：

> 立法权和行政权如果集中在一个人或一个机构的手中，自由便不复存在。因为人们担心君主或议会可能会制定一些暴虐的法律并暴虐地执行。②

> 司法权如果不和立法权和行政权分置，自由也就不复存在。司法权如果和立法权合并，公民的生命和自由就将由专断的权力处置，因为法官就是立法者。司法权如果和行政权合并，法官就将拥有压迫者的力量。③

孟德斯鸠主张，立法机构通过审查行政长官的施政报告、逐年议定税收和军队的管理，实施对行政机关权力的制约；行政机构通过规定立法会议的召集时间和会期，来制约立法权；而司法机关通过司法制度来审查和惩办违法行为，制衡立法和行政权力。这样，通过三权的分立和制衡，通

---

① （法）孟德斯鸠著：《论法的精神》，许明龙译，北京：商务印书馆2009年版，第166页。
② （法）孟德斯鸠著：《论法的精神》，许明龙译，北京：商务印书馆2009年，第167页。
③ （法）孟德斯鸠著：《论法的精神》，许明龙译，北京：商务印书馆2009年，第167页。

过权力的合理设置和配置，防止专制对公民政治自由的侵害，以保证公民自由的实现。他认为：

> 立法机构若是长期不集会，自由便不复存在了。因为下列两种情况之一必将发生，其一，不再有立法机构的决议，致使国家陷入无政府状态；其二，由行政机构作出的决议，从而使行政机构拥有绝对权力。①

> 立法机构有两部分组成，这两部分彼此以否决权相互制衡，又同时受行政机构的约束，而行政机构则受立法机构的约束。②

孟德斯鸠通过三权分立的制度设计，实现对权力的制约；通过权力的分立和制衡，实现社会的有序治理，提出了防止统治者滥用权力的具体措施。

孟德斯鸠高举反对专制主义和宗教精神的大旗，倡导实行一种宽和的政体，实行君主制，实现公民的政治自由。通过依法治国，而不是以君主个人的意志治国，针对法国当时社会的弊端，孟德斯鸠希望法国实现英国式的立宪君主制，君主、贵族、资产阶级各阶层和人民都通过权力的分配参与国家治理，摆脱君主的专制和暴政。实现这样的理想的一个重要的途径就是实行英国式的三权分立，通过政治权力的合理配置和划分，以权力牵制权力，防止君主独揽大权，让权力体现全体公民的意志。

三、认为"公民的自由主要依赖于优良的刑法"③

孟德斯鸠的公民学说中，把追求政治自由作为最主要的价值诉求，并着力探讨将这种价值诉求变为实践要求和寻找通向自由的现实之路，对实现政治自由的内涵和途径进行了阐释。

（一）认为公民政治自由"源自人人都享有安全这一想法"

孟德斯鸠认为，自由一词有多种含义，他区分了哲学上的自由和政治上的自由。孟德斯鸠指出：

---

① （法）孟德斯鸠著：《论法的精神》，许明龙译，北京：商务印书馆2009年版，第171页。
② （法）孟德斯鸠著：《论法的精神》，许明龙译，北京：商务印书馆2009年版，第174页。
③ （法）孟德斯鸠著：《论法的精神》，许明龙译，北京：商务印书馆2009年版，第199页。

就哲理而言，自由就是行使自己的意志，或至少（假如需要从各类体系来谈的话）是自认为在行使自己的意志。政治自由是享有安全，或者至少是自认为自己享有安全。①

孟德斯鸠认为，哲学上的自由不同于政治上的自由，哲学上的自由偏重于个人体验，心灵的自由，而政治自由偏重于现实对自由的保证。

孟德斯鸠提出：

公民的政治自由是一种心境的平静状态，它源自人人都享有安全这一想法。为了享有这种自由，就必须有这样一个政府，在它的治理下，一个公民不惧怕另一个公民。②

孟德斯鸠对政治自由作了解释，他认为：

不错，民主政体下的人民仿佛可以随心所欲。可是政治自由绝不意味着可以随心所欲。在一个国家里，即一个有法可依的社会里，自由仅仅是做他应该做的事和不被强迫做他不应该做的事。

我们应该牢记，什么是不受约束，什么是自由。自由是做法律所许可的一切事情的权利；倘若一个公民可以做法律所禁止的事情，那就没有自由可言了，因为，其他人同样也有这个权利。③

孟德斯鸠认为，自由和政体没有必然联系，它仅仅和法治有关，如果权力不受法律制约，任何一种政体都可能陷入专制。孟德斯鸠指出，在专制统治下，君主用恐怖来限制公民的自由和权利。在专制政体下，"人只是服从于发号施令的生物脚下的另一个的生物罢了"④；"人在那里如同牲畜一样，他们所拥有的仅仅是本能、服从与惩罚"⑤。

孟德斯鸠认为，绝对的权力是对公民自由的最大侵害。因此，政治自由的实质就是在法治的框架内，将每个公民的行为规范在法律的范围内，每个公民（君主也不例外）在享有权利的同时，也要履行义务，保证公民

---

① （法）孟德斯鸠著：《论法的精神》，许明龙译，北京：商务印书馆 2009 年版，第 172 页。
② （法）孟德斯鸠著：《论法的精神》，许明龙译，北京：商务印书馆 2009 年版，第 167 页。
③ （法）孟德斯鸠著：《论法的精神》，许明龙译，北京：商务印书馆 2009 年版，第 165 页。
④ （法）孟德斯鸠著：《论法的精神》，许明龙译，北京：商务印书馆 2009 年版，第 34 页。
⑤ （法）孟德斯鸠著：《论法的精神》，许明龙译，北京：商务印书馆 2009 年版，第 34 页。

的安全，保证公民行使自己的意志而不受到别人的侵犯。

（二）认为公民的自由等于公民享有的权利和应尽的义务

孟德斯鸠关注的重点不仅仅在于自由是什么，更重要在于自由如何实现。他认为，要实现政治自由，就必须有相应的制度和法律来保证，没有制度和法律保证的自由，不是现实的自由，而是虚幻的自由。

孟德斯鸠谈自由始终没有离开法律，自由是有限度的，绝对的自由是虚幻的自由，也是不可实现的自由。他认为，政治自由并不始终存在于宽和的国家里。孟德斯鸠说：

> 我把确立政治自由的法律区分为两类，其一是从政治自由与政制的关系角度确立政治自由的法律，其二是从政治自由与公民关系角度确立政治自由的法律。①
>
> 只有权力不被滥用时，政治宽和的国家里才有政治自由。②

孟德斯鸠强调，三权分立是政治自由的前提，而权力的相互制衡才是保证政治自由的关键。

他认为，从政制的角度来讲对自由的实现还不够，自由还依赖于这个社会和公民的民族风俗、风尚和习惯的保证。孟德斯鸠指出：

> 我们已经从政治自由与政制的关系入手论述了政治自由，但这还不够，这需要从政治自由与公民的关系着眼对它进行论述。
>
> 我说过，就政治自由与政制的关系而言，政治自由是由三种权力的某种分配方式确立的；可是就政治自由与公民的关系而言，必须用另一种思想对政治自由加以审视。政治自由是享有安全或者自认为享有安全。
>
> 可能出现两种情况：其一，政制是自由的，但公民并不自由；其二，公民是自由的，但政制并不自由。在前一种情况下，政制在法律上是自由的，事实并不自由；在后一种情况下，公民事实是自由的，在法律上并不自由。就自由与政制的关系而言，唯有通过法律尤其是基本法的安排，自由方能得以确立。可是，就自由与公民的关系而言，习俗、风尚以及习惯可以带来自由，

---

① （法）孟德斯鸠著：《论法的精神》，许明龙译，北京：商务印书馆2009年版，第164页。
② （法）孟德斯鸠著：《论法的精神》，许明龙译，北京：商务印书馆2009年版，第166页。

本章将要谈及，某些公民法也能促成自由。①

孟德斯鸠认为，一个崇尚自由的民族，即使政制上是不自由的，自由也会因为风俗，因为成为习惯，而成为现实。相反如果没有自由的风俗和习惯，那么风俗、风尚和习惯就会变成政治自由的障碍。孟德斯鸠指出：

> 这个民族出奇的热爱自由，因为他们的自由是真实的，甚至会发生这样的情况，即为了保卫自由，他们宁愿牺牲自己的财富、舒适和利益，承担最专横的君主也不敢强加于臣民的沉重赋税。②

孟德斯鸠认为，保证公民的财产安全就要缴纳一定的赋税，税收依据应该是以公民长久的支付能力为依据，他提出：

> 国家的收入来自每个公民。公民从自己的财产中拿出一部分交给国家，为的就是确保其另一部分财产的安全，或为了快乐的享用这部分财产。③

> 税收可因臣民享有的自由增多而加重，反之，奴役增大时税收必须随之减轻。④

孟德斯鸠认为，为了自由的实现，公民要缴纳适度的税赋，以保证公民的自由所资用，但如果过度征税就会伤害自由，导致奴役。

孟德斯鸠认为，自由是通过法律赋予公民享有一定的权利和履行相应的义务来保证的。不是说公民享有的权利越多，就越自由，人民的自由和人民的权利并不等同，人民的自由等于人民享有的权利和人民应尽的义务。自由不是随心所欲，而是有界限的，这就是法律。

（三）认为"如果公民的无辜得不到保证，自由也就得不到保证"⑤

孟德斯鸠认为，自由只有有了良好的刑法并得到切实的执行才可能实现。他提出：

> 对于安全的威胁以公诉或私人诉讼为最多，所以说公民的自

---

① （法）孟德斯鸠著：《论法的精神》，许明龙译，北京：商务印书馆2009年版，第198页。
② （法）孟德斯鸠著：《论法的精神》，许明龙译，北京：商务印书馆2009年版，第333页。
③ （法）孟德斯鸠著：《论法的精神》，许明龙译，北京：商务印书馆2009年版，第225页。
④ （法）孟德斯鸠著：《论法的精神》，许明龙译，北京：商务印书馆2009年版，第232页。
⑤ （法）孟德斯鸠著：《论法的精神》，许明龙译，北京：商务印书馆2009年版，第199页。

由主要依赖于优良的刑法。①

孟德斯鸠认为，在一个拥有良好法律的国家里，即使是一个卷进官司并且将在翌日绞决的人，其自由的程度也是非常高的。他认为，依照罪行的性质定罪和量刑有利于自由，提出：

> 如果刑法对每一种刑罚的确立都以罪行的特殊性质为依据，那就是自由的胜利。一切专断将终止，刑罚的依据不再是立法者的心血来潮，而是事物的性质。刑罚就不再是人对人施行的暴力。②

根据罪行的性质不同，孟德斯鸠将罪行分为4类，第一类危害宗教，第二类伤害风化，第三类伤害安宁，第四类伤害公民的安全。根据罪行的性质来定罪和量刑，这就是良好的刑法，是对自由的保证。

孟德斯鸠认为，政治自由就是要让公民有安全，对危害公民安全的行为要进行严惩，他主张：

> 谁剥夺了或企图剥夺他人安全，那就拒绝给予其安全。③

孟德斯鸠指出，公民享有思想言论的自由，不能以思想或言论定罪，法律只惩处外在的行为而不惩处思想，不能以言辞不慎来定罪，言辞并不构成犯罪的实体，应该尊重公民言辞的自由。

孟德斯鸠认为，专制主义是政治自由的大敌，要实现政治自由就要拒斥专制主义。在他看来，专制主义是和法治精神相悖的，侵害了公民的权利和自由，他认为，在专制主义下：

> 根本没有调和、修正、妥协、交情、对等、商榷、谏议，根本没有任何东西可以作为相等或更佳的谏议提出来，人只是服从于那个发号施令的生物脚下的另一个生物罢了。④

孟德斯鸠一再强调，自由的保证在于对权力的约束，他主张君主的权力控制在法律的范围内，用权力来制约权力，以保证公民的安全，实现公民的政治自由。

孟德斯鸠作为启蒙时代的公民思想家，立足于社会现象的分析，探讨法律的精神，倡导公民在理论和实践中的政治自由，认为法律随着社会的

---

① （法）孟德斯鸠著：《论法的精神》，许明龙译，北京：商务印书馆2009年版，第199页。
② （法）孟德斯鸠著：《论法的精神》，许明龙译，北京：商务印书馆2009年版，第200页。
③ （法）孟德斯鸠著：《论法的精神》，许明龙译，北京：商务印书馆2009年版，第202页。
④ （法）孟德斯鸠著：《论法的精神》，许明龙译，北京：商务印书馆2009年版，第232页。

变化而变化，法律也可以带动社会的变化，其公民学说不仅对后世的资产阶级革命，而且对现代公民宪政制度的设计，都产生了极其深远的影响。

第三节　卢梭的公民学说

卢梭（Jean Jacques Rousseau，1712—1778 年）是法国著名启蒙思想家、哲学家、教育学家、文学家，是 18 世纪法国大革命的思想先驱。他出生于瑞士日内瓦一个钟表匠的家庭，自幼在历史典范人物的影响和其父亲的教诲下，体会到了自由思想和民主精神的可贵。1943 年，他来到巴黎，始终以自食其力的方式谋生，先后做过秘书、家庭教师、出纳员，后来又为私人或团体抄写乐谱，直至晚年。从 20 世纪 50 年代起，卢梭的《论科学与艺术》《论人类不平等的起源与基础》《论政治经济学》《爱弥儿》等重要论著先后问世，它们从剖析私有制、法律、科学艺术入手，集中批判封建专制制度，也初步提出了公民的政治原则。

卢梭公民学说的代表作是《社会契约论》，这是西方公民学史上著名的经典著作之一，他全面阐述了社会契约、人民主权、政府、法律等理论，为 18 世纪末法国资产阶级民主革命和美国资产阶级民主革命提供了理论纲领。

卢梭提出了天赋人权论的公民学说，他认为，人是生而自由与平等的，国家只能是自由的公民自由协议的产物，如果自由被强力所剥夺，那么被剥夺了自由的公民就有革命的权利，可以用强力夺回自己的自由。针对封建制度和等级特权，卢梭提出了争取自由和平等的思想，主张国家的主权在人民，并要求建立资产阶级的民主共和国。卢梭的公民思想远播欧洲大陆，法国革命的《人权宣言》、美国革命的《独立宣言》以及两国的宪法，在很大程度上都直接继承和体现了卢梭的公民理论和政治理想。

一、认为国家主权属于全体人民

卢梭的人民主权理论是建立在公意的基础之上的，他认为，人民主权是公意的运用和体现，是国家的灵魂、集体的生命。公意与主权的内涵具有一致性。借助公意概念，卢梭在西方公民学说史上第一次提出了人民主权理论。他认为，国家的主权属于人民，只有人民才是国家真正的主人。

（一）认为国家权力是公民个人权利的让渡

在卢梭看来，契约是政治共同体产生的途径，并使政治共同体得以稳固。没有契约，人类社会只是简单个人的聚集，而不是结合。这种结合是一个"公共的大我"，是一个整体，只有形成一种力量的总和，人类才能保持自己的生存。卢梭认为，在社会契约的缔约过程中，需要公民权利的让渡，他主张每一个公民的权利让渡给人民全体，由人民自己管理自己，成为国家权力。

1. 认为自然状态下人最基本的权利是自我保存

卢梭认为，人在进入社会状态之前，是处于平等的自然状态下，由于人的天性是善良的，人生来是自由、平等的，这种自然状态最接近人的天然本性。在这种自然状态下，人们过着自由、平等、幸福的生活，衣食无忧，每个人都拥有自己的而不去剥夺别人的东西。他认为，这种和平的自然状态是基于人的天性而不是理性，是由于人的情感的平静和对邪恶的无知，人的心中原本是没有任何邪恶的念头的。

卢梭认为，自然状态中的人最本质的特征是自我保存，他提出：

> 人类最原始的感情就是对自己生存的感情，最原始的关怀就是对自我保存的关怀。[1]

在卢梭看来，人并非利己和自私，人在自然状态里具有一种天然情感，即除了源于自我保存的"自爱"情感之外，还具有对同类的怜悯之心。他认为：

> 怜悯心是一种自然的情感，由于它调节着每一个人自爱心的活动，所以对于人类全体的相互保存起着协助作用。……正是这种情感，在自然状态中代替着法律、风俗和道德。[2]

卢梭把自爱、自我保存和同情心作为自然状态中的基本原理。他认

---

[1] （法）卢梭著：《论人类不平等的起源和基础》，李常山译，北京：商务印书馆1982年版，第112页。

[2] （法）卢梭著：《论人类不平等的起源和基础》，李常山译，北京：商务印书馆1982年版，第102页。

为，自然状态下的人具有双重情感维度，既关注自身的安全和幸福，也给予共同体其他成员关爱和援助，所有的人互助互爱，谋求社会共同利益的最大化，这种和平美好的状态被卢梭称为人类的黄金时代。

卢梭认为，随着知识和技术的不断发展，促使人类由野蛮状态向文明社会过渡。然而，在文明代替野蛮的过程中，逐渐滋生了私有观念。私有制的产生最终打破了自然状态的和平美好，贫富差距、分配不均、人的无节制的欲望、强权掠夺、利益纷争使得战争状态不可避免地来临。基于此，他提出：

> 人生来是善良的，他之所以变坏，完全是由于社会制度造成的。①

在卢梭看来，私有制的产生是由于生产和科技的发展，铁和谷物的出现使产品有了剩余，才使私有制的出现成为可能，"自从人民察觉到一个人据有两个人的粮食的好处的时候起，平等就消失了，私有制就出现了。"②而国家的出现也是基于私有制，而且国家把不平等扩大了、固定了，文明的发展使人变坏了。"如果我们能够始终保持大自然给我们安排的简朴、单纯和孤独的生活方式，我们便几乎能够完全避免这些不幸。"③所以卢梭赞美"自然状态"，主张"回归自然"。

2.认为社会契约的前提在于公民权让渡

在《社会契约论》的第六章"社会公约"中，卢梭写道：

> 要寻找出一种结合的方式，使它能以全部的力量来卫护和保障每个结合者的人身和财富，并且由于这一结合而使每一个与全体相联合的个人又只不过是在服从自己本人，并且仍然像以往一样地自由。这就是社会契约所要解决的最终问题。
>
> …………
>
> 这些条款无疑也可以全部归结为一句话，即是：每个结合者及其自身的一切权利全部都转让给整个集体。因为，首先，每个

---

① （法）卢梭著：《卢梭散文选》，李平沤译，天津：百花文艺出版社，1995年版，第22页。

② （法）卢梭著：《论人类不平等的起源和基础》，李常山译，北京：商务印书馆1982年版，第111页。

③ （法）卢梭著：《论人类不平等的起源和基础》，李常山译，北京：商务印书馆1982年版，第19页。

人都把自己整个地奉献出来，所以对于所有的人条件便都是同等的，而条件对于任何人既然都是同等的，便没有人想要使它成为别人的负担了。其次，转让既然是毫无保留的，所以联合体也就会尽可能地完美，而每个结合者也就不会再有什么要求了。因为，如果个人保留了某些权利，既然个人与公众之间不能够再有任何共同的上级来裁决，而且每人在某些事情上又是自己的裁判者，那么他很快就会要求事事都如此的；所以自然状态便会继续下去，而结合体就必然地成为暴政或者是空话。

最后，每个人既然是向全体奉献出自己，他就根本没有向每个人奉献出自己；而且既然从任何一个结合者那里，人们都可以获得自己本身所让渡给他的同样的权利，所以人们就得到了自己所丧失的一切东西的等价物以及更大的力量来保全自己的所有。

因而，假如我们抛开社会公约中一切非本质的东西，就会发现社会公约可以简化为如下的词句：我们每个人都以其自身及其全部的力量共同置于公意的最高指导之下，并且我们在共同体中接纳每一个成员作为全体之不可分割的一部分。

只是一瞬间，这种结合行为就产生了一个道德的与集体的共同体，用以代替每个订约者的个人；组成共同体的成员的数目就等于大会中所有的票数，而共同体就以这同一个行为获得了它的统一性、它的公共的大我、它的生命及其意志。这一由全体个人的结合所形成的公共人格，以前称为城邦，现在称为共和国或政治体；当它是被动时，它的成员就称之为国家；当它是主动时，就被称为主权者；而以之和它的同类相比较时，乃称它为政权。至于结合者，他们集体地就称为人民；个别地，作为主权权威的参与者，就叫做公民，作为国家法律的服从者，就叫做臣民。但是这些名词经常互相混淆，彼此通用；只要我们在以其彻底的精确性使用它们时，知道加以区别就够了。①

卢梭认为，人有自我完善的能力，自然状态人们的生活是清苦的，为了满足生活的需要，过更富足的生活，人们就不断地从事生产和劳动。但

---

① （法）卢梭著：《社会契约论》，何兆武译，北京：商务印书馆2002年版，第12—14页。

是生产的发展导致私有制和不平等的产生。冶金术和农业导致巨大的变革，私有制和不平等的产生使自然状态发生变化，人们互相仇恨、残害，自然法不能发挥它的功能，人们无法在原来的状态下继续生活，于是全体人民约定，我们每个人都以其自身及其全部的力量共同置于公意的最高指导之下，并且我们在共同体中接纳每一成员作为全体之不可分割的一部分。这个共同体就是国家。卢梭提出：

> 在共同体中，人们仍然像以往一样的自由，由于任何一个结合者把自身的一切权利全部交给整个集体，因为他们只不过是在服从自己本人，这就是社会契约所要解决的根本问题。[①]

卢梭认为，在共同体中，人们既不会妨害自己，也不会忽略对自己所应有的关怀。他就可以从集体那里获得自己所让渡给别人的同样的权利，得到自己所丧失的一切东西的等价物，并且以更大的力量来保全自己的所有。人民是主权者，就不会损害全体成员和任何个别的人。

卢梭主张，公民通过契约建立国家的目的是为了自己的安全、自由和平等，当每个人的公民权全部交给集体所有时，公民也就获得了自由。

（二）认为人民主权是神圣至上和不可侵犯

卢梭主张主权在民，他认为，公民通过订立契约建立国家，因此成为国家的主人。主权是至高无上的，因为它代表了公意。主权是人民不可分割的权利，它属于人民而且只能属于人民，决不能从人民手中分割出来委托给任何人。所以人民主权不可代表，它只能由人民直接行使，而不能由他人代表。

1.认为国家主权应体现人民"公意"并属于全体人民

卢梭认为，人类既然已经走出了自然状态，就不能，也没必要回到自然状态。而是应该根据契约建立一个合法的社会共同体。这种社会契约是每个人真实意志的表现，公民把个人的天赋权利转让给共同体，这种转让当然是有条件的，即是共同体应符合全体人民的公共意志。

卢梭指出，当人民把权利交给人民的全体时就形成了公意。所谓"公意"就是人们基于共同的利益而产生的共同意志，即社会中每个人的意志的统一或总和。他认为，公民根据契约形成的"共同体"便是国家，国家

---

① （法）卢梭著：《社会契约论》，何兆武译，北京：商务印书馆2002年版，第29页。

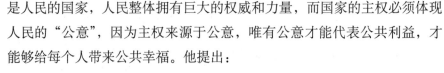

是人民的国家，人民整体拥有巨大的权威和力量，而国家的主权必须体现人民的"公意"，因为主权来源于公意，唯有公意才能代表公共利益，才能够给每个人带来公共幸福。他提出：

> 主权在本质上是由公意所构成的，而意志又是绝不可以代表的；它只能是同一个意志，或者是另一个意志，而绝不能有什么中间的东西。①

卢梭认为，公意的基本特点便是它的整体性，是人民整体的意志，这种整体意志包含了个人的意志，因此个人服从公意、服从主权，也就是服从自己的意志，等于自由。这种体现人民"公意"的国家主权自然应属于全体人民，也就是"主权在民"，或称"人民主权"。他说：

> 我们每个人都以其自身及其全部的力量共同置于公意的最高指导之下，并且我们在共同体中接纳每一个成员作为全体之下不可分割的一部分。②

卢梭指出，公意必须是公共利益的体现，只有全体人民共同订立契约才是真正公意的体现。在这样的国家中人民可以像以往一样自由。意志是不能被代表的，人民必须自己表达个人的意志，否则就不能真实地表达主权者的意志。主权者是全体人民的统称。一旦全体人民的意志交由他人来代表，结果就可能产生不平等，主权者可能失去自由。任何个人、家族、团体或阶级，出于自身考虑而忽略全体人民的公共利益，就不是公意。主权者之间也就可能出现奴役与被奴役的关系。如果所有人的意志交由一个人代表，那么就会出现专制，专制君主就可以无忧无虑地驱使人民。卢梭认为：

> 为了很好地表达公意，最重要的是国家之内不能有派系存在，并且每个公民只能想自己的思想。③

卢梭认为，表达公意的自由不仅是尽可能地实现个人的意志，而且应该是在于不屈从于他人的意志。主权者是一个共同体，公意是主权者共同意志的体现。尽管共同体不会损害自己的公民，就像一个人不会损害自己

---

① （法）卢梭著：《社会契约论》，何兆武译，北京：商务印书馆2002年版，第125页。
② （法）卢梭著：《社会契约论》，何兆武译，北京：商务印书馆2002年版，第35页。
③ （法）卢梭著：《社会契约论》，何兆武译，北京：商务印书馆2002年版，第58页。

一样，但是，当出现公意与个别意志有分歧的情况，或某个个别意志想左右或摧毁公意的时候，应该使个别意志服从公意。卢梭认为：

> 任何人拒不服从公意，全体就要迫使他服从公意。这恰恰就是说，人们要迫使他自由。因为这既是使每一个公民都有祖国，从而保证他免于一切人身依附的条件，同时也是使政治机器得以灵活运转的条件。①

在卢梭看来，公意是至高无上的，而政府是第二位的，君主只是派生的。国家的活动受"公意"的指导和约束。主权是"公意的运用"。他认为，共同的意志之所以存在，是因为存在着使社会达到统一目的的共同利益。

卢梭认为，社会契约的根本目的，是建立共同体，在联合中保持每个公民的自由。国家为了社会全体成员的利益，必须具有普遍的强制性力量，具有支配社会各成员的绝对权力，这种权力的合法性就在于体现了公共意志。如果每个公民都按公意行动，也就保证了个人的自由。

2. 认为人民主权具有至上性和神圣不可侵犯性

卢梭认为，主权是至高无上的，拥有神圣不可侵犯的地位。主权是受公意指导建立起来的绝对权力。公意具有永恒性和不可摧毁性，因此主权同样具有最高权威。主权属于人民，"并没有而且也不可能有任何一种法律是可以约束人民共同体的，哪怕是社会契约本身。"②

卢梭认为，人民自己就是立法者和统治者，人民无保留地参与到社会和国家中，国家代表人民的共同利益，主权属于人民。而且人民组成国家的目的是能够以全体成员的力量防御和保护每个公民的人身自由和财产，人民理应是国家的主人。

卢梭强调，主权是不可转让、不可分割的。对此，他提出：

> 主权既然不外是公意的运用，所以就永远不可转让；并且主权者既然只是一个集体的生命，所以就只能由他自己来代表本人；权力可以转移，但是意志却不能够转移到事实上，即使个别意志与公意在某些方面互相一致并不是不可能的，然而至少这种一致若要经常而耐久却是不可能的；因为个别意志由于它的本性

---

① （法）卢梭著：《社会契约论》，何兆武译，北京：商务印书馆2002年版，第29页。
② （法）卢梭著：《社会契约论》，何兆武译，北京：商务印书馆2002年版，第35页。

就总是倾向于偏私，而公意则总是倾向于平等。人们要想保持这种一致，那就更为不可能了，即使它总是存在着的；那并非人为的结果，而只可能是机遇的结果。主权者很可以说，"我的意图的确就是某某人的意图，或者至少也是他自认为他所意图的东西"；但是他却不能说，"这个人明天将意图的仍将是我的意图"，因为意志使自身受未来所束缚，这本来是荒谬的，同时也因为并不能由任何别的意志来承诺任何违反原意图者自身幸福的事情。

因此，如果人民只是唯诺是从，那么，人民本身就会由于这一行为而解体，就会丧失其人民的品质；只要一旦出现一个主人，就立即不再有主权者了，并且政治体也就此告终。

这并不是说，首领的号令，在主权者有反对它的自由而并没有这样做的时候，也不能算是公意了。在这种情况下，普遍的沉默就可视为是人民的同意。

由于主权是不可转让的，同理，主权也是不可分割的。因为意志要么是公意，要么不是；它要么是人民共同体的意志，要么就只是一部分人的。在前一种情况下，这种意志一经宣布就成为一种主权行为，并且构成法律。在第一种情形下，它便只是一种个别意志或者是一种行政行为，至多也不过是一道命令罢了。

…………

在同样考察其他分类时，我们就会发现，每当人们自认为看出了主权是分立的，他们就要犯错误；而被人认为是主权各个部分的那些权利都仅是从属于主权的，并且永远要以至高无上的意志为前提，那些权利都只是执行最高意志罢了。[①]

卢梭认为，主权权力虽然是神圣的不可侵犯的，但是它是来源于契约，不会超出公共约定的界限，并且人人都可以任意处置这种决定所留给自己的财富和自由。主权权力的一切行为只是为了保卫人民，一旦政府篡夺了人民主权，人民就有权起来推翻他，以便保卫自己的权利。

卢梭认为，主权是不可代表的。意志不能被代表，它只能是同一个意志或者是另一个意志，而决不能有什么中间的东西，所以主权也不能被代

---

① （法）卢梭著：《社会契约论》，何兆武译，北京：商务印书馆2002年版，第58页。

表。人民是主权者和国家的主人，行政官不是人民的主人，更不是人民的代表，而只不过是人民委任的官吏，是人民的办事员。他们的职能是国家和主权者委托的，是拥有主权的人民选举出来的。他们本身并没有主权，只是从属于主权。所以他们只是在服从。卢梭说：

> 行政权力的受任者决不是人民的主人，而只是人民的官吏；只要人民愿意就可以委任他们，也可以撤换他们。对于这些官吏来说，决不是什么订约的问题，而只是服从的问题。①

卢梭指出，必须摆正人民与政府的关系，确保人民主权。由于政府本身就是人民的公仆，所以负责政府事务的个人或团体就必须同样是人民的公仆。立法权属于人民，但是行政权不一定属于全体人民；至少在形式上是这样。行政权是由人民委托的官吏执行，但必须受人民的监督。人民必须建立定期的人民集会制度，经常直接行使最高权力，来监督约束政府。他主张实行直接民主制反对代议制民主，认为人民的议员就不是、也不可能是人民的代表，他们只不过是人民的办事员罢了，他们并不能作出任何肯定的决定。

卢梭赋予了人民主权以至高无上的权威与地位，他认为执政者如果篡夺了人民主权，人民就有权利撤换他。"主权在民"思想是卢梭公民学说的核心内容和基本理念。

（三）认为公民只有服从法律才会有自由

卢梭主张，国家建立以后必须制定法律。因为人们仅仅服从公意是不够的，而首先必须认识公意理解公意，进而自觉地遵守公意。由于个人意志与公意之间可能会出现冲突，因此为了共同体的利益，需要将公意明确化、制度化、规范化，这样便形成法律。法律是公意的具体体现，是政治社会的行动准则。没有法律，公民的自由就无法保障。

1.主张"法律应由服从法律的人民来制定"

在卢梭看来，事物之所以美好，并符合于秩序，是由于存在正义。人们之间存在着完全出自理性的普遍正义，也就是一般意义的自然法。在自然状态中，人们受自然法的约束，但是自然法却不能对违背正义的行为进行制裁，正义的法则在人间就是虚幻的。要使正义能够应用在社会现实

① （法）卢梭著：《社会契约论》，何兆武译，北京：商务印书馆2002年版，第132页。

上，而非只停留在概念上，就需要法律把权利和义务结合在一起，规定什么是属于你的，而哪些又是属于我的。这样一切权利都被固定下来，情况就不一样了，减少了人们由于贪婪而导致的纷争。

卢梭认为，法律是政治体的唯一动力，政治体只能是由于法律而行动并被人感受到，没有法律已经形成的国家只不过是一个没有灵魂的躯壳。没有法律，已形成的国家只是存在着，而不能行动。卢梭认为：

> 法律应由服从法律的人民来制定；规定社会条件的，只能是那些组成社会的人们。[1]

这就是说，立法的权力必须掌握在人们手里，人民既是法律的遵守者，又是法律的制订者。他认为，凡不曾被人民所亲自批准的法律都是无效的，那根本就不是法律。人民成为立法者是实现主权在民的前提。法律只不过是公意的反映。人民有创制、批准、修改和废止法律的权力。卢梭指出：

> 已经确立的秩序如果很坏，那么人们为什么要把这种足以妨碍他们美好生活的法律作为根本法呢？何况，无论在什么情况下，人民是永远可以做主改变自己的法律，哪怕是很好的法律。[2]

卢梭认为，国家的最高权力是立法权，它是"国家的心脏"，人民永远拥有立法权，政府拥有法律的执行权。对于立法权和执行权的确切含义，卢梭进行严格的区分，认为主权者规定政府共同体建立的形式的行为就是立法，但是"人民任命首领来管理已经确立的政府"这样的行为是个别的行为，所以它并不是一项法律，而仅仅是前一项法律的后果，是政府的职能。政府是为执行法律并维持政治的自由而存在的，因此，"一个不按法律行事的政府，就不可能成为一个好政府。"[3]

2.认为公民"唯有服从人们自己所制定的法律才是自由"[4]

---

[1] （法）卢梭著：《社会契约论》，何兆武译，北京：商务印书馆2002年版，第78页。
[2] （法）卢梭著：《忏悔录》，张秀章，解灵芝选编，长春：吉林人民出版社2003年版，第159页。
[3] 转引自李平沤著：《解读卢梭〈社会契约论〉》，济南：山东人民出版社2001年版，第116页。
[4] （法）卢梭著：《社会契约论》，何兆武译，北京：商务印书馆2002年版，第42页。

在法与自由的关系上，卢梭认为理想的契约是为了保卫自由和平等，他认为法律和自由是辩证的统一。卢梭把自由分为"天然的自由"和"道德的自由"，天然的自由就是在自然状态中的完全的独立和自由，不过唯有道德的自由才使人类真正成为自己的主人。

卢梭深刻地认识到法律在人们的政治生活中的作用是非常重要的。在社会状态中法律是自由的保障。在法律的保障下人们可以自由地生活、自由地死去，而且任何人都不能摆脱法律的约束，他认为，"不管任何一个国家的政体如何，如果在它管辖的范围内有一个人可以不遵守法律，所有其他的人就必然会受这个人的任意支配。"①

卢梭指出，法律是公意的具体体现，服从法律，就是服从主权者自己的意愿。没有法律的保障，很有可能出现专制。认为，无须问法律是否公正，更无须问人们何以既是自由的而又要服从法律，因为法律只不过是我们自己的意志的记录。他还指出，任何人拒不服从公意的，全体就要迫使他服从公意。这是使每一个公民都有祖国从而保证他免于一切人身依附的条件。没有这一条件，社会规约便会是荒谬的、暴政的，并且会遭到最严重的滥用。

在卢梭看来，自由的本质在于不屈从于他人的意志。人在自然状态中是完全自给自足的，不需要对他人的依赖，是独立自由的。而在文明社会中，经济与政治上的不平等，不可避免地造成了一些人对另一些人的依附，这就使得他们不自由。卢梭主张，通过建立一种政治与经济的社会机制以改变个人对他人的依赖的性质，进而减弱乃至消除权力依存关系对于公民自由的损害。他认为，在这种新的社会中，公民对于某些执政者的个人依附关系被转化为对于整个社会的依存关系，即全体社会成员在遵守反映社会公意的法律基础上处于相互依存之中。

二、提出共和主义的公民学说

卢梭共和主义公民思想的中心问题，是在公共生活的共同体中实现人

---

① 转引自李平沤著：《解读卢梭〈社会契约论〉》，济南：山东人民出版社2001年版，第115页。

的自由，亦即以共同体的公民自由代替自然状态的天然自由。卢梭通过分析人类的自然状态与公民状态、私域自由与公域自由，揭示公民的道德本质。在卢梭看来，政体对于人格具有决定性的影响，公民是共和国的产物，而共和国则是公民生活的必要条件。

（一）认为共和国是公民的共同体

"公民"与"共和国"成为卢梭政治理论的核心主题。对卢梭来说，如果说"公民"是自由平等的人格理想，那么城邦式的"共和国"则是造就"公民"的政治共同体。因而在卢梭那里，公民理论即国家理论。卢梭的公民理想国是这样一个共和国：国家的幅员以自治为限，其中每个人都能胜任他的职务；人民彼此相识，官德和阴谋都呈现于公众眼前并接受其评断；在这个民主国家，主权者和人民合一且其唯有共同利益，因而一切政治活动永远都只是为了公共幸福。这个国家永远没有强大的力量，因而没有征服他国的野心，同时亦幸运地没有被别国征服的恐惧。它是处在许多国家中的一个自由城市。公民们接受军事训练与其说是由于自卫的需要，毋宁说是为了保持尚武精神和英勇气概。在这个国家中，人民自己有权批准法律，他们可以根据每年选举最能干、最正直的公民来掌管司法和治理国家。

在卢梭那里，共和国是一种公民共同体。公民作为共同体成员，表现着一种超自然的道德人格。他认为，公民的价值体现在个人与总体之间的关系中，提出：

> 自然人完全为他自己而生活，他是一个数的单位，是绝对的
> 统一体。而公民则是一个分数的单位，他依赖于分母，他的价值
> 在于其和总体即社会的关系。①

卢梭认为，在共和国中，公民的权利平等并具有相互性。公民通过自我立法而获得自由，他们"一方面既是主权者而另一方而又是臣民"②，他们创制法律，又服从法律。卢梭认为：

> 政治体的本质就在于服从与自由二者的一致，而臣民与主权
> 者这两个名词乃是同一意义的相关语，这两种观念就结合为公民

---

① （法）卢梭著：《爱弥尔》（上卷），李平沤译，北京：商务印书馆1996年版，第9页。
② （法）卢梭著：《社会契约论》，何兆武译，北京：商务印书馆2002年版，第77页。

这一名称。①

在卢梭的"公民"概念中，自我立法的公民是主权者与臣民的结合体，他们体现了自治社会中自由与服从、权利与义务的辩证性。

在卢梭看来，公民与城邦相互依存。而"城邦"这个名词的真正意义，在近代人中间几乎完全消失了，大多数人都把城市当做城邦，把市民视为公民。他们不知道构成城市的是家庭，而构成城邦的是公民。卢梭强调：

> 公民是城邦的组成部分，他们是爱国者，即以国家为本务的人。譬如斯巴达人中竭诚参政的佩达勒特和为五子殉国而自豪的妇人。②

在卢梭的政治理论中，"公民"概念具有以下含义：组成共和国的等级、主权权威的参与者、主权者和臣民的统一。换言之，公民即分享政治权利的自由平等的共同体成员。在共和国中，公民的自由、平等和公共性表现为政治生活中的"相互主体性"。卢梭的公民，以共同体的公意克服了个人的私利，以自我立法的主权者公民扬弃了私性公民非政治性的消极臣民性格，从而实现了共同体的公共自由。

卢梭强调，社会公约意味着每个人都将其自身及其全部的力量共同置于"公意"的最高指导之下，并在共同体中接纳每一个成员作为全体之不可分割的一部分。就共同体的结合者而言，他们作为集体是人民，作为个别的主权权威的参与者是公民，作为国家法律的服从者则为臣民。在社会契约共和国中，个人通过参与政治共同体，由自然人转变为公民，实现了公民道德和自由的回归。

（二）主张公民应接受教育和学习知识

卢梭认为，公民应从人的本性出发，按照认识发展的自然过程，接受教育，学习知识，促进身心健康、个性独立与个性解放。他反对封建专制主义、蒙昧主义和天主教会违反人的本性、奴化人的思想，使人不能成为一个自由、独立的人。

卢梭认为，自然人是为了自己而生活，不依赖任何人，能自己争取自

---

① （法）卢梭著：《社会契约论》，何兆武译，北京：商务印书馆 2002 年版，第 12 页。

② （法）卢梭著：《爱弥尔》（上卷），李平沤译，北京：商务印书馆 1996 年版，第 10 页。

己的幸福。他说：

> 自然人完全是为他自己而生活的。①

> 一个人应该怎样做人，他就知道怎样做人，他在紧急关头，而且不论对谁都能尽到做人的本分；命运无法使他改变地位，他始终处在他的地位上。②

卢梭认为，公民应接受自然的教育、人为的教育和事物的教育。其中自然的教育是人所不能控制的，事物的教育只是部分能为人所决定，人为的教育是完全可以由人来支配的。只有遵循人的本性自然，公民才会实现天性自由发展与身心和谐发展。

卢梭主张，公民应培养自己的学习兴趣，积极快乐地学习。他认为，公民教育"并不是传给他确切的知识，而是养成他在需要知识时能够掌握获得知识的办法，教导他在掌握知识时尊重知识的价值，并且热爱真理甚于热爱一切"③。

卢梭主张，公民教育应因材施教，循序渐进，不断完善人的道德品格。他指出：

> 选择教育活动是要适应这种总量的。我不想选择在表面上可以受到良好效果的方法是容易的，但是假如那种方法不能适应学生的类型、性别和年龄特征等，我怀疑他的效果是否是真正良好的。④

卢梭认为，封建教育是对学生的折磨和摧残，压制了儿童的创造性和独立性，因此应该废除。他认为，世界以外无书籍，事实以外无教材，公民自己在经历生活、体验人生中应多观察、多思考，张扬自己的理性，丰富自己的知识，成为真正独立的个性的人。卢梭的公民思想，对促进欧洲公民教育学说的发展起到引导和奠基作用。

卢梭的社会契约论主张民主、平等，高扬人类理性，从世俗的角度论证国家的起源，反对君权神授，主张个人权利，是历史的进步。虽然卢梭提出的自由与平等思想在私有制的社会前提下是不可能真正实现的，但他

---

① （法）卢梭著：《爱弥尔》（上卷），李平沤译，北京：商务印书馆1996年版，第15页。
② （法）卢梭著：《爱弥尔》（上卷），李平沤译，北京：商务印书馆1996年版，第18页。
③ 转引自滕大春著：《卢梭教育思想述评》，北京：人民教育出版社1990年版，第52页。
④ 转引自滕大春著：《卢梭教育思想述评》，北京：人民教育出版社1990年版，第65页。

的思想更多体现了广大中下层人民的利益，因而其公民学说对于推动公民学说的发展乃至社会历史进步产生了巨大的影响。

第四节　托马斯·潘恩的公民学说

托马斯·潘恩（Thomas Paine，1737—1809 年），美国独立战争时期著名的政治思想家。他出身于英国诺福克郡赛特福德镇一个贫穷的手工业家庭，13 岁辍学后跟着父亲学裁缝手艺，后来做过水手、税务官和教师。1774 年秋，他远渡重洋到达北美，很快就投入到北美人民的抗英斗争中，并发表了一系列反对封建专制、讨论独立战争的政论文章，抨击了殖民者的罪行。北美独立战争胜利后，托马斯·潘恩于 1787 年回到欧洲，往返于英法两国并积极参与反对封建专制的革命斗争。在法国期间，他曾参加法国大革命，参与法国《人权宣言》的草拟工作，后来获得法国公民资格，做过国民议会议员。托马斯·潘恩一生中写了大量的著作，主要代表作有《常识》《人权论》《理性时代》等。托马斯·潘恩的人权思想、人民共和国思想以及代议制民主思想是其公民学说的集中体现。

一、提出天赋人权的公民学说

在西方宪政史上，托马斯·潘恩是最早阐述天赋权利与公民权利关系的思想家。他认为，公民权利来源于天赋权利，是天赋权利的集合。公民权利是人在社会中保留的天赋权利，公民有充分行使能力的那部分权利；而天赋权利，是个人虽然应充分享有，但却缺乏行使它们的能力的那部分权利，如智能上的权利或思想上的权利。他否认了那种君主或统治者赋予人以公民权利的说法，并在自然权利与社会权利之间划出了界限。

（一）认为公民权利起源于天赋权利

托马斯·潘恩在谈及公民权利与天赋权利之间的关系之前，用大量文字论述了天赋权利的起源与内涵。他追古思今寻找人的权利根源，指出："在任何事情能够通过推考得出结论之前，必须先确立肯定或否定据以推考的某些事实、原则或资料。"① 据此，托马斯·潘恩对人的权利展开了追根溯源的考究。

关于人的权利，有些人是从古代汲取先例来推理的，其错误在于他们深入古代还不够。他们没有追到底。他们在一百年或一千年的中间阶段就停了下来，把当时的做法作为现代的准则。这根本没有什么权。如果我们再进一步深入古代，就会发现当时还有着一种截然相反的见解和实践；如果古就是权威，那就可以找出无数这样的权威，它们是一贯彼此矛盾的；如果再往深里挖，我们将最后走上正路；我们将回到人从造物主手中诞生的那一刻。他当时是什么？是人。人是他最高的和唯一的称号，没有再高的称号可以给他了。②

如此一来，托马斯·潘恩不仅肯定了人权的神圣性，而且还指出了天赋权利的合理性。他说：

事实上，自古以来的人想证明一切，结果都一无建树。从来都是权威同权威之争，直至我们追溯到创业时人权的神圣起源。这里，我们的探索才有了着落，理性也找到了归宿。③

托马斯·潘恩认为，公民权利就是人作为社会一分子所具有的权利。个人进入社会后，天赋权利的一部分被保留下来，而另一部分则转化为公民权利。他提出：

每一种公民权利都来自一种天赋权利，换句话说，是一种天赋权利换取的。恰当地成为公民权利的那种权利是由人的各种天赋权利集合而成的，这种天赋权利就能力观点而言，在个人身上是不充分的，满足不了他的要求，但汇集到这一点，就可以满足每个人的要求。由种种天赋权利集合而成的权利（从个人的权利来说是不充分的）不能用以侵犯个人保留的那些天赋权利，个人既充分具有这些天赋权利，又有充分行使这种权利的能力。④

① （英）托马斯·潘恩著：《潘恩选集》，马清槐译，北京：商务印书馆1981年版，第139页。
② （英）托马斯·潘恩著：《潘恩选集》，马清槐译，北京：商务印书馆1981年版，第139页。
③ （英）托马斯·潘恩著：《潘恩选集》，马清槐译，北京：商务印书馆1981年版，第140页。
④ （英）托马斯·潘恩著：《潘恩选集》，马清槐译，北京：商务印书馆1981年版，第143—144页。

也就是说，公民权利是一种建立在天赋权利之上的社会权利，从而，公民个人有权行使自己的权利，不受君主或统治者的约束。他说：

> 所有这一类权利都是与安全和保护有关的权利。①

也就是说，凡是与安全和保护有关的权利都属于公民权利的范畴。托马斯·潘恩认为，之所以这样说，是因为：

> 人所保留的天赋权利就是所有那些权利，个人既充分具有这些权利，又有充分行使这种权利的能力……至于人所不能保留天赋权利就是所有那些权利，尽管个人充分具有这种权利，但缺乏行使他们的能力。这些权利满足不了他的要求。一个人借助于天赋权利，就有权判断他自己的事务；就思想上的权利而言，他决不会放弃这个权利，但如果他不具备矫正的能力，那么光判断自己的事务又有什么用呢？②

托马斯·潘恩认为，为了充分实现公民权利，公民个人需要"把这种权利存入社会的公股中，并且作为社会的一分子，和社会携手合作，并使社会的权利处于优先地位，在他的权利之上。社会并未白送给他什么。每个人都是社会的一个股东，从而有权支取股本。"③公民权利来源于天赋权利，并且由社会保障公民权利的充分实现。

在论述天赋权利的起源之后，他认为：

> 天赋权利就是人在生存方面所具有的权利。其中包括所有智能上的权利，或是思想上的权利，还包括所有那些不妨害别人的天赋权利而为个人自己谋求安乐的权利。④

在托马斯·潘恩看来，天赋权利还包括自由、平等、财产、安全、反抗压迫、言论、信仰以及追求幸福生活的权利等。

（二）认为每个人在权利上都是平等的

托马斯·潘恩认为，所有的人生来就是平等的，并具有平等的天赋权利。对于平等权，他从"人类的一致性"上表明观点，他提出：

> 任何一部创始史，任何一部传统的记述，不管他们对于某些

---

① （英）托马斯·潘恩著：《潘恩选集》，马清槐译，北京：商务印书馆1981年版，第143页。
② （英）托马斯·潘恩著：《潘恩选集》，马清槐译，北京：商务印书馆1981年版，第143页。
③ （英）托马斯·潘恩著：《潘恩选集》，马清槐译，北京：商务印书馆1981年版，第143页。
④ （英）托马斯·潘恩著：《潘恩选集》，马清槐译，北京：商务印书馆1981年版，第142页。

特定事物的见解或信仰如何不同，但在确认人类的一致性这一点上则是一致的；我的意思是说，所有的人都处于同一地位，因此，所有的人生来就是平等的，并具有平等的天赋权利，恰像后代始终是造物主创造出来而不是当代生殖出来，虽然生殖是人类代代相传的唯一方式；结果每个孩子的出生，都必须是从上帝那里获得生存。世界对他就像对第一个人一样新奇，他在世界上的天赋权利也是完全一样。①

他认为，"无论在天堂或地狱，或者生存在任何环境里，善和恶是唯一的差别。甚至政府的法律也不得不沿用人的一致性或平等的原则，只规定罪行的轻重，而不规定人的地位。"②同时，托马斯·潘恩还提出，每一个人同它前代的人在权利上都是平等的，他说：

> 如果哪一代人具有决定那种用以永远统治世界的方式的权利，那就只能是第一代人；如果第一代人没有这样做，以后任何一代人都不能证明有这样做的权或者建立起任何这样的权。人权平等的光辉神圣原则（因为它是从造物主那里得来的）不但同活着的人有关，而且同时代相继的人有关。根据每个人生下来在权利方面就和他同时代平等的同样原则，每一个人同它前代的人在权利上都是平等的。③

> 每一个时代和世代的人在任何情况下都必须像他以前所有的时代和世代的人那样为自己自由地采取行动。死后统治的狂妄设想是一切暴政中最荒谬而又蛮横的。人不能以他人为私产，任何时代也不能以后代为私产。1688年或任何别的时期的人民议会无权处置今天的人民，或者以任何形式约束和控制他们，正如今天的议会或人民无权处置、约束或控制百年或千年后的人民一样。每一代人都符合而且必须符合那个时代所要求的一切目的。要适应的是生者，而不是死者。人一旦去世，他的权利与需求也随之而消失；既然不再参与世事，他也就不再有权指挥由谁来统

---

① （英）托马斯·潘恩著：《潘恩选集》，马清槐译，北京：商务印书馆1981年版，第141页。
② （英）托马斯·潘恩著：《潘恩选集》，马清槐译，北京：商务印书馆1981年版，第141页。
③ （英）托马斯·潘恩著：《潘恩选集》，马清槐译，北京：商务印书馆1981年版，第140页。

治世界或如何组织和管理政府了。①

那些已经去世和那些尚未出世的人，他们彼此相距之远，非竭尽人的想象力不能设想。那么，他们之间还可能存在什么义务；在一方已死和另一方未生而且双方在这个世界上永远不能见面的两个非实体之间，又能订立什么由一方永远控制另一方的规章或原则呢？②

托马斯·潘恩指出了人的义务的重要性，阐释了人的权利与义务之间的一致性。他说：

从这个角度来看待人，并从这个角度来教育人，就可以使他同他的一切义务紧紧联系起来，无论是对造物主的义务，还是对天地万物（他就是其中一部分）的义务。

…………

人类的义务并不是无数的收税关卡，他必须凭票通过这个关卡到那个关卡。人的义务简单明了，只包括两点。他对上帝的义务，这是每个人都应感受的；对邻居彼此以礼相待。如果那些授权的人做得好，他们就会受到尊重，否则就将遭到轻视，但对那些未经授权而是窃取权力的人来说，理性的世界就不能承认他们了。③

托马斯·潘恩对于平等权的这种独特观点，有力地打击了封建专制制度，唤醒了公民争取平等的意识。

（三）主张人人拥有宗教信仰自由的权利

托马斯·潘恩肯定了公民的宗教信仰自由。他认为，信仰宗教是公民的天赋权利。他说：

人所保留的天赋权利就是所有那些权利，个人既充分具有这些权利，又有充分行使这种权利的能力。如上所述，这类权利包括一切智能上的权利，或者思想上的权利；信教的权利也是其中

---

① （英）托马斯·潘恩著：《潘恩选集》，马清槐译，北京：商务印书馆1981年版，第115—116页。

② （英）托马斯·潘恩著：《潘恩选集》，马清槐译，北京：商务印书馆1981年版，第116—117页。

③ （英）托马斯·潘恩著：《潘恩选集》，马清槐译，北京：商务印书馆1981年版，第142页。

之一。①

托马斯·潘恩还认为，政府有保护公民信教的责任。他说：

> 至于宗教，我认为保护一切真诚地宣布自己的宗教信仰的
> 人，乃是政府的必不可少的责任。②

在肯定信教是公民天赋权利以及政府负有保护之责任的基础上，托马斯·潘恩通过《理性时代》这个小册子，大胆地反对和批判各种教会及其经文，以肯定"信教是公民的自由，任何人无权干涉"。他提出：

> 每一个国家的教会或宗教，都是假装着遵循上帝托付给某
> 些个人的特别使命而建立的。犹太人有他们的摩西；基督教徒有
> 他们的耶稣基督，他们的使徒和圣徒；土耳其人有他们的穆罕默
> 德，好像上帝的道路是各不相同的。

> 那些教会各有一套书籍，他们叫做启示录或圣经。犹太人说
> 他们的圣经是由上帝当面传给摩西的；基督徒说他们的圣经是通
> 过圣灵而来的；土耳其人说他们的圣经（《可兰经》）是一个天使
> 从天上带来的。那些教会互相指责别的教会不信神；就我自己来
> 说，我对他们全都不信。③

在此基础上，托马斯·潘恩认为，一切国家建立自己的教会机关和制定各种经文，其目的不是为了人类的幸福，而是在于"恐吓和奴役人类，并且借此来垄断权力和利益"④。

为了真正实现人类幸福，托马斯·潘恩谈到了如何信教的问题。他认为，公民在信教时应该忠于自己的理性。他说：

> 我不相信犹太教会、罗马教会、希腊教会、土耳其教会、基
> 督教会和我所知道的任何教会所宣布的信条。我自己的头脑就是
> 我自己的教会。⑤

> 一个人在思想上必须对于自己保持忠诚。所谓不忠诚不在于
> 相信或不相信；而在于口称相信他自己实在不相信的东西。思想

① （英）托马斯·潘恩著：《潘恩选集》，马清槐译，北京：商务印书馆1981年版，第143页。
② （英）托马斯·潘恩著：《潘恩选集》，马清槐译，北京：商务印书馆1981年版，第46页。
③ （英）托马斯·潘恩著：《潘恩选集》，马清槐译，北京：商务印书馆1981年版，第350页。
④ （英）托马斯·潘恩著：《潘恩选集》，马清槐译，北京：商务印书馆1981年版，第349页。
⑤ （英）托马斯·潘恩著：《潘恩选集》，马清槐译，北京：商务印书馆1981年版，第349页。

上的谎言在社会里所产生的道德上的危害，是无法计算的，如果我可以这样说的话。当一个人已经腐化而侮辱了他的思想的贞洁，从而宣扬他自己不相信的东西，他已经准备犯其他任何的罪行。他做宣传师是为了利益；并且为了获得做这个职业的资格起见，他必须从撒大谎开始。试问我们能否设想还有什么事情比这一个对于道德的破坏更大的呢？①

托马斯·潘恩认为，人只有相信"上帝所赋予的人的最好的东西——天赋的理性"②，才会活得更和谐一致而富有道德。他说：

> 人唯有依靠运用理性，才能发现上帝。离开了理性，他将什么东西也不了解；在这种情形下，即使读了那本成为《圣经》的书，一个人和一匹马并没有什么不同的地方。③

他认为，唯有依靠理性，人们才会发现事物的本质和发展的内在根据，从而不被"以讹传讹"的结果所影响，不被邪恶教会宣传的思想所欺骗，以感到信教的自由与快乐。

托马斯·潘恩认为，倡导公民忠于自己的理性，这并不是磨灭各种宗教的存在，他说，他不相信各种宗教，这并不代表"要谴责那些有相反的信仰的人；他们对于他们的信仰正像我对我的信仰有同样的权利。"④他认为社会中存在多种多样的宗教信仰是上帝的意志。因此，对待各种宗派应遵循没有偏见的原则，把它们看做"一家的孩子一般"，"只是它们的所谓教名互有不同罢了"⑤。他说：

> 如果他的信仰和你不同，这就证明你的信仰和他不同，而人世间没有一种力量能够决定你们谁是谁非。说到宗教的派别，如果让每个人来评价自己的教，没有一个教是错的；如果让人们去评价彼此的教，那就没有一个教是对的；因此，要么大家都对，要么大家都错。但就宗教本身而论，不管名称如何，作为人类大家庭对神灵的崇拜，这是人献给"造物主"的心灵的果实，虽然

---

① （英）托马斯·潘恩著：《潘恩选集》，马清槐译，北京：商务印书馆1981年版，第349页。
② （英）托马斯·潘恩著：《潘恩选集》，马清槐译，北京：商务印书馆1981年版，第370页。
③ （英）托马斯·潘恩著：《潘恩选集》，马清槐译，北京：商务印书馆1981年版，第373页。
④ （英）托马斯·潘恩著：《潘恩选集》，马清槐译，北京：商务印书馆1981年版，第349页。
⑤ （英）托马斯·潘恩著：《潘恩选集》，马清槐译，北京：商务印书馆1981年版，第46页。

这些果实像大地上的果实那样可以彼此不同，但每个人满怀谢意的贡品都被"造物主"接受。①

托马斯·潘恩倡导公民信教自由，并不是要公民一定选择某个宗教去信仰，而是要公民懂得在信仰某个宗教时，学会依靠自己的理性，"信仰一个永久存在的'第一原因'"②。托马斯·潘恩说这些思想是他"对于世界各国公民的最后贡献"③。

二、认为宪法是实现公民权力的保障

以公民的意愿和权利为逻辑起点，托马斯·潘恩展开了宪法的起源、含义、内容和目的，政府的产生、行事原则和目的，以及宪法与政府之间关系的阐述。

（一）认为国民具有制定宪法的权利

托马斯·潘恩认为，"宪法不仅是一种名义上的东西，而且是实际上的东西。它的存在不是理想的而是现实的；如果不能以具体的方式产生宪法，就无宪法可言。"④ 依据此标准，托马斯·潘恩推论道：

> 一国国民具有制定宪法的权利。一国国民是否一开始就能以最恰当的方式去行使这一权利，这完全是另一回事。它按照它的判断力来行使这一权利；而且只要一直这样做下去，一切错误到头来都会得到改正。⑤

> 一旦这种权利在一个国家中确立了之后，就不怕它被利用来损害它自己。因为国民对错误是不感兴趣的。⑥

至于公民如何来行使制宪权，他根据法国经验指出，要把"孕生"宪法而由"国民的原始代表"组成的"制宪会议"与宪法所"孕生"而由

---

① （英）托马斯·潘恩著：《潘恩选集》，马清槐译，北京：商务印书馆1981年版，第161—162页。

② （英）托马斯·潘恩著：《潘恩选集》，马清槐译，北京：商务印书馆1981年版，第373页。

③ （英）托马斯·潘恩著：《潘恩选集》，马清槐译，北京：商务印书馆1981年版，第348页。

④ （英）托马斯·潘恩著：《潘恩选集》，马清槐译，北京：商务印书馆1981年版，第146页。

⑤ （英）托马斯·潘恩著：《潘恩选集》，马清槐译，北京：商务印书馆1981年版，第263—264页。

⑥ （英）托马斯·潘恩著：《潘恩选集》，马清槐译，北京：商务印书馆1981年版，第264页。

"国民的有组织的代表"组成的"立法会议"区别开来。他说，"制宪会议"的职权是"制定宪法"，而"立法会议"的职权是"根据宪法规定的原则和方式制定法律"①。同时，他还重视公民"普遍信守"宪法的意义。

> 对于一项坏的法律，我一贯主张（也是我身体力行的）遵守，同时使用一切论据证明其错误，力求把它废除，这样做要比强行违犯这条法律来得好；因为违反坏的法律此风一传开，也许会削弱法律的力量，并导致对那些好的法律违犯。②

他还认为，宪法的制定和实施是限制政府权力，为公民造福的。托马斯·潘恩写道："在制定宪法时，首先必须考虑政府成立的目的何在？其次，什么是实现那些目的的最好而又最省的方法？""政府不过是一个全国性的组织，其目的在于为全体国民——个人的和集体的——造福。"③托马斯·潘恩认为，宪法的内容包括政府据以建立的原则、政府组织的方式、政府具有的权力、选举的方式、议会——或随便叫别的什么名称的这类团体——的任期、政府行政部门所具有的权力，总之，凡与文官政府全部组织有关的一切以及它据以行使职权和受约束的种种原则都包括在内。为了更好地显示宪法的现实性，托马斯·潘恩强调了宪法对于保证公民自由、财产、宗教信仰等方面的作用。他认为，这样的宪章应该是一个人人必须参加的履行神圣义务的盟约，它能够保障每个人在宗教信仰、财产等方面的权利。

托马斯·潘恩认为：

> 要制定一部原则同各种意见与实践相结合的宪法，而且经过多年形势变化始终保持不变也不产生矛盾，这也许是不可能的；因此，为了防止不利因素累积起来，以至于有碍革命或引起革命，最好规定一些办法在这些因素发生时就加以控制。④

接着，他又从人权的角度进一步阐述宪法要与时俱进。他说：

> 人权乃是世世代代的人享有的权利，不能为任何人所垄断。凡是值得遵循的事都是因为它本身具有价值。它之所以有保障，

---

① （英）托马斯·潘恩著：《潘恩选集》，马清槐译，北京：商务印书馆1981年版，第147页。
② （英）托马斯·潘恩著：《潘恩选集》，马清槐译，北京：商务印书馆1981年版，第222页。
③ （英）托马斯·潘恩著：《潘恩选集》，马清槐译，北京：商务印书馆1981年版，第264页。
④ （英）托马斯·潘恩著：《潘恩选集》，马清槐译，北京：商务印书馆1981年版，第273页。

原因即在于此，而不在于任何会使它受到阻碍的条件。当一个人把财产遗留给他的继承人时，他是不会以他们必须接受它作为条件的。那么，在宪法方面，我们为什么要反其道而行之呢？现在能涉及出的符合目前情况的最好的宪法，也许再过几年就会大大失去其优越性。①

（二）认为宪法"是人民组成政府的法令"

在谈及宪法与政府的关系时，托马斯·潘恩认为，宪法先于政府而存在，政府是宪法的产物。他提出：

> 宪法并不是政府的法令，而是人民组成政府的法令；政府如果没有宪法就成了一种无权的权力了。②

托马斯·潘恩认为，宪法规定政府的权力，政府无权自我决定自身拥有什么权力。政府必须在宪法规定的权力范围内行事，无权改变自己的权力。如果政府有任意改变权力的权力，它就会专断独行，为所欲为，就不是为防止祸害而产生，而是成为制造祸害的罪魁祸首了。

托马斯·潘恩还通过英国的情况来说明：哪里有政府自我扩张的权力，哪里就无宪法可言。他说，英国议会通过法案授权自己任期7年，此举表明英国没有宪法。因为议会也可以凭借同样的自我授权，任意无限制延长任期。

托马斯·潘恩将宪法与政府间的关系比作普通法律和法院之间的关系。法院并不制定法律，也不能更改法律，它只能按制定的法律办事；政府也是如此，它只能按宪法规定的权项和权限进行行政管理，而不能改变宪法。只有这样，才能感受到"宪法主治"之下，公民充分实现权利的"宪政景观"。这是托马斯·潘恩宪政思想的核心。

三、认为公民社会的理想政体是代议制民主政体

托马斯·潘恩认为，公民社会的最理想的政体是代议制共和国。所谓共和国，托马斯·潘恩将respublica意为"公共事务"或"公共利益"，

---

① （英）托马斯·潘恩著：《潘恩选集》，马清槐译，北京：商务印书馆1981年版，第273页。
② （英）托马斯·潘恩著：《潘恩选集》，马清槐译，北京：商务印书馆1981年版，第250页。

或是"公共的事"。他认为："它完全体现了政府应当据以建立与行使的宗旨、理由和目标……这个词儿原来的含义很好，指的是政府应有的性质和职责"[1]。

（一）认为政府应为公民的利益、意愿和幸福尽义务

关于政府的起源、目的、合法性与原则，托马斯·潘恩认为，政府是为公民而产生的。从人的德行角度出发，谈及政府的公民性。政府是由于人们德行的软弱而产生的保障公民自由与安全的社会性团体，它的出现紧紧地与公民的利益联系在一起。

托马斯·潘恩从社会契约角度也说明了政府的诞生离不开公民的利益，他指出：

> 许多个人以他自己的自主权利互相订立一种契约以产生政府；这是政府有权利由此产生的唯一方式，也是政府有权利赖以存在的唯一原则。[2]

> 政府的必要性，最多在于解决社会和文明所不便解决的少量事务。[3]

在托马斯·潘恩看来，任何政府都能作为同全体公民订立契约的一方，等于承认政府在能够取得存在的权利之前就已存在。公民与那些行使政府职权的人之间唯一能够发生契约关系，乃是在公民选中和雇佣这些人并付给他们报酬之后。他说：

> 政府不是任何人或任何一群人为了谋利就有权利去开设或经营的店铺，而完全是一种信托，人们给它这种信托，也可以随时收回。政府本身并不拥有权利，只负有义务。[4]

托马斯·潘恩认为，政府并不是统治者与被统治者之间订立的一种契约，而是人民与人民之间约定的。他说：

> 人民之间相互产生组成一个政府，这就是契约。[5]

托马斯·潘恩认为，个人先于政府而存在。他说：

---

① （英）托马斯·潘恩著：《潘恩选集》，马清槐译，北京：商务印书馆1981年版，第243页。
② （英）托马斯·潘恩著：《潘恩选集》，马清槐译，北京：商务印书馆1981年版，第145页。
③ （英）托马斯·潘恩著：《潘恩选集》，马清槐译，北京：商务印书馆1981年版，第230页。
④ （英）托马斯·潘恩著：《潘恩选集》，马清槐译，北京：商务印书馆1981年版，第254页。
⑤ （英）托马斯·潘恩著：《潘恩选集》，马清槐译，北京：商务印书馆1981年版，第254页。

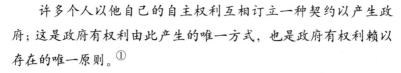

许多个人以他自己的自主权利互相订立一种契约以产生政府；这是政府有权利由此产生的唯一方式，也是政府有权利赖以存在的唯一原则。①

托马斯·潘恩认为，政府与人民之间是一种委托关系，政府权力来源于公民权利，政府权力不应损害公民权利，而应当保障公民的权利。他认为，政府的目的就是根据契约要求保障公民的权利、自由和共同幸福。政府的目的"在于为全体国民——个人的和集体的——造福"。在此基础上，他指出了政府的合法性基础是人民的认可与拥戴：

政府的力量并不在于它自身，而在于国民的爱戴以及人民觉得支持它是有好处的。如果不具备这个条件，政府就无异于是儿童掌权，它虽然像法国的旧政府那样，可以鱼肉人民于一时，但最后只能促使自己倒台。②

公民的权利是永恒的、不可剥夺的，相比较而言，政府的权力则是暂时的，对于失去了合法性基础的政府，托马斯·潘恩提出：

一国的国民任何时候都具有一种不可剥夺的固有权利去废除任何一种他认为不合适的政府，并建立一个符合他的利益、意愿和幸福的政府。③

为了更充分地保障公民合法利益的实现，托马斯·潘恩还阐述了政府的行事原则。他引用法国的《人权和公民权宣言》的前三条内容并以此要求政府：

一、在权利方面，人生来是而且始终是自由平等的。因此，公民的荣誉只能建立在公共事业的基础上。二、一切政治结合的目的都在于保护人的天赋的和不可侵犯的权利；这些权利是：自由、财产、安全以及反抗压迫。三、国民是一切主权之源；"任何个人"或"任何集团"都不具有任何不是明确地从国民方面取得的权力。④

托马斯·潘恩认为这些原则中没有任何因煽动野心而使国家陷于混乱

---

① （英）托马斯·潘恩著:《潘恩选集》，马清槐译，北京:商务印书馆 1981 年版，第 145 页。
② （英）托马斯·潘恩著:《潘恩选集》，马清槐译，北京:商务印书馆 1981 年版，第 253 页。
③ （英）托马斯·潘恩著:《潘恩选集》，马清槐译，北京:商务印书馆 1981 年版，第 213 页。
④ （英）托马斯·潘恩著:《潘恩选集》，马清槐译，北京:商务印书馆 1981 年版，第 214 页。

的东西，它们都是意在唤起智慧和能力，使之为公共利益服务，而不是为特定的一伙人或家族升官发财效劳。

托马斯·潘恩认为政府必须按社会原则办事，"如果政府不是依附于社会的原则，反而闹独立，并且根据不公平的利益和压迫行事，那么，他本来应该防止祸患的，现在反而成为制造祸患的根源了。"[①] 并且，托马斯·潘恩还指出："文明越发达，越是不需要政府。"[②]

（二）认为代议制政府能保护公民的公众利益

托马斯·潘恩指出，以代议制为政权组织形式的共和政府必须按"共和国原则"办事，即必须服务于公众的利益。"不以公众的利益作为独一无二的目的，都不是好政府。共和政府是为了个人或集体的公共利益而建立或工作的政府。"[③] 代议制共和政府是一种着眼于公众利益的政体，区别于"貌似共和政府"的政府。他说：

> 各种不同形式的政府总是自命为共和政府。波兰自称为共和国，实际上是世袭贵族制，国王由选举产生。荷兰也自称为共和国，实际上主要是贵族制，省长是世袭的。[④]

托马斯·潘恩还特别指出了代议制共和政府是名副其实的为民政府。他说：

> 全部建立在代议制基础上的美国政府才是性质上和实践上现存的唯一真正共和国。它的政府的目的只是处理国家的公共事务，因此它确实是一个名副其实的共和国；而且美国人已经注意到他们的政府的目的应该永远是这个而不是另一个，他们抵制一切世袭的东西，把政府紧紧建立在代议制基础上。[⑤]

托马斯·潘恩具体论述了代议制民主共和政体的优越性。他认为，代议制民主弥补了简单民主制的缺陷，顺应了近代民族国家产生的现实。简单民主制是一种直接民主，是"社会不借助辅助手段而自己管理自己"[⑥]，

---

① （英）托马斯·潘恩著：《潘恩选集》，马清槐译，北京：商务印书馆1981年版，第231页。
② （英）托马斯·潘恩著：《潘恩选集》，马清槐译，北京：商务印书馆1981年版，第231页。
③ （英）托马斯·潘恩著：《潘恩选集》，马清槐译，北京：商务印书馆1981年版，第244页。
④ （英）托马斯·潘恩著：《潘恩选集》，马清槐译，北京：商务印书馆1981年版，第244页。
⑤ （英）托马斯·潘恩著：《潘恩选集》，马清槐译，北京：商务印书馆1981年版，第244页。
⑥ （英）托马斯·潘恩著：《潘恩选集》，马清槐译，北京：商务印书馆1981年版，第246页。

就像古希腊时期雅典的民主制，不具备任何代议性质，它只适用于"寡民小国"。托马斯·潘恩说：

> 简单民主制不能扩大，不是由于它的原则，而是由于它的形式不利；而君主制和贵族制则是由于无能，那么，把民主制作为基础保留下来，同时摒弃腐败的君主制和贵族制，代议制就应运而生，并立即弥补简单民主制在形式上的各种缺陷以及其他两种体制在知识方面的无能。[1]

托马斯·潘恩设想，"雅典如采用代议制，就会胜过原有的民主制。"[2]他主张，

> 把代议制同民主制结合起来，就可以获得一种能够容纳和联合一切不同利益和不同大小的领土与不同数量的人口的政府体制。[3]

托马斯·潘恩认为，代议制民主"以自然、理性和经验作为指导"[4]，化解了权力与知识之间的矛盾。他说：

> 代议制集中了社会各部分和整体的利益所必需的知识。它使政府始终处于成熟的状态。正如已经看到的那样，它永远不年轻，也永远不老。它既不年幼无知，也不老朽昏聩。它从不躺在摇篮里，也从来不拄拐杖。它不让知识和权力脱节，而且正如政府所应当的那样，摆脱了一切个人的偶然性，因而比所谓的君主制优越。[5]

托马斯·潘恩认为，代议制民主政府始终坚持"主权在民"原则。在代议制下，政府随便做哪一件事都必须把道理向公众说清楚。每一个人都是政府事务的经管人，把了解并做好政府公务视为分内之事。"最重要的是，他从来不采取盲目跟从其他政府为'领袖'的那种奴才作风"，因而顺应了平等的"人权德性"。

---

① （英）托马斯·潘恩著:《潘恩选集》，马清槐译，北京：商务印书馆1981年版，第245页。
② （英）托马斯·潘恩著:《潘恩选集》，马清槐译，北京：商务印书馆1981年版，第246页。
③ （英）托马斯·潘恩著:《潘恩选集》，马清槐译，北京：商务印书馆1981年版，第246页。
④ （英）托马斯·潘恩著:《潘恩选集》，马清槐译，北京：商务印书馆1981年版，第241页。
⑤ （英）托马斯·潘恩著:《潘恩选集》，马清槐译，北京：商务印书馆1981年版，第246—247页。

（三）认为代议制政府的唯一基础是公民的权利平等

托马斯·潘恩认为，所有公民都应该具有选举权，政府是每个公民的联合体，代议制政府唯一真正的基础，是平等的权利。人人都有权投一票，在选举代表时也这样。富人无权剥夺穷人的选举权，同样穷人也无权剥夺富人的选举权，富人的权利并不比穷人多。

为了保证代议制民主的真实性和广泛性，托马斯·潘恩还为代议制设计了一些具体原则和制度保障。

托马斯·潘恩认为，少数服从多数应是代议制民主的基本原则。他认为，少数服从多数并不违背权利平等原则，因为人人都有权利发表意见，一个人对某些问题的看法，可能属于少数人的意见；但对另外一些问题的建议，也许就代表着多数人的意见，权利依然平等。

托马斯·潘恩主张，公民选举要保持经常性。他说：

> 为了慎重起见，时常进行选举是适当的：通过这种方式，当选人有可能在几个月以后再同群众混杂在一起，他们就不敢自讨苦吃，从而对于公众的忠实也就会有所保证。①

> 每个国家三分之一的代表在任期满一年之后就要离职，通过选举产生新的代表，另外三分之一的代表次年任期满后也以同样方式予以更换，每三年举行一次普选。②

托马斯·潘恩认为，公民选举代表要体现平等性和广泛性。他主张，公民的选举权应基于人身权利而非财产权。人身权利是"权利之中最神圣的权利"，而财产却是"无关道德品性之物"。若因财产资格限制排斥大多数民众参与政治，他们难免因此敌视政府而危及公众的安全。政府是每个公民的联合体，公民的财产多少与联合体无关。

托马斯·潘恩认为，政府必须严格按照宪法原则办事，杜绝世袭政府对人民的奴役，实现代议制政府对公民自由的保证。

托马斯·潘恩认为，代议制共和政体是最理想的政体，因为这一政体包含着三大基本因素：代议、公利、公正，它是由人民普选产生的代表来行使国家的立法权、行政权和司法权，它以理性为指导，为公共谋福利，

① （英）托马斯·潘恩著：《潘恩选集》，马清槐译，北京：商务印书馆1981年版，第5页。
② （英）托马斯·潘恩著：《潘恩选集》，马清槐译，北京：商务印书馆1981年版，第267页。

会得到人民的拥护和支持。

托马斯·潘恩倡导人权至上、主权在民的学说，推动社会契约理论转向于保障现实的公民权利。作为平民型的政治思想家、活动家，无论是他论证的公民权利的起源和内容，还是对保障公民权利实现的制度设置，都立足于"主权在民"。这些观点影响了当时美、法两国人民的政治性格，为西方公民学提供了富有特色的理论内涵。

第五节　托马斯·杰斐逊的公民学说

托马斯·杰斐逊（Thomas Jefferson，又译为托马斯·杰弗逊，1743—1826年），美国独立战争时期和开国时期著名的民主主义思想家与政治活动家。托马斯·杰斐逊出生于北美弗吉尼亚州阿尔贝马郡的一个种植园主家庭。1769年，托马斯·杰斐逊当选为弗吉尼亚州议员，积极倡导废除奴隶制。1775年，他代表弗吉尼亚出席第二届大陆会议，并受托起草了著名的《独立宣言》。1779年，托马斯·杰斐逊当选为弗吉尼亚州州长。1785年到1789年，他作为驻法公使出使法国，这使他接触了法国大革命，进一步发展了他的公民学说。1790年回国后，托马斯·杰斐逊被华盛顿任命为第一届联邦政府的国务卿。从此，他同财政部长汉密尔顿为首的联邦党的保守主义展开了激烈的斗争。1791年，他和麦迪逊等人组建了共和党（1794年改建为民主共和党），并成为该党领袖。1796年，托马斯·杰斐逊当选为副总统，从1801年至1809年，托马斯·杰斐逊连任两届美国总统。执政期间，托马斯·杰斐逊采取一系列措施，为美国政治制度的民主化作出了巨大的贡献。托马斯·杰斐逊没有系统的著作，他毕生倡导的自由与民主精神是其公民学说的核心，现在已为西方国家普遍接受，成为推动其政治社会进步的精神力量。

一、提出以自然权利为基础的公民权利观

托马斯·杰斐逊不仅继承、发展、丰富了前人的自然权利学说，更重

要的是，他以自然权利为依据，阐述了公民的自由、平等权利思想。托马斯·杰斐逊认为，人生而具有不可剥夺的平等权、生命权、自由权与追求幸福的权利，同时，政府及其权力来源于人民。他提出：

> 我们认为下述真理是不言自明的，一切人生来平等；造物主赋予他们某些不可剥夺的权利，其中包括生命、自由、追求幸福；为了巩固这些权利，在人们中建立了政府，政府的正当权力来自于被统治者的同意；无论什么时候，一个政府破坏了这些目的，人民就有权改变这个政府或把它废除，并且成立新的政府，这个政府所根据的原则及组织权力的方式在人民看来最可能实现他们的安全与幸福。①

托马斯·杰斐逊认为，人人都有"追求幸福的权利"，将"追求幸福的权利"取代"财产权"并纳入到自然权利之中，这是对绅士贵族获得统治权的正当性的否定。

（一）认为公民权利来源于自然法

托马斯·杰斐逊的公民权利观建立在自然法基础上，在权利的来源问题上，他将人类的权利归结为自然法。他提出：

> 我们的权利是建立在更广泛、更无可非议的基础上的，也就是建立在自然法和国际法的基础上的。②

> 造物主在人类心中灌输了一些道德准则，作为自然法来指引人类的群体行为和个别行为，由于违反这些道德准则而使我国遭受的冤屈，理所当然地使你们义愤填膺，对于威胁着要在国与国的交往中用强权代替公理更是深恶痛绝。同样理当使你们感到愤怒的是，叛国者耍阴谋诡计力图使这些州的联合遭受危险，并且为了满足过分膨胀的野心，力图颠覆那个建立在公民意志之上、其唯一目的是谋求人民幸福的政府。③

---

① （美）托马斯·杰斐逊著：《杰斐逊选集》，朱曾汶译，北京：商务印书馆1999年版，第48页。

② （美）托马斯·杰斐逊著：《杰斐逊选集》，朱曾汶译，北京：商务印书馆1999年版，第300页。

③ （美）托马斯·杰斐逊著：《杰斐逊选集》，朱曾汶译，北京：商务印书馆1999年版，第327页。

托马斯·杰斐逊认为，自然权利就铭刻在每个普通的人心里，它赋予人们以生命、自由，人们可以运用他们的才智，追求自身的幸福。他说：

> 一个民族的自由的唯一牢固基础是坚信这些自由是上帝赐予的，如果去掉这个基础，这个民族的自由能被认为是安全的吗？①

托马斯·杰斐逊认为，人民具有革命的权利。人民是国家权力的来源，人民不但有权推翻君主，而且在共和政体下，人民对政府进行偶尔的反抗也并不是一件坏事。人民进行定期的革命或暴动，可以有效地防止政府腐化，促进政府健康发展，维护公众自由。他说：

> 动机是出于无知，而不是出于罪恶。20 年不发生这样一次叛乱是不可能的。人民不能全都消息灵通，也不能永远消息灵通。传闻失实会引起不满，误解的事情越重要，不满程度越严重。如果他们在这种误解下仍无动于衷，这是麻木，而麻木乃是公众自由死亡的前兆。……哪一个国家历经一个半世纪风云变幻而没有发生过一次叛乱？哪一个国家能维护其各项自由，如果它的统治者不经常受到警告，知道人民保持着反抗精神？让他们拿起武器好了……自由之树必须经常用爱国者和暴君的鲜血来浇灌，使之鲜绿长青。鲜血是自由之树的天然肥料。②

当然，托马斯·杰斐逊不是鼓励人民起义，破坏秩序，因为他本人也憎恶暴力，他认为无论哪种形式的暴力都是一个危险的先例，跟随着暴力而来的往往是专制和奴役。

托马斯·杰斐逊是第一个把保障公民的自然权利列入国家法律条文的人，他对 1787 年修改的联邦宪法中缺少保障人民的自由权利的条款非常不满，要求把保障人民自由的"权利法案"加到宪法中去，主张在法案中规定一系列人民的自由。

（二）提出人生而平等的公民思想

托马斯·杰斐逊非常重视权利的平等。他认为，权利犹如自由之光普

---

① （美）托马斯·杰斐逊著：《杰斐逊选集》，朱曾汶译，北京：商务印书馆1999年版，第267页。

② （美）托马斯·杰斐逊著：《杰斐逊选集》，朱曾汶译，北京：商务印书馆1999年版，第413页。

照，而绝非只惠及少数富人。他指出：

> 我们的公民同胞们经过半个世纪的风云变幻及繁荣幸福后，
> 继续认可我们作出的选择，但愿它对全世界成为一个信号（有些
> 地区快些，有些地区慢些，但最后所有地区都一样），唤醒他们
> 起来打破僧侣式的愚昧和迷信使他们心甘情愿套在自己身上的锁
> 链，并接受自治的幸福和安全。我们取而代之的那种体制恢复了
> 极大地行使理智及言论自由的权利。所有的眼睛都对人的权利睁
> 开了，或正在睁开。科学知识的普遍传播已经向每一种见解揭示
> 了一个明白的事实，即人生下来并不是背上装着马鞍，也不是得
> 天独厚的少数人理当穿着皮靴，套着靴刺，堂而皇之地骑在他们
> 背上。这对别人来说是希望的根本。对我们来说，要让每年的今
> 天永远使我们记住这些权利并一如既往地忠于它们。①

托马斯·杰斐逊将权利的平等视为共和制的原则。他认为，每个公民在人身、财产及其管理上都有平等权利是共和的"真正基础"，而"共和制最佳的原则就是使所有的公民具有平等的权利"②。

托马斯·杰斐逊极为重视印第安人的权利，在《弗吉尼亚笔记》中，他通过大量篇幅叙述印第安人的情况，给予印第安人一定的同情和支持，他指出，在印第安人中，违反部落的规定要受到惩罚，惩罚的方法是团体对被惩罚人轻视，逐出团体，或者，在如谋杀等严重情况下则由有关之人来惩罚。虽然这种强制的方法好像很不完善，但他们当中犯罪是罕见的。

托马斯·杰斐逊还倡导实行普选制。他认为，要取消财产资格或文化程度标准，决不能因之而限制或剥夺穷人最为基本的公民资格。

此外，托马斯·杰斐逊在尊重多数派思想的同时，还维护少数派的权利。他说："历史告诉我们，集体和个人一样，都易染上暴虐的恶习"③。他强调：

---

① （美）托马斯·杰斐逊著：《杰斐逊选集》，朱曾汶译，北京：商务印书馆1999年版，第696页。

② 转引自徐大同主编：《西方政治思想史》（第3卷），天津：天津人民出版社2006年版，第479页。

③ （美）托马斯·杰斐逊著：《杰斐逊选集》，朱曾汶译，北京：商务印书馆1999年版，第283页。

大家也都会牢记这一神圣的原则：虽然在任何情况下都应该以多数人的意志为重，但是那个意志必须是合理的才能站得住脚，而且少数人也享有同样的权利，必须受平等的法律保护，如果加以侵犯就是压迫。①

托马斯·杰斐逊于1800年谈及法国正在发生的大革命时说到，"多数派必须尊重少数派的权利"②。

作为国家元首，托马斯·杰斐逊以维护民主为己任，他所创造出来的博大精深的民主思想体系带有浓厚的人文主义色彩。

（三）提出公民宗教信仰自由

托马斯·杰斐逊还特别重视公民的宗教信仰自由。他在《建立宗教信仰自由法案》（1779年托马斯·杰斐逊在弗吉尼亚任州长时提出，并于1786年初在弗吉尼亚议会通过）中指出，宗教信仰自由是公民的天赋权利，如果今后通过任何一个法案来撤销或限制它，那么，将是对天赋权利的侵犯。他指出：

我们深知全能的神所创造的心灵是自由的；一切用世俗的惩罚或负担或剥夺公民资格来影响心灵的企图，只能养成虚伪和卑鄙的恶习，是违反我们宗教的神圣创造者的意图的，宗教的神圣创造者作为肉体和心灵的主宰，不喜欢使用压迫两者之一的手段来传播宗教，尽管无所不能的他完全有能力这样做；那些教会的和非教会的立法者和统治者，本身只是些容易犯错误和未得灵感启迪之徒，却对别人的信仰握有生杀大权，把他们自己的见解和思想方式作为唯一正确的和绝对不会错的，竭力把他们强加于人，就是这些人自行其是，在世界上大多数地方建立并维持了骗人的宗教；强迫一个人捐钱来传播他不信的见解是罪恶和专横的；就连强迫他供养自己教派内的这个或那个牧师，也等于是剥夺他把钱捐给那个在道德上为其表率、其力量他认为最能劝人归正的牧师的自由，等于是从牧师那里收回给他们的世俗的酬报，

① （美）托马斯·杰斐逊著：《杰斐逊选集》，朱曾汶译，北京：商务印书馆1999年版，第305页。

② （美）托马斯·杰斐逊著：《杰斐逊选集》，朱曾汶译，北京：商务印书馆1999年版，第524页。

这些酬报出之于对他们个人行为的嘉奖，是对教育人类进行不懈努力的额外鼓励；我们的公民权利不依靠我们的宗教见解，就像不依靠我们的物理学或几何学一样；因此，一个公民除非表明信仰或不信仰这种或那种宗教，否则就被剥夺公民权，宣称他不值得公众信任，没有资格担任有报酬的公职，这种做法等于是剥夺他和他的公民同胞一样生而具有的特权和利益；用垄断世上的荣誉和报酬的办法来贿赂那些表面上信仰和尊奉一种宗教的人，实际上是败坏本来想予以发展的那种宗教的原则；虽然这些经不起诱惑的人是罪犯，但是那些引诱他们犯罪的人也并不清白；听任行政长官在信仰领域内滥用权力，随便假定一些原则倾向不良就不准信仰或传播，这是一种危险的错误，会立即把全部宗教自由毁掉，因为他既然是那种倾向的裁判，他的见解当然就成为裁判规则，仅仅根据别人的见解与他自己的见解一致或不一致来认可或谴责别人的思想；当一些原则突然变成公然破坏和平与秩序的行为时，公民政府为了其正当目的应要求其官员进行干涉；最后，真理是伟大的，如果听其自然，它终将占上风，真理是错误的有力的反对者，对斗争毫不畏惧，除非被人为的干预解除了她的天然武器——自由辩论——如果允许人们自由地批判错误，错误也就没有什么危险。[1]

托马斯·杰斐逊认为，建立宗教自由法案的本意是"想使保护信念成为普遍性"[2]，并且，"恢复信仰自由权利使人们不必交税来支持一个不是他们自己的宗教，因为国教确实是富人的宗教，异教则完全由不太富有的人组成"[3]。总的来说，托马斯·杰斐逊的宗教信仰自由包括两层意思：一是任何公民都有信仰或不信仰任何宗教的自由；二是任何信教的公民有信守其所信教教义和教仪的自由，国家不得强迫任何公民持守任何宗教仪节。

---

[1]（美）托马斯·杰斐逊著：《杰斐逊选集》，朱曾汶译，北京：商务印书馆1999年版，第296—297页。

[2]（美）托马斯·杰斐逊著：《杰斐逊选集》，朱曾汶译，北京：商务印书馆1999年版，第69页。

[3]（美）托马斯·杰斐逊著：《杰斐逊选集》，朱曾汶译，北京：商务印书馆1999年版，第73页。

托马斯·杰斐逊把自由列为神圣不可侵犯的自然权利之一，其中，公民精神的自由、平等是杰斐逊最关心的，而公民宗教信仰的自由是精神自由的一个组成部分，因此他为宗教自由的实现提供了理论先导。同时，1778年托马斯·杰斐逊向弗吉尼亚议会提出宗教自由法案，并获得通过，实现了公民的宗教自由的法律保障。

二、主张公民应享有平等的教育权利和机会

政治思想的民主性决定了杰斐逊教育思想的民主，他在《独立宣言》中宣扬的"人人生而平等"成为他主张教育平等的思想根基。托马斯·杰斐逊认为，教育的对象应该是全体公民，无论贫富、性别、种族、阶级皆享有受教育的权利和机会。国家有责任和义务为"大多数人"包括无力受教育的贫穷人子女提供正当的教育，无论贫富，在享受教育的机会上一律平等。

（一）认为教育有助于培养民主社会的合格公民

托马斯·杰斐逊非常重视"公民素质"与"民主社会"之间的密切关系，认为公民素质的训导是构造民主宪政秩序的基础。他认为，只有由受过教育的人民组成的国家才能保持自由，愚昧是政治民主和公民幸福的大敌，教育可以消除人性中的许多弊端，所以，他提倡普及和发展文化教育，实行思想言论与新闻自由，帮助人民摆脱无知状态，提高公民的政治素养和参政能力。托马斯·杰斐逊还注意到了这样一种政治现实：

> 世界上每一个政府都有人类弱点的某些痕迹，都有腐败蜕化的苗子，聪明人能一眼识破，恶人则慢慢地予以培养和助长。因此，人民本身才是政府唯一安全可靠的保管者。为了使人民本身也安全可靠，必须使他们的思想提高到一定的高度。①

托马斯·杰斐逊认为，培养民主社会存续所需要的"公民素质"是教育的根本任务。他区别了公民教育的一般目标和终极目标。认为，公民教育要把"培养与公民的年龄、能力和每个人的条件相适合并且以他们的自

---

① （美）托马斯·杰斐逊著：《杰斐逊选集》，朱曾汶译，北京：商务印书馆1999年版，第254页。

由和幸福为指向"作为一般目标，其终极目标在于整体性地开发与生俱来的道德意识，以此促进形成更为人性化的社会。

托马斯·杰斐逊认为，自由只有掌握在人民自己的手中，掌握在受过一定程度教育的人民手中，才会安全可靠。他强调教育是国家的事务，要通过立法来办教育，把人的思想自由作为教育的理想，并把"思想自由"与"政治自由"的重要性相并列。

托马斯·杰斐逊主张，公共教育必须是世俗教育，必须与宗教相脱离，他宣称，"政教"分离除了"政治"和"宗教"分离之外，更重要的是"政治"和"教育"的分离，政治与宗教、学术、思想之间必须划清界限。托马斯·杰斐逊坚持主张宗教信仰纯粹是个人事务，国家无需用教育的方式去支持任何一种宗教，强迫人们去接受某种宗教就是剥夺人的信仰自由的权利。由此，他提出，公共教育必须适合所有人，在学校不应开设宗教课程。

托马斯·杰斐逊认为公共教育的宗旨在于，改进每个公民的道德和学识，使每个人都懂得他对邻居和国家应尽的责任，了解自己享有的权力，维护秩序和正义，学会按自己的意愿选举自己信任的代表，学会聪明又正直地观察自己身处其中的所有社会关系等。他主张，公共教育要使每个公民都懂得自己的权力、利益和职责。

托马斯·杰斐逊将教育的前景与个人及国家的命运紧密联系起来，他认为，教育的功能除了捍卫民主，还体现在能够使每个受教育者有平等的机会发展个人的潜能，进而改善人类生活，增进人类幸福，并且有益于建设国家和民族。托马斯·杰斐逊强调，教育的目的"旨在保证社会各阶层的公共幸福"。他提出：

> 其一，教育民众充分而直接地参与地方共同体事务，明智地选择政治领导和政治代表；其二，提供高级知识给那些有能力接受教育的人，例如，那些拥有"美德和智慧"、因而适合被选作政治领导和政治代表的人，因此，全体人民的公共教育旨在保证社会各阶层的公共幸福。[①]

---

① 转引自（美）W.汤普森著：《宪法的政治理论》，张志铭译，北京：生活·读书·新知三联书店1997年版，第127页。

在教育目标的设想中，托马斯·杰斐逊一方面注重提供给公民个人平等的教育机会。比如百户邑每个人都可以送子女免费入学3年，以后只要出钱，愿意读多少年都可以。督察员每年从各自学校挑选1名其父母由于穷而无力供其继续上学的天分最高的学生，把他送进文法学校，这种学校计划在全州各地建立20个，教授希腊文、拉丁文、地理和高等数学。课程设置要尊重青少年思想的多元化和自然的生成，珍惜思想的自由。

托马斯·杰斐逊信奉的教育哲学是，"民主是优秀人才的贵族统治"，而"只有经过启蒙的人才能在民主的体制下成功地自我统治"，所以在倡导普及教育外，他主张对一些天赋较高的人给予较高的教育，使之成为德才兼备的政治领导人才。

托马斯·杰斐逊坚信人们只有掌握了丰富的社会科学知识和自然科学知识，才能改造好社会、治理好国家，才能具有辨别是非曲直的能力，这样才有利于社会的民主政治建设和发展社会的福利事业。

（二）认为合格公民的培养需要百户邑、文法学校、大学3个阶段

在注重教育平等的基础上，托马斯·杰斐逊改变仅限于富裕家庭为子女聘请家教而使少数人受到良好教育的方式，创设公费的公共教育体系，开办从小学到大学的"分区化"与"层级化"学校组织，讲授自然人文科学，并通过"公正的考试"，使德才兼备的学生得到的更好的深造。

基于人的道德意识需要开发而使人的社会本性得以舒展，托马斯·杰斐逊意识到了普及教育的重要性，提出了"公共教育"。他提出了公共教育的3个阶段。第一个阶段，建立普遍的百户邑学校，使更多的孩子学习基础的读写算知识。托马斯·杰斐逊特别强调让学生读历史，认为教育具有启迪人的心智和改进人的品德的功能，使公民了解历史昭示的真理，他们才有能力维护并有效地行使自己的权利，从而也就能够防止政府的腐败蜕变。他认为：

> 他们读了历史，对过去事情作出了评价，就能判断未来，就能利用其他时代和其他国家的经验，并且鉴别人们的行为和意图，识破用一切伪装隐藏起来的野心，识破它，然后挫败它的阴谋。①

---

① （美）托马斯·杰斐逊著：《杰斐逊选集》，朱曾汶译，北京：商务印书馆1999年版，第254页。

第二个阶段，设立文法学校，进入文法学校的一般是富人及州选拔出来的有能力的人，主要学习古代和近代的语言。文法学校被看做是学校制度的一个中间层次，也是大学的预备学校。他说：

> 把每个县划分为五六英里见方的小区，成为百户邑，每个百户邑设立一所学校，教学生读、写和算术，教师由百户邑供养，百户邑内每个人都可以送子女免费入学 3 年，以后只要出钱，愿意读多少年都可以。这些学校由监督员监督，督察员每年从各自学校里挑选 1 名其父母由于穷而无力供养继续上学的天分最高的学生，把他送进文法学校，这种学校计划在全州各地建立 20 个，教授希腊文，拉丁文，地理和高等数学。文法学校每隔一两年对选送的学校进行考核，从所有学生中选出 1 名最有天才的学生，让他们继续就读 6 年，其余的人退学。用这种方法，每年从垃圾中检出 20 个智商最高的人，在文法学校公费就读。6 年学习期满，有一半要中止学习，另有一半则由于才能及素质优越而被保送到威廉—玛丽学院，在那儿继续攻读 3 年他们挑选的学科，学院的计划将被扩大到一切实用学科。①

第三个阶段，设立大学，学习适合学生志向的学科。托马斯·杰斐逊用三级学校计划来普及教育，认为人才不仅在富人中间，同时也在穷人中间，所以，接受全面的系统的教育是公共教育的基础。在托马斯·杰斐逊的初级教育思想中，还特别注重妇女和印第安人的教育。

托马斯·杰斐逊认为，公民们直接参与社区的公共生活，能够不断地激发公民个人的道德意识，完善人的社会性。他说：

> 通过使每个公民成为治理过程中起作用的一员，并且担任对他来说最为有趣的职位，将会使他以强烈的情感爱护自己国家的独立，以及自己国家的共和宪法。②

在托马斯·杰斐逊看来，法律只有制定得好，并且得到良好的执行，人民才会幸福，而做到这一点取决于制定及执行法律的人们是否有智慧和

---

① （美）托马斯·杰斐逊著：《杰斐逊选集》，朱曾汶译，北京：商务印书馆 1999 年版，第 252 页。

② 转引自（美）W. 汤普森著：《宪法的政治理论》，张志铭译，北京：生活·读书·新知三联书店 1997 年版，第 131 页。

正义感。因此，为了促进公众幸福，应该让那些天赋高且有道德的人接受自由教育，从而使他们有能力有效地参与社会管理，有能力确保他们同辈公民的神圣权利和自由。

三、提出主权在民的公民学说

托马斯·杰斐逊提出"主权在民"思想。他认为，国家的权力来源于人民的授予与委托，人民在任何他们认为胜任的事情上都可以行使作为国家主人的权利，这一权利包括建立、改变和撤销政府机构的权力。

（一）认为主权在民是促进公民幸福的保障

托马斯·杰斐逊将古典共和主义思想与美国国情结合起来，主张人民主权与共和政体必须从维护公共秩序稳定和促进公众幸福的立场出发，建立促进公民幸福的共和政体。

托马斯·杰斐逊认为，一国人民完全有选择何种政府形式的独立自主权，他国无权定夺。每个国家都可以按照它喜欢的任何形式管理自己，并根据人民的意愿改变这些形式。国民意识是应当受到重视的唯一因素。他指出：

> 组成一个社会或国家的人民是那个国家的全部权利的来源；他们可以自由地让任何一些他们认为合适的代理人来处理他们的共同事务，可以随意将这些代理人个别予以撤换，或者把他们的组织从形式上或功能上加以改变。①

托马斯·杰斐逊认为，唯有共和制才能扬起法律的旗，保证公共秩序。托马斯·杰斐逊批驳了君主制和"精英主义"政制论调，他指出，自古以来，任何世袭的君主都比不上一个健全理智的人。君主所能做的好事，充其量不过是把事情交给他的大臣去处理；而他的大臣，如果不是选择不当的代表还能是什么人物呢？他相信，唯有在共和政府的治理下，每个人才会随时响应法律的号召，把公共秩序看做自己的私事，与侵害公共秩序的现象作斗争。

---

① （美）托马斯·杰斐逊著：《杰斐逊选集》，朱曾汶译，北京：商务印书馆1999年版，第301页。

托马斯·杰斐逊认为，共和政体成功的目的不仅仅为了他们自己，而重要的是为了全人类。他说道：

> 共和制是唯一的一种不是永远同人类的权利分开或秘密地进行战争的政体。①

> 它防止人们互相伤害，让他们自由地辛勤劳动，改善生活，而不夺取人们的劳动所得。②

托马斯·杰斐逊认为，共和政体建立的最终目的就是保障公民各项权利，为公民谋取公共福祉。为此，共和政体应坚持以下原则：第一，取消财产资格和文化程度标准，健全普选制，保证最基本的公民权。托马斯·杰斐逊认为，依据公民财产的多少或文化程度的高低来确定其选举权，不仅能降低政府存在的合法性基础，而且还可能会提高因投票者众多而不免于贿买选票的几率。至于选民的贫穷和无知，完全可以通过土地权的分配和公费教育的普及而渐次化解，而决不能因此来限制或剥夺公民最基本的公民资格。第二，人民要经常有效地行使对代表或各级政府的监督权。托马斯·杰斐逊认为，由于人民不能够对每件公共事务事必躬亲，因此，要经常有效地行使对代表或各级政府的监督权，以防止人民"代理人"蜕变为"豺狼"。第三，人民在行使管理国家事务的过程中，必须遵守"少数服从多数"的共和原则以及"多数人尊重少数人权利"的宪政原则。因为，这样的法则一旦抛弃，剩下的只有暴力的法则，而暴力的结果势必导致专制主义。

在托马斯·杰斐逊看来，共和主义的原则是人民可以在他们喜欢的时候建立或是改变政府，公民的意志是这一原则唯一的实质。

（二）认为宪法"以人民的意愿为基础"

托马斯·杰斐逊非常重视用宪法来保证国家的稳定与保障公民的权利。他通过巨大篇幅论证宪法的必要性以及宪法的运用与发展。

托马斯·杰斐逊认为，宪法的发展包括法律制度的发展，宪法的创制权只属于人民。他说：

---

① （美）托马斯·杰斐逊著：《杰斐逊选集》，朱曾汶译，北京：商务印书馆1999年版，第465页。

② （美）托马斯·杰斐逊著：《杰斐逊选集》，朱曾汶译，北京：商务印书馆1999年版，第307页。

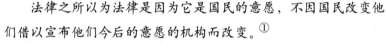

法律之所以为法律是因为它是国民的意愿，不因国民改变他们借以宣布他们今后的意愿的机构而改变。①

托马斯·杰斐逊认为，宪法是由人民的智慧制定的，并且以人民的意愿为基础的，人民的意志是任何政府唯一合法的基础。他提出：

宪法将使我们获得巩固的政府、公正的代表权、永久性的行政机关以及其他具有重大价值的特点。②

托马斯·杰斐逊强调以成文宪法来治理国家。他说：

现在我来告诉你哪些事情是我不喜欢的。第一，缺少一个权利法案，它明确地规定信仰自由、言论自由、防止常备军、限制垄断、永远不间断地实施人身保护法、一切应由本国法律而不应由国际法审判的事实问题都由陪审团审判。③

我衷心希望九个最早的批准宪法的会议接受新宪法，因为这能使我们获得它包含的好处，我认为好处是巨大而重要的。但是我同样也希望四个最晚的批准宪法的会议在新宪法附加一个权力宣言之前不要接受它。这样也许会争取到一个更好的宣言，从而使整部宪法达到任何一部宪法从未达到过的完善。④

托马斯·杰斐逊认为，宪法不是固定不变的，每一代活着的人都要顺应人类思想的进步而适时地改革自己的宪法制度，决不要一味地被动接受死人制定的"法制奴役"。他在1789年9月6日致麦迪逊先生的信中说："没有一个社会可以制定一部永久性的宪法甚或一部永久性的法律"，"如果强制更长久地执行下去，这就是暴力行为，而不是权利行为"。⑤ 根据当时欧洲人口的代际更替时间，托马斯·杰斐逊建议20年左右就检讨或修改

---

① （美）托马斯·杰斐逊著：《杰斐逊选集》，朱曾汶译，北京：商务印书馆1999年版，第519页。

② （美）托马斯·杰斐逊著：《杰斐逊选集》，朱曾汶译，北京：商务印书馆1999年版，第421页。

③ （美）托马斯·杰斐逊著：《杰斐逊选集》，朱曾汶译，北京：商务印书馆1999年版，第414页。

④ （美）托马斯·杰斐逊著：《杰斐逊选集》，朱曾汶译，北京：商务印书馆1999年版，第419页。

⑤ （美）托马斯·杰斐逊著：《杰斐逊选集》，朱曾汶译，北京：商务印书馆1999年版，第463—464页。

一次宪法，以满足时事造成的和平与幸福的新时代需要。

在托马斯·杰斐逊的积极推动下，美国第一届国会于1789年通过了《人权法案》，其中涵盖了托马斯·杰斐逊一贯的民主自由立场。譬如，规定国会不得制定下列法律："建立宗教或禁止宗教自由，削减人民言论或出版自由；削减人民和平集会及向政府请愿伸冤之权利"（第一条）；"本宪法列举之若干权利不得解释为对人民固有之其他权利之排斥或轻忽之意"（第九条）；"本宪法所未授予合众国或未禁止各州行使之权力，均由各州或人民保留之"（第十条）等。

（三）主张公民民主参与公共生活

托马斯·杰斐逊关于人性的解释继承了亚里士多德的人性说，认为人是一种天生的政治动物，这种社会天赋开发的最佳方式是直接参与地方共同体的政治生活。基于这种认识，托马斯·杰斐逊特别强调共和政体要注重公民的民主参与。

关于公民的民主参与，托马斯·杰斐逊提到两种方式：直接参与的分享式民主与间接参与的代议制民主。托马斯·杰斐逊非常重视公民直接参与公共生活。他认为，共和的实质就是凡是公民有条件、有能力处理的事情都应由公民亲自处理，此外的一切事务则由他们直接挑选的并可以由他们撤换的代表来处理。他说：

> 如果一旦他们对国家大事变得漠不关心，你和我、国会和州议会、法官和州长，就都会变成狼。这似乎是人性的普遍法则，尽管有个别例外。[1]

托马斯·杰斐逊认为，通过使每个公民成为治理过程中起作用的一员，并且担任对他来说最有趣的职位，将会使他以最强烈的情感爱护自己国家的独立以及自己国家的宪法，这种直接参与式民主能够防止国家蜕化，防止共和政体转向暴政。

虽然托马斯·杰斐逊非常热衷希腊城邦式的"小共和体"内直接民主制，但是他也意识到了直接民主在幅员辽阔的美国的局限性。因此，他认真论证了代议制民主在美国扎根并生长的合理性与必要性。他在写给兰多

---

[1] （美）托马斯·杰斐逊著：《杰斐逊选集》，朱曾汶译，北京：商务印书馆1999年版，第390页。

夫的信中指出：

> 国家的整体拥有至高无上的主权，其自身拥有立法、司法以及执行的权力。然而，他们亲自行使这些权力有很多不方便，并且亦不适当，他们因此而任命一些特殊的机构来代表他们的立法意志，进行审判，并予以执行。①

在代议制民主实行的过程中，托马斯·杰斐逊坚持认为，小共和国将成为一个伟大共和国的主要力量之所在。因此，他建议共和民主可以依靠分区代议来实现。他说：

> 每个区本身就是一个小共和国，而国内的每个人这样就成为共同管理机构的一名代理成员，亲身处理他的大部分权利和义务，固然是从属的，却很重要，而且完全在他的权限范围之内。人的才智不可能为一个自由、耐久而管理完善的共和国设计出一个更完善坚实的基础。②

这样一来，基层分区共和体、县级共和体、州共和体和联邦共和国，将构成一个权力等级体系，它们各自依据法律建立，各自都拥有其被授予的那份权力，并且真正构成了一个基本的平衡和公民民主参与的政治网络。

在此基础上，托马斯·杰斐逊十分警觉权力可能的滥用。他说：

> 政府的全部立法权、行政权和司法权都归结到立法机关。把这些权力集中在同一些人手里正是专制统治的真谛。这些权力由多数人行使而不是由单独一个人行使并不能使情况有所好转。173 个暴君肯定和一个暴君一样地富于压迫性……选举产生的专制政府并不是我们所争取的政府，我们争取的政府不仅仅要建立在自由原则上，而且政府的各项权力必须平均分配给几个政府部门，每个政府部门都由其他部门有效地遏制和限制，无法超越其

① Thomas Jefferson. *The Writings of Thomas Jefferson*, Edited by Lipscomb and Bergh, Washington, D.C., 1903-1904. Vo.l10, p.126.
② （美）托马斯·杰斐逊著：《杰斐逊选集》，朱曾汶译，北京：商务印书馆 1999 年版，第 572—573 页。

合法范围。①

他提出，实行分权和制衡可以防止政府权力的腐化、滥用和暴政的产生，以使政府更好地服务于公众的幸福，托马斯·杰斐逊认为，只有这样，才能使政治更多地反映和表达人民的意愿，更加激发人民对政治和自己切身利益的关注，从而最广泛直接地推动人民的政治参与。对此，托马斯·杰斐逊称之为"真正的共和主义"。

托马斯·杰斐逊主张层层分权和地方自治，提倡公民自我管理和有效地对政府进行监督，认为每个公民都有机会和权力参与地方的管理。他提出的关于人民有革命的权利、公民的宗教信仰自由、公民受平等的教育机会、共和政体应致力于促进公众幸福等集理论与实践于一体的公民学说，既有力地推动了美国的民主政治发展，又为西方公民学说史增添了独具异彩的宪政思想。

① （美）托马斯·杰斐逊著:《杰斐逊选集》，朱曾汶译，北京: 商务印书馆1999年版，第229页。

第八章
19 世纪的公民学说

经历了 17 世纪的英国革命、18 世纪的美国独立战争和法国大革命的西方社会，到 19 世纪初期，资产阶级已经在许多国家建立起了强有力的资产阶级政权；至 19 世纪末期，资本主义已由自由竞争时期逐渐过渡到垄断资本主义的时期，资产阶级在众多西方国家居于统治地位。这一时期，在公民学说的发展史上，是对资产阶级革命公民学说的继承、批判和超越的时期。

19 世纪，随着资本主义经济的自由发展，新兴资产阶级成为新的生产力的代表，资产阶级民主制度不断修正，导致资产阶级的日益富有与无产阶级的日趋贫困，两极分化加剧，无产阶级和资产阶级的矛盾上升为社会的主要矛盾，无产阶级对政治权力、自由、民主的追求日益强烈，阶级力量逐步壮大和成熟起来，成为历史舞台上不容忽视的重要角色，意识形态领域中社会主义和资本主义的冲突也不可避免。这一时期，公民学说的发展和演变也顺应了社会历史的发展变化，体现出明显的时代性特征。

自由主义适应了自由资本主义鼎盛时期的发展需要，成为 19 世纪欧洲占主流地位的公民思想。这一时期的自由主义公民思想反映了资产阶级的经济利益和政治利益，其所关注的重点不再是为了推翻封建专制，而是为了建构资本主义的政治体制，避免公共权力侵犯公民的权利。公民的自由也不仅仅是思想与言论的自由，而是逐步由对政治自由的关注转向社会、经济、生活领域，由 19 世纪初的公民消极自由思潮，逐渐发展到 19 世纪后半期的公民积极自由思想。

公民的自由与平等思想成为 19 世纪公民学说的重要内容。早期的自由、平等思想体现着资产阶级的公民价值观，是一种对人身的自由、人格的平等的追求。随着资本主义制度的建立和发展，无产阶级和资产阶级的矛盾日益激化，对公民自由与平等理解歧义也越来越大。资产阶级革命实现的平等是法律面前人人的平等，消灭政治的封建等级制度，但对于社会平等却讳莫如深。资产阶级公民思想家强调自由至上主义，论证现实制度的合理性和如何维护现存制度；而出身下层的一些思想家则往往更关注公民平等的概念范畴问题，对资本主义的社会生活尤其是资产占有的不平等进行批评，从而产生了各种社会主义公民思想，包括空想社会主义、空想共产主义等。

19 世纪中期资产阶级革命巩固后，保守主义、社会民主主义、自由主义、空想社会主义、功利主义、无政府主义、实证主义等公民思想趋向多元化。资产阶级公民学说由革命转向改良和保守，其软弱性和妥协性特点较为突出，即由要求建立理想的政治秩序转向维护现存的政治秩序。而马克思恩格斯在批判地继承了空想社会主义思想家克劳德·昂列·圣西门（Claude-Henri de Rouvroy, Comte de Saint-Simon，1760—1825 年）、夏尔·傅立叶（Charles Fourier，1772—1837 年）、罗伯特·欧文（Robert Owen，1771—1858 年）的相关学说，汲取德国古典哲学家康德、黑格尔和费尔巴哈的思想，总结了无产阶级工人运动的历史经验之后，以辩证唯物主义的方法研究公民问题，以历史唯物主义的观点揭示和发现了人类社会发展的规律，从而创立了马克思主义理论体系，强调人的自由、平等、独立与解放，阐明了国家与公民的必然联系，主张建立自由人联合体的社会主义社会，重视公民义务和权利的统一，形成了独具特色的社会主义公民学说，从而开启了以人为核心的公民学说的伟大变革，成为无产阶级的锐利思想武器。

第一节　托克维尔的公民学说

阿·德·托克维尔（Charles Alexis de Tocqueville，1805—1859 年），19 世纪法国著名的宪政主义思想家、社会学家。1833 年，他与好友博蒙共同完成了《关于美国的监狱制度及其在法国的运用》的报告，该报告被译成多种文字在英国、德国等欧洲国家广泛发行。

1831 年，年仅 25 岁的托克维尔访问了美国，在美国待了 9 个多月，收集了大量的资料。回到法国后，他写作了《论美国的民主》这本经典著作。1835 年他的《论美国的民主》上卷出版，书中对美国民主的评介，尤其是对美国民主的光明前途与弊端的分析，使他饮誉欧洲。1839 年，托克维尔先后当选为法国人文和政治科学院院士和众议院议员。1840 年，托氏的《论美国的民主》下卷出版。《论美国的民主》出版后，立即受到普遍好评，使托克维尔名扬海外。1841 年，托克维尔当选为法兰西学院院士。托克维尔在考察美国政治、反思法国大革命的时候，有着独特的视角和眼光。

托克维尔认为，建立一个新世界，必须有新的政治理论，而这个政治理论就是关于民主的基本原理。正如他自己所认为的，从经历过这场革命的国家中找出一个使这场革命发展得最完满和最和平的国家，从而辨明革命自然应当产生的结果；如有可能，再探讨能使革命有益于人类的方法。这是托克维尔写作《论美国的民主》的由来和目的。他以美国共和制为蓝本对近代民主政制之优势、劣势及救治方略的细致探讨，身份平等、民主、自由等的论述构成了托克维尔公民学说的主要内容。

一、认为公民现代性的重要特征是身份平等

在托克维尔生活的年代，社会动荡，政权更迭，正像他描述的那样："把人的见解和趣味、行动和信仰联系起来的天然纽带好像已被撕断，在任何时代都可见到的人的感情和思想之间的和谐似乎正在瓦解，而且可以说，有关道德之类的一切规范全都成了废物。"[①] 而新的纽带、新的规范也还没有确立。帝制与共和的交叠、民主与专制的较量仍然没有止境；旧制度的大厦已经崩塌，大革命的成果还没有巩固。但是，透过这纷扰的时代乱象，托克维尔看到：平等与民主终将是人类新秩序的归宿。他指出：

> 人民生活中发生的各种事件，到处都在促进民主。所有的

---

① （法）托克维尔著:《论美国的民主》(上)，董果良译，北京:商务印书馆 1988 年版，第 13 页。

人，不管他们是自愿帮助民主获胜，还是无意之中为民主效劳；不管他们是自身为民主而奋斗，还是自称是民主的敌人，都为民主尽到了自己的力量。所有的人都会合在一起，协同行动，归于一途。有的人身不由己，有的人不知不觉，全都成为上帝手中的驯服工具。

因此，身份平等的逐渐发展，是势所必至，天意使然。这种发展具有的主要特征是：它是普遍和持久的，它每时每刻都能摆脱人力的阻挠，所有的事和所有的人都在帮助它前进。①

在此，托克维尔所说的"民主"更多意义是在身份平等的意义上来使用的。托克维尔指出：显示民主时代的特点的占有支配地位的独特事实，是身份平等。在民主时代鼓励人们前进的主要激情，是对这种平等的热爱。② 托克维尔看到并认同人类社会在法国大革命后正处在一个由贵族时代向平民时代转换的平等主义趋势。他认为，在民主社会，享乐将不会过分，而福利将大为普及，国家可能不那么强大，但大多数公民将得到更大的幸福。

（一）认为公民身份平等彰显对平等的热爱和独立精神

托克维尔通过阐述法国社会的阶级壁垒被打破、公民独立精神的凸显以及对平等的热爱等几个方面的特征，强调公民身份平等是现代社会区别于等级社会的重要特点，从而肯定了公民身份平等的积极意义。

1. 认为公民身份平等的前提条件是阶级壁垒被打破

托克维尔在《论美国的民主》一书中描述了在欧洲，尤其是在法国发生的不可阻挡、不可逆转的平等进程。他认为，身份平等社会的首要特征是阶级壁垒被打破。主要表现在以下两个方面：第一，平民认为自己与贵族在身份上应该平等，拒绝接受贵族阶级天然具有凌驾于社会其他阶层之上的资格；第二，在社会力量的变化上，贵族阶级不再能够垄断社会的政治经济权力，平民阶层的优异者通过努力可能分享权力甚至主导政治经济。

① （法）托克维尔著：《论美国的民主》（上），董果良译，北京：商务印书馆1988年版，第7页。
② （法）托克维尔著：《论美国的民主》（下），董果良译，北京：商务印书馆1988年版，第621页。

在托克维尔看来，民主社会的第一要义就是身份平等，因为身份平等导致社会具有与阶级社会完全不同的风貌：农奴可以与贵族平起平坐，一些独立的阶层与王室、贵族分享政治权力。托克维尔指出：

在法国，僧侣阶级的政治权力开始建立起来，并很快扩大。僧侣阶级对所有的人都敞开大门：穷人和富人，属民和领主，都可参加僧侣阶级的行列。通过教会的渠道，平等开始渗入政治领域。原先身为农奴而要终生被奴役的人，现在可以以神甫的身份与贵族平起平坐，而且常为国王的座上客。

随着时间的推移，社会日益文明和安定，人际的各种关系日益复杂和多样化。人们开始感到需要有调整这种关系的民法了。……随着通向权力大门的新路不断出现，人们日益不重视家庭出身。

…………

在法国，国王总是以最积极和最彻底的平等主义者自诩。……路易十一和路易十四，始终关心全体臣民在他们的王位之下保持平等……①

托克维尔指出：

从十一世纪开始考察法国每五十年的变化，我们将不会不发现在每五十年末社会体制都发生过一次双重的革命：在社会的阶梯上，贵族下降，平民上升。一个从上降下来，一个从下升上去。这样，每经过半个世纪，他们之间的距离就缩短一些，以致不久以后他们就汇合了。②

托克维尔认为，同样的革命在整个基督教世界发生。大革命之前的数百年中，所有欧洲国家都已经在默默地从事摧毁国内的不平等现象了。

2. 认为身份平等凸显公民独立守法精神与对平等的热爱之情

托克维尔认为，公民身份平等的第二个特征是全社会独立守法精神的凸显。在身份平等产生的一切政治效果中，使每个人都觉得有权利也有可

---

① （法）托克维尔著：《论美国的民主》（上），董果良译，北京：商务印书馆1988年版，第4—6页。
② （法）托克维尔著：《论美国的民主》（上），董果良译，北京：商务印书馆1988年版，第7页。

能改善自己的处境，使人养成独立进行活动的习惯和爱好，人在与自己平等的人往来中也享有的这样完全独立，并激起关于政治自由的思想和对于政治自由的爱好。

托克维尔认为，民主社会状态的基本特征是身份平等，每个人彼此独立、互不依赖，他们习惯于独立思考，认为自己的整个命运只操于自己手里。他说：

> 随着身份日趋平等，大量的个人便出现了。这些人的财富和权力虽然不足以对其同胞的命运发生重大影响，但他们拥有或保有的知识和财力，却可以满足自己的需要。这些人无所负于人，也可以说无所求于人。他们习惯于独立思考，认为自己的整个命运只操于自己手里。①

托克维尔认为，在现代社会中，公民对等级制度下的社会地位和财富的不平等产生不满，从而彰显对身份平等、独立奋斗精神和守法意识的追求。托克维尔强调：

> 在这个社会里，人人都把法律视为自己的创造，他们爱护法律，并毫无怨言地服从法律；人们尊重政府的权威是因为必要，而不是因为他神圣；人们对国家首长的爱戴虽然不够热烈，但出自有理有节的真实感情。由于人人都有权利，而且他们的权利得到保障，所以人们之间将建立起坚定的信赖关系和一种不卑不亢的相互尊重关系。
>
> 人民知道自己的真正利益之后，自然会理解：要想享受社会的公益，就必须尽自己的义务。这样，公民的自由联合将会取代贵族的个人权威，国家也会避免出现暴政和专横。②

托克维尔主张，公民在身份和地位上近乎平等，在思想和感情上大致一样，就可以是每一位公民对同类的苦难感同身受，能够产生怜悯之心和同情之心。他说：

> 在民主时代，很少有一部分人对另一部分人尽忠的现象；但

---

① （法）托克维尔著：《论美国的民主》（下），董果良译，北京：商务印书馆1988年版，第627页。

② （法）托克维尔著：《论美国的民主》（上），董果良译，北京：商务印书馆1988年版，第11页。

是人人都有人类共同的同情心。谁也不会让他人受无谓的痛苦，而且在对自己没有大损害时，还会帮助他人减轻痛苦。人人都喜欢如此。他们虽不慷慨，但很温和。①

托克维尔强调，随着人们身份逐渐平等，民情亦日益温和，身份平等所带来的最强烈的激情，是公民对于这种平等本身的热爱，而这种对平等的热爱是公民现代性的情感特征。托克维尔指出：

> 实际上，有一种要求平等的豪壮而合法的激情，在鼓舞人们同意大家都强大和受到尊敬。这种激情希望小人物能与大人物平起平坐，但人心也有一种对平等的变态爱好：让弱者想法把强者拉下到他们的水平，使人们宁愿在束缚中平等，也不愿在自由中不平等。这并不是说社会状况民主的民族天生鄙视自由；恰恰相反，他们倒是对自由有一种本能的爱好。但是，自由并不是他们期待的主要的和固定的目的，平等才是他们永远爱慕的对象。他们以飞快的速度和罕见的干劲冲向平等，如达不到目的，便心灰意冷下来。但是，除了平等之外，什么也满足不了他们，他们宁愿死而不愿意失去平等。②

托克维尔认为，由于社会个体是软弱的，人们如果彼此孤立，由于他们知道只有协助同胞才能得到同胞的支援，所以他们将不难发现自己的个人利益是与社会的公益一致的，只有联合起来才能保住平等。他指出：

> 他们当中没有一个人会强大得足以单枪匹马地进行胜利的斗争，而只有把众多的人的力量联合起来、团结起来，才能保住他们的平等。③

托克维尔认为，公共生活是维护自由的重要领域，在身份平等的社会，全体公民都是独立的，但又是软弱无力的。他们几乎不能单凭自己的力量去做一番事业，其中的任何人都不能强迫他人来帮助自己。因此，他

---

① （法）托克维尔著：《论美国的民主》（下），董果良译，北京：商务印书馆1988年版，第704页。

② （法）托克维尔著：《论美国的民主》（上），董果良译，北京：商务印书馆1988年版，第60页。

③ （法）托克维尔著：《论美国的民主》（上），董果良译，北京：商务印书馆1988年版，第60页。

们如不学会自动地互助，就将全都陷入无能为力的状态。这些孤立的个人面对强大的政府时，将难以抵抗受到不公正对待的危险，而通过与他人联合起来，就具有了相当的力量。他说：

> 政治的、工业的和商业的社团，甚至科学和文艺的社团，都像是一个不能随意限制或暗中加以迫害的既有知识又有力量的公民，它们在维护自己的权益而反对政府的无理要求的时候，也保护了公民全体的自由。①

托克维尔认为，在没有强大的社团可以依靠的情况下，孤立无援的个人只有一个手段可以保护自己不受伤害，那就是通过报刊向国人乃至全人类呼吁。托克维尔认为：

> 在贵族时代，每个人都与一定的同胞有紧密的联系，因而他们一受到攻击，这些人就会来帮助他。在平等时代，每个人都是孤立无援的。他们既没有可以求援的世代相传的朋友，又没有确实能给予他们同情的阶级。他们容易被人置之不理，受到无缘无故的轻视。因此在我们这个时代，公民只有一个手段可以保护自己不受迫害，这就是向全国呼吁，如果国人充耳不闻，则向全人类呼吁。他们能用来呼吁的唯一手段就是报刊。②

托克维尔认为，在等级社会和专制制度下，人们对不平等总是很敏感，并会极力加以反对。他说：

> 那个时代的基本思潮，或由此引起并将人类的感情和思想汇集起来的主要激情，几乎都是由这个事实造成的。③

托克维尔对法国的民主革命和美国的民主革命加以比较，并肯定地说："我毫不怀疑，我们迟早也会像美国人一样，达到身份的几乎完全平等。"④正如托克维尔所认为的，自由并不是公民期望的主要的和固定的目

---

① （法）托克维尔著:《论美国的民主》(上)，董果良译，北京:商务印书馆 1988 年版，第 875 页。

② （法）托克维尔著:《论美国的民主》(下)，董果良译，北京:商务印书馆 1988 年版，第 875 页。

③ （法）托克维尔著:《论美国的民主》(下)，董果良译，北京:商务印书馆 1988 年版，第 621 页。

④ （法）托克维尔著:《论美国的民主》(上)，董果良译，北京:商务印书馆 1988 年版，第 15 页。

的，平等才是他们永远爱慕的对象。

（二）提出在公民身份平等的社会中要避免温和的专制和多数的暴政两种危险

随着公民身份平等的现代社会发展，当人们为之欢呼雀跃时，托克维尔却冷静地分析了平等社会所具有的缺陷和面临的危险。如原子化社会的无政府状态的风险，过于爱恋私人生活而漠视公共事务，等等，但总体看来，平等社会的诸多因素使它面临的最严重的危险是走向温和的奴役状态和专制的危险。

托克维尔认为，公民身份平等的社会中面临着两种专制的危险：一种是粗暴的，一种是温和的。粗暴类型的专制与历史上等级社会曾有过的专制类似，既压制人，又不提供普遍的福利，这种危险显而易见；而温和的专制通过优越的工作生活来消磨人的意志，鼓励人们平庸驯服，妨碍人们出类拔萃，这种专制也是可怕的危险，这正是托克维尔最忧虑的身份平等所带来的最大的可能性危险。

1. 认为公民身份平等的国家容易产生中央集权的专制政府

托克维尔认为，身份平等的国家比其他国家更容易建立绝对专制的政府，因为身份平等的社会"会为建立专制提供非常有利的条件"。在身份平等的社会，社会成员特别热衷于个人的事业，有兴趣并有能力管理公共事务的人日益减少，管理公共事务的职责也就逐渐转交到政府手上，政府也愿意扩大自己的权力，在力所能及以及力所不及的范围内接管越来越多的公共事务。托克维尔曾经断言：

> 我敢说没有一个欧洲国家的政府不是不仅越来越中央集权，而且越来越管小事情和管得越来越严。各国的政府越来越比以前更深入到私人活动领域，越来越直接控制个人的行动而且是控制微不足道的行动，终日站在每个公民的身边协助和引导他们，或站在公民的头上发号施令。[1]

在托克维尔看来，公民身份平等的社会瓦解了人的感情和思想之间的和谐，身份平等的社会允许人们为满足自己的欲望而努力，但由于只有少

---

[1] （法）托克维尔著：《论美国的民主》（下），董果良译，北京：商务印书馆1988年版，第857页。

部分人能实现自己的愿望，使得多数公民内心难以安宁，孕育着强烈的嫉妒心，在这种情况下，人们便产生了一种对平等的变态爱好：为了满足自己的不能居于人下的平等热望，常常更愿意选择把优秀者拉下来降低到低下水准的平等。正如托克维尔所说：

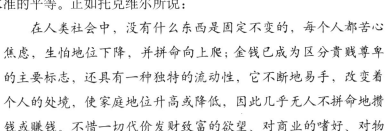

> 在人类社会中，没有什么东西是固定不变的，每个人都苦心焦虑，生怕地位下降，并拼命向上爬；金钱已成为区分贵贱尊卑的主要标志，还具有一种独特的流动性，它不断地易手，改变着个人的处境，使家庭地位升高或降低，因此几乎无人不拼命地攒钱或赚钱。不惜一切代价发财致富的欲望、对商业的嗜好、对物质利益和享受的追求，便成为最普遍的感情。①

托克维尔认为，专制政体需要软弱的个人，这样便没有什么力量可以阻挡专制的实行，而平等可造就全社会国民普遍的独立因而软弱无力。因此，专制力量也必定鼓励这种人们之间的相互孤立，从而阻碍人们结合起来。他提出：

> 无数的相同而平等的人，整天为追逐他们心中所想的小小的庸俗享乐而奔波。他们每个人都离群索居，对他人的命运漠不关心。在他们看来。他们的子女和亲友就是整个人类。②

实际上，托克维尔最担心的，就是平等与专制的结合。他说：

> 没有自由的民主社会可能变得富裕、文雅、华丽，甚至辉煌，因其平头百姓举足轻重而显得强大……但是我敢说，在此类社会中是绝对见不到伟大的公民，尤其是伟大的人民的，而且我敢肯定，只要平等与专制结合在一起，心灵与精神的普遍水准便将永远不断地下降。③

在托克维尔看来，如果社会秩序的维持完全依赖中央政府，一旦中央政府崩溃，社会就会陷入无政府状态。他认为，在集权统治下：

> 并不践踏人的意志，但它软化、驯服和指挥人的意志。它不强迫人行动，但不断妨碍人行动。它什么也不破坏，只是阻止新

---

① （法）托克维尔著：《旧制度与大革命》，冯棠译，北京：商务印书馆1997年版，第35页。
② （法）托克维尔著：《论美国的民主》（下），董果良译，北京：商务印书馆1988年版，第869页。
③ （法）托克维尔著：《旧制度与大革命》，冯棠译，北京：商务印书馆1997年版，第36页。

生事物。它不实行暴政，但限制和压制人，使人精神颓靡、意志消沉和麻木不仁，最后使全体人民变成一群胆小而会干活的牲畜，而政府则是牧人。①

托克维尔强调，随着平等的日益发展，人们的相互依赖关系虽有扩大，但不够密切了。每个公民的意志活动限制在一个极小的范围内，逐渐失去了自我活动的能力，公民由于过分依赖政府，因此往往隐藏着最容易被忽视的专制危险。

2. 认为公民追求身份平等的现代民主社会要防止多数暴政

托克维尔认为，温和的专制和多数暴政是身份平等社会可能带来的最大威胁，他们是身份平等社会中不经意的后果。因为在身份平等的社会，王权的威严消失了，个人的自主意识凸显，每个人都依据自己的意志行事，而并不认为谁有天然的权利来管辖自己。

在对美国共和制度与欧洲的比较分析中，托克维尔发现多数暴政并非是多数的统治，而是"依靠多数得势的几个人的统治"；即是少数人打着"以人民的名义"为旗号而施行的对多数人的暴政。托克维尔指出：

> 美国的共和主义者重视民情，尊重宗教信仰，承认各种权利。他们认为，一个民族越是享有自由，就应该越是讲究道德，越是信仰宗教，越是温文尔雅。在美国，所谓共和，系指多数的和平统治而言。多数，经过彼此认识和使人们承认自己的存在以后，就成为一切权力的共同来源。但是，多数本身并不是无限权威。在道德界，有人道、正义和理性居于其上；在政界，有各种既得权利高于其上。多数承认它在这两方面所受的限制。如果它破坏了这两项限制，那也像每个人一样是出于激情，并且像每个人激动时那样可能把好事办坏。
>
> 但是，我们在欧洲却发现一些新奇的说法。
>
> 据我们欧洲的一些人说，共和并非像大家至今所想的那样是多数的统治，而是依靠多数得势的几个人的统治；在这种统治中起领导作用的不是人民，而是那些知道人民具有最大作用的人；

---

① （法）托克维尔著：《论美国的民主》（下），董果良译，北京：商务印书馆1988年版，第870页。

这些人经过自己的独特判断，可以不与人民商量而以人民的名义行事，把人民踩在脚下反而要求人民对他们感恩戴德；而且，共和政府是唯一要求人民承认它有权任意行事，敢于蔑视人们迄今所尊重的一切，即从最高的道德规范到初浅的公认准则都一概敢于蔑视的政府。

　　他们至今一直认为：专制不论以什么形式出现，都是令人讨厌的。但在今天，他们又有新的发现；在这个世界上，只要以人民的名义来实行暴政和主事不公，暴政也能成为合法的，不公也能变为神圣的。①

托克维尔肯定了现代民主发展的不可避免性，同时，他也敏锐地意识到现代民主可能存在的后果与问题。他多次指出：现代民主存在着"盲目的本能"。也就是说，追求平等的现代民主，一旦失去自由的保障，就容易走上多数暴政，造成对社会个体的奴役。

在托克维尔看来，身份平等时代的首要任务是教会人民理解并应用自由，在平等与自由之间找到平衡点，他说：

　　如果我们不逐渐采用并最后建立民主制度，不向全体公民灌输那些使他们首先懂的自由和随后享用自由的思想和感情，那么，不论是有产者还是贵族，不论是穷人还是富人，谁都不能独立自主，而暴政则将统治所有人。我还可以预见，如果我们不及时建立绝大多数人的和平统治，我们迟早要陷于独夫的无限淫威之下。②

同时，托克维尔看到多数的无限权威在美国增加了民主所固有的立法和行政的不稳定性，必然滑向多数暴政。托克维尔指出：

　　我本人认为，无限权威是一个坏而危险的东西。在我看来，不管任何人，都无力行使无限权威。我只承认上帝可以拥有无限权威而不致造成危险，因为上帝的智慧和公正始终是与它的权力相等的。人世间没有一个权威因其本身值得尊重或因其拥有的权

---

① （法）托克维尔著：《论美国的民主》（上），董果良译，北京：商务印书馆1988年版，第461页。

② （法）托克维尔著：《论美国的民主》（上），董果良译，北京：商务印书馆1988年版，第367页。

利不可侵犯，而使我愿意承认它可以任意行动而不受监督，和随便发号而无人抵制。当我看到任何一个权威被授以决定一切的权利和能力时，不管人们把这个权威称作人民还是国王，或者称作民主政府还是贵族政府，或者这个权威是在君主国行使还是在共和国行使，我都要说：这是给暴政播下了种子，而且我将设法离开那里，到别的法制下生活。①

托克维尔描述了多数暴政造成个人自由失落的一个可怕情景：

> 当一个人或一个党在美国受到不公正的待遇时，你想他或它能向谁去诉苦呢？向舆论吗？但舆论是多数制造的。向立法机构吗？但立法机构代表多数，并盲目服从多数。向行政当局吗？但行政首长是由多数选任的，是多数的百依百顺工具……因此，不管你所告发的事情如何不正义和荒唐，你还得照样服从。②

显然这种专制并非真正意义上的多数专制，所谓"多数"也是虚假的多数。

多数暴政最终受到损害的将会是个人的自由。在托克维尔看来，这应该是多数暴政的最大罪过。

托克维尔在宣扬公民自由的同时，也在时时警诫人们不要滥用自由。其目的是旨在对身份平等社会的民主加以引导，使之坚持政治自由的原则，从而克服暴政的潜在危险。托克维尔对身份平等时代民主可能导致的多数暴政问题的辩证思考和深刻认识至今还闪耀着公民学说的璀璨光芒。

二、提出民主与自由既有冲突又有价值统一性的公民学说

托克维尔对民主问题的阐述，并不是对民主理论的抽象议论和探讨，而是从社会实际出发，即从法国社会的历史和现状与美国民主制度的比较中探究民主的真谛。虽然托克维尔没有对"民主"的概念做出准确的界定，但他所强调的"民主共和制度"一词的含义与现代西方自由主义者所使用

① （法）托克维尔著：《论美国的民主》（上），董果良译，北京：商务印书馆1988年版，第289页。

② （法）托克维尔著：《论美国的民主》（上），董果良译，北京：商务印书馆1988年版，第290页。

的民主一词含义大致相同。他说：

> 所谓共和，系指多数的和平统治而言。多数，经过彼此认识和使人们承认自己的存在以后，就成为一切权力的共同来源。但是，多数本身并不是无限权威。在道德界，有人道、正义和理性居于其上；在政界，有各种既得权利高于其上。多数承认它在这两个方面所受的限制。①

托克维尔认为，民主不一定必然导致共和，但如果民主的原则能与共和的制度相结合，无疑将是政治社会的一种理想形式。

在探索民主与自由结合途径的过程中，托克维尔认为，在民主社会中，公民的身份平等意味着个人的独立自主，这为公民在民主社会实现自由提供了广阔的活动空间。他也认为，民主在许多方面是敌视自由的，民主与自由存在着一定的冲突。托克维尔致力于研究如何化解民主社会对自由的各种不利影响因素，使民主避免滑向专制、与自由和谐相处。他为自由主义提供了一种新的形式，即民主自由，从而推动了西方公民学说的发展。

（一）认为民主与自由存在着一定的冲突

托克维尔民主思想的特点与贡献不仅在于其敏锐的洞察出民主发展的历史趋势，而且还在于对民主的理性理解，特别是对于民主的好处与弊端的论述更具启发性。托克维尔认为，民主社会对自由的威胁因素不可忽视，多数人暴政和中央集权是民主可能产生的严重弊端，而个人主义则是现代民主的产物。

1.认为民主对自由的威胁主要存在多数暴政和中央集权两大问题

在民主政体中，如何防范多数的专制是西方公民思想家历来都十分关注的重要问题。托克维尔将"民主"看做是一种多数人掌权的政府组织和政治制度，是以人民主权学说为基础的政权形式。

托克维尔认为，民主立法比民主选举更容易带来多数暴政，因此，要防止这种暴政的出现，必须用其他机构对民主立法加以限制。他注意到立法机构的不良倾向：立法者们通过普选和多数的表决，几乎把所有权力都

---

① （法）托克维尔著：《论美国的民主》（上），董果良译，北京：商务印书馆1988年版，第461页。

控制在自己手中，这就有可能帮助立法者合法的专制。他引用杰弗逊的话说：

> 立法机构的暴政才真正是最可怕的危险，而且在今后许多年仍会如此。①

在托克维尔看来，共和国内民主采用代议制，由选举少数人作为人民的代表来统治，而最能代表人民意志的机构则是立法部门，由于立法机构享有最高的权力，可以迅速并不受阻挡地提出自己的每一项动议，因此，应像美国联邦党人那样通过三权分立来限制立法权的专制。

托克维尔认为，尽管在民主时代身份是平等的，但有一种平等永远无法实现——智力的平等。这种不平等直接决定于上帝，人们根本无法防止。多数的人为了谋生不得不为物质而操劳，所以在一个社会里，人人既能都博学多闻，又能都家财万贯是不可能的。在身份平等的民主社会中，以往抵御专制权力的贵族阶级已不复存在，人们容易接受中央集权的思想，中央集权往往顺理成章地成为民主社会的制度选择。托克维尔断言：

> 专制所造成的恶，也正是平等所助长的恶。专制和平等这两种东西，是以一种有害的方式相辅相成的。②

托克维尔认为，在中央集权制下，人们软弱、无助、孤立，甘愿将权利转交给中央政权，以期获得保护，这种扩张的中央权力会成为新的专制权力，而专制制度很快会使整个民族委靡堕落。

托克维尔认为，在这种温和专制主义下，公民不仅遭受奴役，在奴役中获得平等，而且会丧失反抗的精神和能力。为了消除身份平等社会民主可能产生的危害，他主张：

> 使国内的各个构成部分享有自己的独立的政治生活权利，以无限增加公民们能够共同行动和时时感到必须互相信赖的机会。③

---

① （法）托克维尔著:《论美国的民主》（上），董果良译，北京：商务印书馆1988年版，第300页。

② （法）托克维尔著:《论美国的民主》（下），董果良译，北京：商务印书馆1988年版，第630页。

③ （法）托克维尔著:《论美国的民主》（上），董果良译，北京：商务印书馆1988年版，第631页。

托克维尔认为，以多数暴政和中央集权方式实现对社会的治理，必然存在统治者与被统治者的区分，这就出现了政治权力上的不平等。因而，他强调，如果任其发展，民主社会往往是始于平等，终于专制，自由最终荡然无存。

2. 认为民主社会的个人主义会对公民的自由带来威胁

托克维尔认为，个人主义是民主社会的产物，是温和专制主义的表现。随着现代社会公民身份的平等，个人的独立意识、自我意识逐渐增强，而且有无限扩大的趋势，这时个人主义应运而生。

托克维尔指出，个人主义是民主主义的产物，并随着身份平等的扩大而发展。他认为：

在民主时代，每个人对全体的义务日益明确，而为某一个人尽忠的事却比较少见，因为人与人之间的爱护情谊虽然广泛了，但却稀薄了。

在民主国家，新的家庭不断出现，而另外一些家庭又不断绝户，所有的家庭都处于兴衰无定的状态；时代的联系随时都有断开的危险，前代的事迹逐渐湮没；对于前人，容易遗忘，对于后人，根本就无人去想，人们所关心的，只是最亲近的人。

但在各个阶级相互接近而融为一体之后，大家便彼此漠不关心，互把对方视为外来人。贵族制度把所有的公民，从农民到国王，结成一条长长的锁链；而民主制度，则打断了这条锁链，使其环环脱落。①

托克维尔认为，随着民主社会的发展，公民往往只专注于个人生活，只关心自己的小家，而不关心公共事务，他说：

民主不但使每个人忘记了祖先，而且使每个人不顾后代，并与同时代人疏远。它使每个人遇事总是只想到自己，而最后完全陷入内心的孤寂。②

托克维尔认为，个人主义相当于古代社会的利己主义，利己主义使人

---

① （法）托克维尔：《论美国的民主》（下），董果良译，北京：商务印书馆1988年版，第627页。

② （法）托克维尔著：《论美国的民主》（下），董果良译，北京：商务印书馆1988年版，第625页。

们只关心自己和爱自己甚于一切，而作为利己主义在现代社会的突出表现，就是"个人主义"，它会使公德的源泉干枯。他把"个人主义"的概念阐释为：

> 个人主义是一种只顾自己而又心安理得的情感，他使每个公民同其同胞大众隔离，同亲属和朋友疏远。因此，当每个公民各自建立了自己的小社会后，他们就不管大社会而任其自行发展了。①

托克维尔支持和热爱民主发展所带来的个人平等、自主和自由，但强烈地反对个人主义。因为，个人主义导致支撑民主制度运作的公民精神日渐衰弱，个人独立、平等和自由遇到威胁。

托克维尔认为，从贵族制社会到民主社会，人们逐渐从旧的秩序和束缚中解脱出来，获得了前所未有的独立、自主和自由，在人们品尝平等所带来的好处时，也逐渐产生了自己能够不依赖他人和社会而生存的幻觉，认为依靠个人的努力就能实现自身生存和人生价值。个人主义最终会削弱公民的力量，其所蕴涵的危险会威胁个人的独立、自主和自由，从而为专制权力的出现和扩展提供了机会，使民主走向专制。

托克维尔认为，个人主义削弱了公民精神，使公民变得冷漠，远离政治生活，容易使人忽视甚至放弃公民的责任和义务，最终将沦为彻底的利己主义。为此，托克维尔指出：

> 永远记住一个国家当它的每个居民都是软弱的个人的时候，不会长久强大下去，而且决不会找到能使由一群胆怯和委靡不振的公民组成的国家变成精力充沛的国家的社会形式和政治组织。②

托克维尔认为，对制约专制真正起决定作用的是各国的人民，是他们对自由、宗教、道德、传统以及习惯的态度。在这个意义上说，托克维尔对民主社会的前途充满信心，他指出：

> 平等将导致奴役还是导致自由，导致文明还是导致野蛮，导

---

① （法）托克维尔著：《论美国的民主》（下），董果良译，北京：商务印书馆1988年版，第625页。

② （法）托克维尔著：《论美国的民主》（下），董果良译，北京：商务印书馆1988年版，第880页。

致繁荣还是导致贫困，这就全靠各国自己了。①

托克维尔强调，避免民主社会走向无论是多数暴政还是温和的专制主义，要解决的核心问题就是必须克服民主制度环境中滋生的个人主义，培育积极的公民精神。他相信，只有自由才能抵制平等造成的个人主义并最终战胜它，并着重强调了结社自由和地方自治的作用。

（二）认为自由和民主具有内在价值的统一性

在《论美国的民主》一书中，托克维尔充分阐述了其民主自由思想。他认为，自由和民主在根本价值上是相通的，是密不可分的。他主张自由必须同民主相结合，自由只能是平等的自由，即每个人的自由，但绝不能以自由来否定民主，民主因其是维护多数人利益而为自由提供了道义上的保障，同时，没有民主的支持，就不可能实现自由。

1.认为从贵族自由到民主自由是历史的进步

托克维尔认为，贵族的自由在反抗王权和重建现代民主自由的道路上有着积极的意义，但这种建立在特权基础之上的自由却从不能为所有公民提供最天然、最必需的各种保障，又无法推广成全社会每个群体和个人的普遍自由。

在概括贵族自由的弊端时，托克维尔曾明确指出：

> 贵族时代，个人的权力极为强大，而社会的权威则十分微弱，甚至社会的形象也是模糊的，经常被统治公民的各式各样的权力所取代。因此，这个时代的人的主要努力，必须用去增加和扩大社会权力，并增加和确保它的特权；另一方面，又要把个人的独立限制在极小的范围之内，使个别利益服从一般利益。②

托克维尔认为，"贵族的自由"虽然并非现代意义的自由，但对于建立现代民主制度具有借鉴价值。因为在贵族的自由下，个人可能保有很大的权力、独立性和活动空间，包括贵族在内的任何上层阶级都可以此防止国家权力对个人特殊权利的侵害，贵族与其附庸紧密相联，如果某个人受到攻击，就会有人出来相助，这也培育了一种相互联结的一体感，这在某

---

① （法）托克维尔著：《论美国的民主》（下），董果良译，北京：商务印书馆1988年版，第885页。

② （法）托克维尔著：《论美国的民主》（下），董果良译，北京：商务印书馆1988年版，第875页。

种程度上保障了个人的独立与自由。托克维尔指出：

> 绝不能根据对最高权力的服从程度去评价人们的优劣：这样就会应用一个错误的尺度。不管旧制度的人们怎样屈服于国王的意志，他们却不接受这样一种服从：他们不会由于某政权有用或者能为非作歹而屈服在一个不合法的或有争议的、不为人尊重的、常常遭蔑视的政权下，这种可耻的奴役形式对他们来说始终是陌生的。国王在他们心中激发起种种情感，以往世界上最专制的君主们都办不到，大革命将这些情感从他们心中连根拔掉，所以我们几乎无法理解它。他们对国王既像对父亲一样满怀温情，又像对上帝一样充满敬意。他们服从国王最专横的命令，不是出于强制而是出于爱。因此他们往往在极端的依赖性中，保持着非常自由的精神。对于他们来说，服从的最大弊病是强制；对于我们来说，这是最微不足道的毛病。最坏的弊病是迫使人服从的奴性感。不要瞧不起我们的先辈，我们没有这个权利。但愿我们能够在发现他们的偏见与缺点的同时，发现一点他们的伟大！

> 因此，如果认为旧制度是个奴役与依附的时代，这是十分错误的。那时有着比我们今天多得多的自由：但这是一种非正规的、时断时续的自由，始终局限在阶级范围内，始终与特殊的特权的思想连在一起，它几乎既准许人违抗法律，也准许人对抗专横行为，却从不能为所有公民提供最天然、最必需的各种保障。这种自由，尽管范围狭小、形式改变，仍富有生命力。在中央集权制日益使一切性格都变得一致、柔顺、暗淡的时代，正是自由在大批个人心中，保留着他们天生的特质，鲜明的色彩，在他们心中培育自豪感，使热爱荣誉经常压倒一切爱好。我们行将看到的生机勃勃的精灵，骄傲勇敢的天才，都是自由培育的，他们使法国大革命成为千秋万代既敬仰又恐惧的对象。要是在自由不复存在的土地上，能长出如此雄健的品德，这才是怪事。①

托克维尔认为，在贵族自由的社会体制下，公民一直处于孤立的、原

----

① （法）托克维尔著：《旧制度与大革命》，冯棠译，北京：商务印书馆1997年版，第155—156页。

子化的分散状态，从未长久保持自由，他们会越来越软弱可欺，政府就会越来越强势，甚至会走向专制独裁。托克维尔把现代民主的对立面视为"贵族制"或"贵族社会"，他在肯定民主制度的同时，从贵族阶层的立场上做了这样的内心表白：

> 在思想上我倾向民主制度，但由于本能，我却是一个贵族——这就是说，我蔑视和惧怕群众。自由、法制、尊重权利，对这些我极端热爱——但我并不热爱民主。①

在向现代民主的转变道路上，托克维尔十分忧虑民主如何与自由相结合。他说：

> 问题不在于重建贵族社会，而在于上帝让我们从生活于其中的民主社会的内部发掘自由。②

托克维尔将民主自由视为首要的善，在他看来，民主自由甚至超越了世俗和物质的层面，自由本身就是手段与目的的结合，但首先是一种目的。托克维尔指出：

> 只有自由才能在这类社会中与社会固有的种种弊病进行斗争，使社会不至于沿着斜坡滑下去。事实上，唯有自由才能使公民摆脱孤立，促使他们彼此接近，因为公民地位的独立性使他们生活在孤立状态中。只有自由才能使他们感到温暖，并一天天联合起来，因为在公共事务中，必须相互理解，说服对方，与人为善。只有自由才能使他们摆脱金钱崇拜，摆脱日常琐事的烦恼，使他们每时每刻都意识到、感觉到祖国高于一切，祖国近在咫尺；只有自由能够随时以更强烈、更高尚的激情取代对幸福的沉溺，使人们具有比发财致富更伟大的事业心，并且创造知识，使人们能够识别和判断人类的善恶。③

托克维尔反对古典自由主义公民思想家把自由同生命、财产、幸福、

---

① （法）托克维尔著：《旧制度与大革命》（序言），冯棠译，北京：商务印书馆1997年版，第4页。

② （法）托克维尔著：《论美国的民主》（下），董果良译，北京：商务印书馆1988年版，第873页。

③ （法）托克维尔著：《论美国的民主》（上），董果良译，北京：商务印书馆1988年版，第36页。

福利等相提并论，认为古典自由主义的自由观具有较强的功利色彩。他强调，自由本身的魅力与物质利益无关，谁在自由中寻找自由本身以外的其他东西，谁就只配受奴役，而不会享受到无拘无束的言论、行动、呼吸的快乐。他提醒人们，在现实的物质利益面前，始终都要有一颗对自由热爱甚至敬畏的心，否则，公民将重新走向通往贵族自由和专制制度的奴役之路。

2. 认为民主制度下的公民联合能实现真正的自由

在对自由的重视和推崇的同时，托克维尔并不盲目地、无条件地赞颂自由，而是结合民主时代的种种特点，认为，人的自由是在不侵害公共利益前提下的自由，只有在公共生活领域的公民结社和公民的自由联合，才能使公民获得完善自我的机会和实现真正的自由。

托克维尔认为，公民或道德自由的力量在于联合，这种联合的最终目的是为了维护公民权利，实现公民自由。他提出：

> 实际上，有两种自由。有一种是堕落的自由，动物和人均可享用它，它的本质就是为所欲为。这种自由是一切权威的敌人，它忍受不了一切规章制度。实行这种自由，我们就要自行堕落。这种自由也是真理与和平的敌人，上帝也认为应当起来反对它！但是，还有一种公民或道德的自由，它的力量在于联合，而政权本身的使命则在于保护这种自由。凡是公正的和善良的，这种自由都无所畏惧地予以支持。这是神圣的自由，我们应当冒一切危险去保护它，如有必要，应当为它献出自己的生命。[①]

托克维尔在肯定民主社会中个人追求私利合理性的基础上，强调个人的自由是在不侵害公共利益前提下的自由。他指出：

> 个人之服从社会，并不是因为他比管理社会的那些人低劣，也不是因为他管理自己的能力不如别人。个人之所以服从社会，是因为他明白与同胞联合起来对自己有利，知道没有一种发生制约作用的权利，就不可能实现这种联合。
>
> 因此，在同公民相互间应负的义务有关的一切事务上，他必

---

① （法）托克维尔著：《论美国的民主》（上），董果良译，北京：商务印书馆1988年版，第47页。

须服从；而在仅与他本身有关的一切事务上，他却是自主的。也就是说，他是自由的，其行为只对上帝负责。因此产生了如下的名言：个人是本身利益的最好的和唯一的裁判者。除非社会感到自己被个人的行为侵害或必须要求个人协助，社会无权干涉个人的行动。①

基于对现代民主发展趋势的思考，托克维尔设想了未来民主社会的美好图景。他认为，人们愿意为了享受社会的公益而去尽自己的义务，公民的自由联合将会取代个人权威。托克维尔说道：

> 我认为，在按照这种方式建立的国家，社会不会停滞不前，而社会本身的运动也可能按部就班，循序前进。即使民主社会将不如贵族社会那样富丽堂皇，但苦难不会太多。在民主社会，享乐将不过分，而福利将大为普及；科学将不会特别突出，而无知将大为减少；情感将不会过于执拗，而行为将更加稳健；虽然还有不良行为，但犯罪行为将大为减少。
>
> 即使没有狂热的激情和虔诚的信仰，教育和经验有时也会使公民英勇献身和付出巨大的牺牲。由于每个人都是同样弱小，所以每个人也都感到自己的需要与其他同胞相同。由于他们知道只有协助同胞才能得到同胞的支援，所以他们将不难发现自己的个人利益是与社会的公益一致的。
>
> 就整体说，国家将不会那么光辉和荣耀，而且可能不那么强大，但大多数公民将得到更大的幸福，而且人民将不会闹事；但这不是因为他们不希望再好，而是因为他们觉得自己已经过得不错。
>
> 虽然这样的秩序下并不是一切事物全都是尽善尽美，但社会至少具备使事物变得善美的一切条件，而且人们一旦永远拒绝接受贵族制度可能举办的社会公益，就将在民主制度下享有这种制度可能提供的一切好处。②

---

① （法）托克维尔著：《论美国的民主》（上），董果良译，北京：商务印书馆1988年版，第72页。

② （法）托克维尔著：《论美国的民主》（上），董果良译，北京：商务印书馆1988年版，第11—12页。

托克维尔强调政治自由，他认为，政治自由的最基本前提是公民既可以充分行使自己的政治权利，也要为同胞的幸福而尽自己的义务。托克维尔说到：

> 美国公民享有的自由制度，以及他们可以充分行使的政治权利，使每个人时时刻刻和从各个方面都在感到自己是生活在社会里的。这种制度和权利，也使他们的头脑里经常想到，为同胞效力不但是人的义务，而且对自己也有好处。同时，他们没有任何私人的理由憎恨同胞，因为他们既非他人的主人，又非他人的奴隶，他们的心容易同情他人。他们为公益最初是出于必要，后来转为出于本意。靠心计完成的行为后来变成习性，而为同胞的幸福进行的努力劳动，则最后成为他们对同胞服务的习惯和爱好。

> 许多法国人认为身份平等是第一大恶，政治自由是第二大恶。当他们不得不容受前者时，至少要想方设法避免后者。至于我，我认为同平等所产生的诸恶进行斗争，只有一个有效的方法：那就是政治自由。①

托克维尔提倡公共生活领域的公民结社自由。他提出：

> 因此，必须使社会的活动不由政府包办。在民主国家，应当代替被身份平等所消灭的个别能人的，正是结社。②

托克维尔强调，这是因为在民主国家，人民不会像在贵族制国家那样将权力委托给一个或几个主要公民去执行，而是由绝大多数公民去行使政府权力。

托克维尔认为，人们只有在公共生活和自由结社中，才能找到身份的归属和联合的力量；对于一个民族和国家来说，也只有通过自由结社，才能阻止国家垄断全部政治资源；自由结社有助于训练公民关心和参与政治的技巧，不断提升他们的道德和知识。托克维尔得出结论说：

> 在民主国家，结社的学问是一门主要学问。其余一切学问的进展，都取决于这门学问的进展。在规制人类社会的一切法则

---

① （法）托克维尔著：《论美国的民主》（下），董果良译，北京：商务印书馆1988年版，第633—634页。

② （法）托克维尔著：《论美国的民主》（上），董果良译，北京：商务印书馆1988年版，第639页。

中，有一条法则似乎是最正确和最明晰的。这便是：要是人类打算文明下去或走向文明，那就要使结社的艺术随着身份平等的扩大而正比例地发展和完善。①

托克维尔认为，要保证结社自由，必然要有言论出版自由，言论出版自由与结社自由不可分割，出版自由是公民政治自由的重要体现。他说：

出版自由在民主国家比在其他国家无限珍贵，只有它可以救治平等可能产生的大部分弊端。平等使人孤立和失去力量，但报刊是每个人都可阅览并能被最软弱和最孤立的人利用的强大武器。平等使每个人失去其亲友的支援，但报刊可以使他们向本国的公民和全人类求援。印刷术促进了平等的发展，而同时又是平等的最好缓和剂之一。②

托克维尔预言民主是现代社会的前进方向，他认识到民主政体中固有的对个人自由的威胁，进而提出一些具体的防范措施，如结社自由、言论和出版自由以及司法独立等，目的正是为了实现民主制度下的公民充分自由。

3. 认为只有公民享有充分的权利才能实现民主与自由的结合

托克维尔认为，在公民社会必须把民主和自由结合起来，推行民主自由，以民主维护自由，以自由保证民主。为此，他主张，只有保障公民的政治自由，并限制国家权力，使公民能充分行使自己的权利，才是现代社会民主与自由结合的根本要义之所在。

托克维尔认为，仅仅有人民参与政府的选举是不够保证公民个人自由的，还必须通过立法对个人自由进行保护，对国家的权力进行明确的限制。他指出：

给社会权力规定广泛的、明确的、固定的界限，让人人享有一定的权利并保证其不受阻挠地行使这项权利，为个人保留少量的独立性、影响性和独创精神，使个人与社会平起平坐并在社会面前支持个人。在我看来，这些就是我们行将进入的时代的立法

---

① （法）托克维尔著:《论美国的民主》（上），董果良译，北京：商务印书馆1988年版，第 640 页。

② （法）托克维尔著:《论美国的民主》（下），董果良译，北京：商务印书馆1988年版，第 876 页。

者的主要目标。①

托克维尔认为，共和政体的最大危险来自政府的无限权威，由此削弱了公民的权利。他说：

> 对于共和政体来说，最为重要的是：不仅要保卫社会不受统治者的压迫，而且要保护社会上的一部分人不受另一部分人的不公正对待。……公正是政府的目的，也是公民社会的目的。②

托克维尔认为，由于民主时代个人的软弱无力，缺乏自我保护和求得他人支援的手段，使得公民的自由和权利容易受强大的政府的侵犯，社会将自然而然地陷入动荡不安。他指出：

> 如果在一个社会中，较强的派系能够利用这种社会情况随时联合起来压迫较弱的派系，那么可以断言，这个社会将自然而然地陷入无政府状态，使软弱的个人失去抵抗较强的个人的暴力的任何保障；在这种状态下，原来较强的人也会由于不满意社会动荡，而愿意服从于一个既能保护弱者又能保护自己的政府；而出现这种愿望之后，同样的动机又逐渐激起较强的派系和较弱的派系愿意组织一个能够保护一切强的和弱的派系的政府。③

为此，托克维尔强调，只有使人人都有权利，且他们的权利得到保障，才能实现公民的自由联合。他说：

> 由于人人都有权利，且他们的权利得到保障，所以人们之间将建立起坚定的信赖关系和一种不卑不亢的相互尊重关系。这样，公民的自由联合将会取代贵族的个人权威，国家也会避免出现暴政和专横。④

为了抵抗中央集权，保障公民的权利，托克维尔主张要在中央与地方之间实行分权。他提出：

---

① （法）托克维尔著：《论美国的民主》（下），董果良译，北京：商务印书馆1988年版，第880页。

② （法）托克维尔著：《论美国的民主》（上），董果良译，北京：商务印书馆1988年版，第329页。

③ （法）托克维尔著：《论美国的民主》（上），董果良译，北京：商务印书馆1988年版，第329页。

④ （法）托克维尔著：《论美国的民主》（上），董果良译，北京：商务印书馆1988年版，第11页。

除了人民的权力之外，还要有一定数量的执行权力的当局。这些当局虽不是完全独立于人民的，但在自己的职权范围内享有一定程度的自由，因而既要被迫服从人民中的多数的一致决定，又可以抵制这个多数的无理取闹和拒绝其危险的要求。①

行政集权只能使它治下的人民委靡不振，因为它在不断消磨人民的公民精神。……它可能对一个人的转瞬即逝的伟大颇有帮助，但却无补于一个民族的持久繁荣。②

托克维尔在探究了贵族制度日益衰落、民主制度日益勃兴的背景下，主张在任何时代尤其是民主时代，都应为公民个体的权利和自由提供最强大保障。托克维尔认为，自由源于自治，人民的自治能力是维护民主体制长期活力的根源，公民自治也是人民主权和公民自由原则的根本途径。

民主自由思想是托克维尔公民学说的价值归宿，他的这一思想对近代公民民主学说的确立作出了重要贡献，也深深影响了西方公民民主理论和民主实践的发展。

第二节　约翰·密尔的公民学说

约翰·密尔（John Stuart Mill，1806—1873年）是19世纪英国著名哲学家、政治思想家和公民学家，是自由主义公民思想最重要的代表人物之一。约翰·密尔出生于一个教育环境良好的家庭，其父是著名实证主义哲学家詹姆斯·密尔，约翰·密尔的公民学说深受英国和法国经验主义和实证主义思想的影响。约翰·密尔曾担任英国下院议员，并积极参与了1867年的英国改革运动。

约翰·密尔在学术领域中涉猎广泛，涉及哲学、经济学、政治学、伦理学、公民学等多个领域，著述颇丰。如《论自由》《逻辑体系》《政治经

① （法）托克维尔著：《论美国的民主》（上），董果良译，北京：商务印书馆1988年版，第169页。

② （法）托克维尔著：《论美国的民主》（上），董果良译，北京：商务印书馆1988年版，第107页。

济学原理》《代议制政府》《功利主义》等。其中，《论自由》是表达其自由主义公民思想的最重要的代表作。

资本主义的自由发展，资产阶级民主制度的不断完善，无产阶级威胁的日益增加，都反映在约翰·密尔的公民思想中，促使其自由主义学说具有了与早期的自由主义思想迥异的新特征——约翰·密尔不再把自由看做人的天赋权利，而是从功利出发具体考察自由对人与社会的价值；他不再像前人那样仅从政治角度考察自由问题，而是更多的从社会角度批评对个人自由的各种限制，把功利主义的原则作为最大多数人的最大幸福，从而使自由主义公民学说具有了坚实的基础。

一、提出"自由乃是按照我们自己的道路追求我们的好处"[①] 的公民思想

约翰·密尔是 19 世纪自由主义思想的典型代表。他关于自由的基本观点是：自由意味着成年人想干什么就干什么，只要在行使这种自由时不伤害别人同样的权利。他认为，人类的一切行为都应该是为最大多数的人们创造幸福、维护幸福和增加幸福，社会为此所能作最大贡献的主要方法之一，就是给予其成员以自己去思想和行动的权利。

（一）认为公民自由的领域分为意识的、个性的和个人之间相互联合的自由

约翰·密尔所论的"自由"，不是指意志自由，而是指公民自由与社会自由，而他所谓"自由"的含义就是指社会所能合法施用于个人的权力的限度。他在《论自由》中说：

> 本文的目的是主要力主一条极其简单的原则，使凡属社会以强制和控制方法对付个人之事，不论所用手段是法律惩罚方式下的物质力量或者是公众意见下的道德压力，都要绝对以它为准绳。这条原则就是：人类之所以有理有权可以个别地或者集体地对其中任何分子的行动自由进行干涉，唯一的目的只是自我防卫。这就是说，对于文明群体中的任一成员，所以能够施用一种

---

① （英）约翰·密尔著：《论自由》，程崇华译，北京：商务印书馆 1982 年版，第 118 页。

权力以反其意志而不失正当，唯一的目的只是要防止对他人的危害。①

约翰·密尔对个人自由的探讨，不再是仅仅限于个人与国家之间的关系了，而是扩展为个人与社会的关系方面来探讨自由问题，力图在社会生活中为个人的自由权保留一定的范围。约翰·密尔在其著作《论自由》中讨论了个人自由的范围，把自由的领域归纳为3类，他说这些领域包括：

> 第一，意识的内向境地，要求着最广义的良心的自由；要求着思想和感想的自由；要求着在不论是实践的或思考的、是科学的、道德的或神学的等等一切题目上的意见和情操的绝对自由。说到发表和刊发意见的自由，因为它是属于个人涉及他人的那部分行为，看来像是归在另一原则之下；但是由于它和思想自由本身几乎同样重要，所依据的理由又大部分相同，所以在实践上是和思想自由分不开的。第二，这个原则还要求趣味和志趣的自由；要求有自由订定自己的生活计划顺应自己的性格；要求有自由照自己所喜欢的去做，当然也不规避会随之而来的后果。这种自由，只要我们所作所为并无害于我们的同胞，就不应遭到他们的妨碍，即使他们认为我们的行为是愚蠢、背谬或错误的。第三，随着各个人的这种自由而来的，在同样的限度之内，还有个人之间相互联合的自由；这就是说，人们有自由为着无害于他人的目的而彼此联合，只要参加联合的人们是成年，又不是出于被迫或受骗。②

约翰·密尔不仅是从公民的政治权利方面探讨自由问题，而且从人们的社会生活方面进行考察，他所关注的是社会全体对个人自由的侵害问题，强调从社会的束缚中得到自由。他主张：

> 生活中的事务最好是由那些具有直接利害关系的人自由地去做，无论是法令还是政府官员都不应对其加以控制和干预。那些这样做的人或其中的某些人，很可能要比政府更清楚采用什么手

---

① （英）约翰·密尔著：《论自由》，程崇华译，北京：商务印书馆1982年版，第9—10页。
② （英）约翰·密尔著：《论自由》，程崇华译，北京：商务印书馆1982年版，第12—13页。

段可以达到他们的目的。①

约翰·密尔认为，社会对个人的合法干涉唯一的根据在于自我防卫，个人只要不对他人产生危害，他完全能对自己的行为负责，个人行为凡是不涉及他人的部分，理所当然地属于个人自由权利的范围。他提出：

> 个人的行动只要不涉及自身以外什么人的利害，个人就不必负责向社会交代，而只有对他人利益有害的行动，个人才应当负责交代，承受或是社会的或是法律的惩罚，假如社会的意见认为需要用这种或那种惩罚来保护它自己的话。②

约翰·密尔认为，自由是社会生活中的自由，是政治自由。社会的自由是社会所能合法地施用于个人的权利的性质和限度，而公民的自由与政府的权力是对立的，个人的自由是对政治暴虐的限制。他认为，任何社会的掌权者都会认为自身是优越的，并尽全力强迫别人接受他的价值观念，为达此目的，会运用公共权力约束私人行为，强化社会权力，消灭个人自由，这样就不利于社会健康发展。约翰·密尔指出：

> 任何一个社会，若是上述这些自由整个说来在那里不受尊重，那就不算自由，不论其政府形式怎样；任何一个社会，若是上述这些自由在那里的存在不是绝对的和没有规限的，那就不算完全自由。唯一实称其名的自由，乃是按照我们自己的道路去追求我们自己的好处的自由，只要我们不试图剥夺他人的这种自由，不试图阻碍他们取得这种自由的努力。每个人是其自身健康的适当监护者，不论是身体的健康，或者是智力的健康，或者是精神的健康。人类若彼此容忍各照自己所认为好的样子去生活，比强迫每人都照其余的人们所认为好的样子去生活，所获是要较多的。③

约翰·密尔之所以捍卫个体的自由权利，主要依据是只有这样才能使社会的总体功利达到最大值。他认为，扼杀公民自由的最大代价是全社会的平庸、缺少真知灼见和决策的合理性，最终必然导致总体功利的巨大

---

① （英）约翰·密尔著：《政治经济学原理）——及其在社会哲学上的若干应用》（下卷），胡企林、赵荣潜、桑炳炎等合译，北京：商务印书馆1991年版，第542页。
② （英）约翰·密尔著：《论自由》，程崇华译，北京：商务印书馆1982年版，第112页。
③ （英）约翰·密尔著：《论自由》，程崇华译，北京：商务印书馆1982年版，第13页。

损失。

（二）认为公民在不损害他人利益的前提下具有绝对的自由权

约翰·密尔强调公民自由，认为个人权利的基础应诉诸功利，人人拥有平等的权利。他认为，人有追求自我个性发展的自由权利，人只有充分享有和运用个性自由发展的权利，其品性才会提高，价值才会增加，相应地对别人也更有价值，社会拥有这样的个体越多，就越充实和发达，因为"国家的价值，从长远来看，归根到底还在于组成它的全体个人的价值。"① 他提出：

> 配称得上那个名字的仅有的自由就是以我们自己的方式追求
> 我们自己的善的那种自由，只要我们并不企图剥夺其他人的善，
> 或不阻碍他们获得它的努力。②

约翰·密尔强调个人自由的重要性，他在给 J. 斯特林的信中对个人自由进行了独到的阐述：

> 自由主义要使每个人成为他自己的指导者和主权者，要让每
> 个人为自己去思索，按对自己最有利的判断去做，允许其他人以
> 言之有据的道理说服他。③

约翰·密尔在《论自由》中，倡导人们要尊重个性发展的自由权利。他认为，个性的自由发展不仅是促进社会进步的重要因素，而且是人性的本质要求。他说：

> 人性不是一架机器，不能按照一个模型铸造出来，并且开动
> 它按部就班地去做规定好的工作；它毋宁是一棵树，需要按照使
> 它成为活物的内在力量的趋向生长，并在各方面发展起来。④

约翰·密尔认为，为了实现自我发展，每一个人都必须被看做以自己为目的，必须具有独自作出选择的绝对权利。人们不能强迫一个人去做一件事或者不去做一件事。他提出：

> 每人都要以自己的标准去规定他道德上的、智力上的甚至躯

---

① （英）约翰·密尔著：《论自由》，程崇华译，北京：商务印书馆1982年版，第24页。

② （英）约翰·密尔著：《论自由》，程崇华译，北京：商务印书馆1982年版，第102页。

③ （英）约翰·密尔著：《密尔著作集》（第12卷），加拿大多伦多大学出版社1982年版，第84页。

④ （英）约翰·密尔著：《论自由》，顾肃译，南京：译林出版社2010年版，第63页。

体上的完善。①

任何人的行为，只有涉及他人的那部分才须对社会负责。在仅只涉及本人的那部分，他的独立性在权利上则是绝对的。对于本人自己，对于他自己的身和心，个人乃是最高主权者。②

当约翰·密尔提倡个人自己做主时，其理由是：个人总比他人能够更加真实、准确地计算自己的利益得失。他认为：

第一，个人的行动只要不涉及自身以外什么人的利害，个人就不必向社会负责交代。……第二，关于对他人有害的行动，个人则应当负责交代，并且还应当承受或是社会的或是法律的惩罚。③

约翰·密尔强调，人的自由和尊严是神圣的，不受控制和干预。他说：

一般说来，生活中的事务最好由那些具有直接利害关系的人自由地去做，无论是法令还是政府官员都不应该对其加以控制和干预。④

无论我们信奉什么样的社会联合理论，也无论我们生活在什么制度下，每个人都享有一活动范围，这一范围是政府不应加以侵犯的……只要稍许尊重人类自由和尊严的人都不会怀疑，人类生活中确实应该有这样一种受到保护的、不受干预的神圣空间。⑤

约翰·密尔认为，个性的自由发展有助于增强社会幸福，他在《论自由》中指出：

只有培养个性才产生出或者才能产生出发展得很好的人类。⑥

约翰·密尔提出的自由原则其精髓不仅是为个人自由确立至高无上的地位，还有鼓励自由精神与个人自治。

① （英）约翰·密尔著：《功利主义》，唐钱译，北京：商务印书馆1957年版，第97页。
② （英）约翰·密尔著：《论自由》，程崇华译，北京：商务印书馆1982年版，第10页。
③ （英）约翰·密尔著：《论自由》，程崇华译，北京：商务印书馆1982年版，第13页。
④ （英）约翰·密尔著：《功利主义》，唐钱译，北京：商务印书馆1957年版，第542页。
⑤ （英）约翰·密尔著：《功利主义》，唐钱译，北京：商务印书馆1957年版，第531页。
⑥ （英）约翰·密尔著：《论自由》，程崇华译，北京：商务印书馆1982年版，第68页。

（三）认为社会"多数的暴虐"对公民的自由权产生了严重威胁

约翰·密尔将"多数的暴虐"分为政治"多数的暴虐"和社会"多数的暴虐"，他认为，政治"多数的暴虐"已经引起公民的重视，但社会"多数的暴虐"却往往被忽视。约翰·密尔从习俗和舆论压力的强制因素中，看到社会本身成为暴君时会产生的社会暴虐，他认为，这种暴虐像专制国家一样强有力、一样邪恶。他说：

> 在今天的政治思想中，一般已把"多数的暴虐"这一点列入社会所需警防的诸种灾祸之内了。和他种暴虐一样，这个多数的暴虐之可怕，人们起初只看到，现在一般俗见仍认为，主要在于它会通过公共权威的措施而起作用。但是深思的人们则已看出，当社会本身是暴君时，就是说，当社会作为集体而凌驾于构成它的个别个人时，它的肆虐手段并不限于通过其政治机构而做的措施。①

约翰·密尔认为，这种社会多数的暴政虽不以刑罚为后盾，但实际危害比政治压迫更为可怕，它会渗入生活的细节，奴役人的灵魂，这使得人们没有逃避的可能。他说：

> 社会要借行政处罚以外的办法来把它自己的观念和行事当做行为准则来强加于所见不同的人，以束缚任何与它的方式不相协调的个性的发展，甚至，假如可能的话，阻止这种个性的形成，从而迫使一切人物都按照它自己的模型来剪裁他们自己的这种趋势。②

约翰·密尔认为，这种社会多数对少数的暴政，是多数的权利剥夺少数的权利，是多数的利益排斥少数的利益，它阻碍了社会的进步，对公民自由造成了严重的威胁。他提出：

> 事情一到对于个人或公众有了确定的损害或者有了确定的损害之虞的时候，它就被提在自由的范围之外而被放进道德或法理的范围之内了。③

---

① （英）约翰·密尔著：《论自由》，程崇华译，北京：商务印书馆1982年版，第4页。
② （英）约翰·密尔著：《功利主义》，唐钺译，北京：商务印书馆1957年版，第5页。
③ （英）约翰·密尔著：《论自由》，程崇华译，北京：商务印书馆1982年版，第89页。

约翰·密尔认为，只有当个人行为侵害了他人利益时，社会才有正当的理由进行干涉，而在仅涉及本人的行为领域，个人具有绝对的权利去做他想做的一切，法律或公众意见不能对其强加惩罚。

> 政府所要干预的不是个人为自己自身利益采取的行动，而是为他人利益采取的行动，这特别包括公共救济这一十分重要而又引起很多争论的问题。①

> 当一个人的行为并不影响自己以外的任何人的利益，或者除非他们愿意就不需要影响到他们时，那就根本没有蕴蓄任何这类问题的余地。②

为了防范社会多数暴政对自由的危害，约翰·密尔试图为社会或公众干涉与个人自由之间划清一道界限，这就是社会所能干涉个人自由的合理界限。他说：

> 扩展所谓道德警察的界限不到侵及最无疑义的个人合法自由为止，这乃是整个人类最普遍的自然倾向之一。③

约翰·密尔担心"社会平等和代表公众舆论的政府将不可避免会出现，这会把划一的言论和行动的枷锁加在人类的头上"④。在这样的情形下，人们的个性无法正常形成，人们逐渐趋向同质化。他对民主制下的"多数人的暴政"产生强烈的忧虑，并提出如"复数投票权"等解决方法。他说：

> 这就是说，对于文明群体中的任一成员，所以能够施用一种权利以反其意志而不失为正当，唯一的目的只是要防止对他人的危害。⑤

约翰·密尔的自由主义公民思想是建构在功利主义的基础之上的，他用功利主义的原则来阐释自由的含义及其内容，肯定了个性自由在人类发展上的重要性，从理论上实现了由政治自由向社会自由的转变，他主张，好的社会必须既能容许自由，又能为人们过自由而令人满意的生活方式提

① （英）约翰·密尔著：《政治经济学原理》（下卷），赵荣潜译，北京：商务印书馆1991年版，第558页。

② （英）约翰·密尔著：《论自由》，程崇华译，北京：商务印书馆1982年版，第81页。

③ （英）约翰·密尔著：《论自由》，程崇华译，北京：商务印书馆1982年版，第92页。

④ （英）约翰·密尔著：《密尔自传》，吴良健译，北京：商务印书馆1987年版，第147页。

⑤ （英）约翰·密尔著：《论自由》，程崇华译，北京：商务印书馆1982年版，第10页。

供机会。约翰·密尔的自由主义公民思想不仅是对古典自由主义集大成式的总结，也对现代自由主义公民学说的产生和发展起到了重要作用。

二、提出社会分配的正义原则是"给每个人所应得"的公民思想

约翰·密尔在坚持功利主义基本原则的基础上，将公正作为道德准则之一，在其著作《功利主义》中用了三分之一篇幅来论证功利和公道的关系，证明功利与公道并不冲突。他说：

> 在思想史中的一切时代，使人不容易接受功用或幸福为是非标准这个学说的最大阻碍之一，就是由公道观念而来的。①

约翰·密尔提出了社会分配正义的最高抽象标准，表达了其公民权利平等的思想。他提出：

> 给每个人所应得的，即以善报善，以恶报恶，这个原理，不只包含在我们所定义的那种公道的观念里面，并且也是那个强烈的感情的适当对象，正是这种感情将正义的价值置于其他便利之上。②

（一）认为正义的实质性内涵就是维护公民的权利

在约翰·密尔看来，公民的道德权利是人生存的根基，道德权利与功利之间是相互和谐的关系，道德权利既是实现"最大幸福"的手段，其本身也是幸福的一部分。

约翰·密尔通过考察一般正义的5个方面，即法律的公正、道德的公正、应得的公正、守信的公正和平等的公正，提出了5种与正义相关的权利，认为这5种公正概念中都内隐着权利的含义和主张，即法律的权利、道德的权利、应得的权利、契约的权利和平等的权利，任何不公正都是对相对应的权利的侵犯。

约翰·密尔认为，尊重任何人的法定权利是公道的，侵害这种权利是不公道的，这种正义维护的权利就是法律的权利。他说：

① （英）约翰·密尔：《功利主义》，唐钱译，北京：商务印书馆1957年版，第45页。

② （英）约翰·密尔著：《功利主义》，唐钱译，北京：商务印书馆1957年版，第58页。

假如应该给每个人以他应得的，以善报善，以恶制恶，那么，我们必须（假如没有更高的义务禁止我们）对于一切应受我们同等的好待遇的人给予同等的好待遇，社会必须对于一切应受社会同等好待遇的人（就是绝对地应受同等好待遇的人）给予同等的好待遇。这个是社会的分配的公道上的最高抽象标准；一切制度，一切好公民的努力都应该尽量归向于这个标准的。①

约翰·密尔不仅承认道德权利的存在，而且认为道德权利是人类存在的根基和良好生存的基本要素，没有它人们就会毫无作为。约翰·密尔明确提出，不受别人侵害是公民最基本的道德权利，对这种权利的维护就体现着正义。他说：

一个人也许不需要别人施恩，但他总要别人不侵害他。所以，保护每一个人，使他不受别人侵害（无论是直接侵害，或是阻碍他，使他不能自由追求自己的幸福）的道德律，不只是他本人最关切的，并且是他最有利于用言论或实践去提倡推行的。②

约翰·密尔认为，人类不彼此伤害的道德律，对于人类的善比任何其他东西都重要。约翰·密尔提出，将任何人应得的东西夺去或不给他，就是不公道的。应得的正义维护应得的权利。他说：

人公认每个人得到他应得的东西为公道；也公认每个人得到他不应得的福利或遭受他不应得的祸害为不公道。③

约翰·密尔认为，诚信守约的公正或者说互惠的正义，维护的是公民的契约权利。他说：

失信于任何人、破坏明说或默认的订约、或是不满足我们行为所引起的期望（至少在我们明知地、立意地引起那些期望的场合）——明明是不公道的。④

约翰·密尔认为，从消极意义上看，正义起源于所有人都具有的对于自己或自己的同类受到伤害时想要抵抗或报复的情感，以及人类所持有的利己观念。基于此，有一项权利是社会应该保护且人人享有的，这就是安

① （英）约翰·密尔著：《功利主义》，唐钺译，北京：商务印书馆1957年版，第59页。
② （英）约翰·密尔著：《功利主义》，唐钺译，北京：商务印书馆1957年版，第58页。
③ （英）约翰·密尔著：《功利主义》，唐钺译，北京：商务印书馆1957年版，第49页。
④ （英）约翰·密尔著：《功利主义》，唐钺译，北京：商务印书馆1957年版，第49页。

全。安全是人人都需要的，因而是人人平等的权利，对这种权利的维护就构成了正义的最低限度的要求。他说：

> 安全是人人都觉得是一切利益中最有关系的事情……无论什么人，不需要安全是不可能的。①

约翰·密尔功利主义的平等观，将所有的人当做平等的人来加以尊重，赋予了人与人之间一种哲学意义上的抽象平等权利。他说：

> 平等观念往往在公道概念及它的实施都算一个成分，并且在许多人眼里，平等是公道的精义。②

约翰·密尔强调一切人的权利都要给予平等的保护。他提出：

> 偏私，在不应有私恩偏爱的事情上抹杀别人，专给一个人好处，也是人们认为与公道不兼容的。③

在约翰·密尔看来，正义是最神圣、最应遵守的原则，正义所保护的权利当然也是最神圣和最重要的。他一方面承认了公正作为公民的权利是与完全强制性的义务相对应的，是行为者在行动中应当和必须要遵循的道德规律；另一方面他又主张之所以要遵循公正这样的道德规律是出于利益的考虑，是由于遵循公正原则的指导可以增进人类的福利，从而坚持了功利主义的基本原则。他强调，当维护公民守法权利和维护道德权利这两种正义原则发生冲突时，解决的唯一方法就是功利主义的方法。

（二）提出以多数人的"幸福为标准定行为之正当"④的公民思想

约翰·密尔认为，除了追求幸福，人的行为没有其他的最终目的。在现实生活中，有的人追求金钱、权力、名望，等等，但这些只是追求幸福的工具，只不过它们同幸福的关系密切而使人忘了它们同幸福的差别，习惯于把手段当做目的。他将幸福定义为：

> 幸福，意味着预期中的快乐，意味着痛苦的远离。不幸福，则代表了痛苦，代表了快乐的缺失。⑤

约翰·密尔认为，除了幸福，人们追求其他任何事物，都是一种手段

---

① （英）约翰·密尔著：《功利主义》，唐钺译，北京：商务印书馆1957年版，第49页。
② （英）约翰·密尔著：《功利主义》，唐钺译，北京：商务印书馆1957年版，第58页。
③ （英）约翰·密尔著：《功利主义》，唐钺译，北京：商务印书馆1957年版，第58页。
④ （英）约翰·密尔著：《功利主义》，唐钺译，北京：商务印书馆1957年版，第48页。
⑤ （英）约翰·密尔著：《功利主义》，叶建新译，北京：九州出版社2006年版，第17页。

向目的的异化。包括对道德的追求，也是因为人们在社会生活中，彼此存在广泛的联系，由此产生了共同的利益，而道德则用来保护这些共同利益。他在《功利主义》一书中将功利主义的最大幸福原则定义为：

> 在功利主义理论中，作为行为是非标准的"幸福"这一概念，所指的并非是行为者自身的幸福，而是与行为有关的所有人的幸福。因为行为者介于自身幸福与他人幸福之间，故功利主义道德要求他做到如同一个无私的、仁慈的旁观者那样保持不偏不倚。[1]

约翰·密尔认为，具有普遍意义的幸福不仅是人们所向往的也是可以得到的，因为它所依赖的条件并不高。只要个人能从公益的行为中求快乐，从知识、兴趣上求快乐，从贫穷与疾病中避免痛苦，那么人人都可以实现幸福的生活。他提出：

> 将关于旅行者最后目的地的情形告诉他并不是禁止他在通向目的地的过程中使用界标和路牌。说幸福是道德的终点并目标，并不是说不应该开条道路走向那个目的地。[2]

约翰·密尔注重个人幸福与社会幸福的统一，他把个性自由的发展与个人福祉紧密地联系在一起，指出：

> 功利主义者以幸福为标准定行为之正当，并非指行为者自己的幸福，而是指一切相关的人的幸福。[3]

约翰·密尔把是否实现最大可能的幸福视为判断行为正当与否的准则，他认为，一种行为若是最大限度地增进了幸福，那么，该行为就是正当的、应该的。其最大幸福原则，使功利主义的幸福论更具利他主义色彩。同时，约翰·密尔肯定自我牺牲，但前提在于给他人带来幸福。他说：

> 正是因为这个世界处于极度的不完美状态，才使有的人毅然牺牲自己的幸福来更好地服务于他人的幸福。然而只要这个世界仍然是不完美的，我就始终承认立志做出这种牺牲的人具有人性

---

[1] （英）约翰·密尔著：《功利主义》，叶建新译，北京：九州出版社2006年版，第41页。

[2] （英）约翰·密尔著：《功利主义》，唐钱译，北京：商务印书馆1957年版，第25页。

[3] （英）约翰·密尔著：《功利主义》，唐钱译，北京：商务印书馆1957年版，第48页。

中最高尚的美德。①

约翰·密尔认为，如果自我牺牲既不能给别人带来幸福，也不能促进社会整体的幸福，那么，这种高尚的举动就是毫无意义的。在约翰·密尔看来，社会的利益比个人的利益更为重要，为了更大的利益而牺牲较小的利益就是合理的。一切行为正义的前提都以促进最大化利益为目的，而行为的不正当是与它产生不幸福的倾向为比例。他指出：

> 承认功用为道德基础的信条，换言之，最大幸福主义，主张行为的是与它增进幸福的倾向为比例；行为的非与它产生不幸福的倾向为比例。幸福是指快乐与免除痛苦；不幸福是指痛苦与丧失快乐。②

约翰·密尔把政府看做是促进人民最大福利的、保障个人权利的工具。他指出，政府的目的实际上是"被统治者的福利"；政府的宗旨就是实现社会全体的最大利益，它必须遵循"最大幸福"原则。

约翰·密尔认为，政府的职能和目标在于：一是看它促进社会普遍的精神上的进步的程度，包括才智、美德以及效率方面的进步。二是看它"将现有道德的、智力的和积极的价值组织起来，以便对公共事务发挥最大效果所达到的完善程度。"③他辩称：

> 我绝非在鼓吹那种英雄崇拜，奖励有天才的强者以强力抓住世界的统治，使世界不顾自身而唯他命是从。他所能要求的一切只是指出道路的自由，至于强迫他人走上那条道路的权力，那不仅与一切他人的自由与发展相矛盾，而且对这个强者自己说来也足以使他腐化。④

约翰·密尔认为，只要统治者是切实对人民负责，就可以把社会能够加以控制的权力赋予统治者，使之代表全体社会的最大利益。他在《政治经济学原理》第五篇"论政府的一般职能"中提出：

> 在许多情况下，政府承担责任，行使职能之所以受到普遍欢迎，不是由于别的什么原因，而只是由于这样一个简单的原则，

---

① （英）约翰·密尔著：《功利主义》，叶建新译，北京：九州出版社2006年版，第39页。
② （英）约翰·密尔著：《功利主义》，唐钺译，北京：商务印书馆1957年版，第7页。
③ （英）约翰·密尔著：《代议制政府》，汪瑄译，北京：商务印书馆1982年版，第29页。
④ （英）约翰·密尔著：《论自由》，程崇华译，北京：商务印书馆1982年版，第71页。

即它这样做有助于增进普遍的便利。①

约翰·密尔认为最好的政体是民主政体，人民有最终的决定权，并且至少有时可以参与公共权力。这种政体既照顾了多数人的利益，又能促进民族精神的发展。在他看来，代议制是一种善政，在代议制下完善民主政治，让民主政治永葆活力的最根本的措施是促进公民参与，使政府与公民都能够对公共事务和公共利益有所承担。

约翰·密尔认为，在政府包办一切的情况下，国家对所有事业的垄断，使一部分富于进取性的公民沦为政府的附庸，既然人民不用为自己利益而思考，就会导致民智的懒惰退化，道德败坏。为此，他主张：

不必要地增加政府的权力，会有很大的祸患。②

约翰·密尔主张，要实现个人与社会幸福的统一，凭借法律和社会安排可以使两者趋于一致，再通过教育与舆论的力量，使每个人心中建立起自身幸福与全体利益密切联系的观念，这样，每个人自身的幸福就与他人的幸福联系起来，每个人都能养成一种习惯性行为动机去促进普遍的善。

约翰·密尔是一个里程碑式的人物，他的自由主义公民思想是公民学说史上的重要财富，成为由传统自由主义的个人主义向新自由主义的"积极自由"过渡的桥梁。

第三节　马克思、恩格斯的公民学说

卡尔·马克思（Karl Marx，1818—1883年），生于德国普鲁士邦莱茵省（现属于联邦州莱茵兰—普法尔茨）特里尔城一个律师家庭。马克思中学毕业后，进入波恩大学，18岁后转学到柏林大学学习法律，但马克思将其大部分时间与精力投入到哲学研究领域。1841年马克思以论文《德谟克利特的自然哲学和伊壁鸠鲁的自然哲学之区别》申请学位，并因得到

---

① （英）约翰·密尔著：《政治经济学原理》（下卷），赵荣潜译，北京：商务印书馆1991年版，第371页。

② （英）约翰·密尔著：《论自由》，程崇华译，北京：商务印书馆1982年版，第11页。

委员会一致认可，未进一步答辩而顺利获得耶拿大学哲学博士。毕业后担任《莱茵报》主编，之后马克思因《莱茵报》遭查禁而失业。在此期间内，马克思认识了弗里德里希·恩格斯。1844 年 9 月，恩格斯到访巴黎，两人并肩开始了对科学社会主义的研究，并结成了深厚的友谊。1846 年初，马克思和恩格斯建立布鲁塞尔共产主义通讯委员会。1847 年，马克思和恩格斯应邀参加正义者同盟。1847 年 6 月，同盟更名为共产主义者同盟，马克思起草了同盟的纲领《共产党宣言》。1848 年 4 月，在德国无产者的资助下，马克思和恩格斯一起回到普鲁士科隆，创办了《新莱茵报》。1864 年 9 月 28 日，马克思参加了第一国际成立大会，被选入领导委员会。他为第一国际起草《成立宣言》《临时章程》和其他重要文件。1870 年 10 月马克思与移居伦敦的恩格斯再度相聚。由于被许多国家驱逐，到处流亡，他曾自称是"世界公民"。1883 年 3 月 14 日，马克思在伦敦寓所辞世，享年 65 岁。

马克思一生著述颇丰，例如：《黑格尔法哲学批判》导言（1843 年版），《论犹太人问题》（1843 年），《神圣家族》（1844 年，与恩格斯合著），《德意志意识形态》（1844 年，与恩格斯合著），《1844 年经济学哲学手稿》（1844 年），《关于费尔巴哈的提纲》（1845 年），《德意志意识形态》（节选）（1845—1846 年），《哲学的贫困》》（1847 年），《共产党宣言》（1848 年，与恩格斯合著），《路易·波拿巴的雾月十八日》（1851—1852 年），《政治经济学批判》导言（1857 年），《〈政治经济学批判〉导言》（1857 年），《政治经济学批判》（1859 年），《国际工人协会成立宣言》（1864 年），《资本论》（1867 年、1885 年、1894 年），《法兰西内战》（1871 年），《对德国工人党纲领草案的意见》（即《哥达纲领批判》，1875 年），《反杜林论》（1876—1878 年），等等。

弗里德里希·恩格斯：（Friedrich Engels，1820—1895 年），德国社会主义理论家、作家、哲学家，马克思主义的创始人之一，马克思的亲密战友，国际无产阶级运动的领袖。1820 年初冬，恩格斯诞生于普鲁士王国莱茵省巴门市（今伍珀塔尔）。1837 年，恩格斯被迫弃学经商。1841 年 9 月至 1842 年 10 月，在柏林服兵役，旁听柏林大学的哲学讲座，参加青年黑格尔派的活动，成为了"黑格尔青年派"中积极的一分子。1847 年 1 月，恩格斯和马克思一起加入正义者同盟。6 月，他出席在伦敦举行的共产主义者同盟第一次代表大会，创立了第一个无产阶级革命政党。同年10月，被选入同盟巴黎区部委员会，并受委托起草同盟的纲领草案，11月，与马克思一起出席同盟第二次代表大会，并任大会秘书。1848年2月中旬，马克思和恩格斯起草的《共产党宣言》在伦敦出版。1850年3月和6月，先后两次与马克思合作起草《中央委员会告共产主义者同盟书》。1870年9月，恩格斯结束了长达20年的经商生活，从曼彻斯特迁居伦敦，与马克思一起参加国际工人协会的领导工作。巴黎公社期间，他和马克思一起组织声援公社的活动。1871年9月举行的国际伦敦代表会议上，恩格斯提出工人阶级必须参加阶级斗争并建立同一切旧政党相对立的无产阶级独立政党。1889年7月，在恩格斯的指导和推动下，国际社会主义工人代表大会（即第二国际）在巴黎召开。1893年8月，恩格斯在欧洲大陆旅行期间出席了正在苏黎世召开的第二国际的第三次代表大会。1895年8月5日，恩格斯因患癌症逝世。

恩格斯的著作主要有：《德国农民战争》（1850年），《德国的革命与反革命》（1852年），《反杜林论》（1878年），《社会主义从空想到科学的发展》（1880年），《自然辩证法》（1883年），《家庭、私有制和国家的起源》（1884年），《路德维希·费尔巴哈与德国古典哲学的终结》（1886年）。与马克思合著：《德意志意识形态》（1845年），《神圣家族》（1845年），《共产党宣言》（1848年），《关于美国内战》（1861年），《资本论》第二卷（1893年），《资本论》第三卷（1894年）等。

在马克思、恩格斯的经典著作中，有关公民的学说主要围绕"人"、国家、社会、自由、平等、公平、正义、权利、民主、法制等方面展开论述，理论体系完善，内容博大精深。马克思恩格斯运用历史唯物主义对以往的公民理论进行深刻批判，站在无产阶级立场上，揭示了资产阶级思想家公民理论中的偏见和虚伪，认为资本主义制度下，公民权是资产阶级共同体的政治自由权，主张实现社会主义制度下每一个人的自由全面发展，强调公共权力与公民权利的统一，权利与义务的统一，追求政治平等、民主、自由，提出消灭阶级、消灭阶级对立，建立代替旧社会的联合体，实现公民的真正自由。

一、认为现实社会中的人是公民学的出发点与核心

在马克思、恩格斯的经典著作中，虽然没有对公民作出一以贯之的界定与阐释，但反复提及"公民"这个称谓，例如：公民、有产者公民，正在成长的未来公民，年轻公民，女公民，公民们，等等。马克思恩格斯始终把现实的、具体的"人"作为公民学说的立论出发点与核心，关注人的解放、人的自由和人的全面发展，人的全面发展指向每个人、任何人即社会全体成员的全面发展，把人的全面发展与社会的全面发展统一起来，包括人的劳动能力的充分发展、人的社会关系的丰富发展、人的个性的自由发展、人的才能的自主发展、人类整体的全面发展等，主张任何人的职责、使命、任务就是全面地发展自己的一切能力。从而实现了人学与公民学的有机统一。

（一）提出"全部人类历史的第一个前提无疑是有生命的个人的存在"[①]

马克思、恩格斯将对人及整个世界的理解置于实践之上，立足于现实中的人，将人的实践活动与人的社会性联系起来，从人对自然的改造活动为视角论证人的本质。提出人类的历史就是物质资料生产活动的历史，其中劳动贯穿始终。劳动是人之为人的现实前提和基础，也是人的类本质生成和实现的基础，劳动创造了人本身，通过劳动，人才能创造属于人的产品，也才能作为人得以继续生存下去。并将人的全面自由发展作为终极目标，实现了历史性的飞跃。

1.提出人的本质是一切社会关系的总和

马克思、恩格斯指出，人的本质在于人的社会属性。社会性是人区别于其他动物的最根本属性。人的本质不是单个人天生就具有的东西，也不是从所有个体的人身上抽象出来的共同性，现实的人总是处在特定的社会关系和特定历史条件下的人。

马克思探讨了人的自我意识的本质，将人看做是自我意识、理性、自

[①] （德）马克思著：《关于费尔巴哈的提纲》，见《马克思恩格斯选集》（第1卷），中共中央马克思恩格斯列宁斯大林著作编译局编译，北京：人民出版社1995年版，第67页。

由意志的体现，将人理解为唯心主义的抽象意义的人。继此，在批判地继承了黑格尔、费尔巴哈等人的思想之后，逐步深化了对"人"的认识。马克思说：

> 黑格尔抓住了劳动的本质，把劳动本质看做人的本质力量的对象化，但他只知道并承认抽象的精神劳动。在黑格尔那里，人不是具有现实的本质力量的现实的人，而是人的自我意识；异化的不同形式无非是意识和自我意识的不同形式。马克思批判了黑格尔的唯心主义异化观，指出人的异化的扬弃不是通过在抽象的自我意识中扬弃现实来实现的。人的异化的扬弃，决不是对象世界的消逝、舍弃和丧失，而恰恰是人的本质的现实的生成。①

在《1844年经济学哲学手稿》中，马克思从历史唯物主义的立场出发，深刻分析了人的类本质。他指出：

> 人是类存在物，不仅因为人在实践上和理论上都把类——他自身的类以及其他物的类——当做自己的对象；而且因为——这只是同一种事物的另一种说法——人把自身当做现有的、有生命的类来对待，因为人把自身当做普遍的因而也是自身的存在物来对待。

> 无论是在人那里还是在动物那里，类生活从肉体方面来说就在于人（和动物一样）靠无机界生活，而人和动物相比越有普遍性，人赖以生活的无机界的范围就越广阔。从理论领域来说，植物、动物、石头、空气、光等等，一方面作为自然科学的对象，一方面作为艺术的对象，都是人的意识的一部分，是人的精神的无机界，是人必须事先进行加工以便享用和消化的精神食粮；同样，从实践领域来说，这些东西也是人的生活和人的活动的一部分。人在肉体上只有靠这些自然产品才能生活，不管这些产品是以食物、燃料、衣着的形式还是以住房等等的形式表现出来。在实践上，人的普遍性正表现为这样的普遍性，它把整个自然界——首先作为人的直接的生活资料，其次作为人的生命活动的

① （德）马克思恩格斯著：《马克思恩格斯全集》（第3卷），中共中央马克思恩格斯列宁斯大林著作编译局编译，北京：人民出版社2002年版，前言第7页。

对象（材料）和工具——变成人的无机的身体，自然界，就它自身不是人的身体而言，是人的无机的身体。人靠自然界生活。这就是说，自然界是人为了不致死亡而必须与之处于持续不断地交互作用过程的、人的身体。所谓人的肉体生活和精神生活同自然界相联系，不外是说自然界同自身相联系，因为人是自然界的一部分。①

因此，正是在改造对象世界中，人才真正地证明自己是类存在物。这种生产是人的能动的类生活。通过这种生产，自然界才表现为他的作品和他的现实。因此，劳动的对象是人的类生活的对象化：人不仅像在意识中那样在精神上使自己二重化，而且能动地、现实地使自己二重化，从而在他所创造的世界中直观自身。因此，异化劳动从人那里夺去了他的生产的对象，也就从人那里夺去了他的类生活，即他的现实的类对象性，把人对动物所具有的优点变成缺点，因为从人那里夺走了他的无机的身体即自然界。

同样，异化劳动把自主活动、自由活动贬低为手段，也就把人的类生活变成维持人的肉体生存的手段。

因此，人具有的关于自己的类的意识，也由于异化而改变，以致类生活对他来说竟成了手段。②

马克思、恩格斯将人的存在作为社会历史的出发点，认为，"人"不是处在某种幻想的与世隔绝、离群索居状态的人，而是处于一定条件下"从事实际活动的人"。"人"既然是社会之中的人，就不可避免地要受其生存的物质生活条件、生产力和生产关系、经济基础和上层建筑、社会形态和社会结构等的影响与制约。马克思提出：

个体是社会存在物。因此，他的生命表现，即使不采取共同

---

① （德）马克思著：《1844 年经济学哲学手稿（节选）》，见《马克思恩格斯选集》（第 1 卷），中共中央马克思恩格斯列宁斯大林著作编译局编译，北京：人民出版社 1995 年版，第 45 页。

② （德）马克思著：《1844 年经济学哲学手稿（节选）》，见《马克思恩格斯选集》（第 1 卷），中共中央马克思恩格斯列宁斯大林著作编译局编译，北京：人民出版社 1995 年版，第 47 页。

的、同他人一起完成的生命表现这种直接形式，也是社会生活的表现和确证。①

马克思、恩格斯认为，当人们自己开始生产他们所必需的生活资料的时候，就与动物相区别开来。"但是，人不是抽象的蛰居于世界之外的存在物。人就是人的世界，就是国家、社会。"②人们在生产物质生活资料的过程中，生产本身是以个人彼此之间的交往为前提的。马克思提出：

> 全部人类历史的第一个前提无疑是有生命的个人的存在。因此，第一个要确认的事实就是这些个人的肉体组织以及由此产生的个人对其他自然的关系。当然，我们在这里既不能深入研究人们自身的生理特性，也不能深入研究人们所处的各种自然条件——地质条件、山岳水文地理条件、气候条件以及其他条件。任何历史记载都应当从这些自然基础以及它们在历史进程中由于人们的活动而发生的变更出发。

> 可以根据意识、宗教或随便别的什么来区分人和动物。——当人开始生产自己的生活资料的时候，这一步是由他们的肉体组织所决定的，人本身就开始把自己和动物区别开来。人们生产自己的生活资料，同时间接地生产着自己的物质生活本身。

> 人们用以生产自己的生活资料的方式，首先取决于他们已有的和需要再生产的生活资料本身的特性。这种生产方式不应当只从它是个人肉体存在的再生产这方面加以考察。它更大程度上是这些个人的一定的活动方式，是他们表现自己生活的一定方式、他们的一定的生活方式。个人怎样表现自己的生活，他们自己就是怎样。因此，他们是什么样的，这同他们的生产是一致的——既和他们生产什么一致，又和他们怎样生产一致。因而，个人是什么样的，这取决于他们进行生产的物质条件。

> 这种生产第一次是随着人口的增长而开始的。而生产本身又是以个人彼此之间的交往为前提的。这种交往的形式又是由生产

---

① （德）马克思著：《1844年经济学哲学手稿》，中共中央马克思恩格斯列宁斯大林著作编译局译，北京：人民出版社2000年版，第84页。

② （德）马克思著：《〈黑格尔法哲学批判〉导言》，见《马克思恩格斯选集》（第1卷），中共中央马克思恩格斯列宁斯大林著作编译局编译，北京：人民出版社1995年版，第1页。

决定的。①

马克思在《关于费尔巴哈的提纲》中明确提出了关于人的本质的核心理论：

  人的本质并不是单个人所固有的抽象物，在其现实性上，它是一切社会关系的总和。②

马克思曾揭示，人是世界上唯一的主体，主体性是人之为人的本质属性。人的发展，从本质上说就是确立人在世界中的主体地位，发挥人的主体作用。

恩格斯在批判费尔巴哈时认为，对抽象的人的崇拜，必须由关于现实的人及其历史发展的科学来代替。他指出：

  费尔巴哈没有看到，"宗教情感"本身是社会的产物，而他所分析的抽象的个人，实际上是属于一定的社会形式的。③

马克思、恩格斯认为，现实人类社会是一个复杂的有机体，社会中的每一个具体的人都处在复杂的社会关系之中。现实的人就是生活在社会关系中，并且受社会关系的制约。因此，人的本质是人的社会性，是全部社会关系的总和。

2. 认为"人民"是人类历史的真正创造者

马克思、恩格斯认为，人民群众是历史的主体、是历史的创造者。人类社会的不断发展是通过人的有意识的、有目的的实践活动来实现的。在人类历史的发展进程中，人民始终是推动历史前进的决定性力量。

马克思、恩格斯一再强调，任何历史的前提无疑是有生命的个人的存在，而任何现实的个人又都是在一定的社会历史条件下进行劳动和实践活动的。实践使人成为主体，主体意识是现代意义上公民的重要构成要素。马克思指出：

---

① （德）马克思著：《关于费尔巴哈的提纲》，见《马克思恩格斯选集》（第1卷），中共中央马克思恩格斯列宁斯大林著作编译局编译，北京：人民出版社1995年版，第67—68页。

② （德）马克思著：《关于费尔巴哈的提纲》，见《马克思恩格斯选集》（第1卷），中共中央马克思恩格斯列宁斯大林著作编译局编译，北京：人民出版社1995年版，第60页。

③ （德）马克思著：《关于费尔巴哈的提纲》，见《马克思恩格斯选集》（第1卷），中共中央马克思恩格斯列宁斯大林著作编译局编译，北京：人民出版社1995年版，第60页。

人应该在实践中证明自己思维的真理性，即自己思维的现实性和力量，自己思维的此岸性。关于思维——离开实践的思维——的现实性或非现实性的争论，是一个纯粹经院哲学的问题。[①]

因此，正是在改造对象世界中，人才真正地证明自己是类存在物。这种生产是人的能动的类生活。[②]

在马克思、恩格斯看来，"人民"是指推动历史进步的人们，是占大多数、顺应历史发展和推动历史前进的阶级、阶层和社会集团。马克思提出：

旧派共和党人把全体法国人，或至少是把大多数法国人看做具有同一利益和同一观点等等的公民。这就是他们那种人民崇拜。但是，选举所表明的并不是他们意向中的人民，而是真实的人民，即分裂成各个不同等级的代表。[③]

马克思、恩格斯认为，人民群众是社会实践的主体，是社会物质财富和精神财富的创造者，是推动社会变革和社会进步的主要力量。人民，只有人民，才是创造世界历史的真正动力。人民群众创造历史的活动要受到一定社会历史条件的制约。经济条件对于人民群众的创造活动有着首要的、决定性的影响；一定历史阶段所达到的生产力水平，是人民群众创造活动的物质基础和前提；人民群众不仅是历史的真正创造者，也是实现自身利益的根本力量。依马克思所言，人们奋斗所争取的一切，都同他们的利益有关。人民群众的利益、意志和愿望归根到底影响着社会发展的进程，要实现人民的利益只能依靠人民自己组织起来进行革命斗争。

（二）提出人的解放和人的全面自由发展的公民学说

马克思关于人的解放理论，是在分析和针对资本主义异化劳动现象时

---

① （德）马克思著：《关于费尔巴哈的提纲》，见《马克思恩格斯选集》（第1卷），中共中央马克思恩格斯列宁斯大林著作编译局编译，北京：人民出版社1995年版，第55页。

② （德）马克思著：《1844年经济学哲学手稿》，中共中央马克思恩格斯列宁斯大林著作编译局译，北京：人民出版社2000年版，第274页。

③ （德）马克思著：《1848年至1850年的法兰西阶级斗争》，见《马克思恩格斯选集》（第1卷），中共中央马克思恩格斯列宁斯大林著作编译局编译，北京：人民出版社1995年版，第395页。

提出来的，马克思在《德法年鉴》的两篇文章之中最早明确使用"人的解放"这一概念。认为人的解放就是个性解放，人性的复归就是自己支配自己，做自己的主人。

马克思、恩格斯针对私有制下不合理的社会分工造成当时劳动者片面的、畸形的发展而提出人的全面自由发展观。人的全面发展是相对于片面发展而言的，包含人的类特性、社会特性和个性的充分发展，具体而言指人的劳动能力、社会关系以及素质和潜能的全面发展。

1.认为只有在消灭私有制的共产主义社会里才能使公民获得解放

马克思、恩格斯认为，只有当现实的个人同时也是抽象的公民，并且作为个人，在自己的经验生活、自己的个人劳动、自己的个人关系中间，成为类存在物的时候，只有当人认识到自己的"原有力量"并把这种力量组织成为社会政治力量的时候，人类解放才能完成。

在《1844年经济学哲学手稿》中，马克思从生产劳动的角度出发阐释人的解放问题，认为人的解放主要指劳动者的解放，劳动者应从奴役性的生产劳动中解放出来，消除异化，实现自主。此时，马克思已觉察到经济问题是一切问题的深层次原因。主张工人阶级应采用革命的形式来消灭私有财产、消灭奴役制，进而解放自身、解放全人类。马克思、恩格斯提出：

> 对工人阶级来说，性别和年龄的差别再没有什么社会意义了，他们都只是劳动工具，不过因为年龄和性别的不同而需要不同的费用罢了。①

马克思、恩格斯指出，政治解放不仅没有消灭人的异化，而且还加深了这种异化，把人变成市民社会的成员，变成利己的独立的个人，在资产阶级社会，人发展成为片面的生产工具，生活没有保障，"资本具有独立性和个性，而活动着的个人却没有独立性和个性"②，因此，政治解放是不彻底的，只有人类解放才能解决这个矛盾，使个人在自己的劳动中，在个人关系中"成为类存在物"。

马克思、恩格斯认为，资本主义社会中人的劳动不再是满足人的物质

---

① （德）马克思恩格斯著：《共产党宣言》，见《马克思恩格斯选集》（第1卷），中共中央马克思恩格斯列宁斯大林著作编译局编译，北京：人民出版社1995年版，第279页。

② （德）马克思恩格斯著：《共产党宣言》，见《马克思恩格斯选集》（第1卷），中共中央马克思恩格斯列宁斯大林著作编译局编译，北京：人民出版社1995年版，第294页。

生活需要的活动，劳动产品也不再是满足人的需要的手段，相反，劳动产品成了一部分人剥削另一部分人的手段，劳动成了创造剥削手段的活动。主张为了实现人类的彻底解放，必须消除人的发展的受支配性，恢复劳动和劳动产品为人的特性。为了改变资本主义社会中人的发展的极端片面性的弊端，马克思、恩格斯在对共产主义社会的构想中提出了自己的目标：

> 代替那存在着阶级和阶级对立的资产阶级旧社会的，将是这样一个联合体，在那里，每个人的自由发展是一切人的自由发展的条件。①

> 在共产主义社会里，已经积累起来的劳动只是扩大丰富和提高工人的生活的一种手段。②

马克思、恩格斯认为，只有消除人与人之间关系的对抗性，重建人与人之间关系的人的特性，才能实现人的解放。马克思、恩格斯批判了在资本主义社会里，不仅资产阶级和工人阶级的关系成为对立的，资产阶级中人与人之间的关系也是对立的利害关系，"把人的尊严变成了交换价值，用一种没有良心的贸易自由代替了无数特许的和自力挣得的自由"③，为了重建人与人之间关系的人的特性，马克思、恩格斯指出：

> 共产主义并不剥夺任何人占有社会产品的权力，它只剥夺利用这种占有去奴役他人劳动的权力。④

马克思、恩格斯认为，人的解放是一种历史活动，只有打破社会关系对人的支配和束缚，解除阶级关系对人的统治，人才能获得真正的解放。马克思、恩格斯指出：

> 当然，我们不想花费精力去启发我们的聪明的哲学家，使他们懂得：如果他们把哲学、神学、实体和一切废物消融在"自我意识"中，如果他们把"人"从这些词句的统治下——而人从来

---

① （德）马克思恩格斯著：《共产党宣言》，见《马克思恩格斯选集》（第1卷），中共中央马克思恩格斯列宁斯大林著作编译局编译，北京：人民出版社1995年版，第294页。
② （德）马克思恩格斯著：《共产党宣言》，见《马克思恩格斯选集》（第1卷），中共中央马克思恩格斯列宁斯大林著作编译局编译，北京：人民出版社1995年版，第287页。
③ （德）马克思恩格斯著：《共产党宣言》，见《马克思恩格斯选集》（第1卷），中共中央马克思恩格斯列宁斯大林著作编译局编译，北京：人民出版社1995年版，第279页。
④ （德）马克思恩格斯著：《共产党宣言》，见《马克思恩格斯选集》（第1卷），中共中央马克思恩格斯列宁斯大林著作编译局编译，北京：人民出版社1995年版，第287页。

没有受过这些词句的奴役——解放出来，那么"人"的"解放"也并没有前进一步；只有在现实的世界中并使用现实的手段才能真正地解放……当人们还不能使自己的吃喝住穿在质和量方面得到充分保证的时候，人们就根本不能获得解放。"解放"是一种历史活动，不是思想获得，"解放"是由历史的关系，是由工业状况、商业状况、农业状况、交往状况促成的……其次，还要根据它们的不同发展阶段，清除实体、主体、自我意识和纯批判等无稽之谈，正如同清除宗教的和神学的无稽之谈一样，而且在它们有了更充分的发展以后再次清除这些无稽之谈。①

在《德意志意识形态》中，马克思、恩格斯认为，人的解放需要依赖生产力的巨大增长和高速发展，从社会物质生活条件中获得解放。由于随着私有制的发展，公民和奴隶之间的阶级关系已经逐步演变成无产阶级和资产阶级之间的矛盾对立，因此，消灭私有制和异化劳动，才能使人从生产劳动和社会关系中获得解放。马克思、恩格斯说：

　　第二种所有制形式是古典古代的公社所有制和国家所有制。这种所有制是由于几个部落通过契约或征服联合为一个城市而产生的。在这种所有制下仍然保存着奴隶制。除公社所有制以外，动产私有制以及后来的不动产私有制已经发展起来，但它们是作为一种反常的、从属于公社所有制的形式发展起来的。公民仅仅共同享有支配那些做工的奴隶的权力，因此受公社所有制形式的约束。这是积极公民的一种共同私有制，它们面对着奴隶不得不保存这种自然形成的联合方式。因此，建筑在这个基础上的整个社会结构，以及与此联系的人民权力，随着私有制，特别是不动产私有制的发展而逐渐趋向衰落。分工已经比较发达。城乡之间的对立已经产生，后来，一些代表城市利益的国家同另一些代表乡村利益的国家之间的对立出现了。在城市内部存在着工业和海外贸易之间的对立。公民和奴隶之间的阶级关系已经充分发

---

① （德）马克思恩格斯著：《德意志意识形态（节选）》，见《马克思恩格斯选集》（第1卷），中共中央马克思恩格斯列宁斯大林著作编译局编译，北京：人民出版社1995年版，第74—75页。

展。①

　　随着私有制的发展，这里第一次出现了这样的关系，这些关系我们在考察现代私有制时还会遇见，不过规模更为巨大而已。一方面是私有财产的集中，这种集中在罗马很早就开始了（李奇尼乌斯土地法就是证明），从内战发生以来，尤其是王政时期，发展得非常迅速；另一方面是由此而来的平民小农向无产阶级的转化，然而，后者由于处于有产者公民和奴隶之间的中间地位，并未获得独立的发展。②

　　马克思认为，只有在未来的共产主义社会才能消灭阶级和阶级压迫，实现人的全面发展与解放，提出：

　　共产主义是私有财产即人的自我异化的积极的扬弃，因而是通过人并且为了人而对人的本质的真正占有；因此，它是人向自身、向社会的（即人的）人的复归，这种复归是完全的、自觉的和在以往发展的全部财富的范围内生产的。③

　　人的解放思想是马克思、恩格斯公民学说的主导价值取向，可以说，他们的一生都是为了实现人类解放而奋斗的。马克思恩格斯的人类解放学说首先和主要的就是以无产阶级作为进行革命的主体和动力，主张无产阶级如果不解放全人类，就不能解放自己。

　　马克思、恩格斯在对人类解放历史进程的设想和未来共产主义社会理想状态的描绘中，指出了要用"自由人联合体"代替旧的社会制度，解放的主体包括每个人与一切人，解放的实现包括全面发展在内的一种人的发展的理想状态，"自由人的联合"或"联合起来的自由人"是对人解放状态的最确切的注脚，从而为包括无产阶级在内的全体公民的解放提供了思想武器。

---

① （德）马克思恩格斯著:《德意志意识形态（节选)》，见《马克思恩格斯选集》(第1卷），中共中央马克思恩格斯列宁斯大林著作编译局编译，北京：人民出版社1995年版，第69页。

② （德）马克思恩格斯著:《德意志意识形态（节选)》，见《马克思恩格斯选集》(第1卷），中共中央马克思恩格斯列宁斯大林著作编译局编译，北京：人民出版社1995年版，第69页。

③ （德）马克思著:《1844年经济学哲学手稿》，中共中央马克思恩格斯列宁斯大林著作编译局译，北京：人民出版社2000年版，第81页。

2. 认为人的全面发展是"社会全体成员的才能得到全面发展"[①] "一切天赋得到充分发展"[②]

马克思、恩格斯关于人的全面自由发展理论经历了一个逐步成熟和完善的过程。在《德意志意识形态》中明确提出了"每个人的全面发展"等概念，对人的发展的条件和社会发展的规律进行了探讨。马克思指出，任何人的职责、使命、任务就是全面地发展自己的一切能力。个人的全面发展，只有到了外部世界对个人才能的实际发展所起的推动作用为个人本身所驾驭的时候，才不再是理想、职责，这也正是共产主义者所向往的。在《共产主义原理》《资本论》《反杜林论》等著作中，进一步完善了人的全面自由发展理论。

马克思、恩格斯认为，人的自由而全面发展是以个体的自由发展为历史基础的，但是，这里的个体绝不仅仅是具有经济、交换自由的个体，而且是具有独立人格自由的个体。自由的发展是"建立在个人全面发展基础上的自由个性"，即独立性、自主性、自觉性。人的全面发展包括人的实践活动、劳动能力、社会关系、自由个性和人类整体的全面发展等方面的内容。

马克思在《1844 年经济学哲学手稿》中指出，有意识的生命活动把人同动物的生命活动直接区别开来，正因为人的生产是自由的、自觉的、有意识的、全面的，所以自由自觉的生命活动是人类区别于一切动物的根本特征。马克思说：

> 一个种的全部特性、种的类特性就在于生命活动的性质，人的类特性恰恰就是自由自觉的活动。[③]

人类社会发展的历史已经证明人类在劳动中产生，人类因劳动的异化而异化，因劳动的解放而解放，因劳动的发展而发展。马克思、恩格斯

① （德）马克思著：《1857—1858 年经济学手稿》，见《马克思恩格斯全集》（第46卷），中共中央马克思恩格斯列宁斯大林著作编译局译，北京：人民出版社 1980 年版，第 223 页。

② （德）恩格斯著：《反杜林论》，见《马克思恩格斯选集》（第3卷），中共中央马克思恩格斯列宁斯大林著作编译局译，北京：人民出版社 1995 年版，第 286 页。

③ （德）马克思著：《1844 年经济学哲学手稿》，见《马克思恩格斯全集》（第42卷），中共中央马克思恩格斯列宁斯大林著作编译局译，北京：人民出版社 1979 年版，第 96 页。

指出：

> 自然界的人的本身只有对社会的人来说才是存在着的；因为只有在社会中，自然界对人说来才是人与人之间联系的纽带，才是他为别人的存在和别人为他的存在，才是人的现实的生活要素；只有在社会中，自然界才是人自己存在的基础。只有在社会中，人的自然的存在对他说来才是他的人的存在，而自然界对他来说才成为人。因此，社会是人同自然界完成了的本质的统一。①

马克思、恩格斯指出，人类追求解放的过程，也就是人自身得到发展的过程。人的自由发展指的是人自觉自愿地发挥才能、施展力量。认为：

> 大工业及其所引起的生产无限扩大的可能性，使人们能够建立起这样一种社会制度，在这种社会制度下，一切生活必需品都将生产得很多，使每一个社会成员都能够完全自由地发展和发挥它的全部力量和才能。②

马克思、恩格斯认为，实践决定着人的生存和发展，是人发展的根本前提和基础。实践是人的根本存在方式，人以及人的一切都是由实践活动创造的。创造物质的这种或那种生产能力，是在物质本身预先存在的前提下进行的。马克思指出：

> 通过实践创造对象世界，改造无机界，人证明自己是有意识的类的存在物，就是说是这样一种存在物，它把类看做自己的本质，或者说把自身看做类存在物。③

马克思、恩格斯认为，人的能力（既包括现实能力，又包括潜在能力）的全面发展是人的发展的基础和前提。由于人的生命活动是积极全面的，因此人的需求也是丰富多样的，不断发展的。而人的需求必须通过全面的、创造性的生产才能得到满足。劳动作为联系人与自然的中介，使人

---

① （德）马克思著：《1844年经济学哲学手稿》，见《马克思恩格斯全集》（第42卷），中共中央马克思恩格斯列宁斯大林著作编译局，北京：人民出版社1979年版，第122页。

② （德）恩格斯著：《共产主义原理》，见《马克思恩格斯选集》（第1卷），中共中央马克思恩格斯列宁斯大林著作编译局编译，北京：人民出版社1995年版，第237页。

③ （德）马克思著：《1844年经济学哲学手稿》，中共中央马克思恩格斯列宁斯大林著作编译局译，北京：人民出版社2000年版，第273页。

在通过劳动改造自然的同时也改造了人自身。人的劳动不仅体现自己的本质力量，还体现类的本质，人的劳动无论是内容还是存在方式都具有社会性，是社会性的活动。马克思、恩格斯指出，人的劳动能力是"人的本质力量的公开的展示"①，劳动能力的提升旨在促进人的全面发展，使人成为各方面都有能力的人。

马克思、恩格斯认为，人的社会关系的发展是人的全面发展的重要内容。人的劳动不只是单纯的人与自然简单的物质交换，还体现了人与人之间的关系，劳动使人成为社会的人。人的劳动从来就是社会的劳动，因而人是社会的存在物，人总是在一定的社会关系中生存和发展，个人的全面性，就是他的现实关系的全面性。马克思在《1857—1858年经济学手稿》中概括地揭示了人的全面而自由发展的历史内涵，指出：

> 人的依赖关系（起初完全是自然发生的），是最初的社会形态，在这种形态下，人的生产能力只是在狭窄的范围内和孤立的地点上发展着。以物的依赖性为基础的人的独立性，是第二大形态，在这种形态下，才形成普遍的社会物质变换，全面的关系，多方面的需求以及全面的能力的体系。建立在个人全面发展和他们共同的社会生产能力成为他们的社会财富这一基础上的自由个性，是第三个阶段。第二个阶段为第三个阶段创造条件。②

> 不但客观条件改变着，而且生产者也改变着，炼出新的品质，通过生产而发展和改造着自身，造成新的力量和新的观念，造成新的交往方式、新的需要和新的语言。③

恩格斯认为，人不能以个体的形式在世界上存在，每个人都具有类的共同本质，"一个人的发展取决于和他直接或间接进行交往的其他一切人

---

① （德）马克思著：《1844年经济学哲学手稿》，见《马克思恩格斯全集》（第42卷），中共中央马克思恩格斯列宁斯大林著作编译局译，北京：人民出版社1979年版，第128页。

② （德）马克思著：《1857—1858年经济学手稿》，见《马克思恩格斯全集》（第46卷），中共中央马克思恩格斯列宁斯大林著作编译局译，北京：人民出版社1980年版，第104页。

③ （德）马克思著：《1857—1858年经济学手稿》，见《马克思恩格斯全集》（第46卷），中共中央马克思恩格斯列宁斯大林著作编译局译，北京：人民出版社1980年版，第494页。

的发展"，"社会关系实际上决定着一个人能够发展到什么程度"①。恩格斯指出：

> 通过社会生产，不仅可能保证一切社会成员有富足的和一天比一天充实的物质生活，而且还可能保证他们的体力和智力获得充分的自由的发展和运用。②

马克思、恩格斯所设想的共产主义社会是一个联合体，在那里，"每个人的自由发展是一切人的自由发展的条件。"③在共产主义社会，劳动不再是人们谋生的手段，而是成为生活的第一需要。人们可以根据自己的兴趣、爱好来选择工作，人成为真正意义上的自由人。马克思、恩格斯在《德意志意识形态》中指出：

> 只有在共同体中、个人才能获得全面发展其才能的手段，也就是说，只有在共同体中才可能有个人自由。在过去的种种冒充的共同体中，如在国家等等中，个人自由只是对那些在统治阶级范围内发展的个人来说是存在的，他们之所以有个人自由，只是因为他们是这一阶级的个人。从前各个人联合而成的虚假的共同体，总是相对于各个人而独立的；由于这种共同体是一个阶级反对另一个阶级的联合，因此对于被统治的阶级来说，它不仅是完全虚幻的共同体，而且是新的桎梏。在真正的共同体的条件下，各个人在自己的联合中并通过这种联合获得自己的自由。④

> 过去的联合决不像《社会契约》中所描绘的那样是任意的，而只是关于这样一些条件的必然的联合（参阅例如北美合众国和南美诸共和国的形成），在这些条件下，各个人有可能利用偶然性。这种在一定条件下不受阻碍地利用偶然性的权利，迄今为止

---

① （德）恩格斯著：《反杜林论》，见《马克思恩格斯选集》（第3卷），中共中央马克思恩格斯列宁斯大林著作编译局译，北京：人民出版社1995年版，第295页。

② （德）恩格斯著：《反杜林论》，见《马克思恩格斯选集》（第3卷），中共中央马克思恩格斯列宁斯大林著作编译局编译，北京：人民出版社1995年版，第332页。

③ （德）马克思和恩格斯著：《共产党宣言》，见《马克思恩格斯选集》（第1卷），中共中央马克思恩格斯列宁斯大林著作编译局编译，北京：人民出版社1995年版，第294页。

④ （德）马克思和恩格斯著：《德意志意识形态（节选）》，见《马克思恩格斯选集》（第1卷），中共中央马克思恩格斯列宁斯大林著作编译局编译，北京：人民出版社1995年版，第119页。

一直称为个人自由——这些生存条件当然只是现存的生产力和交往形式。①

马克思、恩格斯认为，个人的全面发展和人类整体的全面发展是相辅相成不可分割的，一方面，没有个人的全面发展，就不可能有人类整体的全面发展；另一方面，个人的全面发展也只有在人类整体的全面发展中才能实现。真正的人的全面发展必须是人的素质的普遍提高，是全社会所有成员的共同发展。从而为现代社会公民的素质提升和自由全面发展提供了理论指南。

二、提出国家与社会之间是对立统一关系的公民学说

马克思、恩格斯认为，国家与社会是一对最基本的概念，是对立统一的关系。在阶级社会中，市民社会决定国家，为国家的产生提供了必要的物质基础和社会条件，而国家产生又为公民的自由全面发展提供了保障。

（一）认为国家随着市民社会的发展而产生并随着阶级的消失而消亡

马克思、恩格斯认为，国家是伴随脑力劳动与体力劳动的分工而随之产生的阶级分化而创立的，那么，在生产力高度发达，脑力劳动与体力劳动的分工走向消亡、阶级划分已不复存在的时候，国家的政治职能也就不复存在，国家也就走向消亡。马克思和恩格斯在《共产党宣言》中阐明：

> 当阶级差别在发展进程中已经消失而全部生产集中在联合起来的个人的手里的时候，公共权力就失去政治性质。原来意义上的政治权力，是一个阶级用以压迫另一个阶级的有组织的暴力。如果说无产阶级在反对资产阶级的斗争中一定要联合为阶级，如果说它通过革命使自己成为统治阶级，并以统治阶级的资格用暴力消灭旧的生产关系，那么它在消灭了阶级本身的存在条件后，进而消灭了它自己这个阶级的统治。
>
> 代替那存在着阶级和阶级对立的资产阶级旧社会的，将是这

---

① （德）马克思恩格斯著：《德意志意识形态（节选）》，见《马克思恩格斯选集》（第1卷），中共中央马克思恩格斯列宁斯大林著作编译局编译，北京：人民出版社1995年版，第122页。

样一个联合体，在那里，每个人的自由发展是一切人的自由发展的条件。①

马克思、恩格斯认为，社会主义作为公民社会的高级阶段，是所有国家走向消亡的过渡阶段，而共产主义则是人类社会发展的最高阶段。

1. 认为国家是社会发展中阶级矛盾不可调和的产物

马克思、恩格斯认为，国家是由社会的矛盾运动和社会的发展阶段所决定的，国家是从控制阶级对立的需要中产生的，随着生产的发展，社会内部各个利益集团的冲突使国家的产生成为必然，国家产生之后充当某个阶级的统治工具。

马克思、恩格斯指出，"市民"阶层是在中世纪末随着商品经济的发展而产生的，为后来无产阶级的产生和发展奠定了基础。马克思和恩格斯说：

> 在中世纪，每一个城市中的市民为了自卫都不得不联合起来反对农村贵族；商业的扩大和交通道路的开辟，使一些城市了解到有另一些捍卫同样利益、反对同样敌人的城市。从各个城市的许多地域性市民团体中，只是非常缓慢地产生出市民阶级。各个市民的生活条件，由于同现存关系相对立并由于这些关系所决定的劳动方式，便成了对他们来说全都是共同的和不以每一个人为转移的条件。市民创造了这些条件，因为他们挣脱了封建的联系；同时他们又是由这些条件所创造的，因为他们是由自己同既存封建制度的独立所决定的。随着各城市间的联系的产生，这些共同的条件发展为阶级条件。②
>
> 市民阶级从最初就给自己制造了一种由无财产的、不属于任何公认的等级的城市平民、短工和各种仆役所组成的附属品，即后来的无产阶级的前身，同样，宗教异端也早就分成了两派：市

---

① （德）马克思恩格斯著：《共产党宣言》，见《马克思恩格斯选集》（第1卷），中共中央马克思恩格斯列宁斯大林著作编译局编译，北京：人民出版社1995年版，第294页。

② （德）马克思恩格斯著：《德意志意识形态（节选）》，见《马克思恩格斯选集》（第1卷），中共中央马克思恩格斯列宁斯大林著作编译局编译，北京：人民出版社1995年版，第117页。

民温和派和甚至也为市民异教徒所憎恶的平民革命派。①

马克思、恩格斯认为，国家不是从来就有的，是随着经济发展到一定程度，阶级矛盾对立需要调和时而产生的。马克思、恩格斯提出：

国家不是从外部强加于社会的一种力量。国家也不像黑格尔所断言的是"伦理观念的现实"，"理性的形象和现实"。确切地说，国家是社会在一定发展阶段上的产物；国家是承认：这个社会陷入了不可解决的自我矛盾，分裂为不可调和的对立面而又无力摆脱这些对立面。而为了使这些对立面，这些经济利益相互冲突的阶级，不致在无谓的斗争中把自己和社会消灭，就需要有一种表面上凌驾于社会之上的力量，这种力量应当缓和冲突，把冲突保持在"秩序"的范围以内；这种从社会中产生但又自居于社会之上并且日益同社会相异化的力量，就是国家。②

由于国家是从控制阶级对立的需要中产生的，由于它同时又是在这些阶级的冲突中产生的，所以，它照例是最强大的、在经济上占统治地位的阶级的国家，这个阶级借助于国家而在政治上也成为占统治地位的阶级，因而获得了镇压和剥削被压迫阶级的新手段。因此，古希腊罗马时代的国家首先是奴隶主用来镇压奴隶的国家，封建国家是贵族用来镇压农奴和依附农的机关，现代的代议制的国家是资本剥削雇佣劳动的工具。但也例外地有这样的时期，那时相互斗争的各阶级达到了这样势均力敌的地步，以致国家权力作为表面上的调停人而暂时得到了对于某个阶级的某种独立性。③

所以，国家并不是从来就有的。曾经有过不需要国家、而且根本不知国家和国家权力为何物的社会。在经济发展到一定阶段

---

① （德）恩格斯著：《路德维希·费尔巴哈和德国古典哲学的终结》，见《马克思恩格斯选集》（第4卷），中共中央马克思恩格斯列宁斯大林著作编译局编译，北京：人民出版社1995年版，第255页。

② （德）恩格斯著：《家庭、私有制和国家的起源》，中共中共马克思恩格斯列宁斯大林著作编译局译，北京：人民出版社1999年版，第176—177页。

③ （德）恩格斯著：《家庭、私有制和国家的起源》，中共中共马克思恩格斯列宁斯大林著作编译局译，北京：人民出版社1999年版，第178—179页。

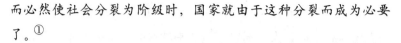

而必然使社会分裂为阶级时，国家就由于这种分裂而成为必要了。①

马克思、恩格斯认为，国家代表着一种公共权力，"它一直是一种维护秩序、即维护现存社会秩序从而也就是维护占有者阶级对生产者阶级的压迫和剥削的权力。"② 因此，"国家的本质特征，是和人民大众分离的公共权力。"③ 恩格斯指出：

> 国家和旧的民族组织不同的地方，第一点就是它按地区来划分它的国民。第二个不同点，是公共权力的设立，这种公共权力已经不再直接就是自己组织为武装力量的居民了。这种公共权力在每一个国家都存在。构成这种权力的不仅有武装的人，而且还有物质的附属物，如监狱和各种强制设施，这些东西都是以前的民族社会所没有的。④

马克思、恩格斯认为，社会内部各个不同集团的利益需要协调，这使国家成为维护共同利益的"虚幻的共同体"，这也是避免社会解体或崩溃的组织形式。

2.认为国家是统治阶级压迫广大劳动人民的机器

马克思、恩格斯认为，国家不过是社会生活的一种特殊形式，从国家最初的产生来看，国家无非是一个阶级镇压另一个阶级的机器。马克思在《法兰西内战》中指出：

> 掌握政权的第一个条件是改造传统的国家工作机器，把它作为阶级统治的工具加以摧毁。这个庞大的政府机器，像蟒蛇似地用常备军、等级制的官僚、俯首帖耳的警察、僧侣、奴颜婢膝的法官把现实社会机体从四面八方缠绕起来。它最初是在专制君主时代创造出来的，当时它充当了新兴资产阶级社会在争取摆脱封

---

① （德）恩格斯著：《家庭、私有制和国家的起源》，中共中共马克思恩格斯列宁斯大林著作编译局译，北京：人民出版社1999年版，第180页。

② （德）马克思著：《〈法兰西内战〉二稿》，见《马克思恩格斯选集》（第3卷），中共中央马克思恩格斯列宁斯大林著作编译局编译，北京：人民出版社1995年版，第118页。

③ （德）恩格斯著：《家庭、私有制和国家的起源》，中共中共马克思恩格斯列宁斯大林著作编译局译，北京：人民出版社1999年版，第121页。

④ （德）恩格斯著：《家庭、私有制和国家的起源》，中共中共马克思恩格斯列宁斯大林著作编译局译，北京：人民出版社1999年版，第177页。

建制度束缚的斗争中的武器。以给现代资产阶级社会提供自由发展的充分余地为任务的第一次法国革命，必须把地方的、区域的、城镇的、外省的一切封建制度堡垒扫除净尽，为中央集权的国家政权这一上层建筑准备社会基地。这种中央集权的国家政权有着按照系统的和等级的分工原则建立的分支庞杂、遍布各地的机关。①

恩格斯在为马克思的《法兰西内战》1891年单行本所写的导言中指出：

按照哲学概念，国家是"观念的实现"，或是译成了哲学语言的尘世的上帝王国，也就是永恒的真理和正义借以实现或应当借以实现的场所。由此就产生了对国家以及一切同国家有关的事物的盲目崇拜。尤其是人们从小就习惯于认为，全社会的公共事务和公共利益只能像迄今为止那样，由国家和国家的地位优越的官吏来处理和维护，所以这种崇拜就更容易产生。人们以为，如果他们不再迷信世袭君主制而坚信民主共和制，那就已经是非常大胆地向前迈进了一步。实际上，国家无非是一个阶级镇压另一个阶级的机器，而且在这一点上民主共和国并不亚于君主国。国家再好也不过是在争取阶级统治的斗争中获胜的无产阶级所继承下来的一个祸害；胜利了的无产阶级也将同公社一样，不得不立即尽量除去这个祸害的最坏方面，直到在新的自由的社会条件下成长起来的一代有能力把这国家废物抛掉。②

马克思、恩格斯提出，国家是统治阶级的各个个人借以实现其共同利益的形式。认为：

正是由于特殊利益和共同利益之间的这种矛盾，共同利益才采取国家这种与实际的单个利益和全体利益相脱离的独立形式，同时采取虚幻的共同体的形式，而这始终是在每一个家庭集团或部落集团中现有的骨肉联系、语言联系、较大规模的分工联系以

---

① （德）马克思著：《〈法兰西内战〉二稿》，见《马克思恩格斯选集》（第3卷），中共中央马克思恩格斯列宁斯大林著作编译局编译，北京：人民出版社1995年版，第117页。
② （德）马克思著：《法兰西内战（恩格斯写的1891年单行本导言）》，见《马克思恩格斯选集》（第3卷），中共中央马克思恩格斯列宁斯大林著作编译局编译，北京：人民出版社1995年版，第13页。

及其他利益的联系的现实基础上，特别是在我们以后将要阐明的已经由分工决定的阶级的基础上产生的，这些阶级是通过每一个这样的人群分离开来的，其中一个阶级统治着其他一切阶级。

正因为各个人所追求的仅仅是自己的特殊的、对他们来说是同他们的共同利益不相符合的利益，所以他们认为，这种共同利益是"异己的"和"不依赖"于他们的，即仍旧是一种特殊的独特的"普遍"利益，或者说，他们本身必须在这种不一致的状况下活动，就像在民主制中一样。另一方面，这些始终真正地同共同利益和虚幻的共同利益相对抗的特殊利益所进行的实际斗争，使得通过国家这种虚幻的"普遍"利益来进行实际的干涉和约束成为必要。①

恩格斯在《家庭、私有制和国家的起源》中也指出，国家是文明社会的概括，它在一切典型的时期毫无例外地都是统治阶级的国家，并且在一切场合在本质上都是镇压被压迫被剥削阶级的机器。

恩格斯在《反杜林论》中指出，国家必须履行经济、社会等公共职能，并且，这些公共职能是进行阶级统治的基础，他说：

一切政治权力起先都是以某种经济的、社会的职能为基础的，随着社会成员由于原始公社的瓦解而变为私人生产者，因而和社会公共职能的执行者更加疏远，这种权力不断得到加强。②

在马克思、恩格斯看来，国家职能大致可以划分为：政治统治职能和社会管理职能两大类。国家的职能常常因为统治阶级追求自身利益而被异化，归根到底还是为了维护统治阶级的利益而履行的。恩格斯指出：

在每个这样的公社中，一开始就存在着一定的共同利益，维护这种利益的工作，虽然是在全体的监督之下，却不能不由个别成员来担当：如解决争端；制止个别人越权；监督用水，特别是在炎热的地方；最后，在非常原始的状态下执行宗教职能。……

① （德）马克思恩格斯著：《德意志意识形态（节选）》，见《马克思恩格斯选集》（第1卷），中共中央马克思恩格斯列宁斯大林著作编译局编译，北京：人民出版社1995年版，第85页。

② （德）恩格斯：《反杜林论》，见《马克思恩格斯选集》（第3卷），中共中央马克思恩格斯列宁斯大林著作编译局编译，北京：人民出版社1995年版，第526页。

这些职位被赋予了某种全权，这是国家权力的萌芽。生产力逐渐提高；较密的人口在一些场合形成了各个公社之间的共同利益，在另一些场合又形成了各个公社之间的相抵触的利益，而这些公社集合为更大的整体又引起新的分工，建立保护共同利益和防止相抵触的利益的机构。这些机构，作为整个集体的共同利益的代表，在对每个单个的公社的关系上已经处于特别的、在一定情况下甚至是对立的地位，它们很快就变为更加独立的了，这种情况的造成，部分的是由于职位的世袭（这种世袭在一切事情都是自发地进行的世界里差不多是自然而然地形成的），部分的是由于同别的集团的冲突的增多，使得这种机构越来越必不可少了。在这里我们没有必要来深入研究：社会职能对社会的这种独立化怎样逐渐上升为对社会的统治；起先的公仆在情况有利时怎样逐渐变为主人；这种主人怎样分别成为东方的暴君或总督，希腊的部落首领，克尔特人[①]的族长等等；在这种转变中，这种主人在什么样的程度上终究也使用了暴力；最后，各个统治人物怎样结合成一个统治阶级。[②]

马克思、恩格斯认为，政治统治职能是国家的最基本职能，国家在履行政治统治职能之时，主要是为了维护和实现阶级统治，镇压被统治阶级的反抗，保护统治阶级的利益不受侵犯。同时，国家还须执行社会管理职能。因为国家是阶级分裂的产物，社会分裂为阶级之后，仍存在着许多公共事务需要解决，国家在协调阶级矛盾之时，必然要对公共事务进行管理，但国家在执行社会管理职能之时带有明显的阶级性。

3. 认为国家将随着阶级的消失而消亡

国家的消亡问题是马克思、恩格斯国家理论的重要组成部分。马克思和恩格斯认为，国家只是在斗争中，在革命中用来对敌人实施暴力镇压的一种暂时的设施。国家作为人类社会发展到一定历史阶段的产物和阶级矛

---

① 凯尔特人为公元前 2000 年活动在中欧的一些有着共同的文化和语言特质的有亲缘关系的民族的统称。主要分布在当时的高卢、北意大利（山南高卢）、西班牙、不列颠与爱尔兰，与日耳曼人并称为蛮族。

② （德）恩格斯著：《反杜林论》，见《马克思恩格斯选集》（第 3 卷），中共中央马克思恩格斯列宁斯大林著作编译局编译，北京：人民出版社 1995 年版，第 522—523 页。

盾不可调和的表现，并不是永世长存的，国家将会走向其终结。指出：

阶级统治一旦消失，目前政治意义上的国家也就不存在了……①

到目前为止在阶级对立中运动着的社会，都需要有国家，即需要一个剥削阶级的组织，以便维持它的外部的生产条件，特别是用暴力把被剥削阶级控制在当时的生产方式所决定的那些压迫条件下（奴隶制、农奴制或依附农制、雇佣劳动制）。国家是整个社会的正式代表，是社会在一个有形的组织中的集中表现，但是，说国家是这样的，这仅仅是说，它是当时独自代表整个社会的那个阶级的国家：在古代是占有奴隶的公民的国家，在中世纪是封建贵族的国家，在我们的时代是资产阶级的国家。当国家终于真正成为整个社会的代表时，它就使自己成为多余的了。当不再有需要加以镇压的社会阶级的时候，当阶级统治和根源于至今的生产无政府状态的个体生存斗争已被消除，而由此二者产生的冲突和极端行动也随着被消除了的时候，就不再有什么需要镇压了，也不再需要国家这种特殊的镇压的力量了。国家真正作为整个社会的代表所采取的最后一个独立行动。那时，国家政权对社会关系的干预在各个领域中将先后成为多余的事情而自行停止下来。那时，对人的统治将由对物的管理和对生产过程的领导所代替。国家不是"被废除"的，它是自行消亡的。②

自由的人民国家变成了自由国家。从字面上看，自由国家就是可以自由对待本国公民的国家，即具有专制政府的国家。应当抛弃这一切关于国家的废话，特别是出现了已经不是原来意义上的国家的巴黎公社以后。无政府主义者用"人民国家"这个名词把我们挖苦得很够了，虽然马克思驳斥蒲鲁东的著作和后来的《共产党宣言》都已经直接指出，随着社会主义社会制度的建立，

---

① （德）马克思著：《巴枯宁〈国家制度和无政府状态〉一书摘要》，见《马克思恩格斯选集》（第3卷），中共中央马克思恩格斯列宁斯大林著作编译局编译，北京：人民出版社1995年版，第289页。

② （德）恩格斯著：《反杜林论》，见《马克思恩格斯选集》（第3卷），中共中央马克思恩格斯列宁斯大林著作编译局编译，北京：人民出版社1995年版，第630—631页。

国家就会自行解体和消失。既然国家只是在斗争中、在革命中用来对敌人实行暴力镇压的一种暂时的设施，那么，说自由的人民国家，就纯粹是无稽之谈了：当无产阶级还需要国家的时候，它需要国家不是为了自由、而是为了镇压自己的敌人，一到有可能谈到自由的时候，国家本身就不存在了。因此，我们建议把"国家"一词全部改成"共同体"(Gemeinwesen)，这是一个很好的古德文词，相当于法文的"公社"。①

恩格斯在《家庭、私有制和国家的起源》中指出：

随着阶级的消失，国家也不可避免地要消失。在生产者自由平等的联合体的基础上按新方式来组织生产的社会，将把全部国家机器放在它应该去的地方，即放到古物陈列馆去，同纺车和青铜斧陈列在一起。②

马克思把实现人类解放的社会理想置于人类社会发展的历史进程中，认为国家的消亡是历史发展的必然。马克思在《哲学的贫困》中明确指出：

劳动阶级在发展进程中将创造一个消除阶级和阶级对立的联合体来代替旧的市民社会，从此再不会有原来意义的政权了。③

马克思、恩格斯认为，虽然国家是作为人类社会告别野蛮状态、进入文明时代的标志之一，但无论国家在人类社会发展中曾经扮演和正在扮演着多么重要的角色，也不论将来它还会具有何等重要的意义，作为一个历史的产物，它既有其萌芽产生、发展壮大、繁荣兴旺的时刻，也不可避免地要走向衰落以致最终消亡。

马克思认为，国家消灭，并不是管理现象和管理组织的消亡，而是要消灭作为阶级压迫和剥削工具的国家机器，即公共权力的消亡。是要消灭现存世界中"那些使人成为被侮辱、被奴役、被遗弃和被蔑视的东西的一

① （德）恩格斯著：《给奥·倍倍尔的信》，见《马克思恩格斯选集》（第3卷），中共中央马克思恩格斯列宁斯大林著作编译局编译，北京：人民出版社1995年版，第324—325页。

② （德）恩格斯著：《家庭、私有制和国家的起源》，见《马克思恩格斯选集》（第4卷），中共中央马克思恩格斯列宁斯大林著作编译局编译，北京：人民出版社1995年版，第174页。

③ （德）马克思著：《哲学的贫困》，见《马克思恩格斯选集》（第1卷），中共中央马克思恩格斯列宁斯大林著作编译局编译，北京：人民出版社1995年版，第194页。

切关系"，① 把人的关系和人的世界还给人自己。

马克思、恩格斯认为，政治国家的消亡是实现人类解放和无产阶级彻底解放的前提。无产阶级奋斗的首要目标就是夺取国家政权建立无产阶级专政的国家，但又必须为消灭阶级和阶级对立创造条件，实现向无阶级、无国家的共产主义社会过渡。正是基于对无产阶级生存境遇的关照和对人类政治命运的深切关怀，马克思提出了用"自由人联合体"代替"虚幻共同体"、用"人类解放"超越"政治解放"、用"人类社会"克服"市民社会"的社会理想。认为在自由人联合体中，全体公民都享有民主，国家由凌驾于社会之上的力量变成社会自主管理的机关，人摆脱了对偶然性的屈从和异己力量的统治，获得了自由全面的发展和真正彻底的解放。"人终于成为自己的社会结合的主人，从而也就成为自然界的主人，成为自己本身的主人——自由的人。"② 这样，马克思的国家消亡论不仅与形形色色的国家主义划清了界限，而且与无政府主义划清了界限，从而实现了对西方公民思想史关于国家理论的超越。

（二）认为国家与市民社会之间是既统一又对立的关系

马克思、恩格斯在批判地继承前人研究成果的基础上，提出市民社会与政治国家之间是一种既相互区别又相互依赖、既统一又对立的矛盾关系。认为市民社会是国家的前提和基础，是国家的决定性因素；在阶级社会中，国家所能代表的所谓"共同利益"只不过是市民社会中占统治地位阶级的"特殊利益"，国家的发展、存在和消亡又客观地促进市民社会的分解，使其转向现代公民社会的形成与发展。

1. 认为市民社会构成国家上层建筑的基础

马克思、恩格斯剖析了市民社会和国家的关系，认为有什么样的市民社会，就会有什么样的政治国家，市民社会的发展也必然带来政治国家的转变。同时，市民社会的组成成员——"市民"与政治国家的组成成员——"公民"属于同一主体。指出：

> 在现代历史中至少证明，一切政治斗争都是阶级斗争，而一

---

① （德）马克思著：《关于费尔巴哈的提纲》，见《马克思恩格斯选集》（第1卷），中共中央马克思恩格斯列宁斯大林著作编译局编译，北京：人民出版社1995年版，第10页。

② （德）恩格斯著：《反杜林论》，见《马克思恩格斯选集》（第3卷），中共中央马克思恩格斯列宁斯大林著作编译局编译，北京：人民出版社1995年版，第760页。

切争取解放的阶级斗争，尽管它必然地具有政治的形式（因为一切阶级斗争都是政治斗争），归根到底都是围绕经济解放进行的。因此，至少在这里，国家，政治制度是从属的东西，而市民社会，经济关系的领域是决定性的因素。从传统的观点看来（这种观点也是黑格尔所尊崇的），国家是决定的因素，市民社会是被国家决定的因素。表面现象是同这种看法相符合的。就单个人来说，他的行动的一切动力，都一定要通过他的头脑，一定要转变为他的意志的动机，才能使他行动起来，同样，市民社会的一切要求（不管当时是哪一个阶级统治着），也一定要通过国家的意志，才能以法律形式取得普遍效力。这是问题的形式方面，这方面是不言而喻的；不过要问一下，这个仅仅是形式上的意志（不论是单个人的或国家的）有什么内容呢？这一内容是从哪里来的呢？为什么人们所期望的正是这个而不是别的呢？在寻求这个问题的答案时，我们就发现，在现代历史中，国家的意志总的说来是由市民社会的不断变化的需要，是由某个阶级的优势地位，归根到底，是由生产力和交换关系的发展决定的。①

马克思、恩格斯指出，政治国家作为一种虚幻的政治共同体，表面上是全社会的代表，但在实质上是市民社会内部占统治地位阶级的国家。因此，市民社会是政治国家的基础，国家和政治制度是市民社会的表现形式。马克思、恩格斯说：

> 因为国家是统治阶级的各个人借以实现其共同利益的形式，是该时代的整个市民社会获得集中表现的形式，所以可以得出结论：一切共同的规章都是以国家为中介的，都获得了政治形式。②

马克思、恩格斯把市民社会看做是一种"交往形式"、"私人利益关系的总和，物质生活关系的总和"等。认为市民社会首先是作为一种交往形

---

① （德）恩格斯著：《路德维希·费尔巴哈和德国古典哲学的终结》，见《马克思恩格斯选集》（第4卷），中共中央马克思恩格斯列宁斯大林著作编译局编译，北京：人民出版社1995年版，第251页。

② （德）马克思恩格斯著：《德意志意识形态（节选）》，见《马克思恩格斯选集》（第1卷），中共中央马克思恩格斯列宁斯大林著作编译局编译，北京：人民出版社1995年版，第132页。

式而存在，这种交往形式受生产力制约，与现实的人的生产实践活动相关联，也就是各个人在生产力发展的一定阶段上的一切物质交往。马克思在《德意志意识形态》中指出：

> 在过去一切历史阶段上受生产力制约同时又制约生产力的交往形式，就是市民社会。①

> 市民社会包括各个人在生产力发展的一定阶段上的一切物质交往。它包括该阶段的整个商业生活和工业生活，因此它超出了国家和民族的范围，尽管另一方面它对外仍必须作为民族起作用，对内仍必须组成国家。"市民社会"这一用语是在 18 世纪产生的，当时财产关系已经摆脱了古典古代的和中世纪的共同体（Gemeinwesen）。真正的市民社会只是随同资产阶级发展的；但是市民社会这一名称始终标志着直接从生产和交往中发展起来的社会组织，这种社会组织在一切时代都构成国家的基础以及任何其他的观念的上层建筑的基础。②

> 由此可见，这种历史观就在于：从直接生活的物质生产出发阐述现实的生产过程，把同这种生产方式相联系的、它所产生的交往形式即各个不同阶段上的市民社会理解为整个历史的基础，从市民社会作为国家的活动描述市民社会，同时从市民社会出发阐明意识的所有各种不同理论的产物和形式，如宗教、哲学、道德等等，而且追溯它们产生的过程。③

马克思、恩格斯认为，市民社会是物质生产关系的总和。在马克思看来，由需要和满足需要的生产方式所决定的人们之间的物质联系构成交往的现实的物质内容，市民社会是对私人领域和经济领域的抽象，一定程度

---

① （德）马克思恩格斯著：《德意志意识形态（节选）》，见《马克思恩格斯选集》（第 1 卷），中共中央马克思恩格斯列宁斯大林著作编译局编译，北京：人民出版社 1995 年版，第 87—88 页。

② （德）马克思恩格斯著：《德意志意识形态（节选）》，见《马克思恩格斯选集》（第 1 卷），中共中央马克思恩格斯列宁斯大林著作编译局编译，北京：人民出版社 1995 年版，第 130—131 页。

③ （德）马克思恩格斯著：《德意志意识形态（节选）》，见《马克思恩格斯选集》（第 1 卷），中共中央马克思恩格斯列宁斯大林著作编译局编译，北京：人民出版社 1995 年版，第 92 页。

上，"市民社会"与"生产关系"、"经济结构"、"经济基础"等范畴可以并列使用。正如马克思在《政治经济学批判》序言中指出：

> 法的关系正像国家的形式一样，既不能从它们本身来理解，也不能从所谓人类精神的一般发展来理解，相反，它们根源于物质的生活关系，这种物质的生活关系的总和，黑格尔按照18世纪的英国人和法国人的先例，概括为"市民社会"，而对市民社会的解剖应该到政治经济学中去寻求。①

在马克思看来，有一定的市民社会，就会有不过是市民社会的正式表现的一定的政治国家。真正的市民社会只是随同资产阶级发展起来的，市民社会在资本主义条件下呈现了最为完备的结构特征，"资产阶级社会"是"市民社会"的典型存在。马克思指出：

> 旧唯物主义的立脚点是市民社会，新唯物主义的立脚点则是人类社会或社会的人类。②

马克思、恩格斯认为，资产阶级的政治革命使市民社会获得了独立，这是历史的进步和人的初步解放。但人们从传统社会"人的依赖性"中挣脱出来获得自由之后，却又陷入了现代社会"物的依赖性"的奴役之中。市民社会虽然消灭了以出生、血统等为标志的封建等级差别，但却形成了以"金钱和教养"为标志的市民社会阶级差别。因此，现代"公民社会"是对市民社会的扬弃与发展。

2. 认为市民社会与政治国家是对立基础上的统一关系

马克思、恩格斯认为，在阶级社会中，国家与市民社会是对立统一的。国家与市民社会的对立主要表现为"共同利益"与"特殊利益"的对立。表面上，国家被看做是整个社会的普遍利益的代表，但在阶级社会中，国家所能代表的所谓"共同利益"只不过是市民社会中占统治地位阶级的"特殊利益"，二者之间是独立的，不可调和的。马克思和恩格斯提出：

> 由于私有制摆脱了共同体，国家获得了和市民社会并列并且在市民社会之外乎的独立存在；实际上国家不外是资产者为了在

---

① （德）马克思著：《政治经济学批判（序言）》，见《马克思恩格斯选集》（第2卷），中共中央马克思恩格斯列宁斯大林著作编译局编译，北京：人民出版社1995年版，第32页。

② （德）马克思著：《关于费尔巴哈的提纲》，见《马克思恩格斯选集》（第1卷），中共中央马克思恩格斯列宁斯大林著作编译局编译，北京：人民出版社1995年版，第57页。

国内外相互保障各自的财产和利益所必然要采取的一种组织形式。目前，国家的独立性只有在这样的国家里才存在：在那里，等级还没有完全发展为阶级，在那里，比较先进的国家中已被消灭等级还起着某种作用，并且那里存在某种混合体，因此在这样的国家里居民的任何一部分也不可能对居民的其他部分进行统治。①

马克思强调市民社会与国家统一，这种统一是在对立基础上的统一。政治国家与市民社会均是以阶级和阶级利益的存在为前提的。马克思、恩格斯认为，市民社会绝不仅仅归结为经济关系，还包括社会组织、社会制度、私人生活等，如马克思在致帕·瓦·安年科夫的信中谈到：

> 社会——不管其形式如何——是什么呢？是人们交互活动的产物。人们能否自由选择某一社会形式呢？决不能。在人们的生产力发展的一定状况下，就会有一定的交换（commerce）和消费形式。在生产、交换和消费发展的一定阶段上，就会有相应的社会制度、相应的家庭、等级或阶级组织，一句话，就会有相应的市民社会。有一定的市民社会，就会有不过是市民社会的正式表现的相应的政治国家。②

马克思、恩格斯强调，当旧的生产关系被消灭，阶级对立不复存在，二者将同时走向消亡。换言之，只有当旧的国家转变为无产阶级专政乃至最后消灭，旧的市民社会转变为“社会化的人类”之时，市民社会与国家才能实现真正的统一。而在阶级社会，尤其是在资产阶级社会，国家与市民社会的统一是相对的。因此，二者经历了从同一到分化，再到新的统一的历史发展规律，人类社会超越国家与市民社会之日即是无产阶级和人类彻底解放之时。

---

① （德）马克思恩格斯著：《德意志意识形态（节选）》，见《马克思恩格斯选集》（第1卷），中共中央马克思恩格斯列宁斯大林著作编译局编译，北京：人民出版社1995年版，第132页。

② （德）马克思著：《致帕·瓦·安年科夫（1846年12月28日）》，见《马克思恩格斯选集》（第4卷），中共中央马克思恩格斯列宁斯大林著作编译局编译，北京：人民出版社1995年版，第532页。

三、提出自由权受法律保护和消灭私有制才能获得真正自由的公民学说

马克思、恩格斯不是抽象地谈论自由问题，而是从"人"这个主体的角度，从人与人之间的社会关系中进行考察，指出，无产阶级和劳动者必须在消灭私有制，真正占有生产资料，成为国家主人之后，才能获得真正的自由、平等。

马克思、恩格斯始终将人类解放、获取自由作为终极价值取向，在批判地继承前人自由思想成果的基础上，立足实践，对自由问题进行了历史的、经济的和社会的考察和研究，创建了历史唯物主义的自由观。他们认为，人类的历史就是从不自由到自由，从较少和较低级的自由到较多和较高级的自由的发展史。

（一）认为自由是现实的、历史的、具体的和实践的

马克思关于自由的理论有一个发展过程。马克思认为自由不是抽象的，而是具体的、有条件的、相对的，自由是人的天性和最高理想。马克思秉承黑格尔精神自由论，将自由作为人的本质，继而向唯物主义转变，开始在费尔巴哈人本主义的立场上寻求实现人类的自由与解放。

1.认为自由是人的类本质

马克思、恩格斯自由观的逻辑起点是人的本质。认为自由是人的类本质，人的本性是自由的，自由的有意识的活动就是人的类特性。

在《1844年经济学哲学手稿》中，马克思指出：

> 人是类存在物，不仅因为人在实践上和理论上都把类——他自身的类以及其他物的类——当做自己的对象；而且因为——这只是同一事物的另一种说法——人把自身当做现有的、有生命的类来对待，因为人把自身当做普遍的因而也是自由的存在物来对待。①

---

① （德）马克思著：《1844年经济学哲学手稿（节选）》，见《马克思恩格斯选集》（第1卷），中共中央马克思恩格斯列宁斯大林著作编译局编译，北京：人民出版社1995年版，第45页。

因为，首先，劳动这种生命活动、这种生产生活本身对人来说不过是满足他的需要即维持肉体生存的需要的手段。而生产生活就是类生活。这是产生生命的活动。一个种的全部特性、种的类特性就在于生命活动的性质，而人的类特性恰恰就是自由的有意识的活动。①

恩格斯将自由认为是历史发展的产物：

自由就在于根据对自然界的必然性的认识来支配我们自己和外部自然；因此它必然是历史发展的产物。最初的、从动物界分离出来的人，在一切本质方面是和动物本身一样不自由的；但是文化上的每一个进步，都是迈向自由的一步。②

马克思、恩格斯认为，自由也是作为个体存在物的人所应具有的特性与本质。一个不是自觉自愿的，而是在外在力量强制与驱使下进行的活动，不能称其是真正的自由。自由是人作为类的一种内在本性，也是理性赋予人的一种权利。恩格斯在批判杜林的自由观时提出：

根据这种看法，自由是在于：理性的认识把人拉向右边，非理性的冲动把人拉向左边，而在这样的力的平行四边形中，真正的运动就按对角线的方向进行。这样说来，自由就是认识和冲动、知性和非知性之间的平均值，而在每一个人身上，这种自由的程度，用天文学的术语来说，可以根据经验用"人差"③来确定。但是在几页以后，杜林先生又说：

"我们把道德责任建立在自由上面，但是这种自由在我们看来，只不过是按照先天的和后天的对自觉动机的感受。所有这样的动机，尽管会觉察到行动中可能出现对立，总是以不可回避的自然规律性起着作用；但是，当我们应用道德杠杆时，我们正是

---

① （德）马克思著：《1844年经济学哲学手稿（节选）》，见《马克思恩格斯选集》（第1卷），中共中央马克思恩格斯列宁斯大林著作编译局编译，北京：人民出版社1995年版，第46页。

② （德）恩格斯著：《反杜林论》，见《马克思恩格斯选集》（第3卷），中共中央马克思恩格斯列宁斯大林著作编译局编译，北京：人民出版社1995年版，第456页。

③ "人差"指确定天体通过已知平面瞬间的系统误差，这种误差是以观察员的心理生理特点和记录天体通过时刻的方式为转移的。

估计到了这种不可回避的强制。"

这第二个关于自由的定义随随便便地就给了第一个定义一记
耳光，它又只是对黑格尔观念的极端庸俗化。①
马克思认为自由是人所固有的，是普遍的，不是资产阶级所特有的。

自由确实是人所固有的东西，连自由的反对者在反对实现自
由的同时也实现着自由；他们想把曾被他们当做人类天性的装饰
品而否定了的东西攫取过来，作为自己最珍贵的装饰品。

没有一个人反对自由，如果有的话，最多也只是反对别人的
自由。可见各种自由向来就是存在的，不过有时表现为特权，有
时表现为普遍的权利而已。②

马克思、恩格斯的自由观涵盖了言论自由、政治自由、社会自由等诸
多领域。他们认为，自由决不是像近代自由主义人权论者所说的那样，是
来自人的自然本性，而是来自人们的劳动实践创造。离开实践活动谈自由
是毫无意义的。

2.认为人的自由只有通过社会实践活动才能获得

在马克思、恩格斯看来，实践是人所特有的生存方式，是人之为人的
现实活动。自由既不是人的某种先天固有的东西，也不是与人无关的、永
恒的东西，自由存在于人们的社会实践活动之中，自由的本质在于人的实
践活动。人通过实践活动所创造的自由是人所特有的，是人同自然界中其
他存在物的区别所在。

在马克思、恩格斯看来，在必然性没被认识之前，是一种盲目的、自
发的、异己的力量，人们一旦认识了必然并把这种认识用于指导实践智
慧，就能将其由外在的力量变成人们实践活动的内在根据，实现对客观世
界的改造。恩格斯分析并肯定了黑格尔的关于"自由是对必然的认识"的
论述，恩格斯指出：

黑格尔第一个正确地叙述了自由和必然之间的关系。在他看

① （德）恩格斯著：《反杜林论》，见《马克思恩格斯选集》（第3卷），中共中央马克思
恩格斯列宁斯大林著作编译局编译，北京：人民出版社1995年版，第455页。
② （德）马克思著：《第六届莱茵省议会的辩论（第一篇论文）〈关于新闻出版自由和公布
省等级会议辩论情况的辩论〉》，见《马克思恩格斯全集》（第1卷），中共中央马克思
恩格斯列宁斯大林著作编译局编译，北京：人民出版社1995年版，第167页。

来，自由是对必然的认识。"必然只是在它没有被了解的时候才是盲目的。"自由不在于幻想中摆脱自然规律而独立，而在于认识这些规律，从而能够有计划地使自然规律为一定目的服务。这无论对外部自然的规律，或对支配人本身的肉体存在和精神存在的规律来说，都是一样的。这两类规律，我们最多只能在观念中而不能在现实中把它们相互分开。因此，意志自由只是借助于对事物的认识来作出决定的能力。因此，人对一定问题的判断越是自由，这个判断的内容所具有的必然性就越大；而犹豫不决是以不知为基础的，它看来好像是在许多不同的和相互矛盾的可能性的决定中任意进行选择，但恰好由此证明它的不自由，证明它被正好应该由它支配的对象所支配。①

在马克思、恩格斯看来，自由不仅是一个认识问题，更重要的是一个实践问题。人是在生产中实现自由的。这种自由既包括生产活动的自由，也包括生产结果的自由。人的活动就其本质而言，是一种自由的活动，"自由的自觉的活动"是获取自由的关键。马克思、恩格斯认为，劳动是人类实现自由的手段，人的自由是人依据对必然性的认识从而去改造自然、改造社会和人自身所取得的成果。自由是人在物质生产活动中区别于动物的重要标志，马克思指出：

> 诚然，动物也生产。它也为自己营造巢穴或住所，如蜜蜂、海狸、蚂蚁等。但是，动物只生产它自己或它的幼仔所直接需要的东西；动物的生产是片面的，而人的生产是全面的；动物只是在直接的肉体需要的支配下生产，而人甚至不受肉体需要的影响也进行生产，并且只有不受这种需要的影响才进行真正的生产；动物只生产自身，而人在生产整个自然界；动物的产品直接属于它的肉体，而人则自由地面对自己的产品。动物只是按照它所属的那个种的尺度和需要来建造，而人懂得按照任何一个种的尺度来进行生产，并且懂得处处都把内在的尺度运用于对象；因此，

---

① （德）恩格斯著：《反杜林论》，见《马克思恩格斯选集》（第3卷），中共中央马克思恩格斯列宁斯大林著作编译局编译，北京：人民出版社1995年版，第455—456页。

人也按照美的规律来构造。①

马克思、恩格斯认为，人的自由是和物质生产、社会进步相联系的，是现实的、历史的、具体的和实践的。马克思、恩格斯的自由观对自由的根源、自由的本质、自由的基本内容以及自由的实现途径进行了较为系统的阐释。强调自由是现实的个人通过物质生活资料的生产实践和不断改造社会关系的实践而逐步实现的历史过程。

（二）认为公民的自由权受法律保护且真正的自由是在"自由王国"内

马克思、恩格斯认为，自由表现为一种权利：

> 自由是什么呢？
>
> "自由是做任何不侵害他人权利的事情的权利。"，或者按照
> 1791年人权宣言："自由是做任何不损害他人的事情的权利。"②

在马克思和恩格斯看来，自由不仅意味着个人享有的抽象的权利，更意味着个人有能力去实现这种权利。人们要摆脱各种束缚和限制，获得自由，就必须正确认识和行使自己的权利。

1.认为公民的自由权受到一定历史条件的限制

马克思、恩格斯认为，人们的自由总是受到一定历史条件的限制，人的自由实际上就是相对于限制和束缚而言的，人们追求自由是因为渴望摆脱束缚和限制，正是由于无所不在的限制的存在，人才要不断追求自由。

马克思、恩格斯认为，对自由的限制有两种：一种是积极的限制，一种是消极的限制。前者是实现自由的条件，后者是获得自由的桎梏。在阶级社会里，自由总是一定阶级的自由，超阶级的自由是不存在的。

在《关于自由贸易问题的演说》中，马克思揭露出资产阶级所追求的自由，只是商品所有者的自由，伪善的资产者往往借助于所有人的一般自由的外衣欺骗工人阶级。他说：

> 先生们，不要受自由这个抽象字眼的蒙蔽！这是谁的自由
> 呢？这不是一个普通的个人在对待另一个人的关系上的自由。这

① （德）马克思著：《1844年经济学哲学手稿（节选）》，见《马克思恩格斯选集》（第1卷），中共中央马克思恩格斯列宁斯大林著作编译局编译，北京：人民出版社1995年版，第46—47页。

② （德）马克思著：《论犹太人问题》，见《马克思恩格斯全集》（第3卷），中共中央马克思恩格斯列宁斯大林著作编译局编译，北京：人民出版社2002年版，第183页。

是资本压榨劳动者的自由。①

马克思、恩格斯认为，在资本主义社会中人的本性被异化了，只有扬弃异化才能实现人的真正的自由。马克思、恩格斯也指出，专制独裁的法律也是对自由的消极限制，因为在封建专制制度下，市民也就不具备真正的自由意识，个人的自由权利就难以实现。

2. 主张公民的自由权利应受法律保护

马克思、恩格斯提出，在任何制度完善的国家中，自由都是受法律保护的。因为真正的自由是建立在法律基础之上的。

马克思指出：

> 法律是肯定的、明确的、普遍的规范，在这些规范中自由获得了一种与个人无关的、理论的、不取决于个别人的任性的性质。法典就是人民自由的圣经。②

马克思、恩格斯指出，不能简单地把自由视为法律的对立面，认为获取自由就是不要法律，事实上，法律正是要使各种个人自由彼此之间以及同公共安全协调起来，是对自由的确认和保证。马克思认为：

> 1848 年的各种自由的必然汇总，人身、新闻出版、言论、结社、集会、教育和宗教等自由，都穿上宪法制服而成为不可侵犯的了。这些自由中的每一种都被宣布为法国公民的绝对权利，然而总是加上一个附带条件，说明它只是在不受"他人的同等权利和公共安全"或"法律"限制时才是无限的，而这些法律正是要使各种个人自由彼此之间以及同公共安全协调起来。例如："公民有权成立团体，有权和平地、非武装地集会，有权进行请愿并且通过报刊或用其他任何方法发表意见。对于这些权利的享受，除受他人的同等权利和公共安全限制外，不受其他限制。"（法国宪法第 2 章第 8 条）"教育是自由的。教育的自由应在法律规定的范围内并在国家的最高监督下享用之。"（同上，第 9 条）

---

① （德）马克思著：《关于自由贸易问题的演说》，见《马克思恩格斯选集》（第 1 卷），中共中央马克思恩格斯列宁斯大林著作编译局编译，北京：人民出版社 1995 年版，第 227 页。

② （德）马克思著：《第六届莱茵省议会的辩论（第一篇论文）〈关于新闻出版自由和公布省等级会议辩论情况的辩论〉》，见《马克思恩格斯全集》（第 1 卷），中共中央马克思恩格斯列宁斯大林著作编译局编译，北京：人民出版社 1995 年版，第 176 页。

"每一公民的住所是不可侵犯的，除非按照法定手续办事。"（第1章第3条）如此等等。所以，宪法经常提到未来的构成法"；这些构成法应当详细地解释这些附带条件并且调整这些无限制的自由权利的享用，使它们既不致相互抵触，也不致同公共安全相抵触。后来，这种构成法由秩序之友制定出来，所有这些自由都加以调整，结果，资产阶级可以不受其他阶级同等权利的任何妨碍而享受这些自由。至于资产阶级完全禁止"他人"享受这些自由，或是允许"他人"在某些条件（这些条件都是警察的陷阱）下享受这些自由，那么这仅仅是为了保证"公共安全"，也就是为了保证资产阶级的安全，宪法就是这样写的。所以，后来两方面都有充分权利援引宪法：一方面是废除了所有这些自由的秩序之友，另一方面是要求恢复所有这些自由的民主党人。

宪法的每一条本身都包含着自己的对立面，包含着自己的上院和下院：在一般词句中标榜自由，在附带条件中废除自由。所以，当自由这个名字还备受尊重，而只是对它的真正实现设下了——当然是根据合法的理由——种种障碍时，不管这种自由在日常的现实中的存在怎样被彻底消灭，它在宪法上的存在仍然是完整无损、不可侵犯的。①

马克思、恩格斯认为，社会历史发展到什么程度，人的自由也就达到什么程度。人类只有通过自身的努力，才能创造实现自由的各种条件，提高获得自由的能力，最终享有自由。恩格斯强调指出：

一切自由的首要条件，一切官吏对自己的一切职务活动方面都应当在普通法庭面前遵照普通法向每一个公民负责。②

3.认为公民真正的自由需要"从必然王国进入自由王国"

马克思、恩格斯认为，从"必然王国"领域的自由向"自由王国"领域的自由的演变是历史发展的必然趋势。

---

① （德）马克思著：《路易·波拿巴的雾月十八日》，见《马克思恩格斯选集》（第1卷），中共中央马克思恩格斯列宁斯大林著作编译局编译，北京：人民出版社1995年版，第597—598页。

② （德）恩格斯著：《给奥·倍倍尔的信》，见《马克思恩格斯选集》（第3卷），中共中央马克思恩格斯列宁斯大林著作编译局编译，北京：人民出版社1995年版，第324页。

马克思、恩格斯认为，无论是在"必然王国"领域，还是在"自由王国"领域，人的自由都是存在的，但不同领域的自由具有不同性质。在"必然王国"领域中，人类不可能摆脱自然必然性的支配，人的自由表现在对物的支配与控制，人们所能做的，只是消灭私有制和分工，使之在最合理的条件下，进行物质生产。从这个意义上说，在"必然王国"领域，人的能力只能得到有限发展，获得的自由仅仅是有限的自由。而"自由王国"是人类能力全面发展的领域，存在于真正物质生产领域的彼岸，人的自由表现为人本身的个性潜能的自由充分发展。

马克思、恩格斯坚信，只有在生产力水平得到极大提高、物质财富达到涌流的基础上，人类才能建立起自由王国，获得真正的自由。恩格斯提出：

> 一旦社会占有了生产资料，商品生产就将被消除，而产品对生产者的统治也将随之消除。社会生产内部的无政府状态将为有计划的自觉的组织所代替。个体生存斗争停止了。于是，人在一定意义上才最终地脱离了动物界，从动物的生存条件进入真正人的生产条件。人们周围的、至今统治着人们的生活条件，现在受人们的支配和控制，人们第一次成为自然界的自觉和真正的主人，因为他们已经成为自身的社会结合的主人了。人们自己的社会行动的规律，这些一直作为异己的、支配着人们的自然规律而同人们相对立的规律，那时就将被人们熟练地运用，因而将听从人们的支配。人们自身的社会结合一直是作为自然界和历史强加于他们的东西而同他们相对立的，现在则变成他们自己的自由行动了。至今一直统治着历史的客观的异己的力量，现在处于人们自己的控制之下了。只是从这时起，人们才完全自觉地自己创造自己的历史；只是从这时起，由人们使之起作用的社会原因才大部分并且越来越多地达到他们所预期的结果。这是人类从必然王国进入自由王国的飞跃。①

---

① （德）恩格斯著：《社会主义从空想到科学的发展》，见《马克思恩格斯选集》（第3卷），中共中央马克思恩格斯列宁斯大林著作编译局编译，北京：人民出版社1995年版，第757—758页。

蒸汽机永远不能在人类的发展中引起如此巨大的飞跃，尽管在我们看来，蒸汽机确实是所有那些以它为依靠的巨大生产力的代表，唯有借助于这些生产力，才有可能实现这一种社会状态，在这里不再有任何阶级差别，不再有任何对个人生活资料的忧虑，并且第一次能够谈到真正的人的自由，谈到那种同已被认识的自然规律和谐一致的生活。①

马克思、恩格斯认为，从人类历史的发展看，"真正的人的自由"只有在共产主义才能实现。共产主义是"自由王国"得以产生并繁荣的基础。马克思、恩格斯在《共产党宣言》中有过这样一段表述："代替那存在着阶级和阶级对立的资产阶级旧社会的，将是这样一个联合体，在那里，每个人的自由发展是一切人的自由发展的条件。"②

四、认为公民平等取决于社会生产力的发展水平

马克思、恩格斯从经济学的视角来研究平等问题，认为在商品流通领域，人与人之间是自由的，也是平等的，但若离开这个领域，平等就无从谈起。在对抽象的平等观、资产阶级平等观进行批评的过程中，马克思、恩格斯提出了无产阶级的平等思想。认为公民的平等观念是随着历史的发展而产生的，而真正的平等只有在消灭阶级之后才能实现。

（一）认为公民的平等观是随着社会历史的发展而发展的

马克思、恩格斯认为，平等作为一种观念需以一定历史阶段的经济基础作为支撑，而公民平等权利的获得和实现最终取决于社会生产力的发展水平。

恩格斯在《反杜林论》中，通过对平等观念历史发展的论述，得出结论说：

平等的观念，无论以资产阶级的形式出现，还是以无产阶级的形式出现，本身都是一种历史的产物，这一观念的形成，需要

---

① （德）恩格斯著：《反杜林论》，见《马克思恩格斯选集》（第3卷），中共中央马克思恩格斯列宁斯大林著作编译局编译，北京：人民出版社1995年版，第456页。

② （德）马克思恩格斯著：《共产党宣言》，见《马克思恩格斯选集》（第1卷），中共中央马克思恩格斯列宁斯大林著作编译局编译，北京：人民出版社1995年版，第294页。

一定的历史条件，而这种历史条件本身又以长期的以往的历史为前提。①

1. 认为平等观是阶级利益关系的反映

在马克思、恩格斯看来，在阶级社会里，平等集中体现了一定阶级的利益和要求，任何一种平等要求都是一定社会的所有制结构和与之相适应的阶级利益关系的反映。平等和不平等的关系实质上是由社会各阶级的经济利益关系所决定的。阶级社会中平等问题只有在阶级利益的关系中才能得到科学的说明。

恩格斯指出，从原始社会到近代的漫长历史发展进程中，不平等始终占据统治地位。他说：

> 一切人，作为人来说，都有某些共同点，在这些共同点所及的范围内，他们是平等的，这样的观念自然是非常古老的。但是现代的平等要求与此完全不同；这种平等要求更应当是从人的这种共同特性中，从人就他们是人而言的这种平等中引申出这样的要求：一切人，或至少是一个国家的一切公民，或一个社会的一切成员，都应当有平等的政治地位和社会地位。要从这种相对平等的原始观念中得出国家和社会中的平等权利的结论，要使这个结论甚至能够成为某种自然而然的、不言而喻的东西，必然要经过而且确实经过了几千年。在最古老的自然形成的公社中，最多只谈得上公社成员之间的平等权利，妇女、奴隶和外地人自然不在此列。在希腊人和罗马人那里，人们的不平等的作用比任何平等要大得多。如果认为希腊人和野蛮人、自由民和奴隶、公民和被保护民、罗马的公民和罗马的臣民（该词是在广义上使用的），都可以要求平等的政治地位，那么这在古代人看来必定是发了疯。在罗马帝国时期，所有这些差别，除自由民和奴隶的区别外，都逐渐消失了；这样，至少对自由民来说产生了私人的平等，在这种平等的基础上罗马法发展起来了，它是我们所知道的以私有制为基础的法的最完备形式。但是只要自由民和奴隶之间

---

① （德）恩格斯著：《反杜林论》，见《马克思恩格斯选集》（第3卷），中共中央马克思恩格斯列宁斯大林著作编译局编译，北京：人民出版社1995年版，第448页。

的对立还存在，就谈不上来自一般人的平等的法的结论，这一点我们不久前在北美的合众国各蓄奴州里还可以看得到。

基督教只承认一切人的一种平等，即原罪的平等，这同它曾经作为奴隶和被压迫者的宗教的性质是完全适合的。此外，基督教至多还承认上帝的选民的平等，但是这种平等只是在开始时才被强调过。在新宗教的最初阶段同样可以发现财产共有的痕迹，这与其说是来源于真正的平等观念，不如说是来源于被迫害者的团结。僧侣和俗人对立的确立，很快就使这种基督教平等的萌芽也归于消失。——日耳曼人在西欧的横行，逐渐建立了空前复杂的社会的和政治的等级制度，从而在几个世纪内消除了一切平等观念，但是同时使西欧和中欧卷入了历史的运动，在那里第一次创造了一个牢固的文化区域，并在这个区域内第一次建立了一个由互相影响和互相防范的、主要是民族国家所组成的体系。这样就准备了一个基础，后来只是在这个基础上才有可能谈人的平等和人权的问题。

此外，在封建的中世纪的内部孕育了这样一个阶级，这个阶级在它进一步的发展中，注定成为现代平等要求的代表者，这就是市民等级。[1]

恩格斯提出，随着资本主义生产方式的产生，孕育于封建中世纪内部的市民等级中逐渐产生了资产阶级。当资本主义经济关系要求相应的自由和平等权利时，政治制度却未能与之相适应，此时，对废除封建特权的要求、对自由的渴望、对平等权利的呼吁，等等，这些就成为了新兴资产阶级的迫切要求。他论述道：

可是社会的政治结构决不是紧跟着社会经济生活条件的这种剧烈的变革立即发生相应的改变。当社会日益成为资产阶级社会的时候，国家制度仍然是封建的。大规模的贸易，特别是国际贸易，尤其是世界贸易，要求有自由的、在行动上不受限制的商品所有者，他们作为商品所有者是有平等权利的，他们根据对他们

---

① （德）恩格斯著：《反杜林论》，见《马克思恩格斯选集》（第3卷），中共中央马克思恩格斯列宁斯大林著作编译局编译，北京：人民出版社1995年版，第444—445页。

所有人来说都平等的（至少在当地是平等的）权利进行交换。从手工业向工场手工业转变的前提是，有一定数量的自由工人（所谓自由，一方面是他们摆脱了行会的束缚，另一方面是他们失去了自己使用自己劳动力所必需的资料），他们可以和厂主订立契约出租他们的劳动力，因而作为缔约的一方是和厂主权利平等的。①

恩格斯在《反杜林论》中提出：

社会的经济进步一旦把摆脱封建桎梏和通过消除封建不平等来确立权利平等的要求提上日程，这种要求就必定迅速地扩大其范围。只要为工业和商业上的利益提出这一要求，就必须为广大农民要求同样的平等权利。

由于人们不再生活在像罗马帝国那样的世界帝国中，而是生活在那些相互平等地交往并且处在差不多相同的资产阶级发展阶段的独立国家所组成的体系中，所以这种要求就很自然地获得了普遍的、超出个别国家范围的性质，而自由和平等也很自然地被宣布为人权。②

马克思在《黑格尔法哲学批判》中提出，历史的发展使政治等级变成社会等级，如同基督教在天国一律平等，在人世间却是不平等的，单个人在社会生活中也是不平等的。马克思指出，平等离不开实践领域，是在实践中对自身的意识。

2.认为平等不是绝对的而是在任何时候都包含差别

马克思、恩格斯指出，资产阶级平等观念是资本主义生产关系的产物。由于受经济方式、历史条件等因素的局限，资产阶级所谓的平等自诞生以来就带有无法克服和逾越的先天缺陷。由于占有的生产资料不同，所以这种平等的权利是阶级内部的，而不是社会全体成员的。

马克思、恩格斯认为，平等不是绝对的无差别，相反，平等在任何时候都是包含着差别的平等。尤其是只要阶级存在，真正的平等就不可能

---

① （德）恩格斯著：《反杜林论》，见《马克思恩格斯选集》（第3卷），中共中央马克思恩格斯列宁斯大林著作编译局编译，北京：人民出版社1995年版，第446页。

② （德）恩格斯著：《反杜林论》，见《马克思恩格斯选集》（第3卷），中共中央马克思恩格斯列宁斯大林著作编译局编译，北京：人民出版社1995年版，第447页。

实现。

恩格斯指出，平等在任何时候都是包含差别的平等。他说：

用"消除一切社会的和政治的不平等"来代替"消灭一切阶级差别"，这也很成问题。在国和国、省和省、甚至地方和地方之间总会有生活条件方面的某种不平等存在，这种不平等可以减少到最低限度，但是永远不可能完全消除。阿尔卑斯山的居民和平原上的居民的生活条件总是不同的。把社会主义社会看做平等的王国，这是以"自由、平等、博爱"这一旧口号为根据的片面的法国人的看法，这种看法作为当时当地一定的发展阶段的东西曾经是正确的，但是，像以前的各个社会主义学派的一切片面性一样，它现在也应当被克服，因为它只能引起思想混乱，而且因为已经有了阐述这一问题的更精确的方法。①

马克思、恩格斯认为，资产阶级所标榜的绝对的、超阶级的平等，实质是"归结为法律面前的资产阶级的平等。"② 他们说：

平等的权利总还是被限制在一个资产阶级的框框里。生产者的权利是同他们提供的劳动成比例的；平等就在于以同一尺度——劳动——来计量。但是，一个人在体力或智力上胜过另一个人，因此在同一时间内提供较多的劳动，或者能够劳动较长的时间；而劳动，要当做尺度来用，就必须按照它的时间或强度来确定，不然它就不成其为尺度了。这种平等的权利，对不同等的劳动来说是不平等的权利。它不承认任何阶级差别，因为每个人都像其他人一样只是劳动者；但是它默认，劳动者的不同等的个人天赋，从而不同等的工作能力，是天然特权。所以就它的内容来讲，它像一切权利一样是一种不平等的权利。权利，就它的本性来讲，只在于使用同一尺度；但是不同等的个人（而如果他们不是不同等的，他们就不成其为不同的个人）要用同一尺度去计量，就只有从同一个角度去看待他们，从一个特定的方面去对待

---

① （德）恩格斯著：《给奥·倍倍尔的信》，见《马克思恩格斯选集》（第3卷），中共中央马克思恩格斯列宁斯大林著作编译局编译，北京：人民出版社1995年版，第325页。

② （德）恩格斯著：《社会主义从空想到科学的发展》，中共中央马克思恩格斯列宁斯大林著作编译局译，北京：人民出版社1997年版，第37页。

他们……要避免所有这些弊病，权利就不应当是平等的，而应当是不平等的。①

　　我提议不用"为了所有人的平等权利"代之以"为了所有人的平等权利和平等义务"等等。平等义务，对我们来说，是对资产阶级民主的平等权利的一个特别重要的补充，而且使平等权利失去资产阶级的含义。②

马克思、恩格斯认为，资产阶级的平等本身就是特权，要想实现真正的为社会全体成员共同享有的社会平等，就必须消灭阶级，消灭私有制，这样，实现真正的平等就历史性地落在了无产阶级的肩上。

（二）认为公民真正的平等只有在阶级灭亡后才能实现

马克思、恩格斯指出，无产阶级肩负着实现平等的历史使命，实现真正的平等只能由无产阶级完成。这是因为：资产阶级把平等理解为"消灭阶级特权"，无产阶级则把平等理解为"消灭阶级本身"。无产阶级对资产阶级不断地斗争、不断地解放自己的过程，也就是真正平等不断实现的过程。

1. 认为无产阶级的平等观集中体现为"消灭阶级本身"

马克思、恩格斯认为，真正平等实现的途径就蕴涵在无产阶级争取解放的行动和斗争之中，真正的平等只有在共产主义制度下才能实现，而这样的制度是正义所要求的。马克思在《国际工人协会共同章程》指出：

　　工人阶级的解放应该由工人阶级自己去争取；工人阶级的解放斗争不是要争取阶级特权和垄断权，而是要争取平等的权利和义务，并消灭一切阶级统治；③

恩格斯强调，无产阶级平等要求的实际内容就是消灭阶级，任何超出这个范围的平等要求都必然要流于荒谬。他说：

---

① （德）马克思著：《哥达纲领批判》，中共中央马克思恩格斯列宁斯大林著作编译局译，北京：人民出版社1997年版，第15页。

② （德）恩格斯著：《1891年社会民主党纲领草案批判》，见《马克思恩格斯选集》（第4卷），中共中央马克思恩格斯列宁斯大林著作编译局编译，北京：人民出版社1995年版，第409页。

③ （德）马克思著：《国际工人协会共同章程》，见《马克思恩格斯选集》（第2卷），中共中央马克思恩格斯列宁斯大林著作编译局编译，北京：人民出版社1995年版，第609页。

无产阶级抓住了资产阶级的话柄：平等应当不仅是表面的，不仅在国家的领域中实行，它还应当是实际的，还应当在社会的、经济的领域中实行。尤其是从法国资产阶级自大革命开始把公民的平等提到重要地位以来，法国无产阶级就针锋相对地提出社会的、经济的平等的要求，这种平等成了法国无产阶级所特有的战斗口号。

因此，无产阶级所提出的平等要求有双重意义。或者它是对明显的社会不公平，对富人和穷人之间、主人和奴隶之间、骄奢淫逸者和饥饿者之间的对立的自发反应——特别是在初期，例如在农民战争中，情况就是这样；它作为这种自发反应，只是革命本能的表现，它在这里，而且仅仅在这里找到自己被提出的理由。或者它是从对资产阶级平等要求的反应中产生的，它从这种平等要求中吸取了或多或少正当的、可以进一步发展的要求，成了用资本家本身的主张发动工人起来反对资本家的鼓动手段；在这种情况下，它是和资产阶级平等本身共存亡的。在上述两种情况下，无产阶级平等要求的实际内容都是消灭阶级的要求。任何超出这个范围的平等要求，都必然要流于荒谬。①

马克思、恩格斯主张，无产阶级所要实现的平等不仅在形式上要求消灭阶级特权，而且还要在实质上彻底地消灭阶级本身，包括在实现人类自由共同体的共产主义社会。

2. 认为平等是共产主义的基础和政治论据

在马克思、恩格斯的论述中，无产阶级平等观的范围从单纯的国家领域扩大到社会领域、经济领域，要求消灭一切形式的压迫和剥削，这是较之资产阶级平等观而更加广泛、彻底的平等观。

马克思提出，只有阶级对立消灭了，人与人之间的关系实现了真正的平等，才能为实现人类社会的最高阶段——共产主义社会奠定基础。他说：

---

① （德）恩格斯著：《反杜林论》，见《马克思恩格斯选集》（第3卷），中共中央马克思恩格斯列宁斯大林著作编译局编译，北京：人民出版社1995年版，第448页。

平等，作为共产主义的基础，是共产主义的政治的论据。①

马克思在 1850 年首次提出无产阶级专政概念时就明确指出：

> 这种社会主义就是宣布不断革命，就是无产阶级的阶级专政，这种专政是达到消灭一切阶级差别，达到消灭由这些差别所产生的一切生产关系，达到消灭和这些生产关系相适应的一切社会关系，达到改变由这些社会关系产生出来的一切观念的必然的过渡阶段。②

马克思提出：

> 随着阶级差别的消灭，一切由这些差别产生的社会的和政治的不平等也自行消失。③

马克思、恩格斯认为，在共产主义社会，社会物质财富将极大丰富、人们的精神境界将极大提高，阶级差别消灭了，人与人之间实现了真正的平等，人不仅是自然界的主人、社会的主人，也是自己本身的主人。马克思主义的平等思想为无产阶级争取平等和自由的权利提供了锐利武器。

五、认为公民的权利和义务是辩证统一的关系

马克思的权利和义务思想是以现实的、具体的人为基础的。马克思认为，权利与义务关系的主体是人，其关系无论多么纷繁复杂，最终必定通过人表现出来，权利和义务的关系本质上是人与人之间关系的反映。

马克思、恩格斯认为，权利与义务是互为条件的。一个人在享有权利的同时，必须履行相应的义务；同样地，在他履行义务的时候，也意味着就享有相应的权利。

---

① （德）马克思著：《1844 年经济学哲学手稿》，中共中央马克思恩格斯列宁斯大林著作编译局译，北京：人民出版社 2000 年版，第 128 页。

② （德）马克思著：《1848 年至 1850 年的法兰西阶级斗争》，见《马克思恩格斯选集》（第 1 卷），中共中央马克思恩格斯列宁斯大林著作编译局编译，北京：人民出版社 1995 年版，第 479—480 页。

③ （德）马克思著：《哥达纲领批判》，中共中央马克思恩格斯列宁斯大林著作编译局译，北京：人民出版社 1997 年版，第 22 页。

（一）认为权利和义务实质上是人与人之间的关系

马克思指出，权利与义务的关系反映人与人之间的经济关系。由于人的本质不是单个人所固有的抽象物，在其现实性上，它是一切社会关系的总和。脱离了社会关系的人只能是抽象的人，这种人在现实社会中是不存在的。

马克思、恩格斯认为，享有"权利"需具备一定的社会物质条件。在私有制下，人与人之间的社会关系本质上表现为物与物之间的关系，换言之，人们通过对物的占有关系决定着人们之间的关系。一部分人拥有了生产资料的所有权，而另一部分人丧失了对生产资料的所有权，这就决定了人们在经济关系、社会关系的不同地位。公民之间的不平等，决定了权利和义务的不对等。

1.提出公民的权利不能超出社会的经济结构和文化发展

马克思强调，权利是个历史范畴。在不同的社会历史条件下，权利的性质、享受权利的主体及其范围等是各不相同的。权利的产生有其特定的物质生活条件基础。马克思、恩格斯提出：

> 权利决不能超出社会的经济结构以及由经济结构制约的社会的文化发展。①

> 在历史上的大多数国家中，公民的权利是按照财产状况分级规定的，这直接地宣告国家是有产阶级用来防御无产阶级的组织。在按照财产状况划分阶级的雅典和罗马，就已经是这样。在中世纪的封建国家中，也是这样，在那里，政治的权力地位是按照地产来排列的。现代的代议制的国家的选举资格，也是这样。但是，对财产差别的这种政治上的承认，决不是本质的东西。相反地，它标志着国家发展的低级阶段。国家的最高形式，民主共和国，在我们现代的社会条件下正日益成为一种不可避免的必然性，它是无产阶级和资产阶级之间的最后决定性斗争职能在其中进行到底的国家形式——这种民主共和国已经不再是正式讲什么

---

① （德）马克思著：《哥达纲领批判》，中共中央马克思恩格斯列宁斯大林著作编译局译，北京：人民出版社1997年版，第15页。

财产差别了。①

马克思认为，权利产生于具体的社会历史条件之下，无论是以观念形态或法律规范的形式出现，都是一定的社会经济关系的反映。人作为一种社会存在物，是受特定社会关系制约的，人们所享有的权利与其所处的社会关系状况相一致。

恩格斯指出，无论是权利还是义务都是一种思想观念，是经济关系的反映，受经济关系的制约，并随着经济关系的变化而变化。正如恩格斯所说：

> 氏族制度的伟大，但同时也是它的局限，就在于这里没有统治和奴役存在的余地。在氏族制度内部，还没有权利和义务的分别；参加公共事务，实行血族复仇或为此接受赎罪，究竟是权利还是义务这种问题，对印第安人来说是不存在的；在印第安人看来，这种问题正如吃饭、睡觉、打猎究竟是权利还是义务的问题一样荒谬。②

在马克思、恩格斯看来，资本主义社会所谓的"权利平等"，只能是"虚伪的空话"。因为资产阶级所谓的自由和平等是在私有制条件下的形式上的自由和平等，广大的无产阶级仍然是处于被压迫和被剥削中，生活在一个不自由和不平等的状态中，异化的劳动和贫困的生存状态使得广大劳动者只有义务，而没有权利可言。马克思尖锐地指出：

> 剥削阶级和被剥削阶级、统治阶级和被压迫阶级之间的到现在为止的一切历史对立，都可以从人的劳动的这种相对不发展的生产率中得到说明。只要实际劳动的居民必须占用很多时间来从事自己的必要劳动，因而没有多余的时间来从事社会的公共事务——劳动管理、国家事务、法律事务、艺术、科学等等，总是必然有一个脱离实际劳动的特殊阶级来从事这些事务；而且这个阶级为了它自己的利益，从来不会错过机会来把越来越沉重的劳

---

① （德）恩格斯著：《家庭、私有制和国家的起源》，中共中共马克思恩格斯列宁斯大林著作编译局译，北京：人民出版社1999年版，第179页。

② （德）恩格斯著：《家庭、私有制和国家的起源》，见《马克思恩格斯选集》（第4卷），中共中央马克思恩格斯列宁斯大林著作编译局编译，北京：人民出版社1995年版，第158—159页。

动负担加到劳动群众的肩上。①

马克思、恩格斯认为，在资本主义制度下，资产阶级掌握着国家政权，拥有制定和执行法律的权力，掌握着物质生产资料等，用来维护他们自己的财产权利和社会权利，而处于被剥削地位的无产阶级一无所有，不可能真正拥有所谓的"人权"，他们除了忍受物质上的贫困之外，还要忍受权利上的贫困。

2.提出人权中的政治权利属于公民权利的范畴

马克思认为，人权是人之为人所应当享有的基本权利。人权不是天赋的，也不是人人生而具有的。人权是社会历史的产物，其内涵随着经济发展和社会进步而不断丰富。马克思在《论犹太人问题》中，认为人权首先是指市民社会中成员的权利。他指出：

> 首先，我们表明这样一个事实，所谓人权（不同于公民权的人权），无非是市民社会的成员的权利，就是说，无非是利己的人的权利、同其他人并同共同体分离出来的人的权利。②

马克思指出，人权与公民权在内涵上既有联系又有区别。人权是作为市民社会成员的权利，它与人们生活的社会和经济条件相联系；而公民权利则是一种政治权利。他说：

> 人权一部分是政治权利，只是与别人共同行使的权利。这种权利的内容就是参加共同体，确切地说，就是参加政治共同体、参加国家。这些权利属于政治自由的范畴，属于公民权利的范畴……③

马克思、恩格斯认为，超阶级的人权是不存在的。资产阶级提倡的人权是一种"抽象的人权"，抹杀了人权的社会性、历史性和阶级性。在资本主义制度下，法律上将人变成了公民，赋予公民必须遵守宪法和法律规定的权利，但在经济生活领域中，却将人变成了市民社会的成员，使人处

① （德）恩格斯著：《反杜林论》，见《马克思恩格斯选集》（第3卷），中共中央马克思恩格斯列宁斯大林著作编译局编译，北京：人民出版社1995年版，第525页。

② （德）马克思著：《论犹太人问题》，见《马克思恩格斯全集》（第3卷），中共中央马克思恩格斯列宁斯大林著作编译局编译，北京：人民出版社2002年版，第182—183页。

③ （德）马克思著：《论犹太人问题》，见《马克思恩格斯全集》（第3卷），中共中央马克思恩格斯列宁斯大林著作编译局编译，北京：人民出版社2002年版，第181页。

于孤立的、受奴役的地位中，根本无"人权"可言。人的类本质使人渴望享有自由、平等的公民权，但由于人权确实难以保障，在现实生活中也就无法享受公民平等权、自由权和个人全面发展的权利。

（二）提出"没有无义务的权利，也没有无权利的义务"[①] 的公民学说

马克思、恩格斯认为，权利与义务的分离意味着平等的丧失。在阶级存在的社会中，由于利益上的根本对立，统治阶级与被统治阶级之间根本谈不上权利与义务的统一，即使在剥削阶级内部，权利与义务也常常是不一致的。只有在生产资料公有制的社会中，权利与义务才能实现真正的统一。为此，马克思在《国际工人协会共同章程》中提出了"没有无义务的权利，也没有无权利的义务"的命题。

1. 认为私有制下公民的权利和义务是不对等的

马克思、恩格斯认为，原始社会，生产力水平极端低下，决定了人与人之间利益的高度一致，个人权利与义务合二为一。随着生产力水平的不断发展，私有财产开始出现了，人类进入了阶级社会，个人权利仅仅依靠个体自身的力量显然不能实现，为了使个人权利得到更好的保障，人们以契约的方式将自然权利让渡给公共权力，国家由此产生了。国家产生后，公民权利附属于国家权力，需要公共权力的护佑，但公共权力往往是公民权利的侵害者。生产关系出现了变化，人与人之间的关系出现了不平等，由此带来了权利和义务之间的失衡。

马克思、恩格斯认为，权利与义务的关系是经济关系的反映，而经济利益的对立在政治上表现为阶级对立，据此，权利与义务关系也表现为阶级关系。马克思认为权利是有阶级性的，任何权利都是阶级的权利，在阶级社会中，人们都处于一定的阶级关系中，不同的阶级、阶层，不同的利益集团对利益的要求是不同的，占统治地位的阶级总是利用各种手段来维护自身利益，垄断了一切权利而不承担义务，被统治阶级总是处于被支配和被统治地位，承担了一切义务而没有权利。提出：

> 几乎把一切权利赋予一个阶级，另一方面却几乎把一切义务

① （德）马克思著:《国际工人协会共同章程》，见《马克思恩格斯选集》（第2卷），中共中央马克思恩格斯列宁斯大林著作编译局编译，北京：人民出版社1995年版，第610页。

推给另一个阶级。①

马克思、恩格斯认为，在私有制下，权利与义务的关系本质上体现的是人们之间的物质利益关系。马克思在《〈政治经济学批判〉序言》中曾这样表述：

> 人们在自己生活的社会生产中发生一定的、必然的、不以他们的意志为转移的关系，即同他们的物质生产力的一定发展阶段相适应的生产关系。这些生产关系的总和构成社会的经济结构，即有法律的和政治的上层建筑竖立其上并有一定的社会意识形式与之相适应的现实基础。物质生活的生产方式制约着整个社会生活、政治生活和精神生活的过程。不是人们的意识决定人们的存在，相反，是人们的社会存在决定人们的意识。②

马克思在《哥达纲领批判》中批判拉萨尔主义的平等权利时这样谈到：

> 一切权利一样是一种不平等的权利。权利，就它的本性来讲，只在于使用同一尺度；但是不同等的个人（而如果他们不是不同等的，他们就不成其为不同的个人）要用同一尺度去计量，就只有从同一个角度去看待他们，从一个特定的方面去看待他们，例如在现在所讲的这个场合，把他们只当做劳动者，再不把他们看做别的什么，把其他一切都撇开了。其次，一个劳动者已经结婚，另一个则没有；一个劳动者的子女较多，另一个的子女较少，如此等等。因此，在提供的劳动相同、从而由社会消费基金中分得的份额相同的条件下，某一个人事实上所得到的比另一个人多些，也就比另一个人富些，如此等等。要避免所有这些弊病，权利就不应当是平等的，而应当是不平等的。③

马克思、恩格斯认为，资本主义社会制度下的分配是以"物的方式"

① （德）恩格斯著：《家庭、私有制和国家的起源》，见《马克思恩格斯选集》（第4卷），中共中央马克思恩格斯列宁斯大林著作编译局编译，北京：人民出版社1995年版，第178页。

② （德）马克思著：《政治经济学批判序言》，见《马克思恩格斯选集》（第2卷），中共中央马克思恩格斯列宁斯大林著作编译局编译，北京：人民出版社1995年版，第32页。

③ （德）马克思著：《哥达纲领批判》，见《马克思恩格斯选集》（第2卷），中共中央马克思恩格斯列宁斯大林著作编译局编译，北京：人民出版社1995年版，第305页。

来处理人与人之间的关系，人们进行生产劳动、创造物质财富的过程中，由于社会的分配不均，劳动者无法获得平等的地位，因而无法实现权利和义务的对等。马克思在《哥达纲领批判》中提出：

> 消费资料的任何一种分配，都不过是生产条件本身分配的结果；而生产条件的分配，则表现生产方式本身的性质。例如，资本主义生产方式的基础是：生产的物质条件以资本和地产的形式掌握在非劳动者手中，而人民大众所有的只是生产的人身条件，即劳动力。既然生产的要素是这样分配的，那么自然就产生现在这样的消费资料的分配。如果生产的物质条件是劳动者自己的集体财产，那么同样要产生一种和现在不同的消费资料的分配。庸俗的社会主义仿效资产阶级经济学家（一部分民主派又仿效庸俗社会主义）把分配看成并解释成一种不依赖于生产方式的东西，从而把社会主义描写为主要是围绕着分配兜圈子。①

马克思也曾用反问的语气说：

> 什么是"公平的分配"呢？

> 难道资产者不是断言今天的分配是"公平的"吗？难道它事实上不是在现今的生产方式基础上唯一"公平的"分配吗？难道经济关系是由法的概念来调节，而不是相反，从经济关系中产生出法的关系吗？难道各种社会主义宗派分子关于"公平的"分配不是也有各种极不相同的观念吗？②

马克思强调：

> 在雇佣劳动基础上要求平等的报酬或仅仅是公平的报酬，就犹如在奴隶制基础上要求自由一样。③

马克思、恩格斯认为，在资本主义社会中，无产阶级常常受资产阶级的压榨和剥削，其权利与义务是不对等的，资产阶级的"人权本身就是特

---

① （德）马克思著：《哥达纲领批判》，见《马克思恩格斯选集》（第3卷），中共中央马克思恩格斯列宁斯大林著作编译局编译，北京：人民出版社1995年版，第306页。

② （德）马克思著：《哥达纲领批判》，见《马克思恩格斯选集》（第3卷），中共中央马克思恩格斯列宁斯大林著作编译局编译，北京：人民出版社1995年版，第302页。

③ （德）马克思著：《政治经济学批判》，见《马克思恩格斯选集》（第2卷），中共中央马克思恩格斯列宁斯大林著作编译局编译，北京：人民出版社1995年版，第76页。

权",无产阶级只有通过阶级斗争的手段才有可能享有真正的权利和义务的统一。

2. 认为只有消灭阶级统治才能实现平等的权利和义务

马克思把无产阶级"争取平等的权利和义务"同"消灭任何阶级统治"联系起来,明确指出了无产阶级的任务就是要消灭权利和义务这种不平等的关系。改变这种权利与义务的不平等关系,就必须铲除这种不平等的基础——私有制,消灭阶级。只有在消灭阶级和阶级特权的条件下,才能谈得上真正的"平等的权利和义务"。马克思、恩格斯指出:

> 一个除自己的劳动力以外没有任何其他财产的人,在任何社会的和文化的状态中,都不得不为另一些已经成了劳动的物质条件的所有者的人做奴隶,他只有得到他们的允许才能劳动,因而只有得到他们的允许才能生存。①

马克思、恩格斯认为,在一切剥削类型的社会里,由于利益上的根本对立,剥削阶级与被剥削阶级之间根本谈不上权利与义务的统一问题,权利与义务总是处于公开的或者多少隐蔽的对立状态之中,即权利与义务经常是不一致的。马克思、恩格斯通过对资产阶级社会的"平等权利"的透彻分析,认为要根除权利与义务相分离或相脱节的不合理现象,就必须消灭私有制。

恩格斯针对当时德国社会民主党纲领草案的错误观点指出:

> 我提议把"为了所有人的平等权利"改成"为了所有人的平等权利和平等义务"等等。平等义务,对我们来说,是对资产阶级民主的平等权利的一个特别重要的补充……②

在这里,恩格斯提出了权利与义务不可分割的基本观点,并把为了所有人的平等权利和平等义务作为无产阶级民主制与资产阶级虚伪民主的显著区别之一。

马克思、恩格斯认为,一旦权利与义务相分离,平等也就不可能存在

---

① (德)马克思著:《哥达纲领批判》,见《马克思恩格斯选集》(第3卷),中共中央马克思恩格斯列宁斯大林著作编译局编译,北京:人民出版社1995年版,第298页。

② (德)恩格斯著:《1891年社会民主党纲领草案批判》,见《马克思恩格斯全集》(第22卷),中共中央马克思恩格斯列宁斯大林著作编译局编译,北京:人民出版社2002年版,第271页。

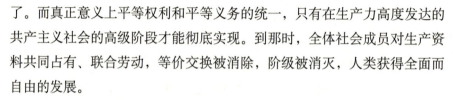

了。而真正意义上平等权利和平等义务的统一，只有在生产力高度发达的共产主义社会的高级阶段才能彻底实现。到那时，全体社会成员对生产资料共同占有、联合劳动，等价交换被消除，阶级被消灭，人类获得全面而自由的发展。

马克思、恩格斯关于权利和义务关系的命题蕴涵着深刻的无产阶级革命的内容，从而把体现社会公平、实现公民的权利义务统一同消灭阶级、同无产阶级解放、同全人类解放紧密联系在一起。

六、提出无产阶级的公民民主思想

随着欧洲一些主要的资本主义国家相继完成或基本完成了产业革命，资本主义民主制度相继确立，资产阶级民主的虚伪性逐渐显露，马克思、恩格斯以唯物史观为指导，在对封建专制制度及资产阶级民主制度的批判和剖析过程中，在对巴黎公社革命的总结中，创造性地提出了无产阶级的民主政治理论。

马克思、恩格斯认为，无论是民主制，还是君主制，都是一种国家制度，"民主制是国家制度的类"①。相对而言，民主制是一种较好的国家制度，而君主制是一种不好的国家制度。但从本质上看，都是一个阶级镇压另一个阶级的工具。

马克思、恩格斯指出，民主作为一种国家制度，是建立在一定经济基础之上的上层建筑，归根结底服务于经济基础。任何形式的国家都与一定的生产关系相适应，并服务于这种生产关系。

（一）认为民主是人类社会发展到一定阶段的产物

马克思认为，民主是一个历史范畴，是人类社会发展到一定阶段的产物。随着生产力的充分发展，随着阶级和阶级对立的消失，国家也将随之而消亡，作为国家制度的民主是随着国家的消亡而消亡的，国家的消亡，民主政治也终将在人类社会中消亡。

1.认为民主是具有阶级性的

---

① （德）马克思著：《黑格尔法哲学批判》，见《马克思恩格斯全集》（第3卷），中共中央马克思恩格斯列宁斯大林著作编译局编译，北京：人民出版社2002年版，第39页。

马克思强调民主的阶级性，认为任何民主都是阶级的民主，一个阶级的民主，即意味着对另一个阶级的专政。在阶级社会中，民主不过是实现阶级利益的政治形式，是一个阶级对另一个阶级的统治。哪个阶级掌握政权，占据统治地位，就实行哪个阶级所需要的民主。

马克思、恩格斯认为，资产阶级是不可能同无产阶级讲自由、平等和博爱的。在人类历史上，不管民主的形式和内容如何，民主的实质都是其阶级性，而抽象的、超阶级的民主是根本不存在的。对此，马克思在《德意志意识形态》中鲜明指出：

> 国家内部的一切斗争——民主政体、贵族政体和君主政体相互之间的斗争，争取选举权的斗争等等，不过是一些虚幻的形式——普遍的东西一般说来是一种虚幻的共同体的形式——在这些形式下进行着各个不同阶级间的真正的斗争（德国的理论家们对此一窍不通，尽管在《德法年鉴》61 和《神圣家族》中已经十分明确地向他们指出过这一点）。从这里还可以看出，每一个力图取得统治的阶级，即使它的统治要求消灭整个旧的社会形式和一切统治，就像无产阶级那样，都必须首先夺取政权，以便把自己的利益又说成是普遍的利益，而这是它在初期不得不如此做的。①

对于资产阶级民主，马克思在肯定了它的历史进步性的同时，对其固有的局限性有着十分清醒的认识，指出，资产阶级民主是与资本主义私有制相适应的，是资本的最好的政治外壳，其实质是维护资产阶级的利益。资产阶级革命只是实现了政治解放的初级目标，资产阶级民主并不是民主的终极形态。

> 不应该忘记，资产阶级统治的彻底的形式正是民主共和国，虽然这种共和国由于无产阶级已经达到的发展水平而面临严重的危险，但是，像在法国和美国所表明的，它作为单纯的资产阶级统治，总还是可能的。可见，自由主义的"原则"作为"一定的、

---

① （德）马克思恩格斯著：《德意志意识形态〈节选〉》，见《马克思恩格斯选集》（第 1 卷），中共中央马克思恩格斯列宁斯大林著作编译局编译，北京：人民出版社 1995 年版，第 84—85 页。

历史地形成的"东西，实际上不过是一种不彻底的东西。自由主义的立宪君主政体是资产阶级统治的适当形式，那是（1）在初期，当资产阶级还没有和专制君主政体彻底决裂的时候；（2）在后期，当无产阶级已经使用民主共和国面临严重的危险的时候。不过无论如何，民主共和国毕竟是资产阶级统治的最后形式：资产阶级统治将在这种形式下走向灭亡。①

正如马克思、恩格斯在《共产党宣言》中指出的：

> 当阶级差别在发展进程中已经消失而全部生产集中在联合起来的个人的手里的时候，公共权力就失去政治性质。②

马克思、恩格斯同时也指出，在未来阶级和国家都消灭了的共产主义社会里，仍然存在着一些必要的组织和管理制度，还会存在着一些公共权力。而这些组织和管理制度以及公共权力已完全不同于以往阶级社会中国家政治制度的性质。

2. 认为民主是一种目的和手段

马克思、恩格斯认为，从无产阶级革命的阶段性目标和任务角度来讲，民主是一种目的。无产阶级革命的首要任务是通过暴力革命推翻资产阶级的国家制度，使自己成为政治上的统治阶级，唯其如此，无产者和劳动群众才能真正获得民主。他们在《共产党宣言》中曾指出：

> 工人革命的第一步就是使无产阶级上升为统治阶级，争得民主。③

马克思、恩格斯认为，从无产阶级革命的最终目标角度来讲，民主还是一种手段。作为国家政治制度，民主不过是统治阶级组织国家政权的一种形式，是统治阶级进行统治、管理社会、发展经济的一种手段。

恩格斯在致爱·伯恩施坦的信中指出：

> 无产阶级为了夺取政权也需要民主形式，然而对于无产阶级

---

① （德）恩格斯著：《致爱·伯恩施坦》，见《马克思恩格斯选集》（第4卷），中共中央马克思恩格斯列宁斯大林著作编译局编译，北京：人民出版社，1995年版，第662页。

② （德）马克思恩格斯著：《共产党宣言》，见《马克思恩格斯选集》（第1卷），中共中央马克思恩格斯列宁斯大林著作编译局编译，北京：人民出版社1995年版，第294页。

③ （德）马克思恩格斯著：《共产党宣言》，见《马克思恩格斯选集》（第1卷），中共中央马克思恩格斯列宁斯大林著作编译局编译，北京：人民出版社1995年版，第293页。

来说，这种形式和一切政治形式一样，只是一种手段。但是，如果在今天，有人要把民主看成目的，那他就必然要依靠农民和小资产者，也就是要依靠那些正在灭亡的阶级，而这些阶级只要想人为地保全自己，那他们对无产阶级说来就是反动的。①

马克思、恩格斯指出，无产阶级专政是资本主义到共产主义的"政治上的过渡时期"，是从国家到非国家的过渡。无产阶级革命的最终目标是消灭私有制，消灭阶级，实现共产主义。到了共产主义社会，民主政治将发展成为多余的东西。因此，民主作为一种手段，是为消灭阶级，实现共产主义的最高目标服务的。

马克思在 1852 年致约瑟夫·魏德迈的信中谈到：

无论是发现现代社会中有阶级存在或发现各阶级间的斗争，都不是我的功劳。在我以前很久，资产阶级历史编纂学家就已经叙述过阶级斗争的历史发展，资产阶级的经济学家也已经对各个阶级作过经济上的分析。我所加上的新内容就是证明了下列几点：(1) 阶级的存在仅仅同生产发展的一定历史阶段相联系；(2) 阶级斗争必然导致无产阶级专政；(3) 这个专政不过是达到消灭一切阶级和进入无阶级社会的过渡……②

无产阶级上升为统治阶级，争得民主的目的达到后，目的就变成了手段。《共产党宣言》中是这样论述的：

无产阶级将利用自己的政治统治，一步一步地夺取资产阶级的全部资本，把一切生产工具集中在国家即组织成为统治阶级的无产阶级手里，并且尽可能快地增加生产力的总量。③

恩格斯在《共产主义原理》中继续写道：

如果不立即利用民主作为手段实行进一步的、直接侵犯私有制和保障无产阶级生存的各种措施，那么，这种民主对于无产阶

---

① （德）恩格斯著：《恩格斯致爱·伯恩施坦》，见《马克思恩格斯选集》（第 4 卷），中共中央马克思恩格斯列宁斯大林著作编译局编译，北京：人民出版社 1995 年版，第 662 页。

② （德）马克思著：《马克思致约瑟夫·魏德迈》，见《马克思恩格斯选集》（第 4 卷），中共中央马克思恩格斯列宁斯大林著作编译局编译，北京：人民出版社 1995 年版，第 547 页。

③ （德）马克思恩格斯著：《共产党宣言》，见《马克思恩格斯选集》（第 1 卷），中共中央马克思恩格斯列宁斯大林著作编译局编译，北京：人民出版社 1995 年版，第 293 页。

级就毫无用处。①

恩格斯在 1883 年致菲·范派顿的信中作了进一步明确的解释：

> 马克思和我从 1845 年起就持有这样的观点：未来无产阶级革命的最终结果之一，将是我们称为国家的政治组织逐步解体直到最后消失。这个组织的主要目的，从来就是依靠武装力量保证富有的少数人对劳动者多数的经济压迫。随着富有的少数人的消失，武装压迫力量或国家权力的必要性也就消失。同时我们始终认为，为了达到未来社会革命的这一目的以及其他更重要得多的目的，工人阶级应当首先掌握有组织的国家政权并依靠这个政权镇压资本家阶级的反抗和按新的方式组织社会。这一点在 1847 年写的《共产党宣言》的第二章末尾已经阐明。②

在《共产主义原理》中，恩格斯在回答第十八个问题"这个革命的发展过程将是怎样的？"时说：

> 首先无产阶级革命将建立民主的国家制度，从而直接或间接地建立无产阶级的政治统治。③

在马克思、恩格斯看来，真正的民主是"人民的统治"。民主的基本前提是人民大众的政治参与，没有人民大众的政治参与，就没有民主政治。基于此，马克思认为，资本主义民主的虚伪性体现在，在法律形式上肯定公民参与的权利，而在实际条件中却限制公民参与。

（二）提出无产阶级民主就是人民当家做主的公民思想

马克思、恩格斯认为，民主，从应然层面上来说，归根到底是属于人民大众的，是政治平等的真正体现。无产阶级民主就是人民真正当家做主人。

1. 认为无产阶级专政的目的就是实行人民民主

马克思、恩格斯认为，民主与专政是一个事物的两个方面，民主是专政的基础，专政是民主的保障，二者并不是对立的。任何民主制度都是民

---

① （德）恩格斯著：《共产主义原理》，见《马克思恩格斯选集》（第 1 卷），中共中央马克思恩格斯列宁斯大林著作编译局编译，北京：人民出版社 1995 年版，第 239—240 页。

② （德）恩格斯著：《恩格斯致菲·范派顿》，见《马克思恩格斯选集》（第 4 卷），中共中央马克思恩格斯列宁斯大林著作编译局编译，北京：人民出版社 1995 年版，第 662 页。

③ （德）恩格斯著：《共产主义原理》，见《马克思恩格斯选集》（第 1 卷），中共中央马克思恩格斯列宁斯大林著作编译局编译，北京：人民出版社 1995 年版，第 239 页。

主与专政的统一体，民主是对统治阶级而言的，专政是对被统治阶级和敌对力量而言的。民主只适用于统治阶级内部，专政则适用于被统治阶级和敌对力量。只有在统治阶级内部实行充分的民主，才能使国家政权获得有效的政治支持和必要的政治力量，才能对被统治阶级和敌对力量实施强有力的专政。反过来，只有这种对被统治阶级和敌对力量的专政，才能巩固国家政权和维护统治阶级的统治地位，使统治阶级享有民主。

在马克思看来，无产阶级专政既是对资产阶级民主的扬弃和超越，也是国家消亡前的最终表现形式。

在谈及无产阶级专政的第一次伟大尝试——巴黎公社的历史经验时，马克思指出：

> 帝国的直接对立物就是公社。巴黎无产阶级在宣布二月革命时所呼喊的"社会共和国"口号，的确是但也仅仅是表现出这样一种模糊的意向，即要求建立一个不但取代阶级统治的君主制形式，而且取代阶级统治本身的共和国。公社正是这个共和国的毫不含糊的形式。①

马克思在总结巴黎公社的革命经验时反复指出，无产阶级的民主就是人民当家做主的国家制度。他指出：

> 公社给共和国奠定了真正民主制度的基础。②

> 人们对公社有多种多样的解释、多种多样的人把公社看成自己利益的代表者，这证明公社完全是一个具有广泛代表性的政治形式，而一切旧有的政府形式都具有非常突出的压迫性。公社的真正秘密就在于：它实质上是工人阶级的政府，是生产者阶级同占有者阶级斗争的产物，是终于发现的可以使劳动在经济上获得解放的政治形式。③

> 公社——这是社会把国家政权重新收回，把它从统治社会、

---

① （德）马克思著：《法兰西内战》，见《马克思恩格斯选集》（第3卷），中共中央马克思恩格斯列宁斯大林著作编译局编译，北京：人民出版社1995年版，第55页。

② （德）马克思著：《法兰西内战》，见《马克思恩格斯选集》（第3卷），中共中央马克思恩格斯列宁斯大林著作编译局编译，北京：人民出版社1995年版，第58页。

③ （德）马克思著：《法兰西内战》，见《马克思恩格斯选集》（第3卷），中共中央马克思恩格斯列宁斯大林著作编译局编译，北京：人民出版社1995年版，第58—59页。

压制社会的力量变成社会本身的生命力；这是人民群众把国家政权重新收回，他们组成自己的力量去代替压迫他们的有组织的力量；这是人民群众获得社会解放的政治形式，这种政治形式代替了被人民群众的敌人用来压迫他们的假托的社会力量（即被人民群众的压迫者所篡夺的力量）（原为人民群众自己的力量，但被组织起来反对和打击他们）。①

马克思在《哥达纲领批判》中明确指出，民主就是"人民当权"，不仅如此，马克思还认为，人民所掌握的国家主权，不可分割，并且是至上性的。

马克思认为，巴黎公社给共和国奠定了真正民主制度的基础，代表着未来社会主义民主政治的基本模式。他说：

> 公社的真正秘密就在于：它实质上是工人阶级的政府，是生产者阶级同占有者阶级斗争的产物，是终于发现的可以使劳动在经济上获得解放的政治形式。②

马克思、恩格斯认为，巴黎公社实行的选举、监督、撤换、底薪制度，等等，使无产阶级人民群众当家作主的愿望得以实现，并对社会公仆变成社会的主人这一可能发生的情况进行了有效预防。同时，公社还是一种阶级统治，真正的人类解放并没有实现。

2.认为普选制、公民自治和国家权力监督是人民民主的主要形式

在马克思看来，普选是民主政治的最重要形式。没有民主的选举，就没有真正的民主，"人民的统治"就无从谈起。民主的主要内容，就是赋予人民群众以普选权。马克思十分注重工人阶级为争取普选权而斗争，他对实行议会制、普选权最早的英国给予了很高的评价。

马克思认为，巴黎公社的公职人员由民主选举产生，选举程序简便、科学，没有虚假，是真正的人民普选制。选举产生的治理国家的公务员，大多数是劳动群众的代表。马克思在《法兰西内战》中就对巴黎公社的普选制给予了高度的评价：

---

① （德）马克思著：《〈法兰西内战〉初稿》，见《马克思恩格斯选集》（第3卷），中共中央马克思恩格斯列宁斯大林著作编译局编译，北京：人民出版社1995年版，第95页。

② （德）马克思著：《法兰西内战》，见《马克思恩格斯选集》（第3卷），中共中央马克思恩格斯列宁斯大林著作编译局编译，北京：人民出版社1995年版，第58—59页。

公社是由巴黎各区通过普选选出的市政委员组成的。这些委员是负责任的,随时可以罢免。其中大多数自然都是工人或公认的工人阶级代表。①

而现在,普选权已被应用于它的真正目的:由各公社选举它们的行政的和创制法律的公务员。②

公社的存在本身就意味着君主制已不复存在。君主制是,至少在欧洲是阶级统治的应有的赘瘤和不可或缺的外衣。公社给共和国奠定了真正民主制度的基础。③

马克思认同由选民直接选举产生的委员对选民负责,并且可由选民随时撤换他们的这种政权组织形式,认为"是伟大的创举",他指出:

公社必须由各区全民投票选出的市政委员组成(因为巴黎是公社的首倡者和楷模,我们应引为范例),这些市政委员对选民负责,随时可以罢免。其中大多数自然会是工人,或者是公认的工人阶级代表。它不应当是议会式的,而应当是同时兼管行政和立法的工作机关。警察不再是中央政府的工具,而应成为社会的勤务员,像所有其他行政部门的公务员一样由公社任命,而且随时可以罢免;一切公务员像公社委员一样,其工作报酬只能相当于工人的工资。法官也应该由选举产生,可以罢免,并且对选民负责。一切有关社会生活事务的创议权都由公社掌握。总之,一切社会公职,甚至原应属于中央政府的为数不多的几项职能,都要由社会的勤务员执行,从而也就处在公社的监督之下。④

马克思、恩格斯认为,人民的自我治理是民主的应有之义,而且随着民主政治的发展,社会自治的程度日益提高。马克思对巴黎公社的实施的自治持鼓励态度,他提出:

---

① (德)马克思著:《法兰西内战》,见《马克思恩格斯选集》(第3卷),中共中央马克思恩格斯列宁斯大林著作编译局编译,北京:人民出版社1995年版,第55页。

② (德)马克思著:《法兰西内战》,见《马克思恩格斯选集》(第3卷),中共中央马克思恩格斯列宁斯大林著作编译局编译,北京:人民出版社1995年版,第96页。

③ (德)马克思著:《法兰西内战》,见《马克思恩格斯选集》(第3卷),中共中央马克思恩格斯列宁斯大林著作编译局编译,北京:人民出版社1995年版,第58页。

④ (德)马克思著:《〈法兰西内战〉二稿》,见《马克思恩格斯选集》(第3卷),中共中央马克思恩格斯列宁斯大林著作编译局编译,北京:人民出版社1995年版,第121页。

巴黎公社自然是要为法国一切大工业中心作榜样的。只要公社制度在巴黎以及次一级的各中心城市确立起来，那么，在外省，旧的集权政府就也得让位给生产者的自治政府。①

公社的存在本身自然而然会带来地方自治，但这种地方自治已经不是用来牵制现在已被取代的国家政权的东西了。②

在巴黎公社，普通的劳动大众不仅参与政治选举，还可以担任公务员，直接参与政治生活的治理和对公共权力的监督。在马克思看来，这才是真正的人民大众广泛参与，是实现"人民管理制"的重要途径。马克思在论述公社的特征时说：

公社——这是社会把国家政权重新收回，把它从统治社会、压制社会的力量变成社会本身的生命力；这是人民群众把国家政权重新收回，他们组成自己的力量去代替压迫他们的有组织的力量；这是人民群众获得社会解放的政治形式……③

人们对公社有多种多样的解释、多种多样的人把公社看成自己利益的代表者，这证明公社完全是一个具有广泛代表性的政治形式，而一切旧有的政府形式都具有非常突出的压迫性。公社的真正秘密就在于：它实质上是工人阶级的政府，是生产者阶级同占有者阶级斗争的产物，是终于发现的可以使劳动在经济上获得解放的政治形式。④

公社是一个实干的而不是议会式的机构，它既是行政机关，同时也是立法机关。⑤

马克思、恩格斯指出，要防止权力者由社会公仆变为社会主人，最有

---

① （德）马克思著：《法兰西内战》，见《马克思恩格斯选集》（第3卷），中共中央马克思恩格斯列宁斯大林著作编译局编译，北京：人民出版社1995年版，第56页。

② （德）马克思著：《法兰西内战》，见《马克思恩格斯选集》（第3卷），中共中央马克思恩格斯列宁斯大林著作编译局编译，北京：人民出版社1995年版，第58页。

③ （德）马克思著：《法兰西内战》，见《马克思恩格斯选集》（第3卷），中共中央马克思恩格斯列宁斯大林著作编译局编译，北京：人民出版社1995年版，第95页。

④ （德）马克思著：《法兰西内战》，见《马克思恩格斯选集》（第3卷），中共中央马克思恩格斯列宁斯大林著作编译局编译，北京：人民出版社1995年版，第58—59页。

⑤ （德）马克思著：《法兰西内战》，见《马克思恩格斯选集》（第3卷），中共中央马克思恩格斯列宁斯大林著作编译局编译，北京：人民出版社1995年版，第55页。

效的监督是建立在民主制基础上的监督，即社会的监督。他们说：

> 为了防止国家和国家机关由社会公仆变为社会主人——这种
> 现象在至今所有的国家中都是不可避免的——公社采取了两个可
> 靠的办法。第一，它把行政、司法和国民教育方面的一切职位交
> 给由普选选出的人担任，而且规定选举者可以随时撤换被选举
> 者。第二，它对所有公务员，不论职位高低，都只付给跟其他工
> 人同样的工资。公社所曾付过的最高薪金是6000法郎。这样，
> 即使公社没有另外给代表机构的代表签发限权委托书，也能可靠
> 地防止人们去追求升官发财了。①

马克思极其痛心地看到，在资本主义国家，所有国家权力机关及其成
员都由社会公仆变成了社会的主人，享受着各种各样的政治和经济特权，
他赞赏巴黎公社采取了许多措施来减少政府机构的数量和规模，力求以较
低的行政成本取得较高的行政效率，在那里，"自上至下一切公职人员，
都只能领取相当于工人工资的报酬。从前国家的高官显宦所享有的一切特
权以及公务津贴，都随着这些人物本身的消失而消失了。"② 国家官员只是
人民的公仆，而不是人民的主人。

马克思、恩格斯的经典著作中将公民主体、自由、平等、权利、责
任、民主、法制、公平、正义等纳入思想体系，构建了科学、系统的社会
主义公民学说，对于现代公民学的发展尤其是科学社会主义公民学的理论
与实践具有重要的指导意义。

---

① （德）马克思著：《法兰西内战（恩格斯写的1891年单行本导言）》，见《马克思恩格斯
选集》（第3卷），中共中央马克思恩格斯列宁斯大林著作编译局编译，北京：人民出
版社1995年版，第12—13页。

② （德）马克思著：《法兰西内战》，见《马克思恩格斯选集》（第3卷），中共中央马克
思恩格斯列宁斯大林著作编译局编译，北京：人民出版社1995年版，第55页。

第九章
现当代公民学说

20 世纪以来公民学说的各种思潮纷纷涌现，公民思想家在公民与国家之间发现了公共领域，思考在民主政体中坚持多数原则前提下，如何保障和实现少数人或弱势群体的利益，主张从社会福利回归到政治权利，强调公民的参与权利，倡导公民的民主自治等。其中较有代表性的是自由主义的公民学说、共和主义的公民学说、社群主义的公民学说和多元文化论的公民学说。

自由主义的公民学说的基本理念是：肯定个人的自主性，自由权利的优先性，重视人的平等性和政治中立，承认价值的多元性。自由主义公民学说提倡尊重人性，认为自由是建立在人类的主体性之上的一个概念，而且它展现出个体在思索、选择、有意识的行动等能力中的独特性与重要性。

共和主义的公民学说源于古希腊、罗马的公民学说，这种理论将民主政治视为实现公益的一种政治工具。为了实现公益，个人必须以公共利益为行为的最高准则，主张限制个人自由，公众的福祉优先于个人私利。但这并不意味共和主义不重视个人自由，共和主义非常重视个人政治的自由和自主，而且更努力促使公民自由和自主的实现。

社群主义的公民学说强调两个重要方面：一是以社群成员共同生活的环境为基础，以整个政治社群的公益为目标。公民作为一个社群的成员，除了具有成员资格所赋予的权利和义务外，公民的认同和公民的德性才是公民资格所具备的最核心的意义。二是强调以实践为主的公民理念，社群主义的公民观有既定的价值和目的，并且以社群公益为依据标准，这种公益的意义在于强调一种重视公共精神的公民德性。如社群主义论者阿拉斯戴尔·麦金太尔（A. Macintyre）认为，当代自由主义社会最大的问题在于道德的混乱和纷争，道德判断没有一个客观的标准。自由主义的个人对价值标准的判断具有绝对的自主权，这是导致现代社会道德困境的根源。

多元文化论的公民学说所要达成的目标是：帮助公民了解并肯定其社群文化的价值，并且通过多文化的学习进一步免受自身所属文化的限制，以寻求一个可以使多元价值获得实践的理想社会，并且可通过民主的政体的支持，使国家体系中分歧的个人或族群文化价值获得认同与尊敬。在多元文化论者看来，不论自由主义强调的普遍平等、自由原则，或共和主义、社群主义的"公益"，几乎都预设了"同质性"的逻辑，然而这种"同质性"无法契合人们的多元生活状态，因此，多元文化论提出"差异"的概念，并且为了解决族群的差异和不平等，必须实现"差异政治"的理想。

第一节　汉娜·阿伦特的公民学说

汉娜·阿伦特（Hannah Arendt，1906—1975 年）出生于德国汉诺威的一个世俗犹太人家庭，是 20 世纪杰出的共和主义公民思想家之一。她先后师从海德格尔和雅斯贝斯，获海德堡大学哲学博士学位，担任芝加哥大学教授、社会研究新学院教授。先后出版《极权主义的起源》《人的条件》《论革命》《共和危机》《精神生活》《黑暗时代的人们》等有关政治学、公民学的著作。

1963 年出版的《论革命》，是汉娜·阿伦特一部重要的公民理论著作，表达了她追求人的尊严和政治自由的"自由宪政的共和主义"公民思想。她认为，建立共和政体的本质意义，并不在于保障公民的自由，而在于创建使人民能够由自己在政治上组织起来的自由，真正体现"权力属于人民"而非哪一个政党这一共和原则。她在 1972 年出版的《共和危机》中，论述了公民不服从的思想，汉娜·阿伦特相信，公民不服从源自一个契约社会中的公民对于法律的道德责任。

汉娜·阿伦特是从政治学走向公民学研究的，拓宽了公民学说的研究领域。汉娜·阿伦特倡导公民行善，主张人类的自由，并把公民间维系与每个公民成员的独立判断和选择紧紧地联系在一起，强调共同体作用和个体成员参与，系统地阐述了公民意识、公民美德、公民文化和教育、公民自由、公民参与、公民不服从等公民思想。

一、认为公民的权利只有在公共领域中才得以实现

汉娜·阿伦特的公民自由权利观是和她的"公共领域"论紧密联系在一起的。她认为，公共领域的本质是政治公共领域，这是一个由公民们共同维持的可见领域和共同拥有的世界。公共领域的最重要的活动是政治活动，政治是文化发展的产物，是地地道道的文明成就，政治使得公民个体能超越自然生活的束缚，形成一个能允许自由和创制性行为和话语的共同世界。汉娜·阿伦特强调，公民只有在彼此平等的公共领域中，才可能享有真正的自由权利。

（一）认为公民权利的"实在性"在公共领域中得以显露

汉娜·阿伦特将人类活动的场域区分为公共领域与私人领域。她认为，私人领域主要涉及私有财产和私人生活空间，是为个人生命的维持和避开公众注意的隐私需要而提供的一个可靠的隐蔽场所；公共领域则指两个关系密切但并非全然一致的现象。汉娜·阿伦特提出：

> 私人生活领域与公共生活领域的区别相应于家族领域与政治领域的区别，而至少从古代城邦兴起以来，家庭领域和政治领域就一直是作为两个不同的、分离的领域而存在的。①

在汉娜·阿伦特看来，公共领域既有别于社会，也有别于社群。公共领域不是一个人们协商一己利益或者展现血浓于水之情的地方，它是一个人们显露独特自我的场所。每一个公民在公共领域中的言论和行为都在其他公民前面显现着他是"谁"。"谁"是相对于"什么"而言的，"我是谁"说的是我这个独特的、不可重复的自我，而"我是什么"说的则是一些我可与他人共有的社会属性或职能（宗教、职业、性别、好恶，等等）。汉娜·阿伦特提出：

---

① （美）汉娜·阿伦特著：《公共领域和私人领域》，刘锋译，见汪晖、陈燕谷：《文化与公共性》，北京：生活·读书·新知三联书店1998年版，第63页。

在行动和言说中，人们表明了他们是谁，积极地揭示出他们独特的个人身份，从而让自己显现在人类世界中，而他们物理身份的显现则不需要任何这类凭借自身独特形体和噪音的活动。①

汉娜·阿伦特认为，公共领域是公民们共有的"世界"，是一个"他人"在场的领域。公共领域最重要的特征是显露性和人为性，公共领域的显露性是指，在此空间中出现的每一件事都是每一个人可以亲自眼见耳闻的，因此而具有最大的公众性；公共领域的人为性指的是，是相对于任何形式的"自然"或自然人际关系（部落、种族、民族，等等）而言的。强调公民世界的人为性，而非自然性，也就是强调政治的人为性。

汉娜·阿伦特认为，真正存在的公民世界是共在的世界，是我与他人共有的世界。她说：

> 在世界上一起生活，根本上意味着一个事物世界存在于共同拥有它们的人们中间，仿佛一张桌子置于围桌而坐的人们之间。这个世界，就像每一个"介于中间"的东西一样，让人们既有相互联系又彼此分开。

> 在一个共同世界的境况下，实在性不是首先由构成世界的所有人的"共同本性"来保证，而是由这一事实来保证：虽然每个人有不同立场，从而有不同视角，但他们却总是关注着同一对象。如果对象的同一性不再能被观察得到，那么无论人的共同本性，还是大众社会非自然的顺从主义，都不能抵挡共同世界的毁灭（通常在共同世界毁灭之前，先已发生的是它向附属的人呈现自身的多个角度的被破坏）。这种事情发生在极端孤独的条件下，在那里任何人都不能跟其他人取得一致，例如通常在暴政下就是如此。但是它也会发生在大众社会和大众歇斯底里的情况下，在那里我们看到所有人突然都做出一模一样的行为，仿佛他们都是一个家庭的成员，每个人都在复制和传播他邻居的观点。在以上两种情形下，人们被彻底私人化了，也就是说，他们既被剥夺了观看和倾听他人的机会，也被剥夺了被他人观看和倾听的机会。

---

① （美）汉娜·阿伦特著:《人的境况》，王寅丽译，上海：上海人民出版社 2009 年版，第 141 页。

他们被完全囚禁在自己单一经验的主观性中，即便这种相同经验被复制无数次，也无法改变其单一性的特征。当共同世界只在一个立场上被观看，只被允许从一个角度上显示自身时，它的终结就来临了。①

汉娜·阿伦特认为，只有在显见的公共领域中，人的经验才可以分享，人的行为才可能经受公开评价，公民的角色才得以向他人展示。在她看来，与这种光明正大的公共领域相对立的便是由"信用缺失"和"黑箱政府"所造成的黑暗，在黑暗时代，公众光明被掩蔽，权力把一切真理变为毫无意义的空谈，人们只能用言论来藏匿思想而非显露真实。她说：

从人性和政治上来说，实在等同于显现。对人而言，世界的实在性是以他人的在场、以它向所有人的显现来保证的，"因为向所有人显现的东西，我们就叫存在"。而任何缺少这种显现的东西，无论在我们自身之内还是自身之外，都像梦一样来去匆匆，没有实在。②

汉娜·阿伦特认为，出现在公共领域的所有事物都可以被每个人看见、听见，因此它们都具有一定程度的"公众性"，也呈现"实在性"。那些能眼见耳闻的才是真正现实的。与眼见耳闻的现实相比，内心生活如激情、思绪和愉悦等再强烈，也是变化无常、朦胧模糊的，人的这些内心东西只有经过改变，去隐私和去个人化，才能定型为公共显见性。汉娜·阿伦特认为：

对我们来说，显现——不仅被他人而且被我们自己看到和听到——构成着实在。与这种来自于被看到和被听到的实在相比，即使亲密生活的最大力量——心灵的激情、精神的思想、感性的愉悦——造成的也是不确定的、阴影般的存在，除非它们被转化成一种适合于公共显现的形式，也就是去私人化和去个人化。这种转化最经常发生在讲故事中和一般的对个人经验的艺术转换中。不过我们不需要艺术家去见证这种变形：每当我们探讨只在

① （美）汉娜·阿伦特著：《人的境况》，王寅丽译，上海：上海人民出版社 2009 年版，第 39 页。

② （美）汉娜·阿伦特著：《人的境况》，王寅丽译，上海：上海人民出版社 2009 年版，第 156 页。

私生活和亲密关系中发生的事情的时候，我们就把它们带入了一个让它们得以呈现出某种实在性的领域，虽然它们之前在私人生活中也许更为强烈，但却不可能具有这种实在性。他人的在场向我们保证了世界和我们自己的实在性，因为他们看见了我所见的、听见了我所听的。而即使一种充分发展的私生活的亲密关系（在现代兴起和同时发生的公共领域的衰落之前，这样的私生活从不为人所知），也始终只是大大地强化和丰富了整个主观感情和私人感觉的范围，并且这种强化始终要以牺牲对世界和人的实在性的确信为代价。①

汉娜·阿伦特认为，公民群体不是自然化了的"人民"或"民族"，维系公民间联系的不是血浓于水这类人性的自然亲情，而是对共同目标的选择和承诺。而公共领域在本质上是政治公共领域，即由公民们共同维持的可见领域与共同拥有的政治世界。

汉娜·阿伦特对公共领域的分析追溯到古希腊城邦的政治生活。她认为，古希腊人视城邦（Polis）为自由公民活动的领域，而家庭（Household）则是一个以自然血缘关系为基础的领域，这两种生活秩序之间存在着显著差异。城邦政治生活领域中人们彼此平等，而家庭则是极不平等的领域，这也构成两者的一大区别。自由只有在城邦中以公民身份相对待才有可能实现，而在家庭中自由并不存在，因为主人必须统治他的奴隶。汉娜·阿伦特认为：

> 古希腊城邦的存在首先是为希腊人提供了摆脱生命的无益性，专为凡人的相对存在保留的空间，使得那些不留痕迹的行动被人们看到和听到，并能在此基础上得以存留，不再被人遗忘。②

在汉娜·阿伦特看来，公民的政治公共领域包含双重内涵。一方面，她把公共领域设想为一个戏剧表演场所，将个人在公众世界的参与视为展现个人特殊素质和见解的英雄式行为，强调英雄主义式的公民角色。汉

---

① （美）汉娜·阿伦特著：《人的境况》，王寅丽译，上海：上海人民出版社2009年版，第32—33页。

② Hannah Arendt. *Between Past And Future ：Eight Exercises In Political Thought*. New York ：Penguin Books, 1997, p.156.

娜·阿伦特认为：

> 公共领域是专供个人施展个性的，这是一个证明自己的真实的和不可替代的价值的唯一场所。①

另一方面，她将公共领域设想为一个公共话语场所，把个人的参与当做一种人类共同存在的形式，即参与使公民以"分享言论和行为"的方式互相协商，互相适应，共存共荣，强调普遍适应型的公民角色。

汉娜·阿伦特认为，公共领域是一种外观，一种井然有序的戏景，它为每一个公民们的参与行动提供了舞台和以公共成就延长个人有限生命的机会。只有在公共领域，公民才能够在对公共事务认识的基础上形成自己的独立见解，并在捍卫自身公民政治权利的同时，与其他公民间进行理性的沟通，从而推动国家、社会的健康运行。

（二）认为公民自由权体现在人类活动的劳动、工作和行动3种形态中

在《人的条件》中，汉娜·阿伦特充分表达了对"政治行动"这一概念的独特理解。在她看来，人类活动的形态可以区分为：劳动、工作与行动。劳动、工作和行动各有其内在的价值，这3种形态都与人的自由密切相关，构成了自由的基本条件。其中"行动（Action）"是人类意识发展最高阶段的产物，是优于劳动和工作的真正自律的人类活动，人们将凭靠行动进入不朽的宇宙。

汉娜·阿伦特认为，自由是以人的生命，并且是能够得到有效保存和延续的生命为存在的根基。"劳动"是指人体生物性过程有关的活动，劳动提供人类新陈代谢所必需的物质，它是人类为了维持生命机能所从事的活动。劳动与生命的密切相关性——或者说，劳动与生命的同一，使得劳动成为一切自由的基础条件。劳动是人的条件之一，也是自由的基础之一。她说：

> 劳动是相对于人体的生理过程而言的，每个人的自然成长、新陈代谢及其最终的死亡，都受到劳动的制约，劳动控制着人的整个生命历程，可以说，劳动即是人的生命本身。②

① （美）汉娜·阿伦特著：《公共领域和私人领域》，载汪晖、陈燕谷主编：《文化与公共性》，北京：生活·读书·新知三联书店2005年版，第73页。

② （美）汉娜·阿伦特著：《人的条件》，竺乾威、王世雄、胡泳浩等译，上海：上海人民出版社1999年版，第1页。

汉娜·阿伦特也指出，由于劳动只关注生命过程本身，在劳动消费领域膨胀的现代社会里，奴役成为劳动阶级的社会条件，因为"人们认为它是生命本身的一种自然条件"①，人类的一切活动总是被假设为"谋生"的手段，劳动活动本身是为了保障生活的必需品，由此带来了对人类自由的限制和威胁。由于"劳动与消费只是同一过程的两个因生活的必需品而强加于人的阶段"②，都被设定为谋生的手段，于是汉娜·阿伦特说：

> 劳动的解放以及与之相伴的劳动阶级的解放，不再受到压迫
> 和剥削，当然意味着人类社会朝着非暴力的方向的极大地进展，
> 但却不一定意味着人类社会向自由方向的进步。③

汉娜·阿伦特认为，在消费者社会中，劳动领域的膨胀吞噬着与工作相连的"世界"，排挤着行动的公共领域。这样的社会以解除劳动的束缚为目标，但公民真正意义上的自由便不复存在。

汉娜·阿伦特认为，人的世界的存在，依赖于工作所提供的持存性，而人类的独特存在，包括人类的自由，都依赖于人的世界。于是，工作便成为自由的前提性活动。她认为：

> 工作不是一种自然的活动，也不是天赋的，工作的有限性无
> 法通过人类生命的无限循环得到补足。工作营造了一个与自然界
> 截然不同的"人工"世界。工作作为人的条件之一，是一种现世
> 性。④

> 制作的标志在于有一个明确的开始和一个明确的、可预见
> 的结束，而仅仅通过这一特性就可以将其区别于人类的其他活
> 动。⑤

---

① （美）汉娜·阿伦特著：《人的条件》，竺乾威、王世雄、胡泳浩等译，上海：上海人民出版社1999年版，第104页。

② （美）汉娜·阿伦特著：《人的条件》，竺乾威、王世雄、胡泳浩等译，上海：上海人民出版社1999年版，第111页。

③ （美）汉娜·阿伦特著：《人的条件》，竺乾威、王世雄、胡泳浩等译，上海：上海人民出版社1999年版，第112页。

④ （美）汉娜·阿伦特著：《人的条件》，竺乾威、王世雄、胡泳浩等译，上海：上海人民出版社1999年版，第1页。

⑤ （美）汉娜·阿伦特著：《人的条件》，竺乾威、王世雄、胡泳浩等译，上海：上海人民出版社1999年版，第141页。

在工作中，"技艺者制作并将其创造性的活动逐渐'融入'劳动对象中"①，工作创造出无穷无尽、多种多样的东西，通过制造所得的成品，人类摆脱了自然环境的重重限制，创造了一个人为的世界，从而具有稳定人类生活的功能，使人类能从中获得同一性，产生一种安定感与归属感。

然而，在汉娜·阿伦特看来，工作领域并非自由存活与实现的土壤。工作的工具性和功利性，以及工作领域对内在价值的抹杀，使得工作本身成为与自由相异类的活动领域。她认为，在工作中，人作为制造者虽然有一定的自由，但是由于受到制作对象和制作工具等物质手段的制约，还不是完全自由的。她说：

> 人就其是一个技艺者而言已经被工具化了，这一工具化意味着所有事物都堕落成为手段，意味着这些事物丧失了其内在的和独立的价值。②

汉娜·阿伦特认为，行动是自由得以存在和实现的领域，行动本身践行着自由的原则，并以自由为内在的生命。她说：

> 行动是唯一不需要借助任何中介所进行的人的活动，是指人们而不是人类居世的群体条件。一切人的条件都与政治相关，而群体性则是所有政治生命的重要条件，不仅仅是充分条件，而且还是必要条件。③

汉娜·阿伦特认为，行动具有某种超越的意义，就像艺术品一样，超越于消费品的纯粹实用性，也超越于使用品的完全功利性。而自由首先就意味着对"物"和"人"的限制的反抗。

汉娜·阿伦特认为，行动对于人的个性和创造性的展现，为行动与自由的必然联系奠定了基础。"行动"与劳动、工作相迥异，是一种开创新局面的能力，它发生在人与人之间，而不需要物质世界充当媒介。它所对应的条件是"多元性"，即表示生活于地球之上的人是各不相同、各有

---

① （美）汉娜·阿伦特著：《人的条件》，竺乾威、王世雄、胡泳浩等译，上海：上海人民出版社1999年版，第135页。

② （美）汉娜·阿伦特著：《人的条件》，竺乾威、王世雄、胡泳浩等译，上海：上海人民出版社1999年版，第152页。

③ （美）汉娜·阿伦特著：《人的条件》，竺乾威、王世雄、胡泳浩等译，上海：上海人民出版社1999年版，第1页。

特色的个体，而非机械复制的相同个体，多元性强调个体的独特性不可取代。

汉娜·阿伦特认为，行动是包含创造性、主动性的活动，是人的"开始"的能力所启动的活动。"行动"由"行"和"言"两部分组成，这两部分分别给予行动以开创性和展现性，进而将行动与其他人类活动相区别。她认为：

> 就其最一般的意义而言，行动意味着采取主动，意味着开始（正如希腊语 archein，即"开始"、"导引"，最终是"统治"所表明的），意味着促使某物启动(这是拉丁语 agers 的最初意义)。[①]

汉娜·阿伦特认为，只有"行动"能与真正人的生活相匹配，才能使人活的更像人。人走出私人领域，投入公共领域，积极参与政治生活，直接与他人交往，才算是真正人的生活。只有在行动中，人和人相互作用，不受任何物质因素的制约，才是完全自由的。她说：

> 一个人如果仅仅去过一种私人生活，如果像奴隶一样不被允许进入公共领域，如果像野蛮人一样不去建立这样一个领域，那么他就不能算是一个完完全全的人。[②]

汉娜·阿伦特认为，真正的公民是政治领域的"行动者"。她对"行动"（政治）的真正含义做了原则性规定。认为，公民的政治行动是一种自我的展现，没有行动对行动者的彰显，行动就失去了它的特定性质而变成了诸种成就之一，最多不过是达到一个目的的手段，就像制作是生产一个对象的手段。行动以交谈和辩论为媒介，应该通过言行的展现来完成，不应诉诸武力和强制。没有言说的行动不再是行动，因为这里不再有行动者；而行动者只有当他同时也是说话者时，他才能成为行动者。为此，她鼓励人们去言说和展现，应该到人群中去一展"真我"风采，唯有如此，人类才能走出虚无、漂泊的处境而获得生命的某种不朽与永恒。她说：

> 社会是这样一种形式，在其中只有为生存的目的而形成的相互依存关系才被认为具有公共的意义，一切与单纯的生存相关的

---

① （美）汉娜·阿伦特著：《人的条件》，竺乾威、王世雄、胡泳浩等译，上海：上海人民出版社 1999 年版，第 180 页。

② （美）汉娜·阿伦特著：《公共领域和私人领域》，载汪晖、陈燕谷主编：《文化与公共性》，北京：生活·读书·新知三联书店 2005 年版，第 70 页。

活动都被允许公开地表现出来。①

汉娜·阿伦特认为，劳动、工作与行动三者在一个健全的生命中不可偏废，但如果就政治生活的层面来考虑，行动显然居于最为崇高的地位。劳动者的想法是"谋生第一"，制造者的想法是"成品至上"，而行动人的信念是：人生最伟大的成就在于通过非凡的言行，将自己呈现于众人之前。只有政治行动才能超越物质需要和世俗活动的限制，使得个体生命臻于至善与永恒。

汉娜·阿伦特认为，公民应当是政治共同体的积极成员，政治参与是公民是否具有公民资格的关键，公民的自主性是由"参与"得到体现的，是公民的内在规定，在公共领域中公民积极参与的政治行动才是构成公民资格的实质性要件。

二、认为政治自由和平等是公民自由与平等的核心

汉娜·阿伦特认为，真正的自由是一种政治自由，它既非意志自由，也非一己私域内免受它人干预的自由，而是一种体现公民身份的自由。同时，政治平等是公民平等的核心，公民平等不包含社会平等和经济平等。

（一）认为公民"追求政治自由其核心就是追求完整的公民身份"

人类的行动可以取得并完善公民的身份，通过公民的积极参与，使政治自由得以真正地存在。她认为"追求政治自由，其核心就是追求完整的公民身份。"②

汉娜·阿伦特认为，自由与解放有别。自由是人们在公共领域中公开辩论而共同参加公共事务，解放则是从某种东西中挣脱出来。她强调，人要想获得自由就必须从生活必需品的需求中解放出来。

汉娜·阿伦特认为，自由首先意味着对"人"和"物"的限制的反抗——"解放"是自由的一个必要条件。"解放"这个概念，具有两重含义，一是

① （美）汉娜·阿伦特著：《人的条件》，竺乾威、王世雄、胡泳浩等译，上海：上海人民出版社1999年版，第46页。

② 转引自（加）菲利普·汉森著：《汉娜·阿伦特——历史、政治与公民身份》，刘佳林译，南京：江苏人民出版社2007年版，第46页。

"从专制下获得的解放",二是"从必然的束缚下获得的解放"。① 也就是说,解放既表现在政治方面又表现在经济方面。她说:

> 要想自由就意味着既不受制于生活的必需品,也不屈从于他人的命令,而且不放任自流。它既不打算统治他人,也不打算受人统治。②

在汉娜·阿伦特看来,自由是同必然性正好相反的概念,这个必然性是由生命的必需所带来的。因而,"为了自由,人必须从生命的必要中解放出来"③。阿伦特把这种"生命的必要"看做政治支配的根源,她说:

> 一切支配,其最根本、最正统的根源,存在于人试图把自身从生命的必要中解放出来的期望之中。人只要想获得这种解放,只有通过暴力,让他人为自己负担生命的重荷,才能得到实现。④

为了获得自由,经济方面和政治方面的两种解放都是必要的。但是,正如不能把经济上的解放等同于自由一样,政治层面上的解放本身也不等同于自由。自由并不等于"解放","自由这种状态,不是从解放这种行为中自动地产生出来的"⑤。在阿伦特看来,"解放"——对于"人"和"物"的强制的解脱,是自由的前提条件。只有摆脱了生存的压力,才有时间与精力参与公共生活。她主张:

> 要想自由就意味着既不受制于生活的必需品,也不屈从于他人的命令,而且不放任自流。它既不打算统治他人,也不打算受人统治。⑥

汉娜·阿伦特认为,自由存在于政治领域。自由现象不是出现在思想

---

① Hannah Arendt. *On Revolution*. London:Penguin Books, 1977, p.74.

② (美)汉娜·阿伦特著:《人的条件》,竺乾威、王世雄、胡泳浩等译,上海:上海人民出版社1999年版,第25页。

③ Hannah Arendt. *Between Past And Future:Eight Exercises In Political Thought*. New York:Penguin Books, 1997, p.148.

④ Hannah Arendt. *On Revolution*. London:Penguin Books, 1977, p.114.

⑤ Hannah Arendt. *Between Past And Future:Eight Exercises In Political Thought*. New York:Penguin Books, 1997, p.148.

⑥ (美)汉娜·阿伦特著:《人的条件》,竺乾威、王世雄、胡泳浩等译,上海:上海人民出版社1999年版,第25页。

的领域，而是人在现实世界中才能拥有的。她认为，哲学传统将自由的发生地由政治的公共领域转移到了内在的领域——意志，是对自由观念的扭曲。所谓的"内在自由"，实际上是人们能够从外部的压迫中逃离出来、从而"感觉"到"自由"的内在空间，这样的内在感觉不能外在的表现出来，因此就定义而言与政治无关，它实质上是将世俗的经验都转化为个人内在经验的对世界的疏离。"内在自由"的经历总是预设了"从世界中撤离"，在这样的情况下，自由是不存在的。

汉娜·阿伦特所捍卫的自由是人们在政治共同体中行动的自由。她认为，自由是一种政治自由，政治与自由是相伴而生的。自由，就是人们共同生活于公共领域的理由。即自由是生活于公共领域中的公民所拥有的，在这里，人们共同生活在一起，通过语言和行为沟通、交流，并由法律、习俗等对此进行调节。她说：

> 政治存在的理由是自由，它的经验领域是行动……人是自由的——有别于他们对自由天赋的拥有——只要他们适逢其时地行动，因为自由就是行动。①

汉娜·阿伦特认为，公民的自由存在于人与人的交往中，自由的存在和得以展现的空间是以人群的复数性为特质的行动的领域。也就是说，自由与人的复数性、多样性密不可分，它只存在于政治共同体当中。

汉娜·阿伦特认为，政治生活就是自由，而自由就是行动，公民通过行动追求公共幸福，展示自我风采，承担公共责任。她认为，公民的政治自由与参与绝非民主社会中公民的消极负担，亦非出自对私人利益的维护，而是源自公民对政治活动本身的关心。

（二）认为政治平等是公民平等的核心

阿伦特只承认一种平等——政治平等。从事政治活动的公民既是互相差异的，又是相互平等的。在政治活动之外，没有平等，在公共政治领域中是不允许不平等存在的。

汉娜·阿伦特认为，公民只有在自由、独立地参与公共领域时，才能获得平等；只有在保障人权和自由的制度中，平等才能获得尊重。她提

---

① （美）汉娜·阿伦特著：《人的条件》，竺乾威、王世雄、胡泳浩等译，上海：上海人民出版社 1999 年版，第 198 页。

出：政治自由就是参与公共事务的权利，除此之外，它什么也不是。①

在汉娜·阿伦特看来，某些经济不平等可能和公民平等格格不入，因为这些经济不平等使得一些人无法参与公共领域。但是，她仍然认为，应将经济不平等和政治不平等区别开来，因为人们在公共领域中平等相待并不以生活水准相等为条件。汉娜·阿伦特认为：

> 这种平等性并不是指经济和社会条件的均等，而是公民之政治身份的平等。②

汉娜·阿伦特认为，公民的政治自由、平等不是私人的而是公共的，一个人限于私域，就谈不上自由、平等。她认为，对于显示自由的自我来说，政治参与是最纯粹、最高级的形式。但是，从古到今，大部分的人被排除在政治参与之外，而不得不退缩在隐匿的私人领域之中。这些人被剥夺了扮演公共角色的权利，享有和不享有此权利的人之间是不平等的。

公共领域被汉娜·阿伦特看做是超越个人的有限生命的，能够达至永恒性的领域，公共领域的出现以及随之而来的世界被转化成一个将人们聚集在一起的社会共同体完全依赖于公共领域的恒在性。

> 世界若欲包含一个公共空间，它就不能是为某一代人而建立起来的，也不能是只是为活着的人设计出来的；它必须超越凡人的生命大限。③

> 不仅仅是我们与那些和我们共同生活的人共同拥有的世界，而且也是与我们的前人和后代共同拥有的世界。但这一共同的世界只有出现在公共领域中这一程度上，才能在时代的变迁中经久不衰。正是公共领域的公共性，才能在绵绵几百年的时间里，将人类想从时间的自然流逝中保全的任何东西都融入其中，并使其熠熠生辉。④

---

① （美）汉娜·阿伦特著：《论革命》，陈周旺译，南京：译林出版社2007年版，第221页。

② 转引自（台湾）蔡英文著：《政治实践与公共空间：阿伦特的政治思想》，北京：新星出版社2006年版，第103页。

③ （美）汉娜·阿伦特著：《人的条件》，竺乾威、王世雄、胡泳浩等译，上海：上海人民出版社1999年版，第42页。

④ （美）汉娜·阿伦特著：《人的条件》，竺乾威、王世雄、胡泳浩等译，上海：上海人民出版社1999年版，第42页。

汉娜·阿伦特在《极权主义的起源》中强调，那些被纳粹剥夺了公民和政治权利的人们，并不能以"自然权利"或"人生而平等"来保护自己。他们被排除在政治群体之外，毫无权利可言。他们要为自己的自然权利辩护，首先需要有为自然权利辩护的权利。只有在承认公民平等的公共领域中，才有可能提出公民权利问题。因此，要寻找真正的自由和平等，就只能到公共领域中，到政治活动中去寻找。她说：

平等只存在于这特殊的政治领域，人彼此以公民而非私人的身份相交往。①

汉娜·阿伦特认为，人的自由和平等只能到公共领域的政治生活中去寻找。真正的自由源于公共领域，没有真正的公共领域，就没有自由可言。公民只有在公共领域中，才是获得真正的自由和幸福。在公共领域当中，人的身份是法律赋予平等地位的公民，任何公民均有权平等地参与政治、履行政治实践，并承担相应的义务，不因种族、地域、宗教信仰的不同而有所区别。

汉娜·阿伦特强调，政治生活是公民在公共领域中的行动和表达。真正的公民共识必须在公开的辩论和商讨中才能形成和确立，也只有在高度显见的公共领域中接受检验并不断扩展。公民通过参与共同行动，相互交流、辩论和协议，成为交往共同体的一员，才能真正实现公民的平等。

三、认为公民的美德主要包括勇气、承诺和宽恕

在汉娜·阿伦特的公民观中，美德具有举足轻重的地位。她认为，任何人对公共事务的关心和参与，并由此展现出的"卓越"之言行，便"称之为公民之美德"②。

汉娜·阿伦特认为，公民只有充分弘扬公民美德，积极参与公共事务，才能有更美好的生活。她以古典城邦的政治经验为资源，论证了人的政治实践应置于公共领域，在公共空间实现"自我彰显"。她认为，公共

---

① （美）汉娜·阿伦特著：《论革命》，陈周旺译，南京：译林出版社2007年版，第19页。
② 转引自（台湾）蔡英文著：《政治实践与公共空间：阿伦特的政治思想》，北京：新星出版社2006年版，第160页。

领域为公民的行动展示提供了公共空间，在这个领域里，公民积极参与，获得自由，公民美德方得以显现。

（一）认为公民的"勇气使人从对生命的担忧中解放出来而获得自由"

汉娜·阿伦特认为，共同体的基本维持力量不是民族文化的温情或社群的特殊情感，而是公民的政治文化。她认为，人们不是因为生于斯长于斯而自然而然地、非选择地生活在一起，人们是为共同体的价值选择，因愿意共同生活而生活在一起。基于此，她注重公民的"政治美德"，主张培养公民政治参与所必需的勇气、荣誉感和公众精神。

汉娜·阿伦特认为，勇气将人们从对生命的担心中释放出来，使之跨越私人领域而进入公共领域，既彰显自我也暴露自我。这种自我表现即是勇气。她说：

> 勇气使人从对生命的担忧中解放出来而获得世界的自由。勇气之不可或缺，乃是由于在政治中不是生命而是世界才是最为关键的。[1]

汉娜·阿伦特认为，人的政治实践及公共领域代表了公民对公共生活的参与，因此，政治参与的勇气是公民所要求的必备美德。她说：

> 离开家庭（最初是为了冒险以及开创光辉的事业，到后来只是为了投身于城市的公共事务之中）需要勇气，因为只有在家庭内部，一个人才会主要关注自己的生命和生存。对生命的过分关爱阻碍了自由，这是奴性的一个明显的标志。任何进入政治领域的人最初都必须准备好冒生命的危险，因此，勇气成为一种卓越的政治品质。只有那些有勇气的人才能被团体（它的内容和宗旨都是政治性的）接纳。[2]

汉娜·阿伦特认为，勇气是基本的政治美德之一，对于政治行动而言是必不可少的，勇气是"人类的第一品质"，"因为它是所有其他品质的保

---

① Hannah Arendt. *Between Past And Future*：*Eight Exercises In Political Thought*, New York, the Viking Press, 1997, p.156.

② （美）汉娜·阿伦特著：《人的条件》，竺乾威、王世雄、胡泳浩等译，上海：上海人民出版社1999年版，第27页。

证"。① 她认为，人并不天生就是公民，但人却可以成为公民。人必须经过自我塑造才能担当起公民的角色，这种自我塑造也就是最深刻意义上的启蒙。并非任何启蒙都有助于塑造公民，塑造公民的启蒙必须具有与公民政治理念（自由、民主、法制，等等）相一致的价值和实践方式。而公民参与勇气的美德培养离不开公民参与式的政治文化，"或则说是作为文化的政治"。②

汉娜·阿伦特在阐述政治勇敢美德的基础上，提出了公民不服从权力的理论，她认为，公民不服从是集体的、公开的、以挑战政治权威的正当性为目的的社会运动，如果政府违背托付，则人民有权利不服从。尽管公民不服从也许会转化为暴力行为，对于共和制而言具有一定的破坏性，但是，鉴于社会上公民参与的减少，各种形式的自愿联合的减少，汉娜·阿伦特仍然鼓励政府考虑将公民不服从问题纳入法律体系之中。她说：

> 产生权力的唯一必不可少的物质条件是人们共同生活于一处。只有在人们共同生活的地方（行动的潜能因而不断地展现出来），权力才能同他们一起存在；城市的建立——作为城邦国家，这些城市为西方所有的政治组织提供了一个范式——因而成了权力产生中最重要的物质先决条件。③

汉娜·阿伦特强调，政治生活的展开，政治世界的维系，在很大程度上依赖于公民政治参与的美德。缺乏具有政治参与美德的公民，美好的政治生活将无法展开。她在寄希望于重建希腊古典共和主义理想和参与式民主制度的基础上，呼吁人们承担起公共责任，积极参与到公共生活中去，做合格的公民，从而恢复政治生活的公共性传统。

（二）认为信守承诺和宽恕是人类生活区别于动物的高级本能

汉娜·阿伦特认为，公民行动的结果具有"不可逆性"和"不可预见性"的特征，对于行动自身的不可逆性和不可预见性带来的破坏力量，在行动

---

① Hannah Arendt. *Between Past And Future：Eight Exercises In Political Thought*. New York：Penguin Books, 1997, p.156.

② 转引自陈闻桐著：《近现代西方政治哲学引论》，合肥：安徽大学出版社 2004 年版，第329 页。

③ （美）汉娜·阿伦特著：《人的条件》，竺乾威、王世雄、胡泳浩等译，上海：上海人民出版社 1999 年版，第 201 页。

本能的内部存在着拯救的方法，那就是宽恕和许诺的能力。主张公民只有具备许诺和履行诺言的美德、宽恕的美德，才能共同行使权利和责任。

汉娜·阿伦特认为，许诺和履行诺言"这两种本能互为一体"，一个面向过去，一个面向未来。她说：

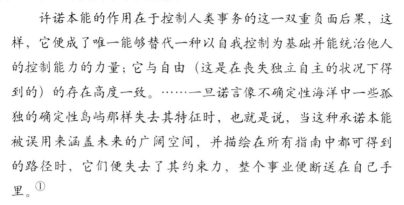

> 许诺本能的作用在于控制人类事务的这一双重负面后果，这样，它便成了唯一能够替代一种以自我控制为基础并能统治他人的控制能力的力量；它与自由（这是在丧失独立自主的状况下得到的）的存在高度一致。……一旦诺言像不确定性海洋中一些孤独的确定性岛屿那样失去其特征时，也就是说，当这种承诺本能被误用来涵盖未来的广阔空间，并描绘在所有指南中都可得到的路径时，它们便失去了其约束力，整个事业便断送在自己手里。①

汉娜·阿伦特提出"行动的救赎"，她认为，行动的无制约性通过行动自身来解决。"不可逆性"的救赎是宽恕的本能，"不可预见性"的救赎包含于许诺和履行诺言的本能中，"这两种本能互为一体"，一个面向过去，一个面向未来。宽恕能防止我们"永远成为后果的牺牲品"，履行诺言能保持我们的身份和前进方向。② 她提出：

> 道德不只是那些通过传统才得以强化，并以契约为基础的习惯和行为准则（两者都随时间而变化）的总和而言，道德至少在政治上像善意通过随时准备宽恕和被人宽恕，作出承诺和信守承诺来应付行动的巨大风险一样支配自己。这些道德概念是仅有的不运用到来自外部的行动，来自许多据说是更高级本能的行动或者来自行动自身无法涉及的实践经历的行动概念。相反，它们直接产生于那种以行动和言语的方式同他人共同生活的意愿；这样，这些道德观念就像置入本能中的控制装置一样，以开始一些

---

① （美）汉娜·阿伦特著：《人的条件》，竺乾威、王世雄、胡泳浩等译，上海：上海人民出版社1999年版，第235页。

② 参见（美）汉娜·阿伦特著：《人的条件》，竺乾威、王世雄、胡泳浩等译，上海：上海人民出版社1999年版，第228—229页。

525
第九章 现当代公民学说

新的、永不停歇的过程。①

汉娜·阿伦特认为，从宽恕和许诺的本能中推断出来的道德规范是以他人的参与为基础的。宽恕与许诺的程度和方式也决定了一个人宽恕自己或仅对自己承诺的程度与准则。她认为：

> 如果没有他人的宽恕（来自我们所做事情的后果），我们的行动——可以这样说——就会被局限在一项我们难以从中自拔的行为中；我们将永远成为后果的牺牲品，就像没了咒语就不能破除魔法的新来巫师一样。不履行诺言，我们就不能保持自己的身份；我们会受到谴责，在每一孤独心灵（它受矛盾和可疑性的折磨）的黑暗之处漫无方向地彷徨游荡。这一黑暗只有当阳光通过他人（他们证实诺言应允者和履行者的一致性）的出现而照亮公共领域时才会消失。因此，这两种本能取决于人的多样性，取决于他人的参与和行动，因为没人会宽恕自己，也没人能感觉到受自己诺言的约束；单独一人或孤立产生的宽恕和许诺在现实中无法存在，它意味着在自我面前扮演的一种角色。②

汉娜·阿伦特认为，宽恕的美德行为与报复的行为恰恰相反。她说：

> 报复行为一般以再次行动的方式针对最初的冒犯，因而人们不是结束第一次过失的结果，而是依然纠缠于这一过程，使每一行动无终期可言。报复是对他人侵犯的一种自动的反应；由于行动过程的不可逆性，因此会想到它甚至预料它。与报复相反，宽恕行动却怎么也不会被人预料，它只是一种以出乎意料的方式进行的反应，因而(尽管是一种反应)保留了行动的某些最初特征。换言之，宽恕仅仅是这样一种反应：它不单单是再行动，而且还是一种新的、出其不意的行动，不受激发它的行动的制约，因而从宽恕者和被宽恕者的行动结果中解脱了出来。③

---

① （美）汉娜·阿伦特著：《人的条件》，竺乾威、王世雄、胡泳浩等译，上海：上海人民出版社 1999 年版，第 236 页。
② （美）汉娜·阿伦特著：《人的条件》，竺乾威、王世雄、胡泳浩等译，上海：上海人民出版社 1999 年版，第 229 页。
③ （美）汉娜·阿伦特著：《人的条件》，竺乾威、王世雄、胡泳浩等译，上海：上海人民出版社 1999 年版，第 231—232 页。

汉娜·阿伦特认为，如果人类坚持追求绝对的公正，以德报德、以怨报怨，人类社会将会进入恶性循环，公共世界无以为系，公共幸福无以实现。她强调，在践诺和宽恕美德的作用下，人的行动成为自由的行动才具有了可能性，宽恕使人的行动成为自由的行动，她认为"如果没有他人的宽恕，我们的行动就会被局限在一项我们难以从中自拔的行为中；我们将永远成为后果的牺牲品。"①

汉娜·阿伦特强调，宽恕的本能和履行诺言的本能互为一体。宽恕有助于消除过去的行为，以诺言的方式束缚自己则有助于在不确定的汪洋大海中建造安全的岛屿——没有它，人际关系的持续是不可能的，更不要说长久性了。她认为，人们只有通过不断地从其所作所为的束缚中互相解脱，才能保留自己的自由行动者这个身份；也只有通过乐意转变其思想并重新开始，人们才配获得巨大的权力来开创新的生活。

汉娜·阿伦特的公民学说始终洋溢着一种公民政治文化的气息，她重视"积极自由"甚于"消极自由"，她坚持公共生活政治优先，倡导公民主动参与政治生活，主张不参与政治即无公民活动可言，时刻提醒人们作为一个民主社会的公民，应该秉承公共精神，关心公共领域，在自我的展开过程中成为合格公民。

第二节　约翰·罗尔斯的公民学说

约翰·罗尔斯（John Rawls，1921—2002 年），出生于马里兰州的巴尔的摩，第二次世界大战时入伍服役，后来拒绝升军官的机会退伍回大学念书。1943 年毕业于普林斯顿大学，1950 年获该校博士学位。先后在普林斯顿大学、康奈尔大学、麻省理工学院和哈佛大学任教。尽管著作不多，但其在西方学术界影响甚大，是 20 世纪美国著名的政治哲学家、伦理学家和公民思想家，是新自由主义公民学说的代表人物，因"正义论"

① （美）汉娜·阿伦特著：《人的境况》，王寅丽译，上海：上海人民出版社 2009 年版，第 231 页。

而举世闻名。

1951 年他发表了《用于伦理学的一种决定程式的纲要》。此后他专注于社会正义问题，并潜心构筑一种理性性质的正义理论，陆续发表了《作为公正的正义》(1958 年版)、《宪法的自由和正义的观念》(1963 年版)、《正义感》(1963 年版)、《非暴力反抗的辩护》(1966 年版)、《分配的正义》(1967年版)、《分配的正义：一些补充》(1968 年版) 等。在此期间，约翰·罗尔斯着手撰写《正义论》一书，前后三易其稿，终成 20 世纪下半叶伦理学、政治哲学领域最重要的理论著作，该书于 1971 年正式出版发行，旋即在学术界产生巨大反响。由于第一版的《正义论》封面为绿色，当时一些哈佛的学子以"绿魔"来形容这本书的影响力。除此以外，约翰·罗尔斯的著作还包括《政治自由主义》(1993 年版)、《万民法》(1998 年版)、《道德哲学讲演录》(2000 年版)、《作为公平的正义——正义新论》(2001 年版)等。

约翰·罗尔斯提出了公民的自由平等观、公平的正义理论、对那些处于社会最不利地位的人给予补偿原则等公民学说，既继承和发展了以约翰·洛克、卢梭、康德为代表的契约论公民思想，又丰富和完善了当代自由主义公民正义论的内涵。

一、认为"人的本性是一种自由和平等的理性存在物"[1]

约翰·罗尔斯秉承古典自由主义的观点，认为自由和平等是一致的，自由、公正、权利三者是不能割裂开的。他认为，"人是一种自由、平等的理性存在物"[2]，每个人都应该享有平等的基本自由，人的基本自由的平等主要指人与人在政治地位、法律地位和道德价值上的平等，在政治地位上无论种族、性别、宗教信仰、文化程度都一律平等。自由是人们的道德权利，所以自由应该被人们广泛和平等地享有。

---

[1] John Rawls. *A Theory of Justice, Cambridge.* Massachusetts：The Belknap Press of Harvard University Press, 1999, p.222.

[2] （美）约翰·罗尔斯著：《正义论》，何怀宏、何包钢、廖申白译，北京：中国社会科学出版社 1988 年版，第 251 页。

（一）认为"自由表现为平等公民权的整个自由体系"

约翰·罗尔斯认为，自由首先是一种自由权利，一种个人之独立自主的人格所有权和公民财产所有权。人是自由的，意味着人不为自然偶然性和社会任意性所影响，不受需要和欲望所决定，人应该只服从自己的法则。人是自由的，意味着人不受任何客观必然性的支配，不为外在对象所统治，人具有自由选择的能力。

约翰·罗尔斯认为，各种基本自由必须被看成是一个整体或一个体系，必须进行合理安排使它们服从于总体的约束，从而成为一个和谐的整体。他提出，公民的基本自由包括：

> 政治上的自由（选举和被选举担任公职的权利）及言论和集会的自由；良心的自由和思想的自由、个人的自由和保障个人财产的权利；依法不受任意逮捕和剥夺财产的自由。①

约翰·罗尔斯认为，平等的政治自由和思想自由能够使公民在评价社会基本结构、社会政策之正义的时候发展和运用这些能力；而良心自由和结社自由能够使公民在形成、修正、理性地追求他们的善观念时发展和运用他们的道德潜能。

在约翰·罗尔斯看来，自由的根据是人性，而包括自由优先性在内的正义原则都是人的自由选择。因为我们选择什么表现了"我们是什么和我们能成为什么的愿望"，所以自由"表现了我们作为自由、平等的理性存在物的本质"②。他强调：

> 对社会的每一个成员来说，平等公民的所有的自由权都应该是相同的。③

约翰·罗尔斯认为，不仅我们拥有选择的自由，而且我们选择什么充分地表达了我们是什么和我们能够成为什么的愿望。选择自由与人的本性是联结在一起的。从政治哲学说，我们是自由地选择了正义的原则；从人

---

① （美）约翰·罗尔斯著：《正义论》，何怀宏、何包钢、廖申白译，北京：中国社会科学出版社1988年版，第61页。

② （美）约翰·罗尔斯著：《正义论》，何怀宏、何包钢、廖申白译，北京：中国社会科学出版社1988年版，第255页。

③ （美）约翰·罗尔斯著：《正义论》，谢延光译，上海：上海译文出版社1991年版，第83页。

性说，我们对正义原则的自由选择是表现了我们作为自由人的本质。他提出：

> 自由表现为平等公民权的整个自由体系；而个人和团体的自由价值是与他们在自由体系所规定的框架内促进他们目标的能力成比例的。①

约翰·罗尔斯认为，古典自由主义的一个基本缺陷是它作为一种系统理论不能充分保障所有人的平等的自由，需要做出某些修正。他指出：

> 一个社会体系的正义，本质上依赖于如何分配基本的权利义务，依赖于在社会的不同阶层中存在着的经济机会和社会条件。②

约翰·罗尔斯认为，人的自由确保了正义原则的选择性，对正义原则的选择是出自人作为平等的理性存在物的自由选择，即出自人的本性的选择。他说：

> 因此，如果人们做什么或不做什么并没有受到某种约束。如果人们做什么或不做什么并没有受到别人的干涉，人们就可以自由地去做。例如，如果我认为良心自由是法律规定的，那么个人就有了这种自由权，他们可以追求他们的道德、哲学或宗教兴趣，而没有任何法律限制来规定他们可以从事或不可以从事任何特定形式的宗教活动或其他活动，而别人也有不去干涉的法律义务。关于权利和义务的一种相当错综复杂的情况，成了任何特定自由权的特征。个人做什么或不做什么，不仅必须是可以允许的，而且政府和其他人也必须负有一种不去阻挠的法律义务。③

约翰·罗尔斯认为，自由与自律紧密相关，自由强调了对道德法则的自主选择，自律则强调了对道德法则的自愿服从。他说：

> 某个人（或某些人）不受（或受到）某种约束（或一系列的

---

① （美）约翰·罗尔斯著：《正义论》，何怀宏、何包钢、廖申白译，北京：中国社会科学出版社 1988 年版，第 202 页。

② （美）约翰·罗尔斯著：《正义论》，何怀宏、何包钢、廖申白译，北京：中国社会科学出版社 1988 年版，第 7 页。

③ （美）约翰·罗尔斯著：《正义论》，谢延光译，上海：上海译文出版社 1991 年版，第 82—83 页。

约束），可以（或不可以）如此这般去做。团体也和自然人一样，可能是自由的，也可能是不自由的，而约束的范围则可能从法律所规定的义务和禁令，到由于舆论和社会压力而产生的强制的影响，无所不包。①

约翰·罗尔斯认为，自由权就是某种体制结构，是规定权利和义务的某种公共规则体系。他提出：

> 正如有各种各样的可能是自由的主体——人、团体和国家一样，也有各种各样的许多约束他们和限制他们可以做或不可以做的无数事情的条件。从这个意义上说，这就有了许多不同的自由权。②

> 必须把基本自由权作为一个整体、一个体系来予以评价，这一点是很重要的。这就是说，某个自由权的价值一般决定于对其他自由权的明确规定，在制定宪法和一般的立法时，必须考虑这一点。虽然更大的自由权也更可取这种说法大体是正确的，但这基本上只适用于整个自由权体系，而不适用于各个特定的自由权。显然，如果对自由权不加限制，它们就会互相冲突。③

约翰·罗尔斯把公民的自由权问题同宪法的限制联系起来，主张平等公民的自由权必须在宪法中得到体现并受到法律保护。他认为：

> 平等公民的自由权必须在宪法中得到体现并受到宪法的保护。这些自由权包括宗教自由权和思想自由、人身自由权和平等的政治权利。我把政治制度设想为某种形式的立宪民主制，如果政治制度不能体现这些自由权，那么它就可能不是一种正义的程序。④

> 政府维护公共秩序和安全的权利，是一种由法律赋予的权利。每个人追求自己的利益，按自己的理解去履行自己的义务，都必须有必要的条件，而政府如果要履行自己的职责，公正地维

---

① （美）约翰·罗尔斯著：《正义论》，谢延光译，上海：上海译文出版社1991年版，第82页。
② （美）约翰·罗尔斯著：《正义论》，谢延光译，上海：上海译文出版社1991年版，第82页。
③ （美）约翰·罗尔斯著：《正义论》，谢延光译，上海：上海译文出版社1991年版，第83页。
④ （美）约翰·罗尔斯著：《正义论》，谢延光译，上海：上海译文出版社1991年版，第80—81页。

护这些条件，它就必须有这种法律权利。①

约翰·罗尔斯认为，"只要自由权本身和正义的公民的自身自由没有受到威胁，他们就应该努力维护宪法及其全部的平等自由权。"②

约翰·罗尔斯对"自由权"和"自由权的价值"进行了区分，他认为，基本自由对所有公民都是相同的，而自由权的价值，即以基本善的指标来衡量的人们对这些自由权的利用，对于每个人则是各不相同的。那些具有较大权威和较多财富的人，其基本自由能够得到物质保障；而那些社会最不利者的自由常常因为无法实现而失去意义和价值，从而造成形式自由与事实平等之间的巨大落差。他说：

> 因此，可以把自由权和自由权价值区分如下：自由权是用平等公民的自由权的完整体系来表示的，而自由权对于个人和团体的价值，是与他们在这个体系所规定的范围内促进自己目标的能力成正比的。作为平等自由权的自由对所有人都是相同的，对某种不够平等的自由权进行补偿的问题并不存在。但是，自由权价值对于每个人却是不同的。某些人拥有更大的权力和财富，从而也拥有实现自己目标的更大手段。然而，较少的自由权价值得到了补偿，因为较不幸的社会成员如果在差别原则得到实现时不接受现有的不平等，他们实现自己目标的能力甚至可能会变得更小。但是，不可把补偿较少的自由价值和补偿某种不平等自由权混为一谈。如果把这两个原则合在一起来考虑，那么，对基本结构的安排应能最大限度地提高人人共有的完整的平等自由权体系中对条件最不利的人的自由权价值。这一点规定了社会正义的目标。③

约翰·罗尔斯主张，平等的自由需要法治原则，法治是自由的保障，没有法治就没有自由。同时，自由需要一个公开的、强制性的法律体系作为实施自由权利的规则，这些规则构成了人们合法期望和相互信任的基础，如果没有这些规则，自由的权利就是不可靠的。

---

① （美）约翰·罗尔斯著：《正义论》，谢延光译，上海：上海译文出版社1991年版，第87页。
② （美）约翰·罗尔斯著：《正义论》，谢延光译，上海：上海译文出版社1991年版，第89页。
③ （美）约翰·罗尔斯著：《正义论》，谢延光译，上海：上海译文出版社1991年版，第83页。

约翰·罗尔斯认为，在一个基本自由的体系中，人们都享有平等的基本自由权利。这个权利有两个条件：即权利持有者是自由和平等的、从事社会合作的公民；权利的界限在于不得侵犯他人同样的基本自由。同时，社会基本结构的制度安排体现和保证最低限度的基本自由，而不是最大限度、最广泛的基本自由。

（二）认为作为道德的主体的人彼此都是平等的

在约翰·罗尔斯看来，公民平等的基本前提在于人人必须具备两种道德能力：一种是拥有正义感的能力，另一种是拥有善观念的能力。这种自由平等人的理念表明，人能够参与社会生活并在其中扮演某种角色，也能够在社会合作中履行和遵守各种权利和义务。他认为：

> 原始状态中的各方都是平等的，这个假定看来是合理的。就是说，在选择原则的过程中，所有的人都拥有相同的权利；每个人都可以提出建议，提出他们接受建议的理由，等等。显然，这些条件的目的是要表明，作为道德的主体，作为具有自己的关于善的观念和某种正义感的人，他们彼此都是平等的。在这两个方面，平等的基础被认为是相同的。①

约翰·罗尔斯在论述平等的基础，即人们赖以得到符合正义原则的待遇的人的特征问题时指出：

> 为了说明我们的问题，我们可以区分适用平等概念的三个层次。第一个层次是把平等应用于管理作为公共规则体系的体制。就这一点来说，平等基本上是规则性的正义。它意味着按照同样情况同样处理之类准则（由法规和惯例规定）等等，来公正地应用规则和始终如一地解释规则。这个层次上的平等，是常识性的正义概念中最少争议的成分。第二个层次，也是复杂得多的层次，是把平等应用于体制的实际结构。在这里，平等的含义是由要求人人都能得到平等的基本权利的正义原则明确规定的。大概这里不包括动物；动物当然也得到某种保护，但它们的情况和人的情况不同。不过，这种结果仍然没有得到说明。我们还需考虑哪些人应该得到关于正义的保证。这使我们达到了第三个层次，

---

① （美）约翰·罗尔斯著：《正义论》，谢延光译，上海：上海译文出版社1991年版，第12页。

而正义问题正是在这个层次上产生的。①

约翰·罗尔斯认为，每个公民都有平等的宗教选择自由权，他提出：

> 每个人都必须坚持一种决定什么是他的宗教义务的平等权利。他不能把这个权利交给另一个人，或交给体制方面的权威。事实上，如果一个人决定承认另一个人就是一个权威，即使他把这个权威看做是一贯正确的，那么，他也就是在行使自己的自由权了，因为他这样做决不是把自己的良心平等自由权当做一个宪法问题而予以放弃。这种得到正义保障的自由权是不可剥夺的：一个人永远可以自由地改变自己的信仰，而这种权利并不决定于他是否定期地或明智地行使了他的选择权。②

约翰·罗尔斯认为，如果说自由与自律相关，那么平等则与"人是目的"相关。人是平等的，体现了人是目的，而绝不能被当做手段。在他看来，公民平等的要求实质上表明了人们希望互相不把对方当做手段、而只当做目的来对待的愿望。约翰·罗尔斯坚决反对功利主义，其中一个最重要的理由是功利主义将人们既当做目的又当做手段来对待。他主张任何东西只要违反了"人是目的"这个原则，都将变得毫无价值。约翰·罗尔斯提出：

> 在一个正义的社会里，平等公民的自由权被认为是确然不移的；得到正义保障的权利不受政治交易的支配，也不受制于社会利益的权衡。③

> 因为，每个人都是一个与别人平等的公民，都在收入和财富的分配中，或作为分配基础的确定的自然特征系列中占有一个地位。④

约翰·罗尔斯认为，正义的核心就是平等，社会成员只有都是自由而平等的人，他们才能对社会合作取得一致意见。他说：

> 只有在他们都是自由而平等的人，他们的相互关系是公平的

① （美）约翰·罗尔斯著：《正义论》，谢延光译，上海：上海译文出版社 1991 年版，第 12 页。
② （美）约翰·罗尔斯著：《正义论》，谢延光译，上海：上海译文出版社 1991 年版，第 89 页。
③ （美）约翰·罗尔斯著：《正义论》，谢延光译，上海：上海译文出版社 1991 年版，第 6 页。
④ （美）约翰·罗尔斯著：《正义论》，何怀宏、何包钢、廖申白译，北京：中国社会科学出版社 1988 年版，第 95 页。

情况下，他们才能就他们的合作条件取得一致意见。他们全都可以把他们的安排看做是符合他们在某种原始状态中可能会承认的所有规定的，因为这种状态广泛体现了对选择原则所规定的一些公认的、合理的限制。普遍地承认这个事实，将会为普遍承认相应的正义原则提供基础。当然，任何社会都不可能是人们真正自愿参加的一种合作安排；每个人一生下来就处于某个特定社会里的某种特定状态，这种状态的性质实际上在影响着他的生活前景。但是，如果一个社会符合正义即公平的原则，那么它事实上就几乎成了一种自愿的安排，因为它符合自由而平等的人在公平的情况下可能会同意的原则。从这个意义上说，这个社会的成员都是自律的，他们所承认的义务是他们自愿承担的。①

约翰·罗尔斯用"最广泛的、平等的基本自由"来针对两种情况：一种是某一阶层的人比另一阶层的人拥有更大的自由，另外一种是某些公民比另一些公民拥有范围更广的自由。他认为，如果现实政治生活中存在这两种情况，那么就违反了社会正义原则和公民正义理念。

约翰·罗尔斯主张，所有公民都应有平等的权利来参与制定公民将要服从的法律的立宪过程并决定其结果。所有成年人都有权参与政治事务，所有公民至少在形式上都有进入公职的平等的途径。同时宪法应采取措施提高社会所有成员参与政治的平等权利的价值，确保参与、影响政治过程的公平机会。

二、认为公民利益分配的"基本理念"是公平的正义观

约翰·罗尔斯认为，基本理念是存在于民主社会的政治文化和宪法解释传统中的理念，是隐含在民主社会公共政治文化之中的众所周知的理想和原则，分配正义原则必须和这些理念组成一种连贯的政治正义观念。他说：

　　那些我们用来组织和构造以使作为公平的正义成为一个整体

---

① （美）约翰·罗尔斯著：《正义论》，谢延光译，上海：上海译文出版社1991年版，第10页。

的理念，将其视为"基本理念"。①

约翰·罗尔斯认为，"正义理论是一种关于道德感情的理论，它提出了指导我们的道德力量的原则，或者说得更明确些，指导我们的正义感的原则。"② 在他看来，"正义即公平"，"公平"是指社会权利、利益的公平分配，正义的要义是公平。他认为，公平的正义是公民社会的基本理念，是社会合作的前提和基础，是调节公民利益分配的标准和条件。为此，他提出了正义观的两个基本原则，一个是"平等的自由原则"，另一个是"公平的机会平等原则"和"差别原则"。

（一）认为"正义是社会体制的第一美德"

约翰·罗尔斯认为，正义是社会制度的第一美德，如同真理是思想的第一美德。正义与社会合作密切联系，一个社会是否公平，乃是最根本的问题所在。约翰·罗尔斯把正义理论确定为政治自由的基本信念，他定义了两个正义原则，一是自由的平等原则，即每个人都有自己平等的自由权利；一是差异原则，主张正义意味着平等，任何社会基本制度的安排应该最有利于那些处于社会最不利地位的人。他认为正因为公平是社会生活的最高价值，所以剥夺个人自由、歧视他人、以多数为名迫害少数、或者坐视个人之间的命运差距，都违反了正义。

约翰·罗尔斯把社会看做一个公平的合作体系。他认为社会作为一个公平合作体系的理念有3个本质特征：

（a）社会合作是由公众所承认的规则和程序来指导的，而从事合作的人们则用这些规则和程序来适当地调节他们的行为；
（b）这种合作的理念包含了公平的合作条款的观念，这种公平的合作条款体现了互惠性和相互性，即所有人都按照公众承认的规则所要求的那样尽其职责，并依照公众同意的标准所规定的那样获取利益；（c）这种合作的理念也包含了每一参与者之合理利益或善的理念，这种合理利益的理念规定了，从那些从事合作的人

---

① （美）约翰·罗尔斯著：《作为公平的正义——正义新论》，姚大志译，上海：上海三联书店2002年版，第5页。
② （美）约翰·罗尔斯著：《正义论》，谢延光译，上海：上海译文出版社1991年版，第24页。

们的观点看，他们所一直积极寻求的到底是什么。①

约翰·罗尔斯认为，社会是一个世代相继的公平合作的体系，在这个体系中那些从事合作的人们都被看做是平等的和自由的公民，被看做是终身从事社会合作的正式成员。社会合作不是单纯的社会协调活动，社会合作是由公众所承认的规则和程序来指导的，社会合作是公平的和互惠的：所有人都按照公众承认的规则所要求的那样尽其职责，并依照公众同意的标准所规定的那样获取利益。

约翰·罗尔斯提出：

> 正义是社会体制的第一美德，就像真实是思想体系的第一美德一样。一种理论如果是不真实的，那么无论它多么高雅，多么简单扼要，也必然会遭到人们的拒绝或修正；同样，法律和体制如果是不正义的，那么无论它们多么有效，多么有条不紊，也必然会为人们所改革或废除。每个人都具有一种建立在正义基础上的不可侵犯性，这种不可侵犯性甚至是整个社会的福利都不能凌驾其上的。因此，正义否认某个人失去自由会由于别人享有更大的利益而变得理所当然起来。它不承认强加给少数人的牺牲可以由于许多人享有的更大利益而变得无足轻重。因此，在一个正义的社会里，平等公民的自由权被认为是确然不移的；得到正义保障的权利不受政治交易的支配，也不受制于社会利益的权衡。使我们默认某种有错误的理论的唯一原因，是我们没有一种更好的理论，同样，某种不正义行为之所以能够容忍，也仅仅是因为没有避免更大的不正义。作为人类活动的第一美德，真实和正义都是不可调和的。②

约翰·罗尔斯认为，社会是一个公平合作的体系，公平合作的条款是由这些从事合作的人们所达成的协议，像任何协议一样，这个协议的达成需要一定的条件，其首要条件是制定协议的人们必须处于公平的地位。他说：

---

① （美）约翰·罗尔斯著：《作为公平的正义——正义新论》，姚大志译，上海：上海三联书店 2002 年版，第 11 页。

② （美）约翰·罗尔斯著：《正义论》，谢延光译，上海：上海译文出版社 1991 年版，第 6 页。

正义的社会制度规定了个人追求自己目标所不能超越的范围，这个制度提供了一系列权利和机会，也提供了满足的手段，遵循这些手段，使用这些手段，就可以公平地去追求这些目标。必须违反原则才能得到的利益是没有任何价值的，坚信这一点，也就部分说明了正义优先。既然这些利益本来就毫无价值可言，它们就不能超越正义的要求。①

约翰·罗尔斯认为，社会基本结构是社会的主要政治制度和社会制度融合成为一种社会合作体系，通过分派基本权利和义务，调节由持续的社会合作产生出来的利益分配方式。公平的正义所应用的主题是社会基本结构，对公民具有长久而巨大的影响。他提出：

社会正义的原则的基本主题是社会基本结构，也就是把主要的社会体制变成一种合作安排。我们已经看到，这些原则的目的是：在这些体制中指导对权利和义务的分配，确定对社会生活的利益和负担的恰当分配。②

约翰·罗尔斯认为，社会是由公共正义观念有效调节的。每一个人都接受、并且知道所有其他人都接受相同的政治正义观念，公民具有一种正义感，"只要在分配基本权利和义务时不在人们之间任意制造差别，只要这些准则能够对社会生活中相互对抗的利益要求确立恰当的平衡，那么体制就是正义的。"③

（二）认为承认平等自由原则和机会平等与差别原则有助于维护公民的自尊

约翰·罗尔斯的公民正义观集中体现在他提出的正义原则上，其对于正义原则的一般表述是："所有的社会价值——自由与机会、收入和财富以及自尊的基础都应平等地分配，除非任何价值的不平等分配对每一个人都是有利的。"④

约翰·罗尔斯认为，人是理性的，意味着人应该选择或接受公平的合

---

① （美）约翰·罗尔斯著：《正义论》，谢延光译，上海：上海译文出版社1991年版，第17页。

② （美）约翰·罗尔斯著：《正义论》，谢延光译，上海：上海译文出版社1991年版，第26页。

③ （美）约翰·罗尔斯著：《正义论》，谢延光译，上海：上海译文出版社1991年版，第7页。

④ （美）约翰·罗尔斯著：《正义论》，何怀宏、何包钢、廖申白译，北京：中国社会科学出版社1988年版，第3页。

作条款，并且当预期别人能够接受和履行这些条款的时候，他自己应该承诺履行它们，即使履行这些条款会使自己的利益受到损害。基于此，他把正义观具体分解为两个层面的涵义，提出两个正义原则：

正义的第一个原则：每个人都应有平等的权利去享有与人人享有的类似的自由体系相一致的最广泛的、平等的基本自由权利体系。

正义的第二个原则：社会和经济的不平等的安排应能使它们符合地位最不利的人的最大利益，符合正义的储蓄原则，以及在公平的机会均等的条件下与向所有人开放的官职和职务联系起来。[1]

约翰·罗尔斯认为，第一个原则可以概括为平等自由的原则，他说：

第一个原则规定所有这些自由权都是平等的，因为正义社会里的公民是应该拥有同等的基本权利的。[2]

约翰·罗尔斯认为，自由是人们的道德权利，所以自由应该被人们广泛和平等地享有。平等的基本自由只能为了自由的缘故被限制，而不能受制于经济利益的权衡。任何一个人的基本自由，不仅政府或其他团体不能任意剥夺，就是以社会整体利益或者最大多数人利益的名义也不能剥夺，以最少受惠者的最大利益的理由也不行。如果背离了第一个原则所规定的平等自由权体制，那么即使更大的社会和经济利益也不能对这种做法进行辩护或补偿。因此，财富和收入的分配以及权力层系，必须符合平等公民自由权和机会平等。

约翰·罗尔斯认为，第二个原则是机会的公正平等和差别原则的结合。社会和经济的不平等应该满足两个条件：①它们所从属的公职和职位应该在公平的机会平等条件下对所有人开放（机会的公平平等原则）；②它们应该有利于社会之最不利成员的最大利益（差别原则）。他说：

第二个原则大概首先适用于收入和财富的分配，适用于利用权力和责任差异的组织机构或指挥系统的设计。虽然财富和收入

---

① （美）约翰·罗尔斯著：《正义论》，何怀宏、何包钢、廖申白译，北京：中国社会科学出版社 1988 年版，第 10 页。

② （美）约翰·罗尔斯著：《正义论》，谢延光译，上海：上海译文出版社 1991 年版，第 28 页。

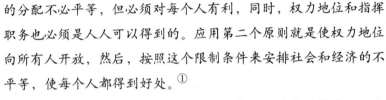

的分配不必平等，但必须对每个人有利，同时，权力地位和指挥职务也必须是人人可以得到的。应用第二个原则就是使权力地位向所有人开放，然后，按照这个限制条件来安排社会和经济的不平等，使每个人都得到好处。①

第二个原则就是坚持认为每一个人都应从基本结构中可以允许的不平等中得益。这就是说，如果由基本结构规定的每一个有关的有代表性的人把基本结构看做是一个始终关心的问题，那么，他宁愿要有不平等的生活前景，也不要没有不平等的生活前景，这大概是合理的。一个人不可以借口处于另一地位的人的更大利益会超过处于某一地位的人的损失而为收入或组织权力的差异进行辩护。更不能用这种办法来抵消侵犯自由权的行为。把功利原则应用于基本结构，可以使我们最大限度地增加有代表性的人的期望总量（按照古典的观点，根据他们所代表的人数来衡量）；这就可以使我们损有余以补不足。相反，这两个原则则要求每个人都能从经济和社会的不平等中得到好处。②

约翰·罗尔斯认为，两个正义原则适用于社会基本结构的两大部分：一是有关公民政治权利的部分，另一是有关社会和经济利益的部分。具体规定和确保公民平等的自由这一基本权利，并确定相应的政治程序。

为了使正义原则间的内在冲突与两个正义原则相配套，约翰·罗尔斯还提出了两个优先规则：第一个原则优先于第二个原则；同样在第二个原则中，公平的机会平等优先于差别原则。他认为：

让我们解释一下第一个原则对第二个原则的优先性：在由第一个原则所涵盖的基本权利和自由与由差别原则所调节的社会利益和经济利益之间，这种优先性排除了相互交换（如经济学家所说的"以物易物"）。例如，不能以这样的借口来拒绝某些群体拥有平等的政治自由，即他们拥有这些自由可能会使他们反对有利于经济增长和提高效率的政策。③

---

① （美）约翰·罗尔斯著：《正义论》，谢延光译，上海：上海译文出版社1991年版，第29页。
② （美）约翰·罗尔斯著：《正义论》，谢延光译，上海：上海译文出版社1991年版，第29页。
③ （美）约翰·罗尔斯：《作为公平的正义——正义新论》，姚大志译，上海：上海三联书店2002年版，第75页。

约翰·罗尔斯认为，为了体现对人的尊重，必须使社会成员获得公平的社会条件去发展自己的能力，一种公平的机会平等不仅形式上是开放的，而且要求所有人都应该有获得它们的公平机会，即起点的平等。他说：

> 第一种原则要求平等分配基本权利和义务。第二种原则则认为，社会和经济的不平等，例如财富和权力的不平等，只有在它们最终能对每一个人的利益，尤其是对地位最不利的社会成员的利益进行补偿的情况下才是正义的。①

约翰·罗尔斯认为，差别原则的另一优点是，它为博爱原则提供了解释。他说：

> 与自由权和平等相比，博爱的概念在民主理论中处于次要地位。它被认为是一种不太明确的政治概念，它本身并不规定任何民主权利，而只是传达了某些心理态度和行为方式，如果没有这种心理态度和行为方式，我们可能会看不到这些权利所表明的价值。或者，与此密切相关的是，博爱被认为是体现了社会尊重的某种平等，这种平等在各种公共会议上和没有驯服与屈从习惯的地方表现得至为明显。博爱除了含有公民友好和社会团结的意思外，无疑还含有上面说的那些意思，不过，如果这样来理解博爱，博爱就不是表示任何明确的要求。我们仍然需要找到一种能与这个基本概念相配合的正义原则。然而，差别原则看来似乎确实符合博爱的天然含义，即如果不能使境况欠佳的人得到利益，则自己也不希望得到较大利益的思想。②

约翰·罗尔斯主张，建立体制的目的是为了促进人人共有的某些基本利益，公民政体的职务和地位是向所有人开放的。如果立法者和法官的特权和权力改善了受惠较少者的地位，他们也就改善了一般公民的地位。他说：

> 如果差别原则实现了，每一个人就都得到了好处。在任何双向比较中，境况较好的有代表性的人由于给予他的有利条件而获

---

① （美）约翰·罗尔斯著：《正义论》，谢延光译，上海：上海译文出版社1991年版，第10页。
② （美）约翰·罗尔斯著：《正义论》，谢延光译，上海：上海译文出版社1991年版，第45页。

得了利益，而境况较差的人也由于这些不平等所产生的差益而获得了利益。①

约翰·罗尔斯认为，坚持社会的公平正义原则，更有助于维护人的自尊，反过来又提高了社会合作的效能。他提出：

人们维护他们的自尊，这显然是合理的。如果他们满腔热情地去实行自己的关于善的观念，并以实现自己的善为乐，那么，他们的某种自我价值意识就是必不可少的。自尊与其说是任何合理的生活计划的一部分，不如说是对一个人的计划值得实现的意识。不过，我们的自尊通常取决于对别人的尊重。除非我们觉得我们的努力得到了别人的尊重，否则我们要保持我们的信念，即相信我们的目标值得去实现，这即使不是不可能的，也是很困难的。因此，正是为了这个缘故，各方可能会接受互相尊重的自然责任，这种责任要求他们彼此以礼相待，并乐于说明自己行动的依据，尤其在别人的要求遭到否决时要这样去做。而且，人们也可以认为，尊重自己的人更有可能相互尊重，反过来也一样。自轻会导致轻视别人，并和妒忌一样危及自己的善。自尊就是相互间的自立。

因此，正义观的一个合意的特征就是：它应该公开表明人们的相互尊重。这样，他们就保证使自己获得了自我价值意识。现在，正义的两个原则实现了这个目的。如果社会遵循这些原则，每个人的善就都被纳入了一种互利的安排，而在体制中公认每个人的努力则鼓励了自尊。确立平等自由权和实行差别原则，必然会产生这种效果。我已经说过，这两个原则等于是一种承诺，就是说，要把自然能力作为一种集体资产来分配，使较幸运的人只能用帮助失败者的办法来使自己得益。我不是说，各方只是由于这种思想合乎道德才这样去做的。但是；他们接受这个原则是有理由的。人们为了互利来安排不平等，并避免在平等自由权的范围内利用自然和社会环境的偶然因素，正是为了在他们的社会结构中表示相互尊重。这样，他们也就理所当然地保证自己获得了

---

① （美）约翰·罗尔斯著:《正义论》，谢延光译，上海：上海译文出版社1991年版，第35页。

自尊。①

约翰·罗尔斯认为，只有保证所有的人都能享受到平等自由权，公民的自尊才会有现实的基础。为此，他指出：

> 尊重人就是承认人们有一种基于正义基础之上的不可侵犯性，甚至作为一个整体的社会的福利也不可以去践踏这种性质。正义的词典式顺序上的优先性表现着康德所说的人的价值是超过一切其他价值的。②

在约翰·罗尔斯看来，人们在天赋和出身上的不平等只是一些自然的事实，无所谓正义或非正义，但对自然天赋等的社会分配则应该遵循正义的原则。出身和自然天赋上的优势不能成为侵占他人社会资源的资本，相反，应当把个人的天赋看成一种社会的共同资产，以改善最不利者的生活状况。他说：

> 作为公平的正义是尽可能地从平等公民的地位和收入与财富的不同水平来评价社会体系。然而，有时可能也需要考虑别的地位。例如，如果存在建立在确定的自然特征基础上的不平等的基本权利，这些不平等也将挑选出一些相应的地位。由于这些特征不可能改变，它们确定的地位就被算作社会基本结构中的出发点。两性的差别就是这种类型的差别，那些基于种族和文化的差别也是如此。这样，比方说，如果男人在基本权利的分配中较为有利，这种不平等就只能被一般意义上差别原则如此辩护：只有当这种不平等有利于妇女、并能为她们接受的情况下才是正当的。类似的限制条件也适用于对等级制度或种族不平等的辩护。③

约翰·罗尔斯主张，为了让人们拥有大致相同的发展条件，社会必须为所有人建立平等的受教育机会如普及义务教育等。这样，在社会的所有地方，拥有同等天资和能力并具有使用这些天赋的人们应该具有相同的成

---

① （美）约翰·罗尔斯著：《正义论》，谢延光译，上海：上海译文出版社1991年版，第74页。

② （美）约翰·罗尔斯著：《正义论》，何怀宏、何包钢、廖申白译，北京：中国社会科学出版社1988年版，第573页。

③ （美）约翰·罗尔斯著：《正义论》，何怀宏、何包钢、廖申白译，北京：中国社会科学出版社1988年版，第94页。

功前景，而无论他们的社会出身是什么，无论他们生来属于什么阶级，以及成年之前的发展程度如何。他说：

> 由于出身和天赋的不平等是不应得的，这些不平等就多少应给以某种补偿。这样，补偿原则就认为，为了平等地对待所有人，提供真正的同等的机会，社会必须更多地注意那些天赋较低的和出生于较不利的社会地位的人们。这个观念就是要按平等的方向补偿由偶然因素造成的倾斜。遵循这一原则，较大的资源可能要花费在智力较差而非较高的人们身上，至少在某一阶段，比方说早期学校教育期间是这样。[①]

约翰·罗尔斯将社会视为一个公平的合作体系，人就是自由平等的合作成员。他认为，合作要有规则，规则应该体现互惠性。差别原则体现了互惠性，而这种互惠性产生于合作体系之内，即人对别人利益的尊重。他认为，"每个人都占有两个相关的地位：平等公民的地位和他在收入与财富分配中的应有位置所规定的地位。"[②] 社会合作与每个人追求自己的利益是相容的，而人们追求的利益就是善，其中最重要的是基本善。

约翰·罗尔斯提出"基本善"的概念。他认为，根据我们的社会公平合作理念和自由平等人的理念，每一个人可以合法期望的是基本善：即对于公民全面发展和充分运用他们的两种道德能力而必需的各种各样的社会条件和适合于各种目的的手段，只有满足了这些条件和手段，我们才可以合理地期许公民是能够而且愿意成为平等的社会合作者。这些条件当然是指民主社会中人类生活的社会条件和正常环境。公民的基本权利和自由、移居自由和职业选择自由、公职和社会职位向普通公民开放、防止收入和财富的过分集中、拥有自尊的社会基础等，这些基本善是公民作为自由和平等的人度过整个人生所需要的东西，它们不是单纯合理地向往、欲求、喜爱甚至渴望的对象，而是公民成为社会合作成员必需的东西。他说：

> 当然，如果我们必须为了别人而接受一种较差的生活前景，就必然要失去自尊，削弱我们实现自己目标的价值意识。[③]

① （美）约翰·罗尔斯著：《正义论》，何怀宏、何包钢、廖申白译，北京：中国社会科学出版社 1988 年版，第 95—96 页。

② （美）约翰·罗尔斯著：《正义论》，谢延光译，上海：上海译文出版社 1991 年版，第 42 页。

③ （美）约翰·罗尔斯著：《正义论》，谢延光译，上海：上海译文出版社 1991 年版，第 75 页。

约翰·罗尔斯强调，公民是自由的，他们相互设想拥有一种把握善观念的道德能力，他们的公民身份和地位一如既往。无论在什么情况下，都应该用适用于所有人的同一套原则来予以辩护和公正评判；必要的平等被认为就是互相履行义务的平等。他认为，如果每个公民都是道德的主体，即有理性的人，他们有自己的目标，而且具有某种正义感，这样，在每个人的各种基本自由和其他自由权利得到平等保障的情况下，社会的公平才能真正得以体现。

约翰·罗尔斯提出的公民正义论思想，是既不同于极端自由主义、也不同于功利主义的一种政治自由主义的公民学说，他认为，非正义的法律和制度，不论如何有效，也应加以改造和清除。约翰·罗尔斯很睿智地看到了在现代自由民主的社会条件下，社会的文化多元，或者用他的话说是理性多元，不仅是自由民主社会的必要条件，也是自由民主社会自然发展的必然结果。

第三节　阿拉斯戴尔·麦金太尔的公民学说

阿拉斯戴尔·麦金太尔（Alasdair MacIntyre，1929—）是当代美国著名的哲学家和公民思想家，是社群主义思想的主要代表人物。他出生于苏格兰的格拉斯哥，于 1949 年在伦敦大学玛丽女王学院获文科学士；两年后在曼彻斯特大学哲学系获硕士学位。他先后在曼彻斯特、牛津、利兹和爱色克斯等大学任教，担任牛津大学和美国普林斯顿大学的特约研究员。

在半个多世纪的时间里，阿拉斯戴尔·麦金太尔著述颇丰，其中较有代表性的作品有：《伦理学简史》（1966 年版）、《世俗化与道德变化》（1967年版）、《时代自我形象的批判》（1978 年版）、《追寻美德》（1981 年版）、《马克思主义与基督教》（1982 年版）、《谁之正义？何种合理性？》（1988 年版）、《第一原理，终极目的与当代哲学问题》（1990 年版）、《三种对立的道德探究观：百科全书派、谱系学和传统》（1990 年版）、《依赖性的理性动物》（1999 年版）等。

阿拉斯戴尔·麦金太尔在与自由主义公民学说的论战中，阐述了他的社群主义公民思想。他倡导一种根植于历史传统的公民德性论和社群主义伦理价值观，认为，正义既是人的首要德性，也是建立社会秩序的基本规则。合理的正义社会体制，应以社群优先的共同善为原则，以"公共利益"为轴心价值，根据不同处境的社群成员的不同需要分配物质性与非物质性的利益，以保障个人的安全与福利。在他看来，正义的重点不在于外在的规范，而在于内在的美德。他强调，无论是在社会秩序中树立正义，还是在公民个体身上把正义作为一种美德树立起来，都要求人们实践各种美德，而不是实践正义。

一、认为公民的德性概念具有实践性、整体性和传统性特征

阿拉斯戴尔·麦金太尔在对亚里士多德主义德性传统的认知的条件下，构建了自己的德性理论。通过对美德概念的历史探究和对美德传统的深刻反思，阿拉斯戴尔·麦金太尔认为至少有 3 种不同的美德观：

> 德性是一种能使个人负起他或她的社会角色的品质（荷马）；
> 德性是一种使个人能够接近实现人的特有目的的品质，不论这目的是自然的，还是超然的（亚里士多德，《新约》和阿奎那）》；
> 德性是一种在获得尘世和天堂的成功方面功用性的品质（富兰克林）。①

阿拉斯戴尔·麦金太尔认为，这 3 种美德观都有一定的道理，都肯定了美德是一种个人的品格。荷马时代强调人的社会责任，所以美德概念从属于社会角色概念；亚里士多德强调善良生活，所以美德概念从属于个人行为的善的概念；而富兰克林时代强调功利，所以道德观念从属于功利概念。他说：

> 这个德性概念的诸多特征之一已经从已有的论证中以某种程度的清晰呈现出来了，这就是，德性的运用总是需要接受有关社会和道德生活的某些特征的某些先前的论点，并且必须依据这种论点来对德性进行界说和解释。所以，在荷马的德性观中，德性

---

① （美）A.麦金太尔著:《德性之后》，龚群、戴扬毅等译，北京：中国社会科学出版社1997 年版，第 238 页。

概念从属于社会角色的概念，在亚里士多德的德性观中，德性概念从属于内含着人的行为目的的好（善）生活的概念，在富兰克林这个较晚得多的德性观中，德性概念从属于功利概念。那么，在我正打算作出的这个德性论中，要以这种相似的方式为德性概念提供这种必要的背景，依靠这个背景，这个德性概念才是清楚的可理解的，那这个论点中都包含着什么？正是对这一问题的回答，德性的这个核心概念复杂的历史的，多层次的特征就变得清楚了。因为如果要理解德性的这个核心概念，在这个概念的逻辑发展中有不少于三个阶段是必须依次辨别的，并且每一阶段都有它自己的概念背景。第一阶段需要有个对我将称之为实践的东西的背景论述，第二阶段需要一个我已揭示为一种个人生活的叙述秩序的背景论述，第三阶段需要对是什么东西构成了一个道德传统，给予比我到目前为止的更充分详细的论述。每一排后的阶段以前一个阶段为前提条件，而不是相反。每一前一阶段，既为每一后阶段所变更，又依据每一后阶段来重新解释，但也为每一后阶段提供了一种实质性的要素。在这个概念的发展中，进步是与这个传统的历史密切相关的，虽然这个进步不能以任何简单的方式扼要概括，但它是这个传统的核心。①

阿拉斯戴尔·麦金太尔进而概括出与德性概念紧密相联系的 3 个概念：与其"内在利益"相关的"实践"概念，与人的"整体生活"相关的善的概念以及一个可持续的"传统"的概念。

（一）认为公民德性的第一核心要素是实践性

阿拉斯戴尔·麦金太尔认为，对德性理解的首要前提在于对实践的理解，实践对于理解美德概念的核心具有至关重要的意义。德性只有通过具体的实践才得以表现，获得其意义。每个历史时期之所以有不同的美德观，是因为美德是人们实践的产物，不同的历史发展阶段，人类的实践是各不相同的。同理，一种品性之所以被誉为德性，那是因为它合乎当时历史环境中社会实践的成功所需要的那些性质，因为它表征了实践所要求的

---

① （美）A.麦金太尔著:《德性之后》，龚群、戴扬毅等译，北京：中国社会科学出版社1997 年版，第 236 页。

优点。

1.认为公民的实践确立了德性的意义和功能

为了将美德赋予实践，同时使实践成为内含美德的实践，阿拉斯戴尔·麦金太尔依据实践确立了德性的意义和功能，从实践的角度来界定德性概念：

> 一种德性是一种获得性品质，这种德性的拥有和践行，使我们能够获得实践的内在利益，缺乏这种德性，就无从获得这些利益。①

因此，要说明德性的本质，首先就必须对实践加以说明。在阿拉斯戴尔·麦金太尔看来，实践的概念是在严格限定的意义上使用的，而不是日常生活中所说的实践。所谓实践就是通过一定的人类协作性活动方式，在追求这种活动方式本身的卓越的过程中，获得这种活动方式的内在利益。他说：

> 我要赋予"实践"的意思是：通过任何一种连贯的、复杂的、有着社会稳定的人类协作活动方式，在力图达到那些卓越的标准——这些标准既适合于某种特定的活动方式，也对这种活动方式具有部分决定性——的过程中，这种活动方式的内在利益就可获得，其结果是，与这种活动和追求不可分离的，为实现卓越的人的力量，以及人的目的和利益观念都系统地扩展了。②

实践是一种协作性的人类活动形式，实践的范围极为宽广，诸如家庭生活、城邦和国家的活动、科学研究、绘画音乐等艺术活动都属于实践的内容。阿拉斯戴尔·麦金太尔说：

> 在古代和中世纪世界，家庭、城市、民族等人类共同体的创造和维持，一般也被看做是这个我所界定的意义上的实践。因此，实践的范围是宽广的；艺术、科学、游戏，亚里士多德意义上的政治学、家庭生活的产生和维持等等都在这个概念的范围

---

① （美）A.麦金太尔著：《德性之后》，龚群、戴扬毅等译，北京：中国社会科学出版社1997年版，第241页。

② （美）A.麦金太尔著：《德性之后》，龚群、戴扬毅等译，北京：中国社会科学出版社1997年版，第237页。

内。①

阿拉斯戴尔·麦金太尔把美德和实践的关系看做是内在的、不可分割的。善与实践是内在统一的。他用"内在的"来限制"善"或"利益"，并让它们附属于实践，是为了将美德赋予实践，同时使实践成为内含美德的实践，而不是一种单纯追逐利益的活动。他认为：

> 美德是一种个人品格，这种品格是在社群中通过个人的实践活动历史地形成的，依靠这种品格人们便能在实践中获得个人的内在利益。②

阿拉斯戴尔·麦金太尔认为，德性的具体表现形式可以是多样的，但作为从事着实践活动的人而言，德性又统一于人的实践。以忍耐为例，忍耐是没有抱怨而专注地等待的美德，但只有服务于整体目的即某种至上的善的忍耐才是美德，为了任何事物都这样等待就根本不是美德。因此，人进行德性的修炼的终极目的是要解决"人应该成为什么样的人"和"不应该成为什么样的人"的问题。

阿拉斯戴尔·麦金太尔认为，德性是人们实践的产物，是有益于实践的个人生活整体的善的品质。这种个人生活善的品质是在共同体中通过成员之间的协作而实现的，人们只有拥有正义、诚实、勇敢、守信等美德，才能建立起人与人之间的良好关系，实践这种协作的活动才能持续发展。

2.认为公民实践活动的内在利益与德性密切相关

阿拉斯戴尔·麦金太尔认为，人们的实践活动中所获得的利益有内在利益与外在利益之分。所谓外在利益，就是在一定的社会条件下，人们通过任何一种形式的实践（并非某种特定的实践）可获得的权势、地位、金钱等占有物，外在利益在本质上是竞争的对象，某人所得的外在利益越多，就意味着在竞争中其他人的所得更少。所谓内在利益，是某种实践本身内在所具有的，除了这种实践活动，任何其他类型的活动不可能获得，这种利益是实践者通过特定的实践活动所取得的经验所获得的，缺乏相关经验的人是无法识别和判断的。他说：

---

① （美）A.麦金太尔著：《德性之后》，龚群、戴扬毅等译，北京：中国社会科学出版社1997年版，第237—238页。

② （美）A.麦金太尔著：《追寻美德——伦理理论研究》，宋继杰译，南京：译林出版社2003年版，第347页。

我们可以考察被我称为内在利益的东西和被我称为外在利益的东西之间的一个重要区别。这就是我所称为外在利益的东西的特征：当我们获得这些利益时，它们总是个人的财产和占有物。它们的特性决定了某人得到的更多，就意味着其他人得到的更少。这有时是必然，像权力和名声，有时是偶然环境使然，像金钱。因此，外在利益在本质上是竞争的对象，既有胜利者，也有失败者。内在利益也确实是竞争优胜的结果，但它们的特性是他们的实现有益于参加实践的整个群体。①

　　为了说明实践有内在利益与外在利益之分，阿拉斯戴尔·麦金太尔列举了这样一个很易于理解的例子：

　　看看一个很易于理解的例子。我希望教一个七岁的孩子学国际象棋，虽然这孩子没有一点要学的欲望；可他对糖果有非常强烈的欲望，却几乎没有得到的机会。因此，我告诉这个孩子，假如他与我一星期玩一次国际象棋，我将给他值五十美分的糖果；他要赢我，虽然不容易，但也并不是不可能，而如果他赢了，它还可得到另一份值五十美分的糖果。我告诉他，我将一直以这种方式跟他下棋。诱饵使这个孩子下棋而且想下赢，不过要注意到，只要这孩子下棋的充足理由仅仅是糖果，并假如他能成功地行骗的话，那就没有理由不行骗，并且一意要行骗。不过，我们希望总有一天，在那些为下棋所特有的利益中，在一种非常具体的分析技艺，战略想象和激烈竞争中的成功，这孩子将发现一类新的理由，如果是这样，那现在下棋的理由就不仅是要在一个特殊机会中去赢，而且是要在棋赛的任何方面力图表现卓越。这时候，假若这个孩子还在行骗，他将要打败的就不是我，而是他自己。

　　因此，下棋就可能获得两种利益。一是有那些依系于这类下棋和其他靠社会环境的机遇的外在的偶然性的利益，在这设想的小孩的情形中的糖果，在真正的成年人那里的诸如权势、地位和

---

① （美）A. 麦金太尔著：《德性之后》，龚群、戴扬毅等译，北京：中国社会科学出版社1997年版，第241页。

金钱等利益都是。总有一些可选择的方式来获得这些利益，而且这些利益的获得决不是因仅从事某种实践。二是又有那些内在于下棋的实践的利益，除了下棋或其他某些特定类型的游戏，这种利益是任何途径都不可获得的。我们称这种利益是内在的，理由有二：第一，我已指出，因为我们只有依据下棋或其他某些特定类型的游戏，借助这些游戏的例子才可说明这些利益；第二是因为只有靠参加那种特定实践的经验才可识别和认识到这些利益。因此，那些缺乏相关经验的人是无能判断这些实践的内在利益的。①

阿拉斯戴尔·麦金太尔认为，实践活动的内在利益的获得是与德性密切相关的。如一个长笛演奏者，他在通过吹奏好自己的长笛的过程中，体会到的那种快乐或成功感，就是他的内在利益；一个农民通过把自己的稻田种好，丰收的喜悦使他体会到的成功就是他所获得的内在利益；一个优秀的肖像画画家，既可以获得外在的名声、地位和权势等外在利益，也可以在绘画的生活中获得两种内在利益——一是追求产品的卓越，二是艺术家所发现的一种生活的意义。他说：

> 美德是一种获得性的人类品质，对它的拥有与践行使我们能够获得那些内在于实践的利益，而缺乏这种品质就会严重地妨碍我们获得任何诸如此类的利益。②

阿拉斯戴尔·麦金太尔认为，内在利益既是实践活动本身的成果，又是实践者内心的充实和他所发现的一种生活的意义，是作为人而言的善的生活。也就是说，每一种实践活动都有它的内在利益，这种内在利益只有从事这一活动的人本身，在他们的自身体验中呈现出来。他提出：

> 如果没有德性，那么在实践诸语境中，就只能认识到我所谓的外在利益的东西，而根本认识不到内在利益。③

---

① （美）A. 麦金太尔著：《德性之后》，龚群、戴扬毅等译，北京：中国社会科学出版社1997年版，第238—239页。

② （美）A. 麦金太尔著：《追寻美德——伦理理论研究》，宋继杰译，南京：译林出版社2003年版，第242页。

③ Alasdair MacIntyre. *After Virtue*. Second Edition, University of Notre Dame Press, 1984, p.196.

这个初步的定义已经阐明了德性在人类实践活动中的地位。在他看来，没有德性的活动不是他所说的这种实践意义上的活动，只是获得外在利益的"诡计"而已，对内在利益的追求过程才是德性的展现过程。

阿拉斯戴尔·麦金太尔认为，正是通过具体的实践，美德的含义和标准才能得到界定；也只有通过实践，人们才能获得各种内在的利益。他说：

> 如果没有全部那些主要德性，实践内在的利益就与我们无缘。但不仅是一般性地被排斥于内在利益之外，而且是在一个非常具体的方面把我们排斥于内在利益之外。①

阿拉斯戴尔·麦金太尔认为，德性往往是获得外在利益的绊脚石。如果在某个社会，对外在利益的需求变得压倒一切，如生存需求在正常的德性条件下都无法满足，那么，德性概念的本性可能就要改变。如果人们仅以获得外在利益为目的参与某种实践，而不履行相应的德性，那只能意味着实践将被败坏，最终外在利益的获取也就失去了源泉，人们的生活也就不可能充实和幸福。他说：

> 德性与内在利益和外在利益有一种不同的关系。拥有德性（不仅是拥有德性的类似物和德性的影像）就必然可获得内在利益；也完全有可能使我们在获取外在利益时受挫。在这个意义上，我需要强调的是，外在利益是真正的利益。不仅它们在本质上是人类欲求的客体，它们的社会分配使正义和慷慨的德性有了意义，除了某些伪善者外，无人完全藐视它们。但声誉扫地的是，养成真诚、正义和勇敢的品格，常常使我们远离开富裕、声望或权势，虽然世俗中人有很大的偶然性。因而，虽然我们也许希望，我们因拥有德性，不仅可以达到卓越的水准和获得某种实践的内在利益，而且成为富有的，有声望和有权势的人，可德性总是实现这种周全抱负的潜在绊脚石。因此，我们可以预料，如果在某个社会，对外在利益的追求变得压倒一切，德性的概念起初可能是其本性被改变，然后可能几近被抹杀，虽然其影像可能

---

① （美）A.麦金太尔著：《德性之后》，龚群、戴扬毅等译，北京：中国社会科学出版社1997年版，第242页。

还很丰饶。[1]

阿拉斯戴尔·麦金太尔强调，外在利益是人类需求的真正利益，内在利益和外在利益的分配使得人类的正义才真正有了意义。在一个健全良好的社会，内在利益和外在利益是统一在一起的，拥有内在利益的人应该由此而获得相应的外在利益。德性的拥有和践行，可以使我们获得内在利益。

（二）认为公民德性的第二个核心特征是整体性

在阿拉斯戴尔·麦金太尔看来，人的历史是完整的、无法被分割的，人活着的一生可以作为一个整体性的叙事来理解。他认为，德性不仅与各种实践密不可分，而且体现在一个人的生活整体中。称某人有一种德性，就应当希望他在不同场合表现出来，唯有从他的生活整体特征中才可体现出来。

阿拉斯戴尔·麦金太尔把德性与个人生活整体相联，是要强调这样一个问题：现代个人生活已不成整体，个人生活已被分割成不同碎片，在不同的生活片段有不同的品性要求，而作为生活整体的德性已没有存在余地。他认为：

> 这个问题的表现在于：自我已被消解成一系列角色扮演的分离的领域，因而不允许被真正看做是德性的那种在亚里士多德主义的意义上的品质有践行的余地。而前现代的自我概念，则是把诞生、生活和死亡联结起来作为一个整体的概念，生活就是那种对作为生活整体的善的寻求。[2]

阿拉斯戴尔·麦金太尔进一步扩展了他的德性概念的内涵。他认为，德性不仅能够维持实践，使我们获得实践的内在利益，而且也将使我们能够克服在生活的旅途中所遭遇的伤害、危险、诱惑或涣散，以使我们在对相关类型的善的追求中支撑我们，并且还将用不断增长的自我认识和对善的认识充实我们。

1.认为公民的德性体现在人的生活整体中

① （美）A.麦金太尔著：《德性之后》，龚群、戴扬毅等译，北京：中国社会科学出版社1997年版，第248页。

② （美）A.麦金太尔著：《德性之后》，龚群、戴扬毅等译，北京：中国社会科学出版社1997年版，第20页。

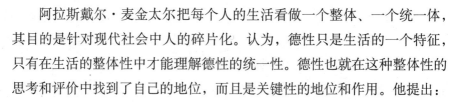

阿拉斯戴尔·麦金太尔把每个人的生活看做一个整体、一个统一体，其目的是针对现代社会中人的碎片化。认为，德性只是生活的一个特征，只有在生活的整体性中才能理解德性的统一性。德性也就在这种整体性的思考和评价中找到了自己的地位，而且是关键性的地位和作用。他提出：

> 没有一个至上的整体生活和目的概念，某些个别的美德概念必定仍然是部分的、不完全的。①

阿拉斯戴尔·麦金太尔在《德性之后》开篇就警示人们：

> 我们所处的现实世界的道德语言，同我所描绘的现象世界的自然科学语言一样，处于一种严重的无序状态。如果这个论点是正确的，那么我们所拥有的也只是一个概念体系的残片，只是一些现在已丧失了那些赋予其意义的背景条件的片断。而我们确实所拥有的是道德的假象。我们仍在继续使用许多关键性词汇。但在很大程度上（如果不是全部的话），我们在理论和实践（或道德）两方面都丧失了我们的理解力。②

阿拉斯戴尔·麦金太尔深刻地批判了现代社会对自我的无情分割，认为碎片的自我导致了碎片的德性，而作为生活整体的德性已没有存在余地。他说：

> 自我消解成一系列角色扮演的分离领域，不允许那被真正看做是德性——在任何一点亚里士多德主义的意义上的那些品质有践行的余地，因为一种德性不是一种使人只在某种特定类型的场合中获得成功的品质。被说成是一个好委员、一个好的管理人员、一个赌徒或一个诈骗团伙中的歹徒的德性的东西，是职业技艺在这些场合中的职业性运用，在这些地方，职业技艺是有效用的，但它不是德性。某人拥有一种德性，就可以指望他能在非常不同类型的环境场合中表现出它来。在许多环境场合，我们不能指望一种德性的践行会有效用，却可以指望一种职业技艺能够做到。……在某人的生活中的一个德性之整体，唯有作为一个整体

---

① （美）A.麦金太尔著:《德性之后》，龚群、戴扬毅等译，北京:中国社会科学出版社1997年版，第255页。

② （美）A.麦金太尔著:《德性之后》，龚群、戴扬毅等译，北京:中国社会科学出版社1997年版，第4—5页。

生活，即一个能被看做也可被评价为一个整体的生活的特征才是可理解的。①

阿拉斯戴尔·麦金太尔指出，在现代社会中，每个人的生活被分割成各种各样的片段，在不同的生活领域中，有不同的品性要求和行为准则，人只需遵守这些准则就是一个合乎道德要求的人。而那些内在贯穿人生始终的美德品质却被忽视、被掩盖，没有得到充分一贯的践行。他认为：

> 任何一个把每个人的生活看做是一个整体，一个统一体，他的品格使德性有一个适当的目的的当代设想，都要碰到两种不同的障碍：一种是社会的，一种是哲学的。社会的障碍来自这个方面：现代把每个人的生活分割成多种片段，每个片段都有它自己的准则和行为模式。工作与休息相分离，私人生活与公共生活相分离，团体则与个人相分离，人的童年和老年都被扭曲而从人的生活的其余部分分离出去，成了两个不同的领域。所有这些分离都已实现，所以个人所经历的，是这些相区别的片段，而不是生活的统一体，而且教育我们要立足于这些片段去思考和体验。
>
> 哲学的障碍来自两种不同的趋向，一种是主要的，虽然不仅仅是这样，这就是在分析哲学中成为主流的趋向，另一种是在社会学理论和存在主义之中的趋向。前者是这样的趋向：依据简单的成分，以原子论的方式思考人的行为，分析复杂的行为和处理问题。这种趋向在"一个基本行为"这种观念的多种背景条件中重复出现。具体行为作为更大整体的部分而有它们的特点这一观点是一个与我们主导思想相异的观点，但只要我们开始懂得，个人生活远不仅是个别行为和事件的一个后果的时候，我们就至少必须考虑这个观点。
>
> 同样，当个人和他或她扮演的角色明显地分离时（这种分离的特征不仅是萨特的存在主义的，也是达伦多夫的社会学理论的），或者是个人生活所扮演的不同角色及准角色分离，使得个人的生活就仅仅表现为一系列的不连贯的事件时，正如我早注意

---

① （美）A.麦金太尔著：《德性之后》，龚群、戴扬毅等译，北京：中国社会科学出版社1997年版，第258页。

到的，这是考夫曼的社会学理论的自我特征的消失——个人生活的整体性消失了。……因此，毫不奇怪，被这样构想的自我不能把它看做是亚里士多德的德性的承担者。①

在这一点上，阿拉斯戴尔·麦金太尔赞同马克思的观点，认为社会的进步是为了人的全面发展，而在现代社会，人被异化，为外物所奴役，只知道机械服从外在的道德规范，而内心缺乏一个完整的自我必需的美德资源。现代自我是一个畸形的、片面发展的自我，这与古希腊"高尚的灵魂寓于健全的体魄中"所体现的灵肉合一、内外一致的人的观点是相悖的。他说：

> 当然，我这样说，不仅仅是主张现在的道德已不是历史上的道德，而且更重要的是强调，历史上那曾是道德的东西在很大程度上必定消失了，而这标志着一种衰退，一种严重的文化丧失。②

在阿拉斯戴尔·麦金太尔看来，个人在某种特定场合或特定类型的活动中所表现出来的使人获得成功的内在品格是个人的技能，而不是美德。我们从来都不是作为个体来追寻善或运用德性，因为个体都是与他人共同生活在一个统一体中，而这个统一体又随环境的变化而变化，只有将美德和生活都看做一个整体，并将美德置于这个整体的生活背景中，才能真正理解美德的概念。

阿拉斯戴尔·麦金太尔强调，评价或判断行为必须联系到作为行为者的整体，这个整体也就是一个从出生到死亡的可叙述的整体：一个个人生活的整体，一个与行为主体的环境不可分割的整体，一个有着自己历史并从属于一定历史的整体。从这样一种整体观出发，某个具体行为的完成总是与人的生活整体的追求相关联的。也就是说，人的好生活是与德性内在相关联的，如何最好地生活，也就是如何在实际生活中寻求善的问题。只要我们的生命还存在，那就意味着要我们仍然面临着一个对善的追寻问题。他说：

---

① （美）A.麦金太尔著：《德性之后》，龚群、戴扬毅等译，北京：中国社会科学出版社1997年版，第257—258页。
② （美）A.麦金太尔著：《德性之后》，龚群、戴扬毅等译，北京：中国社会科学出版社1997年版，第29页。

这样，我们就得出了一个有关对人来说的善的生活的临时结论：对人来说的善的生活，是在寻求对人来说善的生活的过程中所度过的那种生活，而这种寻求所必需的美德，则是使我们能够更为深入广泛地理解对人来说善的生活的那些美德。通过将美德对人来说善的生活相关联而不仅仅与实践相关联，我们也就完成了我们的美德理论的第二阶段。①

鉴于此，阿拉斯戴尔·麦金太尔将人的整体性和德性的整体性统一于生活世界中人的实践，认为德性作为一种品质是内在与外在、行为与心灵在实践活动中的统一的整体性反映。在他看来，"美德是一种整体性的品格。美德是一种整体的善，对于社群来说，它也是一种公共的善，不仅对个别成员来说是善，而且对全体成员来说也是一种善。"② 在人的"整体生活"中，特殊实践的利益被整合进了一个目标的总体模式中，这体现了人对好的、善的生活的追求。

2. 认为公民德性的整体性体现在"历史叙事"和"可理解性"

阿拉斯戴尔·麦金太尔把德性与个人生活整体相联系，运用"叙事"、"可理解性"和"人格统一性"概念来说明他对美德与个人生活整体关系的界定。他提出：

> 一种社会环境也许是一种社会制度，它也许是我所称之为的社会实践，或者也许是另一种人类的环境。但是对环境概念来说至关重要的是——一种环境有一个历史，而个人行为者的历史不仅是，而且应当是置于这个历史中的，因为没有环境和环境在时间中的变化，个人行为者的历史和他在时间中的变化就是不可理解的。当然，同一个行为可能不止属于一个环境。③

阿拉斯戴尔·麦金太尔认为，要说明美德概念就须先解释人类的行为。对人的一种行为的解释依赖于行为者的意图，而对行为者意图的解释又依赖于背景条件，因为正是那些背景条件使得那些意图无论对于行为者

---

① （美）A. 麦金太尔著：《追寻美德——伦理理论研究》，宋继杰译，南京：译林出版社2003年版，第278—279页。

② 转引自俞可平著：《社群主义》，北京：中国社会科学出版社2005年版，第118页。

③ （美）A. 麦金太尔著：《德性之后》，龚群、戴扬毅等译，北京：中国社会科学出版社1997年版，第260页。

本人还是他人都可以理解。他说：

> 首先，把这个事件置于一年一度的家务活动中，并且这个行为具体体现的意图，其前提条件是有着锻炼的叙述历史的一种特定类型的家庭花园环境，在这花园环境的叙述历史中，行为的这个片段现在成了一个事件。其次，把这个事件置于一个婚姻的叙述历史中，一种即使是相关的，但又是非常不同的社会环境，也就是说，我们既不能脱离意图来描述行为，也不能脱离环境来描述意图，对于行为者本人或其他人来说，这些环境使得这些意图可清楚理解。①

阿拉斯戴尔·麦金太尔极为重视行为的可理解性问题。认为，行为的可理解性也就是一种可叙述性，因为行为本身就具有一种历史的特征，可叙述性必然包含着一种前后事件的发生及其演变。某个行为之所以是可理解的，就在于在一种叙述整体之中，我们可以从它的上下关联中找到它的确定位置与意义，从而理解它的意义与价值。

阿拉斯戴尔·麦金太尔认为，只有联系行为者的一贯统一性和参照行为者生存与活动的环境，进行某种行为的解释，或者说，只有使某个行为片段变成一个叙述整体中的有机部分，某个行为片段才是可理解的。反之，如果脱离一定行为的历史关联或环境背景和意图，行为是不可理解的。他说：

> 要成功地识别和理解某人正在做什么，我们总是要把一个特殊事件置于一些叙述的历史背景条件中，这历史既有个人所涉及的历史，也有个人在其中活动和所经历的环境的历史。现在这点变得很清楚了：我们通过这种方式使得其他人的行为可以理解，因为行为本身有一种基本的历史特征。正是因为我们过着可叙述的生活，也因为我们依据我们所过的叙述生活理解我们自己的生活，叙述形式才是理解其他人的行为的适当形式。②

阿拉斯戴尔·麦金太尔认为，人生就是一个叙事，我们要让别人理解

---

① （美）A.麦金太尔著：《德性之后》，龚群、戴扬毅等译，北京：中国社会科学出版社1997年版，第260页。
② （美）A.麦金太尔著：《德性之后》，龚群、戴扬毅等译，北京：中国社会科学出版社1997年版，第266页。

我们，就是要向他叙述一个我们经历的故事。我们只有援引两种背景条件，才能确定行为者的意图，从而才可识别一种具体行为的意义。一种是个人历史的背景，另一种是个人（意图）存在于其中的处境（settings）的历史的背景，这两种背景构成了"叙事的历史"。他说：

> 我们唯有援引两种背景条件（这条件如果不是明晰的，就是隐含着的），才可识别一具体的行为。我已揭示，我们参照着行为者的意图在他或她的历史中的作用来把行为者的意图置于因果秩序和时间秩序中；我们也应参照着意图在环境的历史或意图所属的环境中的作用，把意图置于因果和时间秩序中。这样，在确定行为者的意图在一个方向或几个方向起什么样的因果性效能，以及他的短期意图是怎样成功地构成或没能构成长期意图方面，我们自己就可以写这些历史的更进一步的部分。一定类型的叙述史实际就是对人类行为的描述的基本的和实质部分。①

阿拉斯戴尔·麦金太尔认为，"行为的可理解性"概念是以"人格同一性"概念为预设的。"人格的同一性"表现为个人生活的统一性，而个人生活的统一性表现为人生的追求或探寻的统一性。西方历史上关于人生整体性与人生探寻有两种观点，一种是以亚里士多德为代表，认为人生的整体性在于对一种终极目的的追求，人的一生就在于对至善的追求；另一种是以基督教为代表的欧洲中世纪的探寻观，认为人的一生是一种过程，人所寻求的目的最终会在这种过程中领悟。阿拉斯戴尔·麦金太尔认为，通过对终极目的和终极善的概念的探寻，将能够使我们扩大对美德的目的和内容的理解，使我们在实践中越来越理解我们的目标。

(三) 认为公民德性的第三个核心特征是传统性

德性的第三层定义涉及一个传统的概念。为什么引入传统的概念？原因是：第一，个体不是作为纯粹的抽象个体去追求善和践行美德的。在既定的社会结构中，个体担负一定角色；个体从家庭、部落、民族的过去中继承了许多东西，是传统的承继者。个体的这种社会身份的占有和历史身份的占有是相吻合的。第二，各种实践的代代传承是通过传统

---

① （美）A.麦金太尔著：《德性之后》，龚群、戴扬毅等译，北京：中国社会科学出版社1997年版，第262页。

来实现的，我们每个人的生活也以传统为理解背景。第三，一个具有生命力的传统是一种得到历史的扩展、社会的体现的论证，一种恰恰是部分地关于构成这个传统的善的论证。既然善是传统的构成性部分之一，既然美德是一种获取善的品质，那么美德对于传统的存在和发展就有重要意义。他说：

> 实践永远有历史，在任何既定时刻，一种实践是什么取决于理解它的一种模式，而这种理解模式常常为许多代人所传承。因此，就德性维持实践所需的关系而言，德性必须维持的不仅有对现在的关系，还有对过去的关系，甚至对将来的关系。而通过传统，那些具体的实践得以传递和赐予新的形式，但传统决不可能在更大的社会传统之外孤立地存在。①

在阿拉斯戴尔·麦金太尔看来，践行美德，就是在维持相关的传统；缺乏美德的践行，就破坏甚至摧毁了传统。

1.认为人类社会依靠德性才维系了历史传统

阿拉斯戴尔·麦金太尔指出，实践总是历史的，总是在更大、更长的传统中才能展现出来，因此富有生命力的传统包括了冲突的继续，一个活着的传统是一种历史性的延展了的、社会性的具体化的论证。一个持续的传统，则把具体生活的各种利益整合进了一个包涵着对善和至善的寻求的传统的总体模式中。他提出：

> 进入一种实践，就是进入一种不仅与当代的实践者，而且进入与在我们之前进入这一实践的那些人的关系中，特别是进入与那些人——他们的成就使实践的范围扩大到现在程度——的关系中。因此，一个传统的成就，更不用说权威是我们所遇到的，也是我们不得不学习的。传统具体体现了正义、勇敢和真诚的德性，而对传统的这种学习和与过去的联系之所以是必要的，是因为德性恰恰是以同样的方式和同样的理由维持着实践里面的现存关系。②

---

① （美）A.麦金太尔著:《德性之后》，龚群、戴扬毅等译，北京：中国社会科学出版社1997年版，第279页。

② （美）A.麦金太尔著:《德性之后》，龚群、戴扬毅等译，北京：中国社会科学出版社1997年版，第245页。

人类社会正是依靠德性维系了历史传统，德性的整体性贯穿于整个人类社会之中，它把人建立在过去、现在、未来的三维坐标系统之中，使人的生活、人类社会联系成一个连续的整体。阿拉斯戴尔·麦金太尔认为：

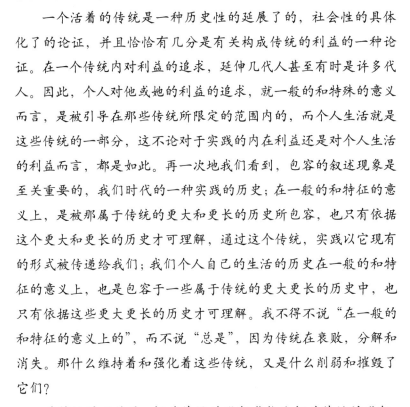

一个活着的传统是一种历史性的延展了的，社会性的具体化了的论证，并且恰恰有几分是有关构成传统的利益的一种论证。在一个传统内对利益的追求，延伸几代人甚至有时是许多代人。因此，个人对他或她的利益的追求，就一般的和特殊的意义而言，是被引导在那些传统所限定的范围内的，而个人生活就是这些传统的一部分，这不论对于实践的内在利益还是对个人生活的利益而言，都是如此。再一次地我们看到，包容的叙述现象是至关重要的，我们时代的一种实践的历史；在一般的和特征的意义上，是被那属于传统的更大和更长的历史所包容，也只有依据这个更大和更长的历史才可理解，通过这个传统，实践以它现有的形式被传递给我们；我们个人自己的生活的历史在一般的和特征的意义上，也是包容于一些属于传统的更大更长的历史中，也只有依据这些更大更长的历史才可理解。我不得不说"在一般的和特征的意义上的"，而不说"总是"，因为传统在衰败，分解和消失。那什么维持着和强化着这些传统，又是什么削弱和摧毁了它们？

关键性的回答是：相关德性的践行或缺乏相关德性的践行。如果要获得实践的多种内在利益的话，德性就要维持那些必需的关系，而德性不仅在维持那些必需的关系中，也不仅在维持个人生活的方式中——在这种方式中，个人以他的整体生活的善（利益）作为他的善（利益）来寻求——有它的意义和作用，而且在维持那些把必然的历史关联条件提供给实践和个人的传统中有它的意义和作用。缺乏正义，缺乏真诚，缺乏勇敢，缺乏相关的理智德性，这些都腐败着传统，正如它们腐败着从传统中获得其生命的那些机构和实践一样，而这些机构和实践是传统在当代的具体体现。认识到这一点当然也在于认识到另外一种德性的存在，这种德性是当它几近不存在时，它的重要性可能就最为明显，这是一个对传统有适当意义的德性，一个属于传统，或传统所遇到的德性。不要把这种德性与任何保守主义的古董形式相混淆，我不赞成那些选择了充当赞美过去的传统的保守主义角色的人。宁可说，传统的一种适当意义是在对将来的那些可能性的把握中表明的，这种可能性就是说，过去已使现在的出现有其可能，活着的传统，恰恰因为它们继续着一个未完的叙述而面对一个未来，而就这个未来具有的任何确定的和可确定的特征而言，它来自于过去。①

在前两个阶段，美德是以个人为出发点的，这便无法避免这些美德处于特殊和偶然的状态。所以，阿拉斯戴尔·麦金太尔强调，人不能仅仅作为抽象的个体去追寻善或践行美德，而应作为某些共同体中担负一定角色的人去追求、去探寻。当我们进入实践时，也就同时进入了与他人的关系中，这种关系的维持以及维持的好坏决定着实践的发展和发展的快慢。他的实践主体与其说是社会个人，不如说是社会角色，而社会角色这一概念本身就体现出强烈的社群色彩。

阿拉斯戴尔·麦金太尔认为，只从共同体的成员来理解个人也是不够的，还应该从历史的角度来理解。因为个人从他所属的那些共同体的过去继承了许多东西，是传统的承担者，个人对善的追寻是在传统内发生的。只有把个人生活的历史和我们时代的实践的历史放入那属于传统的更大更长的历史中，才是可理解的。将单个人的道德放到传统中，单个的人就不再仅仅是他自己，而且也是其生存于其中的共同体的历史和传统的代表，这样，个人和共同体就具有了不可分割的关系，共同体与个人之间才可能在道德观念上达到一种客观的和普遍的统一。阿拉斯戴尔·麦金太尔提出：

> 诸美德的意义与目标不仅在于维系获得实践的各种内在利益所必需的那些关系、维系个人能够在其中找到他的善作为他的整个生活的善的那种个体生活形式，而且在于维系同时为实践与个体生活提供其必要的历史语境的那些传统。②

---

① （美）A.麦金太尔著：《德性之后》，龚群、戴扬毅等译，北京：中国社会科学出版社1997年版，第280—281页。

② （美）A.麦金太尔著：《追寻美德——伦理理论研究》，宋继杰译，南京：译林出版社2003年版，第283页。

阿拉斯戴尔·麦金太尔认为，个人同历史的关联是通过传统实现的，而把历史关联条件提供给个人并维持实践传统的是美德。换言之，个人的自我同一性表现在德性方面，使得他可以在不同的事件或不同的环境条件下体现出他具有这样一种德性。

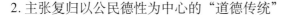

2. 主张复归以公民德性为中心的"道德传统"

阿拉斯戴尔·麦金太尔意欲复兴亚里士多德的德性伦理显然是有很强的针对性的，他认为，在当今社会，功利主义竞相追求的目标是外在于实践的善，这种追求失去了最根本的实践动力，把人类各种实践所蕴涵的各种独特价值简单地当做同一种公式化的东西：快乐或幸福，使之失去了丰富性和多样性，同时也造成了社会追逐名利、扭曲劳动实践真义的负面影响。人们处于不同利益追求和道德无序的状态，如果再奢谈什么普遍必然的道德原则，无疑是痴人说梦；另一方面，他思想中暗含着对如今盛行的以规则为核心的伦理规范之弊病的指责，因为这种规则是外在于人的生活目的、意义之追求，仅仅局限于眼前物欲纷争的解决上。

阿拉斯戴尔·麦金太尔在《追寻美德》一书的结尾，他以一种隐喻的方式阐述了自己的怀疑：

> 现阶段最要紧的是建构文明、理智与道德生活能够在其中历经已经降临的新的黑暗时代而继续维持下去的各种地方性的共同体形式。而且，既然美德传统能够在从前的黑暗时代的恐怖中幸存下来，那么，我们也不是完全没有根据地怀抱这种希望。然而，这一次，野蛮人不是远在边界上伺机进犯；他们已经统治了我们很长时间。而我们对这一点缺乏意识，恰恰是我们陷入困境的部分原因。[①]

阿拉斯戴尔·麦金太尔指出，以德性为中心的"道德传统"是以这样一个"共同体"的存在为前提的，此共同体代表其成员的共同利益，此"利益"的概念即他所说的实践的内在利益，而现代社会则是其成员争取个人利益的竞技场，此"利益"则是他所说的实践的外在利益。而对"内在利益"的追求就是德性的践行。

---

① （美）A. 麦金太尔著:《追寻美德——伦理理论研究》，宋继杰译，南京：译林出版社2003年版，第335页。

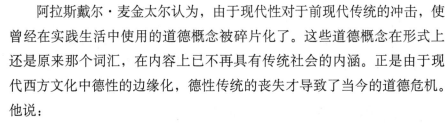

阿拉斯戴尔·麦金太尔认为，由于现代性对于前现代传统的冲击，使曾经在实践生活中使用的道德概念被碎片化了。这些道德概念在形式上还是原来那个词汇，在内容上已不再具有传统社会的内涵。正是由于现代西方文化中德性的边缘化，德性传统的丧失才导致了当今的道德危机。他说：

> 各种传统的立场必然与都市现代性的主要特征之一相抵牾，这一特征就是：坚信所有的文化现象必定都是不难理解的，而所有的文本也必定被翻译成现代性的信奉者们能够相互对话的那种语言。①

阿拉斯戴尔·麦金太尔认为，在道德理论与实践中，当"规则"取代"德性"成为道德的基础时，我们在社会生活中所使用的道德语言只是一个破碎了的"道德传统"所遗留下来的残章断片，而我们所赖以生存的社会组织同样成为与"道德传统"不相容的、格格不入的对立物。

出于对现代社会道德状况的深切忧虑和对现代道德探究模式的不满，阿拉斯戴尔·麦金太尔在追溯传统的基础上，提出并论证了自己的美德概念，主张复归亚里士多德的德性传统，期冀从古典亚里士多德传统中找到解决现代社会的道德问题的答案。阿拉斯戴尔·麦金太尔认为，亚里士多德的内在目的德性似乎可以为我们摆脱困境提供借鉴。亚里士多德的目的论是作为人类生活的整体来考虑的，每一个特定的德性与之相比都是部分的和不完全的，都是放在这一整体中它所适合的角度来得到背景说明的。他认为：

> 亚里士多德的德性论预设着一个重要区别，即任何特定个人在任何特殊时候认为对他是善的东西与作为人而言对他是真正善的东西的区别。正是为了获得后一种善，我们践行德性，并靠选择达到这个目的的手段，而能这样做。②

阿拉斯戴尔·麦金太尔认为，人只有在追求自我完善的过程中才能造就公正、节制、勇敢、友爱等美德，也才能获得幸福。他说：

---

① （美）阿拉斯戴尔·麦金太尔著：《谁之正义？何种合理性？》，万俊人、吴海针、王今一译，北京：当代中国出版社1996年版，第430页。

② （美）A.麦金太尔著：《德性之后》，龚群、戴扬毅等译，北京：中国社会科学出版社1997年版，第189页。

恰当地讲，善是这样一些品质，拥有它们就会使一个人获得幸福，缺少它们就会妨碍他达到这个目的。①

阿拉斯戴尔·麦金太尔认为，亚里士多德目的论超越了实践的有限之善，构成整个人类生活之善，这样使德与福是统一在一起的，人类生活就被设想为一个统一体，具有了统一性。他提出：

以实践为依据的对德性的初步论述，获得了亚里士多德主义的传统关于德性所教导的东西，但所获又远不是这个传统的全部。②

阿拉斯戴尔·麦金太尔认为，近代自我观念的出现破坏了亚里士多德的目的论和中世纪的有神论，使传统德性存在的合理性成了问题，而启蒙思想家们则把某种普遍的人性——欲望、理性或意志作为自己道德学说的基础，这从一开始就注定了他们为道德寻求合理性的努力必然失败。

阿拉斯戴尔·麦金太尔认为，缺乏了目的的引导，仅从"是"无法合理地推出"应该"，从而导致了传统德性的合理性丧失，并进而导致德性的边缘化。他清醒地看到了人类为自我的解放所付出的代价，指出：

由于既是理论又是实践的伦理学的全部意义都在于使人从其现时状态向其真实目的转化，所以在排除了本质人性的观念和放弃了目的观念之后，就只能给人们留下一个由两种因素构成、其间关系非常模糊不清的道德体系。一方面，我们可看到道德的某些内容：被剥夺了有关目的的背景条件的一组禁令；另一方面，我们可看到某些关于未受教化的人性的观点。既然道德禁令原本处于一个旨在更正、发展和教导人性的体系中，它们显然无法从这种对人性的真实描述中推演出来，也不可能以其他方式诉诸其特征加以证明。如此理解的道德禁令很可能会遭到如此理解的人性的强烈反对。从而，18世纪的道德哲学家们所从事的是一种注定失败的运动，因为他们在确实要为自己根据人性问题上的独特见解得到的道德信念寻找合理基础的同时，又承继了一套道德禁令和与这种禁令显然不一致的人性概念，——这种禁令和人性

---

① （美）A.麦金太尔著：《德性之后》，龚群、戴扬毅等译，北京：中国社会科学出版社1997年版，第187页。

② （美）A.麦金太尔著：《德性之后》，龚群、戴扬毅等译，北京：中国社会科学出版社1997年版，第256页。

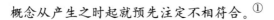

概念从产生之时起就预先注定不相符合。①

阿拉斯戴尔·麦金太尔从历史的追溯中，把德性的整体性设想为两个层面：一方面，指在现代自我被分割的状况下，个体在不同环境、不同领域所表现的德性的整体性，德性维持着个人整体性的善；另一方面发展了亚里士多德认为社会共同体（城邦社会）有着统一的德性概念，认为德性可以把整个从过去——现在——将来维系成一个整体，这样就把亚里士多德所指的单一、局部的城邦社会扩展到整个人类社会延续的历史。阿拉斯戴尔·麦金太尔设想了整个人类社会靠德性、传统维系成了一个整体。德性必须维持的不仅有现在的关系，还有过去的关系，甚至有将来的关系。

在阿拉斯戴尔·麦金太尔看来，无论道德规则多么周全，如果人们不具备良好的道德品德或美德，也不可能对人的行为发生作用，更不用说成为人的道德行为规范了，"因为只有对于拥有正义美德的人来说，才可能了解如何去运用法则。"②

二、认为公民只有具有正义的知识和遵守正义规则才能 具有正义美德

阿拉斯戴尔·麦金太尔认为，公民的正义不是永恒不变的、超时空的，公民的正义具有历史传承性，而且在其历史传承中能够彼此相互融合、沟通。

阿拉斯戴尔·麦金太尔认为，公民的正义原则的前提条件是人的美德品质。他认为："只有对于某个拥有正义美德的人，对如何应用法则的认识本身才是可能的。"③ 也就是说，一个人应先有美德，然后才能有遵守正义规则的愿望。

在阿拉斯戴尔·麦金太尔看来，只有当人们不但有关于正义的知识，

---

① （美）A.麦金太尔著：《德性之后》，龚群、戴扬毅等译，北京：中国社会科学出版社1997年版，第70—71页。

② （美）阿拉斯戴尔·麦金太尔著：《谁之正义？何种合理性？》，万俊人、吴海针、王今一译，北京：当代中国出版社1996年版，第9页（译者序）。

③ （美）阿拉斯戴尔·麦金太尔著：《谁之正义？何种合理性？》，万俊人、吴海针、王今一译，北京：当代中国出版社1996年版，第2页。

而且也有自觉遵守正义规则的能力，也就是不但能认识到这一规则而且也从内心自觉地遵守正义时，人们才能成为一个既自觉遵守正义规则又具有正义品质的人，即成为一个真正的具有正义美德的人。

（一）认为公民的美德正义优越于规则正义

阿拉斯戴尔·麦金太尔通过对古代道德传统的"深度耕犁"之后，指出在古代社会的思想和实践中早就存在着正义观。古代的正义观一方面与社会规则和道德规范有关，另一方面与德性也有关，换言之，正义蕴涵着作为规则的正义和作为德性的正义两层内涵，并且作为德性的正义概念要先于且优于作为制度的正义概念。

在阿拉斯戴尔·麦金太尔看来，无论道德规则多么周全，如果人们不具备良好的品格或美德，也不可能对人的行为发生作用，更不用说成为人的道德行为规范了。

阿拉斯戴尔·麦金太尔认为，在美德与法则之间还有另一种关键性的联系，因为只有对于拥有正义美德的人来说，才可能了解如何去运用法则。他说：

> 无论"正义"还指别的什么，它都是一种美德；而无论实践推理还要求别的什么，它都要求在那些能展示它的人身上有某些确定的美德。①

阿拉斯戴尔·麦金太尔认为，正义的确是规范人与人相互关系的基本社会规则，但它首先是个人的一种德性。他认为，在荷马史诗的叙述中，正义作为最基本的美德之一确实表示着一种统一的基本秩序。这种秩序既是自然宇宙的，也是社会性的；但它同时也是人类的或人格化的，而表达或象征"正义"的两个古希腊词语"dike"和"themis"则更充分地显示出正义内涵的"人"的意味。

阿拉斯戴尔·麦金太尔认为，按照自己角色所要求的去做，既维护了社会秩序，也就实现了正义。可见，正义与美德、秩序不可分离，正义、美德与德性是同等程度的概念。他认为：

> 在荷马史诗中，它仍然只是指能够使个体去做他或她的角色

---

① （美）阿拉斯戴尔·麦金太尔著：《谁之正义？何种合理性？》，万俊人、吴海针、王今一译，北京：当代中国出版社1996年版，第35页。

要求他或她去做的事情的那些品质。然而，这些品质之所以得到赞赏，不仅因为它们能够使个体去做他或她的角色要求他或她去做的事情；而且也因为它们能够使一个人可以既按照他或她的角色要求他或她去做的而行动，又按照保持或恢复正义的秩序之要求而行动。①

阿拉斯戴尔·麦金太尔认为，古希腊时代存在两种相互对应且含义不同的正义概念：美德正义和规则正义，前者意味着优秀或完善，后者意味着有效性。按照优秀（excellence）或完美（perfect）来界定的正义，可称之为"美德正义"。此种定义把正义作为一种社会的道德理想，按此定义方法，正义是指一种个人公正、正直的美德品质，即给予每一个个人（包括自己）以应得的善或按照每个人的功德来给予相应的回报的品德，体现了人的自觉性和能动性。他提出：

> 像其他美德一样，正义之所以被人们尊重，既是因它自身的缘故，也是因为这一目的，即因为人类要过那种最好生活的目的之缘故；就像其他美德一样，因为正义使我们能够避免与这种生活的继续不相容的那些邪恶的品格状态。②

阿拉斯戴尔·麦金太尔认为，按照有效性（effectiveness）来界定正义，即把正义理解为社会成员对一种社会合作的有效性规则的服从和遵行，此种方法定义的正义称为"规则正义"。按此种定义的理解，正义就是指个人遵守正义规则的品质，体现了人的被动性、非自觉性、外在强制性等。他说：

> "正义"这个词的意义之一，就是被用来指法律所要求的一切，即是说，它是指每一个公民在他与其他公民的关系中要实践所有的美德。这种广泛而普遍的要求与作为一种特殊美德之名的、在狭隘意义上使用的"正义"的要求是有区别的。在这一意义上，正义有两种形式，即分配的正义和矫正性的正义。矫正性的正义具有尽可能恢复被某种或某些不正义的行动所部分毁坏了

---

① （美）阿拉斯戴尔·麦金太尔著：《谁之正义？何种合理性？》，万俊人、吴海针、王今一译，北京：当代中国出版社1996年版，第21—22页。

② （美）阿拉斯戴尔·麦金太尔著：《谁之正义？何种合理性？》，万俊人、吴海针、王今一译，北京：当代中国出版社1996年版，第158页。

的那种正义秩序的作用。而分配的正义则在于遵守那种规定着受矫正性正义保护的秩序之分配原则。①

阿拉斯戴尔·麦金太尔认为，古希腊的正义理念包括两个基本含义。一方面，正义是一种最高的美德，而这种美德通过公平、正直体现出来，其实质是给予每一个个人以应得的善或按照每个人的功德来给予相应的回报。另一方面，正义还是一种有效性规则，因而对人们的行为能产生规范作用。他认为：

> 作为一种个人的道德美德，正义若按优秀或完美来定义，则表示一种个人的美德品质，即给予每一个个人（包括自己）以应得的善或按照每个人的功德来给予善的回应的品质。这也就是人的公道、正直的品质；而如果按照有效性来定义正义，则正义的美德是指个人遵守正义规则的品质。②

阿拉斯戴尔·麦金太尔认为，践行美德是美德正义和规则正义的共同表现，正义也是通过美德表现出来的。对既定社会秩序的认可，是美德的本质。他提出：

> 正义的秩序是由人来制定并由人去践行的，它只是人"借以预设宇宙秩序之本性的一种方式"。没有"我"和"人们"的内在基础，也就是说，没有人的正义美德或没有具备正义美德的人，正义的秩序和规则就只能是一纸空文，一如仅有严格系统的交通规则并不能杜绝因闯红灯等违章驾驶而造成交通事故一样。③

阿拉斯戴尔·麦金太尔认为，一个遵守社会规则的人未必是一个正义的人，因为他可能只是因为惧怕惩罚而遵守正义规则。他说：

> 德性与法律还有另一种非常关键的联系，因为只有那些具有正义德性的人才有可能知道怎样运用法律。要做到公正就是要把

---

① （美）阿拉斯戴尔·麦金太尔著：《谁之正义？何种合理性？》，万俊人、吴海针、王今一译，北京：当代中国出版社1996年版，第148页。

② （美）阿拉斯戴尔·麦金太尔著：《谁之正义？何种合理性？》，万俊人、吴海针、王今一译，北京：当代中国出版社1996年版，第16页。

③ （美）阿拉斯戴尔·麦金太尔著：《谁之正义？何种合理性？》，万俊人、吴海针、王今一译，北京：当代中国出版社1996年版，第16页。

每人应得的给予他；在一个共同体里，正义德性兴盛的社会先决条件是双重的：对功过有一些理性的标准；对这些是什么有社会确定的一致看法。当然，合乎功过的赏罚分配的大部分是为规则支配的。①

因此，正义首要的不是外在的规则与制度，而是一种内在于人的遵守正义规则的能力与品质，阿拉斯戴尔·麦金太尔把这种品质与能力称之为德性或美德，认为正义是对人类美德的追寻。他指出：

> 正义是给每个人——包括给予者本人——应得的本分，并且是不用一种与他们的应得不相容的方式来对待任何人的一种品质。当正义的规则按照这种正义概念来设置而处于良好秩序中时，它们就是那些得到最佳设计来确保这一结果——包括正义的和不正义的结果——的规则，假如人人都遵守它们的话。所以，某个人可能会遵守正义规则，但却可能是一个仅仅是出于害怕惩罚而遵守这些规则的不正义的人。但是，对于那种被设计用以服务于有效性善的正义来说，一个完全正义的人恰恰只不过是一个永远遵守正义规则的人；而在存在一组强制性地规定了每一个人在追求其特殊利益时对每个他人的要求的规则之前，这种正义概念缺乏任何内容。当这些规则获得其内容时，正义的美德无外乎遵守这些规则的品质。所以，按照后一种观点，正义的美德从属于正义的规则，并只能按照正义的规则来定义。
>
> 然而，尽管在这两种正义的概念中，正义美德与正义规则的关系互不相同，但对于两者来讲，下面这一点却是一样的，即：不仅作为美德的正义是整个美德范畴中的一种美德，而且，无论是在社会秩序中树立正义，还是在个体身上把正义作为一种美德树立起来，都要求人们实践各种美德，而不是实践正义。这些支撑着正义的美德的范例是节制、勇敢和友谊。②

阿拉斯戴尔·麦金太尔强调，只有具有德性正义的人才能去践行正义

① （美）A.麦金太尔著：《德性之后》，龚群、戴扬毅等译，北京：中国社会科学出版社1997年版，第192页。

② （美）阿拉斯戴尔·麦金太尔著：《谁之正义？何种合理性？》，万俊人、吴海针、王今一译，北京：当代中国出版社1996年版，第56页。

的规则；对于缺乏德性正义的人来说，正义规则只能是形同虚设。

（二）认为没有美德就会妨碍我们获得实践的内在利益

阿拉斯戴尔·麦金太尔认为，美德的具体内容是一个实践性问题，我们必须在特定道德文化传统和个体生活中去探索、去定位，在实践中去获得，在人的整体生活中去追求。

阿拉斯戴尔·麦金太尔认为，美德的实践包括四层含义：实践是一种特殊的人类协作活动方式；实践是一种内在善的实现；实践有一种卓越者的力量；实践是扩展了的人的目的和善观念。内在善的实现要符合共同善，在这个意义上说是客观的；而作为人类协作方式的实践，是扩展了的卓越者的力量以及人的目的和善的观念，这涉及人的主观性，需要人的内在活动，显然又是主观的。他认为：

> 德性是一种获得性人类品质，这种德性的拥有和践行，使我们能够获得实践的内在利益，缺乏这种德性，就无从获得这些利益。①

阿拉斯戴尔·麦金太尔在探索正义的不可通约性时，引入实践的概念，将正义的主观性与客观性相融合，即将正义看成既含有主观因素，又含有客观因素。他强调：

> 我要赋予"实践"的意思是：通过任何一种连贯的、复杂的、有着社会稳定的人类协作活动方式……②

阿拉斯戴尔·麦金太尔阐明了德性在人类实践活动中的地位，他认为，没有德性，就会妨碍我们获得实践的内在利益，从而使得这种实践本身除了作为获得外在利益的手段之外，毫无意义。他说：

> 因而至少在某种程度上，遵守纪律的人尽管还存有欲望也能按美德而行动，但这不是由于他们的欲望而这样做的。而且，这类人对实践一般美德和实践特殊正义的体验，只是一种消极的心理约束体验。而对于有美德的人来说就不是这样，在这一点上，他们与遵守纪律的人不同。他们不再把快乐与美德对立起来，而

---

① （美）A.麦金太尔著：《德性之后》，龚群、戴扬毅等译，北京：中国社会科学出版社1997年版，第241页。

② （美）A.麦金太尔著：《德性之后》，龚群、戴扬毅等译，北京：中国社会科学出版社1997年版，第237页。

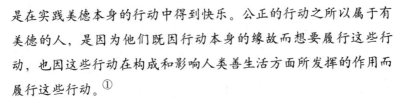

是在实践美德本身的行动中得到快乐。公正的行动之所以属于有美德的人，是因为他们既因行动本身的缘故而想要履行这些行动，也因这些行动在构成和影响人类善生活方面所发挥的作用而履行这些行动。①

阿拉斯戴尔·麦金太尔认为，要理解什么是实践合理性，就要从构成的传统和传统的建构来探讨。他主张，正义及其合理性不是抽象的、超历史的、普遍的，而是历史的、具体的，构成特定传统的一部分。没有放之四海而皆准的实践合理性和正义原理，这样，当代争论不休的正义观就要从历史传统中来探讨，要根据历史情境来理解。他说：

> 合理性——无论是理论合理性，还是实践合理性——本身是带有一种历史的概念；的确，由于有着探究传统的多样性，由于它们都带有历史性，因而事实证明，存在着多样合理性而不是一种合理性，正如事实也将证明，存在着多种正义而不是一种正义一样。②

阿拉斯戴尔·麦金太尔以实践合理性分歧来研究正义的不可通约性。他认为，解决实践合理性的分歧，要求我们首先抛弃我们自己对任何特殊理论的忠诚，把我们从各种责任和利益的社会关系的特殊性中抽离出来。只有这样，才能达到一种真正的中立和公正，并由此达到普遍的观点，摆脱偏颇和片面性。而且，只有如此，才能合理地评价对正义的各种解释。

阿拉斯戴尔·麦金太尔的建构于实践和传统之上的德性正义，是在反对新自由主义规则正义理论的过程中形成的。这种正义观与其说是对新自由主义的先验的、抽象的规则正义理论的批判，还不如说是对新自由主义社会正义理论的某种补救、完善与拓展，达到丰富和发展西方正义理论之目的。阿拉斯戴尔·麦金太尔自始至终反对新自由主义的规则正义，并认为规则正义是后于德性正义的，德性正义才是人类正义的基础。

阿拉斯戴尔·麦金太尔认为，规则正义只有在德性正义遭到灭顶之灾时才会出现，且作为一种暂时补救性的手段，是无法从根本上拯救社会正

---

① （美）阿拉斯戴尔·麦金太尔著：《谁之正义？何种合理性？》，万俊人、吴海针、王今一译，北京：当代中国出版社1996年版，第160页。

② （美）阿拉斯戴尔·麦金太尔著：《谁之正义？何种合理性？》，万俊人、吴海针、王今一译，北京：当代中国出版社1996年版，第12页。

义的。因此，欲建构社会正义首要的是如何培育德性正义，而非如何谋划制度安排和税收再分配等规则性正义。他说：

> 在诸种美德中，正义占据着核心地位。由于在不同类型的境况下有着不同种类的成就，也由于在不同类型的境况中人们讨论着不同特点的善，所以，只有在人们也能够在整个美德的范围里作出正确的判断，才可能作出公正的判断，结果才可能公正地行动。①

基于此，阿拉斯戴尔·麦金太尔的叙事探究，要求大家重新回到文化传统中、回到实践生活中反思合理性。他认为，不是每一个共同体都是道德探究的实践场所，只有家庭、学校、慈善机构、教堂等才提供了培养、实现美德的实践场所和共同体背景。

（三）认为公民如果没有美德知识就不可能有合理的判断和行动

阿拉斯戴尔·麦金太尔认为，通过重新阐述和解释公民美德伦理这一传统，不仅可以解决现代西方伦理学的各种理论争论和疑难，甚至也可以解决现代性社会的道德实践问题，以取代现代自由主义之不足。

阿拉斯戴尔·麦金太尔认为，传统的立场与现代自由主义的立场这两种理论之间存在着对立，主要体现为：

> 在一种传统的立场要求认识不同类型的在用语言——通过这些语言，各种不同类型的论证才能进行——的地方，现代自由主义文化论坛的立场却预先假设对所有说话者来说存在一种共同语言的可能性，或者至少存在从一种语言到另一种语言的可译性可能。当一种传统的立场承认相互竞争和冲突的合理性理解之间的基本争论时，现代自由主义化论坛的立场却预设了那种共享的——即使是未公式化的——普遍的合理性标准之虚构。而当一种传统的立场只能以历史和历史的境况性之解释——既是对这些传统本身的解释，也是对那些介入到与这些传统的对话之中的个体的解释——方式可能得到表述时，现代自由主义文化论坛的立场却预设，一个人的历史与他作为一论战参与者的身份毫不相

---

① （美）阿拉斯戴尔·麦金太尔著:《谁之正义？何种合理性？》，万俊人、吴海针、王今一译，北京：当代中国出版社 1996 年版，第 151 页。

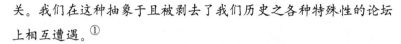

关。我们在这种抽象于且被剥去了我们历史之各种特殊性的论坛上相互遭遇。①

阿拉斯戴尔·麦金太尔认为，整体是个体道德合理性的依据，个体在城邦之中必然处于一定的阶层、地位和职业，充当一定的角色，每位个体只有按照城邦整体的要求、目标去做，才有价值，才能形成个体美德的品质。他说：

> 在最完整和恰当的意义上，正义只支配城邦内部自由平等公民的各种关系。问题不仅仅是为了产生正义的人和一种正义的秩序，城邦及其制度是必要的；而且在最完整和恰当的意义上，正义的范围也是个体的城邦。
>
> …………
>
> 真正地道的正义和最高的友谊都是建立在对一般美德和这些美德因其自身的缘故而被追求的那种善的共享忠诚之基础上的，也具体体现在这类美德和善之中。②

阿拉斯戴尔·麦金太尔认为，传统美德能够与许多不同立场的思想相互融合、吸收。虽历经岁月沧桑，能在广阔复杂的社会环境中穿越时空给自己找出航标。他说：

> 能够使人们懂得为什么这种生活是实际最好生活的知识，只能被那些已经成为有美德的人获得。但如果没有这种知识，就不可能有合理的判断和合理的行动。没有接受美德教育恰恰就是还不能对什么于自己是善的或是最善的作出正确判断的真正原因。③

阿拉斯戴尔·麦金太尔认为，近现代伦理思想和伦理学理论对于传统的以亚里士多德的德性伦理学为代表的德性伦理传统的拒弃是不成功的，并因而导致了近现代伦理思想和伦理理论陷入困境，即进入"德性之后"

---

① （美）阿拉斯戴尔·麦金太尔著：《谁之正义？何种合理性？》，万俊人、吴海针、王今一译，北京：当代中国出版社 1996 年版，第 522 页。

② （美）阿拉斯戴尔·麦金太尔著：《谁之正义？何种合理性？》，万俊人、吴海针、王今一译，北京：当代中国出版社 1996 年版，第 173 页。

③ （美）阿拉斯戴尔·麦金太尔著：《谁之正义？何种合理性？》，万俊人、吴海针、王今一译，北京：当代中国出版社 1996 年版，第 156 页。

的"黑暗时期"。可见，阿拉斯戴尔·麦金太尔的德性正义论在评价正义与否时恰恰充分考虑了人的内在品质，彰显了他从古典传统的政治学研究正义的特色。

阿拉斯戴尔·麦金太尔所关注的主要的问题是在公民学说中普遍存在的理论分歧与实践冲突的问题，他阐明公民在现代社会为什么需要美德、如何实现美德的问题，主张回归亚里士多德的公民美德伦理观。当然，由于现代社会中已不复存在亚里士多德的正义德性所能践行的社会共同体结构，在多元化的现代生活中，期望以德性正义来实现西方社会正义的实践路径可谓遥远而难以企及。

参考文献

[1] 北京大学哲学系外国哲学史教研室. 西方哲学原著选读 [M]. 北京：商务印书馆，1982.

[2] 北京大学哲学系外国哲学史教研室. 古希腊罗马哲学 [M]. 北京：商务印书馆，1982.

[3] 北京大学西语系资料组. 从文艺复兴到十九世纪资产阶级文学家艺术家有关人道主义人性论言论选辑 [M]. 北京：商务印书馆，1973.

[4] 白虹. 阿奎那人学思想研究 [M]. 北京：人民出版社，2010.

[5] 包利民. 生命与逻各斯——希腊伦理思想史论 [M]. 上海：东方出版社，1996.

[6] 陈唯声. 世界文化史 [M]. 哈尔滨：哈尔滨工业大学出版社，1994.

[7] 陈闻桐. 近现代西方政治哲学引论 [M]. 合肥：安徽大学出版社，2004.

[8] 杜钢建，史彤彪，胡冶岩. 西方人权思想史 [M]. 北京：中国经济出版社，1998.

[9] 洪汉鼎. 斯宾诺莎哲学研究 [M]. 北京：人民出版社，1997.

[10] 李平晔. 宗教改革与西方近代社会思潮 [M]. 北京：今日中国出版社，1992.

[11] 李平晔. 人的发现——马丁·路德与宗教改革 [M]. 成都：四川人民出版社，1986.

[12] 马啸原. 西方政治制度史 [M]. 北京：高等教育出版社，2000.

[13] 冒从虎．欧洲哲学通史［M］．天津：南开大学出版社，1985.

[14] 苗力田．亚里士多德全集［M］．北京：中国人民大学出版社，1997.

[15] 苗力田，李毓章．西方哲学史新编［M］．北京：人民出版社，2002.

[16] 缪朗山．西方文艺理论史纲［M］．北京：中国人民大学出版社，1985.

[17] 缪灵珠．美学译文集［M］．北京：中国人民大学出版社，1987.

[18] 秦树理．公民学概论［M］．郑州：郑州大学出版社，2009.

[19] 秦树理．西方公民学［M］．郑州：郑州大学出版社，2008.

[20] 秦树理，杜娟，陈思坤．国外公民学［M］．郑州：郑州大学出版社，2009.

[21] 施治生，郭方．古代民主与共和制度［M］．北京：中国社会科学出版社，1998.

[22] 王乐理．西方政治思想史［M］．天津：天津人民出版社，2005.

[23] 王晓朝．罗马帝国文化转型论［M］．北京：社会科学文献出版社，2002.

[24] 汪太贤．西方法治主义的源与流［M］．北京：法律出版社，2001.

[25] 王哲．西方政治法律学说史［M］．北京：北京大学出版社，1988.

[26] 王振槐．西方政治思想史［M］．南京：南京大学出版社，1993.

[27] 汪子嵩，范明生，陈村富，姚介厚．希腊哲学史［M］．北京：人民出版社，1997.

[28] 吴于廑．古代的希腊和罗马［M］．北京：生活·读书·新知三联书店出版社，2008.

[29] 徐大同．西方政治思想史［M］．天津：天津人民出版社，2005.

[30] 徐新．西方文化史［M］．北京：北京大学出版社，2002.

[31] 徐弢．阿奎那的灵魂学说探究［M］．上海：上海人民出版社，2008．

[32] 杨适．希腊原创智慧［M］．北京：社会科学文献出版社，2005．

[33] 叶立煊．西方政治思想史［M］．福建：福建人民出版社，1992．

[34] 俞可平．社群主义［M］．北京：中国社会科学出版社，2005．

[35] 张传有．西方社会思想的历史进程［M］．武汉：武汉大学出版社，1997．

[36] 张乃根．西方法哲学史纲［M］．北京：中国政法大学出版社，1998．

[37] 张志伟，冯骏，李秋零，欧阳谦．西方哲学问题研究［M］．北京：中国人民大学出版社，1999．

[38] 翟志宏．阿奎那自然神学思想研究［M］．北京：人民出版社，2007．

[39] 赵敦华．西方哲学通史［M］．北京：北京大学出版社，1996．

[40] 赵林．西方宗教文化［M］．武汉：武汉大学出版社，2005．

[41] 周辅成．西方伦理学名著选辑［M］．北京：商务印书馆，1964．

[42] 周一良，吴于廑．世界通史［M］．北京：人民出版社，1973．

[43] 周伟驰．奥古斯丁的基督教思想［M］．北京：中国社会科学出版社，2005．

[44] 朱龙华．罗马文化与古典传统［M］．杭州：浙江人民出版社，1993．

[45] 朱学勤．书斋里的革命［M］．昆明：云南人民出版社，2006．

[46] 克尔·路德．神学类编［M］．王敬轩，译．香港：道声出版社，2000．

[47]（古希腊）柏拉图．柏拉图对话集［M］．王太庆，译．北京：商务印书馆，2004．

[48]（古希腊）柏拉图．柏拉图全集［M］．王晓朝，译．北京：人民出版社，2002．

[49]（古希腊）柏拉图．理想国［M］．郭斌和，张竹明，译．北京：商务印书馆，1986．

[50]（古希腊）柏拉图．苏格拉底的最后日子——柏拉图对话集

[M]．余灵灵，罗林平，译．上海：生活·读书·新知上海三联书店，1988．

[51]（古希腊）第欧根尼·拉尔修．名哲言行录 [M]．马永翔，赵玉兰，等译．长春：吉林人民出版社，2003．

[52]（古希腊）赫西俄德．工作与时日·神谱 [M]．张竹明，蒋平，译．北京：商务印书馆，1991．

[53]（古希腊）荷马．奥德赛 [M]．王焕生，译．北京：人民文学出版社，1997．

[54]（古希腊）荷马．伊利亚特 [M]．罗念生，王焕生，译．北京：人民文学出版社，1994．

[55]（古希腊）普鲁塔克．希腊罗马名人传 [M]．北京：商务印书馆，1990．

[56]（古希腊）色诺芬．回忆苏格拉底 [M]．吴永泉，译．北京：商务印书馆，1984．

[57]（古希腊）希罗多德．历史 [M]．王以铸，译．北京：商务印书馆，1985．

[58]（古希腊）修昔底德．伯罗奔尼撒战争史 [M]．徐松岩，黄贤全，译．桂林：广西师范大学出版社，2004．

[59]（古希腊）亚里士多德．尼各马可伦理学 [M]．苗力田，译．北京：中国人民大学出版社，2003．

[60]（古希腊）亚里士多德．政治学 [M]．吴寿彭，译．北京：商务印书馆，1965．

[61]（古罗马）阿庇安．罗马史 [M]．谢德风，译．北京：商务印书馆，1976．

[62]（古罗马）奥古斯丁．忏悔录 [M]．周士良，译．北京：商务印书馆，1981．

[63]（古罗马）奥古斯丁．独语录 [M]．成官泯，译．上海：上海社会科学院出版社，1997．

[64]（古罗马）奥古斯丁．典与自由——奥古斯丁人论经典二篇 [M]．奥勒留·奥古斯丁著作释译小组，译．南昌：江西人民出版社，2008．

[65]（古罗马）奥古斯丁．论三位一体 [M]．周伟驰，译．上海：上海人民出版社，2005.

[66]（古罗马）奥古斯丁．论灵魂及其起源 [M]．石敏敏，译．北京：中国社会科学出版社，2004.

[67]（古罗马）奥古斯丁．上帝之城 [M]．王晓朝，译．北京：人民出版社，2006.

[68]（古罗马）西塞罗．国家篇法律篇[M]．沈叔平，苏力，译．北京：商务印书馆，1999.

[69]（古罗马）西塞罗．论共和国论法律 [M]．王焕生，译．北京：中国政法大学出版社，1997.

[70]（古罗马）西塞罗．论至善与至恶 [M]．石敏敏，译．北京：中国社会科学出版社，2005.

[71]（古罗马）西塞罗．西塞罗三论 [M]．徐奕春，译．北京：商务印书馆，1998.

[72]（古罗马）西塞罗．友谊责任论 [M]．林蔚真，译．北京：光明日报出版社，2006.

[73]（古罗马）马可·奥勒留．沉思录 [M]．何怀宏，译．北京：中央编译出版社，2008.

[74]（古罗马）马可·奥勒留．沉思录 [M]．宗雪飞，译．北京：中国致公出版社，2008.

[75]（古罗马）马可·奥勒留．马上沉思录[M]．何怀宏，译．西安：陕西师范大学出版社，2003.

[76]（古罗马）马可·奥勒留．沉思录：一个罗马皇帝的人生感悟 [M]．何怀宏，译．海口：海南出版社，2002.

[77]（芬）罗明嘉．奥古斯丁《上帝之城》中的社会生活神学 [M]．张晓梅，译．北京：中国社会科学出版社，2008.

[78]（意）但丁．神曲 [M]．田德望，译．北京：人民文学出版社，2001.

[79]（意）但丁．神曲 [M]．王维克，译．北京：人民文学出版社，1997.

[80]（意）但丁．但丁精选集 [M]．吕同六．北京：燕山出版社，

2004.

[81] （意）但丁．论世界帝国 [M]．朱虹，译．北京：商务印书馆，2007.

[82] （意）登特列夫．自然法——法律哲学导论 [M]．李日章，译，台北：联经出版事业公司，1984.

[83] （意）托马斯·阿奎那．阿奎那政治著作选 [M]．马清槐，译．北京：商务印书馆，1963.

[84] （意）托马斯·阿奎那．自然法思想研究[M]．刘素民，译．北京：人民出版社，2007.

[85] （意）托马斯·阿奎那．论存在者与本质[J]．段德智，译．世界哲学，2007（1）：53—76.

[86] （意）加林．意大利人文主义 [M]．李玉成，译．北京：生活·读书·新知三联书店，1998.

[87] （意）尼科洛·马基雅维利．君主论 [M]．潘汉典，译．北京：商务印书馆，1985.

[88] （意）尼科洛·马基雅维利．论李维 [M]．冯克利，译．上海：上海人民出版社，2005.

[89] （意）尼科洛·马基雅维利．马基雅维利全集 [M]．潘汉典，薛军，王永忠，译．长春：吉林出版集团有限责任公司，2011.

[90] （法）让·布伦．苏格拉底 [M]．傅勇强，译．北京：商务印书馆，1997.

[91] （法）让·博丹．主权论 [M]．李卫海，钱俊文，译．北京：北京大学出版社，2008.

[92] （法）孟德斯鸠．论法的精神 [M]．许明龙，译．北京：商务印书馆，2009.

[93] （法）孟德斯鸠．论法的精神 [M]．孙立坚，孙丕强，樊瑞庆，译．西安：陕西人民出版社，2001.

[94] （法）孟德斯鸠．罗马盛衰原因论 [M]．婉玲，译．北京：商务印书馆，1962.

[95] （法）卢梭．社会契约论 [M]．何兆武，译．北京：商务印书馆，2002.

[96]（法）卢梭．忏悔录［M］．张秀章，解灵芝．长春：吉林人民出版社，2003.

[97]（法）卢梭．爱弥尔［M］．李平沤，译．北京：商务印书馆，1996.

[98]（法）卢梭．论人类不平等的起源和基础[M]．李常山，译．北京：商务印书馆，1982.

[99]（法）卢梭．卢梭散文选［M］．李平沤，译．天津：百花文艺出版社，1995.

[100]（法）托克维尔．论美国的民主［M］．董果良，译．北京：商务印书馆，1988.

[101]（法）托克维尔．旧制度与大革命［M］．冯棠，译．北京：商务印书馆，1997.

[102]（法）库朗热．古代城邦——古希腊、古罗马祭祀、权利和政制研究［M］．谭立铸，译．华东师范大学出版社，2006.

[103]（法）让·皮埃尔·韦尔南．希腊思想的起源［M］．秦海鹰，译．北京：生活·读书·新知三联书店，1996.

[104]（荷兰）斯宾诺莎．神学政治论［M］．温锡增，译．北京：商务印书馆，1963.

[105]（荷兰）斯宾诺莎．伦理学［M］．贺麟，译．北京：商务印书馆，1997.

[106]（荷兰）斯宾诺莎．政治论［M］．冯炳昆，译．北京：商务印书馆，1999.

[107]（荷兰）斯宾诺莎．斯宾诺莎书信集[M]．洪汉鼎，译．北京：商务印书馆，1993.

[108]（英）罗素．西方哲学史［M］．马元德，译．北京：商务印书馆，1976.

[109]（英）芬利．希腊的遗产［M］．上海：上海人民出版社，2004.

[110]（英）梅因．古代法［M］．沈景一，译．北京：商务印书馆，1959.

[111]（英）基托．希腊人［M］．徐卫翔，黄韬，译．上海：上海

人民出版社，1998.

[112]（英）托马斯·潘恩．潘恩选集［M］．马清槐，译．北京：商务印书馆，1981.

[113]（英）霍布斯．论公民［M］．应星，冯克利，译．贵阳：贵州人民出版社，2003.

[114]（英）霍布斯．利维坦［M］．黎思复，黎廷弼，译．北京：商务印书馆，1985.

[115]（英）特威兹穆尔．奥古斯都［M］．王以铸，译．北京：商务印书馆，2010.

[116]（英）汤因比．历史研究［M］．刘北成，郭小凌，译．上海：上海人民出版社，1966.

[117]（英）约翰·密尔．论自由［M］．程崇华，译．北京：商务印书馆，1982.

[118]（英）约翰·密尔．论自由［M］．顾肃，译．南京：译林出版社，2010.

[119]（英）约翰·密尔．政治经济学原理——及其在社会哲学上的若干应用［M］．胡企林，赵荣潜，桑炳炎，等合译．北京：商务印书馆，1991.

[120]（英）约翰·密尔．代议制政府［M］．汪瑄，译．北京：商务印书馆，1982.

[121]（英）约翰·密尔．功利主义［M］．唐钱，译．北京：商务印书馆，1957.

[122]（英）约翰·密尔．功利主义［M］．叶建新，译．北京：九州出版社，2006.

[123]（英）约翰·密尔．政治经济学原理［M］．赵荣潜，译．北京：商务印书馆，1991.

[124]（英）约翰·密尔．约翰·密尔自传［M］．吴良健，译．北京：商务印书馆，1987.

[125]（英）约翰·富勒．西洋世界军事史［M］．钮先钟，译．北京：战士出版社，1981.

[126]（苏）涅尔谢相茨．古代希腊政治学说［M］．蔡拓，译．北京：

商务印书馆，1991.

[127]（苏）古谢伊诺夫，伊尔利特茨．西方伦理学简史［M］．刘献洲，译．北京：中国人民大学出版社，1992.

[128]（苏）鲍·季·格里戈里扬．关于人的本质的哲学［M］．汤侠声，李昭时，译．北京：生活·读书·新知三联书店，1984.

[129]（美）爱德华·麦克诺尔·伯恩斯，菲利普·李·拉尔夫．世界文明史［M］．罗经国，译．北京：商务印书馆，1987.

[130]（美）布雷斯特德．文明的征程［M］．李静新，译．北京：燕山出版社，2004.

[131]（美）埃德加·博登海默．法理学：法律哲学和法律方法［M］．邓正来，译．北京：中国政法大学出版社，1999.

[132]（美）古斯塔夫·缪勒．文学的哲学［M］．孙宜学，郭洪涛，译．桂林：广西师范大学出版社，2001.

[133]（美）汉娜·阿伦特．公共领域和私人领域［M］．刘锋，译//汪辉，陈燕谷．文化与公共性．北京：生活·读书·新知三联书店，1998.

[134]（美）汉娜·阿伦特．人的境况［M］．王寅丽，译．上海：上海人民出版社，2009.

[135]（美）汉娜·阿伦特．人的条件［M］．竺乾威，王世雄，胡泳浩，等译．上海：上海人民出版社，1999.

[136]（美）汉娜·阿伦特．论革命［M］．陈周旺，译．南京：译林出版社，2007.

[137]（美）列奥·施特劳斯．政治哲学史［M］．李天然，黄炎平，丹妮，等译．石家庄：河北人民出版社，1998.

[138]（美）肯尼思·W. 汤普森．宪法的政治理论［M］．张志铭，译．北京：生活·读书·新知三联书店，1997.

[139]（美）乔治·霍兰·萨拜因．政治学说史（上册）［M］．盛葵阳，崔妙因，译．北京：商务印书馆，1986.

[140]（美）约翰·麦克利兰．西方政治思想史［M］．海南：海南出版社，2003.

[141]（美）路易斯·亨利·摩尔根．古代社会［M］．刘峰，译．北

京：中国社会出版社，1998.

[142]（美）特伦斯·欧文．古典思想［M］．覃方明，译．沈阳：辽宁教育出版社，1998.

[143]（美）托马斯·杰斐逊．杰斐逊选集[M]．朱曾汶，译．北京：商务印书馆，1999.

[144]（美）约翰·罗尔斯．正义论[M]．何怀宏，何包钢，廖申白，译．北京：中国社会科学出版社，1988.

[145]（美）约翰·罗尔斯．正义论［M］．谢延光，译．上海：上海译文出版社，1991.

[146]（美）约翰·罗尔斯．作为公平的正义——正义新论［M］．姚大志，译．上海：上海三联书店，2002.

[147]（美）约翰·罗尔斯．政治自由主义[M]．万俊人，译．北京：译林出版社，2000.

[148]（美）A．麦金太尔．德性之后[M]．龚群，戴扬毅，等译．北京：中国社会科学出版社，1997.

[149]（美）A．麦金太尔．追寻美德—伦理理论研究［M］．宋继杰，译．南京：译林出版社，2003.

[150]（美）阿拉斯戴尔·麦金太尔．谁之正义？何种合理性？[M]．万俊人，吴海针，王今一，译．北京：当代中国出版社，1996.

[151]（美）朱迪斯·M．本内特，C．沃伦·霍利斯特．欧洲中世纪史［M］．杨宁，李韵，译．上海：上海社会科学院出版社，2007.

[152]（加）菲利普·汉森．汉娜·阿伦特——历史、政治与公民身份［M］．刘佳林，译．南京：江苏人民出版社，2007.

[153]（台湾）蔡英文．政治实践与公共空间：阿伦特的政治思想[M]．北京：新星出版社，2006.

[154]（德）特奥多尔·蒙森．罗马史［M］．孟森，译．北京：商务印书馆，2004.

[155]（德）马丁·路德．路德选集[M]．徐庆誉，汤清，译．北京：宗教文化出版社，2010.

[156]（德）马丁·路德．路德文集［M］．路德文集中文版编辑委员会．上海：上海三联书店，2005.

[157] （德）黑格尔．哲学史讲演录[M]．贺麟，王太庆，译．北京：商务印书馆，1983.

[158] （德）康德．实践理性批判 [M]．邓晓芒，译．北京：人民出版社，2004.

[159] （德）黑格尔．法哲学原理 [M]．范扬，等译．北京：商务印书馆，1961.

[160] （德）黑格尔．黑格尔政治著作选 [M]．北京：中国政法大学出版社，2003.

[161] （德）恩格斯．家庭、私有制和国家的起源 [M]．中共中央马克思恩格斯列宁斯大林著作编译局编译．北京：人民出版社，1999.

[162] （德）恩格斯．社会主义从空想到科学的发展 [M]．中共中央马克思恩格斯列宁斯大林著作编译局编译．北京：人民出版社，1997.

[163] （德）恩格斯．反杜林论 [M]．中共中央马克思恩格斯列宁斯大林著作编译局编译．北京：人民出版社，1999.

[164] （德）恩格斯．费尔巴哈和德国古典哲学的终结 [M]．中共中央马克思恩格斯列宁斯大林著作编译局编译．北京：人民出版社，1997.

[165] （德）马克思．1844 年经济学哲学手稿 [M]．中共中央马克思恩格斯列宁斯大林著作编译局编译．北京：人民出版社，2000.

[166] （德）马克思，恩格斯．德意志意识形态节选本 [M]．中共中央马克思恩格斯列宁斯大林著作编译局编译．北京：人民出版社，2003.

[167] （德）马克思，恩格斯．共产党宣言 [M]．中共中央马克思恩格斯列宁斯大林著作编译局编译．北京：人民出版社，1997.

[168] （德）马克思，恩格斯．马克思恩格斯全集(第 1—4 卷)[M]．中共中央马克思恩格斯列宁斯大林著作编译局编译．北京：人民出版社，1995.

[169] （德）马克思，恩格斯．马克思恩格斯全集（第 2 卷）[M]．中共中央马克思恩格斯列宁斯大林著作编译局编译．北京：人民出版社，2005.

[170] （德）马克思，恩格斯．马克思恩格斯全集（第 3 卷）[M]．

中共中央马克思恩格斯列宁斯大林著作编译局编译．北京：人民出版社，
2002.

[171]（德）马克思，恩格斯．马克思恩格斯全集（第10卷）[M].
中共中央马克思恩格斯列宁斯大林著作编译局编译．北京：人民出版社，
1998.

[172]（德）马克思，恩格斯．马克思恩格斯全集（第11卷）[M].
中共中央马克思恩格斯列宁斯大林著作编译局编译．北京：人民出版社，
1997.

[173]（德）马克思，恩格斯．马克思恩格斯全集（第12卷）[M].
中共中央马克思恩格斯列宁斯大林著作编译局编译．北京：人民出版社，
1998.

[174]（德）马克思，恩格斯．马克思恩格斯全集（第13卷）[M].
中共中央马克思恩格斯列宁斯大林著作编译局编译．北京：人民出版社，
1998.

[175]（德）马克思，恩格斯．马克思恩格斯全集（第16卷）[M].
中共中央马克思恩格斯列宁斯大林著作编译局编译．北京：人民出版社，
2007.

[176]（德）马克思，恩格斯．马克思恩格斯全集（第19卷）[M].
中共中央马克思恩格斯列宁斯大林著作编译局编译．北京：人民出版社，
2006.

[177]（德）马克思，恩格斯．马克思恩格斯全集（第21卷）[M].
中共中央马克思恩格斯列宁斯大林著作编译局编译．北京：人民出版社，
2003.

[178]（德）马克思，恩格斯．马克思恩格斯全集（第25卷）[M].
中共中央马克思恩格斯列宁斯大林著作编译局编译．北京：人民出版社，
2001.

[179]（德）马克思，恩格斯．马克思恩格斯全集（第30卷）[M].
中共中央马克思恩格斯列宁斯大林著作编译局编译．北京：人民出版社，
1997.

[180]（德）马克思，恩格斯．马克思恩格斯全集（第31卷）[M].
中共中央马克思恩格斯列宁斯大林著作编译局编译．　北京：人民出版社，

1998.

[181]（德）马克思，恩格斯．马克思恩格斯全集（第 32 卷）[M]．中共中央马克思恩格斯列宁斯大林著作编译局编译．北京：人民出版社，1998.

[182]（德）马克思，恩格斯．马克思恩格斯全集（第 33 卷）[M]．中共中央马克思恩格斯列宁斯大林著作编译局编译．北京：人民出版社，2004.

[183]（德）马克思，恩格斯．马克思恩格斯全集（第 34 卷）[M]．中共中央马克思恩格斯列宁斯大林著作编译局编译．北京：人民出版社，2008.

[184]（德）马克思，恩格斯．马克思恩格斯全集（第 44 卷）[M]．中共中央马克思恩格斯列宁斯大林著作编译局编译．北京：人民出版社，2001.

[185]（德）马克思，恩格斯．马克思恩格斯全集（第 45 卷）[M]．中共中央马克思恩格斯列宁斯大林著作编译局编译．北京：人民出版社，2003.

[186]（德）马克思，恩格斯．马克思恩格斯全集（第 46 卷）[M]．中共中央马克思恩格斯列宁斯大林著作编译局编译．北京：人民出版社，2003.

[187]（德）马克思，恩格斯．马克思恩格斯全集（第 47 卷）[M]．中共中央马克思恩格斯列宁斯大林著作编译局编译．北京：人民出版社，2004.

[188]（德）马克思，恩格斯．马克思恩格斯全集（第 48 卷）[M]．中共中央马克思恩格斯列宁斯大林著作编译局编译．北京：人民出版社，2007.

[189]（德）马克思．哥达纲领批判 [M]．中共中央马克思恩格斯列宁斯大林著作编译局编译．北京：人民出版社，1997.

[190] Aristotle. *Politics* [M]. London：Harvard University Press, 2005.

[191] Eleonore Stump. *The Cambridge Companion to Augustine* [M]. Britain ：Cambridge University Press , 2001.

[192] Jean Bodin. *Six Books of the Commeanwealth* [M]. Abridged and

translated by M. Tooley Basil Blackwell. Oxford Printed in Great Britain in The City of Oxford at The Alden Press Bound by The Kemp Hall Bindery, Oxford, 1955.

[193] Jean Bodin. *On Sovereignty*[M]. Four Chapters from the Six Books of the Commonwealth, 剑桥政治思想史原著系列（影印本），北京：中国政法大学出版社，2003.

[194] Almut Hofert. *State*, *Cities and Citizens in the Later Middle Ages in State & Citizens*[M]. Britain：Cambridge University Press，2003.

[195] Hugo Grotius. *On the Law of War and Peace*[M]. Oxford：Oxford University Press，1925.

[196] Thomas Jefferson. *The Writings of Thomas Jefferson*[M]. Edited by Lipscomb and Bergh, Washington，D. C.，1903—1904.

[197] Hannah Arendt. *Between Past And Future*：*Eight Exercises* In *Political Thought*[M]. New York：Penguin Books, 1997.

[198] Hannah Arendt. *On Revolution*[M]. London：Penguin Books, 1977.

[199] John Rawls. *A Theory of Justice*[M]. Cambridge, Massachusetts：The Belknap Press of Harvard University Press, 1999.

[200] Alasdair MacIntyre. *After Virtue*[M]. Notre Dame, Indiana：University of Notre Dame Press, 1984.

后　记

　　本书是 2006 国家哲学社会科学基金资助项目 [06BZX066]"青少年公民责任意识教育问题研究"的阶段性成果。当前，公民教育在世界范围内越来越受到重视。西方有关公民教育的理论是人类思想史上十分宝贵的精神财富，对于我国的公民教育有着重要的借鉴意义。在西方公民学形成、发展的漫长历史过程中，无数思想家作出了卓越的贡献。他们提出的许多思想成就，仍然是当代世界各国构建政治文明所遵循的政治原则。借鉴这些思想成果，对于推进公民教育，促进社会主义政治文明建设，有着重要的现实意义。为此，我们编写了此书，以适应公民教育发展的需要，希望能较好地反映公民教育理论研究的新成果和实践的新经验。

　　本书的框架和大纲由教育部人文社会科学重点研究基地——"郑州大学教育研究中心"研究员、博士生导师秦树理教授拟定，承担前期文献查询和初稿撰写任务的编委会成员为：第一章（杨素云、陈思坤），第二章（陈思坤），第三章（徐金超），第四章（王晶），第五章（王俊飞），第六章（陈思坤、高猛），第七章（李心记），第八章（王晶），第九章（陈思坤、曹天梅），绪论（秦树理、郑慧、王欣欣）。全书最后由秦树理教授和郑州大学马克思主义学院硕士生导师陈思坤副教授统修完善、审校、定稿。

　　本书问世，得到人民出版社的热情支持；人民出版社的周果钧编辑对于本课题的研究及公民学理论的发展给予了全心的关注，并且为文稿的修改提出了许多中肯和宝贵的意见，付出了艰辛的劳动，使得本书增辉不少。在此，一并表示衷心的感谢。

本书在编撰过程中，参考了许多专家、学者的论著和观点以及相关的研究文献，谨致诚挚的谢意。限于编者水平，本书难免会有疏漏、缺陷之处，恳请同行专家、学者和广大读者惠于批评指正。

编　者

2012 年 6 月

后
记

责任编辑：周果钧
封面设计：徐　晖
版式设计：杜维伟

图书在版编目（CIP）数据

西方公民学说史／秦树理，陈思坤，王晶 等著．－北京：人民出版社，2012.9
（公民教育研究丛书）

ISBN 978－7－01－010574－1

I. ①西…　II. ①秦…　②陈…　③王…　III. ①公民学－思想史－西方国家
　IV. ① B822.1－091

中国版本图书馆 CIP 数据核字（2011）第 280227 号

西方公民学说史

XIFANG GONGMIN XUESHUOSHI

秦树理　陈思坤　王　晶　等著

人民出版社 出版发行

（100706　北京市东城区隆福寺街 99 号）

环球印刷（北京）有限公司印刷　新华书店经销

2012 年 9 月第 1 版　2012 年 9 月北京第 1 次印刷

开本：710 毫米 ×1000 毫米 1/16　印张：37.5

字数：612 千字　印数：0,001－3,000 册

ISBN 978－7－01－010574－1　定价：77.00 元

邮购地址 100706　北京市东城区隆福寺街 99 号

人民东方图书销售中心　电话（010）65250042　65289539